仿生油水分离工程材料
——原理与应用

Bionic Engineering Materials for Oil/Water Separations

Principle and Application

郭志光　刘维民　著

科 学 出 版 社

北 京

内 容 简 介

本书反映了整个仿生油水分离工程材料领域的最新研究进展和作者从事该领域的研究成果，系统地阐述了仿生油水分离工程材料的设计原则、构筑方法、发展趋势和应用前景。全书共8章，由自然界的超润湿现象、固体浸润性的基本理论、不同形式的油水分离等部分组成。本书针对油水混合物分离纯化所面临的关键性科学问题，尤其是分离形式的多样性以及实际工况的复杂性，将仿生思想和材料表面润湿性的调控联系起来，着重阐述了过滤型油水分离和吸收型油水分离的最新研究进展，并且详尽地介绍了响应性油水分离材料的调控技术。

本书可以作为材料学专业的研究生教材以及高等院校化学类专业的参考书，也可供从事材料表界面工作的科研人员参考。

图书在版编目(CIP)数据

仿生油水分离工程材料：原理与应用/郭志光，刘维民著.—北京：科学出版社，2020.9

ISBN 978-7-03-065985-9

I. ①仿… II. ①郭… ②刘… III. ①油水分离-仿生材料 IV. ①TB39

中国版本图书馆CIP数据核字（2020）第164632号

责任编辑：周 涵 孔晓慧 / 责任校对：彭珍珍

责任印制：吴兆东 / 封面设计：无极书装

科学出版社出版

北京东黄城根北街16号

邮政编码：100717

http://www.sciencep.com

北京凌奇印刷有限责任公司印刷

科学出版社发行 各地新华书店经销

*

2020年9月第 一 版 开本：720×1000 B5

2020年9月第一次印刷 印张：27 1/2

字数：552 000

POD定价： 198.00元

（如有印装质量问题，我社负责调换）

序

随着海洋开发、航空航天、核能、高端制造等迅速发展，越来越多的机械设备需要在极端环境（如深空、深海、深地、极地等）中运行。世界能源的30％～50％消耗于摩擦磨损，其中，润滑不良造成的材料磨损占60％以上，而50％以上的机械装备恶性事故源于润滑失效造成的过度磨损，并且润滑油水分的存在会直接导致其快速失效。因此，实现机械润滑油中水分的高效去除成为高端机械装备制造与工业生产中亟待解决的重要问题之一。此外，据统计，每年通过各种渠道泄入海洋的石油和石油产品约占全世界石油储量的0.5％，其中，1/3左右是油轮在海上发生事故导致石油泄漏造成的，解决海洋石油污染问题迫在眉睫。为此，中国科学院兰州化学物理研究所郭志光研究员团队以国家重大需求为导向，针对油水混合物分离纯化所面临的关键性科学技术问题，将仿生思想和材料表面润湿性的调控联系起来，构筑了一系列适用于极端工况下的仿生油水分离工程材料，取得了具有重要国际影响力的研究成果。事实上，对整个仿生油水分离工程材料领域的研究成果进行归纳总结不是件容易的事情，这不仅要求作者对整个领域具有很强的认知，还要求作者具备一定的研究背景和基础。该书作者结合自身多年在油水分离领域的研究基础，参考了大量的相关文献，对整个仿生油水分离工程材料领域进行了系统的总结和归纳，并且阐述了整个领域的发展趋势和展望，为读者后续的研究提供方向和思路。

该书从油水分离体系、理论原理和在极端条件下的分离等方面，全面介绍了整个仿生油水分离工程材料领域所取得的最新研究成果。主要包括：层状和乳液分离体系的概述；固体浸润性的基本理论；通过对自然界的超润湿现象进行分析和归纳，总结出可用于油水分离的自然界的超润湿表面；通过调控表面润湿性，实现了过油阻水或过水阻油的过滤型油水分离；通过构筑特殊润湿性块体材料，实现了吸收型油水分离；同时，实现了在外界刺激下的响应性油水分离。阅读该书可以对整个仿生油水分离工程材料领域的最新研究动向、应用效果和发展趋势有一个较为全面的了解。

该书是一本系统地论述仿生油水分离材料的构筑原则、理论及应用的专著，给读者展现了整个研究领域发展水平的最新创新性技术和应用成果。该书可以作为大学本科生、研究生的专业课教材以及科研人员的参考资料。

中国科学院院士　任露泉

2019年12月于吉林

前　言

海洋石油泄漏事故时至今日依然面临着处理困难、影响恶劣以及极易留下诸多气候和环境后遗症等问题，同时，含油污水给我们的生活、生产及生态环境造成了极大的影响。含油污水的处理与我们的生活密切相关，但目前只有极少数的文献对油水混合物的处理和油水分离领域进行了归纳总结。本书旨在阐述仿生油水分离工程材料的基本研究方法和应用，以机械工程领域油水分离问题为目标导向，在揭示生物界面润湿机理的基础上，借助物理、化学、机械等方法构筑微纳米复合结构表面，加之表面化学组分的调控，建立了基于界面润湿视角的仿生工程材料体系。通过调控材料在不同介质中对油和水的选择浸润性，进一步实现在不同工况条件下高效率、稳定的油水分离，并逐渐从单一组分油水分离拓展到可控多元选择性油水分离。

该领域涉及材料力学、物理学、化学工程、摩擦学及仿生学等诸多学科，并在过去的10年间取得了突破性的进展。作者长期从事仿生摩擦学功能表面的设计、制备、性能及机理研究，系统地研究了特殊润湿生物体表面的优异性能(如超疏水、自清洁、变色、力学、摩擦学性能等)，同时借助仿生思想，制备了一系列适合于各种工况下的油水分离工程材料。因此，作者熟知整个研究领域，以严谨的学术风格阐述了仿生油水分离工程材料的设计原则、构筑方法、发展趋势和应用前景。全书共8章：第1章对油水体系进行了概述，并且归纳了仿生油水分离材料的基本研究思路及方法；第2章从自然界生物获取灵感，阐述了一系列具有特殊润湿性的生物表面，为后续构筑油水分离工程材料提供诸多的灵感和思路；第3章对固体浸润性的基本理论进行了梳理；第4章列举了自然界中可用于油水分离的一系列超润湿材料；针对分离形式的多样性，作者在第5章和第6章分别论述了过滤型油水分离和吸收型油水分离；第7章讨论了在实际工况（不同的外部刺激）下构筑的响应性油水分离；第8章对整个仿生油水分离工程材料领域进行了归纳总结，并且提出了在未来整个领域的发展趋势。本书内容翔实，图文并茂，并且每个章节都引用了大量的参考文献，使得相关的读者在处理油水混合物体系时可以分析出需要哪种特定的材料，并且可以运用书中的相关理论解决实际问题。同时，作者希望借助于本书，通过阐述和回顾仿生油水分离工程材料的发展历程，重点介绍油水分离体系的发展现状，并详细介绍近10年该领域研究的最新进展，为发展适合于更为广阔的工程化应用的油水分离工程材料提供新的思路。

作者根据繁杂的科研文献资料，结合自身的研究基础，最终完成了本书的内容。在此，衷心感谢文刚、王泽林澜、高晓宇、钟烈爽、田盼等多位研究生对本书进行了撰写和统稿。最后，还要感谢科学出版社的编辑，从本书策划到出版，一直给予作者支持和帮助。

由于本书的涉及面很广，涉及的学科很庞杂，加上作者水平有限，书中不免出现一些疏漏，谨请读者批评指正。

郭志光　刘维民

2019 年 12 月于兰州

目　　录

第1章　绪　　论

海洋石油泄漏事故是危害海洋生物安全、破坏海洋生态平衡的元凶之一，其不仅极大地污染海洋水体，造成海洋生态系统毁灭性破坏、海洋生物大面积死亡，而且在很长的一段时间对海岸海湾环境、气候等造成恶劣影响，甚至危害人类的生存环境。历史上，海洋石油泄漏事故频频发生，从 1967 年托里（Torrey）峡谷油泄漏到 2010 年墨西哥湾重大海上漏油事故，再到 2011 年发生的渤海湾漏油事件，均造成了巨大的环境危害和经济损失。时至今日，海洋石油泄漏事故依然面临着处理困难、影响恶劣以及极易留下诸多气候和环境后遗症等问题，含油污水给我们的生活、生产及生态环境造成了极大的影响，同时石油泄漏事故给我们的社会和经济活动、渔业、海洋环境等造成了巨大的破坏和影响[1-3]。因此，解决海洋石油泄漏问题迫在眉睫，它已成为目前备受关注的全球性环境问题。一直以来，含油污水的处理在国家科学研究中备受关注。除了燃烧除油外，人工分离油性水是更有利的方式，这不仅可以实现溢油的重新收集，同时又不致造成环境污染，并且实现对材料的重复使用。此外，随着化工企业和汽车行业的发展，以及城市化规模的扩大，大量集聚的人口排放的生活污水都加剧了含油污水的环境问题。因此，实现高效油水分离是一个全球性的难题[4,5]。

另外，除了处理石油泄漏造成的含油废水问题外，关于油水混合体系的技术问题同样存在于机械润滑油的生产和使用中。随着社会日益发展，科技水平不断进步，航母、大型战斗机、船舶及高铁等大型军事装备和工业机械设备承担着国家重大安全及发展战略任务，除此之外，一般商用的机械设备在工业生产中也是重要的生产资料，是国计民生的重要组成部分，维系各类国防和生产设备稳定运行，社会安定程度能得到进一步的提高。然而，随着经济社会飞速发展，机械设备的运行环境正在逐渐从常规条件拓展到各种极端苛刻条件，包括高温高压、强辐射、低倾点、高真空等。因此，面对极端严苛的摩擦磨损工况，这些高端机械装备的设计制造和运行对界面润滑的可靠性提出了更高的要求，润滑油扮演着尤为重要的角色。

毫无疑问，润滑油主要用于减少运动部件表面间的摩擦，同时对机器设备具有冷却、密封、防腐、防锈、绝缘、传送功率、清洗杂质等作用，其主要以原油蒸馏装置的润滑油馏分和渣油馏分为原料。润滑油最主要的理化特性是黏度、氧化安定性和润滑性，它们与润滑油馏分的组成密切相关。黏度是反映润滑油流动性的重要质量指标，不同的使用条件具有不同的黏度要求，重负荷和低速度的机械要选用高黏度润滑油。氧化安定性表示油品在使用环境中，由于温度、空气中氧以及金属催化作用所表现的抗氧化能力。油品氧化后，根据使用条件会生成以沥青质为主的细小的碳状物质，呈黏滞的漆状物质或漆膜，或黏性的含水物质，从而降低或丧失其使用性能。润滑油的使用很大程度上避免了摩擦副之间黏着磨损、磨粒磨损等状况的发生，对机械设备内部的界面接触起到很好的保护作用，从而有效提高了机械装备的耐久性和能量利用效率。

但是，威胁到润滑油使用寿命的最大问题来自润滑油中混入的水分。事实上，润滑油在生产、运输及使用过程极易混入水分，这部分水分存在于润滑油中，引起润滑油的乳化，对油品质量造成了极大的损伤，其危害主要在表现在以下四个方面：①两个摩擦表面在相互滑动时，每一表面上都带动着一个附着油膜，形成两个摩擦表面之间的液体摩擦，转子在高速转动时，轴颈与轴瓦底部形成压力很高的油膜，支承转子重量在轴瓦中滑动。若油质乳化，就使润滑油的黏附性变差，油对摩擦面的黏附力不够，油膜受到破坏，转子轴颈就可能和轴承的轴瓦发生干摩擦，使轴瓦烧损，机组强烈振动，甚至毁机。②润滑油乳化能使调解系统中滑阀及套筒等部位严重锈蚀，造成滑阀卡涩，降低了调节系统的灵敏度，可能引起机组运行中甩负荷。同时，还可能破坏轴承处的油膜，容易形成轴承和轴颈的磨损。③在机械设备运行过程中，润滑油需要带走的热量主要来自转子轴颈与轴承滑动摩擦所产生的热量，高温蒸汽通过汽轮机转子上的动叶片等部件传导到轴颈上的热量，以及发电机因电流过大发热和磁铁发热经发电机转子传递到轴颈处的热量，如果润滑油乳化，其乳化液沉积于油循环系统中，将妨碍油的顺畅流动，使供油不足，影响散热。若轴承和轴瓦处温度不能控制在规定值内，易引起轴瓦烧瓦事故。④润滑油乳化能够加速汽轮机润滑油的氧化，使酸值升高，产生较多的氧化沉积物，从而进一步延长了汽轮机润滑油的破乳化时间。总而言之，水分混入将引发润滑油变质，某些特殊工况条件要求更高。水的混入致使摩擦副表面吸附油膜所发生的摩擦化学反应发生本质改变，加速界面腐蚀和磨损，最终导致润滑失效和机械装备故障。据测算，世界能源的30％～50％消耗于摩擦磨损，其中润滑不良造成的材料磨损占60％以上，而50％以上的机械装备恶性事故源于润滑失效造成的过度磨损。因此，实现机械润滑油中水分的高效去除成为高端机械装备制造与工业生产中亟待解决的重要问题之一。

大家都知道，传统的重力法、离心法及集结法等因在乳液分离、能耗和环保方面存在很大的局限性，已不能满足高端装备制造对润滑油高品质的需求。以重力法油水分离为例，其是利用水相和油相之间的密度差异实现分离，然而很难达到很高的分离收集效率，并且无法实现对乳液的分离。因此设计节能、高效、环境友好的润滑油分离新方法和新技术具有重要的理论价值和应用前景。事实上，自然界中存在着具有特殊浸润性的生物界面，其表现出对油和水的不同浸润特性，这使得通过仿生构筑超润湿功能界面材料用以实现可控油水分离的研究思路成为可能。这类典型的生物界面极端润湿性包括 1997 年德国 W. Barthlottd 教授等提出的“荷叶效应”，2009 年江雷院士团队揭示的鱼鳞水下超疏油性质，以及 2011 年德国德累斯顿工业大学 C. Werner 教授探究的弹尾虫超双疏性质等。对生物界面结构特征规律的揭示和润湿机理探究，为油水分离材料的仿生设计制备和性能调控提供了新的思路。

庆幸的是，进入 21 世纪以来，基于仿生界面润湿性调控的油水分离体系逐步建立，仿生油水分离材料的制备与研究也趋于多样化。同时，遗憾的是，对于复杂油水混合体系的分离依然存在较大的局限性，机械性能及耐候性等难以适应复杂工况，分离规律理论也缺乏系统的研究，这些因素大大限制了其在工程实际中的应用。为此，作者希望借助于本书，通过阐述和回顾仿生油水分离工程材料的发展历程，重点介绍油水分离体系的发展现状，并详细介绍近 10 年此领域研究的最新进展，为发展适合于更为广阔的工程化应用的油水分离工程材料提供新的思路。

1.1 油水体系概述

油水体系是工程应用和环境中常见的一类液态混合物体系，一般意义上，其中的油主要是指具有特定功能的油脂类有机化合物，如植物油、动物脂肪等，更多时候是指石油化工中的各类共价衍生物，如石油醚、正己烷、环己烷等。我们知道，分子中强极性的氢氧键和不对称结构的存在，使得水成为强的极性液体（室温下水的介电常数 $\varepsilon \approx 78.5F/m$）。而大多数碳氢化合物及其衍生物分子主要由碳链构成，因此呈现较低的极性（介电常数较低）。由于液体之间遵循相似相溶原则，水和有机液体之间极性的巨大差异导致二者在混合时不能形成均匀的溶液，而以分离的状态共存。这样形成的油水体系主要分为两类，即两相独立并分层共存的油水混合体系和以微小液滴分散于另一相的乳液形式存在的乳液分散体系。

1.1.1 层状油水混合体系

层状油水混合体系是相对简单的油水共存形式。在油水混合的过程中，极性的差异和密度的不同导致两相在静置后自动分层，形成完整的油水界面。在此基础上，我们将常温下密度小于水的有机液体称为轻油，在混合液中居于水相之上；将密度大于水的有机液体称为重油，在混合液中居于水相之下。这类层状混合物的分离相对比较简单，传统的重力法、离心法等都能够有效地实现对此类混合物的高效分离，只是在效率和节能性上需要改进，而不同润湿性过滤材料却能对此类层状油水混合物实现快速高效的分离。这些将在后面详细介绍。在此，我们列出常见的有机液体及其各项物性参数（20℃），如表 1-1 所示。

表 1-1 常见的有机液体及其各项物性参数（20℃）

名称	英文名	密度/(g/mL)	介电常数 ε/(F/m)	沸点/℃	表面能/(mN/m)
正己烷	hexane	0.69	1.88	69	18.43
十六烷	n-hexadecane	0.77	3.7	286.79	27.20
石油醚	petroleum ether	0.66	1.8	—	—
甲苯	methylbenzene	0.87	2.4	110.6	28.52
环己烷	cyclohexane	0.78	1.18	80.72	27.62
水	water	1.00	78.5	100	72.80
1,1-二氯乙烷	1,1-dichloroethane	1.17	10	57.28	27.03
1,2-二氯乙烷	1,2-dichloroethane	1.26	10.4	83.47	35.43
三氯甲烷	trichloromethane	1.48	4.81	61.15	29.91

1.1.2 乳液分散体系

相比于层状油水混合物的分离，乳液分离是油水分离中一类亟待解决也更为复杂的问题。乳液是指两种或两种以上互不相溶的液体经过混合乳化后，某一相以小液滴的形式分散于另外一相中，形成的透明（或半透明）、稳定、均匀的混合物液体。乳液分散体系广泛存在于食品工业、机械制造中，因此对乳液分散体系进行有效的油水分离是亟待解决的问题，同时具有长远的工业和环境等方面的应用价值。

一般情况下，除了少数油水混合体系之外，大多数都需要在乳化剂的作用下形成稳定的乳液，这类乳化剂是一类能使互不相溶的液体形成稳定乳状液的有机化合物。它们都是具有表面活性的物质，能降低液体间的界面张力，使互不相溶的液体易于乳化。乳化时，分散相是以很小的液珠形式（直径在 0.1μm 至几十微米）均匀地分布在连续相中，乳化剂在这些液珠的表面形成薄膜或双电层，以阻止它们的相互凝聚，保持乳状液的稳定。

乳状液是一个非均相体系。最常见的是以水为连续相，以不溶于水的有机液体为分散相的水包油型乳状液；也有以水为分散相，以不溶于水的有机液体为连续相的油包水乳状液。要配制稳定的乳状液，可以加入单一组分的乳化剂，也可同时加入几种乳化剂，乳化剂分子中有亲水和亲油两个部分。根据它们的亲水部分的特性，可分以下几类：

(1) 阴离子型乳化剂。它是在水中电离生成带有烷基或芳基的阴离子亲水基团的乳化剂，如羧酸盐、硫酸盐和磺酸盐等。这类乳化剂最常用，并且要求在碱性或中性条件下使用。在使用多种乳化剂配制乳液时，阴离子型乳化剂可以互相混合使用，也可与非离子型乳化剂混配使用。阴离子型和阳离子型乳化剂不能在同一乳状液中同时使用，如果混合使用会破坏乳状液的稳定性。

(2) 阳离子型乳化剂。它是在水中电离生成带有烷基或芳基的阳离子亲水基团的乳化剂。这类乳化剂品种较少，都是胺的衍生物，如N-十二烷基二甲胺，可用于聚合反应。阳离子型乳化剂的研究较少开展。

(3) 非离子型乳化剂。其特点是在水中不电离。它的亲水部分是各种极性基团，常见的有聚氧乙烯醚类和聚氧丙烯醚类。它的亲油部分（烷基或芳基）直接与氧乙烯醚键结合。典型产品有对辛基苯酚聚氧乙烯醚。非离子型乳化剂的聚醚链上的氧原子可以与水产生氢键缔合，因而可以溶解在水中。它既可在酸性条件下使用，也可在碱性条件下使用，而且乳化效果很好，广泛用于化工、纺织、农药、石油和乳胶等的生产。油水乳液体系常见的乳化剂及各项参数如表1-2所示。

表 1-2 油水乳液体系常见的乳化剂及各项参数

名称	英文名	类型	HLB值
司盘 80	span-80/sorbitan fatty acid ester	非离子	15.0
吐温 80	tweenum 80/polyoxyethylene sorbitan monooleate	非离子	4.3
十二烷基磺酸钠	sodium dodecyl sulfonate	阴离子	33
十二烷基苯磺酸钠	sodium dodecyl benzene sulfonate	阴离子	10.6
硬脂酸钠	sodium stearate	阴离子	10.5

注：HLB值全称为亲水亲油平衡值，指表面活性剂分子中亲水基团和亲油基团对水或油的综合亲和力。

写到这里，就有一个问题凸显出来了：无论层状油水混合物还是油水乳液混合物，在实现其高效的分离过程中，该使用什么样的评价体系？哪些指标是我们必须列入分离体系中的？因此，合理的评价体系对于高效的分离就显得尤为重要了。下面我们将详细地介绍油水分离的评价体系。

1.1.3 层状油水及乳液分离评价体系

针对仿生油水分离工程材料的仿生设计制备及其性能调控，其出发点和落脚点都是以其在油水分离实际应用中的效能为导向，因此如何评判油水分离材料的性能将是摆在研究人员面前的首要问题，其中就涉及对材料在油水及乳液分离过程中的评价体系的建立。

首先是针对分离效率的定量标准，众所周知，层状油水混合体系中，油相与水相相互独立，则分离过程的分离效率可以用分离前后物料体积比加以量化。

$$\eta_{separation} = V_{after}/V_{before}$$

其中，$\eta_{separation}$为所得油水效率；V_{after}和V_{before}分别为油水分离之后和之前混合液体中分离相的体积。在重油/水分离中，V_{after}/V_{before}为油相分离前后体积之比；在轻油/水分离中，V_{after}/V_{before}为水相分离前后体积之比。

另一方面，与层状油水混合物不同的是，乳液分离过程中，油和水两相之间不存在统一的液面界限，因此对乳液分离效率的评判不能采用分离前后体积比的概念，而是测算分离后分离相中的杂质含量。对于不同的乳液体系存在不同的分离效率分析，首先是对水包油乳液分离效率定量分析，由于滤过相是水，故而应该测算过滤后水中油分的含量，这就涉及两种手段：化学需氧量（chemical oxygen demand，COD）和总碳含量（total organic carbon，TOC）。COD是指在一定条件下，用一定的强氧化剂处理水样时所消耗的氧化剂的量，单位为mg/L。它利用化学氧化剂，将水样中的还原物质加以氧化，然后从剩余的氧化剂的量计算出氧的消耗量。它的测定，可用重铬酸钾法，也可用高锰酸盐法。TOC是指水体中溶解性和悬浮性有机物含碳的总量。水中有机物的种类很多，除含碳外，还含有氢、氮、硫等元素，目前还不能全部进行分离鉴定。TOC是一个快速检定的综合指标，它以碳的数量表示水中含有机物的总量。但由于它不能反映水中有机物的种类和组成，因而不能反映总量相同的总有机碳所造成的不同污染后果。由于TOC的测定采用燃烧法，因此能将有机物全部氧化，它比五日化学需氧量（BOD5）或COD更能直接表示有机物的总量，通常作为评价水体有机物污染程度的重要依据。具体来说，测定TOC时使用的氧化有机污染物的方法有三种，即加热氧化、紫外（UV）照射-过硫酸盐氧化和OH自由基氧化。目前实验室用TOC测定仪和自动在线TOC监测仪都有使用这三种氧化方法的相关仪器，虽然三种氧化方法的仪器设计、类型及氧化特性等不同，但必须能使待测水样中的有机污染物全部转变成CO_2，通过测量生成的CO_2量计算水样中的TOC。

此外，针对油包水乳液体系分离过程，其中油相为滤过相，对分离效率的评估则取决于油相中水含量的定量分析，这就涉及卡尔费歇尔（Karl Fischer）微量水分测定方法，该方法是1935年德国人卡尔费歇尔发明的一种测定水分的新方法：利用碘和二氧化硫的氧化还原反应，在有机碱和甲醇的环境下，与水发生定量反应。依据法拉第电解定律，电解产生的碘是与电解时耗用的电量成正比例关系的，从而计算出待测试样的水分含量。

以上介绍了层状油水混合体系及乳液分散体系分离效率的定量分析评估方法，另外一个参量就是关于分离过程的流体速率问题，也就是分离通量（flux），其是指单位时间内通过单位膜面积上的流体量，一般以L/(m^2·h)为单位，这项指标关系着油水分离过程的流畅性和高效性，同时也是油水分离材料是否具有工程化应用潜力的重要指标参数。分离通量的计算一般遵循以下公式：

$$J = V/(T \times A)$$

其中，J 为分离通量($L/(m^2 \cdot h)$)；V 为取样体积（L）；T 为取样时间（h）；A 为膜有效面积（m^2）。

确定了分离评价体系后，借助于自然的灵感，如何高效构造仿生油水分离材料并对复杂油水混合物实现高效的分离就显得尤为重要了。因此，接下来我们将介绍仿生油水分离材料的基本研究思路及方法。

1.2 仿生油水分离材料的基本研究思路及方法

针对环境治理和工业生产中复杂的油水混合体系，本节阐述仿生油水分离工程材料的基本研究方法和应用，以机械工程领域油水分离问题为目标导向，在揭示生物界面润湿机理的基础上，借助物理、化学、机械等方法构筑微纳米复合结构表面，加之表面化学组分的调控，建立了基于界面润湿视角的仿生工程材料体系[6-8]。通过调控材料在不同介质中对油和水的选择浸润性，进一步实现在不同工况条件下高效率、稳定的油水分离，并逐渐从单一组分油水分离拓展到可控多元选择性油水分离[9]。同时针对界面材料在油水分离实际应用中遇到的机械性能不稳定和耐候性能差等瓶颈问题，研究者从材料仿生设计的角度出发提出强化性能的思路和方案，为发展适合实际应用的润滑油分离材料提供技术支持。最后从大量的研究实践中总结并提炼出油水分离理论模型，为更加深入的油水分离研究提供理论指导[1,10,11]。

1.2.1 对自然表界面超润湿现象的研究

仿生油水分离材料的设计制备及调控是以认识自然界为前提。通过收集和分析多地区、多种类的不同润湿性动植物表面，人们揭示了生物表界面润湿特性和表面微观结构的关系，为机械仿生表界面的研究提供仿生模板[12-15]。通过分析生物微观结构与润湿性的对应关系，揭示了荷叶独特的疏水蜡质层和表面微纳米复合结构与超疏水-超亲油特性的相互作用机理。还发现了鱼鳞表面独特的水下超疏油特性与表面化学组成及纳米结构微乳突有关，表面的磷酸钙、蛋白质及黏液赋予鱼鳞表面亲水性，有助于提高水下自清洁性能和抗污能力。研究表明，弹尾虫的皮肤表面由许多小颗粒组成的菱形或六边形腔构成，赋予其特殊的超双疏性能，对污染物颗粒和各级微生物均具有良好的抵抗力[16-18]。通过对大量生物表面的微观结构和表面成分分析发现，自然界表面虽然有差异，但也具有共性的原理：表面通过特殊而有序的微纳米结构和分泌的特殊物质的协同作用获得特殊的润湿和黏附性，该认识奠定了界面超润湿材料表面改性的理论基础。这些生物界面结构特征的揭示和对润湿机理的探究，为新型实用性工程材料的仿生设计制备和性能调控提供了新的思路。

在认识和研究自然界表界面的基础上，研究者着眼于仿生超润湿界面材料的表面结构设计、性能调控和评估体系的构建。基于基本润湿理论，针对不同的基底材料，研究者发展了一系列表面微纳米结构构筑及化学组分改性的方法，设计并制备了包括超疏水-超亲油表面、超亲水-超疏油表面、超亲水-水下超疏油表面以及可控润湿性的智能材料表面在内的全体系界面润湿材料。在此基础上，研究者还全面分析了油水分离体系的技术参数和要求，从界面润湿性调控的角度设计并制备了可控、高效的油水分离材料[10,19-23]。

1.2.2 仿生设计和制备超润湿界面实现油水分离

研究者针对不同的基底，发展了一系列创新性、适合大规模表面微纳米结构的方法用以构筑具有不同极端润湿特性的表面，确定了材料表面润湿特性与油水分离体系之间的构效关系，揭示了超润湿表面用于分离油水混合物的工作机理和特征规律[13]。利用第八族（Ⅷ）和第一副族（ⅠB）过渡金属及其氧化物与硫醇官能团之间强的相互作用力，仿生设计并制备了基于多种基底（金属、织布、海绵等）的超润湿界面材料，利用材料表面对水相或油相具有高的亲和性，允许该相渗透通过的同时阻隔另一相液体[24-26]，从而实现油水混合物有效分离的同时具有良好的分离效率和通量。

首先，超疏水、水下超疏油等界面材料表面特殊的润湿性，赋予了材料对油相和水相的选择浸润性和透过性，研究者系统研究了仿生表界面材料的润湿性和多种油水混合体系分离过程的关系，采用过滤式分离（纤维、金属网等基底）[27]或吸附式分离（海绵、碳气凝胶等基底）[28,29]等方法，实现了含水润滑油混合体系高效、高通量和可循环的分离。针对过滤式分离：其一，利用超疏水材料表面的抗水亲油性实现“过油阻水”式的油水分层分离；其二，利用水下超疏油滤膜表面丰富的亲水性含氧官能团，采用“过水阻油”的方式实现油水分层分离。针对吸附式分离，利用多孔海绵和纳米粒子等材料的超润湿性，选择性吸附油中水或者水中油以实现油水分离。

在此基础上，通过表面粗糙形貌构筑技术和表面化学修饰技术，研究者建立了一系列分离材料表面微纳结构和润湿特性调控的新方法，实现了油水分离体系的可控可调可选择性。通过调节材料表面的化学组分，控制分离材料的界面润湿性，实现了过水阻油和过油阻水的自由转换；通过调控界面材料的形貌结构特征，选择分离膜的合适厚度和孔径大小，实现了从分层式油水混合物到微纳米乳液（水包油式和油包水式）等各种油水体系的高效分离；通过极端润湿特性的响应性转化，实现了从油水混合物的单一分离到选择性分离；磁性纳米颗粒在外部磁场的驱动下，实现油水分离的可控远程操作和循环式的回收利用[25,30]。

1.2.3　分离材料优化设计和性能调控

研究者还发现油水分离材料表面的长效使用性问题与材料化学组分、表面力学性能和耐候性等有关。仿生油水分离材料的表面有赖于表面微纳米复合结构，这种精细的微观结构在实际应用中极易受机械工况和环境因素影响。研究者针对油水分离材料在使用过程中耐候性差的关键问题展开研究，材料机械及耐候性能优化强化的思路之一是用丙烯酸组分构成均质大分子交联网状结构，并进一步强化为二次交联凝胶体系。这种交错结构在很大程度上提高了材料的机械力学性能，此项研究可以作为机械油水分离材料稳定性设计的一般原则。

基于以上原则，为了解决油水分离材料在应用过程中的瓶颈问题，研究者发展了一系列具有优异机械稳定性和化学稳定性的机械仿生油水分离材料，通过调控分离材料的结构特征和润湿性，实现了从分层油水混合物到纳米/微米乳液的高效分离。另外，研究者通过选取导电聚合物（聚苯胺（PANI）、聚吡咯（PPy）等）和低表面能修饰剂（烷基硫醇、烷基硅烷等），提出了纳米负载实现极端润湿的策略，实现了织布、金属网、泡沫镍、海绵及高分子基底等的超疏水特性，并采用过滤或吸附的方式广泛应用于油水分离，表现出优越的循环稳定性。借助聚合物原位气相沉积法，利用导电高分子刚性链结构构筑了具有良好化学稳定性的粗糙表面，并且发挥高分子特性增强导电高分子涂层与基底之间的结合力，构筑的纤维织物即使用砂纸摩擦或反复拉伸数百次后仍能保持超疏水特性，可高效循环使用来分离油水混合物。

为了解决仿生分离材料表面力学性能不佳的难题，研究者改变了研究思路，构筑油水分离材料本体和表面兼具超润湿特性的材料体系成了改善其机械应用稳定性和环境耐受性瓶颈问题的理想策略。为此，研究者提出了“块体超疏水材料”的概念进而提高超疏水表面的机械性能。这里块体材料能有效避免由表面磨损导致的超疏水性能衰减，为解决机械仿生材料在油水分离过程中的耐磨性提供了一种新的思路。研究者采用热压的方式，通过共混碳纳米管（CNT）和聚四氟乙烯[27,31-33]，无需任何溶剂和催化剂，非常简便地制备了材料表面和基体内部同时具有优异超疏水性能的块体材料。该块体材料由于内外兼具的微米结构，经过剧烈摩擦磨损和高温处理后仍然保持优越的超疏水性能和出色的热稳定性[34,35]，并且吸油后的块体材料经燃烧后，其超疏水性能仍能稳定存在。

1.2.4　构建油水分离理论模型

界面材料实现高效油水分离的关键在于构筑合适的超亲/超疏润湿表面，表面润湿特性又取决于其化学组分和结构特征，而如何通过改变表面的相关参数以实现对处于不同介质环境中的表面润湿性的调控？围绕这个问题，研究者从表面微纳米结构的尺寸、几何形状和多级结构及本征接触角等参数出发，利用经典热力学理论研究了不同微纳米结构表面在空气中非复合与复合润湿状态转换理论判据及其复合状态的稳定性，建立了自由能（FE）和接触角（CA）、自由能垒（FEB）和接触角滞后（contact angle hysteresis，CAH）的关系[36-38]。

以此为基础，研究者利用已建立的理论模型结合相关实验，分析了水介质中油滴润湿和黏附的过程，用以指导仿生油水分离材料的界面设计和制备。研究者采用电化学方法构筑表面微纳米复合结构，通过烷基硫醇和末端羧基硫醇表面修饰，制备了具有 pH 可控黏附润湿特性的水下超疏油表面，进一步考虑表面微纳米结构的尺寸、几何形状和多级结构以及本征接触角等参数，通过热力学理论计算提出了 pH 黏附可控水下超疏油表面的构筑原理，为实现选择性油水分离工程应用提供了理论基础[22,39,40]。另外，油性物质具有比水更低的表面张力，因此实现表面的疏油性对材料的界面设计提出了更高的要求，通过理论计算，研究者提出了多级结构有利于实现超疏油表面的原创思想。

1.3 仿生油水分离工程材料的应用现状及前景

进入 21 世纪以来，仿生油水分离工程材料的设计与制备以及应用研究取得了长足的发展，针对超润湿界面与油水混合体系相互作用的特征和规律，通过结构构筑和化学组分改性等手段，仿生设计和制备了一系列基于超润湿界面的油水分离材料，提出了材料机械性能和耐候性能强化的方法和思路，并构建油水分离材料界面性能调控的理论模型。在工程表面技术的基础研究领域提出了一些重要科学观点和科学实践，为油水分离在机械工程中的实际应用提供重要的理论指导和技术支持。

然而在油水分离研究过程中依然存在许多关键科学问题有待更深入的研究和解决。首先，油水混合物的分离效率有待进一步提高。从节能的角度来说，高效率的油水分离，大大改善了工程机械等油品的回收效率和循环使用性，同时极大地减少了在分离过程中油组分的损耗，有着重大的现实意义。Sun 等[41]基于超润湿不锈钢网（SSM）的油水分离材料对轻油/水混合体系的分离效率达到 99.5%；Wang 等[42]通过对铜网的化学刻蚀，实现了其对轻油/水混合体系的高效分离，分离效率达到 99.8%，同时对重油/水的分离效率达到 98%；Zhang 等[43]同样在不锈钢网上实现过水阻油，效率达到 99.99%，且分离通量高达 1.27×10^5 L/(m^2 · h)。由此可见，油水分离材料的效率和通量得以大幅度提升，但是为适应更为复杂的油水混合体系以及工业规模化生产，油水分离材料的效率和通量依然有提高和改善的空间。

其次，油水分离材料的机械性能和环境耐候性能有待进一步加强。就分离机理而言，其与表面润湿性有直接关联，而表面润湿性又与材料表面微观结构和化学组成存在关联。因此油水分离材料机械性能和环境耐候性能的强化，一方面是基底材料性能的增强，另一方面是对材料表面结构和化学组分稳定性的强化。Zhou 等[44]通过丙烯酸组分构成均质大分子交联网状结构，并进一步强化为二次交联凝胶体系，这一网络结构极大改善材料本体的力学性能，为超强力学界面材料的制备提供新的思路。Liu 等[45]通过在表面负载无机黏合剂和纳米粒子，实现具有超强耐磨性能的极端润湿表面。这些思路为进一步强化油水分离材料的机械性能和环境耐候性能提供新的可能性。

最后，也是最重要的，需要进一步实现油水分离材料智能化、器件化和规模化的改良与组装。油水分离面对的是重大机械工程应用和工业生产需求，因此，为适应实际需要，油水分离材料的智能化调控、器件化组装和规模化生产具有至关重要的意义。Liu 等[46]通过在连续的管道装置中加装制备的超润湿网，实现了油水分离体系连续工作，这有望为工业化实际应用中连续长效油水分离提供新的思路。

参考文献

[1] Xue Z，Cao Y，Liu N，Feng L，Jiang L. Special wettable materials for oil/water separation. Journal of Materials Chemistry A，2014，2（8）：2445-2460

[2] Zhu Y，Dong W，Lei J，Jian J. Recent progress in developing advanced membranes for emulsified oil/water separation. NPG Asia Materials，2014，6（5）：e101

[3] Wang B，Liang W X，Guo Z G，Liu W M. Biomimetic super-lyophobic and super-lyophilic materials applied for oil/water separation：a new strategy beyond nature. Chemical Society Reviews，2015，44（1）：336-361

[4] Chu Z，Feng Y，Seeger S. Oil/water separation with selective superantiwetting/superwetting surface materials. Angew Chem Int Ed，2015，54（8）：2328-2338

[5] Wang Z，Elimelech M，Lin S. Environmental applications of interfacial materials with special wettability. Environmental Science Technology，2016，50（5）：2132

[6] Si Y，Guo Z. Superhydrophobic nanocoatings：from materials to fabrications and to applications. Nanoscale，2015，7（14）：5922-5946

[7] Dong J, Tang J. Biomimetic superoleophobic surfaces: focusing on their fabrication and applications. Journal of Materials Chemistry A, 2015, 3 (5): 1811-1827

[8] Wang B, Guo Z, Liu W. pH-responsive smart fabrics with controllable wettability in different surroundings. RSC Advances, 2014, 4 (28): 14684-14690

[9] Li D, Guo Z. Robust superhydrophobic and self-lubricating PTES-TiO_2@UHMWPE fabric and its tribological properties. RSC Advances, 2017, 7 (15): 9169-9175

[10] Li J, Li D, Yang Y, Li J, Zha F, Lei Z. A prewetting induced underwater superoleophobic or underoil (super) hydrophobic waste potato residue-coated mesh for selective efficient oil/water separation. Green Chemistry, 2016, 18 (2): 541-549

[11] Peng Y, Guo Z. Recent advances in biomimetic thin membranes applied in emulsified oil/water separation. Journal of Materials Chemistry A, 2016, 4 (41): 15749-15770

[12] Yan Y Y, Gao N, Barthlott W. Mimicking natural superhydrophobic surfaces and grasping the wetting process: a review on recent progress in preparing superhydrophobic surfaces. Advances in Colloid Interface Science, 2011, 169 (2): 80-105

[13] Yu S, Guo Z, Liu W. Biomimetic transparent and superhydrophobic coatings: from nature and beyond nature. Chemical Communications, 2015, 51 (10): 1775-1794

[14] Zhu H, Guo Z, Liu W. Biomimetic water-collecting materials inspired by nature. Hemical Communications, 2016, 52 (20): 3863-3879

[15] Guo F, Guo Z. Inspired smart materials with external stimuli responsive wettability: a review. RSC Advances, 2016, 6 (43): 36623-36641

[16] Hua Z, Wang H, Niu H, Gestos A, Tong L. Robust, self-healing superamphiphobic fabrics prepared by two-step coating of fluoro-containing polymer, fluoroalkyl silane, and modified silica nanoparticles. Advanced Functional Materials, 2013, 23 (13): 1664-1670

[17] Sheen Y C, Chang W H, Chen W C, Chang Y H, Huang Y C, Chang F C. Non-fluorinated superamphiphobic surfaces through sol-gel processing of methyltriethoxysilane and tetraethoxysilane. Materials Chemistry Physics, 2009, 114 (1): 63-68

[18] Wang X, Liu X, Zhou F, Liu W. Self-healing superamphiphobicity. Chemical Communications, 2011, 47 (8): 2324-2326
[19] Jin H, Kettunen M, Laiho A, PynnöNen H, Paltakari J, Marmur A, Ikkala O, Ras R H. Superhydrophobic and superoleophobic nanocellulose aerogel membranes as bioinspired cargo carriers on water and oil. Langmuir, 2011, 27 (5): 1930-1934
[20] Zhang C, Li P, Cao B. Fabrication of superhydrophobic-superoleophilic fabrics by an etching and dip-coating two-step method for oil-water separation. Industrial Engineering Chemistry Research, 2016, 55 (17): 5030-5035
[21] Du C, Wang J, Chen Z, Chen D. Durable superhydrophobic and superoleophilic filter paper for oil-water separation prepared by a colloidal deposition method. Applied Surface Science, 2014, 313 (9): 304-310
[22] Zhu Y, Xie W, Li J, Xing T, Jin J. pH-induced non-fouling membrane for effective separation of oil-in-water emulsion. Journal of Membrane Science, 2015, 477: 131-138
[23] Tian P, Guo Z. Bioinspired silica-based superhydrophobic materials. Applied Surface Science, 2017, 426: 1-18
[24] Wang B, Li J, Wang G, Liang W, Zhang Y, Shi L, Guo Z, Liu W. Methodology for robust superhydrophobic fabrics and sponges from in situ growth of transition metal/metal oxide nanocrystals with thiol modification and their applications in oil/water separation. ACS Appl Mater Interfaces, 2013, 5 (5): 1827-1839
[25] Yang F, Guo Z. Bio-inspired design of a transparent TiO_2/SiO_2 composite gel coating with adjustable wettability. J Mater Sci, 2016, 51 (16): 7545-7553
[26] Wen G, Guo Z, Liu W. Biomimetic polymeric superhydrophobic surfaces and nanostructures: from fabrication to applications. Nanoscale, 2017, 9 (10): 3338-3366
[27] Chen L, Si Y, Hai Z, Jiang T, Guo Z. A study on the fabrication of porous PVDF membranes by in-situ elimination and their applications in separating oil/water mixtures and nano-emulsions. Journal of Membrane Science, 2016, 520: 760-768
[28] Li D, Guo Z. Metal-organic framework superhydrophobic coating on Kevlar fabric with efficient drag reduction and wear resistance. Applied Surface Science, 2018, 443: 548-557
[29] Dong Y, Li J, Shi L, Wang X, Guo Z, Liu W. Underwater superoleo-

phobic graphene oxide coated meshes for the separation of oil and water. Chemical Communications, 2014, 50 (42): 5586-5589

[30] Wang Z, Liu G, Huang S. In-situ-generated Janus fabrics for the rapid and efficient separation of oil from oil-in-water emulsions. Angewandte Chemie International Edition, 2016, 55 (47): 14610-14613

[31] Liu Y, Wang X, Qi K, Xin J. Functionalization of cotton with carbon nanotubes. Journal of Materials Chemistry A, 2008, 18 (29): 3454-3460

[32] Majeed S, Fierro D, Buhr K, Wind J, Du B, Boschetti-De-Fierro A, Abetz V. Multi-walled carbon nanotubes (MWCNTs) mixed polyacrylonitrile (PAN) ultrafiltration membranes. Journal of Membrane Science, 2012, 403-404: 101-109

[33] Zhang W, Zhu Y, Liu X, Wang D, Li J, Jiang L, Jin J. Salt-induced fabrication of superhydrophilic and underwater superoleophobic PAA-g-PVDF membranes for effective separation of oil-in-water emulsions. Angewandte Chemie International Edition, 2014, 53 (3): 856-860

[34] Wang Z, Yu W, Liu G. Rapid and efficient separation of oil from oil-in-water emulsions using a Janus cotton fabric. Angewandte Chemie, 2016, 55 (4): 1291-1294

[35] Hou Y, Wang Z, Guo J, Shen H, Zhang H, Zhao N, Zhao Y, Chen L, Liang S, Jin Y. Facile fabrication of robust superhydrophobic porous materials and their application in oil/water separation. Journal of Materials Chemistry A, 2015, 3 (46): 23252-23260

[36] Feng L, Zhang Y, Xi J, Zhu Y, Wang N, Xia F, Jiang L. Petal effect: a superhydrophobic state with high adhesive force. Langmuir, 2008, 24 (8): 4114-4119

[37] Jeevahan J, Chandrasekaran M, Joseph G B, Durairaj R B, Mageshwaran G. Superhydrophobic surfaces: a review on fundamentals, applications, and challenges. Journal of Coatings Technology Research, 2018, (1): 1-20

[38] Zhao Y, Yu C, Hao L, Cao M, Lei J. Improved interfacial floatability of superhydrophobic/superhydrophilic Janus sheet inspired by lotus leaf. Advanced Functional Materials, 2017, 27 (27): 1701466

[39] Wu J, Jiang Y, Jiang D, He J, Cai G, Wang J. The fabrication of pH-responsive polymeric layer with switchable surface wettability on cotton fabric for oil/water separation. Materials Letters, 2015, 160: 384-387

[40] Yan X，Li J，Yi L. Fabrication of pH-responsive hydrophilic/hydrophobic Janus cotton fabric via plasma-induced graft polymerization. Materials Letters，2017，208：S0167577X17307516

[41] Yihan S，Mingming L，Guo Z. Ag nanoparticles loading of polypyrrole-coated superwetting mesh for on-demand separation of oil-water mixtures and catalytic reduction of aromatic dyes. Journal of Colloid Interface Science，2018，527：187-194

[42] Wang S，Feng L，Jiang L. One-step solution-immersion process for the fabrication of stable bionic superhydrophobic surfaces. Advanced Materials Interfaces，2006，18（6）：767-770

[43] Zhang X，Zhao Y，Mu S，Jiang C，Song M，Fang Q，Xue M，Qiu S，Chen B. UiO-66 coated mesh membrane with underwater superoleophobicity for high-efficiency oil-water separation. ACS Applied Materials & Interfaces，2018，10（20）：17301-17308

[44] Lin P，Ma S，Wang X，Zhou F. Molecularly engineered dual-crosslinked hydrogel with ultrahigh mechanical strength，toughness，and good self-recovery. Advanced Materials，2015，27（12）：2054-2059

[45] Liu M，Li J，Hou Y，Guo Z. Inorganic adhesives for robust superwetting surfaces. ACS Nano，2017，11（1）：1113-1119

[46] Liu M，Li J，Guo Z. Electrochemical route to prepare polyaniline-coated meshes with controllable pore size for switchable emulsion separation. Chemical Engineering Journal，2016，304：115-120

第2章　自然界的超润湿现象

众所周知，经过数以万年的进化，大自然的生物为了更好地适应周边的环境，创造了集美学特征和功能作用为一体的表面结构，具有良好的功能性和环境适应性。因此，从自然界中获取灵感，效仿生物体的结构、成分、性能和功能，从而设计和制备出新型功能材料，已然成了获得高性能材料的一个新的突破口。动植物表面的润湿性在它们与环境的相互作用中起着至关重要的作用。水生动植物的物理限制是它们中绝大多数必须是亲水的，而陆地植物表面的润湿性则涵盖从超亲水到超疏水的整个范围。在本章中，我们主要关注天然的动植物表面和生物材料的超疏水、超亲水、水下超疏油及超疏油特性，从生物体的结构和化学成分入手，来探索其表面性能的真正奥秘所在，为之后的仿生功能化材料的制备和油水分离的应用提供模板和借鉴的思路。这其中，自然超疏水性表面占自然生物体表面的绝大多数，为此，我们就从自然超疏水性表面开始介绍。

2.1　超疏水表面

2.1.1　荷叶效应及自清洁性能

周敦颐在《爱莲说》中称莲有“出淤泥而不染”的特性以表现莲的气度和风节。莲的这种自清洁特性主要是因为雨滴会带走荷叶表面的污渍而使得表面保持干净，我们把这一现象称为“荷叶效应”。不得不说，自1997年起，这一现象引起了科学家的广泛关注，并使科研人员去探索荷叶效应背后的真正原因所在。在未使用扫描电子显微镜（SEM）研究生物叶片之前，科学家们对这种荷叶效应感到困惑，也无法从微观角度去探索，只能在理论上假定表面的粗糙度可能是引起荷叶效应的重要原因。直到1997年，德国科学家Barthlott等首次借助电子显微镜在荷叶表面发现了很多微米级的乳突结构，并首次提出了荷叶效应应该归功于这些微米级突起和表面蜡质层共同作用[1]。随着科技的进步，2002年，Jiang等通过场发射扫描电子显微镜（FE-SEM）发现了每个微观突起上还分布着大量的纳米级的颗粒结构[2]。此外，分析荷叶表面的化学成分，发现其表面散布着三维（3D）蜡小管构建的蜡质层，这些蜡质层赋予荷叶表面超疏水特性和自清洁功能。因此，产生荷叶效应的原因是这种微纳米复合结构以及表面蜡质层的协同作用。水滴不再进入荷叶表面的空隙，其结果是水和表面之间的接触面积大大减少，也降低了固液间的黏附力，使得液滴很容易从表面滚落下来。这是一种典型的超疏水表面的例子，这种表面使得液滴呈现圆球状，让污染物很容易附着在液滴表面，随着液滴从荷叶表面滚落而被有效地带走，以保持表面的清洁。

如图 2-1（a）～（d）所示，Guo 等测得水滴在荷叶表面具有约 162°的静态接触角和约 3°的接触角滞后，因此具有超疏水性能和自清洁性能[3]。由图 2-1（c）和（d）可以看出，荷叶表层均匀分布了直径 5～9μm 的微突起，从图 2-1（d）中进一步发现，这些表层微突起是由一些纳米尺寸的棒状结构材料堆积而成，同时荷叶表面的次表层也均匀分布了一些纳米尺寸的棒状结构材料，它们的直径为 50～70nm（图 2-1（d））。在不考虑其表面化学的情况下，正是这种特有的微纳米复合结构赋予了荷叶表面的超疏水性能和自清洁性能。这也是大自然长期进化的结果，正是这种性能才使得荷叶在生长初期能“出淤泥而不染”。

荷叶效应的生物学意义首先在于防止了微生物（如病原体）、真菌孢子或藻类的生长繁殖，另一个积极效果是防止了表面的污染，可以减少污染物对光合作用的阻碍以及防止叶片表面关闭气孔。同样，这种自清洁效应也适用于动物，如蝴蝶、蜻蜓等昆虫，它们的自清洁特性分布在身体的每一个部分。这样，水滴就能使得自身表面的污垢脱落，以保持干净清洁，同时让水滴与其表面的相互作用力弱化，有利于这些动物在雨中逃生，以便生存。

通过上面的介绍我们不难看出荷叶的上表面具有超疏水特性。到了这里，自然有了下面的问题：荷叶的下表面的润湿特性如何？是不是依旧保持超疏水特性？为此，Cheng 等发现了荷叶的下表面在空气中显示出正常的亲水特性，但是在水中具有超疏油性能，即水下超疏油特性，同时还具有水下自清洁能力[4]。荷叶下侧面的粗糙结构由繁多的平板状和微突起的乳突组成，而且每个乳突都覆盖着纳米级的沟槽结构。此外，荷叶的下表面可能存在着一些亲水性物质，如蕨类植物[5]。这种亲水化合物和分级的微纳米结构的组合使得荷叶下表面在空气中呈现亲水性和水下超疏油性能。

同为两种典型的水生植物叶片，荷叶出水面且生长得亭亭玉立，但是睡莲叶却贴着水面铺开生长。即使同为莲科，睡莲叶子表面的润湿性却不同于荷叶表面，Guo 等研究表明，睡莲叶子表面的接触角约为 15°（图 2-1（h）），表明其表面具有高度亲水性[6]。观察水滴在睡莲叶表面的动态过程，发现水滴在约 15s 内渗透其表面。与荷叶相比，睡莲叶显示出截然不同的微观结构。对于睡莲叶，SEM 图像表明其顶部表面有皱纹状纹理，其上有着凹形硬币状几何结构，其直径约为 15μm，并且是从边缘到中心变得凹陷（图 2-1（g）和（h））。此外，并没有纳米棒状或椭圆形突出结构，皱纹结构导致表面出现许多狭缝，水滴在其上容易形成 Wenzel 状态，呈现亲水性。

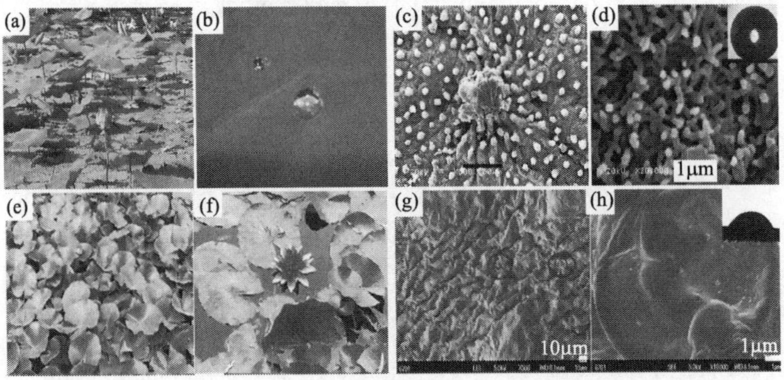

图 2-1 (a)，(b) 荷叶图片；(c)，(d) 荷叶的正面 SEM 图像和接触角；(e)，(f) 睡莲图片；(g)，(h) 睡莲的正面 SEM 图像和接触角

表面的疏水性用接触角的大小来表征。接触角越大，表面越疏水。接触角小于 90°的表面称为亲水性表面，接触角大于 90°的表面称为疏水性表面。对于一些接触角大于 160°（超疏水性）的植物表面，水滴与植物表面的接触面积仅占水滴表面积的2%～3%，因此具有极低的可润湿性。荷叶是自然界中超疏水现象的典型例子，测得荷叶表面的静态接触角约为 170°，这使得水滴仅有约 0.6%的表面积与荷叶表面接触，表面和水滴之间的接触面积如此之小，使得水容易滚落，植物表面上的疏水性污染颗粒也容易被洗掉。同时，这种自清洁现象也表现在其他植物和动物表面，如金莲花、芦苇、卷心菜以及许多昆虫的翅膀[7]，显示出自然界生物表面保持自清洁的普遍性。如图 2-2 (a)～(d) 所示，超疏水的芋头叶上表层均匀分布着一些微米尺寸的微突起，而且这些微突起是分布在一个个巢穴中，这一点与上面所讲的荷叶表面结构略有不同，微突起的直径为8～10 μm，而且微突起和次表层上又均匀分布着纳米尺寸的针状结构，其直径为 20～50nm[3]。水滴在其表面的静态接触角为 165°±2°，滑动角小于 5°，表现出很小的接触角滞后。同样为超疏水的叶片，美人蕉叶表面的 SEM 照片显示出其上随机分布着一些微米级的凸状结构（图 2-2 (e)～(h)），这些微米级突起也是由一些次微米级的棒状材料构成的，直径为 200～400nm。水滴在三叶草表面同样呈现出球状，测得静态接触角为 160°±2°（图 2-2 (i)～(l)），滑动角小于 5°，表现出很小的接触角滞后，通过三叶草表面的 SEM 照片可以观察出其上分布着一些类似帽子的微米级突起，进一步的放大照片显示这些帽子状微米级突起也是由一些纳米级的针状材料构成的，这些针状材料的直径为20～40nm，这种二元复合结构有利于对空气的包裹，形成表面的超疏水性能。

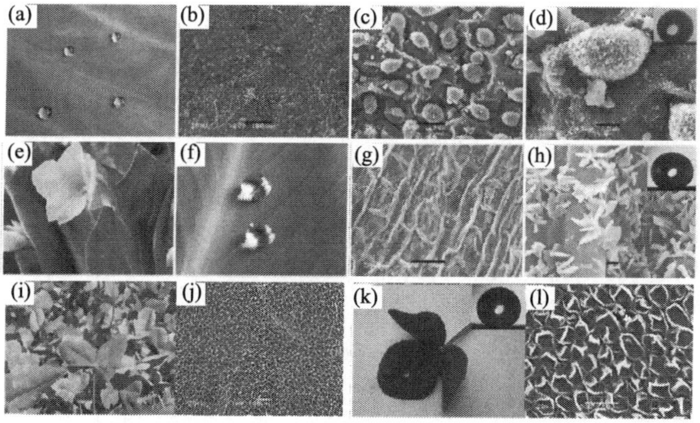

图 2-2　(a)～(d) 芋头叶的图片、SEM 图像及接触角；(e)～(h) 美人蕉叶的图片、SEM 图像及接触角；(i)～(l) 三叶草的图片、SEM 图像及接触角

写到这里，我们不难看出上面所介绍的自然超疏水植物表面都是微纳米结构。我们就情不自禁问：在自然界中，是否唯有微纳米复合结构的表面才具有超疏水性能？微纳结构是不是形成超疏水特性的必要条件？答案是否，Guo 等发现，在自然界中，单一的微米线结构表面也能具有超疏水特性[3]，比如新生冬瓜的表面有毛及白色覆盖层（图 2-3 (a)，(d)），同时发现其表面的白色覆盖层有良好的超疏水性能，水滴在其表面的静态接触角为 165°±2°，滑动角小于 5°，表现出很小的接触角滞后，水滴在其表面很容易滚动，并带走黏附在其表面上的污染物，表现出优异的自清洁性能。通过观察其表面的 SEM 照片(图 2-3 (b)、(c)、(e)、(f)) 发现，新生冬瓜的表面也均匀地分布了大量松散的微米线结构。另外，与此微观结构相似的还有苎麻叶的反面，水滴在其疏水面的静态接触角为 164°±2°。图 2-3 (h)～(j) 给出了不同放大倍数下的苎麻叶疏水性表面的 SEM 照片，大量很松散的微米线均匀地分布在其表面上（图 2-3 (h)），进一步的放大照片（图 2-3 (i)～(j)）显示这些微米线的长度超过 1mm，其平均直径大约为 3μm。对以上两种植物表面结构和润湿性能的研究，揭示了不单是具有微纳米复合结构的表面才具有超疏水性能和自清洁功能，同样，具有单一粗糙度的表面也具有优异的超疏水性能和自清洁功能。相对于微纳米双层结构，单一的微米线结构具有更佳的力学性能，这为材料研究者构造超疏水性表面提供了一种新的可能途径，也为仿生超疏水表面的应用提供了潜在的可能，比如宾夕法尼亚州立大学的 Allcock 小组通过电纺制备了只有微米结构的超疏水性表面[8]。

不可否认，自然界的荷叶为我们提供了具有超疏水和自清洁性能的优异的仿生材料模板。具有自清洁性能的仿生表面应满足以下两个条件：高的接触角和低的滑动角，其中较低的滑动角是实现自清洁效果的关键因素。在过去的几十年中，已经进行了许多以荷叶表面为模板设计构造类似的仿生表面的尝试，

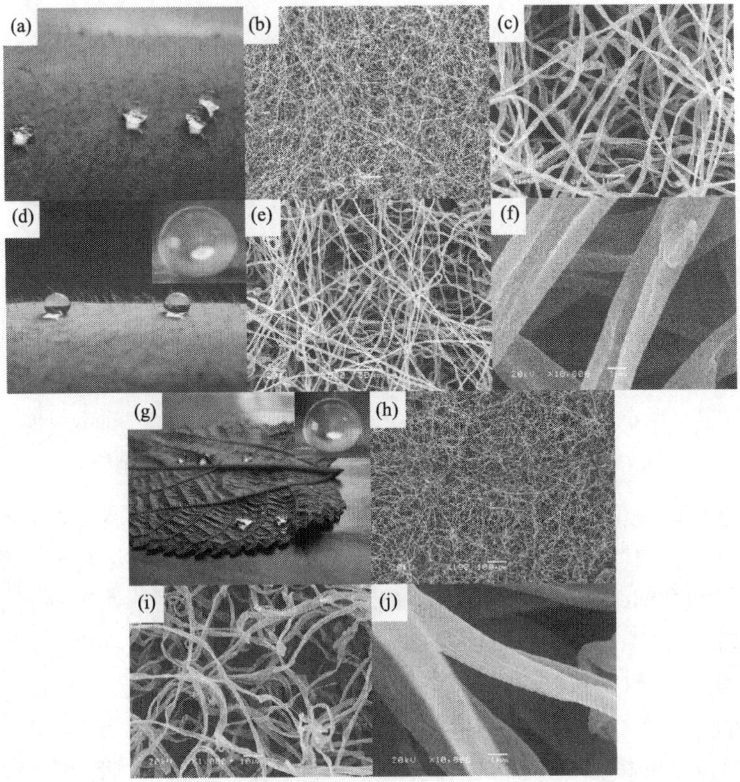

图 2-3　水滴在新生冬瓜表面（a）、（d）和苎麻叶反面（g）的照片：（a）俯视图，（d）侧视图，接触角为 165°±2°；不同放大倍数下的新生冬瓜表面（b）、（c）、（e）、（f）和苎麻叶反面（h）～（j）的 SEM 照片

利用微纳粗糙结构和蜡质的表面物质制备具有自清洁性能的表面。Patankar 证明，双重粗糙表面或细长支柱是开发自清洁表面的最佳表面几何形状[9]。然而，复合的微纳界面是亚稳态的，这是其在应用中的短板和瓶颈问题。Barbieri 等用不同尺寸的液滴来测得不同间距的微柱之间的稳定性，同时研究从 Cassie 状态到 Wenzel 状态的过渡，其中微柱的 5μm 高度和 10μm 直径保持不变。结果表明，当表面液滴半径达到 360μm，间距为 37.5μm 时，发生了从 Cassie 状态到 Wenzel 状态的转变[10]。因此，如何提高其稳定性仍然是仿生超疏水表面的一大挑战。在此之前，如何构造类荷叶结构的仿生超疏水表面成了科研工作者首先要考虑的事情。

为此，受“荷叶效应”启发的科学工作者通过构造不同的表面粗糙度来制备类荷叶表面微观结构的仿生超疏水表面。例如，电化学沉积、纳米光刻、胶体系统和光刻。然而，这些方法难以控制，或需要复杂的化学处理。Sun 等首先通过基于软光刻的纳米铸造直接重复荷叶的表面纹理，这是一种广泛使用的纳米加工方法[11]。他们使用聚二甲基硅氧烷（PDMS）进行荷叶模板的阴性模板浇铸，无需任何特殊处理，然后在阴性模板上蒸发三甲基氯硅烷（TMCS）以获得所需单层，最后使用 PDMS 进行阳性（人工）复制转换否定模板。与三种不同表面（平面 PDMS、负模板、正复制品）的不同疏水性相比，表面几何形状对润湿性能具有显著影响，并且发现其他适当的热塑性材料可以模拟荷叶的纹理表面。此外，Liu 等使用软平版印刷方法以高保真度直接复制荷叶表面，获得的表面显示出超疏水性，具有高的接触角（超过 150°）[12]。使用 PDMS 印模，压印在硅晶片上，由环氧基偶氮聚合物 BP-AZ-CA 制成模拟荷叶表面，所制备的表面具有大量乳头状微结构，平均直径 7～10mm，是荷叶表面图案的复制品，并使得表面疏水性增强。类荷叶结构且具有荷叶自清洁特性的工业化产品在 20 世纪被推向市场。名为 Lotusan 的外墙涂料，于 1999 年在市场上成功推出。然而，由于微观粗糙度形态的脆弱性，仿生表面微观结构逐渐被破坏而导致其所拥有的超疏水特性丢失。可以肯定地说，稳定性决定了仿生超疏水表面的持久性。

总而言之，自清洁仿生表面因其卓越的性能而在基础研究和工业应用中引起了广泛关注。例如，用于车辆挡风玻璃和自清洁窗户的清漆，衣服和其他纺织品的防水，屋顶瓦片、建筑物的外墙涂料，流体流动阻力的减小等。因此，制作具有荷叶效应的仿生超疏水表面仍是当今研究的热点。同时，还有很多问题需要解决，尤其是真正的形成机理有待进一步的深入研究。

除此之外，还有其他几种具有特殊结构的植物叶片及其所呈现的特殊性能也值得研究者密切关注和研究。

2.1.2　槐叶萍效应及水下集气功能

槐叶萍属于一种浮游水生蕨类植物。令人惊奇的是，这种植物可以依赖微纳结构之间储存的空气膜而在水中生存数天乃至数月。与荷叶表面特性相同的是，它的浮叶表面也超疏水，这种现象被定义为“槐叶萍效应”。借助于 SEM 我们不难发现，这种叶片表面被复杂而密集的多绒结构所覆盖（图 2-4（a）），每根绒毛的底部有着粗壮的根部，末端分枝为四根更细的绒毛，它们发散成弧状并且顶端相碰，形成一个打蛋器状的结构（图 2-4（b））[13]。在成年叶中，每根细绒毛的末端细胞形成的帽状结构（图 2-4（c））是疏水的。除了四个帽状结构外，整个表面都覆盖着蜡层（图 2-4（d）），因此表面的末端相当光滑，表面的其余部分形成分层结构。Barthlott 等利用水-甘油混合溶液来冻结新鲜的槐叶，并用冷冻 SEM 观察液滴在表面上的接触区，如图 2-4（e）和（f）所示，他们首次揭示该溶液并没有润湿末端半月板结构，也有力地证明了打蛋器结构能有效地支撑空气-水界面，结构内部空气的稳定存在可以防止水进一步的浸润，以实现表面的稳定超疏水特性。

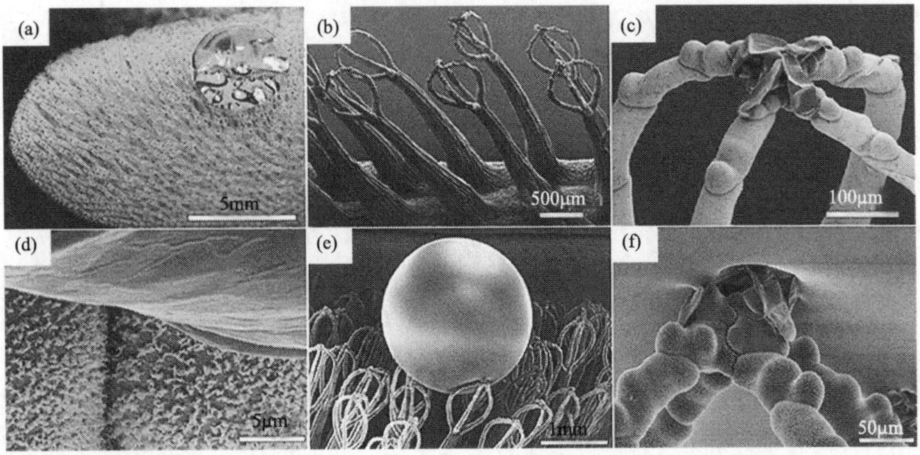

图 2-4 (a)～(d) 槐叶萍浮叶的形态：(a) 叶子的上侧表面被绒毛结构所覆盖，(b)～(d) 微纳米级的绒毛结构的 SEM 图像；(e) 低温冷冻下叶片浸泡在水-甘油溶液中；(f) 水-甘油液滴和亲水末端结构之间接触区的侧视图

槐叶萍浮叶表面在水下表现出保持空气的优异特性，这引起了研究者对具有亲水性斑块的超疏水表面的研究兴趣。这种在水下保持空气的能力不仅对于植物在水下呼吸是重要的，而且对于其在水下气体储存、低摩擦液体运输和液体条件下的空气屏障中的应用也是重要的[14-16]。因此，研究者越来越关注具有长期空气滞留的超疏水表面。研究这种现象背后的科学本质以实现仿生类材料的最终工业化应用，也就显得非常重要和刻不容缓了。

类似打蛋器形状的结构表面与亲水贴片一起为具有长期空气保持能力的表面设计提供了有建议性的模型。为此，应考虑三个重要因素：①毛发的形状和分布；②表面化学的特殊润湿性；③毛发的弹性[17]。为了满足上述三个条件，研究者已经成功完成了一些尝试。空气捕获表面具有很大的技术和经济效益，它长时间保持水下干燥的特殊机理为生物污垢（藻类、细菌和其他海洋生物）的去除提供了解决方案，同时为揭示不同海洋生物间的不同黏附机理提供了潜在的可能。它们已经在低摩擦流体输送和减阻船舶涂层中得以实现[18,19]，其中 Tokunaga 等首次将超疏水表面应用于船舶表面[20]。此外，Zhang 等描述了被困空气表面的潜在应用，如纺织品、清漆和涂料[21]。科学研究已经表明，流体摩擦阻力占了货船总阻力的 60%～70%，约占油轮总阻力的 80%[22]。尽管仿生超疏水表面存在着减阻的可能，但其最大的应用瓶颈是如何保持其在水下长时间的防水性。实验表明，减阻效率在 15min 后降低，这也表明减阻涂层中所包含的空气在 15min 后被排出，材料的表面润湿特性也就随之丢失[23]。因此，仿生超疏水表面遇到一个重要问题，即空气层仅在水下保持几分钟，如何延长有效时间成了一个挑战。对于槐叶萍浮叶在水下能高效地保持空气的特性，Otten 和

Herminghaus 等是这样解释的：润湿是导致液滴能够悬挂在密集覆盖着毛发的斗篷草上的原因，这种疏水性是由于毛细效应和弹性的共同作用，同时斗篷结构有效地阻止了空气的流动和滑移，进而实现了水下空气的长时间保持[24]。除此之外，Cerman 等直接使用槐叶萍浮叶作为模板，用常规的丙烯酸清漆填充植物柔性的表面和用类似橡胶的硅负片来产生精确的槐叶萍表面结构的丙烯酸复制品[25]。氟碳疏水剂用于改善接触角和耐水性，因为丙烯酸清漆本身不是疏水性的（接触角约为 68°）。当分子聚合并暴露末端的疏水基团—CF_3 时，氟碳化合物在表面上形成网状层结构，从而使表面具有防水性。Tricinci 等借助于双光子聚合的 3D 激光光刻技术复制了水生蕨类植物（槐叶萍）叶片的形态，并可以调控式设计尺寸为自然界模板的 1/100 的样品[26]。结果表明，该结构由亲水性材料（交联环氧基光刻胶）制成，使用激光光刻制备的“打蛋器”结构仿制品由圆柱形杆和头部组成，其茎高 7μm，直径为 1.5μm，而头部则由彼此交叉旋转 60°的三个圆周组成，其直径为 6μm，厚度为 1μm。这些结构遵循二维（2D）六边形网格来排列，茎之间的距离为 9μm，毛发的头部丝之间的最小距离约 3μm。由于交联的负性光刻胶具有良好的机械性能，确保了激光写入后结构的稳定，因此即使是浸入水中后，悬挂的冠状头部也没有塌陷，尽管它们的尺寸很小，却具有高的纵横比，其复制品能够牢牢固定在玻璃基板上。这种结构不仅具有高度疏水的行为，同时具有明显的其他功能特性，例如，空气滞留、稳定力学和促进环境水分的凝结。

最近，Yang 等仿照槐叶萍浮叶的上部密集的毛发来形成超疏水表面[27]。四根头发状结构在尾部相连，形成一个打蛋器状的结构，实现选择性润湿特性，以达到油水混合物分离的目的。同时这项研究也表明，即使是亲水的材料，在表面引入粗糙结构，可使得表面在宏观上表现为疏水。利用 3D 打印的光固化树脂，在 E-玻璃/多壁碳纳米管制成的平坦表面表现出疏水性和超亲油性。溅射纳米涂层后，表面显示出超疏水（光滑表面）和疏油性。由此开发了一系列顶部有打蛋器结构的柱状阵列，并对水和油表现出不同的润湿性，甚至达到黏合力可控可调的状态（从 23μN 到 55μN）。人造头发的茎高为 700μm，底部和顶部的直径分别为 300μm 和 150μm，顶部由不同数量的分支组成，直径为 35μm，高度为 250μm。结果显示，3D 打印的仿照打蛋器结构的表面具有高强度、疏水性、黏度可控、超亲油性和良好的水滴可控性。

总之，与荷叶效应一样，槐叶萍效应也开启了表面仿生设计的有趣视角，基于其表面的超疏水和超亲油性质，该仿生表面适用于液滴控制、微滴的无损输送、涂层表面的减阻、油水分离等各种应用。这也是值得研究者继续深入探究的一个潜在方向。

2.1.3　玫瑰花效应及高黏附性能

与前面介绍的两种植物叶片效应不同的是，在自然界中，红玫瑰花瓣表面虽然也超疏水，但更让人感兴趣的是其所呈现出来的高黏性，即使倒立花瓣，其表面上的水滴也不会滚落下来。这两种看似矛盾对立的特性居然在这种植物身上得到和谐统一的体现。为了揭示其原因，借助于电子显微镜，如图 2-5 所示，Feng 等研究了红玫瑰花瓣的微观结构[28]，发现其表面分布着周期性的微乳突结构，乳突的平均直径为 16μm，平均高度为 7μm，每个微乳突的顶部有许多纳米尺度褶皱阵列，顶部平均宽度为 730nm，这种超疏水表面具有大的接触角滞后，可以通过 Cassie 浸渍润湿来说明，即水可以渗透到微乳突中，但是空气却被保留在纳米级褶皱中的间隙，这种特殊的结构同时赋予了玫瑰花瓣表面高疏水性和高黏附力。在此基础上，Jiang 等还解释了为什么玫瑰花效应不是经典的 Wenzel 或者 Cassie 状态[29]，而是 Cassie 浸渍润湿状态，即液体会浸渍到微结构之间而部分渗透到纳米结构中，以保留少量的空气。也就是说，玫瑰花瓣上的水滴更倾向于侵入较大尺度的凹槽，而不是较小的凹槽。因此，该润湿区域小于 Wenzel 状态并且大于 Cassie 状态，处于两种状态的过渡态。同时这也表明接触角滞后随着润湿表面积的减小而减小。从机械观点来看，导致高黏附性的两个主要因素是毛细管力和毛细管作用引起的负压。正如前面所介绍的，虽然荷叶和玫瑰花瓣都是超疏水的，但是却呈现出不同的黏附力。通过比较它们的结构，发现它们具有不同黏附力的本质原因在于微结构的节距值以及纳米结构的密度不同，以至于所包含空气的逃逸难度不同，进而引起了水滴在两种表面的不同接触状态。为了进一步搞清原因，Bhushan 等研究了两种具有不同黏附力的花瓣表面，即具有间距大而峰高低的微观结构的表面和低密度的纳米结构的表面，水可以浸润微结构却不能完全润湿纳米结构，这就同时保证了大的静态接触角和高的黏附性[30]。同时，已有的研究表明，表面的接触角滞后是由三相（固-气-液）接触线决定的，三相接触线越长，接触角滞后越大，反之亦然，因此也就非常容易解释荷叶和玫瑰花瓣的不同黏附力。从微观结构来看，荷叶的接触线是不连续的，可以防止液滴渗透到微结构界面中，因此表面的接触角滞后较低并且水滴容易从表面滚落，而玫瑰花瓣的三相接触线是连续的，强毛细力迫使液滴进入微结构的凹槽，因此玫瑰花瓣显示出强的防水性和高的黏附力。除了对微观结构的节距和高度的研究之外，Bhushan 等还研究了不同粗糙度表面的几种润湿状态[31]，研究再一次证明，微观结构对接触角滞后具有很大的影响，而纳米结构提供了高的接触角。同时这项研究还表明，花瓣可以表现出典型的荷叶效应特性（高的接触角和低的接触角滞后）或玫瑰花效应特性（高的接触角和高的接触角滞后），仅是由微观结构的少许差异所引起的，而对于这种差异性的定量分析目前还处于研究的起步阶段。

不可否认，从目前的研究来看，绝大多数花瓣均具有微纳米分层结构且结构光滑，但是并非所有的花瓣都表现出超疏水性和高黏附力，它们的润湿性从

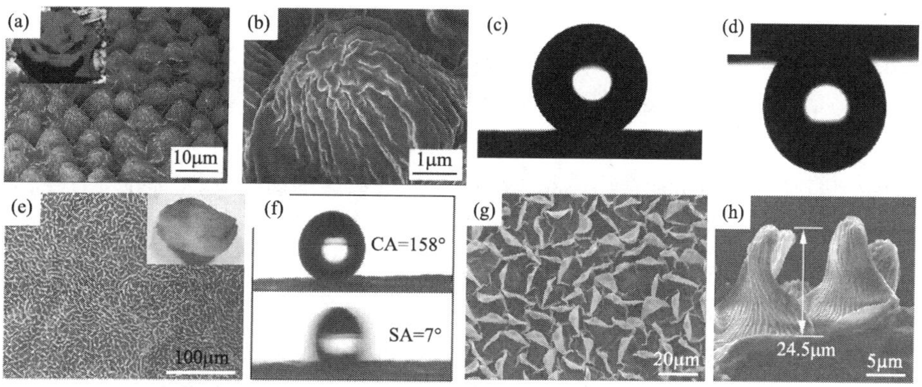

图 2-5 红玫瑰花瓣的 SEM 图相。(a) 微米的乳突结构；(b) 乳突上的纳米结构，以及表面上水滴在 (c) 空气中、(d) 水下的润湿情况；(e) 干玫瑰花瓣的实物图及 SEM 图像；(f) 干玫瑰花瓣的接触角 (CA) 和滑动角 (SA)；(g) 镀银玫瑰花瓣的高分辨率 SEM 图；(h) 花瓣微结构的放大 SEM 图，高约 24.5μm，其顶部有纳米的凹槽结构

超疏水性、疏水性到亲水性甚至超亲水性都有。譬如，具有微突起和纳米波的白色兰花瓣（接触角约为 134.3°）与具有微球和纳米片（接触角约为 135.5°）的一品红花瓣都是强疏水的，而具有相对光滑表面结构的百合花瓣（接触角约 101.5°）与具有微涡和纳米皱纹（接触角约为 97.6°）的凤仙花瓣都是弱疏水性的，具有周期性微乳突和纳米褶皱（接触角约为 0°）的马蹄莲花瓣是超亲水的[32]。除了微观结构对植物表面润湿性有影响之外，Feng 等通过 X 射线光电子能谱（XPS）分析研究了各种植物表面化学成分对其润湿性的影响，研究结果表明，碳—氧键越多，表面能越高，相应的表面也越亲水[33]。Bormashenko 等还讨论了基于石松子表面的润湿性，研究结果表明，静态接触角还与测试水滴的体积存在着关系[34]。关于不同体积的水滴在同一表面上呈现的接触角的大小不同，科研工作者都有提及，但是如何影响、定量的关系如何、影响的因素有哪些等问题都值得科研工作者加以关注，深入研究。

此外，通过复制鲜花瓣的结构也实现了高黏性仿生表面。Xu 等直接使用天然玫瑰花瓣作为复制模板来制作表面微观结构，通过简单的物理气相沉积（PVD）实现在天然玫瑰花瓣上的镀银涂层，花瓣上的乳突阵列、乳突上的亚微米光栅及聚集的银纳米粒子构成双层微纳结构，不仅促进了表面的超疏水性，并且增强了拉曼反射[35]。它提供了一种制备具有相同超疏水性和低黏附性表面的直接且简便的方法。Guo 等使用化学方法制备了超黏附且超疏水的防水铝表面[36]。Hess 利用等离子体的方法处理制备出具有黏性的超疏水纤维素表面[37]。疏水性的 PDMS 表面用以复制天然玫瑰花瓣的微观结构，接触角高达 154.3°，即使倒置表面也因强黏附性而保持液滴的状态不变，黏附力的最大值为

63.8μN。此外，该表面还在1.07～13.76的pH范围内显示出超级防水性，表现出耐酸碱性，这显现出很大的应用前景，潜在重点应用领域包括制备化学工程材料、微流体装置和少量腐蚀性液体的运输[38]。

通过上面的介绍不难看出，受高黏附性植物表面启发，科研工作者能够快速高效地制备类似的仿生聚合物薄膜。除此之外，壁虎的高黏附性也引起了科研工作者的广泛兴趣，其中主要是通过模仿壁虎脚来制备具有高黏附力的合成材料。已有的研究表明，壁虎脚掌有着大量的微观足毛（刚毛），并且分裂成许多纳米级的末端。这种微观结构增强了界面的范德瓦耳斯力的相互作用，使得它们能够紧紧地黏附在各种基材上。Ma等通过合成聚多巴胺甲基丙烯酰胺-甲氧基乙基丙烯酸酯-N-异丙基丙烯酰胺（p（DMA-co-MEA-co-NIPAAm））的热响应共聚物，然后将其修饰到蘑菇形PDMS柱状阵列上，形成一种新型的水下热响应壁虎黏合剂，其创新点在于，在高于共聚物的下临界溶解温度（LCST）的附着状态期间产生高黏附性，但在低于共聚物的LCST时处于低黏附性的分离状态，这样就形成了温度响应性黏附。在此基础上，科研工作者将Fe_3O_4纳米颗粒（NP）掺杂到热响应性聚合物涂层中，所形成的复合涂层响应近红外的激光辐射，因此可以对黏附力进行快速且可逆的操控，并利用黏附力和横向摩擦力的调控实现在水下捕获和释放重物[39]。

除了仿玫瑰花瓣和壁虎脚掌的微观结构实现超黏附表面并使其黏附可控之外，其他关于具有超疏水性的可转变黏附的成果也在陆续被发表。Yao等借助于聚苯乙烯纳米管制备了超黏附超疏水表面，并且它们在高黏性钉扎状态和低黏性滚动状态之间获得了可调节的过渡[40]。Sun等制备了一种基于ZnO纳米棒阵列的智能超疏水表面，具有可切换的黏附力[41]。另外，Uchida等通过使用具有优异的两种异构体的热稳定性和高抗疲劳性的光致变色二芳基乙烯衍生物，成功地制造了显示出荷叶效应和玫瑰花效应并存的表面，并且可以通过控制化合物的紫外（UV）辐射和加热曲线来调节这两种效应的转化[42]。Kustandi等通过使用胶体纳米光刻和深刻蚀方法制备具有纳米孔的硅模板，其进一步用于制造类似黏合剂的聚对二甲苯纳米纤丝[43]。研究结果表明，单个纳米纤维（NF）显示出0.91～1.35nN的平均黏附力。所制备的仿生表面有致密堆积的聚合物纳米纤丝，具有超疏水、防水和“易清洁”的特性。在宏观尺度上，纳米结构表面可以牢固地黏附到光滑的玻璃基板上并且表现出黏合剂表面的超疏水性。利用这种方法可以制备大尺寸、高密度和高纵横比的合成壁虎毛发而没有横向塌陷。根据纳米尺度结构中毛细管力引起的纳米内聚力的机理，纳米线的较低刚性有利于团块的形成。这种高黏性表面在实际应用中具有广阔的前景，例如，微流体通道，用于生物学和化学的分析与检测的基质，以及作为研究液体珍珠的原位化学混合和界面反应的平台。因此，这些技术将在未来应用于表面黏合力的控制。

前面介绍的大多是自然界中具有特殊微观结构和特定性能的动植物，这些动植物表面所呈现的超疏水性和超黏附性基本上都是由其特定的微观结构所决定的。此外，有一些生物体也具有类似的结构与功能，所呈现的这些功能也赋予其更好的环境适应性。下面我们将详细介绍一些特殊结构的生物体表面。

2.1.4　蝴蝶和结构色表面

在超过5亿年的进化历史中，生物体基于自我生存和发展的需要，在表面逐渐进化出不同的颜色，经过优胜劣汰，它们要么因为伪装而误导敌人得以生存，要么因为出彩的颜色而从异性追求者中脱颖而出获得交配权，从而帮助生物体在大自然中生存和繁衍。生物体之所以呈现出绚丽的色彩，原因在于表面的化学色和物理色。化学色通过选择性吸收光来显示，如颜料和染料；物理色，也称结构色，源于光与表面定向周期性结构产生的干涉、衍射和散射等作用。结构色的发现可以追溯到1665年，胡克发现了一滴水能破坏孔雀和鸭子羽毛的颜色，由此开启了关于表面微结构与绚丽色彩之间相互关系的研究[44]。Merritt等发现了超过50个带有彩虹色的动物样本[45]。Prum等利用光纤分光光度法、透射电子显微镜（TEM）和2D傅里叶分析来研究4个科的12种鳞翅目昆虫表面结构色的物理机理[46]，发现蝴蝶和蛾（鳞翅目）的结构色归因于多种物理机理，比如多层干涉、衍射、布拉格散射、廷德尔散射和瑞利散射。对多彩蝴蝶鳞片的TEM图片进行2D傅里叶分析，证明了所有物种的表面纳米结构化可以通过相干散射而产生可见的颜色，即增强了差分干涉和散射的可见波长。在解剖生物体表面的微纳米结构的基础上，用光学分析的方法解释这些结构色产生的原因，揭示了蝴蝶翅膀和鳞翅目昆虫的结构色与光学特性的相互作用机理。

这些生物体表面中，最引人注目的应该属于多彩的蝴蝶翅膀。通常来说，蝴蝶的翅膀表面都有着绚丽多彩的颜色，这引起了科研工作者的广泛兴趣。譬如，大闪蝶翅膀是特殊的蓝色，如图2-6（a）所示。研究发现，翅膀表面分布着周期性角质层，有着两种尺度组成的有序微纳结构。翅膀这两种类型的尺度分别叫“覆盖尺度”和“底面尺度”[47]。结构色通常是由底面尺度所产生的，蝴蝶翅膀的底面尺度上排列着平行的脊结构，而且周期性排列的脊表面覆盖着厚度小于100nm的角质层，这种特殊复合结构有助于干扰效应的共同作用。除了复杂的几何纳米结构，脊从上到下产生了一定的化学梯度。结果表明，衍射效应和干涉效应的相互作用使得蝴蝶翅膀可以选择性地反射波长约为479nm的光，表现出优异的光学性能，有助于生物彼此的沟通交流及伪装自己得以生存。让人感兴趣的是，该蝴蝶翅膀表面还显示出超疏水特性和自清洁能力，使得附着在表面上的灰尘能够随着滚动的水滴被带走，从而保持其表面的清洁。蝴蝶翅膀表面与荷叶表面最大的不同之处在于，荷叶的超疏水特性呈现出各向同性，而蝴蝶翅膀的超疏水特性呈现出各向异性。这种差异性的出现还是因为其表面微观结构的不同，这点将在后面做详细的介绍。许多研究人员致力于研究蝴蝶翅膀表面的彩虹色、超疏水性能以及自清洁，并模仿其结构设计、制备多功能的材料。Potyrailo 等利用等离子体刻蚀的技术对大闪蝶翅膀进行改性处理，讨论了大闪蝶翅膀的厚度和宽度、顶部薄片层与不同刻蚀时间对整个表面反射率光学特性的影响（图 2-6（b）～(e)）[48]。研究结果表明，经过刻蚀之后，其表面仍然保留着脊和薄片等主要结构特征。除此之外，他们采用独立分析的方法来研究翅翼，发现它们薄片的厚度、宽度、层数及蚀刻时间对翅膀的光学特性影响不大，但是顶部薄层的薄片厚度、宽度和光学性质却能很大程度上影响翅膀的反射率。这种加法和减法的改性方法为研究生物学提供了一种新的策略。

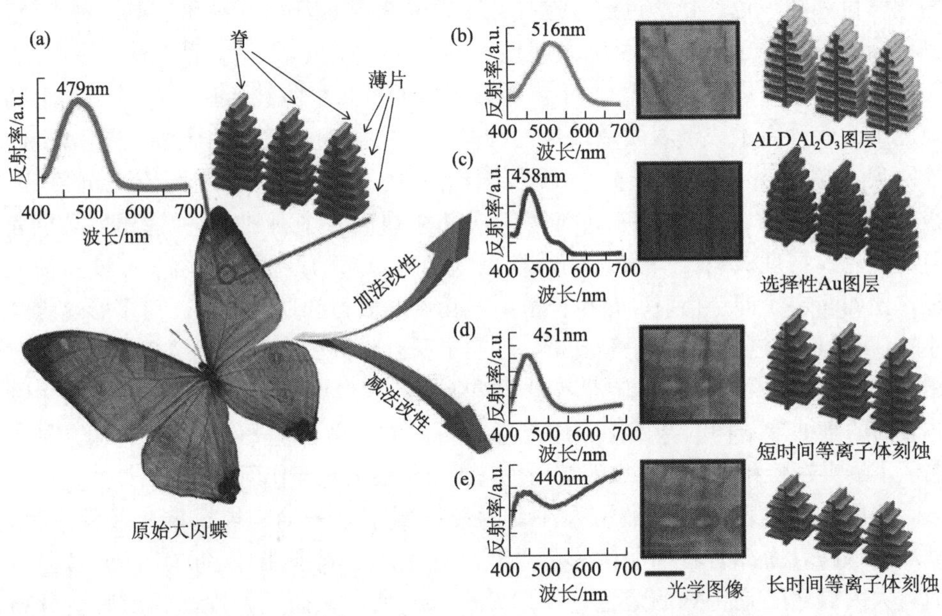

图 2-6　通过加法或减法的过程对蝴蝶表面进行改性。(a) 原始的蝴蝶翅膀中脊和薄片结构的示意图；(b)，(c) 蝴蝶翅膀的加法改性：(b) 用 Al_2O_3 进行原子沉积，(c) 并通过热蒸发 Au 选择性改造表面；蝴蝶翅膀薄化薄片层 (d) 和顶部薄层 (e) 的减法修饰。插入在 (a)～(e) 中的光谱显示出改性过程所引起的光学反射率的变化，其中 (b)～(e) 中所有光学图像的比例尺为 5mm（扫描封底二维码可看彩图）

从大闪蝶翅膀中获得灵感，他们还制备了脊结构上具有极性梯度的表面生物模式[48]。由于脊结构从顶部到底部的极性逐渐减小，所以能够选择性地捕获和吸收不同极性的蒸汽。这种对蒸汽选择性响应的现象为传感器的制备和应用提供了新思路，可以通过控制感测单元上分级的纳米结构的化学组分而实现选择性的响应。他们还模仿脊和薄片的结构，通过将蒸汽传感器与阵列结合，构建单独的纳米制造传感器[49]。传感器不仅可以在初始条件下选择性地检测纯蒸汽，而且可以在可变湿度的环境中量化地检测混合物中的这些蒸汽。同时其研究还表明，具有薄片的材料反射蓝光，而没有薄片（仅具有脊）的结构在照射下反射红光（图 2-6（d））。通过有取向的功能化表面、表面化学成分的官能化以及纳米结构的消光和散射能实现传感器的可控。传感器可用于检测一定区域内的多种蒸汽。生物系统是获得人造彩色灵感的基本来源，它为我们提供了丰富的生物模板来设计多功能的材料表面。

除了蝴蝶的双翼上有着结构色，绿头鸭颈部也有着鲜艳的羽毛，而且具有特殊的润湿性。Khudiyev 等研究了带有明亮绿色的野鸭（*A. platyrhynchos*）羽毛及其产生颜色的原因，如图 2-7（a）所示[50]。图 2-7（b），（d）为用光学显微镜的观察：随着观察角度的增加，羽毛的颜色从绿色变为鲜明的蓝色，表现出对观察角度强烈的依赖性。在图 2-7（e）的 SEM 图像中，可以清楚地看到小羽枝的横截面呈现非圆形，这可以使得彩虹色的功能化表面区域最大化。如图 2-7（c）和（f）所示，小羽枝边缘对齐排列着六角棒状结构，有着五层或六层的侧腹，形成一个独特的 2D 光子晶体结构[51]。参考以前的研究，黑色素（棒状）主要嵌入角蛋白的基质（填充材料）中，构成实际折射率为 2.00 和 1.56 的小羽枝，其值在可见光谱上略微波动[52]。Stavenga 等认为小羽枝折射率的数值在构色上并没有起主要作用，而主要影响表面的反射强度[51]。此外，Khudiyev 等利用光学模拟技术计算并模拟了与小羽枝有关的反射带的位置和性质，并证实了小羽枝所呈现的绿色归因于 2D 光子晶体的存在[50]。更重要的是，野鸭颈部的羽毛也具有超润湿性（CA＝152°±2°）[53]，这是三个因素协同作用的结果：①气囊内存在着多组气隙；②每个小羽枝簇之间的互锁结构；③每个小羽枝表面的纳米级粗糙度[54]。Khudiyev 等仿照野鸭颈部的羽毛结构，通过自上而下迭代尺寸逐渐缩小的方法构建多功能的 2D 固态核心的聚碳酸酯（PC）纤维，其表面具有可调的结构色和良好的超疏水性（水滴接触角(WCA)＝165°）[50]。

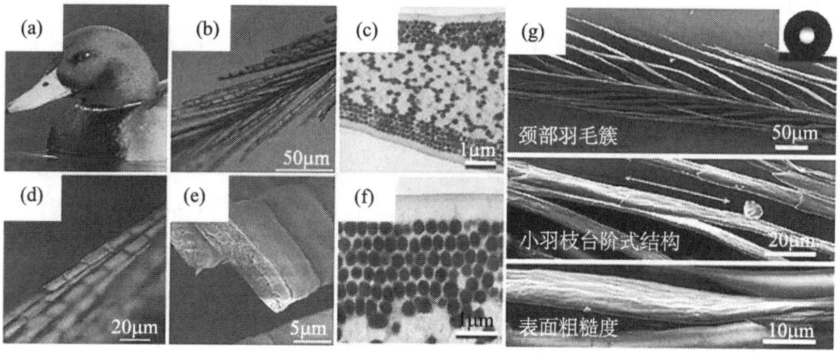

图 2-7　(a) 野鸭颈部羽毛；(b)，(d) 野鸭颈部羽毛的光学显微镜图像；(c)，(f) 小羽枝的上侧和下侧附近黑素体堆积；(e) 横截面的 SEM 图像；(g) 颈部羽毛的结构层次，右上角的接触角约为 152°（扫描封底二维码可看彩图）

孔雀尾巴上的羽毛结构与绿头野鸭相似，都是由周期性的纳米棒状结构排列而成，并且具有超疏水性以确保能够保持羽毛的干燥[55]。在孔雀的羽毛上分布着很多眼状斑，眼状斑是由三种颜色组成的。我们知道，改变晶格常数和周期数即可获得不同的颜色。羽毛的SEM图像表明，微观结构从密堆积转变为非密堆积，从而在表面上产生了其他颜色。Wang等利用胶体离子的自组装合成了具有孔雀羽毛眼状斑结构的光子晶体[54]。这种结构是三明治式的夹层结构，由超亲水的平板基底、疏水基底以及夹在其中的聚（苯乙烯-甲基丙烯酸甲酯-芳基酸）（poly（St-MMA-AA））乳胶悬浮液组成。通过调整poly（St-MMA-AA）的浓度来改变材料表面的润湿性。在液体蒸发后留下了聚合物薄膜，所形成的超亲水底板的左侧结构就与孔雀羽毛眼状斑结构相似。当poly（St-MMA-AA）的浓度达到0.2%时，样品表面呈现超疏水特性。同样受生物体表面光子结构的启发，许多科学家着迷于研究和开发具有炫目色彩的表面结构。Wu等利用多光束干涉光刻技术形成周期性纳米针阵列，通过在阵列上镀银纳米粒子获得多层结构，所制备的表面不仅表现出超疏水特性，而且有明显的彩虹色[56]。让我们感兴趣的是，多光束激光方法十分快速且能简单地用于大面积制造，不到一分钟就能制造出600mm^2 的表面。该方法制作速度快、设置简单并且操作方便，为其最终的工业化应用提供了可能。此外，具有彩虹色的超疏水表面可以通过软压印光刻批量生产PDMS模板来制备。这种彩虹色的超疏水表面有应用于装饰建筑物、汽车甚至衣服表面的潜力。

2.1.5 昆虫和减反射性能

与蝴蝶翅膀不同的是，昆虫的眼睛，尤其是蛾眼，是由一系列复合眼组成的，其外表面覆盖有角膜乳突，通过SEM、TEM和原子力显微镜（AFM）研究其纳米结构，并进行光学建模，从而探索表面结构与减反射性能之间的构效关系。如图2-8所示，乳突的分布是高度有序的，并且采取了域的局部排列[57]。此外，乳突几乎完全被六角形填料所覆盖，阵列的距离小于波长。蛾眼中的这些纳米结构也已用于消声室中来减少微米波长的反射，由Al_2O_3 制成的抗反射涂层显示出良好的反射率（反射率为2.7），其厚度为0.78mm。乳突结构层在空气和材料之间产生了过渡。也就是说，在蛾眼表面从一致到多孔材料的渐变折射率引起抗反射效果。此外，蛾是夜间飞行的昆虫，白天几乎不动，所以如果蛾眼在掠食者附近发生太阳光的强烈反射，其生命就受到了威胁。这个假设也就解释了乳突结构在许多蛾眼中普遍存在的原因，但是在白天活跃的蛾或蝴蝶的眼睛上没有明显的乳突结构，甚至在高度进化中逐渐消失。

除了蛾眼，蝉翼的表面也具有抗反射的能力。蝉通常拥有透明、纹理良好的膜状翅膀，Watson等通过AFM研究了蝉翼表面上周期性纳米结构的假定功

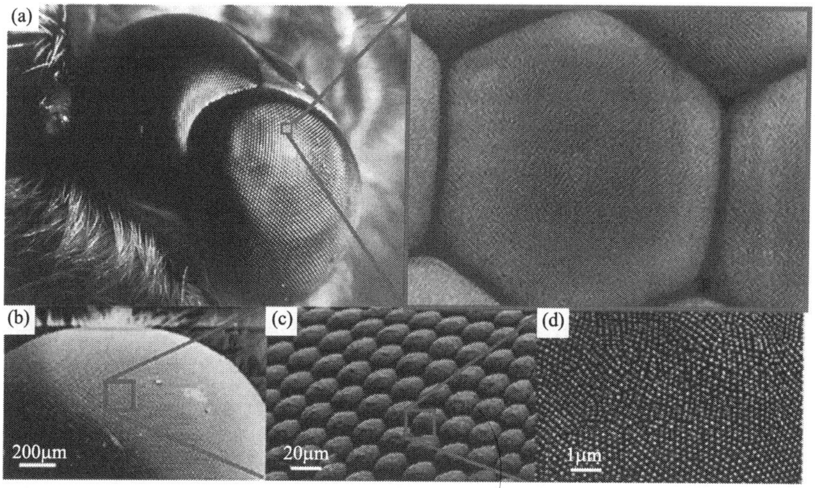

图 2-8　由 SEM 图像揭示的蛾眼的角膜乳突阵列。(a) 完整的眼睛及其扩大的区域形貌，比例尺为 500μm；(b) 一个小面镜片中的乳突阵列；(c) 细节中显示具有高度有序的乳突阵列的局部排列；(d) 区域排列的再次放大（扫描封底二维码可看彩图）

能和功能效率[58]，颗粒的黏附力数据表明，蝉的翅膀具有抗湿的低表面能膜，同时也已被证明具有抗反射性能和强的机械性能。蝉翼的非润湿性质归因于纳米结构，包括高度和间距通常在亚微米级的突起，如图 2-9（a）所示[59]。Sun 等研究了 15 种蝉前翅的表面微观形貌和表面润湿性，以确定蝉前翅的润湿性的可调性与微纳米结构及其化学成分（蜡层）的差异性有关[60]。这 15 种蝉翼表面表现出亲水性或由弱至强的疏水性，接触角范围为 76.8°～146.0°，表现出不同的润湿性。使用环境扫描电子显微镜（ESEM）观察蝉翼表面的纳米结构（突起），根据表面结构的图案、直径（82～148nm）、间隔（44～117nm）和高度（159～446nm）分为四种类型。通过 XPS 进行的表面分析显示出翼膜不同的化学性质。当翼膜表皮上的蜡层完整时，表面微纳米的特定结构将决定翼表面的疏水性。如果除去蜡层，则疏水表面将变得亲水。具有更大直径、更小间隔和更大突起高度的样品通常表现出更强的疏水性，而无序和不均匀纳米结构的表面倾向于表现出较低的接触角。根据 Wenzel 和 Cassie 模型，表面的粗糙度系数（r）和固体分数（φ）也影响着其表面的润湿性。

毫无疑问，以上昆虫的抗润湿表面为自然进化和选择的结果，抵抗雨水和其他可能遇到的液体对表面的润湿为其生存提供了支撑，从而避免了翅膀的污染物增加翅膀的重量而对飞行产生不利的影响。小蝉可使用肢体清理它们的翅膀，但是大蝉的四肢太短而不能完全延伸到整个蝉翼。蝉翼表面上的各种微结构阵列是为了防止润湿和污染而逐渐演化至今的结果，从而使蝉获得了与生存环境相互作用产生的特殊生物功能[61]。一般蝉翼的疏水性质也有助于保持其表面的抗反射及自清洁性质。

除了众所周知的“蛾眼”结构外，蝉翼也被认为是具有高效抗反射性能的优良生物模型，兼具抗反射和超疏水两种性能。灰蝉的翼表面的纳米乳突阵列有两个尺度，这种多尺度导致多功能。通过 SEM 研究了类似于锥形的纳米结构[62]。目前，大多数研究人员都认为乳突阵列在无鳞、透明的翅膀中的功能是减少眩光，并且使翅膀的透射率略有提高[63]。这些覆盖在蝉翼两侧的纳米锥形结构在抗反射中起着重要作用。该结构的直径为 77～148nm，间隔为 44～117nm，高度为 159～481nm。通过扫描探针显微镜的操作，利用接触模式降低突起的高度，成功地改变了蝉翼的透射性质，从而使得纳米锥和纳米半球的组合结构导致了表面的多功能性。

Xie 等直接利用蝉翼表面的纳米乳突阵列通过复制成型技术精确复制到聚甲基丙烯酸甲酯（PMMA）薄膜[62]，实现了仿生结构的高度再现，主要涉及两个过程：一个是制备负 Au 模具，通过热沉积直接从蝉翼上得到生物模板；另一个是 Au 模具用于浇铸聚合物获得原始蝉翼上的纳米结构的复制品。反射光谱测量表明，与平面的 PMMA 薄膜相比，复制的具有乳突阵列的 PMMA 薄膜可以在 250～800nm 的大波长范围内明显地降低其表面的反射率，这表明 PMMA 薄膜也具备了抗反射性能。

Zhang 等观察到蝉翼的微观结构是由有序的六边形紧密排列的柱状阵列所组成的，间距约为 190nm[64]，柱的高度约为 400nm，柱顶部和底部的直径分别约为 80nm 和 150nm。在模板复制之前，首先清洗蝉翼表面从而去除表面污渍以免影响刻印表面的质量，并去除翅膀上的静脉，通过反应离子蚀刻（RIE）将纳米孔阵列（蝉的负结构翅膀）转移到硅衬底上，也能表现出抗反射特性。PDMS 在高温度或压强变化下有着高的分辨率和低的收缩率，故被用作模板的材料。在硅基板上旋转抗蚀剂的厚度约为 450nm，对模板施加的压强约为 40bar（1bar=10^5Pa），施加压强的时间约为 180s。温度约为 190℃，比玻璃化转变温度（T_g）还要高出 70℃，软化的 PDMS 还不破坏蝉翼上的结构。图案化的 PDMS 形成纳米孔阵列，孔的间距约为 190nm，直径约为 150nm，深度约为 400nm。图案化的 PDMS 也可以用作模具，从而制造出仿蝉翼结构的六边形柱阵列。该方法还可以扩展到其他金属甚至其他材料，进而可用于光学成像或表面增强拉曼散射。

根据 Byun 等的研究，所有受试物种翅膀的表皮结构一般分为四种：分层角质层、分形结构、细齿和刚毛。蜻蜓翅膀在分形结构组中具有高度代表性。蜻蜓翅膀主要由静脉和膜组成，其表面的两侧都存在着一层蜡状覆盖物和柱状乳突形式的几何非光滑结构，如图 2-9（b），（c）所示[65]。柱乳突的直径范围为 66.90～200.73nm，它们的间距为 20.00～650.00nm，平均高度约为

0.3mm[66]。从非光滑结构和蜡质层的共同耦合诱导蜻蜓翅膀表面的超疏水性获得灵感，Wang 等通过电化学还原方法在高度有序的阳极氧化铝（AAO）表面上生长 Ag 纳米棒[67]。通过用全氟癸硫醇进行后处理，改性的 AAO-Ag 多层变为超疏水的。Michael 和 Bhushan 的研究精细地揭示了单一结构（微观或纳米粗糙度）和分层结构（覆盖有纳米粗糙度的微观粗糙度）对超疏水性的影响[68]。他们发现，分层结构不仅是获得高接触角的要求，而且对于稳定的水-固和水-空气界面（复合界面）也是必不可少的。由于外部的干扰，可以在液-气界面处形成直立的毛细波。假设毛细波的振幅大于粗糙结构的高度，因此液体可以接触粗糙结构之间的间隙。

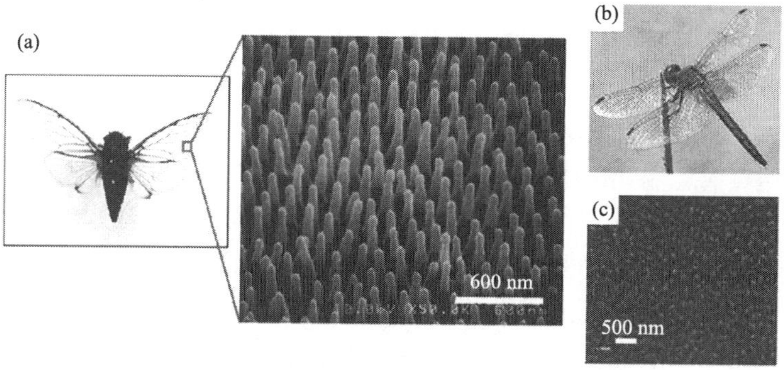

图 2-9　(a) 蝉的光学照片和蝉翼的 SEM 图像；(b) 蜻蜓的光学照片；(c) 蜻蜓翼膜的纳米结构的 SEM 图像

对应于复合界面的超疏水状态，当粗糙度足够小时，毛细波的影响更加明显，其高度与波幅相当。也就是说，在单一粗糙的情况下，粗糙结构的高度太低会导致单一界面不稳定。这就是在仿生超疏水表面中更频繁使用多层结构的原因所在。

毫无疑问，在自然界中，有超疏水生物体表面，那么必然就有自然超亲水表面。不禁要问，这些自然超亲水表面赋予了这些生物体在生存过程中的哪些特性呢？与自然超疏水表面的微观结构相比，这些自然超亲水表面的微观结构是什么？带着这些问题，我们将介绍与荷叶效应相反的自然超亲水表面微观结构及特性。

2.2　亲水表面

2.2.1　猪笼草及超滑表面

猪笼草是猪笼草属全体物种的总称，属于热带食虫植物，因其独特的外形即猪笼形而得名。猪笼草的结构较为复杂，主要分为三个部分，即捕虫笼、草叶、草茎。其中捕虫笼在猪笼草捕食过程中起到重要作用，捕虫笼呈圆筒形，下半部稍膨大，笼口上具有盖子，各部分在捕食的过程中各司其职，捕虫笼的瓶盖复面能分泌香味，引诱昆虫。开口光滑，昆虫会滑落至瓶内，被瓶底分泌的液体淹死，从而虫体营养物质被分解并逐渐消化吸收。这些现象背后的科学本质是什么？什么样的微观结构赋予了猪笼草这种独特的性能？针对这些，科研工作者开展了许多卓有成效的研究。

毫无疑问，猪笼草瓶口结构在液体运输中发挥着重要作用。Chen 等发现了猪笼草多尺度的瓶口边缘表面上有连续的、定向的水传输现象[69]，其结构优化增强了运输方向上的毛细上升，并通过钉扎结构防止回流。尽管没有任何表面能梯度，但是单向运输速度远高于预期猜想。猪笼草的上缘是一个拱形的组织环，称为瓶唇，从内侧到外侧 1～2cm 宽（图 2-10（a））。雨水、露水或高湿度的水完全润湿瓶口，并且外部蜜腺分泌的花蜜在瓶口的内缘，使用高速摄像机观察沿着瓶口表面的水流动（图 2-10（b）），发现了从内到外的定向传输现象：液滴能够在几秒钟内从瓶口处边缘内侧移动到边缘外侧，而放在外边缘的水滴则不能向内移动。图 2-10（c）显示出水输送被限制在液滴初接触的纵向通道内，而不会横向扩散到超过初始宽度的润湿区域。图 2-10（d）中较高分辨率的图像显示出水输送的通道表面通常分布着大约十个微通道，并且每个微通道由间隔大约 100μm 的拱形微腔组成，同时具有二级层次的平行微槽，每个一级微槽宽度 L_1 为（461.72±49.93）μm，包含大约十个二级微槽，其宽度 L_2 从一级微槽的脊增加到谷（在山谷达到（50.18±6.18）μm）（图 2-10（e））。这些结构特征能确保水从瓶口蒸发并在其内部边缘冷凝，水扩散到整个周边表面以使表面更加光滑，并且还可能导致方向性的水传输。拱形微腔沿着二级微槽（图 2-10（d））很规则地分布，整体向上倾斜并且拱的顶部指向外侧。通过瓶口的垂直截面显示微腔的顶部是封闭的，封闭表面略微倾斜并具有锋利的边缘。根据吉布斯不等式[74]，边缘角度 φ（形成尖锐边缘的两个表面所对的角度）为 2°～8°，这有利于水钉扎，并防止润湿从瓶唇的外侧向内侧移动。相反，从内侧到外侧的水输送仅通过连续填充单个微腔而发生。水边界的轮廓表明，水最初沿着楔形角扩散，然后将空气推出以填充微腔，最后汇聚在微腔的前部（图 2-10（f））。因为相邻的微腔重叠，所以在前一个微腔完成之后开始填充另一个微腔。总体的结果是连续和定向的水输送，如图 2-10（g）所示：每个微腔的连续填充实现了连续的水传输，而水钉扎防止了反向润湿。润湿性测量表明，瓶唇的表面是亲水的，且 X 射线能谱仪（EDS）测试表明并没有明显的化学成分梯度。为了进一步探索表面能的作用，使用 PDMS 复制成型方法并经过氧等离子体处理去制备亲水性 PDMS 表面，以用于水的定向传输。经测量，水与表面之间的固有接触角小于约 65°，且水扩散速度接近于天然瓶唇表面测量的传输速度（（78±12)mm/s）（图 2-10（a））。当水被放置在内侧或外侧时，疏水性 PDMS 表面上没有水传输（图 2-10（h））。然而，当仿生表面是超亲水的时，发生定向水传输(图 2-10（i))。由此可见，表面的超亲水性对定向水输送至关重要。

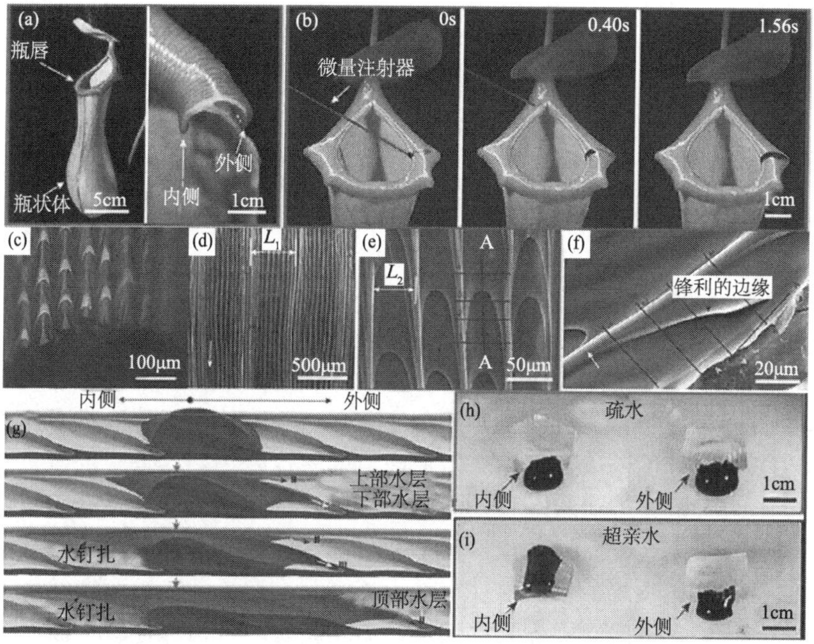

图 2-10　在瓶口表面定向水传输的光学照片。(a) 猪笼草的光学图像，显示瓶口缘处（左）及其横截面（右）的图像。投手长 10～15cm。这个开口处是拱形的，从内侧到外侧的宽度为 1～2 cm。(b) 用微量注射器将水滴（与蓝色墨水混合）滴在开口处，这种液滴可以克服重力，在几秒钟内从内侧向外侧（但不是在相反方向上）定向传输。黑色箭头表示水运动方向。(c) 水输送被限制在大通道里的十个微通道内，每个微通道由拱形微腔组成，间隔约为 100 μm。(d) 开口处表面具有二级微槽的结构：一级微槽的宽度 L_1 为（461.72±49.93）μm。白色箭头表示开口处内侧的方向。(e) 每个一级微槽包括大约十个二级微槽，每个微槽包含具有拱形边缘的周期性鸭嘴微腔。一级微槽底部的二级微槽的宽度 L_2 为（50.18±6.18）μm。(f) 在图（e）中的 A-A 位置处的垂直截面显示鸭嘴微腔在顶部封闭，具有锋利的边缘，并且具有略微倾斜的外表面和相邻的微腔重叠。(g) 水在微腔中运输过程的三维示意图。(h) 在疏水性人造 PDMS 表面上，水不能从内侧运输到外侧（左）或从外侧运输到内侧（右）。(i) 在超亲水人造表面上，水可以从内侧运输到外侧（左），但不从外侧运输到内侧（右）。(h) 和 (i) 均为约 7s 后的最终表面状态

因此，在猪笼草开口处，对称且在顶部封闭的微腔结构实现了水的定向运输效果，这与在相反方向上微腔的尖锐边缘处的水钉扎相结合，使得猪笼草能

够沿着唇面连续且快速地定向输送水。利用这些原理的人工系统可以用于定向流体输送，例如，农业滴灌或微动力的非动力输送。

如上面所提及的，作为一种食肉性的植物，猪笼草利用捕虫器来捕捉昆虫等猎物（主要是昆虫）。由于捕虫器的瓶口表面十分光滑，停留在其表面的昆虫很容易滑落进瓶口内，且瓶内很深难以逃脱，内部的消化液会很快淹死并分解掉其中的昆虫。猪笼草捕虫器的瓶口表面具有规则的微纳结构，其径向脊分布着平滑的重叠表皮细胞，形成朝向瓶口内部的一系列阶梯结构。瓶口内部的表面微观形貌和分泌花蜜的吸湿性使得表面显示出超亲水性，在潮湿的环境下形成稳定的水膜。这种水膜会导致踩到它上面的昆虫很容易从边缘滑落到瓶口的内部。Bohn 等通过测量织工蚁（*Oecophylla smaragdina*）在猪笼草的瓶口表面上的摩擦力，证明了防止昆虫附着在其开口处的两个因素，即水膜的润滑性和各向异性的表面形貌[70]。开口处的水膜仅阻止软黏合垫的附着却对爪的附着不起作用，而表面形貌仅导致爪各向异性的摩擦而不是黏合垫的各向异性摩擦，这种具有蜡质结构的超滑瓶口对于其捕获昆虫必不可少。

为此，在猪笼草中，这种含水薄膜能够有效地排斥昆虫脚上的油质而使得昆虫从猪笼草的边缘滑入底部的消化液中。固体和液体表面能的良好匹配，加上微观结构的粗糙度，以及填充在粗糙表面的液体变为一层连续的覆盖膜，从而形成一种高度稳定的状态体系。受此启发，Wong 等首次提出一种可自修复且光滑的液体注入多孔表面（SLIPS）[71]，即在微纳米结构的基材上注入润滑液制备超滑表面。制备该超滑表面往往有三大原则：①润滑油能够润湿并稳定地黏附在基材表面；②基底必须优先被润滑油而不是被被测液体润湿；③润滑油和被测液体必须是不互溶的。根据这些原则，他们构建了两种类型的周期排列或者随机排布的多孔固体表面：用低表面能的多氟烷基硅烷修饰纳米柱阵列，以及在基底上随机分布着的聚四氟乙烯纳米纤维网络结构（图 2-11（c））。对于润滑油膜，他们选择了具有低表面张力的全氟化液体（例如，3M 氟化液 FC-70，$\gamma_B=17.1$mN/m；或杜邦的全氟聚醚（PFPE）润滑油），它们挥发性很低，与水相或烃相不混溶，因此能够与各种极性或非极性液体（包括水、酸、碱、烷烃、醇和酮等）形成稳定的光滑界面。通常，接触角滞后（即移动液滴的前进接触角和后退接触角之差）和滑动角（即液滴运动所需的表面倾斜角）表示液滴移动的阻力[70]。该液体注油表面对液体有非常低的接触角滞后（$\Delta\theta<2.5°$）和滑动角（体积大于等于 2mL 的水滴，滑动角 $\alpha\leqslant5°$），排斥着表面张力从（17.2 ± 0.5）mN/m（正戊烷）至（72.4 ± 0.1）mN/m（水）的液体。而且，超滑表面的液体排斥性对表面粗糙形貌要求不高（图 2-11（b）），只要润滑油可以覆盖表面的形貌并被锁住即可，这进一步证实了液体的排斥性主要源于润滑油层的存在，而多孔的固体表面仅起辅助作用，但对于固定润滑油层却是很重要的。除

了排斥单成分的液体以外，超滑表面能够有效地排斥成分较为复杂的流体，如原油和血液，而这些液体会快速润湿未处理的原始表面。此外，超滑表面还具有抗结冰功效，并且由于表面十分光滑，昆虫也难以黏附在其上面。以上性质有助于使表面免受各种颗粒污染物的影响，从而实现自清洁功能。

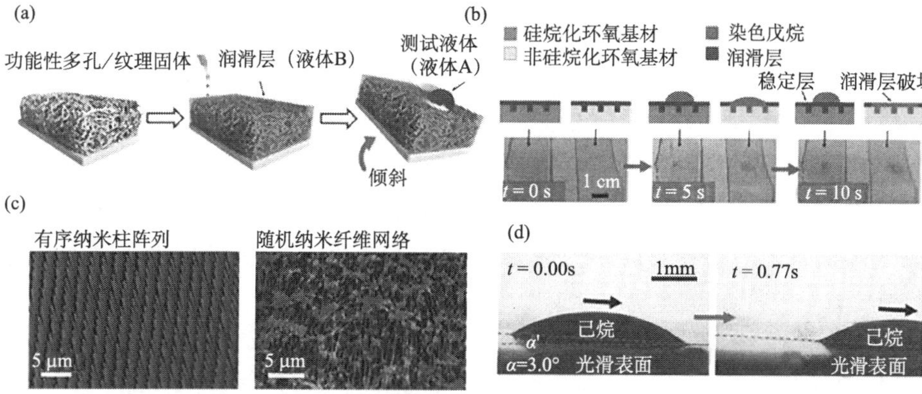

图 2-11　超滑表面的设计与制备。(a) 通过渗透具有低表面能的化学惰性液体进入多孔或者有纹理的固体表面来制造光滑且均匀的润滑膜；(b) 比较润滑膜在硅烷化和非硅烷化环氧基材表面上的稳定性和移动；(c) 多孔有纹理基底材料表面的 SEM 照片：环氧树脂的纳米柱阵列（左）和聚四氟乙烯的多孔纳米纤维网络结构（右）；(d) 低表面张力液体己烷（$\gamma_B=(18.6\pm0.5)$ mN/m，体积约为 3.6mL）以低角度（$\alpha=3.0°$）在超滑表面上进行滑动

由此可见，超滑表面不仅对各类液体表现出优异的排斥性，而且还具有自修复、抗结冰、提高压力稳定性、增强光学透明度、防黏附等性能，同时其表面的结构细节与所得性能并不相关，所以有可能将任何一种固体变为疏液性表面。针对极端条件下的性能优化，研究者们还在探索超滑表面在长期运行和极端条件下的性能特征，例如，高流量、湍流、高温或低温环境，以满足在生物医学流体处理、燃料输送、防污、抗结冰、自清洁和光学设备等领域的应用要求。

2.2.2　仙人掌及集水表面

通过上面的介绍，我们已经清楚地知道，猪笼草捕获昆虫以获取营养而生存。除此之外，在自然界中，还有些动植物表面通常需要集水才能得以生存，特别是在炎热的环境中。在自然界中已经发现了许多用于收集水的策略，许多植物和动物都进化出具有微纳米结构及特殊润湿特性的表面，例如，生活在沙漠中的某些甲虫可以用背上的超疏水和超亲水区域从雾中收集水分，蜘蛛丝也可以使用周期性的主轴结和接头从潮湿空气中收集水分，这些现象背后的主要驱动力是表面自由能的梯度和拉普拉斯压力的梯度。Shirtcliffe 等发现了柔软的斗篷草、棘叶菊、彩虹羽扇豆和大戟等植物具有超疏水叶片，但是也具有高度亲水的中心区域，这是由于具有不同的表面结构和化学成分[72]。在这里，具有水收集功能的可能性是因为超疏水区域的存在，但是水在叶片表面具有“黏性”状态，如在红玫瑰表面上观察到的那样。然后，当液滴变得足够大时，它们会从叶子上滚落直到到达茎干。同时还报道了通过形成由超疏水壁包围的超亲水槽来引导水并达到水收集的效果。沙漠甲壳虫（*Stenocara sp.*）被发现能够从清晨的雾中收集水分，使它们能够在极热的环境中生存[73]，这是由于存在着亲水性分离的突起覆盖的超疏水蜡质鞘。当液滴变得足够大时，它们会滚落到甲壳虫的嘴里。Ju 等还报道了来自奇瓦瓦沙漠的黄毛仙人掌可以通过它们的刺来收集雾[74]。如图 2-12 所示，这些脊柱含有微槽，其尖端附近的粗糙度高于基部附近的粗糙度，导致有梯度的润湿性。通过 SEM 图像发现，仙人掌表面均匀分布着阵列状的针状簇刺，距离范围为 7～23mm。针状簇刺中的刺沿着任意方向生长，最近的两个刺之间的平均角度为 18.1°±5.3°，形成一个半球形结构。刺的脊柱由三个部分组成，尖端部分为定向倒钩，中间部分为渐变凹槽，基底部分为带状结构的毛状体。脊柱的中间部分为多层次的凹槽：第一级凹槽（仙人掌刺的表皮细胞）是微槽，其宽度沿着脊柱具有梯度；第二级凹槽（表皮细胞的折叠雕塑）主要是亚微槽，无明显的宽度梯度。这些整合的细微结构（即圆锥形的刺和倒刺、定向倒钩、渐变凹槽和带状结构的毛状体）对收集雾气都可能有所贡献。具体而言，在雾收集过程中，“沉积”最初发生在倒钩和脊柱上，水滴沿着它们定向移动。随着沉积的进行，水滴开始聚结并逐渐增大，较大的液滴沿着梯度槽进一步传运（运输过程），并通过刺底部的毛状体进行吸收（吸收过程）。由脊柱的圆锥形状产生的拉普拉斯压力的梯度和沿着脊柱的表面粗糙度的梯度产生的表面自由能的梯度作为驱动力驱动水滴的定向运输。拉普拉斯压力的梯度驱动着液滴沿着仙人掌脊从尖端移动到基底的侧部，仙人掌刺上微槽的宽度梯度驱动着收集在尖端上的水滴朝向基部定向运动。而且仙人掌脊上的微槽产生的粗糙度增大了拉普拉斯压力的梯度，有助于水滴沿仙人掌刺的运动，而其上的亚微槽进一步增强了接触角滞后的各向异性，便于水沿着倒钩定向运动。除了对齐的凹槽外，定向的倒钩减少了水滴通过倒钩向尖端侧扩散或移动。此外，茎表面上的多个簇的阵列可以进一步增强雾收集能力。多级结构的集成以及随后的多功能的集成，包括水滴的沉积、收集、运输和吸收，可以为黄毛仙人掌提供有效的水雾收集系统。通过模拟黄毛仙人掌的水雾收集系统的主要特征并考虑现有的人造水雾收集器[75,76]，开发了一种与仙人掌具有相似机制的人工系统。由于其高效率和便携性，这种人工系统可以应用于生活在干旱地区的植物和人类的自给水系统。

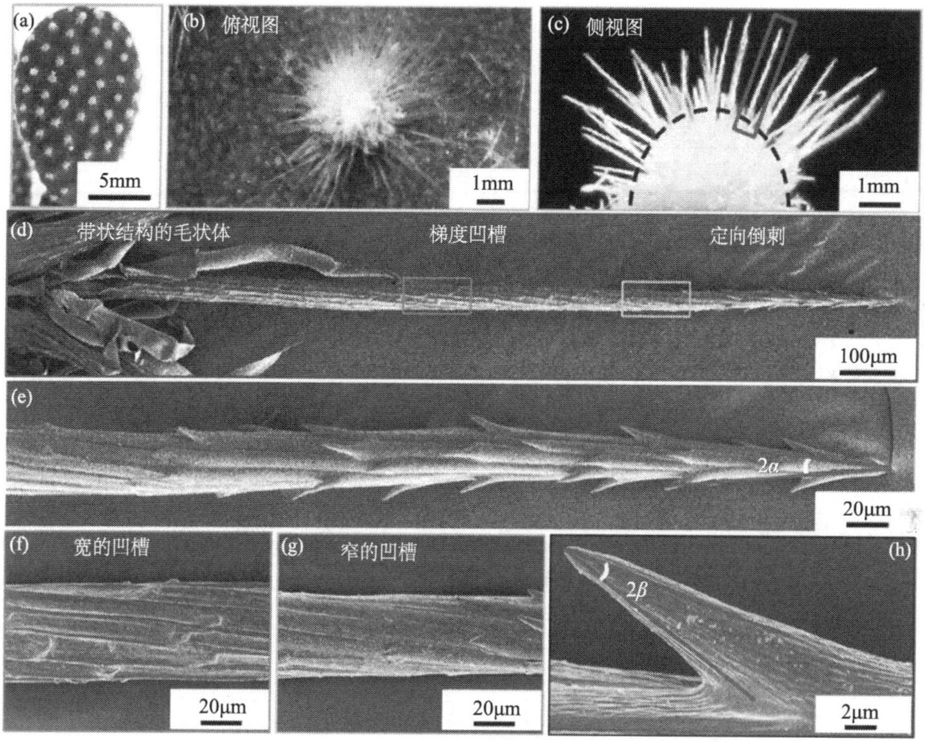

图 2-12　仙人掌刺不同放大率的图像，具有收集水的结构梯度湿润性

2.2.3　蜘蛛丝

除了仙人掌以外，Jiang 等揭示了干燥的蜘蛛丝具有捕获液滴和集水的功能[77]。将蜘蛛的干燥纤维丝暴露于潮湿空气后，与水初始接触后重组为亲水性纤维。纤维丝沿着螺纹轴方向形成周期性的纺锤形结，被直径约为纺锤形结最粗处 1/4 的接头分开，如图 2-13（a）所示。纳米原纤维在主轴结和接头之间分布不同，即在主轴结上随机分布并在接头处对齐。暴露在潮湿空气中的初始阶段，微小的水滴随机凝结在纺锤形结和接头上。随着时间的推移，水滴迅速增长。当它们达到临界尺寸时，附着在接头上的水滴将移向最近的锭子结，导致聚结形成更大的水滴。这使得接头可以自由地进行水冷凝和收集的新循环。他们还发现，纤维丝的特殊结构对于水的收集能力至关重要。在接头上对齐的纳米纤维和在纺锤形结上随机排列的纳米纤维产生了不同的粗糙度，导致表面能量梯度从而驱使水流向纺锤形结。此外，这种效果可以通过几何梯度来增强，导致液滴变形和表面张力的产生，这有助于水滴朝向主轴结的定向运动。为了更好地研究蜘蛛丝结构对水雾收集的影响，他们仿照天然蜘蛛丝的结构制备了具有周期性长度为（394.6±16.1）μm 的纺锤体结构的人工纤维，主轴结和接头

的直径分别为（43.7±5.4）μm 和（13.5±0.7）μm，其微观结构也类似于湿的蜘蛛丝(图 2-13（b))。但是人造关节是具有拉伸对齐多孔结构的纳米纤维，而人造纺锤形结表现出随机性的多孔结构。其集水过程为：当这些表面暴露在雾中时，小滴开始随机凝结在人造蜘蛛丝上；随着液滴的体积增加，位于关节上的水滴朝向主轴结移动。这些观察清楚地表明了人造蜘蛛丝不仅模仿蜘蛛丝的结构重组，还有具有定向集水能力。因此，蜘蛛丝上定向水运动的发现有助于功能化纤维的开发应用，并且可用于水收集和液体气溶胶的过滤。Tian 等就制备了具有纺锤腔结的微纤维，其通过简单的微流体模拟复合水凝胶（称为腔体-微纤维）的蜘蛛丝结构和表面粗糙度，用于组装网络和大规模水收集[78]。腔体-微纤维通过气泡，交联和干燥，从喷射相模板化。结之间的结节尺寸和距离由喷射相的流速和气相的压力所控制。通过在喷射相中加入相分离的聚合物，可以获得表面粗糙度。由于腔体设计，结部分的表面比腔体-微纤维的其余部分更粗糙，增强了定向水输送的驱动力。由于腔体-微纤维的坚固性，腔结保持其形状和功能以用于水收集的循环。此外，研究也证明了不同拓扑纤维网络的水收集效率，这些网络是由生物模拟蜘蛛网中的腔体-微纤维制成的。除此之外，研究也表明，腔体-微纤维的结构及其网络拓扑结构决定了集水性能。已有的经济且高效的方法提供轻质但坚韧的主轴腔体-微纤维，具有高效的水收集性能。这些腔体-微纤维是用于水处理、药物输送、组织工程和细胞培养的蜘蛛网状网络的有前景的构建块。

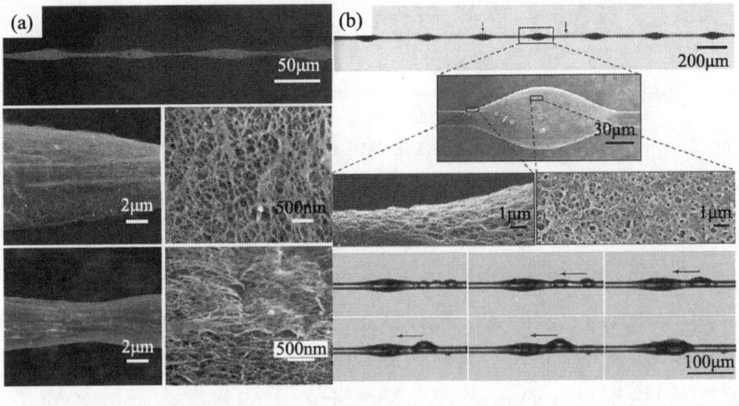

图 2-13 (a) 润湿重组的蜘蛛丝结构以及周期性分布的纺锤形结与细长关节的结构；(b) 人造蜘蛛丝模拟天然蜘蛛丝的水雾收集过程

2.2.4 火龙果叶片

前期研究发现雾的捕获可分为三个部分（图 2-14（a））：①水捕获，捕获雾收集器表面微小液滴的过程；②（雾）供水，雾气流中的液滴与收集器表面上的水滴（薄膜）之间的聚结过程；③除水，收集水的移除过程[79]。其中，水捕获和除水过程受到表面化学和特殊结构的极大影响，而供水与其相关性较小。在仿生雾收集研究中，Zhong 等发现火龙果的叶片被一维（1D）的刺覆盖（图 2-14（b），（c）），能够有效地捕获和收集雾中的微小液滴，然后在刺的亲水表面上快速生长[80]。在火龙果的基础上，研究了基于 1D 铜线的雾捕获行为并制备出 1D 微铜线组成的雾收集器，其中 1D 的线状微观结构，而不是特殊的结构或化学梯度，显著影响雾的捕获。1D 结构不仅显著地减少含雾风的偏差，而且赋予其有效的供水系统，比 2D 平面上快 100 倍，还可以增强雾捕获和除水。基于 1D 铜线的优异性能，制造了 3D 雾收集器以收集雾。雾化速度为约 60cm/s，雾化收集器（由 1.5m 原始铜线组成，直径 100μm）每 30min 可收集约 8g 水，水收集效率高达 13%，这项工作解释了 1D 线状微观结构在高效雾收集中的特殊作用，并为开发更高效的集水器提供了新的见解。

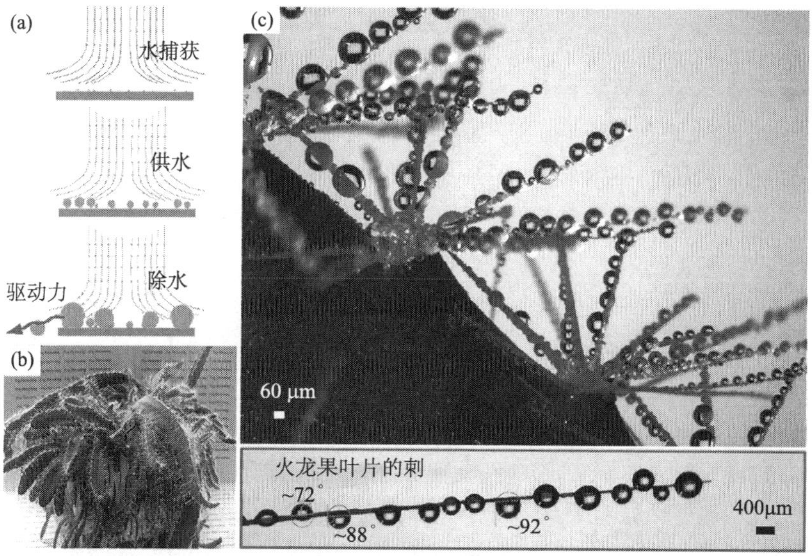

图 2-14　(a) 雾收集的三个过程：水捕获，供水和除水过程；(b) 火龙果叶片的光学图像；(c) 火龙果叶片在 20s 内显示出极好的雾收集效果，雾化速度约为 60cm/s。下面框内显示了刺的润湿性

2.3　水下超疏油及抗污表面

2.3.1　鱼鳞

鱼鳞表面除了具有减阻能力以外，还表现出优异的水下自清洁和防污抗淤能力。面对外界的刺激比如触摸和水中的异物，鱼类会表现出相应的防御行为，

其外表皮细胞会分泌黏液来覆盖鱼鳞的表面，这层黏液有助于减少鱼类游行的阻力和摩擦力。Bixler 和 Bhushan 研究了鱼鳞（日本金鳟）和鲨鱼皮肤（灰鲭鲨）在有无黏液层的情况下表面的润湿性[81,82]。鱼鳞在空气中与水的静态接触角小于 10°，而去除黏液层后变为 58°，因此空气中的水与鱼鳞表面是存在亲水性介质的。鱼鳞表面由磷酸钙（$Ca_3(PO_4)_2$）、蛋白质和一层薄薄的黏液组成，具有亲水性。Jiang 等发现鱼鳞（鲫鱼）表面在空气中表现为超亲水性而在水下表现出超疏油性（156.4°±3.0°）[83]，并发现其表面存在着分级结构（图 2-15（a））。SEM 图像（图 2-15（b））显示，鱼鳞表面密集排列着直径为 4～5mm 的扇形微米结构，而在每个鱼鳞上定向排列着微乳突，每个乳突的长度为 100～300μm，宽度为 20～40μm，而且微米级的乳突上面还分布着纳米级的粗糙结构。这种层状微纳复合结构的存在促进了粗糙的鱼鳞表面的产生，而亲水材料和粗糙度的共同作用使得鱼鳞表面在空气中更亲水。当浸没在水中时，水代替了附着在鱼鳞表面的粗糙结构中的空气，形成新的油-水-固界面（图 2-15（c）），使得表面具有水下超疏油的性质。这种现象可以用 Cassie 的理论来解释，当粗糙度进一步增加时，原本疏油的表面会变成超疏油表面，超疏油的界面则有效地阻止了油层与表面的接触，从而防止了油污的污染。这种现象在油/水/固体系中有巨大应用潜力，如海洋防污、防止漏油污染、微流体技术和生物黏附[84,85]。

2.3.2 鲨鱼皮

除了鱼鳞具有水下超疏油特性外，鲨鱼皮也因其独特的相似性质而受到广泛的关注，主要表现为它具有低的流体阻力、疏油性和低的黏附性而使得鲨鱼能在海洋里快速游动，而且免受水中污染物的污染[86]。鲨鱼皮上覆盖着许多小的单齿状鳞片，包括平行于水流方向的沟槽，被称为齿状皮肤。图 2-15（d）中显示了每个鳞片结构中有三个条状突起，V 形条状突起的高度在 200～500μm 不等，它们之间的距离在 100～300μm，且该条状突起的取向几乎与鲨鱼的游动方向平行。当鲨鱼快速游动时，这些凹槽鳞片减少了光滑表面上的涡流形成，从而减小了游动的阻力。因此，鲨鱼皮上的沟槽可以增加固-液界面处的水流速，从而使得鲨鱼可以在湍急的水流中快速通过。此外，亲水的表面易形成一层水膜，可以防止海洋污垢的黏附和生物的生长。因此，鲨鱼皮的特殊结构不仅使鲨鱼在水中快速有效地游动，而且还有助于防止海洋污垢和生物黏附，表现出自清洁性。

Jung 和 Bhushan 复制了鲨鱼皮的结构，并选择鲨鱼身体的右前方作为模板制作模塑块[87]。在甲醛/乙酸/乙醇（FAA）中保存的鲨鱼皮肤，清洗后在空气中晾干 1h。其背面的模塑块的制作过程为：使用分配器将聚乙烯基牙模涂在鲨鱼皮的上侧后立即压在玻璃盘子上。在模塑块完成硬化后（室温下 3～5min），分离其主表面和模具即得到鲨鱼皮的复制品。对于鲨鱼皮正面，则使用环氧树脂按以上方法进行了复制，减小了在湍流中的流体阻力。此外，可以通过人造条状突起图案化表面模仿具有低阻力特性的表面结构。这种鲨鱼皮的复制品在水中对油滴表现出了疏油性并具有109°的接触角，这比计算的理论值（59°）高出了很多，意味着鲨鱼皮复制品的表面结构有着更高的水下超疏油能力。另一个鲨鱼皮复制品的例子是，采用微秒和皮秒激光烧蚀法反刻鲨鱼皮表面来注塑成型[88]，在此过程中，用CAD软件绘制出鲨鱼皮3D模型，在聚丙烯上成功仿制出了鲨鱼皮结构。研究人员已经制备出了具有条状突起结构的成熟人造鲨鱼皮表面，例如，游泳衣[89]、船体[90]、飞机[91]和航空发动机部件[92]。飞机上平行于流动方向的定向沟槽有可以降低8%的飞机阻力，从而节省约1.5%的燃料，但是最主要的商业应用仍然集中在竞技性泳衣方向。

2.3.3　蜗牛壳

在雨天随处可见的蜗牛（图2-15（e）），其外壳具有自清洁能力。图2-15（f），（g）显示了蜗牛壳的微观表面以及水中油滴在其表面的形态[93]。蜗牛壳由文石和蛋白质的复合物组成，而且蜗牛壳的顶部覆盖着一层蛋白质。蜗牛壳表面所具有的粗糙结构由间距为0.5mm的线槽、间距为0.1mm的线槽交叉以及间距为10mm的微槽组成。虽然空气中的水在蜗牛壳表面的接触角分别约为80°和10°，但是蜗牛壳在水中却不能附着油滴。据了解，其具有的超疏油性可能是由于存在于粗糙表面上的水分子。而且，从微米级到毫米级的壳体规则粗糙结构有助于捕获水分子，揭示了自清洁的关键是蜗牛壳表面的超疏油性，这也预示着其表面几乎不被污染。

商业化产品也有借鉴蜗牛壳式自清洁表面的例子。比如，通过硅酸盐基涂层增加瓷砖的亲水性，可使表面吸附水分子而形成一薄的水层。此外，厨房水槽中不锈钢表面上也有涂层技术的运用，而其最主要的清洁对象是脂肪和油。通过二氧化硅基陶瓷涂层，亲油性的不锈钢表面（在水中油的接触角为26°）可被改性为疏油表面（在水中油的接触角为120°）。

2.3.4　蛤壳

对于蛤壳而言，其外壳和内表面均可以保持自清洁[94]。以内表面为例，它可以被划分为两个区域：光泽边缘区域（区域1）和粗糙内侧区域（区域2），如图2-15（h）所示。区域1被原油污染后无法自清洁，而区域2在油污染测试后保持清洁。两个区域的化学成分几乎没有差别，但表面结构的区别对自清洁具有重要意义。区域1相对平滑，具有微米级叶片状切片。在区域2中，微米级不规则块堆积中还有许多纳米级块，从而表现出了相当粗糙的形态（图2-15（i））。通常，空气中表面的亲水性可促进其显现水中的疏油性。具有亲水性的碳酸钙使蛤壳的表面可在水下表现出疏油性。此外，区域 2 中的分级微纳米结构可使更多的水参与表面的水润湿，促进了超疏油性和低黏附性。在使用水下 AFM 进一步测量这两个区域的表面形态后，可得出区域 1 的表面粗糙度为（76.4±10.2）nm（均方根(RMS)）。相比之下，存在微纳米级结构的区域 2 的表面粗糙度为（137.5±32.8）nm，表明区域 2 比区域 1 具有更大的粗糙度，此粗糙度的区别可导致油滴在其表面的接触模式从 Wenzel 转变成 Cassie 状态。油滴和区域 1 之间具有大的油/固接触区域和连续的三相接触线（TCL），这使得表面产生较高的油滴黏附力。相反，区域 2 的微纳米分层结构锁住了更多的水层，导了油/固接触面积的最小化和离散的三相接触线，并导致该区域拥有低的油黏附和超疏油性（图 2-15（j））。

受以上结构启发，以光滑的氧化铜涂层作为对照组，在铜片表面涂覆一层由具有纳米级分支（约 100nm）的微米级花椰菜形貌（1～10 μm）构成的水下超疏油黑色薄膜。通过 XPS 和 X 射线衍射（XRD）分析了所制备的光滑和粗糙的氧化铜表面的化学组成。通过接触角测试得到：光滑的涂层为亲水性，接触角为 58.3°±1.2°；粗糙的涂层为超亲水性，接触角为 1.6°±0.8°。由于粗糙结构的增强作用，这两种涂层的水下油润湿具有从接触角为 135.5°±3.8°的疏油性到接触角为 163.0°±4.5°的超疏油性改变的趋势。油滴会黏附在光滑的氧化铜涂层上，但会很容易从倾斜的粗糙涂层上滚落下来。相应地测得这两种涂层上油滴的黏附性。光滑的涂层对油具有高黏性（黏附力大于（72.2±6.8）μN），当油滴离开涂层时，产生很大的油滴形变，拉伸力逐渐增加，直到油滴破裂，相应地在后退过程中测得的力曲线上出现了最大的拉伸力的下降 ΔF。相反，油在粗糙涂层上的黏附力太低而无法检测到（小于 1 μN），并显示出几乎没有油滴的损失和形变。这些结果证实，所制备的具有花椰菜状微纳米级结构的粗糙氧化铜涂层具有水下超疏油性和低的油黏附性。

2.3.5 珍珠层

珍珠层是贝壳的内层，在海洋环境中具有出色的机械强度和化学稳定性。这些优异的性能是由于刚性文石片和不溶性生物聚合物在“砖-砂”微观结构中的取向排列[95]。独特的微观结构促进科学家们制造了分层的片状增强聚合物复合材料，与其组分材料相比，这些层状复合材料的拉伸强度提高了数倍。作为一种珍珠层，在腹足类贝壳（如鲍鱼壳）中发现的柱状珍珠层内部具有有序的层状结构，表面具有凸六角形柱状微结构，从而具有出色的机械性能和优秀的水下超疏油性[96]。因此，天然的柱状珍珠层提供了用于设计坚固的水下防油材料的模型。受天然柱状珍珠层的启发，制备了层状蒙脱土/羟乙基纤维素(MMT/HEC）人造珍珠层状材料，其表面具有凸六边形柱状结构。柱状珍珠层微观结构赋予材料优异的机械性能，与天然柱状珍珠层相当，并具有超低水下油黏附力（对各种油的黏度小于3.5Pa·s）。即使长时间沉浸在海水中，受到强烈的沙粒冲击以及油滴上的大量外部负载，人工珍珠质材料仍然保持超低的油黏附力。这些发现为实际应用中坚固的水下防油材料的结构设计提供了新的见解。

来自鲍鱼壳的天然柱状珍珠母是一种彩虹色的材料（图2-15（k））。其内部具有良好的有序分层结构，交替堆叠着文石血小板和亲水蛋白（图2-15（l））。层状结构的取向有助于其在平行于片晶平面的方向上的高拉伸强度。天然柱状珍珠层的拉伸强度在80～135MPa，失效应变约为1%。其表面有许多六边形柱的结构。六边形柱的平均边长约为3μm，相邻六边形柱之间的距离不规则，尺寸约为3μm。六边形柱的顶部表面不是平坦的，并且存在着一些纳米级文石颗粒突起。这种分级的微纳米结构和亲水成分的共同作用导致了水下低黏合性和超疏油性的产生。柱状珍珠层在水下的1，2-二氯乙烷液滴接触角为156.8°±0.9°。黏附力测试表明珍珠层具有优异的防油性能，且没有油附着（图2-15（m））。超疏油性和低黏附力仅对应于图2-15（k）中标记圈出的区域。在其他区域，珍珠层表现出油脂的双重性和高黏合力（可达（39.4±5.9）μN）。

2.3.6 虾壳

虾壳在海洋中同样具有抗油污染性，这是由于其亲水性引起的表面水下超疏油性。受此观察的启发，Zhang等通过在粗糙的铜网上涂覆壳聚糖（CS）开发出一种新型仿生功能材料[97]。CS涂层网的表面在空气中是亲水的，在水中是超疏油的，这使得它能够在重力的驱动下实现快速的油水分离，甚至原油/水分离，其在纯水和超级水中均具有大于99%的分离效率。此外，在通过完全交联，添加聚乙烯醇（PVA）改性CS涂层后，稳定的CS/PVA涂层网适用于更宽pH范围（pH=1～13）以及高盐溶液中的油水分离。

图2-15（n）显示了虾壳在海水中的抗油污染行为。虾壳即使被原油污染，也可以放入海水中彻底清洁。接触角（CA）测量结果表明，虾壳在空气中具有亲水性和亲油性，静态CA分别为41.1°±3.6°（2μL的去离子水）和24.7°±5.5°（2μL的1，2-二氯乙烷（DCE））。然而，当将虾壳放入去离子水和海水中时，均表现出水下超疏油性，静态油CA超过150°。水下油黏附力测量表明，虾壳可以在去离子水和海水中保持小于1μN的油黏附力。这些结果表明虾壳可以不受水中无机盐离子的影响而保持稳定的超疏油性和低油性黏附。在具有高盐浓度成分的更复杂的海洋环境中，这种特殊的润湿性被认为是其抗油污性能的主要原因。因此，在使用AFM和SEM研究虾壳的表面微观结构后发现：虾壳表面在微观尺度上是平整的，并具有随机纳米结构，平均RMS粗糙度为8nm（图2-15（o））。

在这种固/液/液体系中，除了表面微观结构以外，虾壳的化学成分也对其特殊的润湿性起着重要的作用，该结果可能是由于虾壳表面具有亲水性物质。由于这种亲水性，水可以被捕获在其表面上，形成一层水并堵塞油。其中，虾壳的主要复合物是甲壳素，但这种物质难以溶解并不会成膜。因此，选用CS溶解在酸性溶液中制成仿生薄膜。CS是具有多个羟基和氨基的亲水性聚合物。通过在环境大气温度下在玻璃载玻片上旋涂CS乙酸溶液获得CS膜。原油可以污染原始的载玻片表面，但在CS膜的表面上却保持清洁。这表明与原始载玻片的表面相比，CS涂覆的载玻片对水下原油表现出优异的排斥性。如图2-15（p）所示，CS膜的表面在空气中是亲水的（CA＝7.1°±3.0°）和亲油的（CA＝11.8°±2.0°），但它具有水下超疏油性（2μL的DCE，在去离子水中CA＝155.9°±1.0°，在海水中CA＝153.0°±1.4°），在纯水和海水中的油黏附力低（小于1μN）。在具有不同浓度的氯化钠溶液中表征CA表明，即使在饱和的盐溶液中，CS膜的表面也依旧保持其水下超疏油性。由于网状表面具有稳定的特殊水下润湿性，网状物可以在重力的驱动下实现油水混合物的分离，在非盐和高盐条件下都具有抗油污性和可重复使用性。这种新型功能的材料具有广泛的应用前景，包括海洋溢油的清理、复杂的工业含油废水处理和燃料净化。

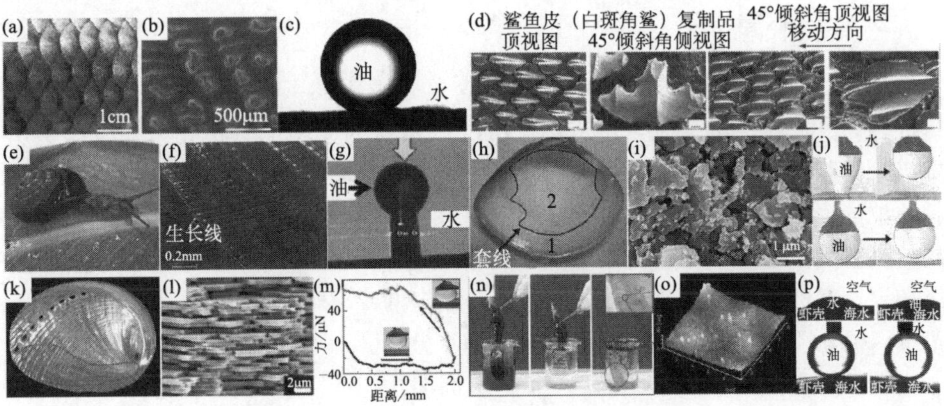

图2-15 （a）鱼鳞的光学图片，直径为4～5mm的扇形结构排成阵列；（b）鱼鳞的SEM图，上面排布着长度为100～300μm、宽度为20～40μm的定向乳突；（c）鱼鳞在水下表现为超疏油，接触角为156.4°±3.8°；（d）鲨鱼皮（白斑角鲨）复制品在顶视图、45°倾斜角侧视图、45°倾斜角顶视图下拍摄的SEM照片；（e）～（g）蜗牛壳的图像和其表面在水下的油接触角；（h）疏油性实验前的蛤壳，套线将内壳表面分隔成两个区域：光泽边缘区域（区域1）和白色的粗糙内侧区域（区域2）；（i）区域2的表面结构的SEM图像；（j）在水环境中，区域1对油滴具有高度的黏合性，而区域2排斥油滴且无黏附；（k）鲍鱼壳照片；（l）鲍鱼壳内部珍珠层的侧视SEM图像，有分层结构；（m）图（k）中标记区域上的水下油滴的力-距离曲线，显示没有黏附，测试的油为1，2-二氯乙烷；（n）虾壳的水下防油污行为及自清洁能力；（o）虾壳的AFM图像（比例尺为60nm）；（p）CS膜的润湿性，在空气中显示亲水性和亲油性，但在去离子水和海水中均具有超疏油性

2.4　超双疏表面

2.4.1　叶蝉和枯草芽孢杆菌生物膜

根据 Young、Wenzel 和 Cassie-Baxter 方程可知，要防止表面被比水的表面能还要低的液滴（比如油）润湿则更加困难。之前的研究表明，通过表面结构与凹入曲率相结合，也称为多值粗糙度拓扑图，例如悬垂、T 状结构或蘑菇状结构，可实现亲水性材料的超疏水表面以及亲油性材料的超疏油表面的制备[98]。在文献中，制备超疏油材料通常采用全氟化合物，因为它们是高疏水性的，即它们本身是亲油的，但与烃类似物相比，其对于实现表面疏油性能则更加重要。然而，全氟化合物并不能在自然界中被合成。因此，为了寻找用于合成具有超疏油性质材料的全氟化合物替代物，从自然界中发现并研究超疏油性质的表面是非常有意义的。Rakitov 和 Gorb 报道了叶蝉（*Insecta*，*Hemiptera*，*Cicadellidae*）表面的超疏油性质[99]。这些昆虫表面上分布着高度结构化的颗粒，称为支气管体，均匀并密集地涂覆在它们的外皮上（图 2-16）。这些结构保护它们的身体表面以免受到污染，并且植物分泌的液体渗出物也难以捕获它们。这些球形颗粒具有中空芯（直径为 200～700nm）和蜂窝形状（五边形或六边形结构），其中这些结构含有促进超疏油性质的凹入曲率，并且这些结构由蛋白质组成，其所具有的蛋白质是极性分子，可达到超疏油的效果。此外，其表面不能被乙二醇（θ=164.9°～172.3°）和二碘甲烷（θ=152.7°～164.1°）所润湿，但不能排斥乙醇。同时，Epstein 等发现了枯草芽孢杆菌菌落生物膜是不易被润湿的（图 2-17（a））[100]，

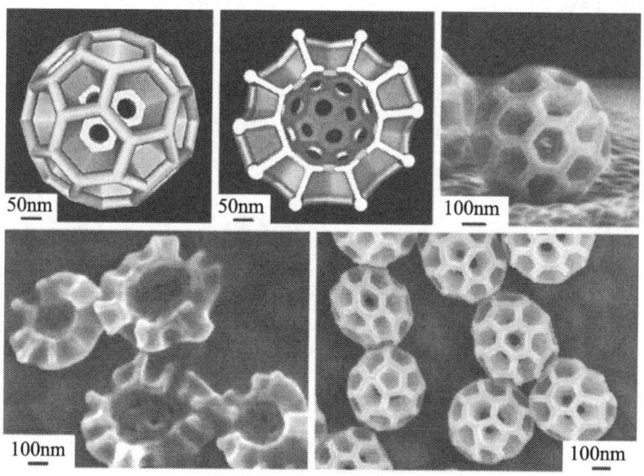

图 2-16　叶蝉表面的超疏液支气管体的不同放大倍数的图像

很大程度上超过了特氟龙（Teflon）对水以及较低表面张力液体的疏液性，这种生物膜表面仍然可以对高达 80%的乙醇、其他有机溶剂以及商业化的生物杀灭剂保持不湿润的状态。研究表明，生物膜的不润湿性质来自细胞外基质的多糖和蛋白质组分、表面化学成分、多尺度表面粗糙度和折返形貌的协同作用结果。

2.4.2 弹尾虫

弹尾虫是皮肤呼吸节肢动物，生活在阴凉潮湿的环境中。为了在这种环境中生存，弹尾虫进化出坚固而且防黏的外壳，Werner 等研究了 40 个不同种类弹尾虫的外壳微纳米结构（图 2-17（b）～(h)）[101]，发现其具有高度有序的结构，更确切地说是六角形或菱形梳状图案，它们在其表皮上形成了强大的超疏油结构。超疏油性能是由脊和颗粒的轮廓中的负悬伸引起的，这促使了其表面上液体的三相接触线上的强钉扎效应，最后形成极高的能量势垒并可使其润湿状态处于稳定的 Cassie-Baxter 状态。此表面可以抵抗极性和非极性液体，如水、甲醇、乙醇、十六烷和十三烷的润湿，但不能抵抗十二烷或己烷的浸润。在高于 3.5atm（1atm=1.01325×10^5Pa）的压强下，对该表面抵抗各种有机液体的性能进行评估发现，当浸入水-极性的有机液体或表面张力超过 25mJ/m^2 的非极性液体时，弹簧尾部能够形成稳固的气膜来防止表面被液体润湿。此外，研究还发现，该表面对污染物颗粒和各种微生物均具有良好的抗黏附能力。最近，Nickerl 等研究了弹尾目（*Tetrodontophora bielanensis*）角质层表面的纳米结构[102]，他们观察到角质层由三种不同的层状结构组成，内部角质层由具有多个孔通道的层状几丁质骨架制成。角质层的上表皮由结构蛋白质所构成，例如，甘氨酸（超过 50%）、酪氨酸和丝氨酸。最顶部的包膜由脂质组成，例如，烃酸、酯、类固醇和萜烯等。这些发现为无氟超疏油表面的制备开辟了新的道路。

众所周知，由于水的表面张力要比油性液体表面张力高很多，所以制备仿生超疏油表面要比构造仿生超疏水表面困难得多。为实现表面的超疏油，对基底的形貌和表面化学成分的要求也较为苛刻。庆幸的是，早在 1998 年就实现了超双疏表面的制备，Shibuichi 等利用阳极氧化法在铝板上形成分形结构[103]。固体表面用疏水性分子（1H，1H，2H，2H-全氟辛基三氯硅烷（1H，1H，2H，2H-perfluorooctyl trichlorosilane，PFTS））修饰后，表现出超疏水性（水接触角为 160°），经过氟化的单烷基磷酸酯（1H，1H，2H，2H-全氟癸基和全氟十二烷基磷酸酯）修饰后，铝片对菜籽油滴表现出高达 150°的接触角。原始的线性碳纳米管（ACNT）薄膜是超疏水和超亲水的（水和菜籽油的接触角分别约为 160°和 0°），经氟烷基硅烷处理后获得极低的表面能，对水和菜籽油分别表现出约为 171°和 161°的接触角[104]。以上方法很耗时，难以在实际生活中应用。两种常用的聚合物材料——PMMA 和氟末端封端的聚氨酯（PU）被利用，并使用

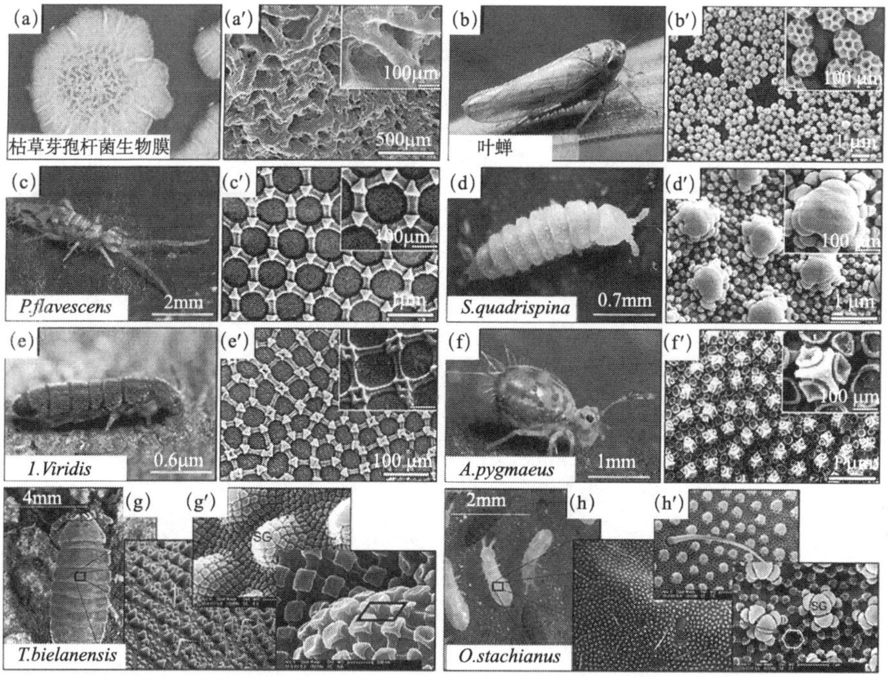

图2-17　(a) 枯草芽孢杆菌表面；(b)～(h) 不同种类的弹尾虫超疏油表面的实物图及SEM图像

一步构筑法来制备超双疏性薄膜[105]。无需进一步的表面修饰，所制备的聚合物薄膜表现出超疏水性和超疏油的属性。Yabu等利用了另一种简单的水辅助自组装的方法，用氟化的聚合物制备超双疏表面，对于水和苯都显现出超疏性[106]。这种方法具有成本低、能耗低以及可以大规模生产和制备等优点。

2.5　多重润湿性

2.5.1　沙漠甲虫——亲疏水相间结构用于集水

生活在非洲南部的纳米布沙漠甲壳虫可以从充满雾气的风中利用背部结构收集饮用水，然而科研工作者并不知道甲壳虫是如何通过背部进行集水并将收集的水流入嘴中的[107]。直到2001年，Parker等揭示了甲壳虫背部收集水的机制——其背部凹凸不平的表面区域能够形成大水滴[73]，包括交替的疏水性蜡质涂层和亲水性的非蜡状部位。宏观条件下，甲壳虫的鞘翅上具有随机排列的突起结构，突起结构之间以0.5～1.5mm的距离分布，每个突起结构直径约为0.5mm（图2-18 (a)）。微观条件下，这些突起结构的顶部是光滑且无蜡质覆盖的亲水结构（图2-18 (b)），而突起结构之间的凹槽以及突起结构的侧面覆盖着披着蜡状外衣的微小球状物。这种微结构是由排列成正六边形阵列的扁平半球（直径为 10 μm）所组成（图 2-18（c））。雾滴在甲壳虫表面上形成小液滴，在其背部突起峰上逐渐“生长”。雾中的微小水珠会凝聚在这些突起结构上并且快速生长为大液滴，然后顺着疏水的斜坡流下，部分小液滴会被反弹或者被吹到亲水区域。每个附着的液滴最终会覆盖整个背部表面的亲水区域，直到液滴克服附着在表面的毛细力，就会沿着弓形后背滚落入甲虫的嘴中。因此，沙漠甲虫从雾中收集水的机制可归因于背部的鞘翅上亲水区域和疏水区域的组合。

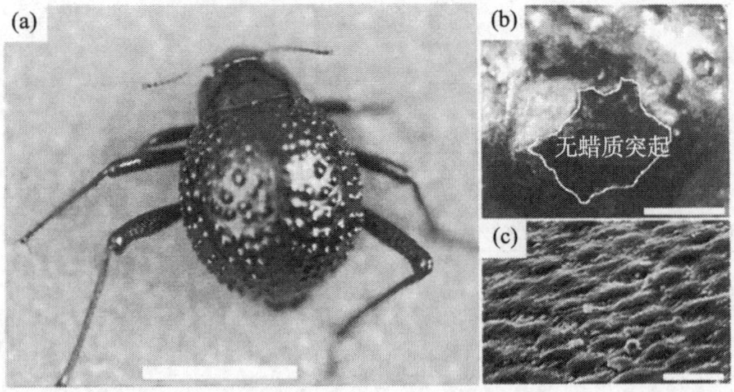

图 2-18　SEM 图像。(a) 沙漠甲壳虫；(b) 黑色鞘翅的凹陷区域（有蜡，染色），而突起的顶部保持未染色（无蜡，黑色）；(c) 凹陷区域纹理表面

受沙漠甲壳虫背部亲疏水相间结构的启发，Zhu 等利用硫醇选择性地修饰铜而不能修饰二氧化钛这一特性[108]，制备出硫醇修饰的疏水部分和二氧化钛亲水部分相间的材料表面。当前体材料 Cu 与 TiO_2 的物质的量比为 9∶1 时，制备的样品表面显示出接触角约为 155.11°，滑动角（SA）为 4.51°，集水效率达到 1309.9mg/(h·cm²)。同时，制备的样品有着良好的机械耐磨和自清洁性能。然后，通过铵碱刻蚀铜网得到超亲水性的纳米针状氢氧化铜结构[109]，将此铜网倒挂在正十八烷基硫醇/乙醇溶液中，观察到与有机物接触的区域变为超疏水表面（接触角约为 155.21°，滑动角约为 8.41°），未接触区域仍然保持超亲水性。在水雾收集的过程中发现：超疏水表面完全捕获微小液滴，超亲水表面上形成水膜，带有两个超疏水圆圈区域的超亲水铜网上既有液滴附着又有水膜形成。通过样品收集水雾的效率发现，具有超疏水性图案的亲水表面具有优异的水雾收集能力(收集水雾的效率为 1316.9mg/(h·cm²)。通常亲水部位形成的水膜会在凹处聚集，从而优化了排水的通道，在克服超亲水区域强的黏附力之后，收集的水滴会经过图案化疏水部位的输送而掉入收集容器中，大大提升了水雾收集效率。

2.5.2　人面竹——双重润湿性

人面竹的叶子形状在发育的不同阶段会发生变化，Wigzell 等发现人面竹的嫩叶表面也具有双重润湿性[110]。人面竹的幼叶在其近轴表面上具有两个截然不同的润湿性区域，如图 2-19（a）～（c）所示。落在叶缘上的水以近乎超疏水的方式呈珠状（接触角大于 140°）；在中间（包括中脉），水由于表面的亲水性（接触角小于 90°）而扩散。这些对比鲜明的润湿性在水流过叶面的过程中最为明显。一旦竹叶足够大，叶片边缘上的水滴向中间滚动。这一现象主要是由于边缘固有的小的接触角滞后以及叶片的凹形形状产生向下的轻微梯度，如图 2-19（a）所示。在中间收集的水最终会随着时间的推移而聚结，形成向下流状的水膜，如图 2-19（b），（c）所示。随着水流体积的增加，在叶柄和叶尖之间存在悬挂梯度的帮助下，水流开始向叶片尖端移动。最终，在顶点形成的液滴落到地面上。相比之下，早期的人面竹叶片的背面（下侧）由肉眼可见的不同物理结构组成，并且显示没有双重润湿性。有趣的是，在发育过程中死亡但仍附着在茎上的一些叶片仍然持续存在双重润湿性行为，如图 2-19（c）所示。此外，这种与幼叶相关的特有的集水机制在同一物种的老叶中是不存在的，如图 2-19（d）所示。竹叶的正面表面看起来似乎都是亲水的，因此水会扩散并湿润这些叶子的中间和边缘。人面竹的幼叶所显示的双重润湿性行为可归因于叶缘与中部之间观察到的化学和物理差异的组合。与叶子中部相比，叶片边缘区域中表皮纳米级粗糙度与存在的极长链烷基化合物相结合，产生了更高的水接触角（液滴运动）。这些润湿的差异性是人面竹自我清洁特性的基础，为仿生双重润湿性表面的制备提供了一种思路。

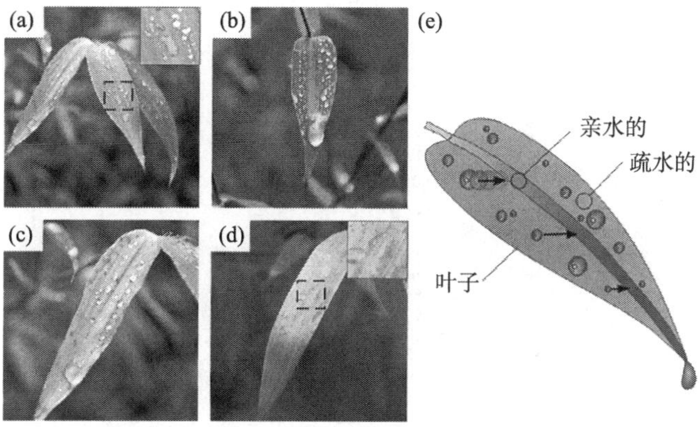

图 2-19　在降雨后留下的人面竹叶片近轴表面的图像。（a）幼叶具有双重润湿性——疏水边缘和亲水中间的组合（右上角的图显示了由虚线框勾勒出的区域的放大图）；（b）有叶子中间聚结的液滴向下移动到叶尖的幼叶图形；（c）一片死去的幼叶仍然显示出相同的双重润湿性；（d）不具有双重润湿性的较老的叶子（右上角的图像显示了由虚线框勾勒出的表面区域的放大图）；（e）说明幼叶双重润湿行为的示意图

2.5.3 水稻叶——各向异性润湿性

天然的多尺度结构化表面对于理解不寻常的超疏水行为至关重要[1]。例如，水稻叶子上的液滴沿着叶子的纵向定向地流出。已经根据沿着叶片的纵向方向覆盖有纳米级蜡特征的微孔的准一维排列来解释各向异性液滴滚动，以使得水滴能够沿着单个方向容易地滚落。Guo 等测得水滴在水稻叶表面的静态接触角为 157°±2°（图 2-20）[111]，滑动角沿着其表面条纹分布的方向上小于 5°，表现出很小的接触角滞后，但在其他方向上滑动角均大于 45°，表现为较大的接触角滞后。值得注意的是，平行于叶片纵向的滑动角远小于垂直于该方向的滑动角，这种各向异性的滚动特性有利于高效的自清洁和排水效果。水滴的各向异性滚动行为源于物理多尺度粗糙度和化学疏水性。不同放大倍数下水稻叶表面的 SEM 照片表明其表面均匀且平行地分布着定向排布的微米级突起，这些微米级突起也是由一些直径为 30～50nm 的纳米级针状材料所构成的，从而在表面上形成微纳米二元复合结构，并且纳米级蜡密集地分散在表面上，这些是表面呈现超疏水状态的原因所在。Lee 等探讨了水稻叶分层结构的表面形貌特性[112]，并受此启发在各向异性波状微结构上构建分层纳米结构，通过层层自组装（LBLSA）法和表面起皱的组合制备具有可调各向异性润湿性的稻叶状表面。纳米结构表面粗糙度的增加促进了动态水滴的转变，从各向异性/固定态到各向异性/可滚动态行为，甚至到各向同性/可滚动态的转变，这些转变源于液体下方的空气滞留导致三相接触线不连续程度增加。这些对水稻叶片各向异性水滴滚动特性的研究，对于微流体、自清洁涂层和减阻涂层等其他功能表面的设计具有重要意义。

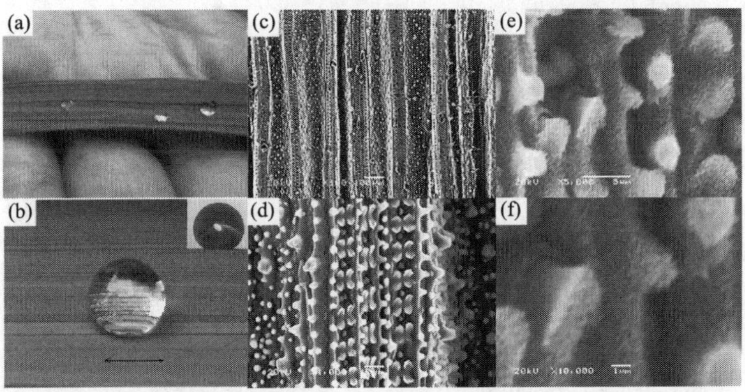

图 2-20 (a) 水滴在洁净的水稻叶上的照片；(b) 水滴在水稻叶上的接触角为 157°±2°，表现出超疏水性能；(c)～(f) 不同放大倍数下的水稻叶的 SEM 照片：(c) ×100，(d) ×1000，(e) ×5000，(f) ×10000

与水稻叶很相似，竹叶表面上也均匀地分布了许多平行的条纹，水滴在其表面的静态接触角为 159°±2°（图 2-21（a）），滑动角沿着表面条纹分布方向小于 5°，表现出很小的接触角滞后，但在其垂直方向上滑动角大于 30°，表现为较大的接触角滞后。竹叶表面的 SEM 照片显示出许多微米级的突起很均匀且平行地分布在其表面上，呈现出很好的定向排列，这些微米级突起由一些直径为 80～100nm的纳米棒状结构所组成，这种微纳米二元复合结构有助于竹叶表面的自清洁。同样地，如图 2-21（e）所示，鸽子的羽毛也具有很好的超疏水效果（WCA＝161°±2°），对于滑动角却表现出一定的方向性，只有沿羽毛平行条纹的方向上才呈现出很小的接触角滞后。鸽子羽毛的 SEM 照片显示出大羽毛是由许多相互平行的小羽毛组成的（图 2-21（f）），而平行的小羽毛两侧又分布了许多平行的微米级突起（图 2-21（g）），它们之间的平行间距大约为 10μm，而且突起两侧又是由许多纳米结构的类针状材料构成的（图 2-21（h））。这种平行的结构为水滴的定向运动提供了条件。此外，蝴蝶不仅具有美丽绚烂的结构色（图 2-21（i）），而且蝴蝶翅膀具有良好的超疏水性能（WCA＝170°±2°）（图 2-21（j）），并且水滴只能沿翅膀向远离身体的方向滑动，这种方向性的润湿性与其表面首尾相接的羽毛结构上分布的相互平行的条纹是分不开的（图 2-21（k），（l））。

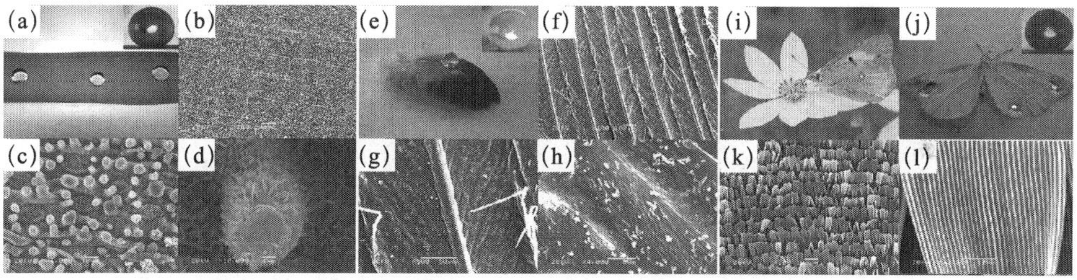

图 2-21　(a) 水滴在洁净的竹叶上的照片，接触角为 159°±2°，表现出超疏水性能；不同放大倍数下的竹叶的 SEM 照片：(b) ×100，(c) ×1000，(d) ×10000；(e) 鸽子羽毛表面上水滴的照片，接触角为 161°±2°；不同放大倍数下的 SEM 照片：(f) ×100，(g) ×1000，(h) ×10000；(i)，(j) 蝴蝶表面上水滴照片，接触角为 170°±2°；不同放大倍数下的 SEM 照片：(k) ×100，(l) ×2500

2.5.4　苎麻叶——不对称润湿性

为了探索植物叶片表面特殊润湿性的原因，Guo 等研究了荷叶、水稻叶、芋头叶、美人蕉叶、苎麻叶等植物叶片的表面润湿性、微观结构以及化学组分[3]。水滴容易从疏水性植物叶片表面上滑动或滚落，显示出低滞后特性。其研究表明，天然植物叶片中存在两种主要类型的表面结构，具有超疏水性，一种是微米和纳米分层结构（所谓的二元结构），另一种是在纳米尺度或亚纳米尺度下的单一结构。仿生苎麻叶背面和中国产新鲜西瓜表面的微纳结构及疏水性能，可以制备出人工超疏水铝合金和超疏水铜合金表面。如图 2-22（a）所示，可以看到附着在苎麻叶正面的一些水滴，由于水接触角小于 90°，表面不具有超疏水性。如图 2-22（b）所示，叶子的背面具有相反的润湿性。可以清楚地看到，一些水滴站立在表面上，水接触角大于 150°，显示出良好的超疏水性。为什么苎麻叶两面的润湿性如此不同？因为表面粗糙度是形成超疏水性的主要因素，所以研究者试图借助 SEM 图像从它们对应的表面结构中得到答案[113]。苎麻叶正面的典型 SEM 图像（图 2-22（c））显示出在整个叶片上具有许多较大的微米尺寸球的微纤维网。较高放大倍数的图像（图 2-22（d））表明纳米颗粒没有在次表层形成。这样的表面不能捕获大量空气，降低了其表面自由能并形成超疏水性。这一点通过水接触角来证明，其值为 38°±2°，显示了亲水性（图 2-22（d））。苎麻叶背面的微观结构正好相反。图 2-22（e）显示了苎麻叶背面的典型 SEM 图像。可以清楚地看到，许多直径为 1～2 μm 的纤维均匀地分布在表面上，结构单一，不同于前面提到的表面具有分层结构的上述植物叶片。高倍放大图（图 2-22（f））表明微米级的纤维十分光滑，这种独特的结构有利于捕获大量空气，降低表面自由能，形成超疏水表面，水接触角为 164°±2°。

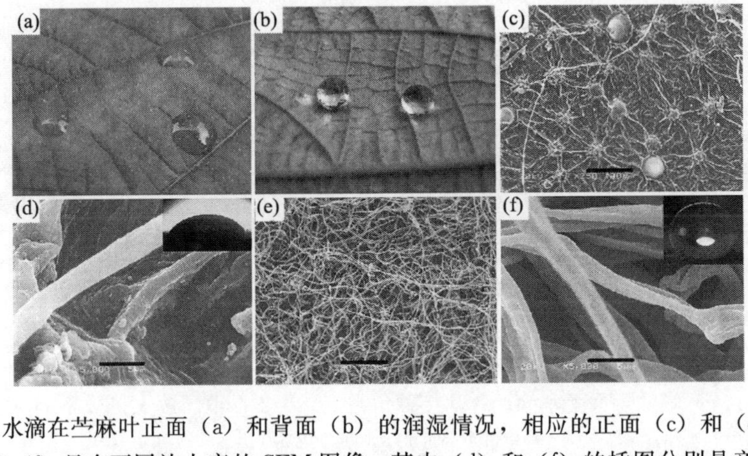

图 2-22 水滴在苎麻叶正面（a）和背面（b）的润湿情况，相应的正面（c）和（d）以及背面（e）和（f）具有不同放大率的 SEM 图像，其中（d）和（f）的插图分别是亲水性正面（WCA=38°±2°）和疏水性背面（WCA=164°±2°）的接触角图，（c）～（f）的比例尺分别为 100 μm，5 μm，100 μm 和 5 μm

苎麻叶正反面不对称的润湿性启发了 Janus 材料的制备和应用，在 2012 年就已经证实了 Janus 润湿性多孔材料借助于内部润湿性的变化可以定向地运输流体，Wu 等报道了由疏水性聚氨酯（PU）和亲水性交联聚乙烯醇（c-PVA）纤维层组成的纤维膜[114]。利用疏水性-亲水性润湿性差异，水可以从疏水侧渗透到亲水侧，但在相反方向（从亲水侧向疏水侧渗透）被阻挡。研究人员生动地将这种独特的Janus多孔材料称为“水二极管”薄膜。Janus润湿性多孔材料的制备比梯度润湿性多孔材料更易控制，但制备方法通常仅限于静电纺丝技术。Si等将疏水性泡沫镍漂浮在黏性淀粉糊的乙醇溶液中[115]，浸入液体的部分形成淀粉糊涂层而具有超亲水性，其余的泡沫镍在空气中可以保持其原始的疏水性。淀粉糊在泡沫镍上形成超亲水涂层的主要原因是表面沉积了含有丰富羟基的淀粉糊，其次淀粉糊也是一种传统的黏合剂，具有极高的黏合力。实验表明，这种Janus泡沫镍一侧表现出疏水性，另一侧却能在0.02s内快速吸收滴入的水滴，表现出超亲水状态。这种Janus泡沫镍具有独特的定向水传输现象，可以通过反复将水滴滴到不同的层上来观察。当水滴滴落在疏水层上时，它们将在早期停留在表面上，随着水滴数量的增加，水开始定向渗透。最后，水滴会从超亲水层缓慢滴落。当Janus泡沫镍翻转时，水滴滴落后，立即被超亲水层吸收，向各个方向扩散。随着水滴数量的增加，水开始停留在表面上，形成了一层水膜，此时超亲水层接近饱和。即使水滴达到45滴，水仍然不能通过Janus泡沫镍从超亲水层渗透到疏水层。由于Janus泡沫镍中具有一定厚度的超亲水层而具有很好的保水能力，这种Janus泡沫镍比报告的定向水输送薄膜花费的时间更长。该结果表明，具有一定厚度的3D大孔材料也可通过不对称润湿性的策略实现定向的水输送应用。

2.5.5 含羞草及其他——响应性润湿性

原产于中南美洲的含羞草，在叶子被触碰或者在暴露在热的环境下就会折叠收缩叶子，刺激消退后又会自动伸展叶片，一些含羞草还会在白天缓缓升起叶片，晚上降低叶片的高度，这些独特的天然刺激性响应行为吸引了研究者的注意。含羞草能够通过非常快速地保护性折叠小叶来对最轻微的压力作出反应，这种厘米长的负向性是通过级联的电势和渗透压力波所转换的[116]。模仿含羞草小叶闭合的行为，Wong等设计并制备了具有Janus双层结构的柔软材料，这种材料能够精确地响应刺激而产生定向的自发运动[117]。这种Janus材料是通过在聚氯乙烯（PVC）微纤维底层上黏附高湿性的聚己内酯（PCL）纳米纤维获得的。在润湿性方面，具有平均直径（192±49）nm的交织网状结构的PCL层具有Wenzel半灯芯吸收特征，水接触角接近0°。这种多孔的PVC层具有高度的超疏水性和柔韧性，水接触角为155°±7°，接触角滞后30°±10°，使得PCL层的水不能够透过并进入PVC层。这种自组织机制依赖于精确的刺激和正交局部材料响应的快速传播。纵向重构（刺激传播）速率（最大值为7.8cm/s）由毛细管/拉普拉斯压力所驱动[118]。在这里观察到的弹性毛细管驱动的正交材料响应具有更快的动力学速度（在约23.8cm/s处折叠）。类似地，通过在PCL层上沉积平均直径为（671±305）nm的亚微纤维原位制备双层Janus的PVC骨架。这种多孔的PVC结构是超疏水的，水接触角为155°±7°，接触角滞后30°±10°。

Janus双层结构对水具有瞬态弹性毛细管响应。当将水滴轻轻地放置在圆形双层膜的超亲水侧上时，后者部分从PS-PDMS基板上分离并通过对称折叠封装起来。对于79mm^{2}的圆形表面，这个过程还不到33ms，最终导致形成一个含有初始水量的球状物。这种Janus双层材料的快速折叠响应归因于其独特的弹性化学性质。值得注意的是，Janus双层的PS-PDMS基底和无润湿的超疏水（PVC）骨架的存在对于Janus双层膜成功地折叠和随后的防漏水封装也是必不可少的。含超亲水和疏水性结构的Janus布局显著改善了材料响应性能，避免了起皱并且可在其材料体内聚集水滴。而且，Janus双层的粗糙纳米结构形态具有很高的表面能密度（185J/kg），可以克服Janus双层的弯曲刚度（68nN·m）。图2-23（a）显示了长度为6.5cm的直线微通道的自发构造，这是通过在Janus双层膜的矩形条带的圆形末端上放置直径为0.42cm的水滴来实现的。尽管Janus双层膜的刺激传播机制是不同的，但是这种定向折叠反应让人联想到含羞草的性质（图2-23（b））。通过恢复初始表面能平衡来实现这种自组织状态的可逆性。图2-23（c）展示出了这个自发展开过程。先使用低表面张力的乙醇液体润湿Janus双层膜的超疏水和超亲水侧，随后PCL侧上水的解吸恢复了Janus双层膜表面能的对称性（图2-23（e））并展开微通道回到原来的扁平形状。展开的Janus双层膜很容易被重新激活，并且能够多周期自组装（图2-23（c）和（e））。与传统的微流体相比，这种概念的微流体具有创纪录的响应时间，接近理想的毛细管速度。而且，这种自组装还是可逆的，能够展开并恢复初始的表面属性。这种Janus双层膜显示的反应能在众多研究领域中得到应用，包括刺激响应材料[119]、雾的收集[120]、人造肌肉[121]、传感器[122]、开关[123]和电源独立设备[124]。

自然界中还有其他类似于含羞草快速移动的植物，比如貂藻、舞草、一些种类的茅膏菜和著名的捕蝇草。作为自然界唯一对声音有反应的植物，舞草在温度大于25℃、70dB的声音刺激下，两枚叶子会绕着中间的大叶自行起舞，故得名舞草。舞草的运动主要跟温度、阳光和声波感应的强度有关，各小叶会随着音乐而旋转摆动、合拢展开，而且光照越强或者声波越大，其运动幅度越大、速度越快。科学研究表明，当环境温度在20℃以上时，它的侧小叶开始转动。当温度达到30℃以上时，叶片转动加快，直到太阳下山叶片闭合下垂。舞草起舞的原因是小叶柄基部的海绵体组织对光有敏感反应。太阳升起，温度上升，加速了植物体内的水分蒸发，海绵体结构发生膨胀，故叶片左右摆动。此外，舞草对声音也很敏感，当声音达到35～40dB时，海绵体就会发生收缩反应，叶片也会再次起舞。而太阳下山时温度下降、光线变暗，叶片的海绵体就会收缩

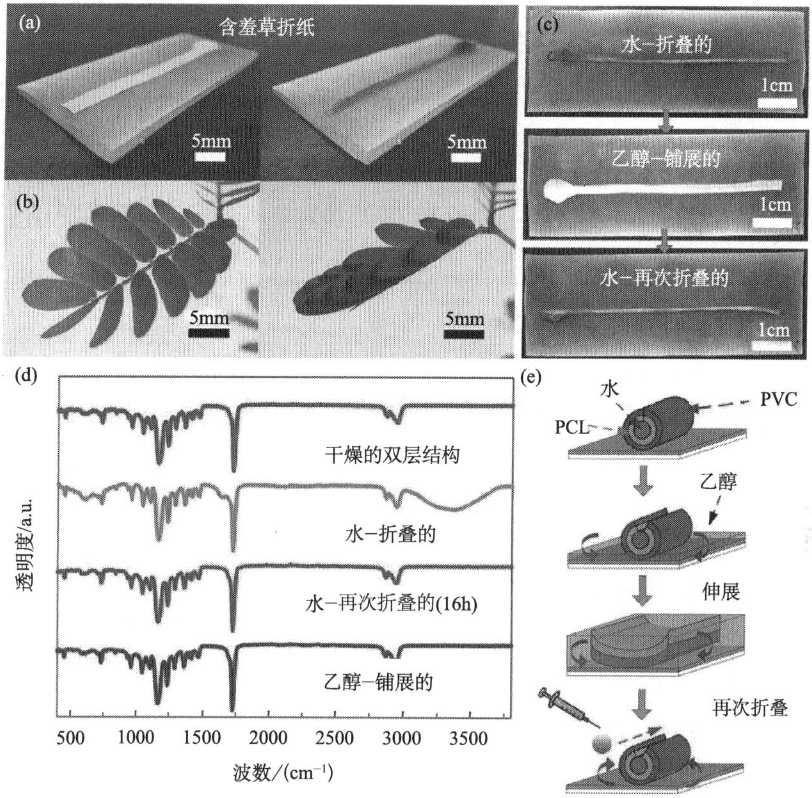

图 2-23　通过含羞草折纸自组装演示定向自组装。(a) 矩形 Janus 双层膜的自发定向自组织响应的光学照片，精确的水滴刺激导致 1cm 长的微通道的固定自组装；(b) 这种快速运动让人联想到含羞草小叶的负向性期间的刺激-反应传播；(c) 折叠的 Janus 双层膜通过浸入乙醇浴中自发地展开，初始表面性质的恢复允许新的折叠循环，证明了这种自组织状态的完全可逆性；(d) 傅里叶变换红外 (FTIR) 光谱分析显示在折叠和展开循环期间 Janus 双层结构的表面组成的变化；(e) 毛细管诱导的自组装微通道展开的示意图

而使得叶片闭合下垂；等到晨光到来，叶腋角度增大撑起顶小叶，温度上升，叶片进行新一轮的翩翩起舞。

被誉为“水中捕笼草”的貂藻叶片具有和捕虫器类似的贝壳状结构，当生物触碰到叶面的感应性刚毛时，叶子立刻合拢将生物夹在中间直至死亡。这种叶片陷阱的关闭机制涉及弹性膨胀和植物生长之间的复杂作用反应。叶片张开时突起结构向外弯曲，而闭合时突起结构会凹下去形成空腔。当触发的毛发被刺激时，产生的动作电位通过叶片传播并刺激叶片中的细胞和它们之间的中脉，进而刺激整个叶片运动[125]。

茅膏菜的独特之处是腺体触须的尖端会分泌黏液，闪闪发光像露珠一样，而且茎腺分泌的这种甜黏液可以吸引并诱捕昆虫。当猎物触碰叶片时就会被其上的黏性液体所包裹，从而被阻止爬行逃脱。最后，黏液会把昆虫包裹住并堵住其气孔，从而使得昆虫窒息死亡，这个过程一般在15min内完成。与此同时，该植物会分泌酯酶、过氧化物酶、磷酸酶和蛋白酶，这些酶可以溶解昆虫并释放其中的营养成分，然后被叶子的表面吸收，供植物的其余部位所使用。虽然这种反应的生理机制并不是很明确，但一些研究已经开始探索如何通过机械和化学刺激性响应而包裹和消化猎物。当受到机械刺激时，触发触手的动作电位使得触手朝向叶子中心快速移动[126]。当远离叶子中心的边缘触手受到刺激时，这种反应更加突出。当动作电位到达其靶细胞时，植物激素生长素使质子（H^+）从质膜进入细胞壁，从而降低pH，放松细胞壁蛋白质，扩展蛋白，并允许通过渗透和膨胀来增加细胞体积。由于不同的细胞生长速率，触手能够通过细胞膨胀引起的弯曲实现向猎物和叶子中心的运动。一些茅膏菜属物种中，在非局部的远距离触手朝猎物的弯曲甚至整个叶片的弯曲中，会发生第二次响应性弯曲，以实现最大化地与猎物接触。虽然机械刺激足以实现局部触手响应性弯曲，但是发生二次响应性弯曲则需要机械刺激和化学刺激[127]。

上述的这些植物，各自的结构赋予了其特定的生物功能性，以适应周围的环境而生存。关于其背后的科学本质与驱动机理，还有待我们更加深入地研究。同时，这些多彩、多功能的生物也为我们的仿生提供了灵感和借鉴。

参考文献

[1] Barthlott W，Neinhuis C. Purity of the sacred lotus，or escape from contamination in biological surfaces. Planta，1997，202（1）：1-8

[2] Feng L，Li S，Li Y，Li H，Zhang L，Zhai J，Song Y，Liu B，Jiang L，Zhu D. Super-hydrophobic surfaces：from natural to artificial. Advanced materials，2002，14（24）：1857-1860

[3] Guo Z，Liu W. Biomimic from the superhydrophobic plant leaves in nature：dinary structure and unitary structure. Plant Science，2007，172（6）：1103-1112

[4] Cheng Q，Li M，Zheng Y，Su B，Wang S，Jiang L. Janus interface materials：superhydrophobic air/solid interface and superoleophobic water/solid interface inspired by a lotus leaf. Soft Matter，2011，7（13）：5948-5951

[5] Osborn J M，Schneider E L. Morphological studies of the nymphaeaceae sensu lato. XVI. The floral biology of Brasenia schreberi. Annals of the Missouri Botanical Garden，1988，75（3）：778-794

[6] Yang F, Guo Z. Characterization of micro-morphology and wettability of lotus leaf, waterlily leaf and biomimetic ZnO surface. Journal of Bionic Engineering, 2015, 12 (1): 88-97

[7] Barthlott W, Mail M, Neinhuis C. Superhydrophobic hierarchically structured surfaces in biology: evolution, structural principles and biomimetic applications. Philosophical Transactions of the Royal Society A: Mathematical, Physical Engineering Sciences, 2016, 374 (2073): 20160191

[8] Singh A, Steely L, Allcock H R. Poly [bis (2, 2, 2-trifluoroethoxy) phosphazene] superhydrophobic nanofibers. Langmuir, 2005, 21 (25): 11604-11607

[9] Patankar N A. Mimicking the lotus effect: influence of double roughness structures and slender pillars. Langmuir, 2004, 20 (19): 8209-8213

[10] Barbieri L, Wagner E, Hoffmann P. Water wetting transition parameters of perfluorinated substrates with periodically distributed flat-top microscale obstacles. Langmuir, 2007, 23 (4): 1723-1734

[11] Sun M, Luo C, Xu L, Ji H, Ouyang Q, Yu D, Chen Y. Artificial lotus leaf by nanocasting. Langmuir, 2005, 21 (19): 8978-8981

[12] Liu B, He Y, Fan Y, Wang X. Fabricating super-hydrophobic lotus-leaf-like surfaces through soft-lithographic imprinting. Macromolecular Rapid Communications, 2006, 27 (21): 1859-1864

[13] Barthlott W, Schimmel T, Wiersch S, Koch K, Brede M, Barczewski M, Walheim S, Weis A, Kaltenmaier A, Leder A. The salvinia paradox: superhydrophobic surfaces with hydrophilic pins for air retention under water. Advanced Materials, 2010, 22 (21): 2325-2328

[14] Fik C P, Meuris M, Salz U, Bock T, Tiller J C. Ultrahigh-aspect ratio microfiber-furs as plant-surface mimics derived from teeth. Advanced Materials, 2011, 23 (31): 3565-3569

[15] Ou J, Perot B, Rothstein J P. Laminar drag reduction in microchannels using ultrahydrophobic surfaces. Physics of Fluids, 2004, 16 (12): 4635-4643

[16] Geyer F L, Ueda E, Liebel U, Grau N, Levkin P A. Superhydrophobic-superhydrophilic micropatterning: towards genome-on-a-chip cell microarrays. Angewandte Chemie International Edition, 2011, 50 (36): 8424-8427

[17] Koch K, Bohn H F, Barthlott W. Hierarchically sculptured plant surfaces and superhydrophobicity. Langmuir, 2009, 25 (24): 14116-14120

[18] Eyring V, Köhler H, Van Aardenne J, Lauer A. Emissions from interna-

tionalshipping：1. The last 50 years. Journal of Geophysical Research：Atmospheres，2005，110：D17305

[19] Genzer J，Efimenko K. Recent developments in superhydrophobic surfaces and their relevance to marine fouling：a review. Biofouling，2006，22 (5)：339-360

[20] Tokunaga J，Kumada M，Sugiyama Y，Watanabe N，Chong Y，Matsubara N. Method of forming air film on submerged surface of submerged part-carrying structure，and film structure on submerged surface：European，EP0616940，1993

[21] Zhang X，Shi F，Niu J，Jiang Y，Wang Z. Superhydrophobic surfaces：from structural control to functional application. Journal of Materials Chemistry，2008，18 (6)：621-633

[22] Fukuda K，Tokunaga J，Nobunaga T，Nakatani T，Iwasaki T，Kunitake Y. Frictional drag reduction with air lubricant over a super-water-repellent surface. Journal of Marine Science and Technology，2000，5 (3)：123-130

[23] Parente J，Fonseca P，Henriques V，Campos A. Strategies for improving fuel efficiency in the portuguese trawl fishery. Fisheries Research，2008，93 (1-2)：117-124

[24] Otten A，Herminghaus S. How plants keep dry：a physicist's point of view. Langmuir，2004，20 (6)：2405-2408

[25] Cerman Z，Striffler B F，Barthlott W. Dry in the water：the superhydrophobic water fern salvinia—a model for biomimetic surfaces. Functional Sur Faces in Biology，Springer，2009：97-111

[26] Tricinci O，Terencio T，Mazzolai B，Pugno N M，Greco F，Mattoli V. 3D micropatterned surface inspired by salvinia molesta via direct laser lithography. ACS Applied Materials & Interfaces，2015，7 (46)：25560-25567

[27] Yang Y，Li X，Zheng X，Chen Z，Zhou Q，Chen Y. 3D-printed biomimetic super-hydrophobic structure for microdroplet manipulation and oil/water separation. Advanced Materials，2018，30 (9)：1704912

[28] Feng L，Zhang Y，Xi J，Zhu Y，Wang N，Xia F，Jiang L. Petal effect：a superhydrophobic state with high adhesive force. Langmuir，2008，24 (8)：4114-4119

[29] Cheng Z，Feng L，Jiang L. Tunable adhesive superhydrophobic surfaces for superparamagnetic microdroplets. Advanced Functional Materials，2008，18

(20)：3219-3225

[30] Bhushan B，Her E K. Fabrication of superhydrophobic surfaces with high and low adhesion inspired from rose petal. Langmuir，2010，26 (11)：8207-8217

[31] Bhushan B. Nanotribology and nanomechanics. Wear，2005，259 (7-12)：1507-1531

[32] De Gennes P G，Brochard-Wyart F，Quéré D. Capillarity and wetting phenomena：drops，bubbles，pearls，waves. Springer Science & Business Media，2004，57：66，67

[33] Feng L，Zhang Y，Cao Y，Ye X，Jiang L. The effect of surface microstructures and surface compositions on the wettabilities of flower petals. Soft Matter，2011，7 (6)：2977-2980

[34] Bormashenko E，Stein T，Pogreb R，Aurbach D. "Petal effect" on surfaces based on lycopodium：high-stick surfaces demonstrating high apparent contact angles. The Journal of Physical Chemistry C，2009，113 (14)：5568-5572

[35] Xu B B，Zhang Y L，Zhang W Y，Liu X Q，Wang J N，Zhang X L，Zhang D D，Jiang H B，Zhang R，Sun H B. Silver-coated rose petal：green，facile，low-cost and sustainable fabrication of a SERS substrate with unique superhydrophobicity and high efficiency. Advanced Optical Materials，2013，1 (1)：56-60

[36] Guo Z G，Liu W M. Sticky superhydrophobic surface. Applied Physics Letters，2007，90 (22)：223111

[37] Balu B，Breedveld V，Hess D W. Fabrication of "roll-off" and "sticky" superhydrophobic cellulose surfaces via plasma processing. Langmuir，2008，24 (9)：4785-4790

[38] Xi J，Jiang L. Biomimic superhydrophobic surface with high adhesive forces. Industrial Engineering Chemistry Research，2008，47 (17)：6354-6357

[39] Ma Y，Ma S，Wu Y，Pei X，Gorb S N，Wang Z，Liu W，Zhou F. Remote control over underwater dynamic attachment/detachment and locomotion. Advanced Materials，2018，30 (30)：1801595

[40] Yao X，Song Y，Jiang L. Applications of bio-inspired special wettable surfaces. Advanced Materials，2011，23 (6)：719-734

[41] Sun T，Feng L，Gao X，Jiang L. Bioinspired surfaces with special wettability. Accounts of Chemical Research，2005，38 (8)：644-652

[42] Uchida K, Sakai K, Ito E, Kwon O H, Kikuchi A, Yamato M, Okano T. Temperature-dependent modulation of blood platelet movement and morphology on poly (N-isopropylacrylamide) -grafted surfaces. Biomaterials, 2000, 21 (9): 923-929

[43] Kustandi T S, Samper V D, Yi D K, Ng W S, Neuzil P, Sun W. Self-assembled nanoparticles based fabrication of gecko foot-hair-inspired polymer nanofibers. Advanced Functional Materials, 2007, 17 (13): 2211-2218

[44] Onslow H I. On a periodic structure in many insect scales, and the cause of their iridescent colours. Philosophical Transactions of the Royal Society of London. Series B, Containing Papers of a Biological Character, 1923, 211 (382-390): 1-74

[45] Merritt E. A spectrophotometric study of certain cases of structural color. JOSA, 1925, 11 (2): 93-98

[46] Prum R O, Quinn T, Torres R H. Anatomically diverse butterfly scales all produce structural colours by coherent scattering. Journal of Experimental Biology, 2006, 209 (4): 748-765

[47] Kuang M, Wang J, Jiang L. Bio-inspired photonic crystals with superwettability. Chemical Society Reviews, 2016, 45 (24): 6833-6854

[48] Potyrailo R A, Starkey T A, Vukusic P, Ghiradella H, Vasudev M, Bunning T, Naik R R, Tang Z, Larsen M, Deng T. Discovery of the surface polarity gradient on iridescent Morpho butterfly scales reveals a mechanism of their selective vapor response. Proceedings of the National Academy of Sciences, 2013, 110 (39): 15567-15572

[49] Potyrailo R A, Bonam R K, Hartley J G, Starkey T A, Vukusic P, Vasudev M, Bunning T, Naik R R, Tang Z, Palacios M A. Towards outperforming conventional sensor arrays with fabricated individual photonic vapour sensors inspired by Morpho butterflies. Nature Communications, 2015, 6: 7959

[50] Khudiyev T, Dogan T, Bayindir M. Biomimicry of multifunctional nanostructures in the neck feathers of mallard (Anas platyrhynchos L.) drakes. Scientific Reports, 2014, 4: 4718

[51] Stavenga D G, Van Der Kooi C J, Wilts B D. Structural coloured feathers of mallards act by simple multilayer photonics. Journal of The Royal Society Interface, 2017, 14 (133): 20170407

[52] Brink D, Van Der Berg N. Structural colours from the feathers of the bird

Bostrychia hagedash. Journal of Physics D：Applied Physics，2004，37 (5)：813

[53] Eliason C M，Shawkey M D. Decreased hydrophobicity of iridescent feathers：a potential cost of shiny plumage. Journal of Experimental Biology，2011，214 (13)：2157-2163

[54] Wang M，Meng F，Wu H，Wang J. Photonic crystals with an eye pattern similar to peacock tail feathers. Crystals，2016，6 (8)：99

[55] Zi J，Yu X，Li Y，Hu X，Xu C，Wang X，Liu X，Fu R. Coloration strategies in peacock feathers. Proceedings of the National Academy of Sciences，2003，100 (22)：12576-12578

[56] Wu D，Chen Q D，Xia H，Jiao J，Xu B B，Lin X F，Xu Y，Sun H B. A facile approach for artificial biomimetic surfaces with both superhydrophobicity and iridescence. Soft Matter，2010，6 (2)：263-267

[57] Han Z，Wang Z，Feng X，Li B，Mu Z，Zhang J，Niu S，Ren L. Antireflective surface inspired from biology：a review. Biosurface Biotribology，2016，2 (4)：137-150

[58] Watson G S，Myhra S，Cribb B W，Watson J A. Putative functions and functional efficiency of ordered cuticular nanoarrays on insect wings. Biophysical Journal，2008，94 (8)：3352-3360

[59] Lee W，Jin M K，Yoo W C，Lee J K. Nanostructuring of a polymeric substrate with well-defined nanometer-scale topography and tailored surface wettability. Langmuir，2004，20 (18)：7665-7669

[60] Sun M，Watson G S，Zheng Y，Watson J A，Liang A. Wetting properties on nanostructured surfaces of cicada wings. Journal of Experimental Biology，2009，212 (19)：3148-3155

[61] Wagner T，Neinhuis C，Barthlott W. Wettability and contaminability of insect wings as a function of their surface sculptures. Acta Zoologica，1996，77 (3)：213-225

[62] Xie G，Zhang G，Lin F，Zhang J，Liu Z，Mu S. The fabrication of subwavelength anti-reflective nanostructures using a bio-template. Nanotechnology，2008，19 (9)：095605

[63] Liu K，Jiang L. Bio-inspired design of multiscale structures for function integration. Nano Today，2011，6 (2)：155-175

[64] Zhang G，Zhang J，Xie G，Liu Z，Shao H. Cicada wings：a stamp from nature for nanoimprint lithography. Small，2006，2 (12)：1440-1443

[65] Gao C Y, Meng G X, Li X, Wu M, Liu Y, Li X Y, Zhao X, Lee I, Feng X. Wettability of dragonfly wings: the structure detection and theoretical modeling. Surface Interface Analysis, 2013, 45 (2): 650-655

[66] Wan Y L, Cong Q, Wang X J, Yan Z. The wettability and mechanism of geometric non-smooth structure of dragonfly wing surface. Journal of Bionic Engineering, 2008, 5 (1): 40-45

[67] Wang X, Song W, Li Z, Cong Q. Fabrication of superhydrophobic AAO-Ag multilayer mimicking dragonfly wings. Chinese Science Bulletin, 2012, 57 (35): 4635-4640

[68] Michael N, Bhushan B. Hierarchical roughness makes superhydrophobic states stable. Microelectronic Engineering, 2007, 84 (3): 382-386

[69] Chen H, Zhang P, Zhang L, Liu H, Jiang Y, Zhang D, Han Z, Jiang L. Continuous directional water transport on the peristome surface of Nepenthes alata. Nature, 2016, 532 (7597): 85

[70] Bohn H F, Federle W. Insect aquaplaning: nepenthes pitcher plants capture prey with the peristome, a fully wettable water-lubricated anisotropic surface. Proceedings of the National Academy of Sciences, 2004, 101 (39): 14138-14143

[71] Wong T S, Kang S H, Tang S K, Smythe E J, Hatton B D, Grinthal A, Aizenberg J. Bioinspired self-repairing slippery surfaces with pressure-stable omniphobicity. Nature, 2011, 477 (7365): 443

[72] Shirtcliffe N, Mchale G, Newton M. Learning from superhydrophobic plants: the use of hydrophilic areas on superhydrophobic surfaces for droplet control. Langmuir, 2009, 25 (24): 14121-14128

[73] Parker A R, Lawrence C R. Water capture by a desert beetle. Nature, 2001, 414 (6859): 33

[74] Ju J, Bai H, Zheng Y, Zhao T, Fang R, Jiang L. A multi-structural and multi-functional integrated fog collection system in cactus. Nature Communications, 2012, 3: 1247

[75] Estrela M J, Valiente J A, Corell D, Millán M M. Fog collection in the western Mediterranean basin (Valencia region, Spain). Atmospheric Research, 2008, 87 (3-4): 324-337

[76] Collett Jr J L, Herckes P, Youngster S, Lee T. Processing of atmospheric organic matter by California radiation fogs. Atmospheric Research, 2008, 87 (3-4): 232-241

[77] Zheng Y, Bai H, Huang Z, Tian X, Nie F Q, Zhao Y, Zhai J, Jiang L. Directional water collection on wetted spider silk. Nature, 2010, 463 (7281): 640

[78] Tian Y, Zhu P, Tang X, Zhou C, Wang J, Kong T, Xu M, Wang L. Large-scale water collection of bioinspired cavity-microfibers. Nature Communications, 2017, 8 (1): 1080

[79] White B, Sarkar A, Kietzig A M. Fog-harvesting inspired by the stenocara beetle—An analysis of drop collection and removal from biomimetic samples with wetting contrast. Applied Surface Science, 2013, 284: 826-836

[80] Zhong L, Zhang R, Li J, Guo Z, Zeng H. Efficient fog harvesting based on 1D copper wire inspired by the plant pitaya. Langmuir, 2018, 34 (50): 15259-15267

[81] Bixler G D, Bhushan B. Bioinspired rice leaf and butterfly wing surface structures combining shark skin and lotus effects. Soft Matter, 2012, 8 (44): 11271-11284

[82] Bixler G D, Bhushan B. Biofouling: lessons from nature. Philosophical Transactions of the Royal Society A: Mathematical, Physical Engineering Sciences, 2012, 370 (1967): 2381-2417

[83] Liu M, Wang S, Wei Z, Song Y, Jiang L. Bioinspired design of a superoleophobic and low adhesive water/solid interface. Advanced Materials, 2009, 21 (6): 665-669

[84] Nosonovsky M, Bhushan B. Multiscale effects and capillary interactions in functional biomimetic surfaces for energy conversion and green engineering. Philosophical Transactions of the Royal Society A: Mathematical, Physical and Engineering Sciences, 2009, 367 (1893): 1511-1539

[85] Parkin I P, Palgrave R G. Self-cleaning coatings. Journal of Materials Chemistry, 2005, 15 (17): 1689-1695

[86] Dean B, Bhushan B. Shark-skin surfaces for fluid-drag reduction in turbulent flow: a review. Philosophical Transactions of the Royal Society A: Mathematical, Physical and Engineering Sciences, 2010, 368 (1929): 4775-4806

[87] Jung Y C, Bhushan B. Biomimetic structures for fluid drag reduction in laminar and turbulent flows. Journal of Physics: Condensed Matter, 2009, 22 (3): 035104

[88] Scholz S G, Griffiths C A, Dimov S S, Brousseau E B, Lalev G, Petkov P. Manufacturing routes for replicating micro and nano surface structures with bio-mimetic applications. CIRP Journal of Manufacturing Science and Technology, 2011, 4 (4): 347-356

[89] Matthews J N. Low-drag suit propels swimmers. Physics Today, 2008, 61 (8): 32, 33

[90] Peng Y L, Lin C G, Wang L. The preliminary study on antifouling mechanism of shark skin. Advanced Materials Research, 2009, 79-82: 977-980

[91] Ball P. Engineering shark skin and other solutions. Nature, 1999, 400 (6744): 507

[92] Büttner C C, Schulz U. Shark skin inspired riblet coatings for aerodynamically optimized high temperature applications in aeroengines. Advanced Engineering Materials, 2011, 13 (4): 288-295

[93] Nishimoto S, Bhushan B. Bioinspired self-cleaning surfaces with superhydrophobicity, superoleophobicity, and superhydrophilicity. Rsc Advances, 2013, 3 (3): 671-690

[94] Liu X, Zhou J, Xue Z, Gao J, Meng J, Wang S, Jiang L. Clam's shell inspired high-energy inorganic coatings with underwater low adhesive superoleophobicity. Advanced Materials, 2012, 24 (25): 3401-3405

[95] Yao H B, Ge J, Mao L B, Yan Y X, Yu S H. 25th anniversary article: artificial carbonate nanocrystals and layered structural nanocomposites inspired by nacre: synthesis, fabrication and applications. Advanced Materials, 2014, 26 (1): 163-188

[96] Guo T, Heng L, Wang M, Wang J, Jiang L. Robust underwater oil-repellent material inspired by columnar nacre. Advanced Materials, 2016, 28 (38): 8505-8510

[97] Zhang S, Lu F, Tao L, Liu N, Gao C, Feng L, Wei Y. Bio-inspired anti oil fouling chitosan coated mesh for oil/water separation suitable for broad pH range and hyper saline environments. ACS Applied Materials Interfaces, 2013, (22): 11971-11976

[98] Bellanger H, Darmanin T, Taffin De Givenchy E, Guittard F. Chemical and physical pathways for the preparation of superoleophobic surfaces and related wetting theories. Chemical Reviews, 2014, 114 (5): 2694-2716

[99] Rakitov R, Gorb S N. Brochosomal coats turn leafhopper (Insecta, Hemiptera, Cicadellidae) integument to superhydrophobic state. Proceedings

of the Royal Society B: Biological Sciences, 2013, 280 (1752): 20122391

[100] Epstein A K, Pokroy B, Seminara A, Aizenberg J. Bacterial biofilm shows persistent resistance to liquid wetting and gas penetration. Proceedings of the National Academy of Sciences, 2011, 108 (3): 995-1000

[101] Nickerl J, Helbig R, Schulz H J, Werner C, Neinhuis C. Diversity and potential correlations to the function of Collembola cuticle structures. Zoomorphology, 2013, 132 (2): 183-195

[102] Nickerl J, Tsurkan M, Hensel R, Neinhuis C, Werner C, The multilayered protective cuticle of Collembola: a chemical analysis. Journal of the Royal Society Interface, 2014, 11 (99): 20140619

[103] Shibuichi S, Yamamoto T, Onda T, Tsujii K. Super water-and oil-repellent surfaces resulting from fractal structure. Journal of Colloid & Interface Science, 1998, 208 (1): 287-294

[104] Li H, Wang X, Song Y, Liu Y, Li Q, Jiang L, Zhu D. Super- "amphiphobic" aligned carbon nanotube films. Angewandte Chemie International Edition, 2001, 40 (9): 1743-1746

[105] Xie Q, Xu J, Feng L, Jiang L, Tang W, Luo X, Han C C. Facile creation of a super-amphiphobic coating surface with bionic microstructure. Advanced Materials, 2004, 16 (4): 302-305

[106] Yabu H, Takebayashi M, Tanaka M, Shimomura M. Superhydrophobic and lipophobic properties of self-organized honeycomb and pincushion structures. Langmuir, 2005, 21 (8): 3235-3237

[107] Hamilton W J, Seely M K. Fog basking by the Namib Desert beetle, onymacris unguicularis. Nature, 1976, 262 (5566): 284

[108] Zhu H, Guo Z. Hybrid engineered materials with high water-collecting efficiency inspired by Namib Desert beetles. Chemical Communications, 2016, 52 (41): 6809-6812

[109] Zhu H, Yang F, Li J, Guo Z. High-efficiency water collection on biomimetic material with superwettable patterns. Chemical Communications, 2016, 52 (84): 12415-12417

[110] Wigzell J, Racovita R, Stentiford B, Wilson M, Harris M, Fletcher I, Mosquin D, Justice D, Beaumont S, Jetter R J C. Smart water channelling through dual wettability by leaves of the bamboo Phyllostachys aurea. Colloids and Surfaces A: Physicochemical Engineering Aspects, 2016, 506: 344-355

[111] Guo Z, Liu W, Su B L. Superhydrophobic surfaces: from natural to biomimetic to functional. Journal of Colloid & Interface Science, 2011, 353 (2): 335-355

[112] Lee S G, Lim H S, Lee D Y, Kwak D, Cho K. Tunable anisotropic wettability of rice leaf-like wavy surfaces. Advanced Functional Materials, 2013, 23 (5): 526-526

[113] Feng L, Song Y, Zhai J, Liu B, Xu J, Jiang L, Zhu D. Creation of a superhydrophobic surface from an amphiphilic polymer. Angewandte Chemie International Edition, 2003, 42 (7): 800-802

[114] Wu J, Wang N, Wang L, Dong H, Zhao Y, Jiang L. Unidirectional water-penetration composite fibrous film via electrospinning. Soft Matter, 2012, 8 (22): 5996-5999

[115] Si Y, Chen L, Yang F, Guo F, Guo Z. Stable Janus superhydrophilic/hydrophobic nickel foam for directional water transport. Journal of Colloid Interface Science, 2018, 509: 346-352

[116] Tian P, Guo Z. Biomimetic janus paper with controllable swelling for shape memory and energy conversion. Journal of Bionic Engineering, 2019, 16 (1): 1-12

[117] Wong W S, Li M, Nisbet D R, Craig V S, Wang Z, Tricoli A. Mimosa origami: a nanostructure-enabled directional self-organization regime of materials. Science Advances, 2016, 2 (6): e1600417

[118] Washburn E W. The dynamics of capillary flow. Physical Review, 1921, 17 (3): 273

[119] Xu S, Yan Z, Jang K-I, Huang W, Fu H, Kim J, Wei Z, Flavin M, Mccracken J, Wang R. Assembly of micro/nanomaterials into complex, three-dimensional architectures by compressive buckling. Science, 2015, 347 (6218): 154-159

[120] Garrod R, Harris L, Schofield W, Mcgettrick J, Ward L, Teare D, Badyal J. Mimicking a Stenocara Beetle's back for microcondensation using plasmachemical patterned superhydrophobic-superhydrophilic surfaces. Langmuir, 2007, 23 (2): 689-693

[121] Ma M, Guo L, Anderson D G, Langer R. Bio-inspired polymer composite actuator and generator driven by water gradients. Science, 2013, 339 (6116): 186-189

[122] Martinez A W, Phillips S T, Whitesides G M, Carrilho E. Diagnostics

for the developing world: microfluidic paper-based analytical devices. Analytical Chemistry, 2009, 82 (1): 3-10

[123] Hwang S W, Kang S K, Huang X, Brenckle M A, Omenetto F G, Rogers J A. Materials for programmed, functional transformation in transient electronic systems. Advanced Materials, 2015, 27 (1): 47-52

[124] Pang X, Wan C, Wang M, Lin Z. Strictly biphasic soft and hard Janus structures: synthesis, properties, and applications. Angewandte Chemie International Edition, 2014, 53 (22): 5524-5538

[125] Hodick D, Sievers A. The action potential of Dionaea muscipula Ellis. Planta, 1988, 174 (1): 8-18

[126] Williams S E, Pickard B G. Receptor potentials and action potentials in Drosera tentacles. Planta, 1972, 103 (3): 193-221

[127] Krausko M, Perutka Z, Šebela M, Šamajová O, Šamaj J, Novák O, Pavlovič A The role of electrical and jasmonate signalling in the recognition of captured prey in the carnivorous sundew plant Drosera capensis. New Phytologist, 2017, 213 (4): 1818-1835

第3章　固体浸润性的基本理论

前面章节已经介绍了具有特殊润湿性的生物体表面，并讨论了其微观结构与性能的构效关系。毫无疑问，迷人的自然给科研工作者提供了科研灵感和仿生对象。因此，近几十年来，尤其是近十几年来，随着微观测试新技术的不断涌现，超润湿领域以其优异的性能和潜在的应用前景引起了科研工作者的广泛关注。材料表面的润湿性通常通过液体在材料表面的接触角（CA）来表征，一般来说，当材料表面的水接触角大于150°，滑动角小于10°时，它可以被定义为超疏水表面。材料表面的润湿性分为疏水性和亲水性，主要受表面化学成分和形态结构的影响。因此，对这一领域的理论研究主要集中在以下方面。首先，对固-液-气界面体系的自由能和自由能势垒进行了系统详细的热力学分析，从能量的角度为设计具有特殊润湿性的表面打下基础。其次，在建立起来的理论模型和实验结果的基础上，探索一系列材料表面结构微加工的方法。最后，通过调控表面化学的方法来影响表面的润湿性，以达到超润湿状态。相应地，一系列关于理论方面的基础研究模型被建立起来以便于理解表面润湿性，如Wenzel模型、Cassie-Baxter模型与之后的补充模型等。

仿生油水分离涉及油水和固体界面体系，仿生油水分离材料的制备离不开材料表面特殊的润湿性。在本章，首先，我们主要集中讨论超润湿表面的理论基础；其次，毛细润湿过程主导过滤型油水分离，其涉及的相关毛细力学也会被介绍。

3.1　表面润湿基本理论

3.1.1　表面张力

日常生活中，我们经常会看到这些现象：雨滴总呈现为球形来使得表面积达到最小，往杯子里倒水可以高过杯沿，大头针可以漂浮在水面上等。这些现象的出现都是因为表面张力。表面润湿性聚焦于液体-固体界面，所以材料表面的超润湿理论的核心概念是界面张力。界面张力取决于界面两侧的两种材料。

表面张力γ定义为材料表面在一定压强和温度下单位面积上具有的吉布斯自由能[1]：

$$\gamma=\left(\frac{\partial G}{\partial A}\right)_{P,T} \tag{3-1}$$

γ 的国际单位为：$J/m^2=N/m=Pa\cdot m$。表面张力可以解释为单位长度的力，单位为 $N/m=J/m^2$。对于长度为 L 和宽度为 w 的扁平液膜，如果我们保持宽度恒定，同时拉伸表面使得表面长度从 L 到 $L+\Delta L$，外力 F 必须用于提供创建新表面（液-气界面）所需的能量，即 $G=F\Delta L=\gamma w\Delta L$。

图 3-1 概述了液相和气相之间表面张力的微观模型。液体内部的分子（非永久性或波动性）与相邻分子形成强烈的化学键，因此具有一定量的结合能。分布在表面的液体分子在表面只能与气体分子相接触，因为气体中只有极少量的挥发性液体分子，所以不能形成那么多的化学键。这种化学键的缺乏导致了表面液体分子具有更高的能量，即形成一个新表面需要能量，这就是表面张力。据该模型可以估计它的数量级为

$$\gamma\approx 90mJ/m^2$$

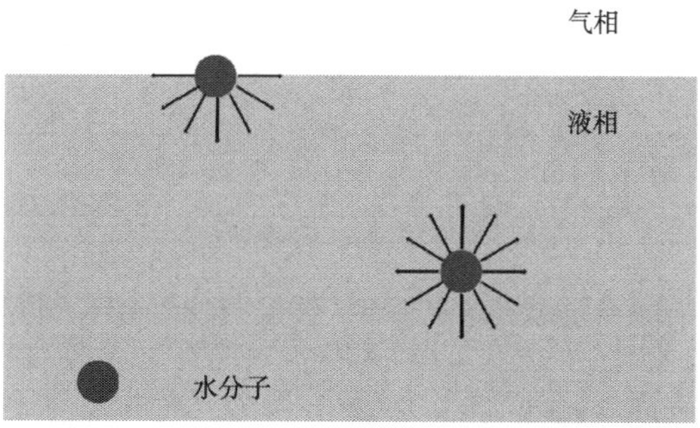

图 3-1　位于液相和气-液界面的水分子受到不同的分子间作用力

实验测得水-空气的界面张力在 20℃时为 72.9mJ/m²。表面张力 γ 是在宏观尺度上定义的宏观参数。当两种不互溶的液体 A 和 B 形成一个界面时，存在界面张力 γ_{AB} 。由于表面张力的存在，新界面的形成过程必须靠外界提供额外的能量。譬如，新增界面 dA ，则需要提供能量 $W=\gamma dA$ 。此时 γ 代表增加单位面积所需的能量，具有功的性质。

3.1.2　接触角与杨氏方程

表征材料表面润湿性时，我们必须利用固体表面的液体接触角。材料表面上的液体接触角的值可用于说明液体和相关固体基质之间的接触情况。当液体接触角小于 90°时，液体可以润湿一定面积的固体表面，这意味着亲液性。疏液表面定义为液体接触角在 90°和 150°之间。当水的接触角高于 150°时，它被称为超疏水表面，而且它必须满足低的接触角滞后（CAH）条件，通常要求低于 5°。以上的讨论是基于平滑表面（表面无粗糙结构或者粗糙度极小），无论形态或其

他因素如何。在表征给定表面的润湿性时，接触角的基本理论非常重要，并为反映相对真实情况的进一步修改模型奠定了基础。

1805 年，Thomas Young 和 Pierre Simon Laplace 首次提出了界面能量的概念。通常，两个部分之间的界面具有特定的能量并且与界面面积成比例[2]。这个概念从能量的视角讨论了表面润湿性[3]，并启发了后来的工作。以水为例，水中的分子与其旁边的分子相互作用。对于水表面上的水分子，它在与内部水分子作用的同时也可以与外部的气体分子相互作用，因此与水中的分子相比具有更高的能量（图 3-1）。较高的表面自由能意味着较不稳定的状态，也意味着较高的表面张力，在高能量状态下的体系有达到相对较低的能量稳定状态的趋势。为了定量地说明其表面性质，可以利用表面张力或自由表面能来评估。当固体（S）与液体（L）接触时，分子间相互作用力将降低系统的总能量以使体系达到能量相对较低的平衡状态。在整个润湿过程中，界面的形成取决于能量自发减少趋势的热力学原理。最终，新界面的形成降低了系统的总能量以达到稳定状态。因此，润湿的热力学方程可表示如下[4]：

$$\gamma_{SA} \geqslant \gamma_{SL} \geqslant \gamma_{LA} \tag{3-2}$$

其中，γ_{SA} 和 γ_{LA} 分别是固体-空气界面和液体-空气界面的表面能或表面张力；γ_{SL} 是固-液界面能[5-7]。黏附功可表示为

$$W_{SL} = \gamma_{SA} + \gamma_{LA} - \gamma_{SL} \tag{3-3}$$

在这个过程中，形成新的固-液界面需要能量。固-气和液-气界面能减少，液-固界面能增加。其中，W_{SL}表示两个表面之间界面的单位面积的黏附功。

当液滴沉积在表面时，液滴的形状将在称为 CA 的平衡接触角（图 3-2 中的接触角 θ_0）下达到平衡状态。CA 可以通过系统的总能量最小化条件 E_{tot} 来确定，方程[8]为

$$E_{tot} = \gamma_{LA}(A_{LA} + A_{SL}) - W_{SL}A_{SL} \tag{3-4}$$

其中，A_{LA} 和 A_{SL} 分别是液-气和固-液界面的接触区域。假设液滴足够小，也就是说，液滴的长度必须小于毛细管长度，此时可以忽略重力。在使得 $dE_{tot} = 0$ 时，

$$\gamma_{LA}(dA_{LA} + dA_{SL}) - W_{SL}dA_{SL} = 0 \tag{3-5}$$

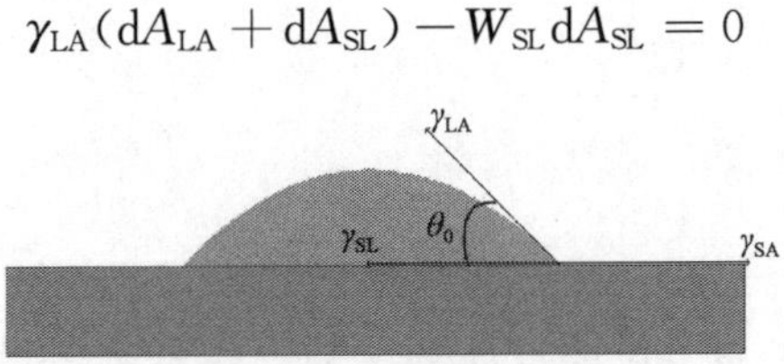

图 3-2 液滴在固体表面达到平衡状态时的平衡接触角 θ_0

对于一个有着恒定体积的液滴来说，有

$$\frac{dA_{LA}}{dA_{SL}} = \cos\theta_0 \tag{3-6}$$

因此，根据上述方程，获得如下关于液体表面接触角的杨氏方程：

$$\cos\theta_0 = \frac{\gamma_{SA} - \gamma_{SL}}{\gamma_{LA}} = \frac{W_{SL}}{\gamma_{LA}} - 1 \tag{3-7}$$

或者

$$\gamma_{SL} = \gamma_{SA} - \gamma_{LA}\cos\theta_0$$

因此，在知道各界面张力的情况下可以计算给定表面的平衡接触角的值。

上面讨论的是基于理想固体表面的情况，固体表面的实际形貌、化学性质、溶胀性和溶解性均被忽略。基于杨氏方程，完全润湿状态对应于固-液界面张力较弱时接触角 $\theta_0 = 0$ 的情况，并且无论表面形貌如何，润湿能力都相对较强。当 $\theta_0 < 90°$时，界面张力 $\gamma_{SL} < \gamma_{SA}$，而 $\gamma_{SL} > \gamma_{SA}$ 仅在接触角 $\theta_0 > 90°$时成立，液-固接触面积将减小。在这种情况下，液滴由于有限的正 γ_{LA} 而起到不润湿的作用，然后它使液体的总表面或界面能最小化。因此，通过优化固-液和液-气界面的接触面积来确定接触角。液滴在平坦固体表面上的润湿性也可以通过热力学中表面的黏附功加以解释，并进一步得到杨氏方程。杨氏方程对应于材料光滑表面的本征接触角（平衡接触角）。然而，在现实生活中没有绝对光滑的理想表面，表面会存在结构化或粗糙度。此时，液滴与材料表面所呈现的为经过表面粗糙结构强化了的表观接触角，故确定在粗糙表面上的接触角至关重要，它接近于实际情况。

3.1.3　Wenzel 状态

如上所述，杨氏方程描述了理想表面上的润湿性，但当其应用于粗糙表面的真实情况时开始失效，如图 3-3 所示，将表面形貌的因素考虑进去是十分必要的。1936 年，Wenzel[9]将表面粗糙度的概念引入润湿行为理论，在综合考虑粗糙度对润湿性影响的基础上，得到了修正后的杨氏方程。从那时起，一旦考虑到粗糙固体表面上的液滴的润湿行为，Wenzel 模型可以用作定量分析润湿/非润湿性能的典型模型。在这几十年中，越来越多的实验结果表明，即使不考虑化学组成，固体表面的粗糙度也可以很大程度上放大固体的润湿性。

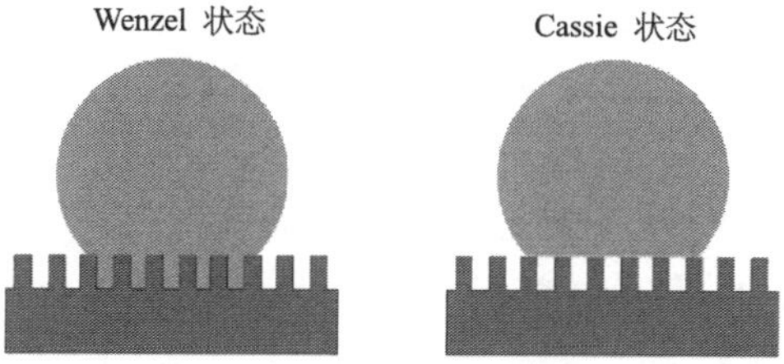

图 3-3　Wenzel 状态和 Cassie 状态。Wenzel 状态时液体完全浸入表面微观结构，此时接触面为固-液接触；Cassie 状态时气层占据着表面的微观结构使得液体无法润湿，此时同时存在固-液和固-气接触面

与能量相比，力的表现是更直观的，因此在有关润湿问题的分析中，力的概念通常在数值上被定义为特征界面上的能量。在从能量到力的转换中，固体表面的物理条件的重要性可能被模糊化。应该识别界面的“实际表面”和“几何表面”之间的差异，其中，后者是指在界面平面中测量。对于理想的完美光滑的表面，其中实际的表面和几何表面是相同的，但对于任何真实的实体，由于表面粗糙度，实际表面面积将大于几何表面面积。在这里，使用“粗糙度系数”来表征表面粗糙度 r[9]：

$$r=\text{表面实际面积}/\text{几何投影面积}$$

粗糙度系数 r 是无量纲参数。实际上，实际表面的面积总是大于几何表面的面积，因此 r 总是大于单位面积。当 r 增加时，总表面/界面面积将增加，界面能量也增加。如图 3-3 所示，当液体沿表面扩散时，接触线沿表面微观结构外延移动，因此表观接触角与平衡接触角不同，前者指在微观结构中液体的局部接触角，后者是宏观液滴在材料表面的接触角。将二者合并到 Wenzel 模型中来更准确地描述表面润湿性。当表面完全润湿时，Wenzel 状态将占主导地位，即均匀润湿。很明显，粗糙的表面可以为扩散液体提供额外的界面区域，因此真正的表观接触角将不同于本征接触角。在研究了表面粗糙度对接触角的影响后，Wenzel 提出了一个方程，使本征接触角和表观接触角之间的关系清晰[10]：

$$\cos\theta_{\mathrm{W}}=r\cos\theta_0 \tag{3-8}$$

其中，θ_0 是本征接触角；θ_{W} 是粗糙表面上的表观接触角（Wenzel 角）；r 是粗糙度因子。根据 Wenzel 方程，如果 $\theta_0<\pi/2$，则 $\theta_{\mathrm{W}}<\theta_0$，在这种情况下，粗糙度将增强液体进一步润湿的趋势。另外，如果 $\theta_0>\pi/2$，则 $\theta_{\mathrm{W}}>\theta_0$，并且在这种情况下，疏液性趋势将增强。换句话说，当液体最初在光滑表面上润湿时，粗糙度将增强亲水性。然而，当液体在光滑表面上疏液时，粗糙度的引入可以进一步增强固体基质表面的疏水性，因此表面形貌对于改变表面润湿性是一个重要因素。Wenzel 从理论上说明了表面结构对于表面润湿性的重要性，在表面化学组成不变的条件下，单纯地改变表面结构就可以实现超润湿状态。与杨氏方程相比，Wenzel 模型可以解释更复杂的情况，并为表征润湿性提供了一种新方法。然而，Wenzel 模型仍然具有局限性，例如，它局限于热力学稳定平衡状态。再者，由于能垒的存在，液滴不能穿透所有固体表面空腔。因此，与完全 Wenzel 状态相比，系统将处于亚稳态。这些都使得该模型有一定的局限性，只能在某个范围内准确地描述液体在表面的润湿状态。

同时，Wenzel 模型能够解释荷叶效应中荷叶表面大的静态接触角，但是不能解释荷叶效应中低的接触角滞后。那么该用什么样的接触模型来完整地解释荷叶效应呢?

3.1.4　Cassie 状态模型和复合模型

客观地说，真实的固体表面形貌十分复杂。例如，对于多孔表面或存在不同化学组成的表面来说，或者，当液滴处于亚稳状态时，Wenzel 方程[8]无效。1944 年，考虑到表面化学性质的重要性，Cassie-Baxter 通过将新系数引入等式，进一步提供了更完整的模型[11]。考虑到不同化学因素对润湿性的影响，他提出了基于几种不同材料的表面形貌、化学性质的组合模式，并用“n”来描述它们。此外，“n”种不同类型的材料是随机分布的。每种材料都有自己的表面张力，即 $\gamma_{i,\mathrm{SL}}$ 和 $\gamma_{i,\mathrm{SA}}$，在表面上的面积分数分别为 f_i，满足下面等式：

$$f_1 + f_2 + \cdots + f_n = 1,\quad \gamma_{\mathrm{SA}} = \sum_i^n f_i(\gamma_{i,\mathrm{SA}}),\quad \gamma_{\mathrm{SL}} = \sum_i^n f_i(\gamma_{i,\mathrm{SL}})$$

$$\cos\theta_{\mathrm{CB}} = \sum_i^n f_i(\gamma_{i,\mathrm{SA}} - \gamma_{i,\mathrm{SL}})/\gamma_{\mathrm{LA}} = \sum_i^n f_i\cos\theta_i \tag{3-9}$$

这被称为 Cassie-Baxter（CB）方程。由此可以推断，固体表面的润湿性是由表面粗糙度和化学组成的协同效应引起的。首先，我们分析了一个简单的情况，其中复合表面由两种不同的材料组成，它们对应的面积分数分别为 f_1 和 $f_2(f_1+f_2=1)$。应用 CB 方程后，材料表面的表观接触角可推导为

$$\cos\theta_{\mathrm{CB}} = f_1\cos\theta_1 + f_2\cos\theta_2 \tag{3-10}$$

然后，对于由固-液部分和液-气部分组成的复合界面（图 3-4），空气会被困在粗糙结构形成的空腔中，使得液滴同时位于固体和气穴的表面上，分别对应相应的面积分数 f_{SL} 和 f_{LA}（$f_{\mathrm{SL}}+f_{\mathrm{LA}}=1$）。如图 3-4 所示，通过依次赋予 f_1（固-液界面分数），$\cos\theta_1$，f_2 和 $\cos\theta_2$ 与 f_{SL}，$\cos\theta_0$，f_{LA}，并结合粗糙度系数 r 与 CB 方程，以及液体在固体和空气上的接触角，可以推导出如下方程式：

$$\cos\theta_{\mathrm{CB}} = rf_{\mathrm{SL}}\cos\theta_0 + f_{\mathrm{SL}} - 1$$

或者

$$\cos\theta_{\mathrm{CB}} = r\cos\theta_0 - f_{\mathrm{LA}}(r\cos\theta_0 + 1) \tag{3-11}$$

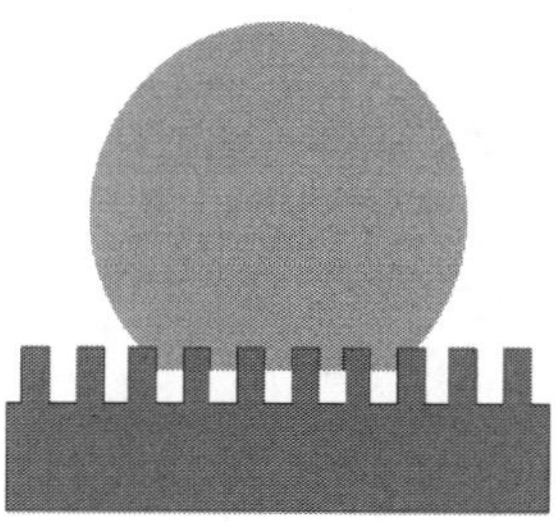

图 3-4　复合润湿状态，介于 CB 状态和 Wenzel 状态之间，此时，液体只能部分浸入材料表面微观结构中，同时存在固-液和气-液接触

当 $f_{SL}=1$ 时，CB 方程可以转变为 Wenzel 方程。我们可以对 CB 方程进行以下转换：

$$\cos\theta_{CB} = 1 + f_{SL}(\cos\theta_0 - 1) \tag{3-12}$$

其中，f_{SL}代表粗糙表面上接触区域的固液相比例分数。它与 Wenzel 状态不同，因为粗糙的结构必须在液滴到达之前充满液体，这就是所谓的“浸渍”CB 润湿状态。在 CB 方程的基础上，我们很可能通过调控在表面上产生粗糙结构并且控制表面形貌以使固体分数 f_{SL}接近零，使得 θ_{CB}接近 180°。f_{LA}的值随着 θ_{CB}值的增加而增加。当 $\theta<90°$时，即当光滑平坦的基底是固有亲水时，θ_{CB}可以在 r 的值增加时从亲水转变为疏水。相反，如果 $\theta>90°$，即当光滑和平坦的基底本身是疏水时，随着 r 值的增加，θ_{CB}不能从疏水转变为亲水。相较于 Wenzel 模型，CB 模型有了更好的适用性，它将表面化学组成和结构联系在一起考虑，准确地确定了材料表面的润湿状态。这两个模型是超润湿领域的基础，后来的材料制备、理论研究都是基于此发展的。

迄今为止，Wenzel 模型和 CB 模型已被广泛地应用于解释固体表面的润湿性行为。但是，实际固体表面的润湿状态处于 Wenzel 模型和 CB 模型之间，这一现象被称为 Wenzel 模型和 CB 模型的过渡模型，如图 3-3 所示。同一粗糙的固体表面，通过 Wenzel 模型和 CB 模型分析后，可以分别得出不同的表观接触角。当液滴从高处滴落在固体表面或被挤压时，液滴在固体表面的润湿状态将会从 Wenzel 模型向 CB 模型转变。Patankar 系统研究了这一表面润湿转变的过程。当固体表面的润湿状态由 CB 模型向 Wenzel 模型转变时，液滴将填满实际固体表面的粗糙凹槽，润湿状态转变前后分别遵循 CB 模型和 Wenzel 模型。在此，用表观接触角阈值 θ_T来表述这种特殊的润湿转变过程[12]：

$$\cos\theta_T = (f_S - 1)(r - f_S) \tag{3-13}$$

通过以上公式的分析可知，如果表观接触角阈值 θ_T 大于固体表面的本征接触角，则粗糙表面凹槽所包覆的空气处于亚稳定的状态，此时润湿状态可以通过 Wenzel 模型来解释；然而当表观接触角阈值 θ_T 相当小或固体表面表现出良好的疏液性能时，粗糙表面凹槽中所包覆的空气处于稳定的状态，液滴在固体表面的润湿性可以很好地符合 CB 模型。

通过以上论述可知，液滴在固体表面润湿性的理论和模型在相关的基础研究和实际应用中均有其特殊的作用和重要性。但是，固体表面的润湿性理论还有待进一步发展和完善，以更好地阐述其相关的特殊浸润现象[13]。

3.1.5 改进后的模型

实际上，固体表面的润湿性质仅由 Wenzel 模型和 CB 模型并不能完全描述。因此，对于提出更能反映实际情况的理论需要更多的努力。通过在固体表面上构建微观或纳米结构的方法提供了一种建立超疏水表面理论的新方法以建立不同复杂形貌对表面润湿性的定量影响。这里我们展示下面经过修改的模型。

1. 多级结构模型

图 3-5 显示了荷叶表面微观结构的 SEM 图像，发现荷花表面呈现微米-纳米双尺度粗糙结构，即所谓的“分层结构”。与单一尺度表面结构的 Wenzel 模型和 CB 模型相比，许多植物的超疏水表面通常呈现多尺度结构。荷叶表面结构的发现启发了流体力学、表面物理学和材料科学领域的科学和工程发展[14]。荷叶效应为我们提供了一种研究润湿现象的仿生方法。超疏水表面的研究揭示了表面结构的重要性，分层结构对一些植物表面的润湿性起着重要的作用，材料的性质受其结构影响。对应的，目前主要有两种理论：玫瑰花效应和荷叶效应。它们都有两级分层结构，即大的微米级突起和小的纳米级突起，大突起决定了主要粗糙度，小突起进一步减小了液-固接触面积。粗糙度对于具有不同尺度粗糙度的结构是一个常数，而 f_{SL} 随着表面结构尺度的增加而减小。一种认为是大的突起可以稳定液-气和液-固界面组成的复合界面，而小的突起可以增强表观接触角，润湿状态和接触角滞后由微米结构的间距和高度控制，而纳米结构能够增强接触角，这对应于已知的荷叶效应。

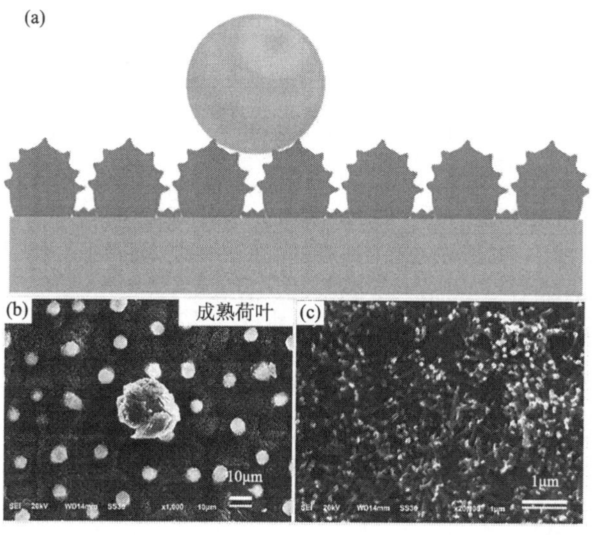

图 3-5　(a) 荷叶表面的形貌简化轮廓，荷叶的结构基础是由微米级的乳突和纳米级的随机排列的微突起组成的；(b)，(c) 荷叶表面的 SEM 图像[15]

自然界中的荷叶效应表现出极好的超疏水性能，蝴蝶翅膀也是如此。这些发现拓展了仿生超疏水表面的疏水机制。受此启发，科学家们通过各种途径对仿生超疏水表面进行了大量研究。Patankar[16] 等强调了影响荷叶效应的多尺度粗糙度的重要性，并从理论上模拟了荷叶结构的表面几何形状对表面性质的影响。基于 Wenzel 方程和 CB 方程，他们提出了一个具有方形凹槽结构的模型。该模型由具有均匀尺寸和形状，边长为 a_1，a_2 的纳米尺寸方柱的二级组合阵列组成。在该模型中，假设两个尺度上的方柱几何形状具有周期性，柱的横截面尺寸为$a\times a$，其间距为 b。下标“1”和“2”分别用于表示第一和第二结构。对于这个模型，固体粗糙度 f_{SL}的分数可写为

$$f_{SL} = A_1 = \frac{1}{[(b_1/a_1)+1]^2} \tag{3-14}$$

基于此推导了修饰过的 CB 方程：

$$\cos\theta_{CB} = A_1(1+\cos\theta) - 1 \tag{3-15}$$

$$\cos\theta_W = \left(1+\frac{4A_1}{a_1/H_1}\right)\cos\theta \tag{3-16}$$

其中，H_1 是微米柱的高度。次级结构的方程也可以用同样的方法推导出来。

从上面的等式可以清楚地看出，增加柱高和柱间距（H_1/a_1）的比例有利于超疏水性。为了研究多尺度结构的性质，进行了人工雾（微滴）和人工雨滴在表面的实验，尽管其显示了单尺度粗糙结构的水滴排斥性能，然而，它们不能排斥小雾滴，这归因于突起之间的间隔太大（相较于雾滴）。由纳米级凸点构成的二次粗糙度可以固定三相接触线并防止 CB 状态到 Wenzel 状态的转变[17]。二级纳米结构可以增强 CA，降低 CAH 和滑动角，甚至提高超疏水状态的稳定性和耐久性。

在经典的 Wenzel 模型和 CB 模型的基础上，分层结构与自然界中的超疏水叶结构相似。然而，实验表明，非分层结构表面也表现出良好的超疏水性。显然，粗糙度在超疏水表面起着重要作用，而层次结构仍然是必要的。与具有简单粗糙结构的表面一样，Wenzel 和 CB 状态的经典模型易于定义，并且多层或其他复杂粗糙结构可以允许两个方程的混合应用。

2. 分形结构

材料表面的分形结构表现出了自相似性[18-20]，随着放大倍数的增大，每一级结构的轮廓表现出相似性。这种特性可以用于表征真实情况下的表面粗糙情况。为了进一步将材料表面真实形貌呈现清楚，我们必须求助于精细的测量仪器，随着分辨率的增加，材料形貌也会变得更加清晰，以便观察到更多的粗糙度细节。如前所述，荷叶效应就是一个很好的例子，纳米突起生长于微米级突起的顶部，这表现出了结构上的自相似性，即所谓的分形结构。这种分形结构在许多植物表面都可以被观察到，它能够增强表面的粗糙度，有利于表面的超润湿性，而且还显示出良好的机械性能[20,21]。最近关于分形结构的研究大大拓宽了对其表面润湿性的认识[22,23]，通过模拟制备分形结构，可以制备一系列的功能材料表面。

20 世纪 80 年代，Bhushan 及其同事通过对分形结构的研究探讨了材料表面粗糙度对摩擦学应用的影响。他们发现材料表面所有尺度的粗糙度都是相似的，他们试图定量地表征该性质。无量纲分形维数 D 用于表征表面粗糙结构的自相似性，因子 σ 用于描述线性尺度，因此不同尺度的表面面积与 α^D 成比例地变化。另外，他们还提出测量的粗糙度参数取决于波长限制，与 Koch 曲线一起，他们呈现出了更详细的解释。对于给定的 Koch 曲线，相应的三维分形维数为 2.2618。这里我们使用 L 和 l 分别描述上部长度尺度限制和下部长度尺度限制。从这个意义上说，Wenzel 模型和 CB 模型可以修改如下[24,25]：

Wenzel 等式：

$$\cos\theta_W = (L/l)^{D-2}\cos\theta \tag{3-17}$$

CB 等式：

$$\cos\theta_{CB} = f_{SL}(1 + r\cos\theta) - 1 = f_{SL}r\cos\theta + f_{SL} - 1 = f_{SL}(L/l)^{D-2}\cos\theta - f_{LA} \tag{3-18}$$

同时，表面微观结构与尺度的放大有一定的关联，如图 3-6 所示。通过这种方式，可以清楚地了解，荷叶表面随着分形维数的增加，分形结构变得更加复杂，然后表面形成由微观和纳米结构组成的分层结构[26]。

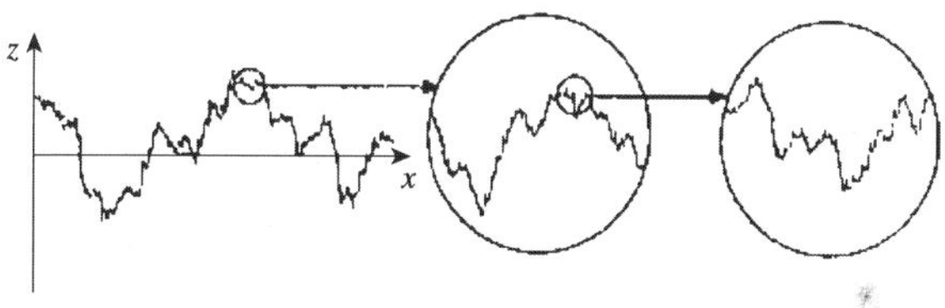

图 3-6　分形理论中表面微观结构随着尺度的放大表现出自相似性[27]

上述方程清楚地表明了材料表面的复杂粗糙度对润湿性的影响。接触角可以看作分形维数和极限范围的函数。将分形维数增加到某个构件表面可以将其转变成超疏水表面，这与 L/l 有关。

分形理论有助于超疏水表面的制备，也有助于研究人员澄清材料局部形貌与整体的关系，更有甚者，它提供了一种表征近似真实情况的粗糙度的方法。然而，随着观察规模的扩大，表面形貌的复杂性迅速增加，并且传统的粗糙度参数难以用润湿性理论处理，由此会存在一定的困难。因此，通过变分公式建立适当的边界条件以构建超疏水表面，基于随机自相似结构，结构响应由随机有限元方法的适当调整来得到控制[28]。

3.1.6　Wenzel 和 CB 状态的通用模型

为了进一步精确地反映真实的情况，研究人员在粗糙表面上进行了大量润湿性研究工作，并修改了经典的 Wenzel 和 CB 方程。大量的实验结果表明，接触角主要由三相接触线来进行限定，并且对于液滴本体下的材料表面粗糙度的依赖性较小[29]。液滴的润湿特性就如前进后退接触角和接触角滞后一样，是基于接触线的移动而不是接触区域的移动[29,30]。另一方面，这些润湿过程是由体系的能量控制的，为了使液滴的三相接触线从亚稳状态运动到另一个亚稳状态，需要一定的激活能量。这对于具有不同均匀性和粗糙度的表面，也具有类似的结论[31,32]。因此，在过去的几十年里[3,33,34]，分析三相接触线区域的形状和变形而不是液相下的总表面积的变化，已经被很好地研究。

J. Bachmann 和 G. Mchale 等从能量的角度出发提供了一种改进的 CB 模型，该模型对应于液体前沿在水平方向上的移动[35,36]。液体的向前扩张产生了额外的接触面积。ΔA_{SL}表示额外增加的固-液表面积，ΔA_{LV}表示额外增加的液-气表面积，ΔF 表示体系总的表面自由能的变化。在此模型中，p 表示平面区域。所以他们推断出

$$\Delta F = \Delta A_{LV}^{p}\gamma_{LV} + \Delta A_{SL}(\gamma_{SL} + \gamma_{SV}) + (\Delta A_{SV} + \Delta A_{SL})\gamma_{LV}\cos\theta \tag{3-19}$$

通过定义 $\Delta A_{T}^{p} = \Delta A_{SV} + \Delta A_{SL}$ ，$\cos\theta_{e}^{Y} = (\gamma_{SV} - \gamma_{SL})/\gamma_{LV}$ ，然后结合材料表面粗糙度 $r_{g} = \Delta A_{SL}/\Delta A_{SL}^{p}$ ，当体系处于平衡状态时，有 $\theta = \theta_{e}^{net}$ ，上述等式可以进一步被推导为[35]

$$\cos\theta_{e}^{net} = \frac{\Delta A_{SL}^{p}}{\Delta A_{T}^{p}} r_{g}\cos\theta_{e}^{Y} - \frac{\Delta A_{LV}^{p}}{\Delta A_{T}^{p}} \tag{3-20}$$

通过定义处于 CB 状态下的固相分数为 φ_{s} ，可以得到等式：

$$\cos\theta_{e}^{net} = \varphi_{s} r_{g}\cos\theta_{e}^{Y} - (1 - \varphi_{s}) \tag{3-21}$$

结合体系处于 Wenzel 状态下的接触角 θ_{W} ，最后可以得到下列等式：

$$\cos\theta_{e}^{net} = \varphi_{s}\cos\theta_{W} - (1 - \varphi_{s}) \tag{3-22}$$

所以，这个经进一步优化的 CB 润湿状态方程考虑了更为具体和全面的情形。对于沿着二维粗糙材料表面形貌前行的液体前端，Nosonovsky[37]推导的修改后的杨氏方程为

$$\gamma_{LA}\cos\theta = r(\gamma_{SA} - \gamma_{SL}) \tag{3-23}$$

基于三个完全不同的亲水-疏水表面获得的实验结果，Gao 等的观点已经成为一个受欢迎的研究点[37-39]。而后 Nosonovsky[37]得出的 Wenzel 方程对于粗糙表面 r=常数的情形是有效的，然而对于随机粗糙的表面随之失效，此时应该应用广义的 Wenzel 方程。当表面的形貌变得复杂时，粗糙度 r 是 x，y 坐标的函数：$\cos\theta_{W} = r(x,y)\cos\theta_{0}$ ，此时认为固相组分是均一的，这里有

$$r(x,y) = \sqrt{1 + \left(\frac{dz}{dx}\right)^{2} + \left(\frac{dz}{dy}\right)^{2}} \tag{3-24}$$

与经典的 Wenzel 方程相比，Nosonovsky-Bhushan 方程对于具有不均匀粗糙度的表面更有效。研究人员表明，相较于传统意义上的均相表面粗糙度，固-

液相表面的粗糙度更能影响液滴在材料表面的接触角，各项实验结果也证明了这一点。它还可以以类似的方式进一步修改以适应情形更为复杂的复合表面。固-液界面的局部参数 f_1 和 f_2 用于表征材料表面具有不同化学性质的组合物。接触角是坐标 x 和 y 的函数，可以给出

$$\cos\theta_{CB} = f_1(x,y)\cos\theta_1 + f_2(x,y)\cos\theta_2 \tag{3-25}$$

其中 $f_1+f_2=1$ 且 θ_1 和 θ_2 是两种组分上的表观接触角，即空气和固体。推广 Wenzel 和 CB 方程的关键问题在于是粗糙度的典型大小。接触线有两个典型尺寸：一个是厚度（分子尺寸的量级），另一个是长度（液滴尺寸的量级）[40]。根据 Nosonovsky 的观点，Wenzel 和 CB 方程的推广形式可以应用于突起尺寸小的表面，与液-气界面的尺寸相反。具有多尺度粗糙度细节的超疏水表面，如突起和凹槽，不适合于经典的 Wenzel 或 CB 方程，因为难以确定由液体润湿的固体区域。如果表面粗糙度存在于接触区域内但不存在于接触线中，杨氏方程将被经典的 Wenzel 或 CB 方程所取代[29,37]。此外，Marmur 和 Bittoun 提出了局部考虑长度和形状的问题[41]。研究发现，接触线（经典 Wenzel 和 CB）界面区域的接触线和全局考虑因素不会相互冲突。

Erbil 和 Cansoy[42]研究了具有图案化超疏水表面（方柱和圆柱形柱）的表面润湿性，并将计算值与分别在平坦和粗糙表面上测量的实验接触角进行比较，以确认 Wenzel 和 CB 方程的有效性。这项工作表明，Wenzel 和 CB 方程都给出了粗糙和光滑表面上的接触角关系的定性描述而不是定量描述。尽管改进的模型显示出了更多细节，但给定粗糙表面上的润湿性的确切机制仍然是一个挑战。关于纳米级尺度石墨的分子动力学模拟表明，Wenzel 的理论无法预测固-液表面自由能随粗糙度模式的变化[43]。但是，对于 CB 润湿状态，固-液表面自由能很好地根据 CB 方程预测。然而，对真实随机粗糙表面的类似测试尚未进行，结果可以清楚地表明 Wenzel 和 CB 模型在日常生活中对许多表面都适用。

3.1.7 接触角滞后

当液滴沉积在光滑且均匀的表面上时，可以通过杨氏方程确定接触角。在大多数情况下，平衡接触角是唯一的。但是当表面接近真实情况时，情形变得复杂。例如，当表面具有不同的组分时，表面能也将不同，因此每个部分上的接触角将显示出不均一性。它受化学物质（污渍、斑点、瑕疵）或物理（表面不规则）的影响很大。表面总是存在缺陷，并且组分可能不均匀，通过液体接触角来表征润湿性仍然是不够的。

上述通过材料表面的接触角来判断一个固体表面的润湿性，是基于体系的静态分析。准确地描述材料表面的润湿性还要结合动态过程。涉及液滴在表面的动态接触角和滑动角。液滴与表面接触的时候可以呈现出一系列的平衡表观

接触角，对应于其所处的不同状态，这些平衡组状态称做亚稳态。CB 方程和 Wenzel 方程才能唯一地确定热力学平衡接触角，对应于能量最低的平衡状态。由于亚稳态的存在，液滴在 Wenzel-CB 过渡态时会产生一系列的表观接触角，在极大值和极小值之间。而极大值和极小值分别称为液滴的前进接触角（θ_{adv}）和后退接触角（θ_{rec}）。如图 3-7 所示，液体在表面的前进接触角和后退接触角可以通过外力使得液滴发生移动时（三相接触线发生移动的方式）来确定。受力的作用液滴发生形变使得前端接触角变大，后端接触角变小，接触角增大（减小）到极值时接触线发生移动，所对应的角度即为前进接触角和后退接触角。除此之外，还可以通过增加液滴体积到一定程度时，使得三相线向外扩张，其动而未动的临界角度即为前进接触角；同理，当减少液滴体积时，三相线会向内收缩，其动而未动的临界角度即为后退接触角。此为测量前进接触角和后退接触角的常用方法。基于此，研究人员提出了接触角滞后的概念，用于表征表面对接触线的影响，以进一步精确研究表面润湿性。

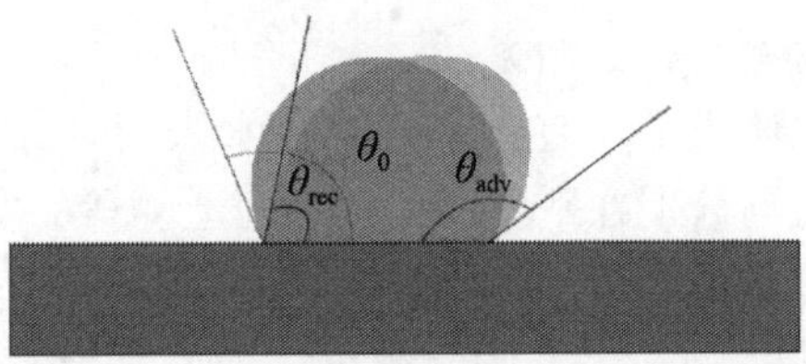

图 3-7　液滴在表面将要发生移动时的前进接触角和后退接触角示意图

前进接触角与后退接触角之间的差值被定义为接触角滞后[44]。显然，理想的平面具有数值为 0°的接触角滞后，这意味着 θ_{adv} 和 θ_{rec} 之间没有差异，而粗糙表面上的接触角滞后通常在 5°～40°的范围内。即使在分子尺度上小心地控制表面粗糙度，仍然很难实现低至小于 1°的接触角滞后[45]。结合动态接触角滞后和静态接触角可以更清楚地分析表面润湿性[46]。为了明确接触角滞后对复合界面润湿性的影响，应综合考虑黏附滞后、表面粗糙度和表面异质性。分离两个物体所需的能量和将它们组合在一起所需的能量不同，这是由于表面不均匀性产生的能量耗散[47]。虽然黏附滞后不能唯一地确定接触角滞后，但它们是密切相关的。当接触线移动时，需要克服能垒。通过理论计算，研究人员建立了这种关系。他们假设接触角滞后等于对应于黏附滞功和对应于表面粗糙度的效应影响的总和[48-50]。这在三维几何形状的情况下是一个复杂的问题。由于黏附力与固体和液体之间的接触面积成比例，因此，对于复合界面，黏附滞后与固液面积成正比，因此

$$\Delta W = r f_{SL} \Delta W_0 \tag{3-26}$$

其中，ΔW_0 是相对于光滑表面的黏滞。结合方程（3-23）和方程（3-26），可以推导出前进接触角和后退接触角的余弦差：

$$\cos\theta_{adv} - \cos\theta_{rec} = \frac{\Delta W}{\gamma_{LA}} = \frac{rf_{SL}\Delta W_0}{\gamma_{LA}} = rf_{SL}(\cos\theta_{adv0} - \cos\theta_{rec0}) + H_r \quad (3\text{-}27)$$

其中，θ_{adv0}和θ_{rec0}分别是光滑表面的前进接触角和后退接触角；无量纲参数 H_r 表示表面粗糙结构对液体的钉扎效应，与单位面积的锐边密度成比例。如式（3-27），当 H_r 小时，f_{SL}减小导致接触角的增加和接触角滞后的减小。在液滴下面非常小的固-液分数接触区域的情况下，接触角很大（$\cos\theta \approx -1 + [(\pi-\theta)]^2 \sin\theta \approx \theta - \pi$），接触角滞后很小（$\cos\theta_{adv0} \approx \theta \approx \cos\theta_{rec0}$），所以上式可以简化为

$$\pi - \theta = \sqrt{2f_{SL}(r\cos\theta_0 + 1)}$$

$$\theta_{adv} - \theta_{rec} = rf_{SL}\frac{\cos\theta_{adv0} - \cos\theta_{rec0}}{-\sin\theta} = r\sqrt{f_{SL}}\frac{\cos\theta_{adv0} - \cos\theta_{rec0}}{\sqrt{2(r\cos\theta_0 + 1)}} \quad (3\text{-}28)$$

对于均匀表面，$f_{SL}=1$；而对于复合表面，f_{SL}是一个远小于 1 的数。可以得出结论，对于均匀界面，增加粗糙度会导致接触角滞后增加，而对于复合界面，小的 f_{SL} 会增大接触角和减小接触角滞后。这可以指导超疏水表面的制备[51]。对于含有微米级圆柱阵列的表面，Wenzel 和 CB 方程可以推导为

$$\cos\theta = (1 + 2\pi S_f^2)\cos\theta_0 \quad (3\text{-}29)$$

$$\cos\theta = \frac{\pi}{4}S_f^2(\cos\theta_0 + 1) - 1 \quad (3\text{-}30)$$

其中 S_f是无量纲的间隔系数，$S_f = D/P$，D 和 P 是微（纳）米圆柱结构阵列中圆柱的直径和间距。基于此给出了接触角滞后：

$$\cos\theta_{adv} - \cos\theta_{rec} = \frac{\pi}{4}S_f^2(\cos\theta_{adv0} - \cos\theta_{rec0}) + H_r \quad (3\text{-}31)$$

进一步描述了具有复杂形貌的表面上的结构和化学性质对于接触角滞后的影响。

研究液滴在表面的润湿状态时，有时需要考虑液滴微小重力的作用。此时的液滴动态润湿情况的运动情况一般用滑动角 α 来衡量。滑动角指的是一定质量的液滴在倾斜表面开始滑动时的临界角度。Furmidge[52]在 1962 年提出了关于滑动角与接触角滞后之间的经验方程式：

$$F = -mg\sin\alpha = w\gamma_{LA}(\cos\theta_{rec} - \cos\theta_{adv}) \quad (3\text{-}32)$$

式中 F 是液滴周长上单位长度接触线的受力，到临界值时液滴会发生移动；m 表示液滴的质量；g 是重力加速度；α 是液滴滑动角（滚动角）；w 是液滴宽度；θ_{adv} 和 θ_{rec} 分别表示液滴在表面的前进接触角和后退接触角。液滴的滚动角与接触角滞后密切相关，它也用来反映表面的疏液情况，对水滴，接触角大于 150°、滚动角小于 5°的表面就可以称为超疏水表面。超疏水表面一般具有自清洁功能，它需要较高的接触角和较小的滚动角。

3.1.8　Wenzel 到 CB 和 CB 到 Wenzel 两种状态的转变

复合界面（固-液和液-气界面）的稳定性会影响材料表面的润湿性。尽管关

于CB状态到Wenzel状态的过渡的研究取得了很大的进展，但该机制仍然有进一步研究的必要性。

为了研究这两种状态之间的变换，首先分析自由表面能与接触角之间的关系[53,54]。光滑表面上的液滴的表面自由能是其接触角的函数，并且具有明显的最小值，这对应于最稳定的平衡接触角，能量的最小值和最大值分别与前进接触角和后退接触角保持一致[55]。与接触角对应的能量曲线没有说明CB状态和Wenzel状态之间的转换是如何发生的，因为这两个状态是相等的、完全孤立的能量剖面分支，由于Wenzel状态的能量较低，因此Wenzel-CB过渡的障碍远小于相反过渡的障碍，这就是在自然环境下极少有报道Wenzel-CB转变的原因。然而，这种转变可以通过动态效应引起，例如，通过施加电场、光照射、温度、振动或改变化学结构来改变表面能[56-59]。研究人员还提出，层次粗糙可以稳定复合界面[60-62]，本节将讨论两种转变机制。在能量分布中，Wenzel和CB状态通常对应于一系列的能量亚稳态的极小值，Wenzel状态的能量比CB状态低。转变发生时存在一定的能量障碍。能量屏障会受到表面特征性质的影响，因此，如果该能量屏障足够大则可以防止状态之间的自发转变，另外，能量障碍可以通过动态效应来克服。

1. CB-Wenzel过渡

Shibuichi等[63]首次提出了CB-Wenzel过渡。施加压力等外力可以引起该类型的转变，例如，从某一特定高度释放液滴使得液滴与材料表面发生碰撞会发生液滴弹跳[64,65]。液滴在微米级乳突表面蒸发，通过施加电压或者产生振动可以分析该类型状态过渡的机理和所需的临界压强，实验发现CB-Wenzel润湿过渡约为300Pa。雨滴下落在材料表面产生的动态压强可以达到10^4～10^5Pa，远大于300Pa[66]。因此，在现实环境中，这种超疏水表面仍然比较脆弱，故超疏水表面仍然需要制造得更加稳定，这对许多户外应用非常重要，例如，光伏器件、窗户、建筑涂料等的覆盖元件。显然，这种润湿状态之间的转变决定了接触面内的气腔行为（CB状态下的液滴）[66-68]，一般来说，较低的接触角滞后和低液滴滚动角被用来表征CB状态下的润湿[69]。当发生CB-Wenzel状态转变时，液滴会渗透到柱之间的凹槽中，气腔会大大减少，固-液接触面积大大增加，这会使得接触角滞后和滚动角显著增加。

为了澄清它的机制，Patankar凭借支柱改进的表面提出了“下垂”过渡模型。当液滴沉积在微米级图案表面上时，由于不同的压力作用，界面处会形成弯液面。当施加在液滴上的外部压力增加时，弯液面将向柱间底部移动并导致从CB状态到Wenzel状态的过渡，最终会坍塌[66-68,70-78]。基于此理论，形成浮雕的支柱应足够长，以增加CB状态的稳定性并防止坍塌转变，并且可以通过参考文献［78］中的实验来证明。显然，当柱子足够长时，“下垂”过渡变得不可能。

当柱子的高度增加到一定值时，液滴中的临界压力将被克服，三相接触线发生去钉扎效应[66]，减小柱的间距将会增加压力[66,79,80]。他们还指出，超过临界压力是必要的，但不足以进行润湿转变。实际上，当达到临界压力时，一旦该表面被润湿，三相接触线可以沿着侧柱的表面自发地滑动。在这种情况下，疏水和亲水表面的过渡机制是完全不同的。

对于疏水性材料，表面的多尺度结构增加了 CB 和 Wenzel 状态之间的势垒，而且，它们的侧表面的润湿进程在热力学上是不利的[81,82]。然而，与 Wenzel 状态相比，CB 状态总是相较于亲水材料有着更高的能量状态，但它通过能垒达到稳定[83]。渗透过程中，液-气界面的增加对能垒产生影响。可以通过这种方式制造基于固有亲水性材料的那些改性的超疏水表面，因此可以理解基于固有亲水性材料的表面形态的表观疏水性。

2. Wenzel-CB 过渡

考虑到 Wenzel 液滴处于全域最小能量状态这一事实，从 CB 到 Wenzel 状态的转变被认为是不可逆过程[59,84,85]。既然 CB-Wenzel 过渡已经得到很好的研究，并且这种转变可以通过多种方式轻松实现，那么逆向过渡又如何呢？在某些情况下，即使 Wenzel 状态是所采用表面的能量更有利的状态，水滴也仍然可能从 Wenzel 转移到 CB 状态。当 CB 液滴在热力学上相较于 Wenzel 液滴具有更高的能量时，要使状态向高能量转化必须克服一定的能垒，这可以通过加热基板等外部能量投入方式来轻易地激活转变[58,86-88]。

3. 从热力学和动力学角度分析转变

在这里，我们从热力学和动力学的角度分析液滴在固体表面上扩散的动力学过程[89,90]。由于液滴的形状会随时间发生变化，固-液系统在扩散过程中会消耗能量，上述两种模型都是在完全润湿条件下得出的。前者假设润湿动力学是由毛细管和黏性力之间的竞争决定的。而在分子动力学方法的研究中，三相接触线的运动受毛细管力和三相接触线上的分子位移之间的竞争控制。当液滴沿着表面扩散时，黏性流将导致流体动力学模型中的能量耗散。然而，在分子动力学模型中，这是因为流体颗粒的吸附或附着。

在水动力学中，水滴接触面直径存在关系 $D\sim t^{1/10}$，液滴直径（D）随时间（t）增加，动态接触角（θ_d）存在关系 $\theta_d\sim t^{-3/10}$[91,92]。根据分子动力学模拟，相关性关系分别约为 $D\sim t^{1/7}$ 和 $\theta_d\sim t^{-3/7}$。这些理论与黏性液体体系下的三相接触线在低速和中速时运动的实验结果相吻合。此外，据报道，流体动力学模型更适合描述扩散现象的最后阶段，而分子动力学理论更适合描述体系远离平衡状态的阶段[91]。然而两种结果经常出现差异，实验数据与流体动力学和分子动力学模型的理论研究之间往往十分重要且仍需要进一步的探索[92-94]。

在过去的几十年里，对润湿性的研究，特别是超疏水性的研究已经很深入，并且在性质表征和制备方面取得了许多惊人的进展。但目前，由于相关完善理论的指导仍然比较缺乏，该领域在实际工业应用方面仍面临着一些巨大的挑战。因此，更好地理解润湿机理和建立更完善的理论模型来解释超疏水性是未来的重要课题。

3.2 仿生油水分离基本理论

3.2.1 基本概念

由上述理论可知，通过表面结构和化学组成的调控可以实现水和油在固体表面不同的润湿性行为。迄今为止，结合水与油的不同界面张力和不互溶性实现了四种不同类型的润湿状态，例如，空气中超疏水-水下超疏油，空气中超亲水-水下超亲油，空气中疏水-水下疏油和空气中亲水-水下亲油等。基于此，可以实现材料的过滤型和吸附型油水分离。材料表面对水相和油相的润湿性差异是实现油水分离的基础，然后通过特殊表面微观结构的设计可以达到稳定的分离体系。

对于油水分离，我们主要考察的是油水二元混合体系，水的润湿理论可以借鉴到油的润湿性。对于上述理论，将空气相替换为水相，将水相替换为油相，则可以推导出水中油的修改后的杨氏方程：

$$\cos\theta_{OW} = \frac{\gamma_O\cos\theta_O - \gamma_W\cos\theta_W}{\gamma_{OW}} \tag{3-33}$$

其中，θ_W 和 θ_O 分别是空气中的接触角（WCA）和油接触角（OCA）；γ_W，γ_O 和 γ_{OW}分别是水的表面张力、油的表面张力和水油界面张力。一般来说，γ_O 要比 γ_W 低得多。在亲水表面上，$\theta_W<90°$，与水相比，油的表面张力则小得多，故亲水表面可以看成疏油的（$\theta_O<\theta_W<90°$），这也可以解释超亲水表面呈现水下超疏油性质的原因。水的表面张力比油大得多，则 $\cos\theta_{OW}$ 的值相对于（$\gamma_O\cos\theta_O-\gamma_W\cos\theta_W$）的结果显然是负的，所以 θ_{OW} 大于 90°。疏油性也受表面的化学成分和粗糙度的影响，同上可以得到水下 Wenzel 和 Cassie 方程：

$$\cos\theta_W = r\cos\theta_{OW} \tag{3-34}$$

$$\cos\theta_{CB} = r_f f_{SO}\cos\theta_{OW} + f_{SO} - 1 \tag{3-35}$$

其中，θ_W 和 θ_{CB} 是表观油接触角，分别对应于 Wenzel 和 CB 状态；r_f 表示实际接触线与投影接触线的比率；f_{SO}表示与油和固体表面接触的面积分数。显然，表面化学性质和表面粗糙结构对水下超疏油性具有决定性影响。基于这些机制，同时实现超疏水性和水下超亲油性，具有这种性质的表面材料是很好的候选材料，它可以实现过油阻水。对于具有超亲水性和水下超疏油性的表面，它可以实现过水阻油。

油水分离涉及水与油的相互作用。水和油是互不相溶的，类似于在空气中液体在固体表面发生扩散，液体也可以在液体界面发生扩散。假设有两种不互溶的液体 1 和 2，存在扩散系数 S 来表明二者之间的相互扩散情况。$S_{2/1}$ 表示 2 在 1 上面的扩散，有

$$S_{2/1} = \gamma_1 - \gamma_2 - \gamma_{1,2} \tag{3-36}$$

其中，γ_1，γ_2，$\gamma_{1,2}$ 分别表示 1，2 的表面张力和 1 与 2 的界面张力。当 $S_{2/1}$ 为正数时表示 2 能在 1 表面自发扩散，当 $S_{2/1}$ 为负数时则不能发生自发扩散。涉及空气-水相-油相-固体表面时，液体的润湿情况变得更为复杂。以超疏水-超亲油表面为例，当超疏水表面刚刚浸入在水中时，表面的粗糙凹槽会部分被空气和水接触。空气-固-水三相接触线的连续情况要视具体的表面结构而定。当油滴滴落在固体表面上时，气层对油滴的润湿行为影响很大，具体情况将在下面模型中讨论。

3.2.2　几何模型分析

下面我们基于热力学分析，构建了一个简单的二维模型来探讨化学性质和表面结构对水下油润湿行为的影响[95]。该模型是基于由半球形微纳米二级复合结构装饰的铜网组合而成，见图 3-8（a）。可控的水下油黏附和超疏油润湿行为的合理机制将被详细探讨。此外，结构对自由能（FE）与其能垒（FEB）的影响也将会被详细讨论。通过对该模型的初步讨论，可以为设计制备仿生油水分离材料提供思路。

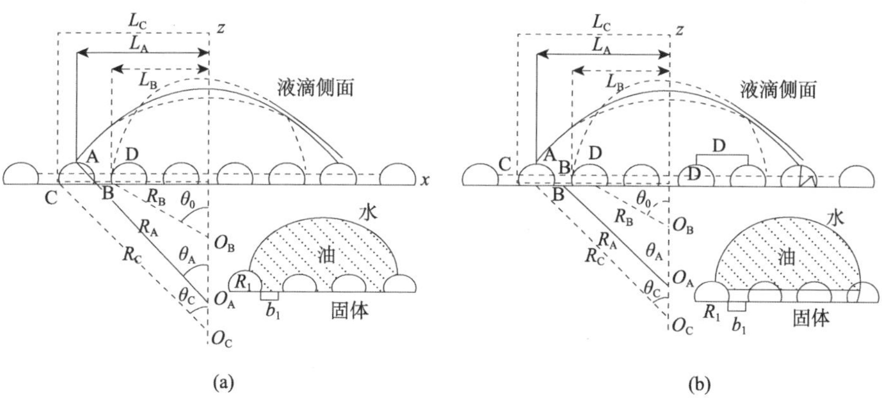

图 3-8　(a) 油滴的接触线从 A 状态到 B（或 C）状态，在微结构上非复合润湿状态的变化；(b) 油滴的接触线从 A 状态到 B（或 C）状态，在微结构上复合润湿状态的变化[95]

具有微米和纳米二维结构的水下油润湿特性可以通过浸入压力（ΔP）来解

释，其可以通过以下等式来描述：

$$\Delta P = -l\gamma\cos\theta/A \tag{3-37}$$

其中，γ 代表界面张力；l 代表网孔的长度；A 代表孔的横截面积；θ 代表固有的接触角。根据等式（3-27），由于 $\Delta P < 0$，水有可以被捕获在铜网膜中的趋势。在该模型中，油为 1，2-二氯乙烷（$\gamma = 24.15$mN/m）。即使油滴在表面 $\Delta P > 0$，具有微纳米结构的铜网在水中也不能被油完全润湿，所以材料表面的微观结构对水下油的润湿状态有决定性影响，而且微米级和纳米级结构对油滴的润湿行为的影响有着不同的作用。在本节中，基于具有微纳米二级结构的表面，我们讨论了两种水下油的润湿状态，即 Cassie 浸渍（Wenzel）状态和 Cassie 润湿状态。在 Cassie 浸渍的水-油-固体系统的情况下，微观粗糙度会被油部分填充，纳米结构被水填充。对于 Cassie 润湿状态，微米和纳米粗糙度均是被水填充，而油没有渗透到微米和纳米粗糙的结构当中。借助热力学从理论进行分析，该分析能够反映表面结构和化学组成的影响，可以指导设计制备具有优异油水分离特性的材料。

在理论计算中，微米和纳米级半球形结构（二维）的相关几何参数如图 3-8 (b)所示。其中下标 1 和 2 分别代表微米结构和纳米结构。

在半圆形微米和纳米复合结构表面上的 Cassie 润湿状态的接触角（θ_C）可以表示为

$$\cos\theta_C = r_{f_1} f_1 \cos\theta_1 + f_1 - 1 \tag{3-38}$$

而水下油滴的有效平衡接触角可定义为

$$\theta_1 = \arccos(r_{f_2} f_2 \cos\theta_{OW} + f_2 - 1) \tag{3-39}$$

其中，被润湿的结构具有的粗糙度为 r_f，其所占分数为 f，则 r_f 和固体分数 f 可分别表示为：$r_{f_1} = \alpha_1/\sin\alpha_1$，$f_1 = 2R_1\sin\alpha_1/(2R_1 + b_1)$，$r_{f_2} = \alpha_2/\sin\alpha_2$，$f_2 = 2R_2\sin\alpha_2/(2R_2 + b_2)$；微米和纳米半球的粗糙度系数 r 可以定义为：$r_1 = (\pi R_1 + b_1)/(2R_1 + b_1)$，$r_2 = (\pi R_2 + b_2)/(2R_2 + b_2)$。因此，只要将水中油的本征接触角 OCA= θ_{OW} 替换为油滴在复合结构上的平衡接触角 θ_1，Cassie 浸渍和 Cassie 润湿状态所代表的两个润湿模型就可以有效地研究微观油滴在具有微纳米级别结构之中的润湿状态。对于 Cassie 润湿状态，油滴位于半球形微米结构的顶部，油滴渗入半球形突起中的凹槽中（但不能润湿表面），倾斜角 α_1 和 α_2 表示穿透半球形突起之间凹槽中的油量。因此，对于该微米和纳米半球形结构，如果存在倾斜角等于临界角 α_1、α_2，则可能存在有效的微观复合状态。对应有如下关系式：

$$\alpha_2 = \pi - \theta_{OW}, \quad \alpha_1 = \pi - \theta_1$$

结合上述方程，我们可以发现，在该结构复合润湿状态中，三相接触线的刺穿深度取决于平整表面上的水下油本征接触角 OCA 和半球形纳米结构的相应几何参数。

为了简化讨论，我们研究简化的二维模型。

1. 水中油浸渍状态下的吉布斯自由能和自由能垒分析

对于微观结构中的非复合状态（见图 3-8（a），油可以润湿微米级半球结构），当油滴从一个半球形突起跳到附近突起时，存在两个局部平衡的能量值（能量达到局部极小值）分别对应两个平衡位置，这对于确定一个亚稳态和一个不稳定状态之间的自由能垒至关重要。亚稳态位置在图 3-8（b）中给出，例如，点 A 和 D 为体系能量较低的状态。当油滴边缘从点 A 退回到 B 时，由界面力趋于平衡引起的矢量导致液滴移动到亚稳态点 A。当油滴边缘从 B 退回到 D 时，力矢量导致液滴边缘远离 B 移动。因此，点 B 的位置对应于不稳定状态，它所在的状态系统具有局部最大自由能，所以液滴边缘会从一个半球形的突起移动到附近的一个突起。当三相接触线沿点 A 下降前进到点 C 时，力矢量也会导致油滴外界面向 A 移动。因此，点 A 的位置对应另一个不稳定状态，当液滴边缘从一个半球形突起上的一个亚稳位置前进到下一个半球时，它具有局部最大自由能。局部最大和最小体系自由能之间的差异即自由能垒。当液滴从点 A（具有接触角 θ_A 和液滴尺寸 L_A）退回到 B（具有接触角 θ_B 和液滴尺寸 L_B）时，x-z 平面中的液滴体积在状态发生改变时保持不变。因此，该模型的几何关系参数（θ，R_1，b_1）可写为

$$\theta_A \frac{L_A^2}{\sin^2\theta_A} - L_A^2\cot\theta_A + \frac{L_A}{b_1+2R_1}\left[(b_1+2R_1)R_1 - \frac{\pi R_1^2}{2}\right]$$
$$= \theta_B \frac{L_B^2}{\sin\theta_B^2} - L_B^2\cot\theta_B - \frac{L_B}{b_1+2R_1}\left(\frac{\pi R_1^2}{2}\right) \tag{3-40}$$

在点 A 和点 B 的垂直于 x-z 平面的每单位长度的自由能可表示为

$$F_A = \gamma_{OW} l_{AOW} + \gamma_{SO} l_{ASO} + C$$
$$F_B = \gamma_{OW} l_{BOW} + \gamma_{SW} l_{BSW} + C$$

其中，C 是一个常数，代表系统未改变的自由能。考虑到微米级和纳米级半球形结构，结合上述等式，从位置 A 到 B 的过渡的相对自由能垒可表示为

$$\frac{\Delta F_{A\to B}}{\gamma_{OW}} = \theta_B \frac{L_B}{\sin\theta_B} - \theta_A \frac{L_A}{\sin\theta_A} + \left(b_1 + \frac{\pi R_1}{2}\right)\cos\theta_1 \tag{3-41}$$

类似地，当油滴从位置 A 前进到 C 时（参见图 3-8（b）），可以获得相应的几何关系参数和相对自由能垒。

$$\theta_A \frac{L_A^2}{\sin^2\theta_A} - L_A^2\cot\theta_A + \frac{L_A}{b_1+2R_1}\left[(b_1+2R_1)R_1 - \frac{\pi R_1^2}{2}\right]$$
$$= \theta_C \frac{L_C^2}{\sin\theta_C^2} - L_C^2\cot\theta_C - \frac{L_C}{b_1+2R_1}\left(\frac{\pi {R_1}^2}{2}\right) \tag{3-42}$$

$$\frac{\Delta F_{A\to C}}{\gamma_{OW}} = \theta_C \frac{L_C}{\sin\theta_C} - \theta_A \frac{L_A}{\sin\theta_A} - \left(\frac{\pi R_1}{2}\right)\cos\theta_1 \tag{3-43}$$

通过上述等式可以发现，水中油浸渍状态下的吉布斯自由能和自由能垒显著地受到表面微观结构的影响，详细讨论在后面进行。

2. 水中油 Cassie 状态下的吉布斯自由能和自由能垒分析

对于表面微观润湿复合状态（微纳米结构内存在许多气腔，油不能直接与固体表面接触，水会部分浸润到微观结构中），当油滴边缘从一个半球形突起移动到附近的一个半圆形突起时，也存在一个亚稳态和一个不稳定状态。线 B_1B_2 定义了微纹理复合材料外壳中的内部油水界面（参见图 3-8（a））。当油滴从位置 A 退回到 B_1 时，液滴边缘在能量下跟随固体表面。此外，当它到达点 B_1 时，液体并不是沿着固体表面润湿前景，而是直接从 B_1 跳跃到 B_2。然后，它沿着固体表面到达平衡位置点 D，此时具有自由能局部极小值。当油滴边缘从点 B_2 退回到点 D 时，力矢量导致油滴边缘远离点 B_2 运动。因此，点 B_2 的位置是体系在运动期间具有局部最大自由能的不稳定状态。同样地，当油滴边缘从位置 A 前进到 C 时，力矢量引起液滴边缘接近点 A 的运动。因此，点 A 代表的是另一种不稳定状态，当液滴边缘从一个半圆形突起的亚稳位置前进到下一个位置时，它具有局部最大自由能。类似地，关系几何参数和相应的自由能垒分别可写为

$$\theta_A \frac{L_A^2}{\sin^2\theta_A} - L_A^2\cot\theta_A + \frac{L_A}{b_1+2R_1}[(b_1+2R_1)(R_1-R_1\cos\alpha)-R_1{}^2(\alpha_1-\sin\alpha_1\cos\alpha_1)]$$

$$= \theta_B \frac{L_B^2}{\sin\theta_B^2} - L_B^2\cot\theta_B - \frac{L_B}{b_1+2R_1}R_1^2(\alpha_1-\sin\alpha_1\cos\alpha_1) \tag{3-44}$$

$$\frac{\Delta F_{A\to B}}{\gamma_{OW}} = \theta_B \frac{L_B}{\sin\theta_B} - \theta_A \frac{L_A}{\sin\theta_A} + R_1\alpha_1\cos\theta_1 - (D-D_1) \tag{3-45}$$

$$\theta_A \frac{L_A^2}{\sin^2\theta_A} - L_A^2\cot\theta_A + \frac{L_A}{b_1+2R_1}[(b_1+2R_1)(R_1-R_1\cos\alpha_1)-R_1^2(\alpha_1-\sin\alpha_1\cos\alpha_1)]$$

$$= \theta_C \frac{L_C^2}{\sin\theta_C^2} - L_C^2\cot\theta_C - \frac{L_C}{b_1+2R_1}R_1^2(\alpha_1-\sin\alpha_1\cos\alpha_1) \tag{3-46}$$

$$\frac{\Delta F_{A\to C}}{\gamma_{OW}} = \theta_C \frac{L_C}{\sin\theta_C} - \theta_A \frac{L_A}{\sin\theta_A} - R_1\alpha_1\cos\theta_1 \tag{3-47}$$

联立上述等式，可以得到两种状态下的体系的吉布斯自由能和自由能垒的变化情况，相关曲线如图 3-9 所示。很明显，体系的能量最低状态对应于水下油的平衡接触角（EOCA），即自由能曲线的最低处。从图 3-9（a）的插图可以看出，如果水下油接触角在 0.01°尺度的值上略微变化，局部自由能曲线中会出现明显的波动。这意味着存在多局部最小和最大吉布斯自由能值，对应于一系列亚稳态和非稳态。此外，基于相同结构下的不同水下油平衡接触角随能量变化的曲线也被呈现于图 3-9（a）。对应地，Cassie 润湿和 Cassie 浸渍状态下的归一化前进和后退自由能垒示于图 3-9（b）。前进接触角为 θ_{adv}，后退接触角为 θ_{rec}，

接触角滞后（CAH）被定义为（如前所述）$\theta_{adv}-\theta_{rec}$。而在图 3-9 曲线中则分别由前进和后退自由能曲线与 x 轴的交叉点产生。值得注意的是，理想情况下的 CAH 与实验结果不同。事实上，润湿状态的转变行为受外部能量的影响显著。当 Cassie 浸渍状态和 Cassie 润湿状态之间的能垒可以被外部振动能量克服时，油滴将从 Cassie 浸渍状态转移到 Cassie 润湿状态。考虑到外部振动能量，可以由此来定义 CAH 指数。图中的阴影区域由前进的自由能垒曲线、后退自由能垒曲线和 x 轴包围，这代表 CAH 指数。材料自身的本征水下油接触角和表面几何形貌决定了水下油的润湿状态，制备油水分离材料即是通过化学手段调节材料本征接触角和几何结构来赋予材料过水阻油、过油阻水等相应特殊润湿性。故分析水下油（油中水）的润湿状态有助于理解油水分离。

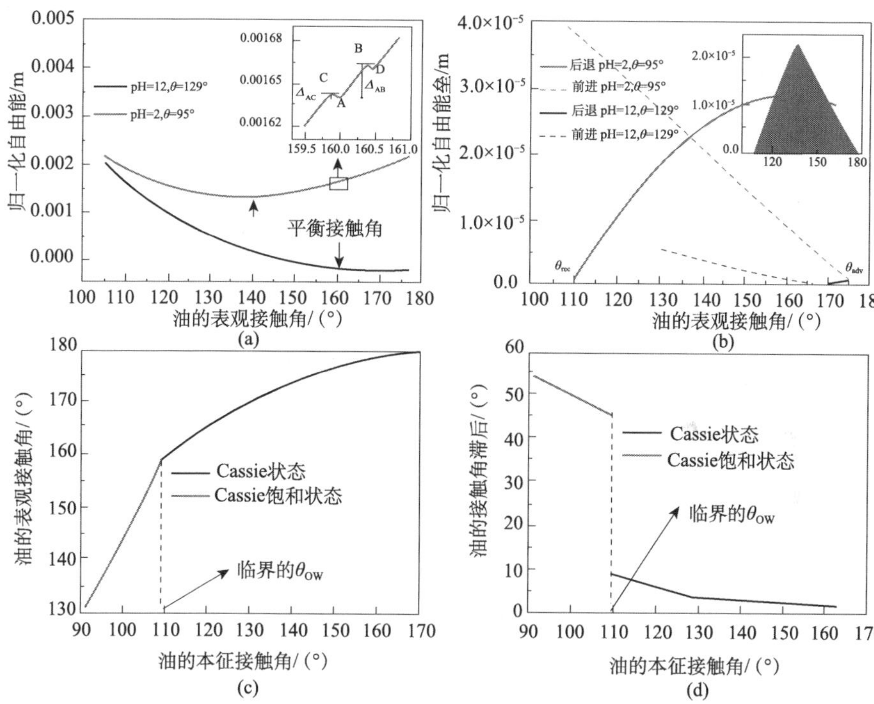

图 3-9 (a) Cassie 浸渍状态和 Cassie 润湿状态下的体系归一化自由能随表观接触角的变化曲线，插图显示曲线的一段更高分辨率的视图，位置 A、B 和 C 对应于图 3-8 中的位置；(b) Cassie润湿状态和 Cassie 浸渍状态下的归一化前进和后退自由能垒相对于表观接触角的变化情况；(c) Cassie 润湿状态和 Cassie 浸渍状态下油滴的表观接触角随本征接触角的变化情况；(d) 油滴的接触角滞后与油滴在表面的本征接触角的变化（$L=0.01\text{m}$，$b_1=50\,\mu\text{m}$，$R_1=25\,\mu\text{m}$，$b_2=0.5\,\mu\text{m}$，$R_2=0.25\,\mu\text{m}$）

3. 水中油体系 Cassie 浸渍状态与 Cassie 润湿状态之间转变的能量分析

在这里，我们接着推导出从非复合状态（完全润湿状态、油相浸渍到表面微结构中）到复合状态（油相不能完全浸渍的材料表面的微观结构中）的转换的体系自由能变化。考虑一个非复合状态下的液滴宽度（L_{non}）和接触角（θ_{non}）相关联，如图 3-10 所示。如果这种系统表现出复合状态与非复合状态有等效液滴宽度（$L_{non}=L_{com}$）在对应的接触角（θ_{com}）情况下，每单位长度接触线的自由能 F，则可以分别表示为

$$F_{non}=\gamma_{OW}l_{nonOW}+\gamma_{OS}l_{nonOS}+C \tag{3-48}$$

$$F_{com}=\gamma_{OW}l_{comOW}+\gamma_{OS}l_{comOS}+C \tag{3-49}$$

其中，C 是系统自由能在非复合状态和复合状态之间的转换而保持不变的部分。对于给定几何形状系统，存在以下关系：$l_{nonOW}=\theta_{non}L_{non}/\sin\theta_{non}$，$l_{nonOS}=L_{non}([b+2R(\pi/2-\alpha)]/(2R+b)$，$l_{comOW}=\theta_{com}L_{com}/\sin\theta_{com}+L_{com}(b+2R-2R\sin\alpha)/(2R+b)$，$l_{comOS}=L_{com}[b+2R(\pi/2-\alpha)]/(2R+b)$。经推导得

$$\begin{aligned}&\theta_{non}\frac{L_{non}}{\sin^2\theta_{non}}-L_{non}^2\cot\theta_{non}^2+\frac{L_{non}}{2R+b}[(b+2R)-R\sin\alpha]R\cos\alpha-R^2\left(\frac{\pi}{2}-\alpha\right)\\&=\theta_{com}\frac{L_{com}^2}{\sin^2\theta_{com}}-L_{com}^2\cot\theta_{com}^2\end{aligned} \tag{3-50}$$

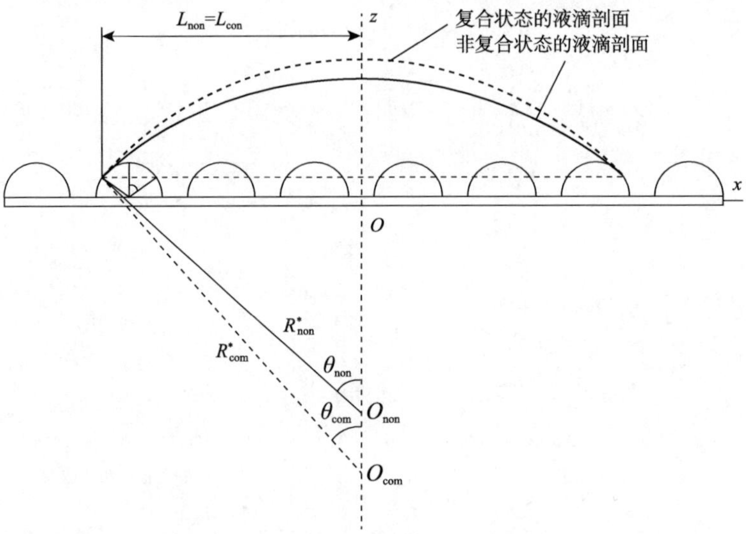

图 3-10 模型中出现的几何关系简图

因为杨氏方程是局部有效的，所以从非复合状态到复合状态的自由能变化可以表示为

$$\frac{\Delta F_{non\to com}}{\gamma^{la}}=\theta_{com}\frac{L_{com}}{\sin\theta_{com}}-\theta_{non}\frac{L_{non}}{\sin\theta_{non}}-\frac{L_{com}}{2R+b}\left\{(b+2R-2R\sin\alpha)+\left[b+2R\left(\frac{\pi}{2}-\alpha\right)\right]\cos\theta_Y\right\} \tag{3-51}$$

由此可见，材料本征接触角和材料表面结构参数可以决定润湿状态的转变。

在理想情况下，即外部振动能量等于零，对于疏水材料的相关应用，在本节中我们讨论本征接触角大于 90°时的相关影响，这分别对应于非复合、复合体系状态下自由能随表观（平衡）接触角的变化，并由此来描述相关状态方程。具有不同本征接触角的系统如图 3-11（a）所示。重要的是要注意，临界本征接触角值是存在的（非复合状态和复合状态的重叠值）。如果是本征接触角超过临界值，非复合体系状态（存在固-油界面的情形）下的自由能曲线是在复合体系曲线上方的。从热力学的观点来看，复合状态比非复合状态更加稳定，系统将更倾向于复合润湿状态（存在固-水-油复合界面的情形）。但是，如果本征接触角低于临界值，则系统将更加倾向于非复合状态。而且，具有最低自由能位点的表观接触角如图 3-11（b）确定。可以看出，计算出的表观接触角随着非复合状态的本征接触角的增加而急剧增加并且完全对应于 Wenzel 或 Cassie 状态下对非复合或复合状态的润湿行为的描述。

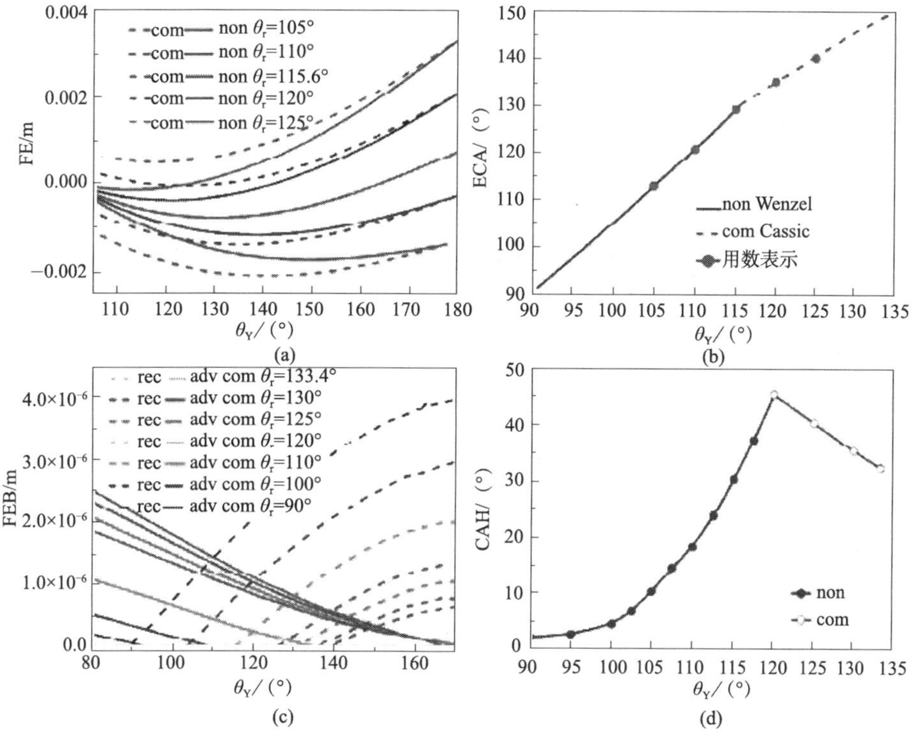

图 3-11　(a) 非复合润湿状态（non）和复合润湿状态（com）下归一化的体系自由能（FE）在不同本征接触角的情况下随液滴表观接触角的变化曲线；(b) 非复合润湿状态和复合润湿状态下平衡接触角（ECA）随本征接触角的变化曲线（$L=0.01\text{m}$，$b=1\mu\text{m}$，$R=2\mu\text{m}$）；(c) 非复合润湿状态和复合润湿状态下体系的自由能垒（FEB）随不同的本征接触角的变化情况；(d) 热力学稳定状态下的 CAH 随本征接触角的变化情况（扫描封底二维码可看彩图）

在理想情况下，图 3-11（c）显示了在非复合和复合润湿状态下本征接触角对自由能垒的影响。值得注意的是，此时系统存在一个临界接触角 $\theta_Y=120°$，如果 θ_Y 大于临界值，系统会更倾向于复合状态来达到相对稳定，并且此时前进接触角（θ_a）保持不变，但后退接触角（θ_r）随着自由能垒同步变化直到自由能垒为零。相反，如果 θ_Y 低于临界值，该系统将更倾向于非复合状态，并且前进接触角和后退接触角随着本征接触角的增加而增加到能垒等于零。可以看到所有的前进自由能垒随着 θ_Y 的增加而增加，然而后退自由能在复合状态和非复合状态下都随着 θ_Y 的增加而减少。

众所周知，本征接触角是决定接触角滞后大小的重要因素。基于自由能垒曲线，对于理想情况，即振动能量为零，在这种具有半球形基底的系统中，热力学决定的接触角滞后随本征接触角的变化如图 3-11（d）所示。已经证明，临界高度是促进体系从非复合状态转变为复合状态的必要条件。然而，目前的结果也揭示了半球基角在状态转换中的重要作用。从图 3-11（d）可以看出，对于半圆形突起微观纹理，一个临界本征接触角也是保证发生润湿状态转变的必要条件。而且，通过以上热力学分析，我们可以发现，如果非复合状态和复合状态的自由能和自由能垒是相等的，则此时可以获得临界本征接触角（θ_{YC}）。因此，发生状态转变时对应的关系式有 $\theta_Y>\theta_{YC}$。在这里应该指出半球基角的重要作用。还应该指出的是对于固定半径的半球形基底，当在非复合状态下具有较小的本征接触角或在复合状态下具有较大的本征接触角时，液滴黏附力可以最小化，这可以用于固体表面的自清洁。以上结果表明，本征接触角可以影响非复合状态和复合状态之间的过渡。因此，对于超疏油表面的设计，具有更高本征接触角的表面具有更低的接触角滞后和疏液性。

上述讨论是基于半球形的基底，该基底上的半球半径为 R，间距为 b，定义几何参数 $\xi=R/b$。在理想情况下，即外部振动能等于零，归一化的不同系统的自由能随系统的表观接触角的变化与基底表面半球半径的关系如图 3-12（a）所示。找到临界半球（圆）半径（$\xi_s=2$，即非复合状态和复合状态的重叠值）是很重要的。值得注意的是，对于固定的半球空间，如果球半径超过临界值，系统将更倾向于 Cassie 复合状态。但是，如果球半径低于临界值，则系统将优先选择非复合浸渍状态。同时，对于固定球半径，情况正好相反；并且，如果球间距低于临界值，则复合状态比非复合状态更稳定。但是，如果球间距大于临界值，则非复合状态更稳定。此外，对于非复合状态和复合状态，平衡接触角同时取决于半圆半径，如图 3-12（b）所示。对于非复合状态，平衡接触角随着球半径增加而增加或随着球间距减小而增加，这与 Wenzel 公式预测的是一致的。但是，对于复合状态，平衡接触角随着半球半径增大或球间距减小略有下降，对应于 Cassie 方程的预测。该结果也与实验观察一致（例如，Tie 等[96]发现 Cassie 状态下接触角随间距的减小而减小）。以上结果表明了超疏液性极大程度上受到了表面结构的几何参数的影响。

在理想情况下，图 3-12（c）显示了不同球半径和间距对表面自由能垒的影响。有趣的是，对于固定的半球存在一个临界半球半径，如果 R 超过临界值，系统将更倾向于复合润湿状态，此时自由能垒等于零，前进和后退接触角与球半径一样保持不变。但是，如果 R 低于临界值，系统将更倾向于非复合状态。后退接触角（θ_{rec}）保持不变，但前进接触角（θ_{adv}）随着球半径的增加而增加到自由能垒等于零。基于形成的自由能垒（FEB）曲线，通过热力学分析可以获得系统的接触角滞后（CAH），如图 3-12（d）所示。还应该指出的是，基底上表面球半径对在复合润湿状态下接触角滞后的影响甚小，可以看到，在非复合状态和复合状态下，所有的前进和后退自由能垒都会随球半径的增加而增加。然而，对于表面具有固定半径的半球形貌来说，可以看出前进自由能垒曲线随着基线间距的增加而下移，后退自由能垒曲线对于复合状态保持不变。因此，复合状态的接触角滞后不取决于半球间距，如图 3-12（d）所示。对于非复合状态，前进自由能垒发生了变化，结果接触角滞后增加到最大值后随着球间距的增大而减少，而后退自由能垒则保持不变。另外，可以看出，通过减小半球间距能够促使非复合状态到复合状态的转换，这表明润湿状态的转化需要较小的间距，此结果也与相关的实验结果保持一致。例如，Li 等[97]研究了表面粗糙度对其表面的润湿性影响，发现窄间距（即小间距）可以导致润湿状态的转变。以上结果表明，半球半径和间距影响非复合状态和复合状态之间的转变。从优化设计的角度来看，我们应该尽量选择具有临界值的半球疏水性表面，来增强其疏液性。

如果非复合状态和复合状态的自由能和自由能垒相等，则可获得临界半球半径，可以表示为 $\xi > \xi_C$。当体系达到转化点时，有 $\theta_{non} = \theta_{com}$，存在

$$\xi_C = \frac{1 + \cos\theta_Y}{2(\sin\theta_Y - 1) + (\pi - 2\theta_Y)\cos\theta_Y} \tag{3-52}$$

对于理想情况，增加半球半径和减小本征接触角在非复合状态和复合状态之间的转换中起着同样的效果。

因此，通过上述分析可知，从几何角度来设计一个理想的超疏水表面，可以避免使用较高的柱状结构，其易于侵蚀使得复合状态失效，这种由半球形状构成的表面是非常理想的粗糙结构设计。在保证其更强的水下超疏油性的同时赋予其优异的机械特性，有利于其广泛地应用。

3.2.3　毛细力学

拉普拉斯于 1805 年的研究工作研究了液滴内部的压力，它来自液体的表面

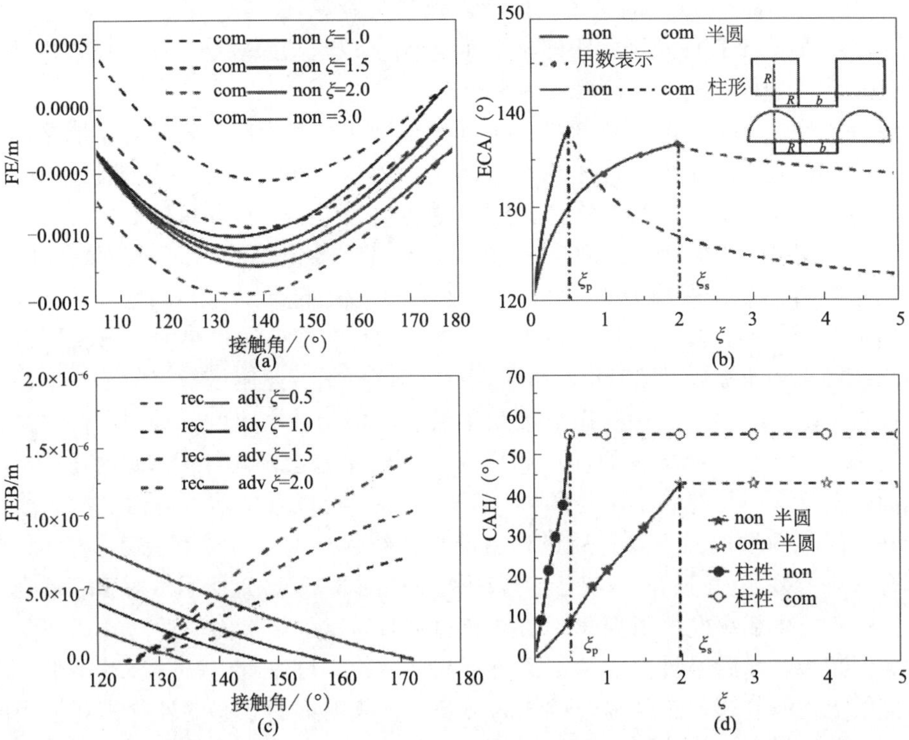

图 3-12 (a) 复合润湿状态 (com) 和非复合润湿状态 (non) 下体系归一化的 FE 随表观接触角的变化情况，表观接触角对应于不同的几何参数；(b) 体系的平衡接触角 (ECA) 随表面几何结构参数的变化曲线；(c) 复合润湿状态和非复合润湿状态下体系归一化的自由能垒随表观接触角的变化情况，表观接触角对应于不同的几何参数；(d) 热力学稳定状态下的 CAH 随材料表面微观几何结构参数的变化情况（扫描封底二维码可看彩图）

张力，产生的这种内外压差在生活中也是很常见的。两个连在一起的气泡总是小的变小大的变大，还有随处可见的毛细润湿，这些都可以看成拉普拉斯附加压力的作用。

关于拉普拉斯压力方程的推导，我们可以简单地用下列模型来给出：以水 (W) 中的一滴油 (O) 为例（图 3-13），油滴的半径为 R，假设要使它向外扩展 dR，则体系形成新增界面需要的能量为

$$\delta W = -p_O dV_O - p_W dV_W + \gamma_{OW} dA$$

其中，$dV_O = 4\pi R^2 dR = -dV_W$，为系统增加的体积；$dA = 8\pi R dR$，为新增加的油水界面面积。外部功需要克服体积功和提供新的界面能。p_O 和 p_W 分别是油和水对应的压强，γ_{OW}是油和水之间的界面张力。系统再一次达到平衡时，$\delta W = 0$，即

$$\Delta p = p_O - p_W = 2\gamma_{OW}/R \tag{3-53}$$

因此，液滴越小，其内部压强越大。上式为简化了的作用于球体的拉普拉

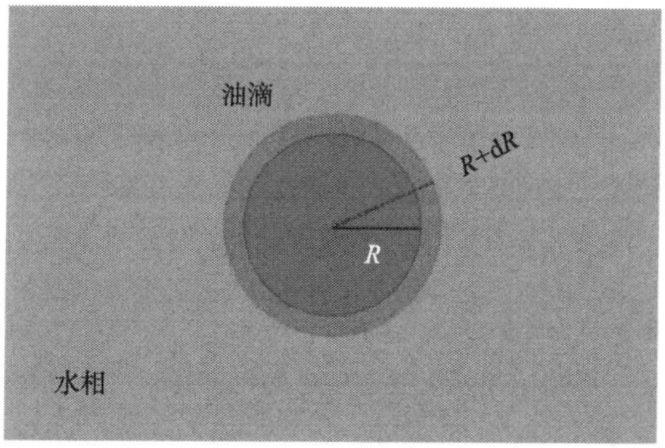

图 3-13　在水相中的油滴具有半径 R，提供一定能量可以使得油滴的半径发生 dR 的变化，对应表面积变化为 dS，体积为 dV

斯附加压强方程，但研究中涉及的界面往往都是复杂的，拉普拉斯给出的一般方程如下：

对于特定的界面，界面张力为 γ，界面曲率为 $C=1/R+1/R'$，有

$$\Delta p=\gamma\left(\frac{1}{R}+\frac{1}{R'}\right)=\gamma C \tag{3-54}$$

其中，R 和 R' 是曲面的曲率半径。大多数系统的固-气界面张力、液-固界面张力很难准确测量，但是液体表面张力容易测得，故体系可以转化到液体表面张力的测量来简化实验。

1. 压强诱导毛细管液体上升

将一根亲水的玻璃毛细管直插入液体中，会发生液体上升的现象。液体上升的动力可以从拉普拉斯附加压强的角度来解释。

由于毛细管的亲水性，液体在管壁的表观接触角是远小于 90°的，故此时的液面呈现为具有弧度的弯月形（图 3-14）。设其曲率半径为 R，液体上升高度为 H，水在管壁的接触角为 θ，由式（3-53）可知，界面曲率诱导的附加压强为 $\Delta p=(2\gamma\cos\theta)/R$。当液体上升到平衡状态时，存在如下平衡[1]：

$$p_0-2\gamma\cos\theta/R=p_0-\rho gH \tag{3-55}$$

值得注意的是，当毛细管的高度小于 H 时，也不会有液体从顶端溢出，它随界面曲率变化而变化。实际上，毛细上升是由表面张力引起的，将界面张力沿竖直方向分解可以得到相同的结果。过滤型油水分离是和毛细渗透密切相关的，对于亲水毛细管，可以达到过水阻油的效果，水受到毛细作用力驱动发生渗透，对于半径为 R 的毛细管，水在其中主要受到毛细力 F_C 和管壁阻力 F_V 的作用。

$$F_C=\Delta p\pi R^2=\frac{2\gamma\cos\theta}{R}\pi R^2=2\pi\gamma R\cos\theta \tag{3-56}$$

其中，Δp 为毛细管上下液面压强差（拉普拉斯附加压强）；R 为毛细管半径；γ

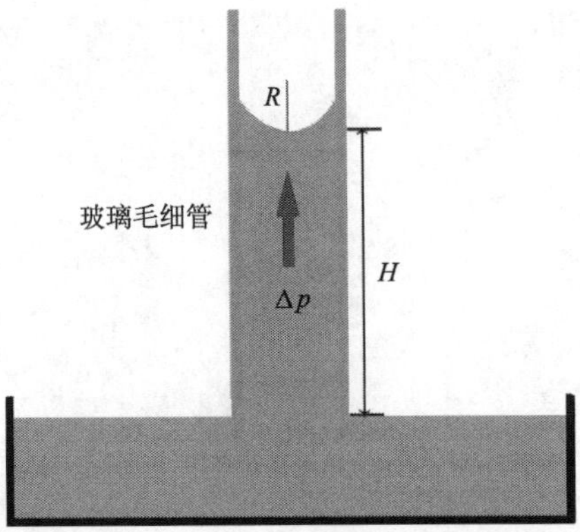

图 3-14 具有一定亲水性的玻璃毛细管插入水中后，水会沿着毛细管向上移动，该毛细管液体上升现象可以解释为特殊的凹液面曲率使得界面内外压强不等，驱动液体向上移动

为液体表面张力；θ 为液体在毛细管壁上的接触角。

当液体在毛细管壁中运动时，由于液体本身存在黏度，故毛细管壁会对液体产生黏性阻力。结合牛顿黏性流体内摩擦定律和哈根-泊肃叶方程，可以得到毛细管壁产生的黏性阻力为

$$F_{\mathrm{V}} = 2\pi Rh\tau = 8\pi\eta hv \tag{3-57}$$

其中，η 为流体黏度，在具体情况下还要考虑到管内液体所受到的静压强 ρgh 和自身重力 ρgV 。

拉普拉斯附加压强，是一种解决毛细管上升问题的方式，而且便于理解，涉及内压问题时必不可少。在油水混合体系中，拉普拉斯附加压强可以作为一种重要的驱动力用于油水分离，它的存在也影响到油水分离材料表面微观结构的制备，这对仿生油水分离有着重要的影响。

2. 毛细流动

过滤型油水分离通过使乳液流经微纳米空隙，也就是毛细管内达到分离纯化的过程。基于此，我们讨论单根毛细管内发生的毛细流动现象，并给出相应的重要公式。液体在管内的流动可以简化为哈根-泊肃叶流动，等截面直圆管中的液体流动是层性管流，流体在水平圆管中做层流运动时，其体积流量 Q 与管子两端的压强差 Δp，管的半径 R，长度 l，以及流体的黏滞系数 η 有关。

对于毛细管内流体的流动，哈根-泊肃叶方程可表达为以下方式[98]：

$$\frac{1\sum\Delta p}{\eta l} = \frac{1}{R}\frac{\mathrm{d}}{\mathrm{d}r}\left(R\frac{\mathrm{d}v}{\mathrm{d}R}\right) \tag{3-58}$$

在忽略空气产生的阻力情况下，有

$$\mathrm{d}V = \frac{\pi\sum p}{8\eta l}(R^4 + 4\varepsilon R^3)\mathrm{d}t \tag{3-59}$$

其中，$\sum p$ 为作用在毛细管流体上的所有压强差，经历时间 t，液体流过的长度为 l。此时毛细管内的弯液面将会到达某一个界面上，随着它的移动具有的速度为 $\mathrm{d}l/\mathrm{d}t$。

结合 $\mathrm{d}V=\pi R^2\mathrm{d}l$，所以有

$$\frac{\mathrm{d}l}{\mathrm{d}t}=\frac{\sum p}{8\eta l R^2}(R^4+4\varepsilon R^3) \tag{3-60}$$

为了准确地推导出上述关系，必须知道 $\sum p$ 的表达式。其中总压强可以分为 3 个部分：与大气连通时受到的大气压强 p_{A}，受液柱作用的静水压强 p_{H} 和毛细压强 p_{C}。存在以下关系：

$$p_{\mathrm{H}}=\rho g H-lg\rho\sin\psi \tag{3-61}$$

ψ 为毛细管与垂直方向的夹角；g 为重力加速度。

$$p_{\mathrm{C}}=\frac{2\gamma}{R}\cos\theta \tag{3-62}$$

其中，γ 是液体的表面张力；θ 是液体在管壁的表观接触角。

综上可以推出

$$\frac{\mathrm{d}l}{\mathrm{d}t}=\frac{p_{\mathrm{A}}+\rho g H-lg\rho\sin\psi+\dfrac{2\gamma}{R}\cos\theta}{8\eta l}(R^2+4\varepsilon R) \tag{3-63}$$

式（3-63）即为平均毛细管速率，视具体大气连通情况、表面疏水性等可以对该式进行修改。

当忽略其他压力的影响而只考虑毛细压力作用时，在液体可以完全润湿管壁的情况下，可以得到简化后的 Washburn 方程：

$$l^2=\frac{\gamma\cos\theta}{2\eta}Rt \tag{3-64}$$

对于常用的多孔分离材料来说，大量的微纳米空隙可以看成大量的毛细管，将所有的毛细管简化为相同的直径和长度，结合上述公式可以推导出液体在多孔材料中穿透的总体积：

$$V=\pi\sum R^2 l=\frac{\pi}{2\eta^{\frac{1}{2}}}t^{\frac{1}{2}}\sum\left(p_E+\frac{2\gamma}{R}\right)^{\frac{1}{2}}R^3 \tag{3-65}$$

并可以由此计算单位面积的膜通量。对于毛细管，其尺寸很小，所以作用在液柱上的外压与附加压强相比可以忽略不计，故这种情况下有

$$V=k\left(\frac{\gamma}{\eta}\right)^{\frac{1}{2}}t^{\frac{1}{2}} \tag{3-66}$$

其中，k 与液体的性质无关，渗透率与浸泡时间的平方根成正比，与表面张力与黏度之比的平方根成正比。如果滤膜上的毛细微孔不能被视为等同的圆柱形，

上述方程的适用性就会降低。如果孔的横截面面积随其长度的变化而变化，则上述方程仍然不适用，但仍能提供近似的参考。

3. *液滴的穿透压强*

对于油水混合体系进行过滤型分离，通常可以分为两种类型：过水阻油和过油阻水，前者依赖于亲水-疏油的润湿性，后者需要亲油-疏水的润湿性。以亲油-疏水型滤膜为例，微纳米级别孔径使得该膜的毛细润湿行为显著，油可以迅速被膜吸收，油膜包覆于滤膜之外。由于油水不互溶，水滴此时呈现为球状液滴，所以水滴能够刺穿滤膜的必要条件为

$$\theta_{OS(W)} < \theta_C < \theta_{WS(O)}$$

其中，$\theta_{OS(W)}$ 为水下油在固体表面上的接触角；$\theta_{WS(O)}$ 为油中水在固体表面上的接触角；θ_C 是水的临界浸润角，由下式给出[99]：

$$\theta_C = \arccos[(1-\phi)/(r-\phi)] \tag{3-67}$$

其中，r 为固体表面粗糙度；ϕ 为对应的固体分数，临界角的范围为 0°～90°。

在 $\theta_{OS(W)}=0°$ 的特定情况下，油将优先在水滴下方的固体表面上扩散，导致水滴漂浮在膜的表面上，同时油渗透膜。为了达到油水分离的效果，水滴不能浸渍到毛细管内，水滴在毛细管处受到拉普拉斯附加压强的作用，有时还要考虑其受到的静压强，由杨-拉普拉斯方程可以求得穿透压强 p_b：

$$p_b = \frac{2\gamma_{OW}\cos\theta_{adv,WS(O)}}{R} \tag{3-68}$$

其中，γ_{OW} 是水-油界面张力；$\theta_{adv,WS(O)}$ 是在油相中，光滑的固体上水的前进接触角。

由式（3-68）可知，水滴所受到的临界压强必须小于 p_b，否则水和油会一起下渗。因此，这个压强上限能够影响分离时流体的流速进而影响分离效率。当 $\theta_{OS(W)}\sim 0°$，$\theta_{WS(O)}\sim 0°$，$R\sim 600$nm 时，油会在外压的作用下沿着毛细管向下流，而水滴留在表面，当压强突破 170kPa 时，水滴开始渗透。

Darcy 定律给定了流体的体积流量 Q 与流体黏度 μ、膜面积 A、厚度 L、孔径的半径 R 和跨膜压 Δp 之间的关系：

$$Q = \frac{-kA\Delta p}{\mu L} \sim R^4 \tag{3-69}$$

用于过滤的膜还要支撑待分离的油水混合物，所以它要具备一定的机械强度。通过以上分析可知，毛细管径越小，穿透压强越大，水滴越不容易渗透，分离出来的油相会更纯，但是细管径会大大限制分离流速。很明显，虽然毛细孔很小能实现更高的突破压力，但流速会迅速减小。可以通过孔径和化学改性使得跨膜压强接近临界压强，保证最大流量同时达到油水分离的效果。存在以下关系：

$$Q_{max}=\frac{\rho_p A\gamma_{WO}\pi\cos\theta_{adv,WS(O)}R^3}{4\mu L} \tag{3-70}$$

其中，ρ_p 是毛细孔密度。由此可见 $Q\sim R^3$，所以孔径对分离流速的影响是巨大的，毛细孔密度也有着类似的影响。Varanasi 等[100]通过开发层次结构来进行优化，纳米多孔分离层组成的膜与微米级孔支撑层结合在一起使其具有两层的理想分层结构。这种几何形状提供了克服流速限制的潜力，增强了选择性机械稳定性。随着纳米多孔层变薄，可以在孔径尽可能小的情况下，实现最高的流速。

$$Q_{max}=\frac{\rho_p A\gamma_{WO}\pi\cos\theta_{adv,WS(O)}}{4\mu R_1}\left(\frac{1}{\frac{L_1}{R_1^4}+\frac{L_2}{R_2^4}}\right) \tag{3-71}$$

其中，下标 1，2 分别代表 1，2 级结构。小孔径毛细管能够增加选择性分离，但分离流速会受到限制，大孔径的选择性较差但能保持高流速，所以如何通过表面化学改性和孔径调节来达到最优化的分离效果具有重要的意义。

以上这些研究详细介绍了超润湿表面的润湿理论、适用性和接触角滞后现象，分别从经典理论和能量的观点探讨了润湿状态转化发生的条件，为我们制备油水分离工程材料提供了强有力的理论依据。同时，借助热力学理论进行分析，能够反映出表面结构和化学组成对表面润湿性的影响，进一步地指导设计制备具有优异油水分离特性的材料。最后，通过分析可以得到，在油水混合体系中，拉普拉斯附加压强可以作为一种重要的驱动力用于油水分离，它的存在将影响到油水分离材料表面微观结构的制备。在接下来的章节中，我们以上述理论为基础，从自然界的物质出发，概括了一系列优异性能的仿生油水分离工程材料。

参考文献

[1] Xiao X D，Qian L M. Investigation of humidity-dependent capillary force. Langmuir，2000，16（21）：8153-8158

[2] Young T. An essay on the cohesion of fluids. Philosophical Transactions of the Royal Society of London，1805，95：65-87

[3] De Gennes P G. Wetting：statics and dynamics. Reviews of Modern Physics，1985，57（3）：827

[4] Kusy R P. Orthodontic biomaterials：from the past to the present. The Angle Orthodontist，2002，72（6）：501-512

[5] Evans S D，Ulman A. Surface potential studies of alkyl-thiol monolayers adsorbed on gold. Chemical Physics Letters，1990，170（5-6）：462-466

[6] Israelachvili J N，Wennerstroem H. Entropic forces between amphiphilic surfaces in

liquids. The Journal of Physical Chemistry，1992，96 (2)：520-531

[7] Jiang Q，Lu H M. Size dependent interface energy and its applications. Surface Science Reports，2008，63 (10)：427-464

[8] Nosonovsky M，Bhushan B. Roughness optimization for biomimetic superhydrophobic surfaces. Microsystem Technologies，2005，11 (7)：535-549

[9] Wenzel R N. Resistance of solid surfaces to wetting by water. Industrial & Engineering Chemistry，1936，28 (8)：988-994

[10] Paul B K，Moulik S P. Microemulsions：an overview. Journal of Dispersion Science and Technology，1997，18 (4)：301-367

[11] Whyman G，Bormashenko E，Stein T. The rigorous derivation of Young，Cassie-Baxter and Wenzel equations and the analysis of the contact angle hysteresis phenomenon. Chemical Physics Letters，2008，450 (4-6)：355-359

[12] Bico J，Thiele U，Quéré D. Wetting of textured surfaces. Colloids Surfaces A：Physicochemical Engineering Aspects，2002，206 (1-3)：41-46

[13] Shaat M，Zheng Y. Fluidity and phase transitions of water in hydrophobic and hydrophilic nanotubes. Sci Rep，2019，9 (1)：5689

[14] Barthlott W，Schimmel T，Wiersch S，Koch K，Brede M，Barczewski M，Walheim S，Weis A，Kaltenmaier A，Leder A. The salvinia paradox：superhydrophobic surfaces with hydrophilic pins for air retention under water. Advanced Materials，2010，22 (21)：2325-2328

[15] Gou X，Guo Z. Superhydrophobic plant leaves：the variation in surface morphologies and wettability during the vegetation period. Langmuir，2019，35 (4)：1047-1053

[16] Patankar N A. Mimicking the lotus effect：influence of double roughness structures and slender pillars. Langmuir，2004，20 (19)：8209-8213

[17] Nosonovsky M. Model for solid-liquid and solid-solid friction of rough surfaces with adhesion hysteresis. The Journal of Chemical Physics，2007，126 (22)：224701

[18] Campbell P，Abhyankar S. Fractals，form，chance and dimension. J Mathematical Intelligencer，1978，1 (1)：35-37

[19] Mandelbrot B. How long is the coast of britain? Statistical self-similarity and fractional dimension. Science，1967，156 (3775)：636-638

[20] Lee C，Kramer T A. Prediction of three-dimensional fractal dimensions using the two-dimensional properties of fractal aggregates. Advances in Colloid Interface Science，2004，112 (1)：49-57

[21] Guo Z，Liu W，Su B L. Why so strong for the lotus leaf? Applied Physics Letters，2008，93 (20)：1

[22] Park E J，Yoon H S，Kim D H，Yong H K，Kim Y D. Preparation of self-cleaning surfaces with a dual functionality of superhydrophobicity and photocatalytic activity. Applied Surface Science，2014，319 (1)：367-371

[23] Takayuki H. Fractal dimension of fault systems in Japan：fractal structure in rock fracture geometry at various scales. Pure and Applied Geophysics，1989，131 (1)：157-170

[24] Fujii I，Hirayama N. Use of super-water-repellent fractal surfaces in the crystallization of macromolecules. Acta Crystallographica，1999，55 (6)：1247-1249

[25] Joanny J F，de Gennes P G. A model for contact angle hysteresis. Journal of Chemical Physics，1984，81 (1)：552-562

[26] Zhang Y，Yu C，Lei S，Jing L，Guo Z. Recent progress of double-structural and functional materials with special wettability. Journal of Materials Chemistry，2011，22 (3)：799-815

[27] Li X，Bhushan B. A review of nanoindentation continuous stiffness measurement technique and its applications. Materials Characterization，2002，48 (1)：11-36

[28] Gao H. Bio-inspired Mechanics of Bone-like Hierarchical Materials. New York：Springer Nertherland，2007

[29] Lichao G，Mccarthy T J. How Wenzel and Cassie were wrong. Langmuir：the ACS Journal of Surfaces Colloids，2007，23 (7)：3762

[30] Mognetti B M，Yeomans J M. Modeling receding contact lines on superhydrophobic surfaces. Langmuir：the ACS Journal of Surfaces and Colloids，2010，26 (23)：18162-18168

[31] Extrand C W. Contact angles and hysteresis on surfaces with chemically heterogeneous islands. Langmuir，2003，19 (9)：3793-3796

[32] Neumann A W，Good R J. Thermodynamics of contact angles. Ⅰ. Heterogeneous solid surfaces. Journal of Colloid Interface Science，1972，38 (2)：341-358

[33] Paruch P，Guyonnet J. Nanoscale studies of ferroelectric domain walls as pinned elastic interfaces. Comptes Rendus Physique，2013，14 (8)：667-684

[34] Drelich J，Chibowski E，Meng D D，et al. Hydrophilic and superhydrophilic surfaces and materials. Soft Matter，2011，7 (21)：9804-9828

[35] Bachmann J，Mchale G. Superhydrophobic surfaces：a model approach to predict contact angle and surface energy of soil particles. European Journal

of Soil Science，2009，60（3）：420-430

[36] Gerson D F，Scheer D. Cell surface energy，contact angles and phase partition III. Adhesion of bacterial cells to hydrophobic surfaces. Biomembranes，1980，602（3）：506-510

[37] Nosonovsky M. On the range of applicability of the Wenzel and Cassie equations. Langmuir，2007，23（19）：9919-9920

[38] Gao L，Mccarthy T J. A commercially available perfectly hydrophobic material（$\theta_A/\theta_R=180°/180°$）. Langmuir，2007，23（18）：9125-9127

[39] Mchale G. Cassie and Wenzel：were they really so wrong? Langmuir，2007，23（15）：8200-8205

[40] Li W，Amirfazli A. Microtextured superhydrophobic surfaces：a thermodynamic analysis. Advances in Colloid Interface Science，2007，132（2）：51-68

[41] Marmur A，Bittoun E. When Wenzel and Cassie are right：reconciling local and global considerations. Langmuir，2009，25（3）：1277-1281

[42] Erbil H Y，Cansoy C E. Range of applicability of the Wenzel and Cassie-Baxter equations for superhydrophobic surfaces. Langmuir，2009，25（24）：14135-14145

[43] Frédéric L，Florian M P. Rationalization of the behavior of solid-liquid surface free energy of water in Cassie and Wenzel wetting states on rugged solid surfaces at the nanometer scale. Langmuir：the ACS Journal of Surfaces and Colloids，2011，27（2）：637-645

[44] Tadmor R. Line energy and the relation between advancing，receding，and young contact angles. Langmuir，2004，20（18）：7659-7664

[45] Gupta P，Ulman A，Fanfan S，Korniakov A，Loos K. Mixed self-assembled monolayers of alkanethiolates on ultrasmooth gold do not exhibit contact-angle hysteresis. Journal of the American Chemical Society，2005，127（1）：4-5

[46] Yaminsky V. Molecular mechanisms of hydrophobic transitions. Journal of Adhesion Science and Technology，2000，14（2）：187-233

[47] Hancock M J，Sekeroglu K，Demirel M C. Bioinspired directional surfaces for adhesion，wetting，and transport. Advanced Functional Materials，2012，22（11）：2223-2234

[48] Bhushan B，Nosonovsky M，Chae Jung Y. Towards optimization of patterned superhydrophobic surfaces. Journal of the Royal Society Interface，

2007，4（15）：643-648

[49] Michael N，Bhushan B. Hierarchical roughness makes superhydrophobic states stable. Microelectronic Engineering，2007，84（3）：382-386

[50] Nosonovsky M，Bhushan B. Hierarchical roughness optimization for biomimetic superhydrophobic surfaces. Ultramicroscopy，2007，107（10-11）：969-979

[51] Nosonovsky M，Bhushan B. Biologically inspired surfaces：broadening the scope of roughness. Advanced Functional Materials，2008，18（6）：843-855

[52] Furmidge C. Studies at phase interfaces. I. The sliding of liquid drops on solid surfaces and a theory for spray retention. Journal of Colloid Science，1962，17（4）：309-324

[53] Nosonovskiiĭ M. Multiscale Dissipative Mechanisms and Hierarchical Surfaces：Friction，Superhydrophobicity，and Biomimetics. Heidelberg：Springer-Verlag，2008

[54] Michael N，Bharat B. Patterned nonadhesive surfaces：superhydrophobicity and wetting regime transitions. Langmuir：the ACS Journal of Surfaces and Colloids，2008，24（4）：1525-1533

[55] Bhushan B，Jung Y C. Natural and biomimetic artificial surfaces for superhydrophobicity，self-cleaning，low adhesion，and drag reduction. Progress in Materials Science，2011，56（1）：1-108

[56] Verplanck N，Galopin E，Camart J C，Thomy V，Coffinier Y，Boukherroub R. Reversible electrowetting on superhydrophobic silicon nanowires. Nano Letters，2007，7（3）：813-817

[57] Krupenkin T N，Taylor J A，Wang E N，Kolodner P，Hodes M，Salamon T R. Reversible wetting-dewetting transitions on electrically tunable superhydrophobic nanostructured surfaces. Langmuir，2007，23（18）：9128-9133

[58] Liu G，Fu L，Rode A V，Craig V S. Water droplet motion control on superhydrophobic surfaces：exploiting the Wenzel-to-Cassie transition. Langmuir：the ACS Journal of Surfaces and Colloids，2011，27（20）：12769，12770

[59] Boreyko J B，Chen C H. Restoring superhydrophobicity of lotus leaves with vibration-induced dewetting. Physical Review Letters，2009，103（17）：174502

[60] Michael N. Multiscale roughness and stability of superhydrophobic biomim-

etic interfaces. Langmuir，2007，23（6）：3157-3161

[61] Lee C，Kim C J. Influence of surface hierarchy of superhydrophobic surfaces on liquid slip. Langmuir：the ACS Journal of Surfaces and Colloids，27（7）：4243-4248

[62] Boreyko J B，Baker C H，Poley C R，Chen C H. Wetting and dewetting transitions on hierarchical superhydrophobic surfaces. Langmuir：the ACS Journal of Surfaces and Colloids，2011，27（12）：7502-7509

[63] Onda T，Shibuichi S，Satoh N，Tsujii K. Super-water-repellent fractal surfaces. Langmuir，1996，12（9）：2125-2127

[64] Chae J Y，Bharat B. Dynamic effects of bouncing water droplets on superhydrophobic surfaces. Langmuir：the ACS Journal of Surfaces and Colloids，2008，24（12）：6262-6269

[65] Lafuma A，Quārā D. Superhydrophobic states. Nature Materials，2003，2（7）：457-460

[66] Zheng Q S，Yu Y，Zhao Z H. Effects of hydraulic pressure on the stability and transition of wetting modes of superhydrophobic surfaces. Langmuir：the Acs Journal of Surfaces and Colloids，2005，21（26）：12207

[67] Liu B，Lange F F. Pressure induced transition between superhydrophobic states：configuration diagrams and effect of surface feature size. Journal of Colloid Interface Science，2006，298（2）：899-909

[68] Quéré D. Surface chemistry：fakir droplets. Nature Materials，2002，1（1）：14

[69] Bartolo D，Bouamrirene F，Verneuil E，Buguin A，Silberzan P，Moulinet S. Bouncing or sticky droplets：impalement transitions on superhydrophobic micropatterned surfaces. Europhysics Letters，2006，74（2）：299

[70] Bormashenko E，Pogreb R，Whyman G，Bormashenko Y，Erlich M. Vibration-induced Cassie-Wenzel wetting transition on rough surfaces. Applied Physics Letters，2007，90（20）：201917

[71] Bormashenko E，Pogreb R，Whyman G，Erlich M. Cassie-Wenzel wetting transition in vibrating drops deposited on rough surfaces：is the dynamic Cassie-Wenzel wetting transition a 2D or 1D affair? Langmuir，2007，23（12）：6501-6503

[72] Patankar N A. Consolidation of hydrophobic transition criteria by using an approximate energy minimization approach. Langmuir：the ACS Journal of Surfaces and Colloids，2010，26（11）：8941-8945

[73] Peichun T, Lammertink R G H, Matthias W, Detlef L. Evaporation-triggered wetting transition for water droplets upon hydrophobic microstructures. Physical Review Letters, 2010, 104 (11): 116102

[74] Kusumaatmaja H, Blow M L, Dupuis A, Yeomans J M. The collapse transition on superhydrophobic surfaces. EPL, 2008, 81 (3): 36003

[75] Edward B, Roman P, Gene W, Mordehai E. Resonance Cassie-Wenzel wetting transition for horizontally vibrated drops deposited on a rough surface. Langmuir, 2007, 23 (24): 12217

[76] Bormashenko E, Pogreb R, Stein T, Whyman G, Erlich M, Musin A, Machavariani V, Aurbach D. Characterization of rough surfaces with vibrated drops. Physical Chemistry Chemical Physics, 2008, 10 (27): 4056-4061

[77] Reyssat M, Yeomans J M, Quéré D. Impalement of fakir drops. EPL, 2008, 81 (81): 26006

[78] Forsberg P, Nikolajeff F, Karlsson M. Cassie-Wenzel and Wenzel-Cassie transitions on immersed superhydrophobic surfaces under hydrostatic pressure. Soft Matter, 2010, 7 (1): 104-109

[79] Vaibhav B, Garimella S V. Electrowetting-based control of static droplet states on rough surfaces. Langmuir: the ACS Journal of Surfaces and Colloids, 2007, 23 (9): 4918

[80] Moulinet S, Bartolo D. Life and death of a fakir droplet: impalement transitions on superhydrophobic surfaces. Soft Matter, 2007, 24 (3): 251-260

[81] Ishino C, Okumura K, Quéré D. Wetting transitions on rough surfaces. EPL, 2007, 68 (3): 419-425

[82] Barbieri L, Wagner E, Hoffmann P. Water wetting transition parameters of perfluorinated substrates with periodically distributed flat-top microscale obstacles. Langmuir, 2007, 23 (4): 1723-1734

[83] Cheng Y T, Rodak D E. Is the lotus leaf superhydrophobic? Applied Physics Letters, 2005, 86 (14): 144101

[84] Nosonovsky M, Bhushan B. Biomimetic superhydrophobic surfaces: multiscale approach. Nano Letters, 2007, 7 (9): 2633-2637

[85] Dorrer C, Rühe J. Some thoughts on superhydrophobic wetting. Soft Matter, 2008, 5 (1): 51-61

[86] Krupenkin T N, J Ashley T, Wang E N, Paul K, Marc H, Salamon T R. Reversible wetting-dewetting transitions on electrically tunable superhy-

drophobic nanostructured surfaces. Langmuir：the ACS Journal of Surfaces and Colloids，2007，23（18）：9128-9133

[87] Vrancken R J，Kusumaatmaja H，Hermans K，Prenen A M，Pierre-Louis O，Bastiaansen C W M，Broer D J. Fully reversible transition from Wenzel to Cassie-Baxter states on corrugated superhydrophobic surfaces. Langmuir，2010，26（5）：3335-3341

[88] Dorrer C，Rühe J. Condensation and wetting transitions on microstructured ultrahydrophobic surfaces. Langmuir，2007，23（7）：3820-3824

[89] Dussan E B. On the spreading of liquids on solid surfaces：static and dynamic contact lines. Annual Review of Fluid Mechanics，1979，11（1）：371-400

[90] Blake T D，Haynes J M. Kinetics of liquid/liquid displacement. Journal of Colloid Interface Science，1969，30（3）：421-423

[91] Ruijter M J D，Charlot M，Voué M，Coninck J D. Experimental evidence of several time scales in drop spreading. Langmuir，2000，16（5）：2363-2368

[92] Bahr M V，Tiberg F，Yaminsky V. Spreading dynamics of liquids and surfactant solutions on partially wettable hydrophobic substrates. Colloids Surfaces A Physicochemical Engineering Aspects，2001，193（1）：85-96

[93] Jaroslaw D，Dorota C. Spreading kinetics of water drops on self-assembled monolayers of thiols：significance of inertial effects. Langmuir，2005，21（17）：7733-7738

[94] Alteraifi A M，Sherif D，Moet A. Interfacial effects in the spreading kinetics of liquid droplets on solid substrates. Journal of Colloid Interface Science，2003，264（1）：221-227

[95] Tie L，Guo Z，Liu W. pH-manipulated underwater-oil adhesion wettability behavior on the micro/nanoscale semicircular structure and related thermodynamic analysis. ACS Applied Materials & Interfaces，2015，7（19）：10641-10649

[96] Tie L，Guo Z，Li W. Optimal design of superhydrophobic surfaces using a paraboloid microtexture. Journal of Colloid Interface Science，2014，436：19-28

[97] Li W，Fang G，Li Y，Qiao G. Anisotropic wetting behavior arising from superhydrophobic surfaces：parallel grooved structure. The Journal of Physical Chemistry B，2008，112（24）：7234-7243

[98] Washburn E W. The dynamics of capillary flow. Physical Review，1921，17 (3)：273

[99] Smith J D，Dhiman R，Anand S，Reza-Garduno E，Cohen R E，Mckinley G H，Varanasi K K. Droplet mobility on lubricant-impregnated surfaces. Soft Matter，2013，9 (6)：1772-1780

[100] Solomon B R，Hyder M N，Varanasi K K. Separating oil-water nanoemulsions using flux-enhanced hierarchical membranes. Scientific Reports，2014，4：5504

第4章 自然界超润湿表面用于油水分离

正如第1章所介绍，在海洋生态系统中，最大的环境问题是石油泄漏。2010年位于墨西哥海湾的“深水地平线”发生爆炸并引起大火，导致大量的石油发生泄漏，后续的多种补救措施未有明显突破。此次泄油事件造成了巨大的环境污染和经济损失。此外，每年有成千上万吨的油类产品通过交通运输、石油开采、石油化工等途径流入海洋区域。漂浮在海洋上的油形成的油膜很大程度上阻碍了海洋水生物与大气中的氧气接触，导致了大量水生物由于缺氧而死亡。此外，黏附在沙滩上的油由于其本身极强的黏附性难以被清除，进而对海滩上生物种群造成了很大的影响。此外，污染可能导致沿海的湿地和海滩被毁，渔业受损和脆弱的物种灭绝。随着石油的开采和使用，其他污染也相伴而生。起初人们并没有认识到石油的重要作用，现代石油工业产生以来，石油污染开始表现出来，随着人们对石油重要性的认识的加强和连续的石油危机以及航海技术的发展，大量的石油开采、运输和使用等使得海洋石油污染空前严重。

据统计，每年通过各种渠道泄入海洋的石油和石油产品，约占全世界石油总量的0.5%，倾注到海洋的石油量达到200万～1000万吨，其中1/3左右是油轮在海上发生事故导致的石油泄漏[1-3]。一方面，我国海上各种溢油每年约发生500起，沿海地区海水含油量已经超过国家规定的海水水质标准2～8倍，海洋石油污染十分严重。石油产生的环境污染主要有以下三个方面：①影响海气系统物质和能量的交换。石油在海洋上会形成大面积的油膜，阻碍空气中的氧气进入海水中，影响了海洋对大气中二氧化碳的吸收，使温室气体相对增多，全球变暖。油膜的存在使得海洋潜热转移量减少，年日差别变大，海洋失去调节作用，产生海洋荒漠化现象，直接影响到当地的气候和生态环境。②破坏海洋生态系统。石油氧化需要大量的溶解氧，造成海洋氧气减少，二氧化碳相对增多，以及进入海洋中的阳光减少，海洋和大量微生物死亡，厌氧生物大量繁殖，海洋生态系统的食物链遭到破坏，大量海洋生物死亡。③制约了人类社会和环境能源的可持续发展。海洋资源丰富，是人类可持续发展的重要物质基础，海洋石油污染的发生直接影响了海洋养殖和捕捞业的发展。此外，海洋石油污染导致的生物富集作用严重影响了海洋生物的健康，人们食用这些被污染的海产品也会慢性中毒甚至危害生命。海洋荒漠化对全球灾害性天气的产生和气候变化也有明显的影响，不利于环境的可持续发展。另一方面，大多数的含油污水是由工厂排放的，例如，矿业、金属冶炼业、纺织业、生物制药、石油化工业等。此类的含油污水也成了世界上一种常见的污染物，产生了严重的全球环境问题[4-6]。石油污染物进入水体后，在环境条件等因素下，其组成性质和存在形式都会有所变化。一般而言，石油污染物主要以漂浮物、分散油、乳化油还有溶解油的形式存在[7]。水体油污处理一般是去除废水中大量的石油类物质，同时也要降低废水的化学需氧量和生物需氧量。因此，对含油污水进行有效的分离处理，研究和开发高效率的、耐受性好的油水分离工程材料是人们亟待解决的重大工程问题。

自然界中生物经过数亿年的物竞天择后，其结构和功能已经趋于完美。师法自然，人们研究发现同时具备极端润湿和多孔结构的物质对于实现高效可重复的油水分离起着至关重要的作用。重要的是，在自然界和我们的日常生活中，许多材料同时具有上述的功能，如沙子、木材等。这类天然的超润湿材料具备成本低、环境友好并且易获得等特点，这使得将它们应用于油水分离成为可能。

4.1 沙　　子

众所周知，沙漠覆盖了地球表面的广阔区域，但是沙漠由于水资源十分匮乏，并不适合人类居住。沙子来自许多地方，当岩石由于风化和侵蚀数千乃至数百万年而分解时，就会形成沙子。沙子一般的组成成分为二氧化硅，通常为石英的形式，因其化学性质稳定和质地坚硬，足以抗拒风化。沙子的用途很广泛：它除了用于建筑、修路、过滤、养殖美化、作冶炼的速熔剂外，由于其含硅元素还是制造玻璃的主要材料[8-11]。此外，沙子由于其表面的吸水性表现出了很强的吸水能力，表明沙层是天然的超亲水-水下超疏油材料，有着实现“过水阻油”式的油水分离的潜力。

Yong 等[12]系统地研究了沙层在空气和水的环境下的不同润湿性，实验结果证实，沙子的超润湿性使其具有很强的油水分离的潜力。通过观察沙子的微观结构，发现沙子是典型的三级粗糙微观结构（宏观尺度、微米尺度和纳米尺度结合的粗糙度），沙子的粒径大小范围是 130～270 μm，表面呈现织构化结构而不是光滑的平整结构。通过高倍 SEM 图可以看出，沙子存在着大量的纳米尺度的颗粒，并且有碎片不均匀地分布在沙子的表面。通过对其进行元素分析可以得到，沙子主要由 SiO_2 组成，沙粒的表面化学成分还含有较多的金属元素（如钠、镁、铝、钾、钙和铁）和许多羟基，并且由于表面自由能（二氧化硅和金属元素）的影响和表面富含羟基，当水滴滴到沙层表面时，水滴层迅速在沙层上铺展渗透到沙层内部，表现出良好的超亲水性。而当把沙层浸入水中时，其沙层表现出了水下超疏油性，并且对重油或者轻油表现出了极低的黏附性。在被水润湿的沙层表面，这些油滴在沙层表现出了很高的146°～151.5°的油滴接触角和都小于10°的滚动角。通过测试可以得到，1,2-二氯乙烷液滴与沙层之间的黏合力测量值仅为5.5mN。这种水下超疏油、低黏附的性质归因于在油/水/沙三相之间形成了一个稳定的Cassie状态，水夹在油和沙层之间，沙子的微观结构能够有效地阻止油滴接触到沙子，进而阻止油滴润湿沙子表面，并且对于水而言，其由于极性而排斥大多数非极性油分子。基于沙层的超亲水-水下超疏油性质，通过将制备的沙层平铺到油水分离装置的底部，形成一个可以过滤油水混合物的装置。在分离操作之前，重要的操作是将沙层用水预润湿，然后将油（染成红色）水（染成蓝色）混合物倒入油水分离装置中。很容易观测到，由于重力作用，蓝色的水很快渗透到沙层，正相反的是，红色的油被预先湿润的沙层阻隔，总是停留在上管无渗透。因此，对分层油水混合物成功地进行了分离。

此外，Chen等[13]通过在原始沙子表面沉积二氧化硅纳米颗粒构筑粗糙结构，后经低表面能物质全氟癸基三乙氧基硅烷修饰得到了超疏水沙子，即使经过高温处理，沙子的超疏水性能仍能稳定存在，这为沙漠沙子运输水提供了无限的可能性。研究过程中发现，沙子最大的缺陷是与生俱来的亲水性。近年来，关于改善超亲水沙子的报道层出不穷，Chen等报道了超亲水性和水下超疏油性的沙子，对于原始沙子而言，开启了油水分离的新大门。该研究组通过将Ag、Cu等纳米颗粒沉积到原始沙子表面后经十八硫醇修饰得到超疏水沙子。制备的具有憎水性的沙子表现出几乎对大多数液体排斥的效应，水滴几乎呈现圆球形，能够在制备的沙子表面任意流动。研究者将此项研究成果与之前所报道的有关沙子的研究进行了比较，制备的沙子表现出了如下优势：①良好的持水能力，高度为2cm的沙层能够很好地承受住35cm的水柱；②优异的热稳定性，即使经过400℃高温，制备的沙子的超疏水性仍能够稳定存在；③卓越的抗流阻特性，在水运输中，水流过13cm长的沙层仅需0.3s。此外，实验发现，通过设计改变沙子的表面润湿性的关键所在是构筑表面粗糙结构并用低表面能物质修饰。利用沙漠中丰富的沙资源，成功制备了具有超疏水性的沙子，水滴能够在沙面上停留和滚动。这种超疏水沙子被证明有着很好的保水性和低阻力性，意味着其在沙漠中的重要蓄水和运输项目上的应用价值。这种超疏水沙不仅为沙漠蓄水和运输提供了希望，而且也可应用于混凝土结构进而构筑非润湿、自洁、防污工程以及抗穿透超疏水墙壁。综上所述，超疏水沙子表现出的优异性质具有很大的科学研究的价值和潜力。

Abousnina等[14]通过研究发现，受油的污染，沙子的吸水率和对水的渗透性会降低。针对沙漠化地区沙质土壤水分易流失的问题，Zhang等[15]通过改性沙子颗粒的微观形貌，用天然日本蜡改变了它们的亲水性，使其具有疏水性，研究成果在很大程度上提升了沙子的储水能力。不仅如此，Men等[16]发展了一系列研究方法用于构筑超疏水沙子，使得它们可以用于油水分离、水储存和运输。然而，这些“超疏水沙子”是由氟化物和/或不规整结构构筑而成的。这些氟化物极易对环境造成污染，并且对于超疏水沙子而言，在实际的使用过程中由于不规整结构被破坏而使其丧失功能特性。因此，使用不含氟的修饰剂和构筑规整的微观结构是超疏水沙子用于油水分离研究的重点。结合无氟的理念，通过选取环境友好型修饰剂或者不需要任何修饰剂的构筑方法；通过在原始沙子表面设计规整的纳米针或纳米棒等结构构筑各向同性的可用于油水分离的超疏水沙子。Chen 等[17]通过在原始沙子表面生长 $Cu(OH)_2$ 纳米针获得较为粗糙的表面，后经十八硫醇修饰得到超疏水的沙子。构筑过程示意图如图 4-1（a）所示，由于沙子选择性的超疏水和超亲油性能，可实现快速的油水按需分离。将原始的沙子经过多巴胺包覆后，进而在其表面沉积 Ag 纳米粒子，并生长 $Cu(OH)_2$ 纳米针获得粗糙的表面结构，最后经过十八硫醇修饰得到了具有超疏水性能的功能化沙子。制备的沙子颗粒大小范围是 100～200μm，根据 SEM 图可以看出，沙子的表面广泛地分布有规整的纳米尺度的针状结构，该针状结构向外的长度达几百微米。有意义的是，这种生长在沙子表面的针状结构中由于具有仿贻贝的多巴胺的极强的黏附作用，即使经过强力搅拌作用，其微观的针状结构仍能稳定存在。当多巴胺和 Ag 沉积到沙子表面时，后期经过 $Cu(OH)_2$ 的针状结构附着于沙子表面，在很大程度上增大了其表面粗糙度（图 4-1(b)），最终十八硫醇的低表面能物质的修饰促进了沙子超疏水性的产生。让人感兴趣的是，纳米针的出现及沙子的选择浸润性使得沙子很适合于工程化的油水分离应用。首先，当制备的沙子接触油（轻油）水混合物时，可以快速吸附水面上的油。当超疏水沙子与油膜接触时，被染成红色的油会立即被沙粒吸收，从而离开水面。更重要的是，吸收油的沙子漂浮在水面可以很容易地被清理干净，然后被重新利用以吸收油，实现了物质的可循环使用。在实际的油水分离过程中，能够快速地从油水混合物中将油污染物分离出来是一项最基本的要求。Chen 等设计的油水分离实验探究性地将制备的沙子用于从油水混合物中分离重油（图 4-1（c)），将准备好的沙子（高度为 0.35cm）和金属网垫（1000 目）固定在两个玻璃管之间，起到一个分离膜的作用。实验中，当水（染成蓝色）倒在上面的管子里时，可以看到水不能渗透超疏水沙层。然而，当在油水分离器的上部加入重油（1,2-二氯乙烷，染成红色）时，油可以快速渗透沙层，但水仍留在上管中。这一研究结果证明所制备的超疏水沙层可以用于实际的油水分离膜，并且整个分离过程完全由重力驱动。值得关注的是，分离过程可以通过添加另一种油水混合物重新启动。在上一轮的油水分离实验结束后，将新的油倒入油水分离装置中，新加入的油能迅速通过沙层，没有任何水通过沙子。此分离过程能够重复很多次，因此沙子的油水分离膜能够一直继续完成油水分离。

值得注意的是，一般之前报道的用于油水分离的研究是除水式[18-21]，而上述的分离方法是除油式。不仅如此，研究发现，U形的沙脊可以用来处理这种类型的分离[22]。利用沙层的超疏水性和超亲油性，不溶性重油可通过并进一步渗透到沙层中，而且沙粒之间以及纳米结构之间的油层对于沙面而言，可以进一步防止水渗入沙层。因此，水不能通过空气和油。此外，不同于传统的筛网材料，油水分离的速度可以通过快速方便的方式调节制备的功能化沙子的数量。三次循环的分离效率随沙层厚度变化的结果如下：第一，随着沙层厚度的增加，油水的分离效率急剧下降。这是增加了有效的穿透距离导致的。渗透时间越长，长的距离会导致更大的黏性阻力。因此，为了获得最大分离速度，沙层的厚度应在满足有效油水分离的基础上尽可能小。当沙层厚度约为0.35cm时，油流可以达到16985L/(m^2·h)，这是一个相对较高的分离流速。深究其原因，可以解释如下，沙子的间隙导致了较高的分离速度，离散的沙粒被堆积形成两种间隙类型：沙粒的间隙（直径为10～50μm）和纳米针的间隙（直径为1～10μm）。因此，允许油相快速渗透到两种类型的间隙和较薄的沙层（如0.35mm厚）的同时能在超疏水性上保持较高的分离速度。第二，在循环分离过程中，每一组分离速度和效率均没有明显的降低趋势，分离效率始终保持在99.5%以上。稳定的高分离率和高效率，确保了油水分离工艺的稳定性，对实际应用具有重要的指导意义。

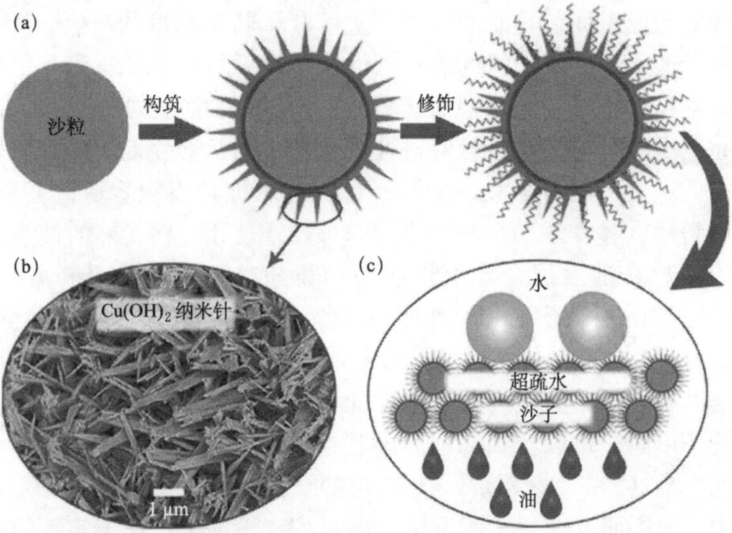

图4-1 (a) 有着规整的$Cu(OH)_2$纳米针的超疏水沙子的构筑过程示意图；(b) 有着规整的$Cu(OH)_2$纳米针的超疏水沙子的SEM图；(c) 超疏水沙子用于油水分离示意图

相比于油水分层混合物而言，分离已经乳化的乳液中的水具有较大的难度和挑战性。这种困难是由以下原因造成的：一方面，存在着多种形式的乳化油水混合物，如表面活性剂稳定和无表面活性剂乳剂，以及水包油和油包水等各种环境下的乳液。另一方面，无数的小水滴在乳化的混合物中一般小于 20μm，这对分离材料的孔径提出了很高的要求[23-28]。在分离方法中，传统的乳液分离工艺方法（如重力法、离心法和集结法等）在分离效率、能耗和绿色环保方面存在很大的局限性，其技术瓶颈日益显现。另一方面，现行乳液分离体系还面临着对分离机理认识不足、材料工艺不够完善等缺陷，尤其是在对分离体系动态规律的掌握方面十分欠缺，这些因素制约了乳液分离体系的可控性、机械稳定性和环境耐候性等性能，从而大大限制了其在工程实际中的应用。为此，从根本上革新思路与方法以构建高效、节能、环保、可控、机械性能强的乳液分离体系具有重要的理论价值和应用前景。尽管过去的几年中有关乳液分离的研究取得了重要进展，但仍然有些研究弊端显现出来，例如，低流速、高能耗和复杂的构筑方法在很大程度上限制了其大规模应用。而且，上述缺点主要由它们固有的纳米级孔径导致。此外，这种较小的孔径有利于“筛分”效应的产生进而实现高效的乳液分离。然而，筛分分离方法是一个能量需求较大的过程，需要外界给予较大的压力之后，驱动乳液实现破乳，才能进一步选择性地透过膜，达到乳液分离的效果。而且，这些材料在乳液分离过程中，表面活性剂吸附或油滴堵塞孔隙导致了乳液分离材料通量的严重下降。与传统的过滤型油水分离材料相比，有着高润湿性的吸附材料在乳液分离处理方面具有独特性，能够有效地避免由较小的纳米级孔隙造成的通量较小的短板。利用超润湿吸附剂材料直接吸附乳液仍然是一项巨大的挑战。最近，表现出超亲水-水下超疏油性的海绵材料可以实现选择性去除在石油丰富的环境中沉没的水[29]。为了利用自然界中的沙子，将制备的沙子累积成可用于乳液分离的沙层，研究者们提供了一种可用于乳液分离的新思路。Li 等[30]利用沙漠中的沙子制备了具有油下超亲水性质的沙层，并探究了对油包水乳液分离的可能性。实验中，高极性的沙层能够在油环境中吸附油包水乳液中极性的水，即使在沙层孔径大于乳液粒径的条件下，也成功地实现了各种油包水乳液的高效分离（图 4-2（a）），其分离效率高达 99.99%，滤液通量高达 2342L/(m^2 · h)。如图 4-2（c）和（d）所示，经过乳液分离实验后，很难在滤液中发现水滴。此外，在进行乳液分离前，粒径分布为 300～3600nm（图 4-2（e）），经过乳液分离后，其粒径的大小分布在 100nm 以下（图 4-2（f））。此外，吸附饱和的沙层经过无水乙醇清洗后，仍然表现出高的分离效率和较好的循环分离性能。与以往报道的油包水乳液分离材料相比[31]，利用沙层实现油包水乳液的分离具有制备简单、成本低、环境友好和滤液通量大等优点。所需要的沙子可以直接从沙漠中获取，简单清洗干燥后即可使用。此项研究打破了以往报道的油水乳液分离超润湿材料必须借助筛分效应的设计思维，为开发新型乳液分离材料提供了思路。通过探究沙层用于油包水乳液分离的机理发现，可能的机理如图 4-2（b）所示，实验中可以观察到，沙子夹杂在塑料瓶盖的两个网眼之间作为吸附层，将制备的油包水乳液倒在沙层上进行仅由重力驱动的乳液分离，而且这些沙层中的沙子颗粒可利用其选择性吸附能力对油包水乳液的微小水滴进行捕获。具体分离机理解释如下：一般而言，根据表面能理论，具有高表面能的表面对水的亲和力比油更强，而低表面能表面显示出对油的亲和力更强。已知沙子的主要成分是二氧化硅和几种金属元素。另外，它具有的高表面能的化学成分和表面上富含的羟基使得其表面具有很好的水吸附性。因此，沙粒的表面具有从无表面活性剂的稳定油包水乳液中捕获水的能力。受高表面能的驱使，油包水乳液中的微小水滴很容易从乳液中通过破乳过程而提取出来进而接触到沙子表面。随后，由于沙粒的间隙较大，净化的油可以轻易通过。此外，相比于无表面活性剂的乳液，稳定的乳液，即表面活性剂稳定的乳液很难通过沙子让包覆于油中的水提取出来，这是由于事实上微小的水滴和油分别由于表面活性剂的亲水和疏水性被吸附。然而，有着高表面能的沙子表面能够提供额外的能量使得这种吸附作用被破坏，最终有助于乳液的破乳过程，因此，油包水乳液内部包覆的水很容易地吸附到了亲水性沙子的表面。此外，覆盖在沙粒表面上的水滴可以进一步提高驱动力，即从油包水乳液中捕捉微小的水滴，导致更多的水滴快速聚结和聚集在沙粒周围形成大尺寸的水滴。最终，穿过沙粒层，无表面活性剂和表面活性剂稳定的油包水乳液成功地实现了分离。更重要的是，与一般孔径筛分原理用于油包水乳液分离不同的是，沙子的间隙远大于乳液的直径，这项研究为实现快速的重力驱动的油包水乳液分离提供了新的思路。

类似地，Li 等通过制备的沙层可以实现乳液分离。这种创新性的思路同样体现在 Yong 等的研究中，与 Li 等的工作不同的是，Yong 等[12]构筑的用于乳液分离的超亲水-超亲油沙子在乳液分离前不需要任何的预润湿。正是制备的沙子表面的高表面自由能和分层粗糙结构的存在导致其超越自然的润湿现象。此外，制备的沙子表现出了油下的超亲水性，落下的水滴会被浸泡在油中的沙子迅速吸收。在油包水乳液分离的实验中，只需将乳液倒在设计装置的沙层上面即可直接分离。值得注意的是，在该实验中，沙层不需要预先润湿。通过分离 Span 80 稳定型油包水乳液的实验结果表明，从光学显微镜图像中可以看出通过制备的沙子前后乳液的状态：分离前有大量的微小水滴，整个乳液呈现乳白色，而在分离后，整体的滤液呈现透明状。尽管液滴的直径比沙子的间隙小得多，分离后的滤液仍然观察不到任何水滴的存在。该实验结果表明，沙层具有对各种表面活性剂稳定的和无表面活性剂的油包水乳液的高效率分离能力，分离的油包括柴油、煤油、石油醚等。对于表面活性剂稳定的油包水乳液，分离效率可达 99.98%；对于无表面活性剂的油包水乳液，分离效率可达 99.99%。此外，

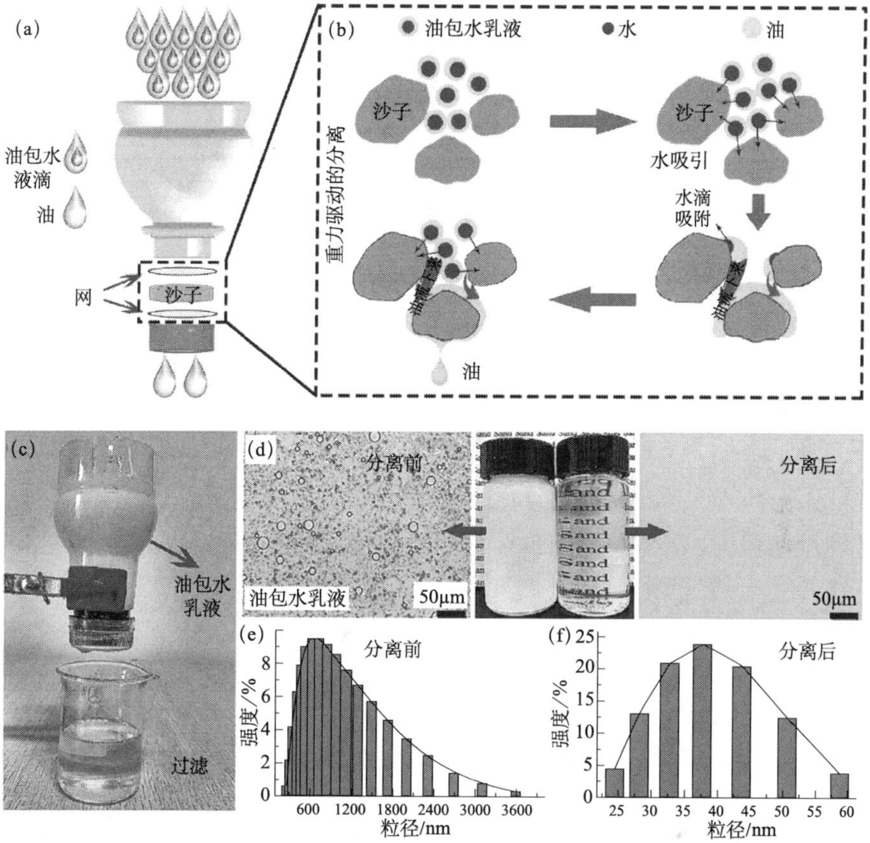

图 4-2 (a) 分离装置原理图及沙层在油包水乳液分离中的应用；(b) 沙层分离油包水乳液的过程示意图；(c) 进行柴油包水乳液分离的装置图，分离实验中柴油可以渗透过沙层；(d) 分离前后液滴的光学显微镜照片；分离前 (e) 和分离后 (f)，表面活性剂稳定的柴油包水乳液液滴的粒径分布

分离效率随着沙子厚度的增加而增加。究其原因，较厚的沙层导致更长的有效分离距离。分离实验后，测得滤液的通量约为 400L/(m^2 · h) (稳定的柴油包水)，2241L/(m^2 · h) (石油醚包水乳液)，1456L/(m^2 · h) (煤油包水乳液)，2342L/(m^2 · h) (正己烷包水乳液)。这些实验数值高于仅由重力引导或甚至由重力驱动外部压力的过滤材料，表明了制备的沙子有着分离多种油包水乳液的能力，并且能够保持一个较高的通量。一般来说，沙子表面的高表面能化学成分 (如二氧化硅、一些金属元素和羟基等)，使得沙粒对水的亲和力更强，即使在富含石油的环境中也能轻易地捕获水滴。因此，沙粒表面可以很容易地从无表面活性剂的油包水乳液中捕获微小的水滴，水滴中的杂质能够很快地从乳液中分离出来。就表面活性剂稳定的乳液而言，表面活性剂中亲水或者疏水的基

团可以轻易地将油和少量的水进行连接使其快速地发生乳化反应。幸运的是，沙粒可以提供外表面能量，打破表面活性剂引起的能量，使得乳液的液滴可以很容易地被高表面能的沙子表面破坏进而将包覆的水暴露出来，沙子表面的亲水性，促进了微小的水滴被进一步捕获和吸收到沙粒表面。

沙是一种无机天然资源，在沙漠中极其丰富，可供人们选择开采和利用。另外，沙子的主要成分是二氧化硅和几种金属元素。一般来说，二氧化硅和金属颗粒被大量的羟基覆盖，产生这些颗粒的高表面自由能。而且，其表面的亲水性物质有助于沙子对水的强力吸附。正是由于这种性质，沙子可以用于实现对各种油包水乳液中微小水滴的有效吸附。更重要的是，沙粒像流体，可以流动，所以沙层必须由其他材料支撑以保持其形状和防止沙损失。因为我们可以通过仿生构筑功能化的沙子，基于沙层的高效率的油水分离是一种可持续的并且廉价的方式。沙层不仅能够分离不混溶的分层的油水混合物，并且对乳化的乳液也具有很好的分离效率。因此，利用绿色、低能耗的沙子来实现各种乳液的有效分离进而达到水体净化的效果，具有较大的应用前景和实验室研究价值。

4.2 木　材

木材是能够次级生长的植物所形成的木质化组织。木材对于人类生活起着很大的支持作用。根据木材不同的性质特征，人们将它们用于不同途径。树木砍伐后，经初步加工，可作建筑及制造器物用的材料。一方面，木材有很好的力学性质，木材的顺纹抗拉和抗压强度均较高，但横纹抗拉和抗压强度较低。木材强度受到木材缺陷、荷载作用时间、含水率及温度等因素的影响，其中以木材缺陷及荷载作用时间两者的影响最大[32,33]。因木节尺寸和位置不同、受力性质（拉或压）不同，有节木材的强度比无节木材可降低 30%～60%[34]，并且在荷载长期作用下，木材的长期强度几乎只有瞬时强度的一半。另一方面，木材由于其独特的结构，能够自然增长，是一种具备优质机械性能的广泛使用的结构材料，这为我们后续构筑强耐受性的材料提供了新的思路。此外，由于木材类型的不同和所处地理位置的差异，不同的树林展现出非凡的多样性的介孔结构[35]。例如，软木由于生长快速通常有更多的多孔结构。而与软质木相比，硬木通常具有更密集的结构和更高的密度。虽然不同树林的大型结构与木材的介孔结构截然不同，但在它们的等级结构中有着惊人的相似之处。树木最突出的特点是它们的结构中存在许多对齐的垂直通道。这种特殊的垂直结构在植物生物学中起着至关重要的作用。木材中垂直对齐通道用于泵送离子、水和其他成分，来满足木材光合作用的需要。此外，细胞壁由直径为 3～5nm 的木质纤维、木质素、果胶和其他物质构成。这种特殊的分层结构及纤维素、半纤维素和木质素之间的强大结合力赋予木材优异的机械性能[36,37]。

由于木材具有纳米结构，因此它具有优异的机械和光学性能，并且其富含丰富的纤维素纳米纤维（CNF）和纤维素，电子、能源等领域可以通过提取木材的纳米晶体实现应用的功能化，这引起了人们广泛的研究和关注[38-42]。例如，在高分子中通过混合 CNF，构筑了透明基板。尽管纤维素和半纤维素是光学无色的，但是木质素的成分非常复杂并且具有深色结构。木材中的中孔结构在可见光范围内也会导致大的光散射。因此，木材看起来总是不透明的。通过充分利用木材独特的微观结构，可以制备出不同的具有特定颜色和功能的特殊结构。在前期的研究中，木材高分子混合物、木材矿物混合物（磁性木材）等仿生结构已经被研究和证明。Fink[43]借助高分子物质，并通过化学漂白工艺制得了透明的木材。制备的透明木材可广泛地应用于多个领域，例如，木质家具、光电器件、先进汽车和汽车结构材料等日常和工程化的应用[44-46]。当将木材构筑成透明结构后，各向异性的结构导致了不同的结构特性。Song 等[47]报道了一种关于超级木材的最新发现，通过设计一种简单的方法可以把原始木材处理成一种强度类似于钢的超级木材，制备的木材具有很强的韧性，并且是一种高性能结构材料。研究团队通过去除木材中的部分木质素，然后在 100℃下进行压缩，获得了超级木材的各项机械性能，包括拉压弯强度、韧性、刚度、硬度、抗冲击性能等，这些优异的性能都超出原生木材性能的 10 倍。例如，超级木材的拉伸强度可以达到 587MPa，而比拉伸强度高 451MPa/(cm^3 · g)，超过几乎所有的金属和合金材料，甚至包括钛合金（244MPa/(cm^3 · g)）。研究成果显示，超级木材的原材料无任何添加物，加工方法适用于各类木材，而且在潮湿环境下性能稳定。超级木材具有优异的机械性能，而且具有环保特质和可再生性，展示出作为未来新型结构材料的巨大潜力。探究其具有如此力学强度的机理，实现超级木材高强度、高韧性的本质源自制备这种木材的处理方法的巧妙设计。实验中，经过第一步部分去除原生木材中的木质素，在第二步的热压过程后可以实现木材的完全致密化。经过处理得到的超级木材在最大限度上消除了原生木材中多尺度带来的本征缺陷，因而决定了超级木材的高强度；同时，完全致密化的结构有效地提高了木材中的纤维素纳米纤维的有序排列程度和紧密度，从而极大地增加了纤维素纳米纤维之间的氢键密度，在超级木材断裂过程中耗散了大量的能量，因而实现高韧性。在建筑、家具以及其他结构材料应用中，远远没有充分利用到木材中纤维素的优异机械性能。我们这项研究展示了超级木材在未来结构材料领域的巨大应用前景。此外，超级木材有在建筑、交通、航空航天领域里取代金属和聚合物的潜力，成为未来节能环保型高性能结构材料的候选材料。不仅如此，Hu 等[48]充分利用天然木材独特的结构，使得木材复合材料成为可能。在 R 型木材和 L 型木材的复合材料中，研究组依次通过两个简单的步骤实现了各向异性透明木质复合材料：沿着腔体的木质素去除和沿着腔体的聚合物渗透。规整的、对齐的渠道在很大程度上促进了这两种透明木质复合材料的产生。在两种类型的透明木材中，天然纤维素结构保存完好，颜色木质素被去除，同时在多孔结构中填充聚合物，导致了可达 90%的高透光率。此外，众多的聚合物/纤维素失去界面结构会导致更多的前向光散射同时达到高光学雾度。两种类型的透明木质复合材料也显示出截然不同的光散射能力和机械性能。例如，在平面上有着腔体的透明木材在机械上更强大，更强硬。因此，制备的透明木材复合材料可以作为高强度结构材料为机械和光学领域提供更多的可能性，并且应用于更多的领域。

不仅如此，实现木材在超润湿领域的应用也具有重要的意义。Wong 等报道了一系列的方法来调控材料表面的润湿性[49]。受大自然猪笼草的启发，通过在微纳结构表面灌注全氟润滑油，使液滴在其功能表面滑动而不是滚动，实现了超越自然的超润湿现象[50]。当这类润滑油与基底牢固结合时，润滑剂决定润湿行为并导致光滑的表面与经过机械损伤后的自愈合特性。这些光滑的液体注入多孔表面（SLIPS）表现出了对各种液体出色的低润湿性。此外，木材由自然细胞结构确定的微尺度使得其具有独特的表面图案，通过任何其他材料制造方法生产这种结构，具有很大的挑战性，并且成本高昂[50]。通过切割木材的表面，借助光学显微镜和 SEM，很容易观察到纵向木材的特点是微观大小的凹腔通道和细胞壁的脊[51]。如果将这种本质上微结构化的模板与纳米结构层组合在一起，可以实现木质表面复杂的属性。例如，包含硅纳米颗粒的无机纳米结构[52]、TiO_2纳米复合材料[53,54]和 ZnO 纳米棒[55]已经用于在超越自然界面引入纳米级粗糙度和木材本身具有的微米粗糙度，或者通过水热法制备[56]片状纳米结构 WO_3 薄膜[57]和具有纳米级粗糙度的 TiO_2薄膜[58]生长在木材表面上。所有这些对木材进行改性的方法都具有构筑多重粗糙度的能力进而可以产生超疏水木材表面，这类方法可减少环境和生物污染，并且对材料的耐候性的提升具有重要的作用[59]。Guo 等[60]通过表面涂层技术研究了木材表面的润湿性并且生成了超疏水甚至超湿滑木材表面。该修饰步骤包括基于溶液的表面接种和形态可控的 ZnO 晶体生长。Vayssieres 研究了发生在前驱溶液[61]与木材之间的相互作用。超疏水木材表面的产生是由于氟化有机硅烷涂覆在具有纳米结构的木材表面。研究表明，调整晶体形态的涂层工艺可研究表观接触角（CA）之间的关系，并且阐述了 ZnO 晶体引入的纳米级表面粗糙度对材料表面性能的影响。更重要的是，利用纳米结构木材表面并注入氟化润滑剂产生了一种可以排斥任意液体（水性或有机）的木材表面。一方面，木材表面超疏水性的引入对于木材表面的自清洁和减少木材吸收液态水进而对木材造成机械衰减具有重要的意义。另一方面，通过在木材表面引入氟化润滑剂可以开辟新的途径，并且为生物相关的技术领域提供相关的材料，减少摩擦阻力[62-64]。值得注意的是，研究组在微纳米织构化的木材结构表面通过灌注润滑油达到超疏液性，最终获得无所不能的木材。由 ZnO 纳米阵列产生的纳米多孔结构比所灌注的润滑油的毛细管长度小，这一微槽结构导致了微管道阵列可以轻易地将灌注的润滑油牢牢地锁住，制备的超湿滑液体浸渍表面具有对很多种液体的排斥性[65,66]。当浸渍了润滑液的木材用液体处理时，达到了对多种液体的排斥性，例如，水、乙二醇、十六烷等，这些液体在室温下的表面张力分别是 72mN/m、48.4mN/m、27.1mN/m。通过对超疏液行为的动态接触角和接触角滞后（CAH）的量化分析可以得到如下结论：与水和乙二醇相比，木材上的十六烷表现出了更小的前进接触角和后退接触角，同样表现出了更小的接触角滞后（19.22°）。通过进一步学习不同液体在木材表面的动力学行为得到，所有液体在木材上倾斜的角度是 17°。实验结果表明滚动速度随着 CAH 的降低而增加。因此，尽管水滴显示出比十六烷液滴更大的接触角，但表现出了较低的滚降速度[60]。这些关于在木材微观结构上进行改性处理的研究，为下一步木材在油水分离的实际应用奠定了坚实的基础。

干木材是众所周知的吸水材料。里面的木材由对齐的管胞（中空纤维）组成细胞壁，形成典型的三维分层微结构。这种三维微结构在植物的生长中起着非常重要的作用，可以为树从根到叶输送水和营养成分。细胞壁主要由纤维素纳米纤维（40%～50%）、木质素（20%～30%）和半纤维素（20%～30%）组成。这种由多孔微观结构导致的固有亲水性表明木材可用于分离油和水的混合物。通过对典型的云杉软木的微观结构进行分析可以得到，典型的 SEM 图像显示云杉木的横截面由各向异性排列的软木纤维（管胞）组成。这里有两种截然不同的木材横截面上的软木纤维：晚期木材（LW）区域和早期木材（EW）区域。LW 具有厚的细胞壁（大约 25μm）和狭窄的管腔直径（每侧大约 10μm），而 EW 有较薄的细胞壁（大约 5μm）和更大的管腔直径（每侧大约 30μm）[67]。该复杂的木材微观结构看起来像动物体内的血管网。尽管如此，主要的木材微观特征显示，即使这棵树被破坏或是被砍倒了，木材的微观结构和细胞壁都可以很好地保存下来。木材横截面在空气中表现出超亲水性和超亲油性，水和油滴可以在一个非常短的时间内快速扩散到这样的一个表面和渗透在木质毛细管内。将木板浸入水中后，不同的轻油和重油滴（包括十六烷、1,2-二氯乙烷、柴油、汽油、机油和橄榄油）接触到木材的表面时，木材横截面表现出较高的油的接触角值，其范围从 141°到 155°。此外，所有测量的油的滑动角（OSA）均小于 7°。由此类研究结果可以得出结论，当将木材浸入水中时，木材的横截面显示出了在水下的超疏油性（或类似的超疏油性）和超低油黏合性。通过分析得到，水下超低油黏合性和超疏油性主要归因于形成的稳定的固/水/油三相系统。随着木板浸渍到水中，水分子首先穿透细胞壁与羟基官能团键合。然后，水进入细胞腔，导致完全水合状态。水稳定存在于木材的微观结构中，由于毛细作用，会在木材上形成薄薄的水膜。该捕获的水层能够防止油滴与木质基材接触，从而赋予木材表面水下疏油甚至是超疏油的性能。实验中，任意的油水混合物可以用一种分离装置进行分离，将预先润湿的木盘（厚度为1mm）插入两个玻璃管之间，当在玻璃管上方倾倒十六烷和水的混合物时，相比于十六烷，水相表现出了更高的密度，此特性导致了水相沉淀在油下面，并且透过木材沿对齐的管胞快速流下。相比之下，油相由于水浸木材表面的水下超疏油性，在木盘的表面被拦截了下来。因此，通过这个功能化的木头膜，可以成功地将水与油在油水混合物中进行分离。用于分离不混溶油水混合物的多孔膜通常以分离效率、滤液通量和压强进行表征。通过定量分析可以得到，改性后的木板由于其特殊的润湿性，表现出很好的分离能力，对十六烷的油水混合物的分离效率高于99.9%。木材横截面结构丰富，由于其大空隙，当木板厚度为1mm时，表现出了非常高的水通量（3500L/(m^2·h)）。当把木材的厚度增加到2mm时，相应的木材对于油水混合物的分离通量降低到1600L/(m^2·h)。追溯其原因，发现是更厚的云杉木木材的微观结构中有着更长的纤维长度。实验中设定的压强是木材膜刚好能够阻止油相通过的压强。当压强高于这个阈值时，油相可以穿透木材，也就是油水混合物不会分开。木质膜可以支撑十六烷液柱的最大高度为35cm，对应的压强是2.64kPa。

上述研究都是通过研究木材的横截面来进一步研究改性木材的润湿性，不同于上述研究，通过在垂直方向上切割树木（垂直于树干），Yong等[22,68]使用的软木通过沿树干方向切割树木来实现高效的油水分离。当一棵树被锯成薄片时，树干中的微管被打破并暴露出来，最终导致了木材表面有着大量的凹槽。研究发现类似的凹槽的宽度仅为几十微米。凹槽的壁进一步由许多纳米级的突起进行装饰。木头板材表面具有优异的超亲水性和水下超疏油性。通过一个机械钻孔的过程，在木头薄片表面（厚度1mm）构筑出了微孔阵列。制造的微孔的直径大约是340mm，可以从一侧完全跨越到木板的另一侧（图4-3（a）和（b））。其余的区域之间微孔仍然保持固有的微纳米分层结构。浸泡多孔的木板在水中一段时间后发现，由机械钻头引起的微孔在水中是开放的。当在水下把油滴放到木板上时，通过测量得到油的接触角和其对应的滑动角分别为155.5°±2°和7°±2°（图4-3（c）～(g)）。研究者以微孔木板作为分离膜搭建了一个简单的油水混合物分离装置。实验中，木板预先被少量水润湿。然后，将油的混合物（石油醚，用染料染成红色）和水倒入该装置中（图4-3（h）和（i））。水可以快速穿过木板并滴入下面的烧杯，而预先润湿的木材拦截了油并使其始终留在上管。结果是油水混合物成功地被分成两部分：管上的油和分离后滤下的水。因为油水分离主要取决于水下超疏油性和木材表面的多孔结构。不仅如此，轻木具有低密度和低成本等优点，制造的分离装置可以很容易地转移到发生溢油的地方。一旦木材基的油水分离装置在长期工作后遭到损坏或污染，它可以被微生物直接在泥中降解。唯一潜在的缺点是吸收水后木材会膨胀；这种膨胀可能导致厚木板的微孔或固有的微通道被阻塞。控制木材的厚度是有效克服这个缺点的最好的办法。

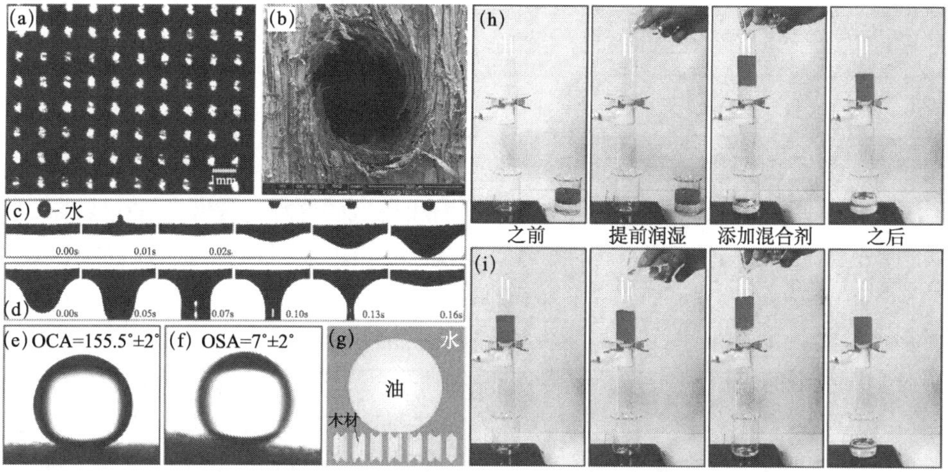

图 4-3　微孔穿透的木材的微观结构及其润湿性。(a) 微孔穿透的木材在水下的光学显微照片；(b) 木材上面微孔的 SEM 图；(c) 和 (d) 随着水滴体积连续地增加，水滴渗透到微孔穿透的木材的过程（空气中）；微孔穿透的木材的水下油的接触角 (e) 和水下油的滑动角 (f)；(g) 水下油滴在微孔穿透的木材表面的润湿示意图；(h) 通过对微孔穿透的木材进行油水分离实验的过程图；(i) 通过继续添加水进行油水分离重复实验

因此，木材材料由于其横向和纵向的各向异性，通过不同的物理化学方法构筑对于不管是液体还是非液体的极端的低润湿性，使得仿生构筑超疏液木材成为可能。通过增加木材的天然微小表面纹理，在纳米尺度上构筑具有更高水平的层次结构。此外，通过在这些光滑的微纳米结构注入全氟润滑剂，可以实现木材表面对任意液体的低润湿行为。木材由于具有易获得、低成本等优异的特点，可以通过改性处理赋予原始木材油水分离的性能，制备的木材表现出了很高的油水分离效率，并且可以实现较大通量。这类具有良好的可控润湿性的木材工程材料能够为仿生木材基底材料后期的开发开辟一个新的途径。

4.3　棉　花　类

棉花作为世界上最主要的农作物之一，产量大、生产成本低，所以棉制品价格比较低廉。棉纤维能制成多种规格的织物，从轻盈透明的纱布到厚实的帆布和厚平绒，适于制作各类衣服、家具布和工业用布。棉织物坚牢耐磨，能够洗涤和在高温下熨烫，棉布由于吸湿和脱湿快速而穿着舒服。更重要的是，通过其他整理工序，还能使棉织物防污、防水、防霉，例如，提高织物抗皱性能，可以使棉织物少烫甚至不需要熨烫；降低织物洗涤时的缩水，使缩水率不超过1%[69-73]。它既是最重要的纤维作物，又是重要的油料作物，也是含高蛋白的粮食作物，还是纺织、精细化工原料和重要的战略物资[74-76]。于是科学家们思考：是否可以赋予这类低廉易得并且可操作性强的材料不同的润湿性，达到油水分离的目的呢?

造纸术是中国古代四大发明之一，给中国古代文化的繁荣提供了物质技术的基础。纸的发明结束了古代简牍繁复的历史，大大地促进了文化的传播与发展。纸是中国古代劳动人民长期经验的积累和智慧的结晶，是用于书写、印刷、绘画或包装等的片状纤维制品。但绝大多数纸张由大量植物纤维交织缠绕组成，纤维素本身的亲水性和吸潮性以及纤维之间的毛细管作用，使得纸张具有很强的亲水性能，极易被水润湿，进而影响其柔韧性，最终造成了纸的破坏[77-80]。一般直接在纸的表面采用氟类或者烷基类修饰剂对其进行疏水性处理的效果不佳，并且大多数的修饰剂都是有毒的，会对环境造成较大的污染[81-84]。因此，超疏水纸的制备不仅需要对纸的表面进行疏水改性，同时也需要在纸张表面构建微纳米的分层结构。因此，从传统的造纸材料的源头出发，借助化学工艺手段，赋予纸张超疏水的性能具有很大的意义。Wen 等[85]报道了超疏水彩色纸张的制备过程，通过膨胀溶解的方式将脱脂棉溶解在 $ZnCl_2$溶液中，进而加水使得微小的絮状棉纤维沉淀，最后掺杂硬脂酸盐，通过真空抽滤工艺实现了原始棉花变成纸的突破。实验中硬脂酸（stearic acid，STA）的粉末连接到了沉淀的絮状棉花纤维，形成了与掺杂的粉末类似的颜色。通过使用硬脂酸铜、硬脂酸锌或者硬脂酸铁，实现了不同颜色的超疏水纸张的制备，纸张的颜色分别是蓝色、白色和黄色。制备的纸张表现出了内外兼具的超疏水性和颜色一致性，这一特性使得其即使经过表面摩擦处理仍具有很好的超疏水性。另外，为了实现对比，研究组使用相同的方法构筑了超疏水纸。实验结果表明，使用原始棉花纤维和后期掺杂超疏水颗粒制备的彩色超疏水纸具有很好的性能，表现出了很好的抗污性和机械耐候性。研究组制备的超疏水纸张将对很多领域产生深远的影响，例如，生物医用领域、微流体领域和造纸行业，并且这种方法能够轻易地满足大面积的工厂化的制备。

原始的棉花不仅可以作为原材料构筑超润湿的纸，通过进一步的研究发现，其在油水分离应用中也存在较大的潜力。Manna 等[86]用纤维棉收集/清洁不同形式的油，包括漂浮轻油、沉积重油和乳液。为了赋予棉花超疏水性和超亲油性，将棉花经过可扩展和环保处理浸涂法来实现上述目标。首先用支化聚乙烯亚胺对棉纤维进行功能化，然后涂上一层“胺化活性”纳米复合物。经过进一步修饰，纳米复合物涂层棉与十八胺分子通过1，4-共轭加成反应，得到的材料不管是在空气中还是在油下均表现出很强的排水能力，即空气中超疏水性和油下超疏水性。当把水滴滴到制备的材料表面上时，小水滴的前进接触角在空气和水中分别是161°和163°。更为重要的是，当超疏水棉被淹没在水中时，固体-水界面围绕散装棉花开始出现了银镜现象。这个结果表明了空气被困在棉花的微观结构中，而这一简单的研究最终重新验证了Cassie状态在水和材料表面之间润湿状态稳定地存在。然而，在空气中当把油滴到制备的材料表面上时，油的接触角为0°，油很容易被棉花所吸收，通过选择性吸收和过滤过程，棉花对水和油的对比表面润湿性为分离提供了简单的基础。经实验证明，制备的超疏水棉花具有对任意的油水混合物良好的分离性能。当制备的棉花接触到油水混合物时，棉花可以选择性地吸附油进而实现简单的油的收集，而不考虑油的密度及其密度位置（水相的上面和下面）。在现实环境中，石油污染物要么漂浮在空气-水界面（轻油）上，要么漂浮在河床的沉积物、海洋、湖泊和河流（重油）上。当一块超疏水棉球接触到由水和浮动在水面上的油组成的油（轻油）水混合物时，油会迅速浸在棉花中，与此同时，棉花不吸收油水混合物中的水（图4-4（a）～(d)）。此外，浸过油的棉花总是能够浮在水面上。根据类似的吸收原理，超疏水的棉花还能去除油中沉积的重油水的混合物。当把棉花暴露在水下的油相中时，会发现沉积的油立刻被吸收了，但是棉花里没有发现任何水的痕迹（图4-4（e)～(g)）。如图4-4（h）所示，未经过处理的原始棉花不能对油水混合物进行分离。关于水和不同油的混合物（如氯仿、二氯甲烷、硅油、乙酸乙酯、机油和煤油），任何密度和任何化学成分的油，合成的超疏水棉花显示出高于97％的分离效率（图4-4（i)），吸附容量高于2000％（相对于棉花的质量）（图4-4（j)）。此外，即使是水油乳液也可以通过超疏水棉的分离装置进行分离。将混浊的乳剂倒入分离装置中，油滴经棉花选择性过滤后立即与水相分离。分离过程之后，在油相中没有发现乳化液中存在的微水滴。此外，在超疏水棉花重复使用100次后，仍能吸收乳液中95％左右的油，表现出了很好的重复使用性。合成的超疏水棉花甚至可以有效地将油从化学条件恶劣的水相（包括pH＝1和12的水、人工海水等）中分离出来，即使在紫外线下照射10天也未发生明显的物理形变，仍能保持其良好的分离能力（图4-4（k)）。

此外，大自然中的吸附剂一般比大多数通过化学合成的吸附剂更加经济，但其最大的缺点是材料本身有着相对较低的吸油能力。到目前为止，这个缺点已经可以通过表面修饰、改进或调整孔隙结构得以改善。一方面，纤维素基材料的表面性能可以通过用树脂类的物质进行表面涂覆，或者是通过一个表面羟基和脂肪官能团之间的反应进行改善[70]。上述处理可以使得其制备的疏水材料

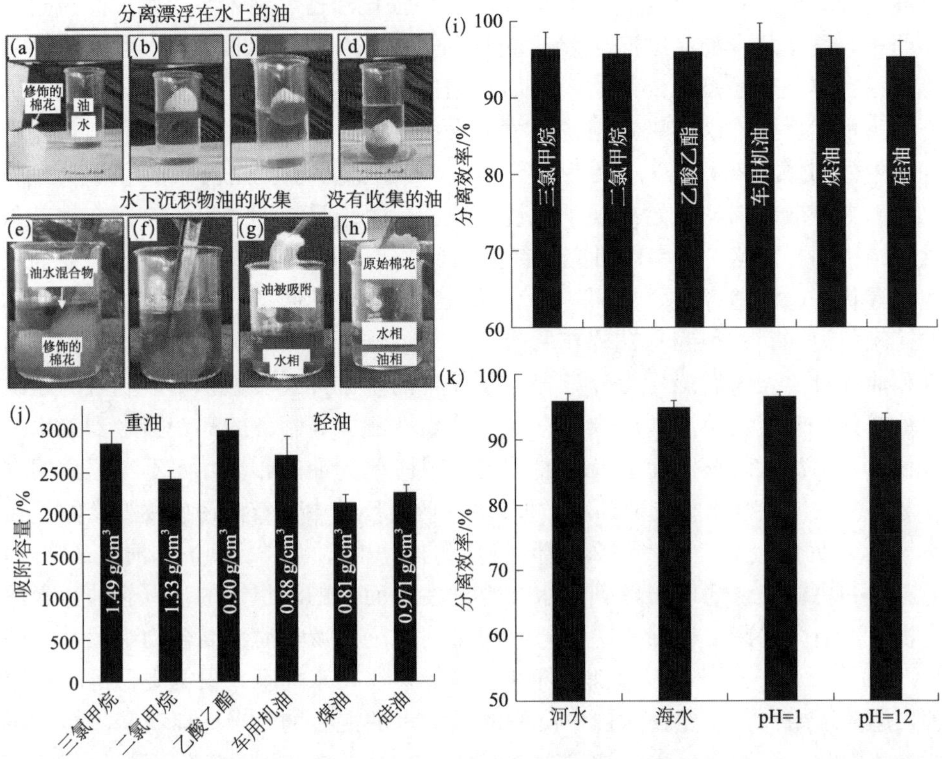

图 4-4　(a)～(d) 超疏水棉花对漂浮在水面上的轻油进行的快速吸附；(e)～(g) 超疏水棉花对油（重油）水混合物吸附分离；(h) 原始的棉花不能将油水混合物进行分离处理；(i) 超疏水棉花对不同种类油水混合物的分离效率；(j) 超疏水棉花对不同种类油的吸附容量；(k) 对棉花进行不同条件处理（河水、海水、强酸和强碱）后，其对油水混合物的分离效率

的油吸附能力显著增强。然而，天然材料的后期化学处理会造成较大的环境污染，并且会增加吸附剂的成本。另一方面，天然材料具有的空心结构可以实现优异的吸油能力。Lim 和 Huang[87] 报道的通过木棉材料制备的油水分离材料，表现出了明显高于聚丙烯等高聚物的油吸附能力，这样的研究结果归因于其蜡质表面和中空结构。此外，为了解决有关棉花类等吸附剂吸附容量低的问题，Leung 等[88] 提出了直接用空心的天然纤维素纤维结构掺杂碳材料可能是一种制备大容量油吸附剂的很有前景的方法。追溯其原因，是在碳化过程之后，在不损害中空结构的前提下，纤维素表面的亲水集团消除了，慢慢地具有疏水性。更为重要的是，对于实际应用，纤维结构比粉末吸附剂（如活性炭）更容易回收利用。研究组在氮气气氛下，通过自然纤维素的热解作用，成功地制备了具有中空结构的碳纳米管的纤维棉花。研究结果表明，碳化后的棉花纤维（CCF）多尺度的多孔结构（纳米和微米尺度）和超疏水-超亲油性使得制备的吸附剂有

着较大的油的吸附容量。更有意义的是，吸附剂吸油后可以漂浮在水面上收集油对于吸附剂的实际工程应用起着至关重要的作用。在实际的溢油海面上，高浮力的吸附剂有助于吸油和去除吸附剂。实验中通过设计模拟实际的溢油海面，将高黏附和化学成分极为复杂的原油作为油的来源，将制备的 CCF-400 作为去除油的吸附剂。在静态测试中，当将 CCF-400 样品轻轻地放在原油表面上时，吸附剂仍悬浮在表面并开始吸附。吸附 60min 后，0.4g CCF-400 吸附剂样品可以完全吸附 30mL 原油，并在收集油后保持漂浮状态。这种行为可归因于超疏水性和 CCF-400 的超亲油性。吸油的 CCF-400 可以通过镊子轻松取出，并获得剩下的清洁的水。应该指出的是，进一步的研究是需要在动态条件下测试 CCF 材料等的吸附能力。研究发现，CCF-400 即使在从水中吸收原油后仍能表现出良好的浮力，并且与未经修饰的原始棉花相比，制备的 CCF 吸附剂吸附性能比原始棉花强 27%～126%。卓越的油的保留能力、可多次回收利用性、油水混合物的选择吸附性和很好的浮力等特性使得这类材料成为从水面上去除油或者有机溶剂的理想材料。

不仅传统的棉花纤维可用于油水分离，实际上，通过化学处理的木棉纤维亦可用于油水分离实际应用中。木棉类似于普通的棉花，它是最细、最轻、中空度最高、最保暖的纤维材质，具有防霉、轻柔、不透水、不导热、保暖、吸湿性强等特点。木棉是一种天然植物纤维，密度低，质量好，浮力大，有着巨大的空心结构和优异的疏水性。与普通天然纤维和商业纤维相比，这些独特的特性赋予木棉纤维更高的吸油能力[89,90]。但是，由于纤维表面光滑，少量蜡质涂层的覆盖会使油有效地保留到纤维结构中变得困难[91]。这引发了科学家的思考：如何通过不同的化学表面修饰技术进一步提高木棉纤维的疏水性进而提升其油的吸附能力？这对于溢油清洁来说更有价值。研究发现，SiO_2 涂层与纤维素之间具有优异的黏附力，这种黏附力是由硅烷水解后的羟基之间的缩合和存在于材料表面的纤维素导致的。因此，调控木棉纤维的表面性能从疏水性到超疏水性是可行的。Wang 等[92]通过溶胶凝胶的方法，将正硅酸乙酯（TEOS）作为前驱体通过十二烷基三甲氧基硅烷（DTMS）进行水解，实现了木棉纤维的超疏水性。经过表面改性的木棉纤维，由于均匀的纳米级粗糙度的存在，具有低表面能的物质的修饰赋予纤维更好的油水选择性和较高的吸油能力（图 4-5（a））。从原始的和经过处理的木棉纤维的 SEM 可以看出，原始的木棉纤维是相对光滑的（图 4-5（b）），但经过处理的木棉纤维表面相对粗糙，这种结构使得其用于油水分离成了可能（图 4-5（c））。此外，借助于简单的机械装置，可以很容易地回收吸附的油，并且通过挤压后仍表现出了很好的可重复性。研究结果表明，对纤维素材料的疏水改性是一种提高吸油能力的有效方法。木棉纤维的超疏水改性不仅仅是在表面上构筑了丰富的粗糙结构，同时也降低了表面自由能，进而反过来影响其油的亲和力。为了研究改性后的超疏水木棉纤维对不同种类油的吸附能力，整个吸附实验是在没有水的纯油当中进行的，为了形成比较，原始木棉纤维也被作为空白组进行油的吸附实验。研究发现，原始木棉纤维对正己烷、甲苯、氯仿、汽油、柴油和大豆油的吸附容量分别是22.8g/g、30.4g/g、41.9g/g、34.1g/g、38.1g/g和49.1g/g。然而，改性后的木棉纤维对于同样的油的吸附容量分别是41.8g/g、56g/g、85.5g/g、50.5g/g、54.2g/g和59.8g/g（图4-5（d））。实验结果表明，超疏水性能对于木棉纤维而言有着重要的作用，为实现油水吸附及分离起着至关重要的作用。此外，可以观察到改性纤维对氯仿和植物油具有高吸油能力。追溯其原因，氯仿的高吸油能力是由于其相对密度高[93]，对于植物油而言，这主要是归因于其高黏度。高黏度的油更容易黏附在纤维表面并保持在纤维结构中。一般来说，对于木棉纤维，表面蜡质层的数量、空腔、表面粗糙度、扭曲、卷曲和纯度等因素在油的保留中起重要的作用[94,95]。保留在木棉纤维中的油可分为两种类型：储存在内腔中的油和保留在纤维之间的空隙的油。由于在纤维束之间有着很稳定的毛细管连接，因此吸附了油的木棉纤维在油滴落的过程中，油很难从表面上逃逸出去。根据Wenzel模型和Cassie模型[96,97]，由于毛细作用，构筑合适的微观结构可以使光滑的亲油表面更亲油或达到超亲油性。因此，通过提高表面粗糙化和降低表面能可以显著地改善木棉纤维与油的亲和力，达到表面超疏油的性质。相比之下，由于表面很光滑，更多的油可以从原木棉纤维中逸出到表面上。因此，研究发现，木棉纤维的表面粗糙度和表面能是影响油的吸附能力的两个重要因素。此外，与同类的非天然吸附剂相比，聚氯乙烯和聚苯乙烯构筑的纤维也具有吸附油的潜力，并且保持着与原始

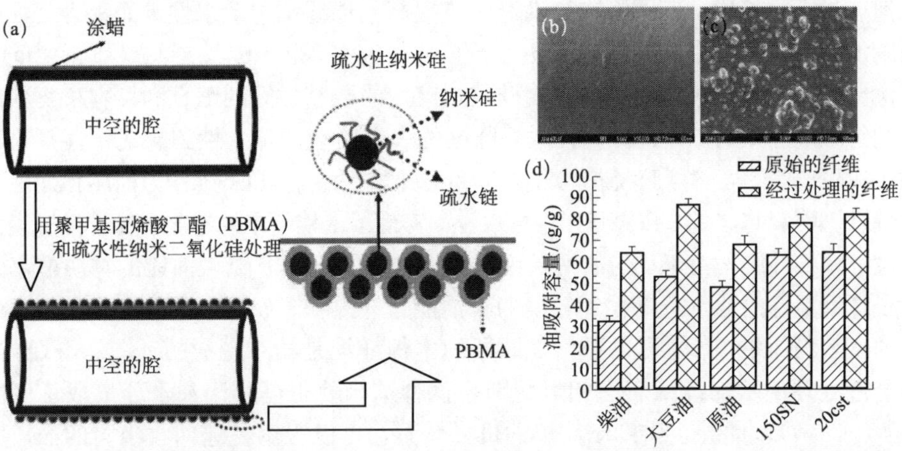

图4-5　(a) 从原始纤维到表面有着纳米粗糙度和低表面能物质修饰的木棉纤维的构筑过程示意图；原始的（b）和经过处理的（c）木棉纤维的SEM图；(d) 原始的和经过处理的木棉纤维对不同种类油的吸附容量

的木棉纤维相当的吸附能力[98]。由于其高成本和难降解性，这类合成有机材料作为油吸附剂进行大规模的使用是困难的。与这种类型的合成吸附剂相比，超疏水木棉纤维更容易制备，表现出从水中去除有毒有机物溶剂或油的等应用方面的巨大潜力。这类天然纤维可能有效缓解当前的环境危机，尤其是全球严重的水资源危机、石油泄漏和工业有机物造成的污染等问题。

Wang 等[99]进一步基于木棉特殊的微观结构，通过设计一种全新的方法构筑可用于大面积油水分离的材料。通过在纤维表面上制造纳米尺寸的粗糙度进而使用低表面能的 PBMA 和疏水改性 SiO_2作为涂料制备了一种基于木棉纤维的新型吸油剂。制备的纤维用于选择性地吸收各种油，并且在实际的应用中，涂层纤维具有很高的吸油能力。特别是油水混合物中的高黏度油，这比先前报道的基于木棉纤维的油水分离的吸附容量更高[91]。本研究的结果还指出其他天然材料可以用于水面上的溢油吸附。实验中研究组对六种不同油的物理性质进行了汇总（表 4-1）。不同种类的六种油，即汽油、柴油、大豆油、原油、150SN 和 20cst，代表日常生活中广泛使用的油，用于评估原始的木棉纤维和经过改性的木棉纤维的吸油能力。这项研究可以在意外溢油事故中提供重要的发现，还可用于吸附油的改性纤维。首先，整个吸附实验是在纯油系统中进行的，没有任何水，由此，所制备的纤维的最大吸油能力可以被定量分析。对于不同种类的油，经过化学改性的纤维表现出了比原始的木棉纤维更好的吸油能力。其吸附容量分别达到 63.8g/g、71.7g/g、89.3g/g、66.4g/g、76.3g/g 和 79.8g/g，对应的油分别是汽油、柴油、大豆油、原油、150SN 和 20cst。同样地，相比于原始的木棉纤维，这类油吸附容量的增长分别为 87.1%、88.2%、77.5%、38.6%、19.0%和 19.3%。研究结果表明，与原始的木棉纤维相比，改性后的木棉纤维是一种更优越的吸油材料，更适合于汽油、柴油和大豆油的吸附。一般而言，构筑合适的微观结构可以使其在光滑的亲油表面上更亲油，并且由于毛细管作用，甚至超亲水。由于它们的低黏度，汽油和柴油更容易从原始纤维的光滑表面逸出，然而改性后的纤维具备纳米粗糙度，可以有效地防止油被纤维表面吸收，进而附着在纤维的表面[100]，导致油吸附能力显著增长。与汽油和柴油不同，大豆油具有更高的黏度。纤维和油之间优异的黏附力使得高黏度油能够更好地被改性后的木棉纤维吸收[101,102]。大豆油较强的吸附能力可以归因于油的高黏度、纤维表面的粗糙度和低表面能物质的修饰的共同作用。与大豆油相比，改性后的木棉纤维对于 150SN 和 20cst 的吸油率要低很多，这是由于油的高黏度，使得这两种油对纤维有着更好的黏附力[103]。这种高油黏度会削弱纤维表面保留油的性质，使涂层纤维有更低的吸油速度。原油是一种含烷烃、氧、氮、磷和钒硫等复杂组分的混合物，其化学组分极其复杂，并且其黏度很高，一旦黏附于材料表面，很难通过物理、化学或者机械的方法进行清除。此外，提取的原油中通常含有一定量的水。原油成分的多样性，尤其是有水存在的原油可导致相对较低的油吸附效率，因此导致了改性纤维的较低的原油吸附容量。进一步地，探究改性后的木棉纤维在油水混合物中对油的吸附容量。研究发现，在油水混合物中，改性后的木棉纤维对柴油、大豆油、原油、150SN 和 20cst 的吸附容量分别是 64.5g/g、87.1g/g、68.3g/g、77.9g/g 和 82.3g/g。改性后的木棉纤维对油水混合物的油的吸附容量与纯的油相体系相比几乎没有什么区别。这意味着涂层纤维可用作吸油材料来清理水面上溢出的油。除纳米多孔聚苯乙烯纤维外，PBMA/涂有 SiO_2 的纤维比绝大多数涂层材料都具有更高的吸油能力。其高的油吸附容量、低成本和优异的生物降解性使得木棉纤维比合成纤维在大规模清理水面上的溢油更有价值和意义。

表 4-1 室温下不同种类油的物理性质

油的种类	黏度/(mm^2/s)	密度/(g/mL)
汽油	0.61	0.72
柴油	4.60	0.85
大豆油	8.36	0.92
原油	7.39	0.85
150SN	33.12	0.84
20cst	122.50	0.84

棉花类物质由于其很高的油的吸附容量、较低的密度、容易被大规模制备、卓越的疏水性能和可循环使用性，在油水分离领域起着至关重要的作用。事实上，对于超疏水或水下超疏油二维膜来说，处理海面上的少量原油泄漏和海底重油泄漏等油污水是非常困难的。幸运的是，超疏水-超亲油性棉花可以直接吸收水中的油。超疏水棉花在油水体系中对油或水具有很好的选择性，吸附之后的棉花只需要进行简单的物理挤压将油回收即可进行重复使用。因此，具备高效、快捷和循环等优良特性的棉花类物质，在油水分离领域具有广阔的应用前景。

4.4 坚 果 类

坚果，是闭果的一个分类，果皮坚硬。从生物学的角度看，很多坚果的外壳实际上就是果实的内果皮，细胞成熟时在细胞壁内堆积纤维素和木质素形成次生壁，最后细胞凋亡了变成坚固的果壳，所以外壳就是一些纤维素和木质素。坚果壳很硬是由于其密度大，纤维之间紧紧靠在一起，造成了很高的硬度。在本节，我们将重点论述分别通过椰子壳和胡桃壳构筑仿生油水分离材料，用于可实际操作的对油水混合物的高效率分离。

大多数坚果壳是绿色木质纤维素生物质材料，如椰子壳。椰子壳主要含有大量可生物降解和无毒的葡聚糖、木聚糖和木质素，其质量百分比分别为 29.30%、25.92%和 24.36%。椰子壳当中的化学成分通常是亲水的。此外，椰子壳表面覆盖着丰富的化学基团，如羧基、羟基、氨基、酰胺、乙酰氨基等[104,105]。这种特殊的润湿性可以使得椰子壳用于分层油水混合物或者复杂乳液中的按需分离成为可能。更为重要的是，椰子壳是无毒的，绿色，价格低，可再生且易于获得[106-108]。此外，椰子壳也是一种全世界范围的环境污染物，由于非常坚硬，很难将其进行清除和集中处理。倘若将其进行处理构筑成理想的油水分离材料，不仅可以减轻环境压力，而且可以创造一个应对油品质量恶化的独特途径。因此，生物质椰子壳对于不混溶的油水混合物或者是油包水乳液的分离具有较好的优越性与极大的应用前景和实验室研究价值。Li 等[109]通过粉碎椰子壳获得废椰壳粉（WCSP）（图 4-6（a））。WCSP 表面微观结构的 SEM 图像显示该 WCSP 颗粒呈现出了各种不均匀的形状（例如，袋状、栏状和纸管状的小形状）。那些颗粒随机堆积在一起，导致了颗粒之间的大孔隙，孔隙率约为 85.80%。对于单个颗粒而言，它呈现逐层包装结构，在层上发现许多孔表面。此外，还有很多微小碎片和许多大小从 2nm 到 375nm 不等的纳米尺度的孔，覆盖在 WCSP 颗粒表面。WCSP 层表现出超亲水性和空气中的超亲油性，其水滴或油滴接触角接近 0°。这种双亲的性质是表面亲水的化学组分和分层的粗糙结构共同作用的结果。在液体介质中，WCSP 层表现出油下超亲水性和水下超疏油性[110,111]。一旦水滴接触置于油介质中的 WCSP 层，即可迅速扩散并导致接触角接近 0°（图 4-6（b））。相比之下，当各种水下油滴落在上面时，在 WCSP 层所有的油滴都能保持球形，并且 OCA 从 155°到 163°不等。WCSP 层也具有非常低的水下油黏附力，因为液滴能够自由地从 5°倾斜的 WCSP 层上很轻易地滚落下来。当柴油和水的混合物倒在预先润湿的 WCSP 层上时，蓝色的水会瞬间渗透穿过这层。应该注意到，分离出来的水是完全无色的，因为亚甲蓝染料是完全被WCSP颗粒所吸收的。最后，由于该层具有较大的水下超疏油性，在水完全被移除后，该 WCSP 层上的柴油被保留了下来。以同样的方式，其他油（如煤油、石油醚、正己烷、甲苯和正庚烷）水混合物也通过预湿 WCSP 层后被成功地分离出来。各种滤液中的油含量小于 70ppm（1ppm=1mg/L），这就意味着一系列油水混合物的分离效率达到 99.99%。另外，使用 WCSP 层作为核心组件的分离设备具有非常好的循环效率，即使经过 50 次分离循环，其分离效率也能达到 99.98%（图 4-6（c））。

除了不混溶的油水混合物外，含油污水在剧烈的外力剪切作用下，会产生乳化效应，形成亚稳态的水包油型乳液。此外，大部分的含油污水含有很多乳化剂，可以形成表面活性剂稳定的乳液[112,113]。因此，可以将 WCSP 用于乳液分离。研究发现，WCSP 层同样可以利用油下超亲水性和 WCSP 颗粒的特殊多孔微结构的优势，实现各种油包水乳液的高效分离。将 Span 80 稳定的油包水乳液倒在上面一层，所有的乳液都可以很容易地被分离出来，其分离效率达到了 99.98%。最终收集的滤液是透明的，而不是原始的柴油和水混合乳液中的乳白色（图 4-6（d））。通过分离前后混合物的光学显微镜图像可以看出，在原始乳液中有大量密集的水滴，而滤液中没有单个水滴。进一步的研究表明，即使在水中的微小水滴，WCSP 颗粒也能完全除去进而达到分离的效果。到目前为止，有两种分离机理可以解释乳液分离：一种是通过特殊润湿性和较小的纳米级孔隙的协同作用，进而导致的“筛分效应”，这种类型由于制备的材料的孔径不同可以允许一相通过的同时保证阻拦另一相，即允许连续相通过，同时在外力的作用下保留乳液通常需要的分散阶段[114-116]。另一种是“吸附效应”，通过选择性地在乳液中吸附分散相，进而达到分离乳液的目的[117-119]。据我们所知，大多数用于油包水乳液的具有特殊润湿性的材料，其乳液分离的机理总是涉及“尺寸筛选”效果，很少报道可通过“吸附作用”实现油包水乳液分离的效果。与大多数基于“尺寸筛分”效应的具有特殊润湿性的材料分离油包水乳液不同，事实上，WCSP 层通过“吸附效应”实现乳液分离的效果。在 WCSP 表面实际上存在着许多极性亲水性官能团，如羧基和羟基。分子内和分子间的氢键很容易形成，由于氢键作用更强，从极性油包水乳液中捕捉微小水滴的趋势更明显，对水的亲和力大于对油的亲和力。因此，只要是将油包水乳液倾倒到 WCSP 层上，乳化水滴将被快速破乳，然后由 WCSP 吸附水，在重力作用下只允许纯油相渗透过。因此，WCSP 具有从各种油包水乳液中捕获水的出色能力，进而能够进行高效率的乳液分离。

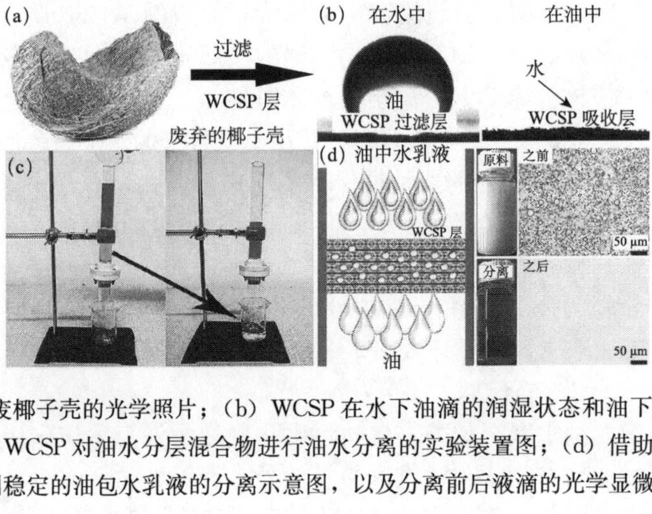

图 4-6 （a）废椰子壳的光学照片；（b）WCSP 在水下油滴的润湿状态和油下水滴的润湿状态；（c）借助 WCSP 对油水分层混合物进行油水分离的实验装置图；（d）借助 WCSP 对表面活性剂稳定的油包水乳液的分离示意图，以及分离前后液滴的光学显微镜照片

不只有坚硬的椰子壳可以构筑油水分离材料，核桃作为人们日常生活中极为常见的坚果类食品，废弃的核桃壳粉末（WSP）具有良好的稳定性，也可以成功地用于吸附重金属物质。此外，核桃壳的组成部分包括木质素、纤维素，它是典型的两亲性物质，木质素和纤维素之间有着大量的活性基团（$-OH$ 和 $-COO^-$）[120-123]。此外，核桃作为一种农业或者生活的废弃残留物，可以进行水污染处理，进而可以实现废物的回收再利用，减少能耗和环境污染。Li 等[124]用 WSP 来实现重力驱动的油水分离。核桃壳主要由典型的亲水物质组成，包括木质素和富含活性基团的纤维素。在这项工作中，WSP 是由废弃的核桃壳经过粉碎和吹扫过程制成的。实验中设计的方法简单易行，在构筑超疏水和水下超疏油过滤膜的过程中，避免了传统构筑的复杂过程。由于在木质素和纤维素中存在活性基团，其具有优异的吸水能力。WSP 层显示出水下超疏油性和很低的油黏附力。因此，预润湿的 WSP 层可用于分离具有超高分离效率的油水混合物。此外，在油水分离过程中，该 WSP 层对染料显示出优异的吸附净化性能。详细地说，实验中，首先将核桃壳粉碎成粉末并干燥。然后，将粉末进一步通过 40 目筛子，获得尺寸为 60～300mm 的细小 WSP 颗粒。此外，粒子之间的大空隙、微观粗糙结构也由颗粒表面显示出来。由于亲水性化学成分、显著的吸水能力和层次粗糙的微观结构，WSP 层具有优异的水下超疏油性，从而使得油很难黏附在水介质中。将厚度为 1cm 的预润湿的 WSP 层简单地夹在设计的分离装置之间，以起到分离膜的作用。当水和柴油的混合物倒入装置中时，水相在混合物中由于超亲水性，可以立即渗透到 WSP 层，而柴油被截获。WSP 层分离各种油水混合物的效率达到了 99.94%。通过研究其分离机理，可以得到如下解释：将 WSP 堆积成波状的层且用水进行预润湿。因为大多数油都比水轻，油在水面之上。当将水和油的混合物倒在 WSP 层上时，水可以通过预润湿的 WSP 层，而油保留在层上方，从而实现油水分离。除了分离不混溶的油水混合物的高效率外，在水相中，WSP 层对有机染料（如亚甲蓝、结晶紫、罗丹明 B）也具有优异的吸附性能，WSP 层亦能够有效地去除脱色率高于 99.2%的水中的染料。实验中，将被亚甲蓝污染的柴油和水的混合物倒入油水分离的装置中，可以很清楚地看出，透明的水渗透到 WSP 层，而亚甲蓝被吸收了。这意味着 WSP 层不仅可以分离分层的油水混合物，而且可以在油水分离过程中吸附染料。此外，实验中通过表征染料经过吸附后的浓度（C_f）和最初的浓度（C_i）进而阐述其染料吸附的能力，经过过滤后，每个循环中的 C_f 稳定地保持了较低的水平，除了 500mg/L 的 C_i 外，其浓度均低于 10mg/L。对于各种不同的染料，其吸附量随着污染物液体量的增加而增加，达到最终的吸附平衡。该结果表明，随着时间的推移，吸附在开始时逐渐加快，在吸附后期逐渐减慢并最终达到饱和状态，即达到平衡。此外，WSP 层表现出了高的吸附容量，脱色率高达 99.2%以上。探究其染料吸附的原因：WSP 的高吸附容量是由于 WSP 的表面和染料之间存在着较强的静电吸引力[125-128]。值得注意的是，三种染料（亚甲蓝、罗丹明 B、结晶紫）是带正电荷的阳离子染料，由于在 WSP 表面上有大量羧酸基团（$-COO^-$）的存在，它与三种阳离子染料有着较强的交互作用，使得染料能够较快地吸附到 WSP 的表面上。此外，WSP 的多孔结构在其染料进行物理吸收的过程中发挥着重要的作用。进一步地，同一研究组对 WSP 层对于具有负电荷的染料（甲基橙）的分离性能也进行了研究。实验中将甲基橙的水溶液（50mg/L）倒入分离装置中，很明显，甲基橙没有被吸收，这意味着 WSP 层不能有效吸附带负电荷的染料。此外，与果皮相比，WSP 层仍具有相当大的优势，其对染料的脱色率或最大吸附值均达到了较高的水平。因此可以得出结论，WSP 层显示出了对染料的良好的吸附性能，可以应用于实际的水污染处理。更重要的是，废弃的坚果壳是绿色的，低成本，无毒，可再生，很容易达到废物回收利用的效果。

坚果壳通常是全球环境的污染源之一。将废弃的坚果壳转换成所需的油水分离材料，不仅是一种独特的方式来应对油品质量恶化，而且在一定程度上减轻了对环境污染的压力。此外，根据我国节能减排的要求，通过解决再生资源回收利用问题，促进经济社会可持续发展。整合有限的资源构造再生资源回收、分拣、转运、加工利用、集中处理为一体的产业化格局。再生资源回收以物资不断循环利用的经济发展模式，目前正在成为全球潮流。可持续发展既符合当代人的需求，又不致损害后代人满足其需求能力的发展，同时要注意追求经济增长的质量。主要的标志是资源能够永远利用，保持良好的生态环境。将废弃的坚果类物质进行回收利用，通过物理化学或者机械的方法实现油水分离，不仅减少了环境污染，而且对降低油水分离材料的成本和节能减排有着重要的指导作用。

4.5 贝　类

贝壳在古代一直是海洋历史的象征，并且象征着人们心中一个悬挂的目标，寄予人们美好的祝愿。贝壳的主要成分为 95%的 $CaCO_3$ 和少量的壳质素[129-131]。贝壳一般可分为 3 层：最外层为黑褐色的角质层（壳皮），薄而透明，有防止碳酸侵蚀的作用，由外套膜边缘分泌的壳质素构成；中层为棱柱层（壳层），较厚，由外套膜边缘分泌的棱柱状的方解石构成，外层和中层可扩大贝壳的面积，但不增加厚度；内层为珍珠层（底层），由外套膜整个表面分泌的叶片状霰石（文石）叠成，具有美丽的光泽，可随身体增长而加厚。方解石和霰石的主要化学成分都是 $CaCO_3$。贝壳自身坚硬的结构可以为仿生机械耐候性强的超润湿材料提供物质基础，为机械稳定的油水分离材料提供了新的思路。

贝壳在海边随处可见，由于形态各异而受到人们的喜爱。在科学界把贝壳作为研究对象，贝壳的形貌包含着许多几何曲线，如我们熟悉的各种螺旋线等[132-135]。同样地，其形貌给建筑学家的设计思想以极大的启迪，成为现代建筑设计模仿的重要目标，于是有了大跨度薄壳式建筑，这类建筑既能消除应力特别集中的地方，又可用最少的建材承受最大的荷载。此外，贝壳作为软体动物的防护装备，主要功能是抗压，防止壳体受损伤及身体。到目前为止，科学家们已经研究的上百种贝壳中，共发现了 7 种贝壳微结构，即柱状珍珠母结构、片状珍珠母结构、簇叶结构、棱柱结构、交叉叠片结构、杂交叉叠片结构和均匀分布结构[136,137]。通过对其微观结构的分析可以得到，珍珠母作为一般贝壳中最内层材料，它的力学性能是最好的，尤其是在材料的强韧性上表现得尤为突出。例如，珍珠母所具有的断裂功大约是作为它基本成分的 $CaCO_3$ 晶体的断裂功的 3000 倍。这一卓越的力学性能，使得珍珠母结构成为现代高性能人工合成材料微结构仿生设计的目标，也使得研究珍珠母的微结构和性能成为当今世界材料仿生设计中的一个热点。Degnan 等[138]受到海边贝壳的启发，构筑了一系列具有明显纳米构架的矿化结构，为后续构筑机械耐受性好、坚韧的材料提供了物质基础。此外，Chowdhury 和 Saha 等[139]将海贝壳进行干燥处理后，用球磨机将干燥的贝壳进行磨粉处理，得到的贝壳粉末的粒径范围可以分为以下几类：大于 500μm，250～500μm 和小于 250μm。在现有的研究中，已经进行了许多借助天然材料或工业废物/副产品从含水体系中去除染料的研究。然而，大多数报道的吸附剂的容量有限。新型经济、易于获得且高效的吸附剂仍然在发展中[140,141]。因此，通过使用海贝壳进而开发廉价的材料进行染料吸附的研究具有重要的指导意义。研究组系统地研究了贝壳粉去除水溶液中孔雀石绿（BG4）的能力，通过调控实验参数，如 pH、初始染料浓度、吸附剂用量、接触时间和温度，发现这些因素对贝壳吸附 BG4 有较大影响。当 pH=8 时，可以使得贝壳粉对 BG4 的吸附容量达到最大值，同时，当 BG4 的初始浓度为 50mg/L 时，贝壳粉对 BG4 有最大吸附容量 42.33mg/g。在染料吸附的过程中，温度对吸附容量有着很大的影响，同样地，最大的染料吸附容量是在 303K 下实现的。当吸附时间达到 120min 时，BG4 的吸附容量没有显著增加。通过吸附动力学研究发现，整个吸附过程符合二级动力学模型，因此可以说明粒子内的扩散不是影响吸附速率的唯一因素[142]。此外，实验数据完全符合 Langmuir 等温模型，因此可以推断贝壳粉对 BG4 的吸附是一个简单的物理吸附，整个吸附过程是放热并且自发的过程。因此该项研究证明了贝壳粉可以作为一种染料废水处理的良好的廉价吸附剂。

在众多贝壳种类中，有一种几乎可以附着于任何基底表面的贝壳——贻贝[143]。贻贝是一种混杂的生物并且被证明可以附着到几乎所有类型的无机材料和有机材料的表面，包括经典的抗粘连材料，如聚四氟乙烯（PTFE）。追溯其原因，贻贝的黏合剂多功能性可能由在斑块-基底界面中蛋白质的氨基酸组成，该界面富含 3，4-二羟苯乙胺（DOPA）和赖氨酸。此外，反应导致大量固化黏合剂，DOPA 与不同的基底之间形成很强的共价或非共价相互作用[144-147]。Lee 等[143]发现了这一点，DOPA 被认为是通过自组装进而形成共价聚合。该项研究已广泛应用于材料表界面等许多领域，包括涂层、肽和分子的固定、医学黏合剂的释放和封装[148-151]。

受到贻贝的启发，通过层层自组装构筑了功能化多层膜，并且研究组系统地研究了制备的膜的润湿性，经过硫醇修饰后，膜的接触角为 60°[152,153]。DOPA 作为一种可以涂覆在材料平坦表面的材料，可通过 Michael 加成反应，与硫醇或氨基发生二次反应，因此可以通过使用 DOPA 作为媒介将各种不同的分子引入材料的表面，进而实现材料表面的多功能性。因此，通过仿生贻贝可以发展廉价、高效、可重复利用和环境友好的油水分离材料。Feng 等[154]发展了一种构筑油水材料的新方法，通过仿生贻贝，设计了一种新颖简便的方法，构筑了油水分离金属网膜。在实验中，不锈钢网（SSM）首先浸入 pH＝8.5 的 DOPA 溶液中，达到表面附着了一层黏附膜的目的。然后，N-十二烷基硫醇（NDM）与聚多巴胺（PDA）膜通过 Michael 加成反应进行结合。最后，所制备的 PDA-NDM 网状物具有很好的疏水性和超亲水性，可以有效地用于大面积的油水分离。即使经过 30 次循环实验后，分离铜网膜仍能表现出很好的分离效率。制备的材料能够很好地进行清洁、储存和再次使用。这类分离材料为实际应用中的油水分离材料提供了可能性。更重要的是，这项研究开辟了一个以贻贝为主的化学的新应用，我们也可以通过使用 DOPA 来发展功能性分子涂层工艺，实现油水分离材料的性能可控。He 等[155]同样受到贻贝的启发，报道了 TiO_2 纳米颗粒直接负载固定在聚偏氟乙烯（PVDF）膜表面的方法，使得原始疏水的聚合物膜的润湿性变成亲水性，甚至是超亲水性。而且，对仿生贻贝的方法进行了修改，即通过引入硅烷偶联剂 KH550，保留了结合纳米颗粒的能力，并且制备的膜从亲水状态转变为超亲水状态。此外，制备的超亲水 PVDF 膜可用于分离多种表面活性剂稳定的水包油乳液，其分离效率接近 99%，实验结果表明改性后的 PVDF 膜具有很好的耐油性和防污性能，这些特性使得膜易于回收利用。

更有意义的是，由于多巴胺的普遍性，这种表面改性方法也同样适用于其他有机-无机杂化材料。实验中，硅烷偶联剂的加入，不仅可以使得 DOPA 与无机的 TiO_2 无机粒子相结合，而且可以提供增强材料表面亲水性的丰富的羟基和氨基。把 PVDF 膜浸入 DOPA，KH550 和 TiO_2 纳米颗粒的溶液中反应 24h，由实验结果很容易发现有几种颗粒锚定在聚合物基质的表面上。此外，多巴胺和 KH550 均匀地分布在孔的内部，都证明了 PVDF 膜已经成功地被改性修饰。将制备的 PVDF 膜用于乳液分离中，将稳定的水包油乳液倒入过滤装置中，利用真空泵提供 0.9MPa 的压强差，所有的乳液分离实验均在此压强差下进行。此外，膜分离的有效面积是 1.77cm^2。光学显微镜测试结果说明分离前后的滤液中液滴的变化，以正十六烷为例，在乳液分离前，光学显微镜的照片中有大量明显的液滴，且液滴的大小为 1～20μm，但在分离后，几乎观测不到液滴的存在。类似地，通过对乳液分离后的指标进行分析可以得到，表面活性剂稳定的水包油乳液中油的种类分别为石油醚，正十六烷，1，3，5-三甲基苯和柴油。其乳液分离过程中的通量分别为 428L/(m^2 · h)、605L/(m^2 · h)、524L/(m^2 · h) 和 382L/(m^2 · h)，这些数据已经高出传统过滤膜的数倍。此外，对于上述油的分离效率分别是 98.86%、99.34%、99.13%和 99.52%，总体的分离效率在 99%左右。

现有的研究中大多是通过构筑具有极端润湿的涂层进而构筑有效的油水分离超疏水材料。但是，大多数报道的超疏水材料很容易受到外界环境，如机械磨损、酸碱盐的腐蚀等因素的影响，进而失去其功能特性。一方面，微米尺度和纳米尺度对于构筑超疏水表面的粗糙度具有很重要的作用，但本质上对机械磨损较弱。另一方面，用于降低表面能的低表面能物质通常对酸、碱和有机溶剂等有着化学不稳定性，其性质极易被它们破坏。因此解决实际应用中油水分离材料稳定性的问题是研究的重点。三维材料也许能够解决上述问题，一般而言，将宏观上具有内外一致性质的体相材料定义为三维材料。海绵和泡沫镍作为典型的多孔三维材料，由于其特殊的结构而在油水分离等污水净化方面应用广泛[156]。

受到贻贝和荷叶的启发，Wang 等[157]报道了一种环境耐受性强的超疏水聚氨酯（PU）海绵，制备的材料可以选择性去除油和吸收污水中的有机物。超疏水-超亲油海绵表现出了对于不同的有机污染物的很高的吸附容量。此外，超疏水（PU）海绵有着很好的机械、化学和环境稳定性，这可以确保它即使在恶劣的实际条件下也可以重复使用。超疏水 PU 海绵是利用 PDA、Ag 纳米粒子进行沉积，最后用十二烷硫醇（DM）进行修饰得到的。PDA 和 Ag 纳米粒子的修饰不仅增加了 PU 海绵表面纳米级粗糙度，而且减小了表面张力。利用 PDA 作为一个反应平台，可以避免通过酸碱刻蚀等方法得到粗糙度。将 PU@PDA@Ag@DM 海绵放在油水混合物中，很容易观测到油在很短的时间（几秒）内能够被吸附到制备的海绵上。另外，该海绵也可以用于去除密度高于水的有机液体，如氯仿。将海绵靠近水中的氯仿，氯仿在接触时迅速被吸收，吸收的氯仿的容量高达 43g/g，对于其他有机溶剂的吸附容量在 18～43g/g，具体取决于油和有机溶剂的密度。此外，油水分离材料的可重复利用性也是衡量和评估油水分离材料性能的重要指标。制备的超疏水 PU 海绵即使经过数次的吸收油和油收集的循环实验，仍然能保持很好的油水分离效率，实现了油水分离材料的可回收利用，表现出了优异的循环使用性。此外，几乎所有的吸收油后的海绵中的油可以通过挤压的方式进行回收再利用。此外，实验中没有检测到任何质量损耗，这归因于 PU 海绵的共价修饰。Zhu 和 Pan[158]借助于 PDA 溶液将不同粒径的纳米粒子和不同的化学组分连接到宏观可见的多孔的基底（从高分子聚合物到金属）上，此方法的优势是不需要对基底或者纳米粒子做预先的化学处理。更有趣的是，在溶液中使用十二硫醇不仅可以使得 Fe_3O_4 纳米粒子在不同的pH 范围内仍能够很好地固定到基底上，而且能够导致基底的超疏水性。通过该方法构筑的超疏水 PU 海绵表现出了高选择性和对油的可回收性。实验中只需将海绵放置到分层的油水混合物中，制备的海绵就能够快速地（几秒）有选择地去除油，包括润滑油、原油和正辛烷。此外，由于 Fe_3O_4 纳米颗粒的存在，通过磁棒提供磁力驱动的方法，可以操纵这种海绵应用于油污染区域超疏水 PU 海绵吸收的油很容易通过简单的机械挤压进行后期的回收再利用。基于对不同的油进行质量的数据分析可以得到，吸收油的质量是原始海绵质量的 18～26 倍，其吸附容量比一般的高分子基的超润湿复合物要高[159,160]；类似地，基于对不同的油进行体积的数据分析可以得到，海绵表现出了超过自身体积 90%的吸油容量，表明其体积几乎全部用于储油。与其他吸收性材料（纳米纤维基的水凝胶、磁性泡沫、石墨烯泡沫和碳纳米管海绵等）的报道相比[161-164]，制备的超疏水海绵表现出了很好的油储存的最高空间利用率。更重要的是，超疏水海绵在经过数次油水分离实验后，仍能保持很好的吸油能力，即优良的可循环使用性。即使经过 125 次正辛烷的油水分离后，海绵仍有大于 150°的接触角。这种卓越的可回收性来源于固定的 Fe_3O_4 纳米颗粒的耐受性。然而，在经过 50 次分离润滑油和水的油水分离实验后，海绵失去了其超疏水性。追溯其原因，机械用润滑油的油水分离的循环次数减少的原因可能是润滑油的高黏度使海绵骨架上原有的固定好的纳米粒子分离，其超疏水性能衰减。考虑到贻贝分泌的物质与多种无机或者有机基底的高黏附性，无论基底的形态和纳米粒子的形貌如何，这类方法均可扩展到任何不同的基底上。通过对原材料的选择，可以构筑自清洁、环境修复、催化剂和生物传感器等多功能纳米材料。

Chen 和 Guo[165]在 pH=5 的条件下通过将白布浸泡在 PDA 溶液中后经十八硫醇修饰，可以构筑具有超疏水-超亲油性质的布，该简易可行的方法使得生活中的布能够用于高通量的油水分离。构筑示意图如图 4-7（a）所示。尽管之前有报道说为了处理含油污水，超润湿材料已经被开发用于分离油水混合物。Li 等[166]制备了智能的蜡烛烟灰膜和油下超亲水的沙层实现高效油水分离。在 Chen 的研究中，由于多孔结构，超疏水布可以实现油水分离的更高通量。实际上，硫醇改性的纺织品是超疏水和超亲油性的。因此，水可以被超疏水布排斥，而油可以渗透进布中，从而可以实现分层油水混合物的分离（图 4-7（b））。实验中通过选择 1,2-二氯乙烷（重油）作为样品油检测其制备的布的油水分离能力。通过将油水混合物倒入油水分离装置（超疏水布固定在装置上），很明显能够观测到水被阻挡在超疏水布的上方，同时油能够迅速渗透通过超疏水布，在分离后的滤液中，没有观测到任何水的存在。在每次分离期间，通量和分离效率均被测量，可以用无水乙醇洗涤织物并干燥以重复分离进程。实验结果表明，随着分离循环次数的增加，通量保持在约 4500L/(m^2 · h)，油水分离的效率始终保持在 97%以上，这表明该超疏水布具有优异的油水分离性能。此外，即使经过 20 次循环油水分离实验后，布仍能够表现出很好的超疏水性（图 4-7（c））。类似地，Guo 等[167]通过设计一锅法构筑超疏水布，实验中将 TEOS 进行水解后成功地将 SiO_2 纳米粒子沉积在布的表面，后经 PDA 溶液处理，最后用 1,1,1,3,3,3-六甲基二硅胺烷（HMDS）进行修饰赋予布超疏水的性能。整个构筑过程简单方便，适合大规模生产，且不需要任何高温或者有毒的物质。制备的布表现出了很好的机械耐受性和环境耐受性，在经过简单的摩擦磨损、超声或者酸碱处理后，其超疏水性仍能得到很好的保持。此外，经过高温、紫外照射、浸泡有

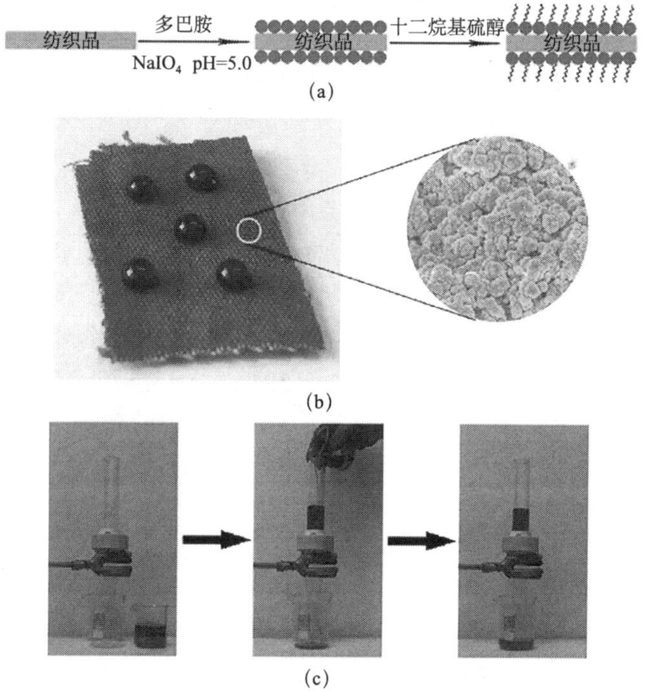

图 4-7　(a) 超疏水布的构筑示意图；(b) 水滴在超疏水布上的光学照片以及超疏水布的 SEM 图；(c) 借助超疏水布进行的油水分离示意图

机溶剂处理后仍能够表现出很好的超疏水稳定性。更重要的是，很多超疏水表面不能抵抗热水，不能达到排斥热水的效果。然而，制备的布表现出了很好的耐沸水性，能够在沸水环境下保持其抗润湿状态至少 15min。值得注意的是，制备的布由于其超疏水和超亲油性质可用于分离分层的油水混合物。即使经过 20 次油水分离循环实验，该超疏水布仍能保持其高通量（4000L/(m^2 · h)）和 99.9%的油水分离效率。

总之，仿生贝类中的珍珠母的坚韧结构，通过将贝壳珍珠母的强韧化运作原理引入材料中，在优化结构参数的基础上调整合适的界面结合强度，进一步提升材料的力学性能，可以构筑出一系列机械耐受性强且真正可以应用于工程中的机械材料，此外，贻贝仿生化学因反应条件温和、适用范围广泛、后功能化多样等特点，受到研究者们的广泛关注，仿生贝类中的贻贝分泌的化学组分，可以利用其 PDA 与各种基底很强的结合力，构筑一系列用于油水分离的耐久性超润湿材料，实现了对含油污水的高通量和高效率的分离。

4.6 岩土类（硅藻土和火山岩）

岩石是由一种或几种矿物和天然玻璃组成的，具有稳定外形的固态集合体。岩石根据其成因、构造和化学成分分类，大多数岩石含有 SiO_2。利用大自然界中常见的岩土类材料本身的特殊结构和功能特性，构筑仿生超润湿材料进而达到油水分离的效果，一直是研究者们研究的重点。

硅藻土是一种硅质岩石，其化学成分以 SiO_2 为主，还含有少量的 Al_2O_3、Fe_2O_3、CaO、MgO 等和有机质[168-170]。它被归类为唯一的生物基的天然矿物，并且它是单细胞藻类硅藻的微观骨骼遗骸。更为重要的是，硅藻土的微观结构中含有许多有序的纳米孔，它的吸水量可以达到自身体积的 2～4 倍[171-174]。由于高孔隙率和低密度，硅藻土的开发和使用主要集中在绝缘材料、磨料、过滤器、油漆填料和纳米载药等方面。此外，硅藻土由于价格低廉，理化性质丰富，拥有高吸附容量和大的表面积，可用于清除污水当中的金属离子，因而成了工业应用的理想选择[175-179]。由于硅藻土既亲水又亲油，具有两亲性结构，因此需要对原始的硅藻土材料进行简单的预处理，最终达到只吸油的目的，进而实现海上漏油中对油的回收再利用。为了改善硅藻土本身的两亲性，Özen 等[180]先将硅藻土进行碾磨，后经氟硅烷（FS）、氟碳化合物（FC）或者硬脂酸（SA）改性修饰处理，得到疏水-疏油或者疏水-亲油的硅藻土。当实验中 FS 和 SA 的质量百分比为 10%时，硅藻土在空气中和水下均能够疏水-亲油，然而，当 FC 的质量百分比为 1%时，可以实现疏水-疏油的性质。通过 FC 修饰的硅藻土的疏水和疏油性可以转化成水下超疏油性，但仍然能够保存其疏水性，这项研究证明了通过改变化学组分可实现润湿性的转化。值得注意的是，尽管表面修饰可以影响其润湿性，但其碾磨过程在真正意义上改变了其吸附性能。可以认为碾磨过程实质上破坏了多孔结构，进而减弱了吸油的能力。因此，相比于粒径大小，对于油吸附而言，形貌起着更重要的作用。为了证明制备的改性硅藻土对油具有选择性吸附的效果，如图 4-8 所示，研究者将改性后的硅藻土进行了油水分离测试，研究发现，当把原始的和修饰后的硅藻土放入分层油水混合物中时，原始的硅藻土一接触到水，其本身的超亲水性导致它与油水混合物混杂到一起，整个液体变得浑浊，并且硅藻土沉积到了液体的底部。然而，修饰后的硅藻土接触到油水混合物时，其疏水亲油性使得漂在水面上的油迅速地被吸附，可以观测到水上的油被完全吸附。实验结果表明，经过改性修饰的硅藻土表现出了对油水混合物的较好的选择性吸附性能。值得注意的是，相比于氟硅烷和氟碳化合物等含氟的修饰剂，硬脂酸的改性修饰处理是一种廉价并且可适用于大面积生产的方式。

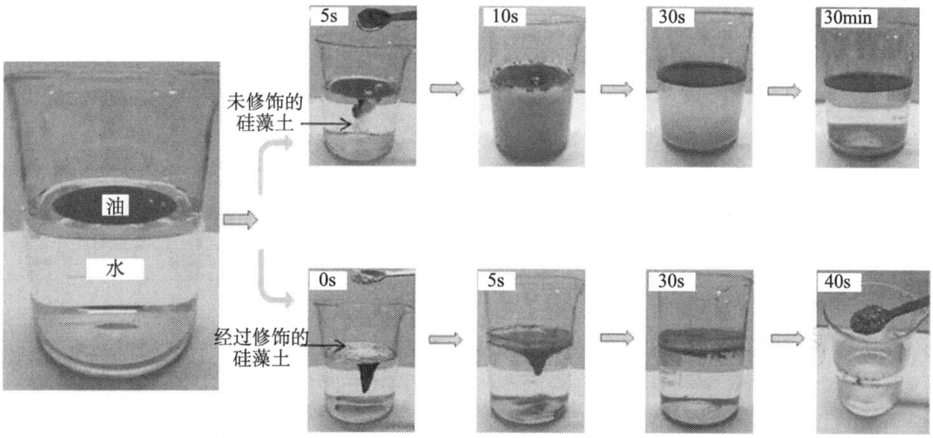

图 4-8　用未修饰的硅藻土和经过修饰的硅藻土进行分层油水混合物的分离照片

最近，可以作为“除水类型”的具有水下超疏油性的材料，吸引了广泛的关注，因为它们允许水相渗透的同时可以排斥油相[181-185]。然而，这种材料最大的弊端在于上述材料不适用于分离重油的油水混合物，因为重油会积聚在网表面并防止水渗透。为了解决这些问题，“除油类型”的材料被设计和构筑。此外，作为传统的“除油类型”的材料，超疏水性和超亲油性材料表现出很高的油水分离效率[186-190]。然而，这些“除油”材料在分离过程中，也很容易被黏附的油污染和堵塞。而且，制作超疏水材料通过两步实现：创建一个具有分层粗糙度的表面并用低表面能材料进行修饰制成表面[191]。此外，用于降低表面能所涉及的氟化修饰剂大多数是有毒的并且价格昂贵，它的使用对环境与人类健康造成了巨大的危害。因此，作为新型“除油类型”的材料，这类仿生界面功能材料会是一个较好的选择。这些优点可以克服传统的“除油”材料效率低而且重复使用时极易被污染的缺点。值得注意的是，以上提到的这些材料只能分离一种油水混合物（轻油和水混合物或重油和水混合物），因此，选用合适的油水分离装置，采取单个设备的分离模式，可以处理油水混合物[192-197]。最近，这些设备通过除水和除油模式已经可以应用于按需油水分离，主要是基于超疏水性和低渗性的可转换润湿性。可转换润湿性一般需要涉及材料表面的刺激性分子，通过光、热、pH 等的变化实现可转化的功能特性，并且大规模构筑这类材料有着较大的限制[198]。

迄今为止，借助润湿性的转化达到分层油水混合物的按需分离的目的仍然是一项挑战。因此，探究如何通过简单的方法实现润湿性的转化进而指导分离油水混合物具有重要的意义[199]。Li 等[200]借助喷涂方法，成功地构筑了硅藻土涂层的金属网状材料，其具有可任意转换的润湿性。制备的不锈钢网允许在单个装置中分离各种油水混合物。具体地说，在含有轻油的油水混合物中，硅藻土涂层不锈钢网以除水模式运行，得以让水通过不锈钢网；此外，在含有重油的油水混合物中，硅藻土涂层不锈钢网可以迅速转化模式，以除油模式运行，让油通过不锈钢网，均达到了油水分离的效果。这种除水和除油模式之间的可逆转换可以简单地通过用水和相应的重油预润湿涂层网来实现。此外，对于轻质或重质的油水混合物，可切换金属网均表现出高于 99.2%的分离效率。所制备的硅藻土涂层金属网能够在恶劣的条件下，如强酸性、碱性、盐溶液和热水等，仍然进行高效的油水分离。具体来说，制备的硅藻土涂层的不锈钢网在空气中表现出了亲水和亲油性。当把油和水滴到制备的不锈钢网上时，水和油迅速扩散，接触角几乎都为 0°。然而，当把金属网放入水相下或者油相下时，表现出了水下超疏油性或油下超疏水性，油或者水的接触角均大于 150°。实验中选取煤油作为轻油的油水分离的对象。倘若用水预先润湿，则硅藻土涂层的金属网表现出的性质为水下超疏油性，油相不能通过，进而起到了过水阻油的效果，可以轻易除去轻油/水混合物中的水分。同样地，实验中通过选取氯仿作为重油的油水分离的对象。倘若用油预先润湿，则硅藻土涂层的金属网表现出的性质为油下超疏水性，当油相浸入金属网表面时，水相不能通过，进而起到了过油阻水的效果，可以轻易除去重油/水混合物中的油。

更重要的是，这类过水阻油和过油阻水的分离方式仅仅需要通过简单地选择润湿相就能轻易实现，实现自由转化，真正实现油水分离中的分层油水混合物的按需分离。在经过一系列的轻油/水混合物与重油/水混合物之间的分离循环后，所制备的硅藻土涂层的不锈钢网仍然保持稳定的水下超疏油性或油下超疏水性。此外，制备的金属网状物在极端条件下仍表现出很好的双亲性。为了验证上述性质，研究组通过将制备好的不锈钢网浸入 1M（1M=1mol/L）HCl、

1M NaOH、热水和质量百分比 3.5% NaCl 水溶液中测量油的接触角，实验结果表明，上述条件下油的接触角均大于 150°，证明了制备的不锈钢网表现出了很好的环境耐受性。不仅如此，通过对 1M HCl 溶液和煤油的混合物进行分离，实验中用水预润湿金属网，由于其水下超疏油性，可以使得腐蚀性的液体轻易通过，类似地，将 1M NaOH 和煤油，3.5% NaCl 和煤油，以及热水和煤油的混合物均使用硅藻土涂层的金属网进行分离。实验结果表明，在分离得到的滤液中，几乎观测不到任何油滴的存在，这些结果均表明，制备的不锈钢网在极端环境下表现出了很高的油水分离效率。不仅如此，该硅藻土涂层金属网上的硅藻土可以实现对甲基蓝的吸附，具有对水溶性染料吸附的能力。在染料吸附实验中，初始甲基蓝浓度为 10mg/L。通过使用硅藻土作为吸附剂，改变吸附剂的用量从 0.1g 到 0.5g。当吸附剂用量增加到 0.2g 时，吸附效率几乎保持在 98.3%。吸附剂用量的增加导致单位体积吸附量的增加，进而导致吸附效率增加。然而，使吸附剂用量超过 0.2g，达到吸附的饱和量时，吸附效率不受影响。当达到最大吸附量时，亚甲蓝溶液出现在 664nm 波长处，此时亚甲蓝被硅藻土吸附后变为无色。实验结果说明硅藻土具有较强的染料吸附能力，当将其涂覆到不锈钢金属网表面时，可以实现高效的油水分离。

硅藻土主要由无定形纳米二氧化硅组成，呈现亚微米到微米级尺寸范围的多种结构和形态。硅藻的结构证明了有机体如何通过温和、简单的方式用自下而上的方法构建复杂的结构。硅藻土是硅藻的化石残留物，表现出高表面/体积比和很强的吸水能力，是一种环境友好型和化学惰性比较强的材料[201]。受到硅藻土启发，Lo 等[202]使用冻结铸造技术制备了具有分层微观结构的硅藻土膜。实验中将由硅藻土组成的硅藻土浆液粉末、有机黏合剂和阴离子分散剂倒入试管中。在单向冷却通量下，结冰晶体凝固。同时，硅藻土在浆液中形成片状结构。然后通过升华过程（温度升高）去除冰模板。结果，用合成的硅藻土支架获得了层状微结构。硅藻土膜富含细长微通道和纳米多孔结构。化学分析表明，硅藻土膜主要由二氧化硅和铝硅酸盐组成，其在本质上是亲水的。合成的膜在空气中既具有超亲水性，又具有超亲油性。当将膜放在空气中时，它对油类和各种有机烷烃均表现出超亲油性，然而，当将膜浸在水下时，它对油类和各种有机烷烃均表现出水下超疏油性，油的接触角如下：大豆油为 169.4°，正己烷为 167.1°，十六烷为 167.0°，正十二烷为 168.3°，轻质原油为 170.2°，重质原油为 171.1°，即使将膜 24h 浸入 1M HCl 溶液、海水或人造海水中，通过观察，可以发现油的接触角值依旧没有减小。这很好地表明了，膜在恶劣的环境下仍然具有优异的拒油性。由采用硅藻土膜分离油水混合物的实验结果，可以得出膜在分离油水混合物的时候具有非凡的能力。将油水混合物倒入上管中，膜只允许水渗透，但是硅藻土膜预先用水润湿而优先表现出了水下超疏油性，使得在分离的过程中，油在上管中被截获而留在了膜的上方。多孔硅藻土膜可以分离多种分层的油水混合物，其分离效率高于 99.5%，即使在酸性和海水环境中也是如此。油水分离分离过程中的通量约为 6602L/(m^2 · h)。由于硅藻土的存在，测量的入侵压强为 7.2kPa，膜可用于高度为 80cm 的油柱（大豆油）。经过 30 次循环的油水分离后，硅藻土膜仍然能够保持其强大的水下超疏油性。将预润湿的硅藻土膜浸入大豆油中一段时间，然后被取出并用水冲洗，结果发现，长期浸泡在油中并没有削弱水下功能膜的超疏油性。硅藻土膜这种耐久性对长期油水分离起着十分重要的作用。

火山岩又称喷出岩（effusive rock），属于岩浆岩（火成岩）的一类，是岩浆经火山口喷出到地表后冷凝而成。火山岩是岩浆喷出地表，在大气圈和水圈中冷却结晶形成的，当岩浆沿裂隙喷发时，火山岩形态一般与地表形态比较协调，呈被状或层状。火山岩石质坚硬，具有抗风化、耐气候、经久耐用等特点。

一般而言，人造的超润湿表面非常不稳定，因为纳米复合材料有高活性，并且纳米结构很容易在实际使用过程中被破坏。另外，这种粗糙表面具有相当强的吸附能力，很容易被污染，失去表面超润湿性[203-205]。因此，加强超润湿表面的机械耐久性具有重要的意义，Xu 等[206]采用有机黏合剂黏合涂料（全氟硅烷涂覆的 TiO_2 纳米颗粒）来制备坚固的超疏水表面。这些表面保持着用砂纸进行磨损实验后的超疏水性。此外，在油水分离领域，获得坚固实用的水下超疏油表面仍然是一个挑战。受到火山岩无机材料的启发，Liu 等[207]通过使用无机黏合剂代替有机黏合剂来构造坚固的水下超疏油表面，其表面表现出了一些明显的优势，如强力黏合，抗氧化，低毒，突出的抗油性，抗辐射、高温或低温等。通过混合磷酸铝（AP）作为无机薄膜和二氧化钛（TiO_2，P25）黏合剂制成悬浮液，然后将悬浮液喷洒在不锈钢网（SSM，2300 目）上，经热处理得到改性后的不锈钢网。通过 SEM 图可以看出（图 4-9（a)～(c)），纳米颗粒已经成功地沉积在不锈钢网的表面。制备的 TiO_2-AP 涂层形成的微纳复合结构以及自身的亲水性，赋予了不锈钢网优异的空气中超亲水-水下超疏油的性质。水滴在复合涂层上在很短的时间内就可以完全润湿铺展。同时，我们测定了在水中，油滴在基底表面的黏附性能。在外力作用下，油滴接触表面直至压迫变形，施加提拉外力后，油滴可以完全离开表面而不会有任何残留，说明制备的材料表面在水下对油滴具有极低的黏附作用力。另外，在水下，重油（二氯乙烷）和轻油（正己烷）在倾斜的表面都可以很容易地滚走。这里，进一步说明了我们制备的涂层对多种油滴都具有水下超疏的性质，同时具有非常低的黏附力（图 4-9（f)）。同时，为了验证我们这种构筑策略的普适性，除了选择金属多孔网材，我们还将 TiO_2-AP 涂层喷涂到玻璃和陶瓷硬质基底上，经过高温固化后，进一步测试了在三种基底表面涂层的亲水性能。水滴在这三种基底表面都可以在 1s 内瞬时铺展，接触角接近 0°（图 4-9（e）），进一步说明了构筑的涂层可以应用于多种基底材料的亲水化表面改性。我们进一步研究了利用无机黏合剂复合其他纳米粒子构筑稳定耐磨的超润湿表面。这里，将无机黏合剂 AP 与二氧化钛、二氧化硅、氧化铝复合，喷涂到多种基底表面，包括不锈钢网、陶瓷片、玻璃。与之前的测试相似，我们采用砂纸磨损实验研究了上述制备的表面的机械稳定性能。经过 100 次的摩擦循环测试，TiO_2-AP，SiO_2-AP，Al_2O_3-AP 涂层在各种基底表面基本保持完好无损，同时依旧具有优良的水下超疏油性能，而且其质量损失都小于 10%。我们通过检测了摩擦磨损破坏后涂层表面的形貌结构和化学组成的变化，来分析研究包覆在不锈钢网表面的 SiO_2-AP，Al_2O_3-AP 涂层的机械强度。经过 100 次的摩擦破坏后，SiO_2-AP，Al_2O_3-AP 涂层在不锈钢网表面保持完整，同时组成涂层的主要元素都可以在表面被均匀地检测到。这就说明了我们制备的涂层具有非常好的普适性，即 AP 无机黏合剂可以复合多种纳米粒子在多种基底材料表面构筑稳定耐磨的超亲水-水下超疏油涂层。无机黏合剂在构筑机械稳定性表面上起到了举足轻重的作用。针对 AP 黏合剂，我们提出了一个简单的黏结机理以更好地研究和认识无机黏合剂在构筑稳定亲水化表面的机制。内聚力和黏附力是这类黏合剂的两个主要特点。前者需要在连续的结构中形成黏结相。在形成连续结构之前，黏合剂要形成均匀的分散体系以便于离子流动。这里，水的加入就是为了促进 AP 的分散和溶解。此外，黏合剂的活性官能团可以通过缩成-聚合反应形成连续网状结构。无机黏合剂 AP 中含有大量的羟基基团和 P=O 不饱和活性双键，通过分子间缩合和分子内缩合可以形成交联网状结构，这就大大增强了 AP 和纳米粒子之间的内聚作用力，因而赋予涂层很高的机械强度。此外，涂层还需要与基底材料具有一定的黏附力，这种作用力主要依赖于黏结相和基底表面的分子间引力。无机黏合剂 AP 中大量的氢键可以与陶瓷基底或金属基底形成氢键或者金属离子-氧离子的配位络合作用，从而增强了涂层与基底表面的黏附力。总而言之，无机黏合剂 AP 的黏结机理主要是自身含有的大量羟基和不饱和活性双键，通过类聚合反应形成涂层间很强的内聚力；同时，利用配位或者氢键的分子间作用，可以大大增强涂层与基底的作用力。在两者的协同作用下，可以在各种基底表面构筑稳定耐磨的超润湿界面。

超润湿表面材料在经受外界机械作用力后，其微纳米复合结构易遭受破坏，进而功能丧失，最终影响其实际应用。最近，水下超疏油滤膜广泛应用于油水分离领域，这类超润湿滤膜具有明显的优势，比如高通量、低膜压差以及优异的循环使用性能。但差的稳定性依旧是制约这类材料发展的主要瓶颈问题。传统的滤膜过滤方式都是终端过滤，即将混合溶液置于膜的上层，在压强差的推动下，小于膜孔的颗粒透过膜，大于膜孔的颗粒则被膜截留。但是，随着时间的增加，膜面上堆积的颗粒也在增加，过滤阻力增大，膜渗透速率下降。与此不同的是，新型的错流过滤法在过滤过程中流经膜面的料液会产生较强的剪切力，可以把膜面上滞留的颗粒带走，从而使污染层保持在一个较薄的水平。针对固含量超过 0.5%的混合物，错流过滤具有更明显的优势。然而，其高的剪切作用力要求滤膜具有高的机械强度。这里，我们制备了三种水包油乳液（正己烷、石油醚、异辛烷）。将制备得到的 TiO_2-AP 修饰的不锈钢网经受高强度的砂纸摩擦破坏后，继续应用到乳液的分离检测中。整个分离过程的驱动力是重力。滤液中油的含量用 COD 值来表征。通过表征原始的水包正己烷乳液和分离后得到的滤液的光学照片与显微镜照片可以看出，原始的乳液显示乳白色，同时含有大量的粒径介于微米和亚微米尺度的油滴颗粒；而分离后得到的滤液清澈透明，同时在显微镜的镜头中，没有颗粒物质出现（图 4-9（g））。此后，我们进一步研究了 TiO_2-AP 修饰的不锈钢网在经历不同程度的砂纸磨损实验后对乳液的分离性能。每摩擦 10 次后，TiO_2-AP 修饰的不锈钢网就用来分离水包油乳液，其对应的流速和 COD 值分别大于 200L/(m^2 · h）和小于 50mg/L（图 4-9（h））。对于不同的乳液，我们利用原始的和摩擦 100 次后的 TiO_2-AP 修饰的不锈钢网来对其分离。从具体的流速和 COD 值可以看出，摩擦前后的滤网分离流速和效率没有明显的改变。这主要是由于涂层具有高的机械强度，即使经过高强度的摩擦破坏，涂层依旧完整地包覆在金属网的表面。因此，无机黏合剂构筑的超润湿表面在极端环境中的稳定高性能污水处理实际应用中具有非常有意义的潜力。

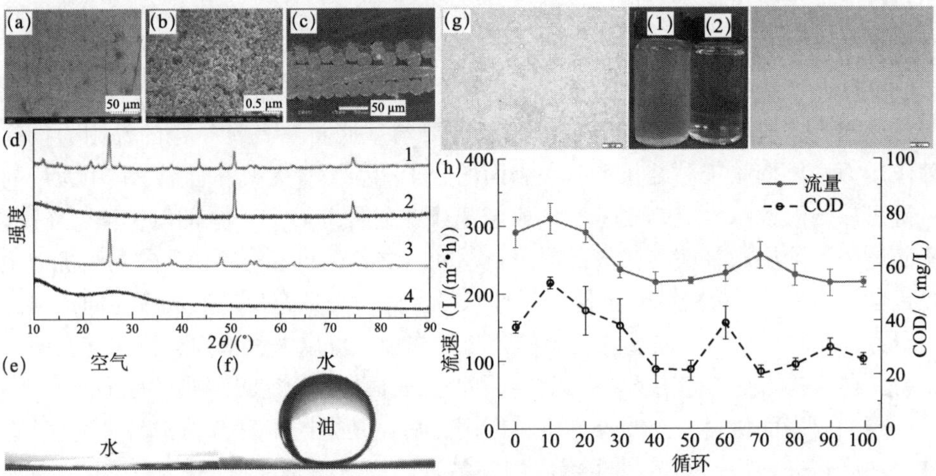

图 4-9　TiO_2-AP 处理的不锈钢网的（a）和（b）表面 SEM 图，截面 SEM 图（c）和 XRD 图谱（d）；（e）水滴在空气中 TiO_2-AP 处理的不锈钢网的润湿状态；（f）油滴在水下 TiO_2-AP 处理的不锈钢网表面润湿状态；（g）用 TiO_2-AP 处理的不锈钢网进行表面活性剂稳定的水包油乳液的分离前后，液滴的光学显微镜照片；（h）用 TiO_2-AP 处理的不锈钢网进行不同循环的乳液分离实验后，其流速和 COD 值的变化曲线

除了差的稳定性以外，超润湿表面的微纳米复合结构往往还容易遭受污染问题，比如吸附杂质物质，尤其是两亲性物质，这就必然导致润湿性的改变，从而严重制约了超润湿表面长期的使用性能。这里，无机黏合剂 AP 作为构筑单元制备耐磨稳定的超润湿表面。其中，选择具有一定功能的纳米填充颗粒可以赋予涂层特定的功能属性。这里，具有光催化活性的 TiO_2 纳米颗粒 P25 可以赋予制备得到的 TiO_2-AP 涂层优异的光催化性能和抗污-自清洁性能。TiO_2-AP 涂层是由大量分布均匀的纳米颗粒构成的，这无疑极大地增加了涂层表面的比表面积。利用 P25 的光催化性能，我们可以将 TiO_2-AP 涂层应用到污水中染料的降解。经过 7h 的紫外线照射，TiO_2-AP 涂层包覆的不锈钢网可以将溶液中的罗丹明 B 染料完全地降解，说明制备的涂层具有优异的光催化活性。此外，我们选用典型的两亲性物质油酸来探究 TiO_2-AP 涂层的抗污-自清洁性能。制备得到的 TiO_2-AP 涂层包覆的不锈钢网具有空气中超亲水-水下超疏油的性质，水滴会在其表面完全铺展润湿，接触角接近 0°，而在水中油滴的接触角在 150°以上。被油酸污染以后，涂层表面的水的接触角变为 60°左右，而在水中油滴会在涂层表面铺展浸润，其接触角值接近 0°，这说明涂层被油酸吸附后润湿性发生了质的改变。利用二氧化钛纳米颗粒的光催化活性，吸附的两亲性物质可以在紫外线辐照下发生降解，被油酸污染的表面经过一定时间的辐照后又重新变为空气中超亲水-水下超疏油。

此后，我们进一步测试了涂层自清洁性质与砂纸摩擦破坏之间的关系。首先将 TiO_2-AP 涂层包覆的不锈钢网浸泡在油酸乙醇溶液中，取出测其水下油滴接触角，此后将其紫外辐照 1h，再测其水下油滴接触角，随后用砂纸将其摩擦 10 个循环。这样为一个大循环。样品测试 10 个大循环。在 10 个大循环测试中，油下水滴的接触角一直保持着这样的变化规律：由最初的 150°变为 0°，随后又变为 150°。这说明，制备得到的 TiO_2-AP 涂层即使经过高达 100 次的摩擦后，依旧保持良好的抗污和自清洁性能。我们认为“无机黏合剂＋功能性纳米颗粒”这种制备策略为构筑稳定耐磨多功能超润湿表面提供了非常有借鉴意义的思路。

硅藻土由于其本身的亲水性和高的比表面积一般被设计成超双亲材料，制备的材料具有水下超疏油或油下超疏水等特点，分离过程中通过预先润湿水相或者油相进而达到过水阻油或过油阻水式的转化，可实现多种不同密度的分层油水混合物的高效分离。火山岩由于其坚固的性质，可以完全取代有机黏合剂，通过其无机黏合作用可以构筑具有优异坚固性能的水下超疏油材料，可用于高效分离水包油型乳液。因此，岩土类自然超润湿材料由于其独特的理化性能在油水分离领域起着重要的作用，为发展机械及环境耐受性强的超润湿表面与适于工程化的油水分离材料提供了新的思路。

4.7 羟基磷灰石

羟基磷灰石（$Ca_{10}(PO_4)_6(OH)_2$，HAP）是脊椎动物骨骼和牙齿的主要无机组成成分，具有良好的生物相容性、生物活性、骨传导性，且具有一定的吸收能力。HAP 中 Ca/P 为 1.67，羟基磷灰石的密度为 3.16g/cm^3，折射率为 1.64～1.65，脆性大，微溶于水，其水溶液呈弱碱性，易溶于酸和难溶于碱[208]。HAP 晶体属于六方晶型[209]，晶胞的各角被氧原子占据，磷、钙原子位于晶胞内部，构成复杂的晶体结构。从 HAP 的化学式可以看出，单位晶胞中包含 2 个 OH^-、10 个 Ca^{2+} 和 6 个 PO_4^{3-}。其中，OH^- 位于晶胞的 4 个角上，6 个 PO_4^{3+} 分别位于 $z=1/4$ 和 $z=3/4$ 的位置，组成四面体结构[210,211]，10 个 Ca^{2+} 分别占据两种位置，即 $Ca^{Ⅰ}$ 位置和 $Ca^{Ⅱ}$ 位置。10 个 Ca^{2+} 有 4 个占据 $Ca^{Ⅰ}$ 位置，即 $z=0$ 和 $z=1/2$ 位置各 2 个，该位置处于 6 个 O 原子组成的 Ca-O 八面体的中心。$Ca^{Ⅰ}$ 位置的 Ca^{2+} 与 6 个 PO_4^{3-} 四面体中的 9 个角顶上的 O 原子相连，在整个晶体结构中组建了平行于 c 轴的大通道。还有 6 个 Ca^{2+} 位于 $Ca^{Ⅱ}$ 位置，即在 $z=1/4$ 和 $z=3/4$ 的位置各 3 个，它们与相邻的 4 个 PO_4^{3-} 四面体中的 6 个 O 原子相连，且该位置处在 3 个 O 原子组成的三配位体中心。其多面体围绕六次螺旋轴分布，构成平行于 c 轴的螺旋六重对称性结构通道，OH^- 位于由 Ca^{2+} 和 O 原子形成的垂直于 c 轴平面的等边三角形的中心，形成一种类似离子交换柱的结构[209]。这种结构使 HAP 晶胞具有较好的结构稳定性。

众所周知，HAP 具有很多优良的性能，包括良好的生物相容性、生物活性、可降解性以及一定的吸附能力。下面将进一步分析这些性能。HAP 的组成成分及结构与天然骨极其相似，因而具有优良的生物活性、生物相容性等特点[212]。许艳慧等[213]采用硝酸钙和磷酸氢二铵作为反应体系，制备出纳米 HAP 并研究了其细胞毒性。采用 MTT 比色法对原代培养的人牙周膜成纤维样细胞和小鼠的成纤维细胞 L-929 的相对增殖率进行检测。研究结果表明纳米 HAP 显示出较高的细胞增殖率，说明纳米 HAP 无细胞毒性。Zhao 等[214]为了研究 HAP 的生物相容性，将不同形貌的 HAP 纳米颗粒分别与人正常肺上皮细胞以及鼠的巨噬细胞混合进行培养。结果表明，细胞的存活率与 HAP 颗粒的浓度有关，随着 HAP 浓度增大，细胞存活率降低，但细胞存活率均不低于 80%，说明 HAP 纳米颗粒具有较好的生物相容性。HAP 具有表面吸附性。HAP 的表面存在 3 种可能的状态，即 3 个吸附位点。当 OH^- 位于晶体表面时，该位置的 OH^- 和两个 Ca^{2+} 相连接，若处于水溶液中，该表面的 OH^- 至少在某瞬间空缺，剩余两个带正电荷的 Ca^{2+} 而形成一个吸附位点，该位点能吸附某些羧基基团以及大分子磷酸根基团。当 Ca^{2+} 位于晶体表面时，部分 Ca^{2+} 与 3 个带负电荷的 O 原子相连，另一部分与6个带负电荷的O原子相连，处于水溶液中时，表面的Ca^{2+}在某一瞬间缺失，连接6个O原子的Ca^{2+}位置就形成了一个较强的吸附位点，而连接3个O原子的Ca^{2+}位置则形成了一个较弱的吸附位点，能够吸附阳离子如K^{+}、Sr^{2+}、Ca^{2+}以及蛋白质分子的某些官能团。当PO_4^{3-}处于HAP晶体表面时，PO_4^{3-}可以通过氢键与蛋白质分子结合，且当溶液中酸性越强时其吸附能力越强[215,216]。此外，HAP本身也是一种可降解材料，在人体内能够释放出钙、磷离子参与机体的钙磷代谢，并且骨移植时能在植入部位参与骨的沉积和重建。其降解方式主要有两种：被动吸收降解和主动吸收降解[217]。该过程受到材料的成分、晶体特性、多孔结构及环境pH等因素的影响。主动吸收降解是指材料植入体内后，被体内的巨噬细胞、多核细胞、破骨细胞等吞噬分解的过程，其主要受到材料植入部位及破骨细胞活性等因素的影响。HAP降解产生的钙离子一部分进入体内的钙库以不溶性盐的形式稳定地存在于骨组织中，参与骨的重建来进行钙循环；另一部分随体液循环进入机体各脏器组织中进行代谢然后排出。因此HAP可以从众多的生物材料中脱颖而出，被广泛用于人工骨修复、药物缓释载体、催化剂、传感器、光电材料、化学和环境工程等领域。HAP在上述应用中的性能很大程度上取决于它的微晶尺寸、化学成分、三维体系结构和形态。

近年来，以有机模板或表面活性剂作为助剂制备的三维结构的HAP材料已成为一个热门的研究领域。通过仿生自然界荷叶结构，研究者们构筑了HAP颗粒；通过仿生自然界苎麻叶网状结构，研究者们构筑了HAP纳米线。上述材料通过适当的后期处理，可以实现油水分离材料的构筑，下面，我们将从HAP颗粒以及HAP纳米线方面介绍其构筑的材料，进而用于油水分离。

一般而言，构筑HAP材料的方法大致分为如下几种：利用各种有机、无机材料作为模板，可以制备多孔HAP材料。利用三维纤维编织成的网状结构为模板制备多孔HAP，这种多孔结构适合细胞生长、繁殖和黏附[218]。以Na_2EDTA为模板可以合成表面呈花瓣状结构的多孔HAP球，而且Ca-P的浓度较低时易于生成纯HAP，模板量越多，孔结构可能会越少[219]。直接将另一种有机物模板和预制的HAP粉末压制成确定的形状；或者使材料层层自组装成球状，而后通过高温煅烧或者溶剂溶解除去中心物质或有机物，形成空心或多孔结构[220]；或者使阴阳离子表面活性剂材料自组装在另一种在高温下易分解的材料表面形成球状，再经高温处理除去中心物质，形成中空结构[221-224]。直接将HAP与其他物质配制成胶体浇注到多孔支架型模具中固化后除去支架模具也可制备多孔材料[225,226]。其他借助于模板或者模具的方法[227]也是制备多孔HAP常用的方法。水热合成法是在液相中制备纳米粒子的一种方法。一般是在100～350℃和高气压环境下使无机或有机化合物与水化合，通过对加速渗析反应的物理过程的控制，得到改进的无机物，再过滤、洗涤、干燥，从而得到高纯纳米粒子。超细的各类微粒子纯度高，分放性好，粒度易控制。采用水热合成的方法也可以生成空心纳米球状材料。反应参数如温度、时间、pH 和表面活性剂对最终得到的产物有较大的影响[228]。同样，以琼脂糖为凝胶剂，应用溶胶-凝胶法的基本原理，可以将 HAP 粉末制成多孔的 HAP 泡沫[229]。

造纸术是中国四大发明之一，纸是人们智慧和劳动的结晶。由传统植物纤维构筑的纸已经成为我们日常生活中不可或缺的一部分，它可用于食品包装、信息传递和储存等方面[230-232]。但传统植物纤维构筑的纸张由于表面有很多羟基，极易被水润湿和被火燃烧，这些突显的短板问题使得其强度在很大程度上限制了其在多个领域的使用[233-235]。因此开发具有可控润湿性材料表面是一个有意义的研究方向。倘若我们赋予纸张防水甚至是超疏水的性能，则它将发挥更大的实际作用。基于上述问题，研究者们构筑出了多种多样的功能化的纸，纸的结构大多都是微纳米分层结构或者微米亚微米复合结构，最后由低表面能物质修饰[236]。迄今为止，涂覆纳米粒子[237,238]、表面化学接枝技术和等离子体处理[239]、水热法和超临界溶液技术[93]已经广泛地用于制备超疏水纸。然而，存在的问题是上述方法需要专门的仪器而且这个过程通常很复杂。另一个问题是大多研究只是对其表面进行处理，很难实现内外兼具的超疏水性。纸张的可燃性使得对纸张的耐火性要求越来越高。大多数类型的纸张不能经受住火的燃烧，一旦着火，大量珍贵的书籍文献将毁之一炬，并且火灾会造成不可挽回的损失，这些因素都在很大程度上限制了其应用。

在实际的研究中，在纤维素中添加一些阻燃剂，如氢氧化镁[240]、碳酸钙[241]、磷酸铵[242]或二氧化硅基[243]的阻燃剂，其实际作用机理是通过脱水和碳化进而影响热解过程。但是，纸在燃烧过程中仍然会发生纤维素的分解，这种燃烧过程对环境和安全有着较大危害。因此，燃烧反应对于纸张而言是限制其实际应用的最大障碍。上述问题促使我们设计和发展有效且环保型纸张阻燃体系。此外，纸张的应用不只限于防水性，在纸张原有的优质性能的基础上赋予其抗菌性能对于生物医药和食品包装有着重要的意义。对于纸张的抗菌性能而言，在保证对人体安全无害的情况下，不仅要防止细菌与抗菌纸接触，而且还需要满足当抗菌纸接触细菌时，抑制细菌的生长，同时能将其迅速杀死。在生物医疗领域，能够引起感染的微生物大多是大肠杆菌（*E. coli*）和金黄色葡萄球菌（*S. aureus*）[244-246]。因此，抗菌材料引起了研究者的广泛关注。作为广谱抗菌剂，银纳米粒子（AgNP）以及石墨烯掺入纸中可以达到较好的抗菌性[247,248]。然而，这些抗微生物剂有时是不稳定的，可能导致细胞毒性。在使用的过程中也改变了纸张基底的原有属性，可能会妨碍纸张产品最终的应用。HAP 是一种重要的生物材料，主要存在于骨骼的主要组成部分[249-251]。由于其无毒无害并且有良好的生物相容性，以及可持续绿色发展的优势，HAP材料被广泛地应用开发。Zhu等[252]采用水热法合成的超长HAP纳米线，是构建纸张的理想选择。由于HAP纳米线本身具有耐火性，用它作为原材料构筑纸张有望改进传统纸张易燃烧的缺点，并且通过赋予其超润湿性可使它用作一种吸附可燃废油的吸附剂。ZnO由于无毒、低成本和可控结构已经成了用于表面改性的一种较为理想的粒子[253]。此外，ZnO颗粒可以增加材料的表面粗糙度。到目前为止，关于兼具水火相容特性的纸张的文献很少出现。在这项研究中，我们打破了传统材料水火不容的思路，通过仿生自然界苎麻叶网状结构，用水热法合成HAP纳米线，调控掺杂的ZnO颗粒的负载量，从原材料出发，不需要任何修饰剂构筑了防水耐火纸，构筑的纸张表现了内外兼具的性能[254]。此外，构筑的纸张表现出了良好的抗菌性，不仅可防止细菌黏附，而且可以迅速杀死细菌。整个构筑过程不需要任何大型和复杂的设备，成本极低，可用于大面积工业化生产。这种超疏水耐火无机纸及其绿色环保的构筑方式使其应用于工业和生物医药领域成为可能。从工业生产的角度来看，这类无机纸的构筑过程可以减少环境污染和能源消耗。因此，这项研究将为传统造纸业提供全新的思路，并且强调了无机纸潜在的应用价值。

迄今为止，石油泄漏造成的水污染已成为一个迫切需要解决的世界性问题，油水污染物的有效处理势在必行。因此，对合成具有高效油水混合物分离功能的材料的要求越来越高。此外，材料成本高，设备昂贵，以及复杂的构筑过程都使得那些具有特殊润湿性的材料大规模应用到油水分离变得异常艰难。虽然特殊的润湿性油水分离材料在处理石油泄漏事故和工业油污水中显示出巨大的潜力，但这个领域仍然面临着很多挑战，还存在着一些在它们可以取代传统的分离技术之前需要解决的问题。首要的是，设计和合成坚固耐用的粗糙表面结构材料，对于特殊的润湿性油水分离材料而言是一个很大的挑战。原始多孔基质材料通常提供预先存在的微尺度粗糙度，借助分形理论，为了获得极端润湿状态，需要纳米级结构来形成典型的分层结构，进而实现超润湿性能。但是，大多数表面的微观结构十分精细，这种结构都很容易受到外部影响，包括机械压力损坏和化学污染，这极大地限制了油水分离材料的实际应用。

事实上，制备的超疏水耐火纸具备的三维网络结构、超疏水性和耐火性能使其成为快速移除易燃油的理想材料。我们通过模拟分层的油水混合物进行超疏水耐火纸的油水分离测试。实验结果表明，超疏水耐火纸具有出色的吸油能力，可以快速地分离分层油水混合物中的油。当把超疏水耐火纸接触漂浮在水上的正辛烷（用苏丹红Ⅳ染色以便清晰观察）时，正辛烷可以在10s内迅速地被吸收。此外，吸附剂的可循环再利用性质对于处理油水混合物具有很好的实用价值。对于一般的油或水的吸附剂而言，大概处理价值较高的油时，通过挤压收集是一种简单的方法。然而，这种方法不适用于纸基材料。因此，为了实现吸附剂的循环利用，燃烧吸附有废油的耐火纸可能是一个理想的选择。值得注意的是，经过油吸附-燃烧实验后的耐火纸仍然可以保持原始的颜色，并且其超疏水性仍然存在。结果表明，油吸附和燃烧对纸的润湿性没有明显影响。即使经过 30 次循环实验，水滴仍然可以在耐火纸上呈圆球状。同时，在经过 30 次循环实验后，其交错的 HAP 纳米线和附聚的 ZnO 颗粒清晰可见，证实了结构和化学组分的完整性。这些性能可以进一步拓展纸基材料在实际生活生产中的应用，可以使超疏水耐火纸成为油水混合物快速而高效的一种吸附剂。因此，我们不需要任何修饰剂，仅通过调控表面粗糙度构筑了具有分层网络结构的超疏水耐火纸。在最优化条件下，制备的无机纸不仅表现出了优异的超疏水性，而且表现出了良好的耐火阻燃性。当控制 ZnO 的负载量为 0.8g 时实现了 154°的最大接触角，进一步增加或减少 ZnO 的负载量将会导致接触角的减小。尽管表面粗糙对材料表面润湿性起着至关重要的作用，但是过多的 ZnO 的负载量将会导致接触角的减小。这种优异的超疏水性是由交错的 HAP 纳米线和 ZnO 颗粒相互协同作用对表面粗糙度的贡献造成的。以 HAP 纳米线作为原材料构筑的无机纸具有超疏水性、优异的耐火性、稳定的耐受性（面对剧烈摩擦磨损、沸水和酸碱溶液）、可循环使用性以及良好的抗菌性。值得注意的是，超疏水耐火纸可以用于快速的油水分离，并且通过将油进行燃烧可以实现材料的循环再利用。即使经过油燃烧处理，其结构的完整性导致超疏水性仍然存在。此外，即使经过 500℃高温处理，超疏水耐火纸的水排斥性依旧存在。同时，特殊的分层结构内外兼具的超疏水性，使得其即使经过剧烈的摩擦磨损，原有的性质可以保留，表现出了良好的机械耐受性。这种超疏水耐火纸可能是造纸行业的一个重大突破，为纸的整个构筑过程提供了灵感和思路，并且由于其价格极其低廉且环保，可以大面积生产使用。

如今，有毒物质的泄漏和不断增加的含染料的工业废水的排放对人们的健康和周边环境造成了巨大的威胁[255-257]。一方面，泄漏的石油排放到环境中会对周边的生态造成不可逆转的破坏，很大程度上影响了人们的日常生活[258,259]。此外，由于对含油废水处理机制不明确，难以实现含油废水的高效分离处理，特别是乳液中复杂的相使得对其分离具有很大的挑战性。另一方面，由于其复杂的芳香分子结构，含染料废水难以通过热、光或氧化剂净化等去除[260-263]。因此，灾难性的水污染事故的频繁发生以及对环境造成的影响使得设计和构筑一种低成本和环保的材料用于可选择性地吸附污染物成了研究的重点和难点。由于快速的工业化和城市化，空气污染也成为一个主要的不容忽视的环境问题，并且污染导致的一系列问题对公众健康和整个生态气候造成了不利影响[264-266]。在空气污染类型中，颗粒物物质（PM），包括 PM2.5（颗粒直径约为 2.5μm）

和 PM10（颗粒直径约为 10μm），是有毒的，并且一旦被人体吸入，难以通过医疗手段进行消除。因此，对空气进行过滤是一种常见且有效的可以去除空气中的 PM 的方法。

一般来说，多孔过滤膜和纤维滤纸被认为是最有效的空气净化材料[267,268]。然而，当应用于实际情况时，如高温环境，这些膜基的空气过滤材料容易被破坏。因此，设计和开发耐高温、高效且成本低的新型空气吸附净化材料迫在眉睫。金属有机骨架（metal organic frameworks，MOF）是一种由金属离子或簇和有机配体连接而成的新型多孔结晶材料。这类新型材料在气体选择性分离、催化、传感和污染物吸附上表现出了巨大的潜在应用前景[269]。其特殊的比表面积和均匀的孔隙尺寸，具有不同的金属中心、可控的功能基团以及电性使得 MOF 材料成了一种可用于多领域的环境净化及污染物吸附的理想材料。因此，将 MOF 制造成功能器件（膜或者纤维）已成为一种研究趋势，可以使它们适合真正的应用[270-273]。一般来说，上述的 MOF 基材料对于工作温度范围有着较差的耐受性，并且其稳定性需要大幅度改进和提升[274]。同时，构筑可以用于处理多重污染体系的 MOF 基材料仍然是一项挑战。因此，设计和构筑柔性且坚韧的可以适应高温和苛刻条件同时可以大面积生产的 MOF 基材料成了研究的热点。

到目前为止，同时具有乳液分离、PM 去除和染料吸附特性的无机纸的相关研究在文献中几乎鲜有报道。而且，过高的温度也将会完全破坏无机纸的结构。在一系列基础材料中，HAP 具有优异的耐火性和无毒性，被认为是一种具有潜力的生物基材料。基于此，我们报道了一种简易且环保的用于制备 MOF 基无机纸的方法，制备的多功能无机纸具有一定的柔韧性，可以同时用于固体或者液体污染物的去除[275]。该无机纸是以水热合成的 HAP 纳米线作为原材料，整个纳米线材料是绿色的、低成本的和易于规模化制备的。此外，由于合成的 NH_2-UiO-66 上的功能特性可以确保其与污染物和染料之间有着强的相互作用，我们通过合成和使用具有活性位点的 NH_2-UiO-66 作为负载粒子来进行空气净化和染料吸附。另外，负载有 NH_2-UiO-66 的无机纸表现出了空气中超亲水性和水下超疏油性，可用于水包油乳液的快速高效分离。因此，制备的多功能性无机纸显示出了去除液相和固相污染物的巨大潜力。

首先以乳液分离为例（选取的乳液为表面活性剂稳定的水包石油醚乳液），优化 NH_2-UiO-66 在 HAP 纳米线上的负载量以进一步地用于高效的乳液分离。显然，随着 NH_2-UiO-66 负载量的增加，润湿性能从亲水性变为超亲水性。而且，对于不同负载量的 NH_2-UiO-66，其乳液分离的效率和流速也发生较大的变化，当 NH_2-UiO-66 的负载量为 0.2g 时，其乳液分离的效率约为 99.5%。然而，进一步增加负载量，NH_2-UiO-66 的积聚使得孔径变小，导致流速大幅度降低。对于染料吸附而言，当 NH_2-UiO-66 的负载量大于 0.25g 时，在同样的外压条件下，含染料污水很难通过负载 NH_2-UiO-66 的 HAP 纳米线纸。因此，在不影响乳液分离效率的前提下，为使染料吸附能正常进行，我们将 NH_2-UiO-66 的最合适负载量确定为 0.20g，接下来的乳液分离、PM 移除以及染料吸附均在负载有 0.20g NH_2-UiO-66 的 HAP 纳米线基耐火纸上进行。原始纸和多功能纸的表面润湿性及其行为通过接触角分析仪进行测试。当水滴（5μL）在空气中分别直接接触原始纸和多功能纸时，其动态润湿行为和过程通过摄像系统进行捕获和记录。有趣的是，水滴在原始无机纸表面慢慢扩散和润湿，然而，当把水滴加到多功能纸的表面时，水滴迅速在其表面进行铺展和润湿，速度极快（0.12s）。多功能耐火纸的超亲水性可以归结为极性的 Zr 元素与羧基形成的键以及有机配体上的 $-NH_2$ 等亲水基团可以通过毛细力作用将水渗透进而润湿其表面，并且空气中水的接触角为 0°，说明多功能耐火纸具有超亲水的性质。除此之外，多功能耐火纸的表面表现出水下对油（1，2-二氯乙烷）的低黏附性，油在其表面上很容易移动。即使在一定的压强下，油滴可以完全离开表面，没有任何残留，表现出优异的超低油滴黏附力。此外，我们选取不同的油（包括轻油和重油）用于测量水下油的接触角。实验结果表明，多功能耐火纸表现出了对不同种类油具有出色的水下超疏油性。所有的 OCA 都大于 150°，SA 小于 10°（图 4-10（c））。多功能耐火纸的超亲水性和水下超疏油性，以及交错的 HAP 纳米线形成的三维网状结构使其可以实现油水分离，尤其是乳液分离。已经建立的介孔结构能够为成功进行水包油的乳液分离提供结构基础。实验中，我们选取三种典型的表面活性剂稳定的水包油乳液（油的种类分别为石油醚、正辛烷和二氯乙烷）。我们发现，乳液中的水很难在重力作用下进行破乳作用进而渗透通过多功能耐火纸。因此，我们接下来的所有乳液分离实验在 0.2bar 的压强下进行。分离性能的好坏通过光学显微镜、COD 以及 TOC 进行判定。COD 是一种乳液分离后收集的滤液中有机物含量的表征手段。我们最初分离吐温 80 稳定的水包石油醚乳液，其中吐温 80 的浓度为 0.1g/L。以此为例，分离前的乳液呈现乳白色，而经过乳液分离实验后，收集的滤液呈现干净透明的颜色。通过光学显微镜观察其液滴状态，可以看出石油醚乳液中含有大量的油滴，相反的是，在滤液中观测不到任何的油滴，实验结果说明水包石油醚乳液中的油已经成功地被多功能耐火纸分离（图 4-10（b））。为了评价乳液分离的性能，测试和记录每两个循环结束后的平均流速和 COD 值。

此外，材料的可重复利用性也是决定其应用潜力的重要因素。基于此，我们对多功能耐火纸的乳液分离的重复性进行了测试。在经过每一次乳液分离后，用无水乙醇冲洗多功能耐火纸表面 3 次，并在真空烘箱中干燥 6h 后进行重复实验。在每个循环中，多功能耐火纸在 0.2bar 的压强下进行水包石油醚乳液的分离。即使经过 10 次循环实验，其 COD（17mg/L）仍处于较低的数值，并且流速（980L/(m^2 · h)）没有发生明显的变化。此外，分离效率能到达到 99.5%（图 4-10（d））。类似地，用多功能耐火纸分离其他两种乳液。对于水包正辛烷乳液，其 COD 为 13mg/L，流速为 688L/(m^2 · h)；对于水包二氯乙烷乳液，其 COD 为 118mg/L，流速为 762L/(m^2 · h)。上述乳液的分离效率分别为 99.6% 和 97.2%，与同类分离材料相比，多功能耐火纸的乳液分离效率高于一些金属网材料[276]、膜[277]或者 ZnO 基[278]的纸。实验中，随着乳液分离循环次数的增加，滤液的 COD 值和流速均有一定程度的下降，深究其原因（以水包石油醚乳液为例），可能是：一方面，作为由交错的 HAP 纳米线和 NH_2-UiO-66 构成的三维网状结构，这种特殊的结构难以保证孔隙的均匀性；另一方面，对于表面活性剂稳定的水包油乳液，油滴的大小难以控制，不可能使得每一个油滴处于相同的尺寸范围内。事实上，随着循环次数增加，在进行重复破乳处理后，留在纸表面的尺寸特别微小的油滴由于嵌在深层的纳米线形成的凹槽内，没有被乙醇清洗，造成了一定的孔的堵塞，使得孔的尺寸变小，这些油滴可以防止其他更小油滴渗透过表面，即其他（极少）有可能通过耐火纸的油滴在更小的孔的条件下也不能成功渗透，因此流速变小而且 COD 值也减小，分离效率提高。整个乳液分离的机制是：当水包油乳液接触多功能耐火纸时，HAP 纳米线的网状结构和 NH_2-UiO-66 的颗粒的协同作用使得乳液变得不稳定并且发生变形，会在其表面进行破乳过程，表面的亲水性使得水能够迅速铺展并润湿其表面，水相的铺展使得油相难以通过，最终达到乳液分离的目的（图 4-10（a））。

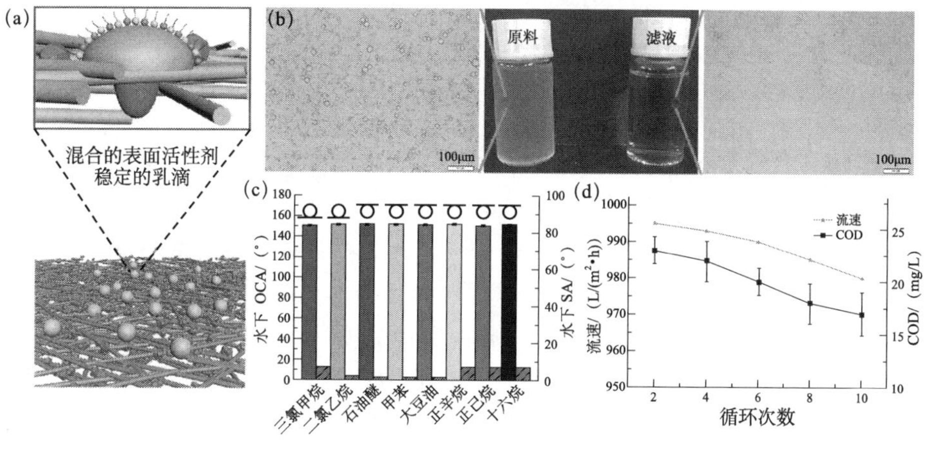

图 4-10　乳液分离（石油醚）。(a) 乳液分离过程中，破乳过程的静态模拟图；(b) 乳液分离前后液滴的光学显微镜照片；(c) 多功能耐火纸的水下不同油的接触角，插图为水下不同油滴在多功能耐火纸表面的光学照片，油的类型从左到右分别为三氯甲烷、二氯乙烷、石油醚、甲苯、大豆油、正辛烷、正己烷、十六烷；(d) 乳液分离过程中，随着循环次数的增加，流速和 COD 值的变化图

与一般吸附剂（例如活性炭和活性 Al_2O_3）相比，MOF 材料由于其可控的结构和高的比表面积成为多功能和高效的吸附剂[279,280]。此外，各种复杂的相互作用（静电相互作用、π-π 共轭作用和氢键）可以发生在 MOF 和染料分子外表面之间。此外，大尺寸的染料分子很难进入 MOF 的孔道内[281]。因此，MOF 的表面性质对染料吸附有很大影响。为了评价多功能耐火纸的染料快速吸附的能力，我们选择了两种不同浓度的（10mg/L，20mg/L，30mg/L，40mg/L，50mg/L）典型染料，分别是阴离子染料（MO）和阳离子染料（MB），进行染料吸附分离实验。我们通过收集染料吸附分离后的滤液，分别用紫外分光光度计在 665nm（MB）和 464nm（MO）测量吸光度。我们选取 50mg/L 作为目标浓度，很显然，MB 几乎完全被吸附到多功能耐火纸上，经过染料吸附后的滤液几乎是透明无色的。但是，在同样的条件下，MO 表现出了相对较弱的吸附能力，经过染料吸附后的滤液为浅橙色。此外，用不同浓度的 MB 和 MO 溶液进行染料吸附去除实验，结果表明多功能耐火纸对 MB 的吸附能力强于对 MO 的吸附能力。经过染料吸附后的 MB 的浓度明显低于在同样条件下的 MO 的浓度，这意味着多功能耐火纸有着阴阳离子染料选择性吸附的能力。为了验证上述实验结果，对 SEM-EDS 进行表征，经过染料吸附后，属于 MB 的 Cl 元素和属于 MO 的 Na 元素可以被检测并且均匀地分布在多功能耐火纸的表面。多功能耐火纸对于阴阳离子染料的选择性吸附的机理解释如下：由于 MB 和 MO 两种染料分子尺寸较大，因此不可能进入 NH_2-UiO-66 的孔洞内部，因此所有的染料分子会吸附在多功能耐火纸的表面。一方面，对于 MB 而言，MB 电离的质子很容易进入介孔 NH_2-UiO-66 的内部，进而被—NH_2 捕获产生—NH_3^+[282,283]。在这种情况下，为了保持电荷平衡，理论上，NH_2-UiO-66 的外表面应带负电荷，因此可以与阳离子染料进行静电相互作用，达到阳离子染料吸附去除的效果。而且，HAP 纳米线本身带有的负电荷在吸附 MB 中也起着至关重要的作用。另一方面，至于 MO，在这种情况下，NH_2-UiO-66 的电荷没有变化，在 NH_2-UiO-66 表面和 MO 之间存在着直接的静电相互作用，导致可以进行低浓度的 MO 的吸附去除。此外，吸附物（MB）可以通过氢键与 NH_2-UiO-66 结合，促进阳离子染料在 NH_2-UiO-66 上的吸附。因此，多功能耐火纸表现出了良好的染料吸附的能力，并且对 MB 的吸附效率高于 MO，分析其吸附机理可以得到，主要的驱动力是染料在多功能耐火纸上的静电吸附，而且苯环之间的氢键也可能促进了 MB 在 NH_2-UiO-66 上的吸附。因此，采用 HAP 纳米线作为原材料，以 NH_2-UiO-66 作为功能化粒子，借助一种简易的可规模化的方法构筑的多功能耐火纸表现出了对固体和液体污染物的高效率吸附，实现了一纸多用的效果。通过调控 NH_2-UiO-66 的量，实现了多功能耐火纸超亲水和水下超疏油的性能，表现出了对表面活性剂稳定的水包油乳液的高效分离。此外，无机纸可以在模拟空气污染的条件下，很容易地捕获和吸附 PM，对于 PM 2.5 和 PM 10 吸附去除的效率分别是 96%和 97.2%。构筑的多功能耐火纸有着大量的孔洞，可以使得空气轻易地流通。在 PM 与多功能耐火纸之间存在的静电吸附是其可以进行 PM 去除的根本原因。此外，多功能耐火纸表现出了对染料的选择性吸附，并且对阳离子染料的吸附效率高于阴离子染料，这可能由于 HAP 纳米线或 NH_2-UiO-66 与染料分子之间存在的静电相互作用和氢键。这项研究将为设计和构筑无机纸并且实现多功能化提供灵感和思路。

4.8 山　药

山药为薯蓣科草质藤本，根茎棒状，长达 33～66cm，最长达 100cm 以上，根少分枝，白色根着生许多须根，具有黏性，断面茎细长，可达丈余。

除了上述自然界中的材料可用于高效的油水分离外，生活中常见的食品也可以通过一定的物理化学手段构筑成超润湿材料，进而用于油水分离。大自然的鬼斧神工推动着超润湿材料的发展，不仅有具有超疏水性的荷叶，也有具有水下超疏油性的鱼鳞[284-286]。更有意义的是，出现了一些超越普通自然现象的超润湿表面，例如山药。具有片状结构的山药表现出了很好的水下超疏油性，并且出现了油下超亲水性。理论上，基于一个高度织构化的结构，水（θ_W）和油（θ_O）的固有接触角（CA）对于材料超润湿性的形成起着至关重要的作用。对于大多数置于空气中的固体而言，油极低的表面张力（γ_O）使得其可以迅速取代固体表面的空气进行铺展，进而润湿固体表面。如果固体超疏水表面有着很高的 θ_W，则水（高表面张力 γ_W）将不能渗透至其粗糙表面[287,288]。在一个固-水-油的三相体系中，高的油水界面张力（γ_{OW}）能够允许超亲水表面从一个液相排斥另一个液相，即是由两亲性高分子材料导致的水下超疏油（$\theta_{O/W}>150°$）和油下超疏水（$\theta_{W/O}>150°$）材料[259,289]。如果构筑的材料更加亲水，则 $\theta_{W/O}$将会减小，但最后不会达到 0°。例如，氧化石墨烯有着很好的亲水性，其 $\theta_{W/O}=90°$[290]。由于固体与水的界面张力（γ_{SW}）通常大于固体与油的界面张力（γ_{SO}），这个体系的整个自由能增加并且这个铺展过程不能进行。

考虑到一致性，van Dijke 和 Sorbie 等重新定义了杨氏方程，并且使用了一个线性假设的过程。因此，在油下的水的接触角（$\theta_{W/O}$）能够被推导成 $\theta_{W/O}=\arccos[2\gamma_S(\cos\theta_W-1)/(\gamma_W+\gamma_{OW}-\gamma_O)+1]$[291-294]。正相反的是，超亲水和水下超疏油界面能够支撑油水体系界面[295]，其中在水中油的接触角（$\theta_{O/W}$）在左上方超过了局部几何角（φ）：$\theta_{O/W}=180°-\theta_{W/O}>\varphi$。因此，在 $\theta_{O/W}>\varphi$ 的情况下，有着很低 θ_W的亲水材料倾向于具有水下超疏油的性能。然而，当 θ_W接近于 0°的时候，构筑油下超亲水材料非常难[296,297]。大自然的生物在亿万年的进化过程中，为了适应外界环境，不断变化自身的结构和组成，形成独特的性质。山药在土壤中为了保持自身的生长，涵养大量的水分。剥去外皮后，山药表面光滑洁白，手感黏而湿滑，这主要是由于山药含有大量的一种多糖蛋白质的混合物——黏蛋白。这类多糖蛋白质含有大量的氢键，因而具有很好的亲水性。此外，通过 SEM 可以看出，表面含有大量粒径在几十微米的颗粒状物质，堆积的颗粒形成大量的孔道和缝隙，从而极大地增加了表面的粗糙度。山药由于自身蕴涵大量的水分，因而具有优异的亲水性，在水下，吸附了大量水的山药表面具有优异的疏油特性，其水下油的接触角 $\theta_{O/W}$ 大于 150°。当将山药置于正己烷中时，水滴与其表面的最初接触角 $\theta_{W/O}$ 为 56°，此后迅速铺展最终变为 0°。为了保持自身新鲜，山药需要保有定量的水分。冷冻干燥后的山药的油下水的接触角变为 130.6°。这说明，山药中储存的水分使得山药具有油下超亲水的性质。

通过仿生山药结构，Liu 等[298]合成了 MOF 材料进而构筑了油下超亲水的不锈钢网，由于其卓越的水的吸附能力，表现出了在水下抗原油黏附的性能，并且可用于水包油型或者油包水型的高效率油水按需分离。制备的 ESSM（etched stainless steel mesh）@PDA@MOF 表面由大量的 MOF 颗粒堆积而成，由于 MOF 颗粒的多孔结构以及大量的金属离子，因而具有很强的亲水性能。有趣的是，我们发现 ESSM@PDA@MOF 表面具有热致变色的特性。原始的浅绿色表面经过吹风机干燥 12s，其表面的水分会迅速蒸发，变为深蓝色。此后，静止放置在空气环境中，经过 70s 左右，深蓝色慢慢消减最终又变为浅绿色。这种热致变色现象主要是由于水分子在 MOF 颗粒的微孔结构中吸附和脱吸附，说明 MOF 涂层可以自发地从空气中吸收水汽。MOF 涂层吸附的水汽不仅会改变其颜色，还会进一步改变其润湿性质。在空气中，水滴一旦接触了 ESSM@PDA@MOF，会立即在其表面浸润铺展，接触角接近 0°。将热处理后的 ESSM@PDA@MOF 浸没到正己烷中，MOF 涂层依旧显现深蓝色。当其表面接触水滴时，可以观察到，水滴会在其表面迅速铺展，同时被水浸润的部分变为浅绿色，说明 MOF 涂层吸水后会变色，同时具有油下超亲水性质。借助其优异的亲水性质，涂层还具有水下超疏油性质，水下多种油滴在原始的不锈钢网表面的接触角为 120°左右，包覆了 MOF 涂层后，油滴在其表面的接触角变为 150°。同时，在水中，油滴在 ESSM@PDA@MOF 表面具有非常低的黏附力，可以轻易地从倾斜的表面滚走。即使在外力作用下，油滴在表面接触变形，一旦被拖拽离开后，油滴也不会在其表面残留（图 4-11（a））。因此，我们制备得到的 ESSM@PDA@MOF 表面不仅具有类山药的结构，还具有相似的润湿特性：超亲水-水下超疏油-油中超亲水。因此，我们进行了一系列防污测试以验证制备的材料对原油具有自清洁能力。当把 MOF 基的不锈钢网浸到原油和水的混合物中时，在水下，制备的材料保持了其原有的自清洁性能，并且原油完全没有污染和黏附到改性的不锈钢网上(图 4-11（b))。然而，当把 MOF 基的不锈钢网放置在空气中用油润湿时，原油很快将其污染，这种自清洁性只是表现在当把 MOF 基的不锈钢网放到水下时。此外，当 MOF 基的不锈钢网已经被原油污染时，倘若用水对污染的 MOF 基的不锈钢网进行冲洗，原油很容易被清除，MOF 基的不锈钢网恢复了其原有的干净表面，即 MOF 基的不锈钢网能够被再次清洁（图 4-11（c)、(d))。

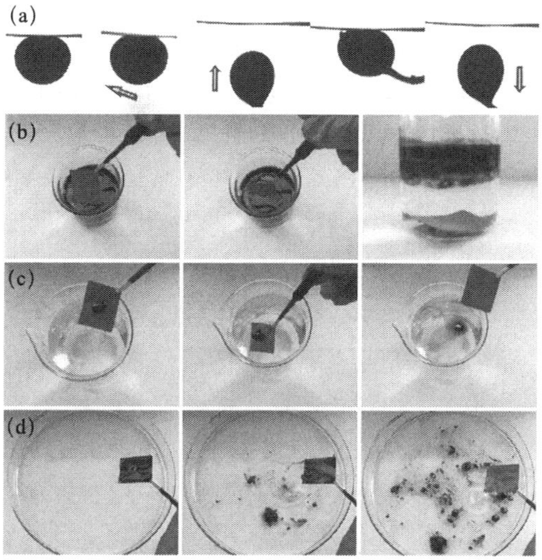

图 4-11　(a) 经过 MOF 处理的不锈钢网的水下油滴的动态黏附行为；(b) 当经过 MOF 处理的不锈钢网接触漂浮在水面的原油时，可以保持其表面的自清洁性；把少量（c）和大量（d）原油滴到经过 MOF 处理的不锈钢网表面上并置于水中时，原油可以迅速地从其表面脱落，保证了经过 MOF 处理的不锈钢网表面的洁净性

相比之下，无 MOF 掺杂的不锈钢网如果被原油污染，原油会紧紧地附着于材料表面，很难将其清除干净。由于具有出色的超亲水性能以及 MOF 涂层的小孔径，MOF 基的不锈钢网可用于高效的水包油乳液分离。ESSM@PDA 由于其大孔径而不能进行水包油型乳液分离[299,300]。实验中，研究组准备了五种不同的表面活性剂稳定的水包油乳液（所用的乳液中的油分别是玉米油、汽油、石油醚、1,2-二氯乙烷、十六烷）去评测 MOF 基的不锈钢网的分离效率。通过 COD 评估分离后滤液中油的含量。光学显微镜显示，经过乳液分离前的乳液是呈现乳白色的液体，含有丰富的微米级液滴。然而，正相反的是，经过乳液分离后，其收集的水是透明的，通过光学显微镜观察不到任何油滴。此外，在重力的条件下能够实现高通量和高效率的乳液分离，水的通量和 COD 值分别大于 300L/(m^2 · h) 和大约为 400mg/L，这些数值已经完全可以与那些有着水下超疏油性能的多巴胺基的膜相比较。收集的滤液中含有溶解的表面活性剂和乳液包

覆的油。为了评估用于乳液分离的MOF基膜在使用过程中对水解的稳定性，使用水包油（十六烷）乳液作为待分离的乳液。研究结果表明，即使经过5次循环实验，其水的通量和COD值分别约为300L/(m^2·h）和400mg/L，几乎没有发生较大的变化。只是MOF晶体的表面出现了层状破碎，这种情况主要归因于使用的MOF-HKUST-1产生了轻微的水解。因此，可以得出的结论是MOF基的不锈钢网有着很好的乳液分离的能力，并且在经过数次循环分离后，仍能表现出很好的分离效率，证明了其良好的稳定性。

但从另一个角度看，具有油下超亲水性的MOF基的不锈钢网表面可以选择性地捕获油中的水。例如，通过反复的溶剂交换作用，山药可以被浸湿并且可以用乙醇冲洗，然后可以通过正己烷将山药表面的甚至是吸附到内部的水进行置换，达到将水去除的效果。此外，连续地将山药与有颜色的水（亚甲蓝染色）接触时，水油能够被迅速地吸附到山药中。这种山药的性能已经超越了自然界普遍的润湿性，MOF基的不锈钢网可选择性地用于油包水乳液的按需分离。迄今为止，超疏水吸附剂主要用于从水中去除油。事实上，石油净化对于汽车或者食品工业起着至关重要的作用。为了证明油下超亲水MOF基的不锈钢网材料对油包水乳液也有高的分离效率，利用三种不同类型的表面活性剂稳定的油包水乳液（油分别为正己烷、石油醚、异辛烷），通过动态光散射（DLS）和油包水乳液分离前后的光学显微镜照片可以得出，油下超亲水MOF基的不锈钢网使得浑浊的乳液变得异常清澈，并且在分离前，乳液的液滴粒径在2～6μm，而在分离后，滤液的液滴粒径在纳米级。此外，通过对滤液进行测量可得到油的纯度大于99.99%。更多的是，MOF基的不锈钢网对汽油包水乳液也能进行高效率的分离，表现出了很好的工业用途。MOF涂层的水的吸附容量是3.69g/g。因此，受到山药启发，通过选择性过滤或者吸附水，这种油下超亲水MOF基的不锈钢网可以实现对水包油和油包水乳液高效率的分离。这项研究为构筑特殊的润湿性材料提供了一种全新的思路，例如，超越自然的油下超亲水表面。其他润湿材料能够在多孔范围内具有吸附水的性能。

随着对MOF材料（MOF膜和能够抵抗水解的MOF）的研究，更多的基于MOF的超润湿材料被开发，这些功能化的材料能够解决与水相关的界面问题并极大地拓展其应用。从热力学角度出发，水滴不能自发地在浸泡在具有更低表面张力的油中的固体表面上铺展。受山药启发，自发地从空气中吸附水汽的MOF可以用来设计和构筑油下超亲水的表面。通过仿贻贝的方法，将HKUST-1牢固地包覆到聚多巴胺修饰的不锈钢网上。制备的MOF涂层可以自发吸附空气中的水，具有热致变色的性质。利用其水下超疏油-油下超亲水的独特润湿性，通过选择性地过滤或者吸附水，可以实现水包油乳液和油包水乳液的按需分离。这是首次报道油下超亲水的表面，为超润湿界面提供了一个非常有意义的视角。随着 MOF 领域的发展，构筑稳定的 MOF 基超润湿材料可以应用到水处理相关的研究领域。

4.9 鸡 蛋 壳

不仅可食用的山药可以构筑成超润湿材料，我们生活中常见的鸡蛋壳也可以通过简单的方式构筑成超疏水材料，有着用于分离生活中油水混合物的巨大潜力。此外，由于其多功能特性，超疏水表面在过去的十几年里被广泛研究。自然界中关于荷叶的研究表明，表面粗糙度与低表面能物质的协同作用可以实现材料表面的超疏水性。至今，通过模仿这些天然表面的多尺度结构，仿生人工超疏水表面被大量地设计和构筑。在这些材料中，结合了超疏水表面和纳米技术的超疏水涂层可应用于许多领域，包括自清洁、抗菌、油水分离等。一般来说，已经提出用于构筑超疏水涂层的大量方法，如溶胶-凝胶法、化学气相沉积法、等离子蚀刻法、激光处理法和水热法等。然而，涂层材料在实际的使用过程中存在的最大弊端是其与基底结合力差导致的机械耐受性差等问题。因此，耐受性差和复杂的构筑过程已成为超疏水涂层发展的主要问题。

上述的大多数方法都很耗时而且成本高，极大地限制了涂层材料的应用。一方面，长链氟碳材料不仅是非生物降解的，而且对人类是有害的。除了造成严重的环境污染，高成本的修饰剂也会使得超疏水涂层难以或不能真正地用于人们的日常生活中。另一方面，大多数涂层不够耐用，很容易因摩擦而损坏。因此，设计一种简便、低成本的方法用以构筑耐用的超疏水涂层具有重要意义，并能拓展它们在商业和工业领域的应用潜力。在这些条件下，基于极易获得的原材料来构筑可能是解决上述问题的一个较好的方式。

在我们的日常生活中，鸡蛋壳通常被视为生活垃圾。鸡蛋壳主要由 $CaCO_3$ 组成，大多数没有任何预处理的鸡蛋壳通常作为垃圾堆放。显然，这些处理方法不符合国家倡导的节能减排、高效环保，并且没有做到废物回收和再利用。因此，鸡蛋壳中高含量的 $CaCO_3$、可持续利用和丰富的数量，使得我们仿生构筑真正可以应用于人们实际生活中的超疏水涂层成为一种可能。然而，如何基于回收的鸡蛋壳构筑超疏水表面仍然是一个挑战。Wu 等[301]基于天然和柔韧的蛋壳膜（ESM）制备了用于超级电容器的分离器。通过观察形貌发现，ESM 由分层的大孔网状结构构成。制备的材料有着较高的分解温度（>220℃）、足够高的机械强度（σ_{max}＝（6.59±0.48）MPa，ε_{max}＝6.98%±0.31%）和低的吸水与膨胀能力（<10%），这些优异的性能使得鸡蛋壳成了一种用于构筑超级电容器的较好的材料。正如所期望的那样，有着 ESM 分离器的超级电容器表现出了卓越的电化学性能，如低电阻、快充放电能力（τ＝4.76s）、良好的循环稳定

性（10000 次循环后闭路率为 92%）。该研究为仿生自然、制备适用于超级电容器及其他应用的低成本和高性能的分隔器提供了新思路。

众所周知，鸡蛋壳是由钙化壳层组织和含有Ⅱ型、Ⅴ型、Ⅹ型胶原蛋白和糖胺聚糖的有机 ESM 形成的[302]。ESM 由蛋清的外壳膜、内壳膜和限制膜组成。实验中采用易与蛋壳分离的外壳膜作为超级电容器的分离材料。ESM 在水、醇介质中均能保持良好的稳定性，并在加热下进行热解。此外，它实际上是生物圈中最丰富的物质[303]。因此，这项工作可以被看成利用天然膜替代传统的石油资源聚合物分离器的一种新的尝试。此外，Muhammad 等[304]报道了一种低成本的废弃物材料替代昂贵的化学分散剂在石油污染水体中去除石油的方法。以蛋壳为处理剂，采用十六烷基三甲基溴化铵表面活性剂溶液（HDTMA-Br）进行表面处理或改性。采用表面改性蛋壳（SMES）去除实验室合成的油水混合物中的油。在 1600mg/L 的平衡剂量下，SMES 能够在前 5min 内去除 91.21%的油，在 25min 内去除总油（194mg/L）。在 pH（7.4）、搅拌速度（700r/min）和温度（28℃）不变的情况下，研究了接触时间对吸附除油效果的影响。从拟合数据看，弗罗因德利希等温线拟合效果优于朗缪尔等温线。利用生成的时间相关数据，还对其他几个动力学模型进行了测试。拟二阶动力学模型拟合效果最好，回归系数为 0.965。Xu 等[305]研究了废蛋壳经甘油三酯酯交换反应制备生物柴油的固体催化剂的可行性，以及焙烧温度对蛋壳催化剂结构和活性的影响及蛋壳催化剂的可重用性。实验结果表明，只需煅烧蛋壳即可获得高活性、可重复使用的固体催化剂。利用蛋壳作为生物柴油生产的催化剂，不仅为回收这种固体蛋壳废弃物提供了一种经济、环保的方式，显著降低了其对环境的影响，而且还降低了生物柴油的价格，使生物柴油具有与石油柴油竞争的优势。

Li 等[306]提出了一种基于种子矿化的通用形态合成方法，在纤维基板上制备用于油水分离的棱柱状薄碳酸钙涂层。在不同的可溶性（生物）大分子存在的矿化过程中，可以获得不同的覆层微-纳米结构。因此，这些分层薄涂层具有多种结构功能，包括水下超疏油性、水下油的超低黏附力，以及与软体动物壳中发现的棱柱状生物矿物的刚度/强度相当。此外，这种可控的方法可以在纤维基板上进行，以获得坚固的薄涂层，从而使改性尼龙网可以用于重力驱动的油水分离。我们基于种子矿化的生物启发方法为分层矿化薄涂层的沉积打开了大门，该涂层在平面和纤维基板上具有多种结构功能。这种自底向上的策略可以很容易地推广到合成具有广泛功能应用的先进薄涂层材料。研究中，为了使其制备的材料成为可用于油水分离的候选材料，需要在具有良好黏附力的纤维基板上沉积无裂纹涂层。连续的涂层利用其颗粒性可以很容易地沉积在玻璃、尼龙或金属纤维上。其次，$CaCO_3$-PGlu（聚-L-谷氨酸钠）覆盖层（［PGlu］=1g/L）在平面基底上可以很容易地用于纤维基底上无裂纹覆层的矿化。SEM 图像表明，在薄玻璃纤维上可以沉积由密集球化组成的连续棱柱状覆层，其直径为 200 μm。一个典型的 SEM 图像显示了扇形区域和种子层之间的无缝界面。更重要的是，相邻的微区不会出现裂纹。生物矿化薄膜沉积在弯曲基底上，而不是平面基底上。例如，软体动物壳中发现的棱柱状矿物呈中度弯曲，相邻棱柱间存在的有机基质可以有效地释放应力。此外，合成棱柱型的矿物质在当前的研究中可以作为无裂缝薄膜沉积在厚度为 200 μm 的纤维上，应力主要释放在每个球晶微区由径向排列的颗粒结构亚单元组成的覆盖层中。在我们所理解的范围内，新开发的矿化技术提供了第一种可靠的矿化方法：在一种高度弯曲的基体纤维上沉积具有特定层次结构的坚固、连续的薄涂层。基于优异的水下超疏油性能和对油的超低黏附力，涂覆均匀棱柱状 $CaCO_3$-PGlu 覆盖层的尼龙网在处理一系列水与不同油的混合物时，表现出优异的油水分离性能。当油水混合物被倒在网格上时，水仅靠重力就能快速通过网格，在网格上留下油滴。分离后收集的水中未检出可见油脂。从收集到的水的含油量来评价分离效率，证实了每次滤液中剩余油的浓度小于 4ppm。此外，矿化后的网格可以重复使用，因为网格的超低黏附力意味着网格上残留的油很容易被水冲走。我们的仿生涂层提供了一种便宜、坚固、绿色和可替代目前涂层系统的用于高效油水分离的方法。

不仅如此，在工作中，我们结合了自然界荷叶的结构与低成本的材料，并且设计了一步法构筑超疏水涂层。实验中，鸡蛋壳由于易获得、无毒以及低成本而被使用。将人们日常生活中废弃的鸡蛋壳进行回收，经过丙酮和乙醇进行深度的超声清洗处理，Wen 等[307]通过碾磨回收的鸡蛋壳构筑微米结构，进而添加 ZnO 纳米粒子，最后经硬脂酸修饰得到可适用于绝大多数基底的涂层材料，构筑示意图如图 4-12 所示。与普通的涂层材料相比，制备的纯绿色的涂层材料具有以下几个特点：①易获得和极其廉价的原材料。原材料是来自厨房垃圾的鸡蛋壳，实现了废物回收利用。②卓越的普适性。制备的材料可以涂覆在不同的基底上，例如，玻璃、高分子材料等。③合适的抗结冰性。制备的材料可以延迟结冰时间。④良好的机械耐受性。即使经过机械摩擦磨损后，其超疏水性能仍能稳定存在。尤其是制备的涂层涂覆在白鞋上，在不改变白鞋颜色及外形的情况下，可以实现其抗污性能。从环境保护和能源可持续发展的角度看，制备的涂层可以减少在制备过程中由化学试剂的消费导致的环境问题，并且可以降低能源损耗。这项研究为未来这类涂层实现油水分离，降低油水分离材料的成本，并使得其真正走出实验室奠定了坚实的基础。

此外，石油和天然气工业必须处理大量的废水。作为石油和天然气勘探的副产品，这类废水通常称为采出水（PW），PW 的数量随着油井作业时间的增加而增加，可能会达到 80%左右。不仅如此，PW 的排放会对地表、土壤和地下水造成严重污染。油田采出的水含有有机和无机化合物。吸附法是一种常用

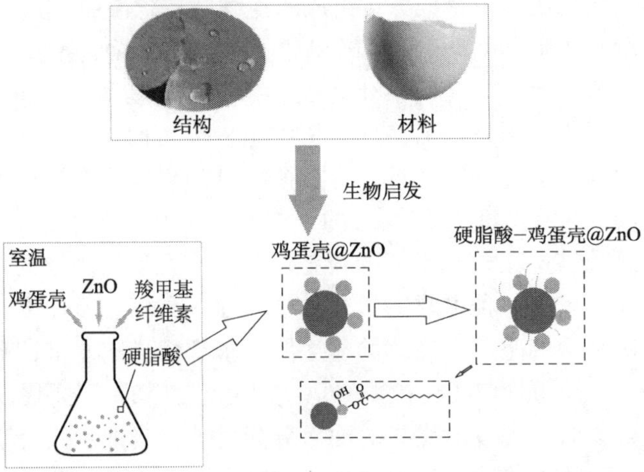

图 4-12　仿生自然界荷叶结构以及利用生活中废弃的鸡蛋壳的超疏水涂层的设计原则及构筑过程示意图

的 PW 除油技术。采用石榴皮粉（PPP）作为低成本吸附剂，对模拟采出水（SPW）中的原油进行吸附，并对油气井中的实际 PW 进行吸附。实验中将石榴皮（农业废弃物）晒干、压碎，用双蒸馏水冲洗，再晒干。分别用 SEM、EDS、FTIR、比表面积分析仪（BET）等分析仪器对其表面形貌、元素组成、官能团和表面积进行了表征。能谱分析表明，生物吸附剂中主要元素成分为碳（高达 78%），氧、钙、硅和钾的含量也很低。在标准的大气条件下，分批从实验室生产的水中去除油脂。实验中研究了接触时间、吸附剂用量、pH、温度等因素对脱油效果的影响。研究结果表明，最佳除油参数条件是：pH 为 9.5，吸附剂浓度为 2.33g/L，接触时间为 40min，吸附温度为 55℃。结果表明，随着吸附剂用量的增加，SPW 的 pH 和盐度增加，去除效率提高。PPP 对原油的吸附遵循朗缪尔等温线，吸附容量为 555mg/g。二阶动力学模型最能描述原油的吸附动力学。这些结果使 PPP 成为一种很好的吸附剂，它可在 50min 内去除采出水中的石油，除油效率超过 92%[308]。

通过仿生自然，用自然界中现存的天然超润湿材料可进行油水分离的研究。天然的超润湿材料通常价格低廉、环保，并且可以轻松获得，生物质材料如木材、棉花等可作为制备油水分离材料的首选原料，所以这些天然的超润湿材料是设计和构筑油水分离功能材料较好的选择。

参 考 文 献

[1] De Gennes P, Taupin C. Microemulsions and the flexibility of oil/water in-

terfaces. The Journal of Physical Chemistry，1982，86 (13)：2294-2304

[2] Chu Z，Feng Y，Seeger S. Oil/water separation with selective superantiwetting/superwetting surface materials. Angewandte Chemie International Edition，2015，54 (8)：2328-2338

[3] Kasai Y，Kishira H，Syutsubo K，Harayama S. Molecular detection of marine bacterial populations on beaches contaminated by the Nakhodka tanker oil-spill accident. Environmental Microbiology，2001，3 (4)：246-255

[4] Ma Q，Cheng H，Fane A G，Wang R，Zhang H. Recent development of advanced materials with special wettability for selective oil/water separation. Small，2016，12 (16)：2186-2202

[5] Hayase G，Kanamori K，Fukuchi M，Kaji H，Nakanishi K. Facile synthesis of marshmallow-like macroporous gels usable under harsh conditions for the separation of oil and water. Angewandte Chemie，2013，125 (7)：2040-2043

[6] Wang C F，Lin S J. Robust superhydrophobic/superoleophilic sponge for effective continuous absorption and expulsion of oil pollutants from water. ACS Applied Materials & Interfaces，2013，5 (18)：8861-8864

[7] Chen G，Tao D. An experimental study of stability of oil-water emulsion. Fuel Processing Technology，2005，86 (5)：499-508

[8] Hollender J，Zimmermann S G，Koepke S，Krauss M，Mcardell C S，Ort C，Singer H，Von Gunten U，Siegrist H. Elimination of organic micropollutants in a municipal wastewater treatment plant upgraded with a full-scale post-ozonation followed by sand filtration. Environmental Science & Technology，2009，43 (20)：7862-7869

[9] Bellamy W D，Hendricks D W，Logsdon G S. Slow sand filtration：influences of selected process variables. Journal-American Water Works Association，1985，77 (12)：62-66

[10] Sun X，Liu Y，Mopidevi S，Meng Y，Huang F，Parisi J，Nieh M P，Cornelius C，Suib S L，Lei Y. Super-hydrophobic "smart" sand for buried explosive detection. Sensors Actuators B：Chemical，2014，195：52-57

[11] Qu M，Liu S，He J，Feng J，Yao Y，Hou L，Ma X，Liu X. Fabrication of recyclable superhydrophobic materials with self-cleaning and mechanically durable properties on various substrates by quartz sand and polyvinylchloride. Rsc Advances，2016，6 (82)：79238-79244

[12] Yong J，Chen F，Yang Q，Bian H，Du G，Shan C，Huo J，Fang Y，

Hou X. Oil-water separation：a gift from the desert. Advanced Materials Interfaces，2016，3（7）：1500650

[13] Chen L，Si Y，Guo Z，Liu W. Superhydrophobic sand：a hope for desert water storage and transportation projects. Journal of Materials Chemistry A，2017，5（14）：6416-6423

[14] Abousnina R M，Manalo A，Shiau J，Lokuge W. Effects of light crude oil contamination on the physical and mechanical properties of fine sand. Soil & Sediment Contamination：An International Journal，2015，24（8）：833-845

[15] Zhang Z Z，Wang H J，Cui L L. Inhibiting water evaporation of sandy soil by the soil particles modified with Japanese wax. Journal of Forestry Research，2009，20（1）：59-62

[16] Men X，Ge B，Li P，Zhu X，Shi X，Zhang Z. Facile fabrication of superhydrophobic sand：potential advantages for practical application in oil-water separation. Journal of the Taiwan Institute of Chemical Engineers，2016，60：651-655

[17] Chen L，Wu Y，Guo Z. Superhydrophobic sand grains structured with aligned $Cu(OH)_2$ nano-needles for efficient oily water treatment. Materials & Design，2017，135：377-384

[18] Xue Z，Wang S，Lin L，Chen L，Liu M，Feng L，Jiang L. A novel superhydrophilic and underwater superoleophobic hydrogel-coated mesh for oil/water separation. Advanced Materials，2011，23（37）：4270-4273

[19] Wang B，Liang W X，Guo Z G，Liu W M. Biomimetic super-lyophobic and super-lyophilic materials applied for oil/water separation：a new strategy beyond nature. Chemical Society Reviews，2015，44（1）：336-361

[20] Zhang F，Zhang W B，Shi Z，Wang D，Jin J，Jiang L. Nanowire-haired inorganic membranes with superhydrophilicity and underwater ultralow adhesive superoleophobicity for high-efficiency oil/water separation. Advanced Materials，2013，25（30）：4192-4198

[21] Zhang W，Zhu Y，Liu X，Wang D，Li J，Jiang L，Jin J. Salt-induced fabrication of superhydrophilic and underwater superoleophobic PAA-g-PVDF membranes for effective separation of oil-in-water emulsions. Angewandte Chemie International Edition，2014，53（3）：856-860

[22] Yong J，Huo J，Chen F，Yang Q，Hou X. Oil/water separation based on natural materials with super-wettability：recent advances. Physical Chemistry Chemical Physics，2018，20（39）：25140-25163

[23] Yang H C, Liao K J, Huang H, Wu Q Y, Wan L S, Xu Z K. Mussel-inspired modification of a polymer membrane for ultra-high water permeability and oil-in-water emulsion separation. Journal of Materials Chemistry A, 2014, 2 (26): 10225-10230

[24] Fidalgo L M, Whyte G, Bratton D, Kaminski C F, Abell C, Huck W T. From microdroplets to microfluidics: selective emulsion separation in microfluidic devices. Angewandte Chemie, 2008, 120 (11): 2072-2075

[25] Ahmad A, Majid M, Ooi B. Functionalized PSf/SiO_2 nanocomposite membrane for oil-in-water emulsion separation. Desalination, 2011, 268 (1-3): 266-269

[26] Nii S, Kikumoto S, Tokuyama H. Quantitative approach to ultrasonic emulsion separation. Ultrasonics Sonochemistry, 2009, 16 (1): 145-149

[27] Li J, Xu C, Zhang Y, Wang R, Zha F, She H. Robust superhydrophobic attapulgite coated polyurethane sponge for efficient immiscible oil/water mixture and emulsion separation. Journal of Materials Chemistry A, 2016, 4 (40): 15546-15553

[28] Zhang W, Shi Z, Zhang F, Liu X, Jin J, Jiang L. Superhydrophobic and superoleophilic PVDF membranes for effective separation of water-in-oil emulsions with high flux. Advanced Materials, 2013, 25 (14): 2071-2076

[29] Shi Z, Zhang W, Zhang F, Liu X, Wang D, Jin J, Jiang L. Ultrafast separation of emulsified oil/water mixtures by ultrathin free-standing single-walled carbon nanotube network films. Advanced Materials, 2013, 25 (17): 2422-2427

[30] Li J, Xu C, Guo C, Tian H, Zha F, Guo L. Underoil superhydrophilic desert sand layer for efficient gravity-directed water-in-oil emulsions separation with high flux. Journal of Materials Chemistry A, 2018, 6 (1): 223-230

[31] Xu Z, Zhao Y, Wang H, Wang X, Lin T. A superamphiphobic coating with an ammonia-triggered transition to superhydrophilic and superoleophobic for oil-water separation. Angewandte Chemie International Edition, 2015, 54 (15): 4527-4530

[32] Eichhorn S, Baillie C, Zafeiropoulos N, Mwaikambo L, Ansell M, Dufresne A, Entwistle K, Herrera-Franco P, Escamilla G, Groom L. Current international research into cellulosic fibres and composites. Journal of materials Science, 2001, 36 (9): 2107-2131

[33] Sjostrom E. Wood Chemistry：Fundamentals and Applications. New York：Academic Press，1981

[34] Donaldson L. Cellulose microfibril aggregates and their size variation with cell wall type. Wood Science and Technology，2007，41 (5)：443

[35] Carlquist S. Observations on functional wood histology of vines and lianas. Aliso：a Journal of Systematic and Evolutionary Botany，1985，11 (2)：139-157

[36] Xu P，Donaldson L A，Gergely Z R，Staehelin L A. Dual-axis electron tomography：a new approach for investigating the spatial organization of wood cellulose microfibrils. Wood Science and Technology，2007，41 (2)：101

[37] Chen L，Wang Q，Hirth K，Baez C，Agarwal U P，Zhu J. Tailoring the yield and characteristics of wood cellulose nanocrystals (CNC) using concentrated acid hydrolysis. Cellulose，2015，22 (3)：1753-1762

[38] Wang Q，Zhu J，Considine J M. Strong and optically transparent films prepared using cellulosic solid residue recovered from cellulose nanocrystals production waste stream. ACS Applied Materials & Interfaces，2013，5 (7)：2527-2534

[39] Jung Y H，Chang T H，Zhang H，Yao C，Zheng Q，Yang V W，Mi H，Kim M，Cho S J，Park D W. High-performance green flexible electronics based on biodegradable cellulose nanofibril paper. Nature Communications，2015，6：7170

[40] Zhu H，Fang Z，Preston C，Li Y，Hu L. Transparent paper：fabrications，properties，and device applications. Energy & Environmental Science，2014，7 (1)：269-287

[41] Håkansson K M，Fall A B，Lundell F，Yu S，Krywka C，Roth S V，Santoro G，Kvick M，Wittberg L P，Wågberg L. Hydrodynamic alignment and assembly of nanofibrils resulting in strong cellulose filaments. Nature Communications，2014，5：4018

[42] Fukuzumi H，Saito T，Iwata T，Kumamoto Y，Isogai A. Transparent and high gas barrier films of cellulose nanofibers prepared by TEMPO-mediated oxidation. Biomacromolecules，2008，10 (1)：162-165

[43] Fink S. Transparent wood-a new approach in the functional study of wood structure. Holzforschung-International Journal of the Biology，Chemistry，Physics and Technology of Wood，1992，46 (5)：403-408

[44] Yano H, Sugiyama J, Nakagaito A N, Nogi M, Matsuura T, Hikita M, Handa K. Optically transparent composites reinforced with networks of bacterial nanofibers. Advanced Materials, 2005, 17 (2): 153-155

[45] Burgert I, Cabane E, Zollfrank C, Berglund L. Bio-inspired functional wood-based materials-hybrids and replicates. International Materials Reviews, 2015, 60 (8): 431-450

[46] Cabane E, Keplinger T, Merk V, Hass P, Burgert I. Renewable and functional wood materials by grafting polymerization within cell walls. Chem Sus Chem, 2014, 7 (4): 1020-1025

[47] Song J, Chen C, Zhu S, Zhu M, Dai J, Ray U, Li Y, Kuang Y, Li Y, Quispe N. Processing bulk natural wood into a high-performance structural material. Nature, 2018, 554 (7691): 224

[48] Zhu M, Song J, Li T, Gong A, Wang Y, Dai J, Yao Y, Luo W, Henderson D, Hu L. Highly anisotropic, highly transparent wood composites. Advanced Materials, 2016, 28 (26): 5181-5187

[49] Wong T S, Kang S H, Tang S K Y, Smythe E J, Hatton B D, Grinthal A, Aizenberg J. Bioinspired self-repairing slippery surfaces with pressure-stable omniphobicity. Nature, 2011, 477: 443

[50] Bohn H F, Federle W. Insect aquaplaning: nepenthes pitcher plants capture preywith the peristome, a fully wettable water-lubricated anisotropic surface. Proceedings of the National Academy of Sciences, 2004, 101 (39): 14138-14143

[51] Rowell R M. Handbook of Wood Chemistry and Wood Composites. Boca Raton: CRC Press, 2012

[52] Chu Z, Seeger S. Robust superhydrophobic wood obtained by spraying silicone nanoparticles. Rsc Advances, 2015, 5 (28): 21999-22004

[53] Liu M, Qing Y, Wu Y, Liang J, Luo S. Facile fabrication of superhydrophobic surfaces on wood substrates via a one-step hydrothermal process. Applied Surface Science, 2015, 330: 332-338

[54] Zheng R, Tshabalala M A, Li Q, Wang H. Construction of hydrophobic wood surfaces by room temperature deposition of rutile (TiO_2) nanostructures. Applied Surface Science, 2015, 328: 453-458

[55] Wang C, Piao C, Lucas C. Synthesis and characterization of superhydrophobic wood surfaces. Journal of Applied Polymer Science, 2011, 119 (3): 1667-1672

[56] Liu F，Wang S，Zhang M，Ma M，Wang C，Li J. Improvement of mechanical robustness of the superhydrophobic wood surface by coating PVA/SiO_2 composite polymer. Applied Surface Science，2013，280：686-692

[57] Hui B，Wu D，Huang Q，Cai L，Li G，Li J，Zhao G. Photoresponsive and wetting performances of sheet-like nanostructures of tungsten trioxide thin films grown on wood surfaces. RSC Advances，2015，5（90）：73566-73574

[58] Gao L，Lu Y，Zhan X，Li J，Sun Q. A robust，anti-acid，and high-temperature-humidity-resistant superhydrophobic surface of wood based on a modified TiO_2 film by fluoroalkyl silane. Surface and Coatings Technology，2015，262：33-39

[59] Tuduce Trăistaru A A，Crina Anca Sandu I，Cristina Timar M，Lucia Dumitrescu G，Sandu I. SEM-EDX，water absorption，and wetting capability studies on evaluation of the influence of nano-zinc oxide as additive to paraloid B72 solutions used for wooden artifacts consolidation. Microscopy Research and Technique，2013，76（2）：209-218

[60] Guo H，Fuchs P，Casdorff K，Michen B，Chanana M，Hagendorfer H，Romanyuk Y E，Burgert I. Bio-inspired superhydrophobic and omniphobic wood surfaces. Advanced Materials Interfaces，2017，4（1）：1600289

[61] Vayssieres L. Growth of arrayed nanorods and nanowires of ZnO from aqueous solutions. Advanced Materials，2003，15（5）：464-466

[62] Yu M，Chen S，Zhang B，Qiu D，Cui S. Why a lotus-like superhydrophobic surface is self-cleaning? An explanation from surface force measurements and analysis. Langmuir，2014，30（45）：13615-13621

[63] Leslie D C，Waterhouse A，Berthet J B，Valentin T M，Watters A L，Jain A，Kim P，Hatton B D，Nedder A，Donovan K. A bioinspired omniphobic surface coating on medical devices prevents thrombosis and biofouling. Nature Biotechnology，2014，32（11）：1134

[64] Lee C，Kim C J. Underwater restoration and retention of gases on superhydrophobic surfaces for drag reduction. Physical Review Letters，2011，106（1）：014502

[65] Sunny S，Vogel N，Howell C，Vu T L，Aizenberg J. Lubricant-infused nanoparticulate coatings assembled by layer-by-layer deposition. Advanced Functional Materials，2014，24（42）：6658-6667

[66] Dai X，Stogin B B，Yang S，Wong T S. Slippery wenzel state. ACS Nano，2015，9（9）：9260-9267

[67] Vidiella Del Blanco M, Fischer E J, Cabane E. Underwater superoleophobic wood cross sections for efficient oil/water separation. Advanced Materials Interfaces, 2017, 4 (21): 1700584

[68] Yong J, Chen F, Huo J, Fang Y, Yang Q, Bian H, Li W, Wei Y, Dai Y, Hou X. Green, biodegradable, underwater superoleophobic wood sheet for efficient oil/water separation. ACS Omega, 2018, 3 (2): 1395-1402

[69] Potikha T S, Collins C C, Johnson D I, Delmer D P, Levine A. The involvement of hydrogen peroxide in the differentiation of secondary walls in cotton fibers. Plant Physiology, 1999, 119 (3): 849-858

[70] Deschamps G, Caruel H, Borredon M E, Bonnin C, Vignoles C. Oil removal from water by selective sorption on hydrophobic cotton fibers. Environmental Science & Technology, 2003, 37 (5): 1013-1015

[71] Chen C Y, Chiang C L. Preparation of cotton fibers with antibacterial silver nanoparticles. Materials Letters, 2008, 62 (21-22): 3607-3609

[72] De Morais Teixeira E, Corrêa A C, Manzoli A, De Lima Leite F, De Oliveira C R, Mattoso L H C. Cellulose nanofibers from white and naturally colored cotton fibers. Cellulose, 2010, 17 (3): 595-606

[73] Arpat A, Waugh M, Sullivan J P, Gonzales M, Frisch D, Main D, Wood T, Leslie A, Wing R, Wilkins T. Functional genomics of cell elongation in developing cotton fibers. Plant Molecular Biology, 2004, 54 (6): 911-929

[74] Suo J, Liang X, Pu L, Zhang Y, Xue Y. Identification of GhMYB109 encoding a R2R3 MYB transcription factor that expressed specifically in fiber initials and elongating fibers of cotton (Gossypium hirsutum L.). Biochimica et Biophysica Acta-Gene Structure and Expression, 2003, 1630 (1): 25-34

[75] Karahan H, Özdoğan E. Improvements of surface functionality of cotton fibers by atmospheric plasma treatment. Fibers and Polymers, 2008, 9 (1): 21-26

[76] Preuss M L, Kovar D R, Lee Y R J, Staiger C J, Delmer D P, Liu B. A plant-specific kinesin binds to actin microfilaments and interacts with cortical microtubules in cotton fibers. Plant Physiology, 2004, 136 (4): 3945-3955

[77] Blanco A, Negro C, Monte C, Fuente E, Tijero J. Peer reviewed: the challenges of sustainable papermaking. Environmental Science & Technolo-

gy, 2004, 38 (21): 414A-420A

[78] Wen Z, Xu C, Zhang X. Integrated control of emission reductions, energy-saving, and cost-benefit using a multi-objective optimization technique in the pulp and paper industry. Environmental Science & Technology, 2015, 49 (6): 3636-3643

[79] Maximova N, Dahl O. A set up of a modern analytical laboratory for wastewaters from pulp and paper industry. Chemical Society Reviews, 2007, 36 (8): 1323-1349

[80] Guo Z, Liu W, Su B. Superhydrophobic surfaces: from natural to biomimetic to functional. Journal of Colloid Interface Science, 2011, 353 (2): 335-355

[81] Guo J, Yang F, Guo Z. Fabrication of stable and durable superhydrophobic surface on copper substrates for oil-water separation and ice-over delay. Journal of Colloid Interface Science, 2016, 466: 36-43

[82] Chen F F, Zhu Y J, Xiong Z C, Sun T W, Shen Y Q. Highly flexible superhydrophobic and fire-resistant layered inorganic paper. ACS Applied Materials & Interfaces, 2016, 8 (50): 34715-34724

[83] Piltan S, Seyfi J, Hejazi I, Davachi S M, Khonakdar H A. Superhydrophobic filter paper via an improved phase separation process for oil/water separation: study on surface morphology, composition and wettability. Cellulose, 2016, 23 (6): 3913-3924

[84] Zhang J, Wang H, Liu M, Zhang H. Controlling the evaporation lifetimes of sessile droplets on superhydrophobic paper by simple stretching. Rsc Advances, 2016, 6 (16): 12862-12867

[85] Wen Q, Guo F, Yang F, Guo Z. Green fabrication of coloured superhydrophobic paper from native cotton cellulose. Journal of Colloid Interface Science, 2017, 497: 284-289

[86] Rather A M, Jana N, Hazarika P, Manna U. Sustainable polymeric material for the facile and repetitive removal of oil-spills through the complementary use of both selective-absorption and active-filtration processes. Journal of Materials Chemistry A, 2017, 5 (44): 23339-23348

[87] Lim T T, Huang X. Evaluation of kapok (Ceiba pentandra (L.) Gaertn.) as a natural hollow hydrophobic-oleophilic fibrous sorbent for oil spill cleanup. Chemosphere, 2007, 66 (5): 955-963

[88] Wang B, Karthikeyan R, Lu X Y, Xuan J, Leung M K. Hollow carbon

fibers derived from natural cotton as effective sorbents for oil spill cleanup. Industrial & Engineering Chemistry Research，2013，52（51）：18251-18261

[89] Abdullah M，Rahmah A U，Man Z. Physicochemical and sorption characteristics of Malaysian Ceiba pentandra（L.）Gaertn. as a natural oil sorbent. Journal of HazardousMaterials，2010，177（1-3）：683-691

[90] Huang X，Lim T T. Performance and mechanism of a hydrophobic-oleophilic kapok filter for oil/water separation. Desalination，2006，190（1-3）：295-307

[91] Vince J，Orel B，VilčNik A，Fir M，Šurca Vuk A，Jovanovski V，Simoncic B. Structural and water-repellent properties of a urea/poly（dimethylsiloxane）sol-gel hybrid and its bonding to cotton fabric. Langmuir，2006，22（15）：6489-6497

[92] Wang J，Zheng Y，Wang A. Superhydrophobic kapok fiber oil-absorbent：preparation and high oil absorbency. Chemical Engineering Journal，2012，213：1-7

[93] Li S，Zhang S，Wang X. Fabrication of superhydrophobic cellulose-based materials through a solution-immersion process. Langmuir，2008，24（10）：5585-5590

[94] Choi H M，Moreau J P. Oil sorption behavior of various sorbents studied by sorption capacity measurement and environmental scanning electron microscopy. Microscopy Research and Technique，1993，25（5-6）：447-455

[95] Rajakovic V，Aleksic G，Radetic M，Rajakovic L. Efficiency of oil removal from real wastewater with different sorbent materials. Journal of Hazardous Materials，2007，143（1-2）：494-499

[96] Wenzel R N. Resistance of solid surfaces to wetting by water. Industrial & Engineering Chemistry，1936，28（8）：988-994

[97] Cassie A，Baxter S. Wettability of porous surfaces. Transactions of the Faraday Society，1944，40：546-551

[98] Zhu H，Qiu S，Jiang W，Wu D，Zhang C. Evaluation of electrospun polyvinyl chloride/polystyrene fibers as sorbent materials for oil spill cleanup. Environmental Science & Technology，2011，45（10）：4527-4531

[99] Wang J，Zheng Y，Kang Y，Wang A. Investigation of oil sorption capability of PBMA/SiO_2 coated kapok fiber. Chemical Engineering Journal，2013，223：632-637

[100] Ge B，Zhang Z，Zhu X，Men X，Zhou X，Xue Q. A graphene coated

cotton for oil/water separation. Composites Science and Technology, 2014, 102: 100-105

[101] Wu J, Wang N, Wang L, Dong H, Zhao Y, Jiang L. Electrospun porous structure fibrous film with high oil adsorption capacity. ACS Applied Materials & Interfaces, 2012, 4 (6): 3207-3212

[102] Grimes B. Population balance model for batch gravity separation of crude oil and water emulsions. Part I: model formulation. Journal of Dispersion Science and Technology, 2012, 33 (4): 578-590

[103] Wen Q, Di J, Jiang L, Yu J, Xu R. Zeolite-coated mesh film for efficient oil-water separation. Chemical Science, 2013, 4 (2): 591-595

[104] Achaw O W, Afrane G. The evolution of the pore structure of coconut shells during the preparation of coconut shell-based activated carbons. Microporous and Mesoporous Materials, 2008, 112 (1-3): 284-290

[105] de Oliveira Sousa Neto V, Melo D Q, de Oliveira T C, Nonato R, Teixeira P, Silva M A A, Nascimento R F D. Evaluation of new chemically modified coconut shell adsorbents with tannic acid for Cu (Ⅱ) removal from wastewater. Journal of Applied Polymer Science, 2014, 131 (18): 9087-9097

[106] Sekar M, Sakthi V, Rengaraj S. Kinetics and equilibrium adsorption study of lead (Ⅱ) onto activated carbon prepared from coconut shell. Journal of Colloid Interface Science, 2004, 279 (2): 307-313

[107] Amuda O, Giwa A, Bello I. Removal of heavy metal from industrial wastewater using modified activated coconut shell carbon. Biochemical Engineering Journal, 2007, 36 (2): 174-181

[108] Hu Z, Srinivasan M. Preparation of high-surface-area activated carbons from coconut shell. Microporous and Mesoporous Materials, 1999, 27 (1): 11-18

[109] Li J, Xu C, Zhang Y, Tang X, Qi W, Wang Q. Gravity-directed separation of both immiscible and emulsified oil/water mixtures utilizing coconut shell layer. Journal of Colloid Interface Science, 2018, 511: 233-242

[110] Zhou C, Cheng J, Hou K, Zhao A, Pi P, Wen X, Xu S. Superhydrophilic and underwater superoleophobic titania nanowires surface for oil repellency and oil/water separation. Chemical Engineering Journal, 2016, 301: 249-256

[111] Du X, You S, Wang X, Wang Q, Lu J. Switchable and simultaneous

oil/water separation induced by prewetting with a superamphiphilic self-cleaning mesh. Chemical Engineering Journal，2017，313：398-403

[112] Lin X，Heo J，Jeong H，Choi M，Chang M，Hong J. Robust superhydrophobic carbon nanofiber network inlay-gated mesh for water-in-oil emulsion separation with high flux. Journal of Materials Chemistry A，2016，4 (46)：17970-17980

[113] Cai Y，Chen D，Li N，Xu Q，Li H，He J，Lu J. A facile method to fabricate a double-layer stainless steel mesh for effective separation of water-in-oil emulsions with high flux. Journal of Materials Chemistry A，2016，4 (48)：18815-18821

[114] Zhu Y，Zhang F，Wang D，Pei X F，Zhang W，Jin J. A novel zwitterionic polyelectrolyte grafted PVDF membrane for thoroughly separating oil from water with ultrahigh efficiency. Journal of Materials Chemistry A，2013，1 (18)：5758-5765

[115] Liu M，Li J，Guo Z. Electrochemical route to prepare polyaniline-coated meshes with controllable pore size for switchable emulsion separation. Chemical Engineering Journal，2016，304：115-120

[116] Gao P，Liu Z，Sun D D，Ng W J. The efficient separation of surfactant-stabilized oil-water emulsions with a flexible and superhydrophilic graphene-TiO_2 composite membrane. Journal of Materials Chemistry A，2014，2 (34)：14082-14088

[117] Xu L，Chen Y，Liu N，Zhang W，Yang Y，Cao Y，Lin X，Wei Y，Feng L. Breathing demulsification：a three-dimensional (3D) free-standing superhydrophilic sponge. ACS Applied Materials & Interfaces，2015，7 (40)：22264-22271

[118] Khosravi M，Azizian S. Synthesis of a novel highly oleophilic and highly hydrophobic sponge for rapid oil spill cleanup. ACS Applied Materials & Interfaces，2015，7 (45)：25326-25333

[119] Peng H，Wang H，Wu J，Meng G，Wang Y，Shi Y，Liu Z，Guo X. Preparation of superhydrophobic magnetic cellulose sponge for removing oil from water. Industrial & Engineering Chemistry Research，2016，55 (3)：832-838

[120] Ding D，Zhao Y，Yang S，Shi W，Zhang Z，Lei Z，Yang Y. Adsorption of cesium from aqueous solution using agricultural residue-walnut shell：equilibrium，kinetic and thermodynamic modeling studies. Water

Research, 2013, 47 (7): 2563-2571

[121] Srinivasan A, Viraraghavan T. Removal of oil by walnut shell media. Bioresource Technology, 2008, 99 (17): 8217-8220

[122] El Mansouri N E, Salvadó J. Analytical methods for determining functional groups in various technical lignins. Industrial Crops and Products, 2007, 26 (2): 116-124

[123] Zawadzki M, Ragauskas A. N-hydroxy compounds as new internal standards for the 31P-NMR determination of lignin hydroxy functional groups. Holzforschung, 2001, 55 (3): 283-285

[124] Li J, Zhao Z, Li D, Tang X, Feng H, Qi W, Wang Q. Multifunctional walnut shell layer used for oil/water mixtures separation and dyes adsorption. Applied Surface Science, 2017, 419: 869-874

[125] Ji L, Liu F, Xu Z, Zheng S, Zhu D. Adsorption of pharmaceutical antibiotics on template-synthesized ordered micro- and mesoporous carbons. Environmental Science & Technology, 2010, 44 (8): 3116-3122

[126] Garg V, Gupta R, Yadav A B, Kumar R. Dye removal from aqueous solution by adsorption on treated sawdust. Bioresource Technology, 2003, 89 (2): 121-124

[127] Allen S, Mckay G, Porter J F. Adsorption isotherm models for basic dye adsorption by peat in single and binary component systems. Journal of Colloid Interface Science, 2004, 280 (2): 322-333

[128] Salleh M A M, Mahmoud D K, Karim W A W A, Idris A. Cationic and anionic dye adsorption by agricultural solid wastes: a comprehensive review. Desalination, 2011, 280 (1-3): 1-13

[129] Marin F, Luquet G. Molluscan shell proteins. Comptes Rendus Palevol, 2004, 3 (6-7): 469-492

[130] Weiner S, Sagi I, Addadi L. Choosing the crystallization path less traveled. Science, 2005, 309 (5737): 1027-1028

[131] Shen X, Belcher A M, Hansma P K, Stucky G D, Morse D E. Molecular cloning and characterization of lustrin A, a matrix protein from shell and pearl nacre of Haliotis rufescens. Journal of Biological Chemistry, 1997, 272 (51): 32472-32481

[132] Duplat D, Puissegur M, Bédouet L, Rousseau M, Boulzaguet H, Milet C, Sellos D, Van Wormhoudt A, Lopez E. Identification of calconectin, a calcium-binding protein specifically expressed by the mantle of Pinctada

margaritifera. FEBS Letters，2006，580（10）：2435-2441

[133] Weiss I M，Göhring W，Fritz M，Mann K. Perlustrin，a Haliotis laevigata（abalone）nacre protein，is homologous to the insulin-like growth factor binding protein N-terminal module of vertebrates. Biochemical and Biophysical Research Communications，2001，285（2）：244-249

[134] Mann K，Weiss I M，André S，Gabius H J，Fritz M. The amino-acid sequence of the abalone（Haliotis laevigata）nacre protein perlucin：detection of a functional C-type lectin domain with galactose/mannose specificity. European Journal of Biochemistry，2000，267（16）：5257-5264

[135] Miyamoto H，Miyashita T，Okushima M，Nakano S，Morita T，Matsushiro A. A carbonic anhydrase from the nacreous layer in oyster pearls. Proceedings of the National Academy of Sciences，1996，93（18）：9657-9660

[136] Samata T，Hayashi N，Kono M，Hasegawa K，Horita C，Akera S. A new matrix protein family related to the nacreous layer formation of Pinctada fucata. Febs Letters，1999，462（1-2）：225-229

[137] Addadi L，Joester D，Nudelman F，Weiner S. Mollusk shell formation：a source of new concepts for understanding biomineralization processes. Chemistry—A European Journal，2006，12（4）：980-987

[138] Jackson D J，Mcdougall C，Green K，Simpson F，Wörheide G，Degnan B M. A rapidly evolving secretome builds and patterns a sea shell. BMC Biology，2006，4（1）：40

[139] Chowdhury S，Saha P. Sea shell powder as a new adsorbent to remove Basic Green 4（Malachite Green）from aqueous solutions：equilibrium，kinetic and thermodynamic studies. Chemical Engineering Journal，2010，164（1）：168-177

[140] Gupta V. Application of low-cost adsorbents for dye removal—a review. Journal of Environmental Management，2009，90（8）：2313-2342

[141] Hu Z，Chen H，Ji F，Yuan S. Removal of Congo Red from aqueous solution by cattail root. Journal of Hazardous Materials，2010，173（1-3）：292-297

[142] Tsai W T，Chen H R. Removal of malachite green from aqueous solution using low-cost chlorella-based biomass. Journal of Hazardous Materials，2010，175（1-3）：844-849

[143] Lee H，Dellatore S M，Miller W M，Messersmith P B. Mussel-inspired

surface chemistry for multifunctional coatings. Science，2007，318 (5849)：426-430

[144] Lee H，Rho J，Messersmith P B. Facile conjugation of biomolecules onto surfaces via mussel adhesive protein inspired coatings. Advanced Materials，2009，21 (4)：431-434

[145] Kang S M，Rho J，Choi I S，Messersmith P B，Lee H. Norepinephrine：material-independent，multifunctional surface modification reagent. Journal of the American Chemical Society，2009，131 (37)：13224-13225

[146] Lee H，Lee B P，Messersmith P B. A reversible wet/dry adhesive inspired by mussels and geckos. Nature，2007，448 (7151)：338

[147] Hong S，Na Y S，Choi S，Song I T，Kim W Y，Lee H. Non-covalent self-assembly and covalent polymerization co-contribute to polydopamine formation. Advanced Functional Materials，2012，22 (22)：4711-4717

[148] Yu B，Wang D A，Ye Q，Zhou F，Liu W. Robust polydopamine nano/microcapsules and their loading and release behavior. Chemical Communications，2009，(44)：6789-6791

[149] Yang S H，Kang S M，Lee K B，Chung T D，Lee H，Choi I S. Mussel-inspired encapsulation and functionalization of individual yeast cells. Journal of the American Chemical Society，2011，133 (9)：2795-2797

[150] Ye Q，Zhou F，Liu W. Bioinspired catecholic chemistry for surface modification. Chemical Society Reviews，2011，40 (7)：4244-4258

[151] Yang K，Lee J S，Kim J，Lee Y B，Shin H，Um S H，Kim J B，Park K I，Lee H，Cho S W. Polydopamine-mediated surface modification of scaffold materials for human neural stem cell engineering. Biomaterials，2012，33 (29)：6952-6964

[152] Kasemset S，Lee A，Miller D J，Freeman B D，Sharma M M. Effect of polydopamine deposition conditions on fouling resistance，physical properties，and permeation properties of reverse osmosis membranes in oil/water separation. Journal of Membrane Science，2013，425：208-216

[153] Wu J，Zhang L，Wang Y，Long Y，Gao H，Zhang X，Zhao N，Cai Y，Xu J. Mussel-inspired chemistry for robust and surface-modifiable multilayer films. Langmuir，2011，27 (22)：13684-13691

[154] Cao Y，Zhang X，Tao L，Li K，Xue Z，Feng L，Wei Y. Mussel-inspired chemistry and michael addition reaction for efficient oil/water separation. ACS Applied Materials & Interfaces，2013，5 (10)：4438-4442

[155] Shi H, He Y, Pan Y, Di H, Zeng G, Zhang L, Zhang C. A modified mussel-inspired method to fabricate TiO_2 decorated superhydrophilic PVDF membrane for oil/water separation. Journal of Membrane Science, 2016, 506: 60-70

[156] Zhong D, Yang Q, Guo L, Dou S, Liu K, Jiang L. Fusion of nacre, mussel, and lotus leaf: bio-inspired graphene composite paper with multifunctional integration. Nanoscale, 2013, 5 (13): 5758-5764

[157] Li B, Li L, Wu L, Zhang J, Wang A. Durable superhydrophobic/superoleophilic polyurethane sponges inspired by mussel and lotus leaf for the selective removal of organic pollutants from water. ChemPlusChem, 2014, 79 (6): 850-856

[158] Zhu Q, Pan Q. Mussel-inspired direct immobilization of nanoparticles and application for oil-water separation. ACS Nano, 2014, 8 (2): 1402-1409

[159] Korhonen J T, Kettunen M, Ras R H, Ikkala O. Hydrophobic nanocellulose aerogels as floating, sustainable, reusable, and recyclable oil absorbents. ACS Applied Materials & Interfaces, 2011, 3 (6): 1813-1816

[160] Calcagnile P, Fragouli D, Bayer I S, Anyfantis G C, Martiradonna L, Cozzoli P D, Cingolani R, Athanassiou A. Magnetically driven floating foams for the removal of oil contaminants from water. ACS Nano, 2012, 6 (6): 5413-5419

[161] Zhu Q, Chu Y, Wang Z, Chen N, Lin L, Liu F, Pan Q. Robust superhydrophobic polyurethane sponge as a highly reusable oil-absorption material. Journal of Materials Chemistry A, 2013, 1 (17): 5386-5393

[162] Chen N, Pan Q. Versatile fabrication of ultralight magnetic foams and application for oil-water separation. ACS Nano, 2013, 7 (8): 6875-6883

[163] Sun H, Xu Z, Gao C. Multifunctional, ultra-flyweight, synergistically assembled carbon aerogels. Advanced Materials, 2013, 25 (18): 2554-2560

[164] Gui X, Wei J, Wang K, Cao A, Zhu H, Jia Y, Shu Q, Wu D. Carbon nanotube sponges. Advanced Materials, 2010, 22 (5): 617-621

[165] Chen L, Guo Z. A facile method to mussel-inspired superhydrophobic thiol-textiles@ polydopamine for oil/water separation. Colloids and Surfaces A: Physicochemical Engineering Aspects, 2018, 554: 253-260

[166] Li J, Zhao Z, Li D, Tian H, Zha F, Feng H, Guo L. Smart candle soot coated membranes for on-demand immiscible oil/water mixture and emulsion switchable separation. Nanoscale, 2017, 9 (36): 13610-13617

[167] Guo F, Wen Q, Peng Y, Guo Z. Simple one-pot approach toward robust and boiling-water resistant superhydrophobic cotton fabric and the application in oil/water separation. Journal of Materials Chemistry A, 2017, 5 (41): 21866-21874

[168] Round F E, Crawford R M, Mann D G. Diatoms: Biology and Morphology of the Genera. Cambridge: Cambridge University Press, 2007

[169] Al-Degs Y, Khraisheh M, Tutunji M. Sorption of lead ions on diatomite and manganese oxides modified diatomite. Water Research, 2001, 35 (15): 3724-3728

[170] Khraisheh M A, Al-Degs Y S, Mcminn W A. Remediation of wastewater containing heavy metals using raw and modified diatomite. Chemical Engineering Journal, 2004, 99 (2): 177-184

[171] Sumper M, Brunner E. Learning from diatoms: nature's tools for the production of nanostructured silica. Advanced Functional Materials, 2006, 16 (1): 17-26

[172] Losic D, Mitchell J G, Voelcker N H. Diatomaceous lessons in nanotechnology and advanced materials. Advanced Materials, 2009, 21 (29): 2947-2958

[173] Jeffryes C, Campbell J, Li H, Jiao J, Rorrer G. The potential of diatom nanobiotechnology for applications in solar cells, batteries, and electroluminescent devices. Energy & Environmental Science, 2011, 4 (10): 3930-3941

[174] Lopez P J, Descles J, Allen A E, Bowler C. Prospects in diatom research. Current Opinion in Biotechnology, 2005, 16 (2): 180-186

[175] Sheng G, Shen R, Dong H, Li Y. Colloidal diatomite, radionickel, and humic substance interaction: a combined batch, XPS, and EXAFS investigation. Environmental Science and Pollution Research, 2013, 20 (6): 3708-3717

[176] Sheng G, Dong H, Li Y. Characterization of diatomite and its application for the retention of radiocobalt: role of environmental parameters. Journal of Environmental Radioactivity, 2012, 113: 108-115

[177] Sheng G, Hu J, Wang X. Sorption properties of Th (Ⅳ) on the raw diatomite—effects of contact time, pH, ionic strength and temperature. Applied Radiation and Isotopes, 2008, 66 (10): 1313-1320

[178] Sheng G, Wang S, Hu J, Lu Y, Li J, Dong Y, Wang X. Adsorption

of Pb（Ⅱ）on diatomite as affected via aqueous solution chemistry and temperature. Colloids and Surfaces A：Physicochemical Engineering Aspects，2009，339（1-3）：159-166

[179] Gürü M，Venedik D，Murathan A. Removal of trivalent chromium from water using low-cost natural diatomite. Journal of Hazardous Materials，2008，160（2-3）：318-323

[180] Özen İ，Şimşek S，Okyay G. Manipulating surface wettability and oil absorbency of diatomite depending on processing and ambient conditions. Applied Surface Science，2015，332：22-31

[181] Gao S，Sun J，Liu P，Zhang F，Zhang W，Yuan S，Li J，Jin J. A robust polyionized hydrogel with an unprecedented underwater anti-crude-oil-adhesion property. Advanced Materials，2016，28（26）：5307-5314

[182] Li L，Liu Z，Zhang Q，Meng C，Zhang T，Zhai J. Underwater superoleophobic porous membrane based on hierarchical TiO_2 nanotubes：multifunctional integration of oil-water separation，flow-through photocatalysis and self-cleaning. Journal of Materials Chemistry A，2015，3（3）：1279-1286

[183] Wang G，He Y，Wang H，Zhang L，Yu Q，Peng S，Wu X，Ren T，Zeng Z，Xue Q. A cellulose sponge with robust superhydrophilicity and under-water superoleophobicity for highly effective oil/water separation. Green Chemistry，2015，17（5）：3093-3099

[184] Li J，Yan L，Li H，Li W，Zha F，Lei Z. Underwater superoleophobic palygorskite coated meshes for efficient oil/water separation. Journal of Materials Chemistry A，2015，3（28）：14696-14702

[185] Erbil H Y，Demirel A L，Avcı Y，Mert O. Transformation of a simple plastic into a superhydrophobic surface. Science，2003，299（5611）：1377-1380

[186] Feng L，Zhang Z，Mai Z，Ma Y，Liu B，Jiang L，Zhu D. A super-hydrophobic and super-oleophilic coating mesh film for the separation of oil and water. Angewandte Chemie，2004，116（15）：2046-2048

[187] Li J，Yan L，Tang X，Feng H，Hu D，Zha F. Robustsuperhydrophobic fabric bag filled with polyurethane sponges used for vacuum-assisted continuous and ultrafast absorption and collection of oils from water. Advanced Materials Interfaces，2016，3（9）：1500770

[188] Li J，Kang R，Tang X，She H，Yang Y，Zha F. Superhydrophobic me-

shes that can repel hot water and strong corrosive liquids used for efficient gravity-driven oil/water separation. Nanoscale, 2016, 8 (14): 7638-7645

[189] Kong L H, Chen X H, Yu L G, Wu Z S, Zhang P Y. Superhydrophobic cuprous oxide nanostructures on phosphor-copper meshes and their oil-water separation and oil spill cleanup. ACS Applied Materials & Interfaces, 2015, 7 (4): 2616-2625

[190] Li J, Yan L, Zhao Y, Zha F, Wang Q, Lei Z. One-step fabrication of robust fabrics with both-faced superhydrophobicity for the separation and capture of oil from water. Physical Chemistry Chemical Physics, 2015, 17 (9): 6451-6457

[191] Feng L, Yang Z, Zhai J, Song Y, Liu B, Ma Y, Yang Z, Jiang L, Zhu D. Superhydrophobicity of nanostructured carbon films in a wide range of pH values. Angewandte Chemie, 2003, 115 (35): 4349-4352

[192] Tian D, Zhang X, Tian Y, Wu Y, Wang X, Zhai J, Jiang L. Photo-induced water-oil separation based on switchable superhydrophobicity-superhydrophilicity and underwater superoleophobicity of the aligned ZnO nanorod array-coated mesh films. Journal of Materials Chemistry, 2012, 22 (37): 19652-19657

[193] Wang B, Guo Z. pH-responsive bidirectional oil-water separation material. Chemical Communications, 2013, 49 (82): 9416-9418

[194] Yan L, Li J, Li W, Zha F, Feng H, Hu D. A photo-induced ZnO coated mesh for on-demand oil/water separation based on switchable wettability. Materials Letters, 2016, 163: 247-249

[195] Zhang W, Zhang F, Gao S, Zhu Y, Li J, Jin J. Micro/nano hierarchical poly (acrylic acid) -grafted-poly (vinylidene fluoride) layer coated foam membrane for temperature-controlled separation of heavy oil/water. Separation and Purification Technology, 2015, 156: 207-214

[196] Li J J, Zhou Y N, Luo Z H. Smart fiber membrane for pH-induced oil/water separation. ACS Applied Materials & Interfaces, 2015, 7 (35): 19643-19650

[197] Zhou Y N, Li J J, Luo Z H. PhotoATRP-based fluorinated thermosensitive block copolymer for controllable water/oil separation. Industrial & Engineering Chemistry Research, 2015, 54 (43): 10714-10722

[198] Tian Y, Su B, Jiang L. Interfacial material system exhibiting superwettability. Advanced Materials, 2014, 26 (40): 6872-6897

[199] Li J，Li D，Yang Y，Li J，Zha F，Lei Z. A prewetting induced underwater superoleophobic or underoil (super) hydrophobic waste potato residue-coated mesh for selective efficient oil/water separation. Green Chemistry，2016，18 (2)：541-549

[200] Li J，Guan P，Zhang Y，Xiang B，Tang X，She H. A diatomite coated mesh with switchable wettability for on-demand oil/water separation and methylene blue adsorption. Separation and Purification Technology，2017，174：275-281

[201] Gordon R，Losic D，Tiffany M A，Nagy S S，Sterrenburg F A. The glass menagerie：diatoms for novel applications in nanotechnology. Trends in Biotechnology，2009，27 (2)：116-127

[202] Lo Y H，Yang C Y，Chang H K，Hung W C，Chen P Y. Bioinspired diatomite membrane with selective superwettability for oil/water separation. Scientific Reports，2017，7 (1)：1426

[203] Lu Y，Sathasivam S，Song J，Crick C R，Carmalt C J，Parkin I P. Robust self-cleaning surfaces that function when exposed to either air or oil. Science，2015，347 (6226)：1132-1135

[204] Chen L，Sun X，Hang J，Jin L，Shang D，Shi L. Large-scale fabrication of robust superhydrophobic coatings with high rigidity and good flexibility. Advanced Materials Interfaces，2016，3 (6)：1500718

[205] Chen B，Qiu J，Sakai E，Kanazawa N，Liang R，Feng H. Robust and superhydrophobic surface modification by a "Paint＋Adhesive" method：applications in self-cleaning after oil contamination and oil-water separation. ACS Applied Materials & Interfaces，2016，8 (27)：17659-17667

[206] Xu LP，Peng J，Liu Y，Wen Y，Zhang X，Jiang L，Wang S. Nacre-inspired design of mechanical stable coating with underwater superoleophobicity. ACS Nano，2013，7 (6)：5077-5083

[207] Liu M，Li J，Hou Y，Guo Z. Inorganic adhesives for robust superwetting surfaces. ACS Nano，2017，11 (1)：1113-1119

[208] Ito A，Nakamura S，Aoki H，Akao M，Teraoka K，Tsutsumi S，Onuma K，Tateishi T. Hydrothermal growth of carbonate-containing hydroxyapatite single crystals. Journal of Crystal Growth，1996，163 (3)：311-317

[209] Ivanova T，Frank-Kamenetskaya O V，Kol'tsov A B，Ugolkov V L. Crystal structure of calcium-deficient carbonated hydroxyapatite. Thermal decomposition. Journal of Solid State Chemistry，2001，160 (2)：

340-349

[210] 唐膺，翁文剑．生物陶瓷的发展与应用．材料科学与工程学报，1994，12 (2)：63，64

[211] 任卫，曹献英，冯凌云，江昕，贾莉，姬钢，李世普．纳米羟基磷灰石合成及表面改性的途径和方法．硅酸盐通报，2002，(1)：38-43

[212] Wang P，Li C H，Gong H Y，Jiang X R，Wang H Q，Li K X. Effects of synthesis conditions on the morphology of hydroxyapatite nanoparticles produced by wet chemical process. Powder Technology，2010，203 (2)：315-321

[213] 许艳慧，李四群，李志安．纳米羟基磷灰石复合材料的研究——纳米羟基磷灰石的细胞毒性．实用口腔医学杂志，2004，20 (2)：147-150

[214] Zhao X，Ng S，Heng B C，Guo J，Ma L，Tan T T Y，Ng K W，Loo S C. Cytotoxicity of hydroxyapatite nanoparticles is shape and cell dependent. Archives of Toxicology，2013，87 (6)：1037-1052

[215] Kawasaki T，Niikura M，Kobayashi Y. Fundamental study of hydroxyapatite high-performance liquid chromatography：Ⅲ. Direct experimental confirmation of the existence of two types of adsorbing surface on the hydroxyapatite crystal. Journal of Chromatography A，1990，515：125-148

[216] 沈卫，顾燕芳，刘昌胜，孙祥明，胡黎明．羟基磷灰石的表面特性．硅酸盐通报，1996，(1)：45-52

[217] Liu C，Wang W，Shen W，Chen T，Hu L，Chen Z. Evaluation of the biocompatibility of a nonceramic hydroxyapatite. Journal of Endodontics，1997，23 (8)：490-493

[218] Liang L，Weng J. Artificially controlling of inner structure to porous hydroxyapatite ceramic by using solidified coated fibers. Materials Letters，2006，60 (29-30)：3569-3572

[219] He Q，Huang Z，Liu Y，Chen W，Xu T. Template-directed one-step synthesis of flowerlike porous carbonated hydroxyapatite spheres. Materials Letters，2007，61 (1)：141-143

[220] Weda P，Trzebicka B，Dworak A，Tsvetanov C B. Thermosensitive nanospheres of low-density core－an approach to hollow nanoparticles. Polymer，2008，49 (6)：1467-1474

[221] Zou G，Yu D，Lu J，Wang D，Jiang C，Qian Y. A self-generated template route to hollow carbon nanospheres in a short time. Solid State Com-

munications, 2004, 131 (12): 749-752

[222] Zhang Y, Shi E W, Chen Z Z, Xiao B. Fabrication of ZnO hollow nanospheres and "jingle bell" shaped nanospheres. Materials Letters, 2008, 62 (8-9): 1435-1437

[223] Hadiko G, Han Y S, Fuji M, Takahashi M. Synthesis of hollow calcium carbonate particles by the bubble templating method. Materials Letters, 2005, 59 (19-20): 2519-2522

[224] Gunawan P, Xu R. Direct assembly of anisotropic layered double hydroxide (LDH) nanocrystals on spherical template for fabrication of drug-LDH hollow nanospheres. Chemistry of Materials, 2009, 21 (5): 781-783

[225] Liu D M. Fabrication and characterization of porous hydroxyapatite granules. Biomaterials, 1996, 17 (20): 1955-1957

[226] Yuan X, Xing W, Zhuo S P, Han Z, Wang G, Gao X, Yan Z F. Preparation and application of mesoporous Fe/carbon composites as a drug carrier. Microporous Mesoporous Materials, 2009, 117 (3): 678-684

[227] Xu Y, Jiao X, Chen D. PEG-assisted preparation of single-crystalline Cu_2O hollow nanocubes. The Journal of Physical Chemistry C, 2008, 112 (43): 16769-16773

[228] Jiang C, Zhang W, Zou G, Yu W, Qian Y. Hydrothermal synthesis and characterization of ZnS microspheres and hollow nanospheres. MaterialsChemistry Physics, 2007, 103 (1): 24-27

[229] Potoczek M. Hydroxyapatite foams produced by gelcasting using agarose. Materials Letters, 2008, 62 (6-7): 1055-1057

[230] Peng L, Meng Y, Li H. Facile fabrication of superhydrophobic paper with improved physical strength by a novel layer-by-layer assembly of polyelectrolytes and lignosulfonates-amine. Cellulose, 2016, 23 (3): 2073-2085

[231] Barhoum A, Samyn P, Öhlund T, Dufresne A. Review of recent research on flexible multifunctional nanopapers. Nanoscale, 2017, 9 (40): 15181-15205

[232] Jiang L, Wang J, Liang S, Cai J, Xu Z, Cen P, Yang S, Li S. Enhanced butyric acid tolerance and bioproduction by Clostridium tyrobutyricum immobilized in a fibrous bed bioreactor. Biotechnology Bioengineering, 2011, 108 (1): 31-40

[233] Gamelas J, Salvador A, Hidalgo J, Ferreira P, Tejado A. Unique combination of surface energy and Lewis acid-base characteristics of superhydrophobic cellulose fibers. Langmuir, 2017, 33 (4): 927-935

[234] Glavan A C, Martinez R V, Subramaniam A B, Yoon H J, Nunes R M, Lange H, Thuo M M, Whitesides G M. Omniphobic "RF paper" produced by silanization of paper with fluoroalkyltrichlorosilanes. Advanced Functional Materials, 2014, 24 (1): 60-70

[235] Li S, Xie H, Zhang S, Wang X. Facile transformation of hydrophilic cellulose into superhydrophobic cellulose. Chemical Communications, 2007, (46): 4857-4859

[236] Arbatan T, Zhang L, Fang X Y, Shen W. Cellulose nanofibers as binder forfabrication of superhydrophobic paper. Chemical Engineering Journal, 2012, 210: 74-79

[237] Wang N, Xiong D, Pan S, Deng Y, Shi Y, Wang K. Superhydrophobic paper with superior stability against deformations and humidity. Applied Surface Science, 2016, 389: 354-360

[238] Ogihara H, Xie J, Okagaki J, Saji T. Simple method for preparing superhydrophobic paper: spray-deposited hydrophobic silica nanoparticle coatings exhibit high water-repellency and transparency. Langmuir, 2012, 28 (10): 4605-4608

[239] Bongiovanni R, Marchi S, Zeno E, Pollicino A, Thomas R. Water resistance improvement of filter paper by a UV-grafting modification with a fluoromonomer. Colloids Surfaces A: Physicochemical Engineering Aspects, 2013, 418: 52-59

[240] Si Y, Guo Z. Eco-friendly functionalized superhydrophobic recycled paper with enhanced flame-retardancy. Journal of Colloid Interface Science, 2016, 477: 74-82

[241] Merk V, Chanana M, Keplinger T, Gaan S, Burgert I. Hybrid wood materials with improved fire retardance by bio-inspired mineralisation on the nano-and submicron level. Green Chemistry, 2015, 17 (3): 1423-1428

[242] Hagen M, Hereid J, Delichatsios M, Zhang J, Bakirtzis D. Flammability assessment of fire-retarded Nordic Spruce wood using thermogravimetric analyses and cone calorimetry. Fire Safety Journal, 2009, 44 (8): 1053-1066

[243] Šimkovic I, MartvoňOvá H, Maníková D, Grexa O. Flame retardance of

insolubilized silica inside of wood material. Journal of Applied Polymer Science，2005，97（5）：1948-1952

［244］ Zhang L J，Guerrero-Juarez C F，Hata T，Bapat S P，Ramos R，Plikus M V，Gallo R L. Dermal adipocytes protect against invasive Staphylococcus aureus skin infection. Science，2015，347（6217）：67-71

［245］ Li P，Poon Y F，Li W，Zhu H Y，Yeap S H，Cao Y，Qi X，Zhou C，Lamrani M，Beuerman R W. A polycationic antimicrobial and biocompatible hydrogel with microbe membrane suctioning ability. Nature Materials，2011，10（2）：149

［246］ Yang Q，Li M，Spiller O B，Andrey D O，Hinchliffe P，Li H，Maclean C，Niumsup P，Powell L，Pritchard M. Balancing mcr-1 expression and bacterial survival is a delicate equilibrium between essential cellular defence mechanisms. Nature Communications，2017，8（1）：2054

［247］ Brobbey K J，Haapanen J，Gunell M，Mäkelä J M，Eerola E，Toivakka M，Saarinen J J. One-step flame synthesis of silver nanoparticles for roll-to-roll production of antibacterial paper. Applied Surface Science，2017，420：558-565

［248］ Nine M J，Tran D N，Elmekawy A，Losic D. Interlayer growth of borates for highly adhesive graphene coatings with enhanced abrasion resistance，fire-retardant and antibacterial ability. Carbon，2017，117：252-262

［249］ Jevtic M，Mitric M，Skapin S，Jancar B，Ignjatovic N，Uskokovic D. Crystal structure of hydroxyapatite nanorods synthesized by sonochemical homogeneous precipitation. Crystal Growth Design，2008，8（7）：2217-2222

［250］ Chen F，Zhu Y J，Wang K W，Zhao K L. Surfactant-free solvothermal synthesis of hydroxyapatite nanowire/nanotube ordered arrays with biomimetic structures. Cryst Eng Comm，2011，13（6）：1858-1863

［251］ Costa D O，Dixon S J，Rizkalla A S. One-and three-dimensional growth of hydroxyapatite nanowires during sol-gel-hydrothermal synthesis. ACS Applied Materials & Interfaces，2012，4（3）：1490-1499

［252］ Zhang Y G，Zhu Y J，Chen F，Wu J. Ultralong hydroxyapatite nanowiressynthesized by solvothermal treatment using a series of phosphate sodium salts. Materials Letters，2015，144：135-137

［253］ Applerot G，Lellouche J，Perkas N，Nitzan Y，Gedanken A，Banin E. ZnO nanoparticle-coated surfaces inhibit bacterial biofilm formation and

increase antibiotic susceptibility. RSC Advances，2012，2 (6)：2314-2321
[254] Wen G，Gao X，Tian P，Zhong L，Wang Z，Guo Z. Modifier-free fabrication of durable and multifunctional superhydrophobic paper with thermostability and anti-microbial property. Chemical Engineering Journal，2018，346：94-103
[255] Cheng Z，Wang J，Lai H，Du Y，Hou R，Li C，Zhang N，Sun K. pH-controllable on-demand oil/water separation on the switchable superhydrophobic/superhydrophilic and underwater low-adhesive superoleophobic copper mesh film. Langmuir，2015，31 (4)：1393-1399
[256] Shannon M A，Bohn P W，Elimelech M，Georgiadis J G，Marinas B J，Mayes A M. Science and technology for water purification in the coming decades. Nanoscience and Technology：A Collection of Reviews from Nature Journals：World Scientific，2010：337-346
[257] Chen Y，Chen L，Bai H，Li L. Graphene oxide-chitosan composite hydrogels as broad-spectrum adsorbents for water purification. Journal of Materials Chemistry A，2013，1 (6)：1992-2001
[258] Kota A K，Kwon G，Choi W，Mabry J M，Tuteja A. Hygro-responsive membranes for effective oil-water separation. Nature Communications，2012，3：1025
[259] Tao M，Xue L，Liu F，Jiang L. An intelligent superwetting PVDF membrane showing switchable transport performance for oil/water separation. Advanced Materials，2014，26 (18)：2943-2948
[260] Aksu Z. Biosorption of reactive dyes by dried activated sludge：equilibrium and kinetic modelling. Biochemical Engineering Journal，2001，7 (1)：79-84
[261] Yao Y J，He B，Xu F F，Chen X F. Equilibrium and kinetic studies of methyl orange adsorption on multiwalled carbon nanotubes. Chemical Engineering Journal，2011，170 (1)：82-89
[262] Haque E，Jun J W，Jhung S H. Adsorptive removal of methyl orange and methylene blue from aqueous solution with a metal-organic framework material，iron terephthalate (MOF-235). Journal of Hazardous Materials，2011，185 (1)：507-511
[263] Hameed B，Mahmoud D，Ahmad A. Equilibrium modeling and kinetic studies on the adsorption of basic dye by a low-cost adsorbent：Coconut (Cocos nucifera) bunch waste. Journal of Hazardous Materials，2008，

158 (1)：65-72

[264] Lelieveld J，Evans J S，Fnais M，Giannadaki D，Pozzer A. The contribution of outdoor air pollution sources to premature mortality on a global scale. Nature，2015，525 (7569)：367

[265] Xiong Z C，Yang R L，Zhu Y J，Chen F F，Dong LY. Flexible hydroxyapatite ultralong nanowire-based paper for highly efficient and multifunctional air filtration. Journal of Materials Chemistry A，2017，5 (33)：17482-17491

[266] Xu J，Liu C，Hsu P C，Liu K，Zhang R，Liu Y，Cui Y. Roll-to-roll transfer of electrospun nanofiber film for high-efficiency transparent air filter. Nano Letters，2016，16 (2)：1270-1275

[267] Shi S，Bian Y，Zhang L，Chen C. A method for assessing the performance of nanofiber films coated on window screens in reducing residential exposures to PM2.5 of outdoor origin in Beijing. Indoor Air，2017，27 (6)：1190-1200

[268] Zhang R，Liu C，Hsu P C，Zhang C，Liu N，Zhang J，Lee H R，Lu Y，Qiu Y，Chu S. Nanofiber air filters with high-temperature stability for efficient PM2.5 removal from the pollution sources. Nano Letters，2016，16 (6)：3642-3649

[269] Zheng Y，Jiao Y，Zhu Y，Li L H，Han Y，Chen Y，Du A，Jaroniec M，Qiao S Z. Hydrogen evolution by a metal-free electrocatalyst. Nature Communications，2014，5：3783

[270] Lu G，Farha O K，Zhang W，Huo F，Hupp J T. Engineering ZIF-8 thin films for hybrid MOF-based devices. Advanced Materials，2012，24 (29)：3970-3974

[271] Stavila V，Talin A A，Allendorf M D. MOF-based electronic and opto-electronic devices. Chemical Society Reviews，2014，43 (16)：5994-6010

[272] Lu G，Hupp J T. Metal-organic frameworks as sensors：a ZIF-8 based Fabry-Pérot device as a selective sensor for chemical vapors and gases. Journal of the American Chemical Society，2010，132 (23)：7832-7833

[273] Falcaro P，Ricco R，Doherty C M，Liang K，Hill A J，Styles M J. MOF positioning technology and device fabrication. Chemical Society Reviews，2014，43 (16)：5513-5560

[274] Dai Y，Johnson J，Karvan O，Sholl D S，Koros W. Ultem®/ZIF-8 mixed matrix hollow fiber membranes for CO_2/N_2 separations. Journal of

Membrane Science，2012，401：76-82

[275] Wen G，Gao X Y，Guo Z G. Simple fabrication of a multifunctional inorganic paper with high efficiency separations for both liquids and particles. Journal of Materials Chemistry A，2018，6 (43)：21524-21531

[276] Kang H，Cheng Z，Lai H，Ma H，Liu Y，Mai X，Wang Y，Shao Q，Xiang L，Guo X. Superlyophobic anti-corrosive and self-cleaning titania robust mesh membrane with enhanced oil/water separation. Separation Purification Technology，2018，201：193-204

[277] Lin X，Choi M，Heo J，Jeong H，Park S，Hong J. Cobweb-inspired superhydrophobic multiscaled gating membrane with embedded network structure for robust water-in-oil emulsion separation. ACS Sustainable Chemistry Engineering，2017，5 (4)：3448-3455

[278] Ghule K，Ghule A V，Chen B J，Ling Y C. Preparation and characterization of ZnO nanoparticles coated paper and its antibacterial activity study. Green Chemistry，2006，8 (12)：1034-1041

[279] Kołodyńska D，Krukowska J A，Thomas P. Comparison of sorption and desorption studies of heavy metal ions from biochar and commercial active carbon. Chemical Engineering Journal，2017，307：353-363

[280] Neubauer R，Husmann M，Weinlaender C，Kienzl N，Leitner E，Hochenauer C. Acid base interaction and its influence on the adsorption kinetics and selectivity order of aromatic sulfur heterocycles adsorbing on Ag-Al_2O_3. Chemical Engineering Journal，2017，309：840-849

[281] Tan I，Hameed B，Ahmad A. Equilibrium and kinetic studies on basic dye adsorption by oil palm fibre activated carbon. Chemical Engineering Journal，2007，127 (1-3)：111-119

[282] Molavi H，Hakimian A，Shojaei A，Raeiszadeh M. Selective dye adsorption by highly water stable metal-organic framework：long term stability analysis in aqueous media. Applied Surface Science，2018，445：424-436

[283] Qiu J，Feng Y，Zhang X，Jia M，Yao J. Acid-promoted synthesis of UiO-66 for highly selective adsorption of anionic dyes：adsorption performance and mechanisms. Journal of Colloid Interface Science，2017，499：151-158

[284] Feng L，Li S，Li Y，Li H，Zhang L，Zhai J，Song Y，Liu B，Jiang L，Zhu D. Super-hydrophobic surfaces：from natural to artificial. Advanced Materials，2002，14 (24)：1857-1860

[285] Koch K，Bhushan B，Jung Y C，Barthlott W. Fabrication of artificial Lotus leaves and significance of hierarchical structure for superhydrophobicity and low adhesion. Soft Matter，2009，5（7）：1386-1393

[286] Liu M，Wang S，Wei Z，Song Y，Jiang L. Bioinspired design of a superoleophobic and low adhesive water/solid interface. Advanced Materials，2009，21（6）：665-669

[287] Zhang S，Huang J，Chen Z，Lai Y. Bioinspired special wettability surfaces：from fundamental research to water harvesting applications. Small，2017，13（3）：1602992

[288] Zhang J，Meng Z，Liu J，Schlaich C，Yu Z，Deng X. Breath figure lithography for the construction of a hierarchical structure in sponges and their applications to oil/water separation. Journal of Materials Chemistry A，2017，5（31）：16369-16375

[289] Liu M，Hou Y，Li J，Guo Z. Stable superwetting meshes for on-demand separation of immiscible oil/water mixtures and emulsions. Langmuir，2017，33（15）：3702-3710

[290] Dong Y，Li J，Shi L，Wang X，Guo Z，Liu W. Underwater superoleophobic graphene oxide coated meshes for the separation of oil and water. Chemical Communications，2014，50（42）：5586-5589

[291] van Dijke M，Sorbie K. The relation between interfacial tensions and wettability in three-phase systems：consequences for pore occupancy and relative permeability. Journal of Petroleum Science and Engineering，2002，33（1-3）：39-48

[292] Jung Y C，Bhushan B. Wetting behavior of water and oil droplets in three-phase interfaces for hydrophobicity/philicity and oleophobicity/philicity. Langmuir，2009，25（24）：14165-14173

[293] Grate J W，Dehoff K J，Warner M G，Pittman J W，Wietsma T W，Zhang C，Oostrom M. Correlation of oil-water and air-water contact angles of diverse silanized surfaces and relationship to fluid interfacial tensions. Langmuir，2012，28（18）：7182-7188

[294] Tian X，Jokinen V，Li J，Sainio J，Ras R H. Unusual dual superlyophobic surfaces in oil-water systems：the design principles. Advanced Materials，2016，28（48）：10652-10658

[295] Yong J，Chen F，Yang Q，Du G，Shan C，Bian H，Farooq U，Hou X. Bioinspired transparent underwater superoleophobic and anti-oil sur-

faces. Journal of Materials Chemistry A, 2015, 3 (18): 9379-9384

[296] Zhang P, Wang S, Wang S, Jiang L. Superwetting surfaces under different media: Effects of surface topography on wettability. Small, 2015, 11 (16): 1939-1946

[297] Han K, Heng L, Jiang L. Multiphase media antiadhesive coatings: Hierarchical Self-Assembled porous materials generated using breath figure patterns. ACS Nano, 2016, 10 (12): 11087-11095

[298] Liu M, Tie L, Li J, Hou Y, Guo Z. Underoil superhydrophilic surfaces: water adsorption in metal-organic frameworks. Journal of Materials Chemistry A, 2018, 6 (4): 1692-1699

[299] Zhao X, Su Y, Liu Y, Li Y, Jiang Z. Free-standing graphene oxide-palygorskite nanohybrid membrane for oil/water separation. ACS Applied Materials & Interfaces, 2016, 8 (12): 8247-8256

[300] Feng J, Sun M, Ye Y. Ultradurable underwater superoleophobic surfaces obtained by vapor-synthesized layered polymer nanocoatings for highly efficient oil-water separation. Journal of Materials Chemistry A, 2017, 5 (29): 14990-14995

[301] Yu H, Tang Q, Wu J, Lin Y, Fan L, Huang M, Lin J, Li Y, Yu F. Using eggshell membrane as a separator in supercapacitor. Journal of Power Sources, 2012, 206: 463-468

[302] Dennis J E, Carrino D A, Yamashita K, Caplan A I. Monoclonal antibodies to mineralized matrix molecules of the avian eggshell. Matrix Biology, 2000, 19 (7): 683-692

[303] Yang D, Qi L, Ma J. Eggshell membrane templating of hierarchically ordered macroporous networks composed of TiO_2 tubes. Advanced Materials, 2002, 14 (21): 1543-1546

[304] Muhammad I M, El-Nafaty U A, Abdulsalam S, Makarfi Y I, Ibarahim M, Abdulkarim A. Oil removal from produced water using surfactant modified eggshell. 2015 4th International Conference on Envirnomental, Energy and Biotechnology, 2015: 84e92

[305] Wei Z, Xu C, Li B. Application of waste eggshell as low-cost solid catalyst for biodiesel production. Bioresource Technology, 2009, 100 (11): 2883-2885

[306] Li M, Chen Y, Mao L B, Jiang Y, Liu M F, Huang Q, Yu Z, Wang S, Yu S H, Lin C. Seeded mineralization leads to hierarchical $CaCO_3$ thin

coatings on fibers for oil/water separation applications. Langmuir，2018，34 (9)：2942-2951

[307] Wen G，Huang J，Guo Z. Energy-effective superhydrophobic nanocoating based on recycled eggshell. Colloids Surfaces A：Physicochemical Engineering Aspects，2019，568：20-28

[308] Gulistan A S，Ibrahim T，khamis M I. Oil removal from produced water using eggplant peel. International Conference on Water，Energy and Environment (ICWEE)，2015.

第 5 章　过滤型油水分离

通过前面章节的介绍，我们已经强调了构造新型仿生油水分离材料对于油水混合物分离的重要性。同时分离形式也有多种类型，如过滤、吸附等。其中过滤型油水分离材料是现在油水分离材料制备和应用领域最为常见的一类，其主要是基于材料特定的界面性质，在油水体系中建立具有选择性的流体通道。流体通道的建立依赖于在材料中引入特定形貌和规格的孔隙，这些孔隙可滤过油水混合体系中的某一组分，而阻塞另一组分通过，以此达到油水分离的目的。这类油水分离材料包括膜层、纸片、滤网等二维或三维多孔材料，这一类材料普遍的特点表现在制作工艺相对简单，材料形貌、孔径及孔隙率等参数相对易于控制，分离效率和速率一般都具有较高的水准，另外，很多过滤型油水分离材料能在仅重力（无外力）驱动下实现一步油水混合液的分离，因此这类材料在环境和工程等领域具有广阔的应用前景。以下我们将从三个大的方面介绍过滤型油水分离材料：其一是过滤型油水分离机理探究，对包括乳液在内的不同油水混合体系的分离机理进行探究；其二是过滤型油水分离材料的制备方法，概述现今已经报道的较为成熟的过滤型油水分离材料的各种制备方法；其三是过滤型油水分离材料的界面润湿性，包括界面材料在气相和液相（包括水相或油相）中的润湿性，以及不同润湿性界面材料对应的不同过滤型油水分离体系和分离过程。

5.1　过滤型油水分离机理探究

5.1.1　轻油/水混合体系

对于轻油/水混合体系，其中轻油通常意义上指的是密度小于水并与水不互溶的有机液体，常见的有正己烷、石油醚、环己烷、十六烷等。由于密度小于水且与水不互溶，在与水形成混合体系时，轻油将与水分层并浮于水面之上。因此，针对轻油/水混合体系的过滤型油水分离材料的特性在于：允许水的快速通过，在水相通过后阻断其上层轻油相的通过（图 5-1 (a)）。

这一选择性过滤的特性对过滤型油水分离材料的润湿性提出独特的要求。首先，这类材料需要界面对水有强的亲和力，能保证与水接触时被水润湿并渗透，这是空气中超亲水界面的特性。另外，当材料滤过水相后，需要被浸润的界面能阻隔轻油相的透过，即界面需要具有水下超疏油的性质。总而言之，针对轻油/水的过滤型油水分离材料需要具有超亲水/水下超疏油的界面特性。还有一点值得注意的是，一般来讲，这类轻油/水混合体系油水分离都是以重力驱动，所以在倾倒混合液时难免造成油相先接触材料界面，所以在操作前应该用水对界面进行预润湿，以提高油水分离的效率。

5.1.2　重油/水混合体系

与轻油不同的是，重油是一类密度比水更大的有机液体，因而处于油水混合液的下层，常见的重油有二氯乙烷、三氯甲烷等。因此，针对重油/水混合体系的过滤型油水分离材料界面需要能允许重油的滤过并阻隔水相的透过（图 5-1（b））。

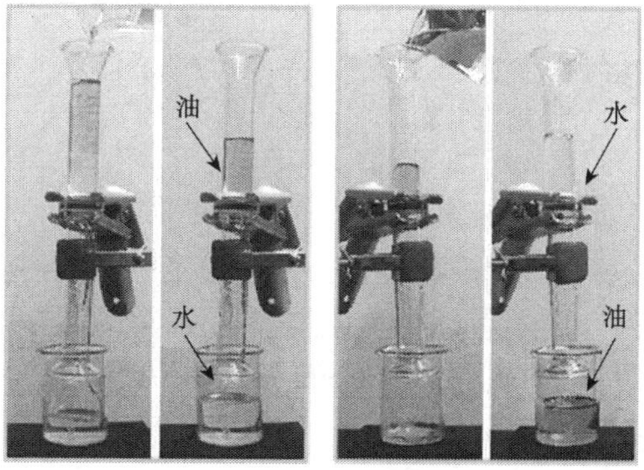

图 5-1　油水混合分层式过滤型油水分离。(a) 针对轻油/水混合体系的过滤型油水分离；(b) 针对重油/水混合体系的过滤型油水分离[1]

这一选择透过性需要材料界面对重油相具有很好的亲和力和滤过性，这是材料具有的超亲油界面特性。另外，重油/水混合体系进行油水分离需要界面在滤过重油后阻断水相的通过，因此，总体而言，需要材料界面具有超亲油/油下超疏水性。同样的道理，针对重油/水混合体系的过滤型油水分离材料需要预先被重油润湿，以防止倾倒过程中水先接触界面。相对于轻油（重油）的层状油水混合物分离，油水乳液混合物分离就要困难得多，这主要是因为乳液存在的形式更复杂，结合力更强。在此之前，我们必须要弄清楚油水乳液的具体体系。

5.1.3　油包水乳液体系

众所周知，油水乳液主要分为油包水型和水包油型。油包水乳液体系如

图 5-2（a）所示，其中有机液体作为连续相，水作为分散相。因此，作为连续相的油变成过滤型油水分离材料需要滤过的组分，这就对应于材料界面的超亲油性。同样地，在油相组分滤过后，水相需要被阻隔，这就对应于材料界面的油下超疏水性。总而言之，对于油包水乳液体系的过滤型油水分离材料界面需要具备的是超亲油/油下超疏水的性质。由于乳液分离的特殊性，对过滤型分离材料的孔径有更为苛刻的要求。

另外一个重要的方面是界面对乳液的反乳化作用（破乳），简而言之，这一过程就是乳状液的分散相小液珠聚集成团，形成大液滴，最终使油水两相分层析出的过程。其内在机理即外界因素造成乳化剂失效，乳液呈现不稳定的状态而分层。这样的外界因素包括长时间静置、温度变化、外界物理搅拌或振荡、多孔选择过滤、离心分离、添加无机盐类或减压等。而其中多孔选择过滤可以同时实现破乳作用和油水分离，极大地改善油水分离的效率和易操作性，因此具有巨大的应用前景。

5.1.4 水包油乳液体系

如前文所述，乳液体系是油水混合中的一类重要的分散体系。水包油乳液体系的制备通常是将油相缓慢滴加到预先溶解有高亲水亲油平衡（HLB）值乳化剂的水溶液中，经过强力震荡和搅拌来获得稳定的水包油乳液，如图 5-2（b）所示，其中水作为连续相，乳化的油滴作为分散相，因此针对水包油乳液的分离过程，必将是滤过水相而阻隔油相的过程。

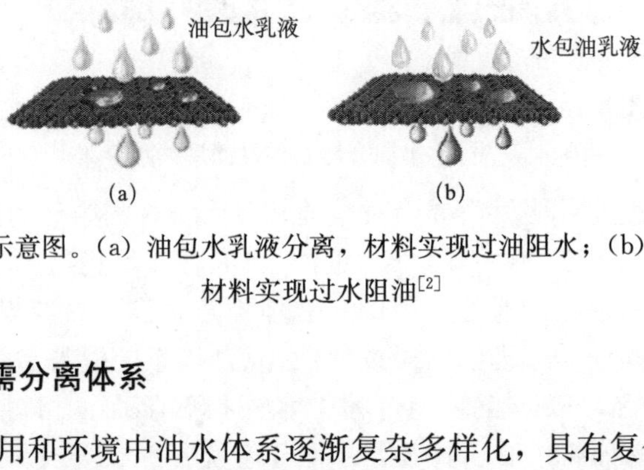

图 5-2 乳液分离示意图。(a) 油包水乳液分离，材料实现过油阻水；(b) 水包油乳液分离，材料实现过水阻油[2]

5.1.5 按需分离体系

随着工程应用和环境中油水体系逐渐复杂多样化，具有复合性质的多功能过滤型油水分离材料的性能优势和应用前景日益凸显。材料的按需油水分离性能即建立在这一理念之上。所谓按需分离，就是同一材料可以同时对不同的油水（或乳液）体系进行有效分离。如前文所述，不同的油水（或乳液）体系对过滤型油水分离材料的界面润湿性提出了不同的要求，因此，为了适应多种油水体系，材料的界面润湿性应能够适应不同润湿之间的切换，典型的例子包括刺激响应性油水分离材料和 Janus 油水分离材料。

对于前者，由于在外界环境刺激下，表面发生成分或电荷的变化，界面切换为完全不同的润湿性，以适应不同的油水分离体系。例如，紫外线响应性的具有超疏水界面性质的过滤型油水分离材料，适用于重油/水混合体系的分离，在紫外线刺激下转变为超亲水界面材料，因此转变为适用于轻油/水混合体系的分离。

Janus 材料具有更为精细的界面设计，在同一过滤型油水分离材料的两面分别引入不同的界面润湿性，因此，当不同的界面（正面或反面）充当接触油水混合体系的界面时，都能实现对不同的油水混合体系的分离。Janus 过滤型油水分离材料的超亲水界面朝上时，适用于轻油/水混合体系的分离，而当其超疏水界面朝上时，适用于重油/水混合体系的分离。

对于乳液分散体系的按需分离，当油相和水相分别作为油包水乳液和水包油乳液的连续相时，同一材料应该同时具备对油和水的亲和力，即具备两亲性材料的性质。因此，对于油包水乳液和水包油乳液的按需分离，其方法主要集中在对材料孔径的调控。

5.2　过滤型油水分离膜

5.2.1　聚合物过滤膜

聚合物过滤膜因具有低成本、突出的柔韧性、良好的加工性和易操作性等特殊优点，在油水或乳液分离领域有着极其重要的作用，受到了科研人员的广泛关注[3-5]。但是因为聚合物过滤膜内在的亲油性，大多数聚合物过滤膜都不可避免地受到膜耐久性的限制。经多次分离后，膜内部结构会因悬浮油污垢的积聚、黏附、扩散、聚结和迁移，以及不可避免地被可溶性有机大分子和不溶性无机物堵塞（即膜污染[6,7]），而在后续的分离过程中导致分离相的通量减少。除此之外，聚合物过滤膜机械性能较差，在施加了外部压力及连续液体流动的条件下，难以保证其材料的完整性。而为了克服上述缺点，以增强膜的表面疏水性为目的，已经有许多制备方法被开发出来，来增强过滤膜的耐用性及性能稳定性，如相转化法、静电纺丝法、原子转移自由基聚合法、涂覆法和原位聚合法等[8-10]。

1. 相转化法

相转化法是一种高效而方便的方法，被广泛用于制备过滤型油水分离材料，目前，大多数用于油水乳液分离的聚合物膜都是通过相转化法制备的[11-13]。在制备的过程中，将均相聚合物和溶剂混合物浇铸成薄膜或中空纤维形状，然后浸入非溶剂凝结剂中，通过溶剂和非溶剂在铸造溶液和非溶剂凝结剂之间的界面上的扩散交换，可以制备出具有对称或不对称结构的薄膜[14]。通过相转化工艺，将两种或多种具有亲水和疏水结构的物质与工程聚合物混合，是开发应用于油水乳液分离的潜在聚合物膜的有效方法。例如，PVDF、聚砜（PSF）和聚醚砜（PES），因为具有突出的耐化学性、热稳定性和机械强度[15-17]，与聚合物混合后所制备的薄膜材料具有极强的耐受能力及良好的孔隙率。Zhang 等使用惰性溶剂诱导的相转化过程制备出了超疏水/超亲脂 PVDF 膜[18]。所制备的 PVDF 膜可仅在重力驱动下，有效地分离微米和纳米尺寸的无表面活性剂和表面活性剂稳定的水包油乳液，展现了其高通量与高分离效率（分离后滤液中的油纯度大于 99.95%）的性能，如图 5-3 所示。

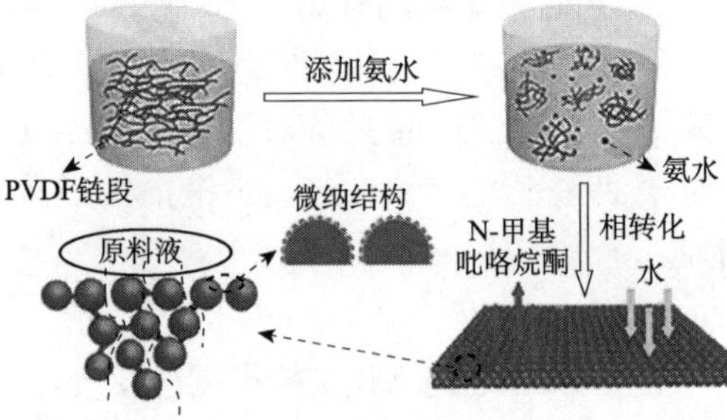

图 5-3　通过改进的相转化方法制备超疏水/超亲脂 PVDF 膜的示意图[18]

在他们的工作中，氨水作为反相溶剂添加剂加入聚合物溶液中。与传统相转化过程相比，氨水的加入能够诱导局部微相分离，从而在溶液中形成由 PVDF 簇组成的“初期沉淀”。而在接下来的制备过程中，PVDF 簇可以作为生长点逐渐生长成球形颗粒，经相分离过程后，组装成 PVDF 膜。这种膜由所生长的 PVDF 球形颗粒组成，其表面粗糙，并有明显裸露的颗粒状，这种结构不同于采用普通相转化过程产生的结构。有趣的是，各个微粒以纤维状连接的形式连接在一起，并在颗粒表面形成微突起，致密且均匀地分布在每个微球表面。而这些表面的粗糙结构与其本身较低的表面能，使得该 PVDF 膜具有极强的超疏水性（对于水的接触角约 158°）及超亲油性（对于油的接触角约 1°）。除此之外，加入的氨水可导致 PVDF 分子发生脱氟化氢反应，引发聚合物链之间的交联，这大大提高了 PVDF 膜的机械强度。然而，过量添加氨水，会导致过度的脱氟化氢反应发生，这也会导致膜的机械强度急剧下降。随着氨水浓度的增加，该 PVDF 膜的超疏水性逐渐增强，其对水的接触角最高可达 158°。而在制备过程中，未掺入氨水所制备的 PVDF 膜对水的接触角仅为 85°。通过这种方法制备的 PVDF 膜具有极好的超疏水性及优异的机械强度，考虑到其优异的防污性能和再循环性，这种 PVDF 膜在油水乳液分离中具有广泛的相关应用性和巨大潜力。

除此之外，Zhang 等通过盐诱导相转化方法制备了一种新型超亲水和水下超疏油聚丙烯酸接枝-PVDF（PAA-g-PVDF）膜[19]。在一般的相转化过程中，将饱和浓度的氯化钠（NaCl）溶液加入凝固浴中。添加的 NaCl 作为成核剂诱导 PAA-g-PVDF 胶束在其周围聚集，这使得球形微粒形成，为 PAA-g-PVDF 膜表面提供了较大的粗糙度，并赋予膜表面超亲水和水下超疏油性，如图 5-4 所示。因此，该膜可以在小的外界压力或仅由重力驱动下，有效地分离无表面活性剂和表面活性剂稳定的水包油乳液，展现了极高的分离效率（滤液中的水纯度，一次分离大于 99.99%）与高通量。此外，所制备的 PAA-g-PVDF 膜展示出了优异的防污性能，可满足长期使用。

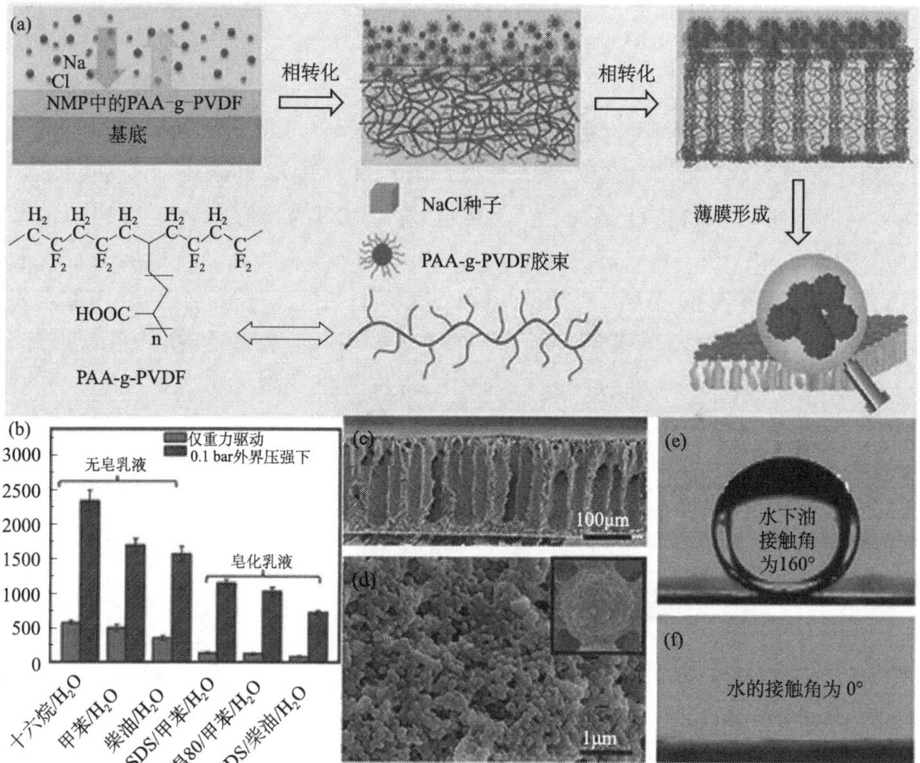

图 5-4　(a) 使用盐诱导的相转化过程形成的超亲水-水下超疏油 PAA-g-PVDF 膜；(b) 一系列无表面活性剂和表面活性剂稳定的水包油乳液在 PAA-g-PVDF 膜的渗透通量；膜的横截面 (c) 与俯视 SEM 图像 (d)；(e) 水下，油滴在膜上的图像；(f) PAA-g-PVDF 膜对水的润湿性图片[19]

显然，膜的表面性质，包括对比润湿性、渗透性和防污性能，可以根据条件，改变聚合物溶液和凝固浴组分，对膜的性能进行调节。此外，相转化方法非常适用于制备某些具有特定性质（如不熔性和不溶性）的薄膜材料。因此，相转化法在制备用于油水乳液分离的聚合物膜中起着至关重要的作用。然而，非溶剂或亲水性添加剂的加入，加速了相分离，而这可能在聚合物聚集体的重排过程中形成具有缺陷孔洞的膜，这极大地限制了膜的应用，对膜的工业生产产生了极大的负面影响。

2. 静电纺丝法

与相转化法制备的多孔膜相比，采用静电纺丝法制备的膜具有许多突出的特性，如极高的通量与简单的制备过程[20-22]。除此之外，液体可以在重力作用下通过静电纺丝所制备的膜进行分离，而无需外部驱动力，这极大地降低了油水分离过程中的能源消耗[23,24]。静电纺丝法是制造聚合物的通用方法，可以制备出具有高孔隙率和相对大尺寸的过滤膜材料，除此之外，还能加工多种聚合物和添加剂。

在实验室中采用典型的静电纺丝系统（图 5-5（a））是由电极（包含内径约 100mm 的薄喷嘴的注射器）、基板、高压电源和对电极组成的[25]。通过这一系统，可将电纺纤维收集在基材上，通常使其与对电极接触。将聚合物溶液或熔体通过薄喷嘴泵送，并向其施加 100～500kV/m 的高电压。而施加的电压将引起聚合物液滴的锥形变形，并在对电极的方向上熔化，进一步导致在聚合物溶液液滴顶部形成约 30°的锥角。但若施加更高的电压，则聚合物溶液或熔体将从变形的液滴变成射流，该射流向对电极移动并同时变窄（图 5-5（b））。在此过程中，溶剂、溶液蒸发（或熔融固化）同时在对电极上发生，这也导致直径从微米到纳米的固体纤维高速沉积于基底上。

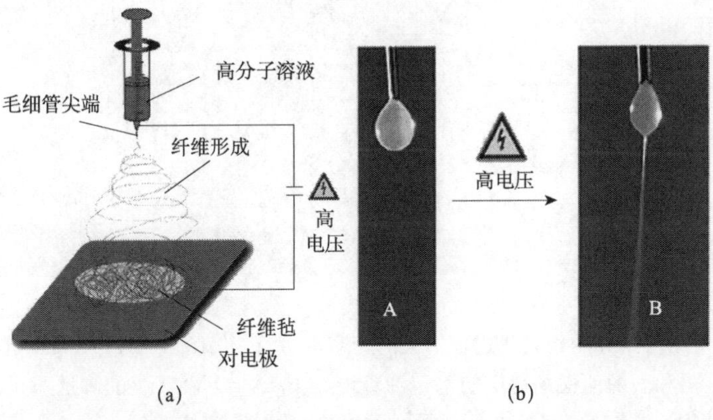

图 5-5 （a）用于静电纺丝的实验室装置，其具有垂直排列的电极。（b）A 在没有施加电压的情况下，用荧光素染色的 5%聚（环氧乙烷）水溶液液滴；B 施加电压为 20kV，射流垂直于对电极[25]

到目前为止，已经有许多运用静电纺丝工艺制备出具有超疏水性的电纺膜并运用于油水分离的报道。Liu 等报道了一种以苯乙烯和丙烯酸丁酯悬浮聚合产物为溶剂，通过静电纺丝制备成的纤维膜[26]。由于其具有松散多孔结构，对油具有明显的亲和性，当与油接触时，油分子可被膜完全吸收，产生油膜。而静电纺丝膜表面具有极强的防水性，这些性能为该静电纺丝膜从乳液或油水混合体系中分离有机相提供了可能。然而，考虑到油的黏度较高，易于黏附在膜表面，造成膜污染，这种静电纺丝超疏水膜在实际生活中的应用受到了极大的限制。幸运的是，经水合后的超亲水膜可以很好地解决上述问题，并能有效地从油水混合体系或乳液体系中除去水，而这也需要更多的努力来对这种膜材料进行研究，如 Zhang 等使用混合静电纺丝技术开发了一种新型聚丙交酯（PLA）和聚（3-羟基丁酸酯-co4-羟基丁酸酯）（P34HB）组成的聚合物膜[27]。因为静电纺丝膜具有较高的结构孔隙率以及 P34HB 的亲水性比 PLA 高，所以该静电纺丝膜对水具有极高的渗透性与吸水性，可在重力作用下从无表面活性剂的真空泵油水乳液中高效去除水分（图 5-6）。这为使用静电纺丝膜从乳液或油水混合体系中去除水分提供了有效途径。

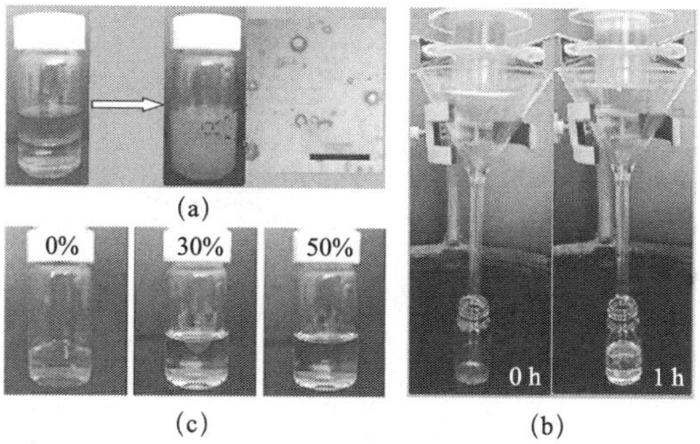

图 5-6　(a) 乳液经剧烈搅拌前与搅拌后的光学照片及光学显微照片；(b) 在重力作用下，用电纺膜进行乳液分离的照片；(c) 经分离后，渗透液体的光学照片。在分离之前，将电纺膜用水预润湿，并用苏丹红选择性地对油染色[27]

除了油膜污染导致滤膜的通量下降之外，机械强度较差与使用寿命短也是制约滤膜在工业生产应用中的主要瓶颈。具有自愈特性的膜材料，因其具有抵抗化学或物理损伤的再生能力，可以很好地克服这些问题。Fang 等首先提出了一种具有自修复能力的聚合物多孔膜的概念，通过静电纺丝法制备一种新型含氟聚氨酯（PU）滤膜，如图 5-7（a）所示[28]。这种滤膜可以在重力驱动下，有效地分离经表面活性剂稳定的水包油乳液，具备极高的通量（图 5-7（b））。滤膜经低表面能氟代烷基改性后，表面具有分级的微纳米级结构，这为滤膜提供了极强的自清洗与自修复特性。作为愈合组分的含氟 PU 可以迁移到外部纤维的外表面，来修复膜的超疏水性（图 5-7（c））。他们的工作除了提出一种具有自愈合机制的滤膜外，还为油水及乳液分离的滤膜的再生和再利用提供了理论基础。空气作为气源，对膜进行等离子体处理，造成人工损坏。经 50℃加热 4h 后，该滤膜的超疏水性得到了恢复，对于水、甘油和乙二醇分别可以达到 162°、160°和 155°的接触角。除此之外，在经 20 次等离子体处理和加热循环后，膜的自愈性能仍能保持，对于水包油乳液的分离效率仍可保持在 98.1%。这说明，该滤膜在经自愈循环后，仍能保持高渗透通量和高分离效率，这可满足处理工业和日常生活废水滤膜材料的应用及性能需求。然而，经静电纺丝工艺制备的滤膜仍有很多性能缺陷，极大地限制了其在工业生产上的应用，如弱热稳定性（<150℃）、低可用性（不适用于酸性或碱性环境）和差的机械强度（<10MPa），这些问题亟待解决，需要研究者进一步深入研究并改善。

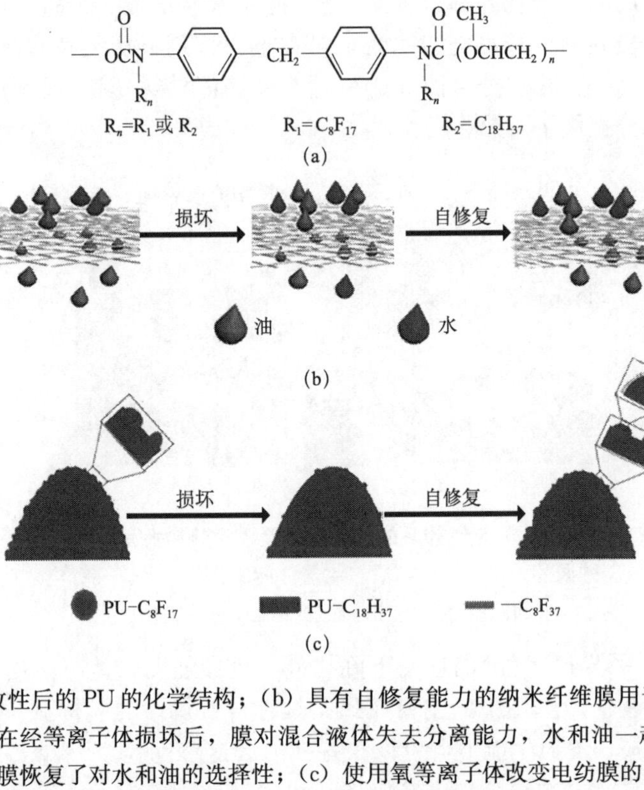

图 5-7 (a) 改性后的 PU 的化学结构；(b) 具有自修复能力的纳米纤维膜用于油水或乳液分离的示意图。在经等离子体损坏后，膜对混合液体失去分离能力，水和油一起通过膜。再经加热处理后，膜恢复了对水和油的选择性；(c) 使用氧等离子体改变电纺膜的自愈机理和膜的表面组成[28]（扫描封底二维码可看彩图）

3. 原子转移自由基聚合法

原子转移自由基聚合（ATRP）是聚合物单体在加入引发剂（通常是烷基卤化物）和催化剂体系（通常是过渡金属络合物，如 Cu^{II}/配体）的条件下，通过化学反应进行的，是制备用于油水分离及乳液分离的功能性聚合物过滤膜的重要方法[29]。在此过程中，随着引发剂的加入，较低氧化态的 Cu^{II}/配体通过内球电子转移过程活化烷基卤化物，产生更高氧化态的自由基和 Cu^{II}/配体。然后活性自由基可与形成的 Cu^{II}/配体反应，产生可逆的“失活”。在这种快速“激活”-“失活”平衡下，延长了活性自由基的自耦合和歧化反应发生的时间，导致了大量具有不同能量的自由基以相同的概率与单体进行反应。对于聚合物链的传播，这可归因于单体的多功能性、温和的反应条件、高接枝效率和表面覆盖[30]。ATRP 作为一种“活性”聚合，可将聚合物添加剂（通常是非污染材料）接枝到滤膜表面。Zhao 等使用表面引发的原子转移自由基聚合（SI-ATRP），将聚磺基甜菜碱甲基丙烯酸酯（poly sulfobetaine methacrylate，PSBMA）接枝到 PES 共混膜上，制备了一种多功能防污 PES 过滤膜[31]。与原始 PES 膜相比，PES-g-PSBMA 膜由较窄的孔状结构和类似蘑菇状的结构组成，其几乎覆盖在膜的整个表面上（图 5-8）。PES 共混膜因 PSBMA 的接枝作用，形成了具有一定粗糙度的表面，而刷状 PSBMA 层可通过静电相互作用与水分子紧密结合，这成功地抑制了污染物（蛋白质或油）吸附于表面造成膜污染。该膜可以高效地分离表面活性剂稳定的大多数水包油乳液。

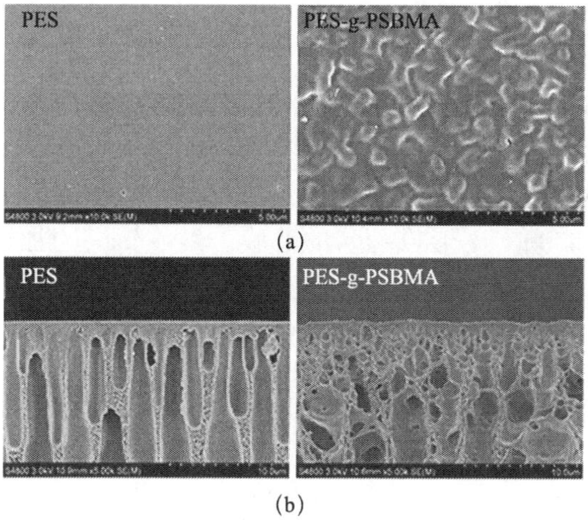

图 5-8　(a) 纯 PES 膜和 PES-g-PSBMA 膜的 SEM 图像；(b) 纯 PES 膜和 PES-g-PSBMA 膜的横截面 SEM 图像[31]

因此，PES-g-PSBMA 膜因其表面特性，具有强的抗污垢性能、较好的亲水性以及优异的耐久性。然而，PSBMA 上的 SI-ATRP 接枝作用导致该共混滤膜的有效孔数量减少，这对滤膜的渗透性产生了不利影响。ATRP 还可以通过改变单体浓度、引入的引发剂密度、接枝时间和接枝温度来对材料形貌进行线性控制[32]。此外，添加剂和膜之间形成的牢固共价键，赋予了 ATRP 材料卓越的耐用性，这对过滤膜的实际应用至关重要。然而，文献中很少有报道通过ATRP方法制备过滤膜并将其应用于油水及乳液分离领域[33]。因此，在这方面还存在着极大的空间，值得我们做出更深层次的研究。

4. 涂覆法

1）浸涂法

浸涂法是一种将液体涂料沉积在基材上的简单方法，尤其是对于均匀的液体涂料薄膜，可通过此方法经固化后形成均匀的涂料薄膜。考虑到这类液体涂料的基本流动性是稳定的，而经固化后形成的薄膜的厚度及均匀性一方面受到了涂料本身黏性、毛细管力（表面张力）和重力的影响，另一方面也受到了液体浴中液体的流动条件与顶部气体的影响。因此这类方法对于制备者的成膜工艺能力要求很高。

最近，Liu 等使用浸涂法将聚苯胺（PANI）涂覆到商业 PVDF 膜上，制备了一种具有超亲水和超疏油性能的强力聚苯胺改性 PVDF（PANI-PVDF）膜[34]。PANI-PVDF 膜可以有效地分离各种无表面活性剂和表面活性剂稳定的水包油乳液，具有极高的水通量（图 5-9（a）、（b））。除此之外，该 PANI-PVDF 膜还具有极其优异的稳定性及抗污性能（图 5-9（c）、（d）），表现出了高脱油效率。经超声波处理 30min 后，仍能保持优异的水下超疏油性能，也能长久耐受各类有机物的腐蚀（图 5-9（e）、（f））。

2）旋涂法

旋涂法是一种最近开发的方法，可用于在均匀的基底上获得均匀的薄液膜。涂料在基底上流动，随着旋转，离心力和黏性力竞争加剧，使得具有恒定黏度的普通（牛顿）液体倾向于形成均匀的薄膜。经旋转时间加长，该薄膜变得越来越薄，越来越均一。而为了更好地成膜，通常将高分子分散于挥发性溶剂中，经干燥固化后，可从基底剥离，形成独立的膜。现如今，用旋涂法制备的薄膜在厚度和均匀性上是可通过理论预测的，但旋涂法制备的薄膜对于旋转速度、气氛条件以及浓缩和凝固所产生的液体流变力极其敏感，这也限制了这类成膜工艺的发展。

Kim 等通过旋涂法，在 PSF 基底上旋涂了一层含有聚（乙二醇）甲基醚甲基丙烯酸酯（PEGMA）和甲基丙烯酸甲酯（MMA）部分的星形嵌段（SBC）共聚物，制备出了一种新型的 PSF 超滤膜[35]。所制备的 PSF 超滤膜可以分离表面活性剂稳定的水包油乳液。如今，已经有充分证据表明，由亲水性聚乙二醇（PEG）和具有拒油性能的疏水部分，如含氟聚合物和多面体低聚硅倍半氧烷（POSS），组成的两亲性滤膜，相比于单一含有亲水 PEG 组分的滤膜，表现出更高的抗油污性能[36,37]。然而，有趣的是，这类两亲性滤膜对于油污的抗污染性也可通过控制不具有拒油部分的聚合物涂层的表面形态来进行调节。MMA 的

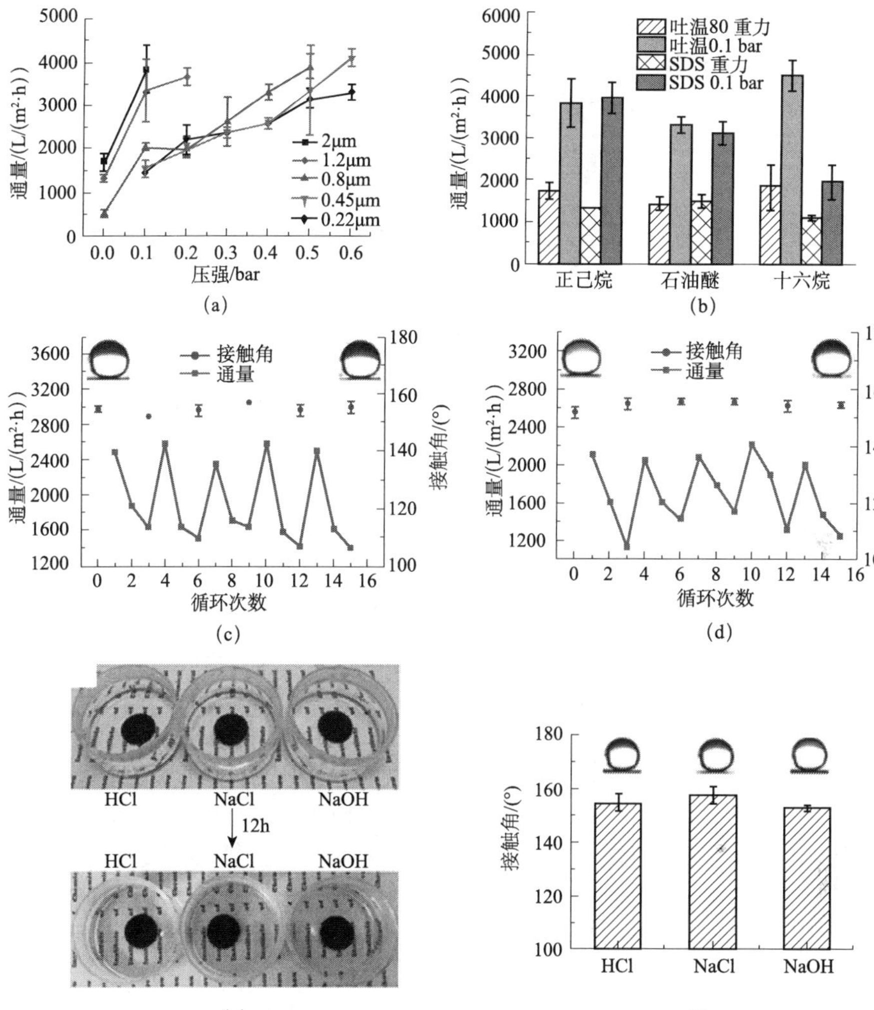

图 5-9　(a) PANI 涂覆的 PVDF 膜的通量；(b) 使用经 PANI 改性的 PVDF 膜对于吐温 80 与十二烷基硫酸钠（SDS）乳液的通量；使用 PANI 改性的 PVDF 膜多次分离吐温 80 (c) 和 SDS 乳液 (d) 的膜通量的变化；(e) PANI 改性的 PVDF 膜分别浸入 1M 盐酸（HCl）、饱和 NaCl 溶液和 1M 氢氧化钠（NaOH）中，12h 后与浸泡前的照片；(f) PANI 改性的 PVDF 膜分别在 1M HCl、饱和 NaCl 溶液和 1M NaOH 中浸渍 12h 后，1，2-二氯乙烷在水中的接触角[34]

核心嵌段与 PSF 膜表面基团会相互作用，导致 PSF 膜表面具有更多的 PEG 基团（图 5-10）。这可削弱油污垢与膜结构之间的相互作用，充分解释了这类新型 PSF 超滤膜具备极强的抗污能力与显著的水渗透能力的原因。

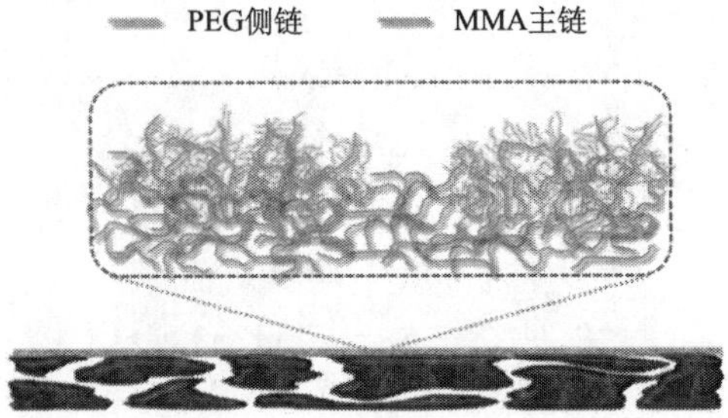

图 5-10　在 PSF 膜表面的 SBC 涂层形态的示意图[35]

尽管在膜上继续旋涂涂层是一种简单、省时且廉价的增加抗污性、改变膜润湿性能的方法，但因为传统旋涂法产生的薄膜过厚，虽能为薄膜提供极强的防污性能，但也会在一定程度上降低薄膜的渗透性。除此之外，涂层在油中的化学稳定性相对较差，这些问题极大地限制了类似超滤膜的工业生产及应用。

5. 原位聚合法

原位聚合法是源于纳米材料的发展而产生的一种新型材料制备方法。顾名思义，原位聚合法是通过将反应性单体填充在基体结构中，再进行相关的聚合反应，制备出新型高性能材料。而通过将静电纺丝膜制备的滤膜与原位聚合法相结合，可制备出新型的油水或乳液分离的滤膜[38]。

Yang 等采用一种简单的原位聚合法制备出了一种具有超亲水和水下超疏油性能的新型柔性分级多孔二氧化硅纳米纤维（SNF）膜[39]。这种 SNF 膜可仅在重力作用下，有效地分离经微量表面活性剂处理稳定后的水包油乳液，且具有极高的通量（2237L/(m^2 · h)），这比经外界压力驱动的商业分离滤膜的性能高出了一个数量级。图 5-11 展现了 SNF 膜的合成步骤。SNF 滤膜具备极强的抗污染性源于其突出的超亲水性和水下超疏油性。这导致在油水或乳液分离过程中，水相会首先在膜表面形成水层，并且在分离期间抑制油与膜表面的直接接触。除此之外，SNF 滤膜还具有较强的机械强度、良好的热稳定性，这有助于滤膜的长期及循环使用。根据他们所提出的三相系统，通过具有超亲水性的高性能材料来构建具有油-水-固体的水下超疏油预润湿表面。而遵循这一策略，可以使用简单的方式在水中轻松实现疏油表面。

Raza 等将聚乙二醇二丙烯酸酯（PEGDA）沉积在聚丙烯腈（PAN）/PEG（PG-8NF）膜上。经原位聚合，将功能性纳米纤维（NF）层与滤膜相结合，制备出具有超亲水性及水下超疏油的 NF 膜[40]。而沉积在 PAN 骨架链中的丙烯腈和乙烯基单体极大地改善了滤膜的亲水性，使其获得了大于 40mN/m 的高表面能[41]。此外，进一步添加极度亲水的低表面能物质，所制备的 x-PEGDA @ PG-8NF 滤膜显示出了极强的超亲水性，具有超低的润湿时间和水下疏油性，这可使滤膜仅在重力驱动下，对表面活性剂稳定的水包油乳液进行有效分离（图 5-12）。

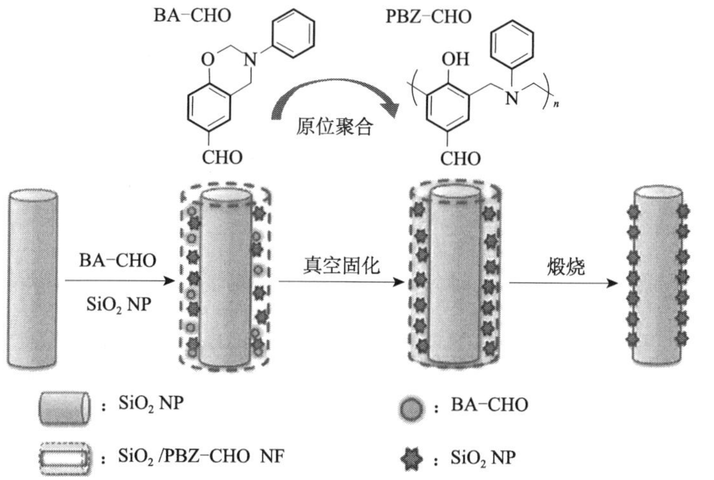

图 5-11　通过将 NP 与原位聚合相结合来合成分级多孔 SNF 膜的图示[39]

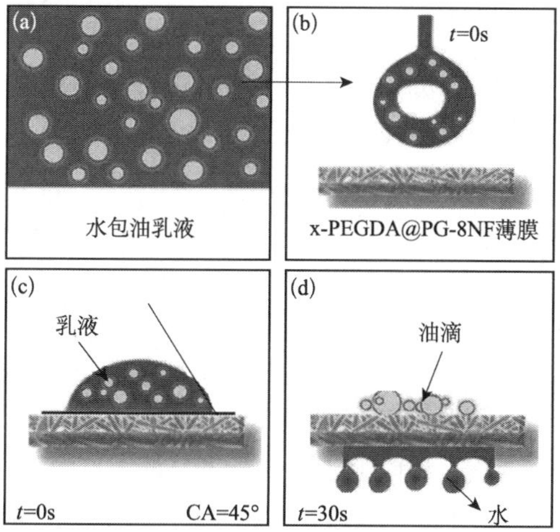

图 5-12　使用 x-PEGDA @ PG-8NF 膜对于水包油乳液的分离特征示意图。(a) 单分散水包油乳液；(b) 乳液液滴接近 x-PEGDA @ PG-8NF 膜；(c) 乳液在 x-PEGDA @ PG-8NF 膜表面的静态 CA；(d) x-PEGDA @ PG-8NF 膜对水包油乳液动态分离示意图[40]

更值得注意的是，作为一种简单且多样化的方法，原位聚合法可以在基材上通过化学键将一些功能性纳米颗粒（如 SiO_2 纳米颗粒）牢固地结合于基材表面，以产生纳米级粗糙度。此外，也可通过此方法有效地将具有特定性质的功能性聚合物引入基材表面，例如，高或低表面能物质、良好的热稳定性物质或高机械强度物质，来改善基材的表面特性。这也使得滤膜可以获得许多传统滤膜所不具备的特殊性能，大大拓展了滤膜的应用。更重要的是，将原位聚合法与包括静电纺丝法和涂覆法在内的其他方法相结合，可制备出一些可在苛刻条件下使用的优异多功能新型滤膜，这已引起了科研人员的极大兴趣。

5.2.2　金属网状膜

与传统聚合物滤膜相比，金属网状膜可在苛刻条件（如高流动性及高温）下保持其表面性能。金属网状膜对硬质颗粒的分离、耐酸性的能力以及对材料与油的相容性都是传统聚合物过滤膜所不及的。目前，金属网状膜主要可通过层层自组装（LBLSA）法和水热法制备。

1. *层层自组装法*

LBLSA是通过外界驱动力，如静电相互作用、氢键和配位键，交替沉积渐变层于钢网表面的过程[42,43]。这种方法通常由四个连续步骤组成：①正组分沉积；②洗涤；③负组分沉积；④最终洗涤。这些步骤可以以循环的方式在钢网上逐层沉积，制备功能性金属网状膜。LBLSA为颗粒涂层的设计和制造提供了一种极其环保且廉价的方式，可在基板表面对其化学成分及结构进行调控。更值得注意的是，通过控制沉积循环的次数，可以很容易地调节颗粒涂层的表面性质及表面粗糙度。

Li等通过LBLSA工艺，在烧结不锈钢网和不锈钢纤维毡上构建了一系列由不同尺寸的SiO_2纳米颗粒构成的具有分层纳米结构和双重粗糙度的涂层[44]。通过简单的化学气相沉积法可对表面进行超疏水改性，而所制备的超疏水不锈钢纤维毡可通过非筛分聚结机理分离出不含表面活性剂的水包油乳液，且分离效率可以高达99.4%。随着SiO_2纳米颗粒逐层沉积，不锈钢纤维毡表面的粗糙度也逐渐增加，对水的接触角也逐渐增大，可达158°，这可归因于材料表面的微纳米级的分层结构。当水与表面结构接触时，空气会局域于这些结构空隙中，同时这也阻止了水进一步渗透到钢网内表面。制备的这种超疏水不锈钢纤维毡可经受反复20次水包油乳液过滤，而分离效率可以保持在99.2%，这表明该涂层具有优异的性能稳定性和机械耐久性。

此外，LBLSA是一种经济有效且十分理想的制备多功能薄膜的方法，其能够在大面积的平坦或非平坦基底上沉积特定的组分，来改变基底的表面性质[45,46]。Chen等将氢氧化物纳米棒自组装于铜网表面，再经响应性硫醇分子修饰，制备了一种新型的pH响应可控铜网膜，这种膜对非碱性溶液表现出了超疏水的性质，但对碱性溶液表现出了超亲水的性质（图5-13（a）、（b））[47]。这表明，液滴可通过这种铜网膜。仅改变水的pH即可按需分离油水混合体系或乳液体系。然而，有趣的现象是，在pH=12的水中，该铜网膜对于1，2-二氯乙烷表现出了极强的抵抗性，其水下接触角可高达160°，而滑动角小于5°（图5-13（c）、（d））。在浸入水中48h后，该铜网膜仍能保持极强的超疏油性，这证明该膜即使长时间浸没于水中，仍能保持极强的性能稳定性。除了1，2-二氯乙烷外，该铜膜对于其他不混溶的油水混合物和无表面活性剂的正己烷水溶液乳液体系均能表现出极高的分离效率，分离后的溶液的有机相含量都是极低的，进一步说明了所制备的铜网膜具有极高的油水与乳液分离效率。

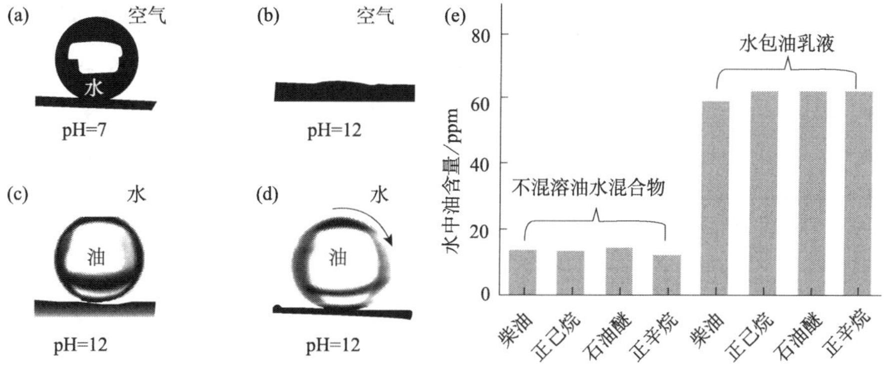

图 5-13　在空气中制备的薄膜上 pH＝7（a）和 pH＝12（b）的水滴的接触角图像；在碱性液体（pH＝12）中将 1，2-二氯乙烷液滴（4mL）置于膜上的接触角图像（c）与滚动角图像（d）；（e）所制备的薄膜对于不同油的分离效率[47]

2. 水热法

水热法是一种极其简单且易于操作的方法，整个过程均在水热反应器（通常是特氟龙高压釜）中发生并完成。经加热与加压（或用自身的蒸汽压强加压）产生反应所需的环境。由于操作与实验条件简单且效率高，水热法是制备用于油水乳液分离的金属网膜的理想方法[48]。

Liu 等使用水热法制备出了纯无机氧化锌-钴氧化物（ZnO-Co_3O_4）重叠膜（图 5-14（a））[2]。有趣的是，水下超疏油性和油下超疏水性这两种特殊的超润湿性同时在该重叠膜上展现，并可有效地分离经表面活性剂稳定与不经表面活性剂稳定的乳液，不论是水包油乳液还是油包水乳液，该重叠膜均表现出了极高的通量和分离效率（＞99.96％），且分离过程仅需重力驱动。除此之外，在经水热反应后，几微米尺寸的松针状 ZnO 聚集在一起，形成簇状结构填充在网孔间（图 5-14（b）、（c））。在 ZnO 填充后的铜网表面，经水热生长 Co_3O_4 后，可在所得的膜上获得花状 Co_3O_4 结构。这些结构均匀地分布、覆盖于铜网表面（图 5-14（d）、（e））。更为重要的是，由纳米尺寸的层状结构组成的微米级的花状聚集体对于该功能性重叠膜所具备的特殊的超润湿特性起到了极其关键的作用，赋予这种无机重叠膜优异的防污性能、热稳定性以及长期使用性，这使得该无机重叠膜在油水或乳液分离领域中具有极大的应用潜力。

在油水及乳液分离领域，水热法原先主要用于制备分离油水乳液的纳米颗粒。通过水热法合成多功能滤膜，极大地拓展了该制备方法的工业潜力。更值得注意的是，水热法能够在适当的实验条件下，以微米级或纳米级集合的形式

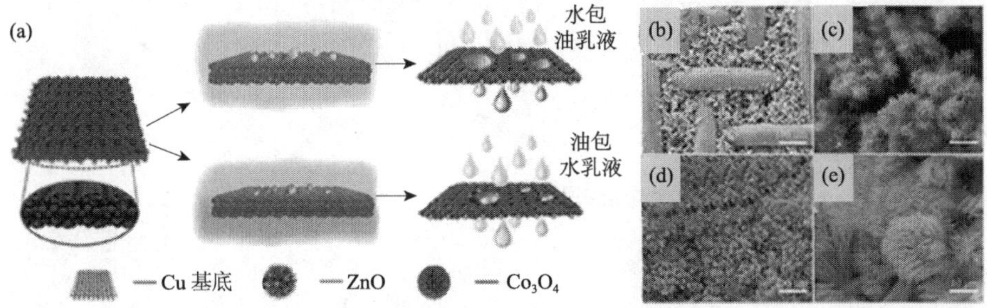

图 5-14 (a) 无机 ZnO-Co_3O_4 重叠膜的结构，当浸入不同介质中时，具有可切换的润湿性和相应的油水乳液分离能力；(b)～(e) 在 Cu 基底上制备的 ZnO 微团簇的 SEM 图像[2]

在基板上产生反应物，尤其是不可溶解的物质。然而，考虑到水热反应过程中温度和压强相对较高，对于实验设备有着极高的依赖性，且部分反应机理（反应动力学、结晶机理、相平衡和化学平衡热力学）尚不明确，因此可适用此法制备的材料是极其有限的。除此之外，使用水热法所制备的材料表面的微纳结构是极其不稳定的，而且机械强度较差。因此，在反应前，需要对反应基质进行适当的预处理，以便制备具有较好机械强度的多功能过滤膜材料，这更需要我们进一步对基本理论及水热法的反应条件与机理进行研究和改进。

5.2.3 陶瓷膜

陶瓷膜材料因具有极好的机械抗性、化学惰性、热稳定性与在恶劣环境中的潜在适用性，是油水或乳液分离领域极好的膜材料之一。更重要的是，在陶瓷膜经油污染，导致其表面性能损坏后，通过简单的热处理，就可去除陶瓷膜上的油，来恢复其表面性能，而这对于陶瓷膜在油水及乳液分离领域中的应用是至关重要的[49-53]。对于陶瓷膜材料，可以很容易地通过改变制备方法来调节所获得的膜的形态与性能。

1. 单轴干法压实法

单轴干法压实法是制备陶瓷膜的常用方法，其使用的原料主要是由各种黏土组成的无机前体，如高岭土、石英、$CaCO_3$和二氧化钛（TiO_2）等。在制备过程中，首先需制备盘形陶瓷膜，这包括在球磨机中按顺序将前体混合、筛分并使用不锈钢模具在液压机中将其压制成型。最后，将膜盘干燥、在高温下烧结。此方法所需成本极低，对于陶瓷膜在油水与乳液分离领域的应用及发展是极其有意义的[54]。

Emani 等使用单轴干法压实法制备了一种高岭土基陶瓷膜，可经交叉流动微过滤高效分离未经表面活性剂稳定的原油水包油乳液[55]。对于膜形态，当平均膜孔径为 2.6mm，孔隙率为 37.4%时，陶瓷膜具备较高的分离性能，可以达到 22.14×$10^{-6}m^3/(m^2 \cdot s)$ 的稳态通量与 98.52%的截留率。

2. 糊剂法

与单轴干法压实法不同，使用糊剂法制备的陶瓷膜材料是通过先将干燥的无机原料充分混合，加入蒸馏水制备成糊剂，浇铸于环形模具中，再除去模具制备而成。在除去环形模具的过程中，需要极其小心，并将已成型的糊状物保持恒定压强一段时间，这是为了防止材料发生形变。除此之外，浆料需要依次进行低温处理，以及对已成型的糊状物进行高温处理，即烧结，以消除由于水分损失而产生的热应力对其结构产生的影响。

Nandi 等使用糊剂法制备了一种圆盘形滤膜（直径 52.5mm，厚度 4.5mm)，这种膜可在不经表面活性剂稳定的情况下，分离原油浓度 40～50mg/L 的水包油乳液，且该滤膜分别表现出了 41.37～165.47kPa 的跨膜压差[56]。这种功能性滤膜，在 165.47kPa 跨膜压差下，对油浓度为 50mg/L 的原油水包油乳液分离 30min 后，脱油效率为 96.97%，膜的渗透通量为 21.07×$10^{-6}m^3/(m^2 \cdot s)$。

在糊剂法中，我们可通过调节糊剂中水的含量以及压制过程中的外界压强来控制膜的形态。在糊剂的制备期间，添加水可使浆料中前体的排列更为精细，并且可调节生胚的弹性，这对制备膜的形态有着显著贡献。例如，在生坯膜制造过程中，消除水，加入黏合剂，可有效地增大膜孔径。对于单轴干法压实法所制备的陶瓷膜，由于制造压强的影响，可减少膜的平均空隙，增大膜表面的孔隙率。相比于糊剂法，单轴干法压实法虽可赋予陶瓷膜更大的孔分布和孔径，但实际上，因烧结温度极高，基体中的颗粒易聚集在一起，产生更致密的陶瓷体，故使用这两种方法所制备的陶瓷膜的孔隙率会随着烧结温度的增加而降低。这也导致通过这两种方法制备的陶瓷膜仅可在分离油水乳液的过程中作为微渗透膜，但对于油水纳米乳液的分离是不够的。

5.2.4 基于碳纳米管的复合膜

众所周知，因具有低密度、高孔隙率、固有的疏水性与优异的机械和热性能等特点，碳纳米管（CNT）是油水乳液分离的优秀候选材料之一[57,58]。因此，在这些出色性能的基础上，将功能性聚合物和无机物引入 CNT 所制备的复合材料引起了研究人员极大的兴趣[59-62]。在油水及乳液分离过程中，膜厚度与膜的渗透通量呈反比关系，即较薄的膜可提供较高的分离通量。但值得注意的是，在一定的膜厚下，CNT 基复合膜可用于分离从数十纳米到数百纳米的乳液或油水混合物，故也可认为该 CNT 基复合膜具有非常高的分离通量。相比于其他类型的过滤膜，CNT 基复合膜的制备方法极其简单，如真空过滤和溶胶-凝胶法，而这也为该复合膜在油水乳液分离领域提供了十分广阔的应用前景。

1. 真空抽滤法

基于纳米纤维膜材料的制备，真空抽滤方法在 CNT 基复合膜的制备中起主要作用。Hu 等通过将多聚胺涂覆过的超薄单壁碳纳米管（SWCNT）抽滤于多孔固体基底上，再通过真空抽滤，使 SWCNT 继续附着于基底上，成功制备出 SWCNT 双层膜[63]。这种 SWCNT 双层膜对于经表面活性剂稳定的油包水型和水包油型乳液可以分别达到大于 99.95%和大于 99.99%的分离效率。经多次分离循环后，该滤膜仍可保持大于 99%的分离效率，这说明所制备的 SWCNT 双层膜对于各种油包水和水包油乳液具有极高的分离效率和防污性能。Shi 等将 SWCNT 悬浮液真空抽滤到混合纤维素酯滤膜上，再将其从滤膜剥离，制备出独立的 SWCNT 网格薄膜[64]。让人惊讶的是，剥离出的 SWCNT 网格薄膜对于水包油乳液与无表面活性剂的水包油乳液展现了极其高的分离效率（99.95%～99.99%），其渗透通量如图 5-15 所示，这可归因于 SWCNT 膜的纳米尺寸厚度比具有类似孔径分布的常规滤膜小 2～3 个数量级。

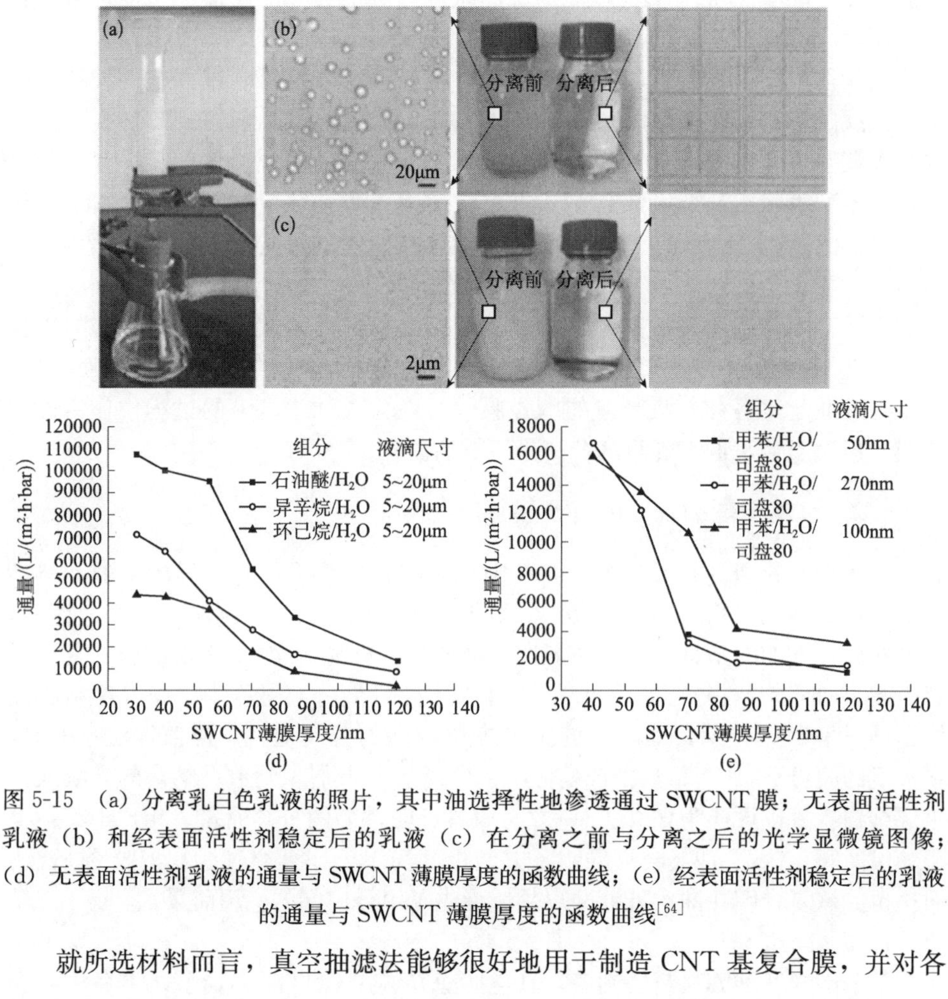

图 5-15 (a) 分离乳白色乳液的照片，其中油选择性地渗透通过 SWCNT 膜；无表面活性剂乳液（b）和经表面活性剂稳定后的乳液（c）在分离之前与分离之后的光学显微镜图像；(d) 无表面活性剂乳液的通量与 SWCNT 薄膜厚度的函数曲线；(e) 经表面活性剂稳定后的乳液的通量与 SWCNT 薄膜厚度的函数曲线[64]

就所选材料而言，真空抽滤法能够很好地用于制造 CNT 基复合膜，并对各类乳液都具有极好的分离能力，而这也可归因于 SWCNT 对于各类基体极好的相容性，如单一支撑基材、亲水性基底支撑的疏水单层膜、疏水基底支撑的亲水单层膜，甚至是基底支撑的陶瓷膜。同时，不需要通过化学的相互作用，即可将 CNT 材料沉积于基底上。

就此方法而言，可通过调节悬浮液的体积来线性调节所制备的滤膜厚度。此外，各种功能性 CNT 基材料均可通过此工艺以薄膜的形式沉积于基板上。这与 LBLSA 方法类似，但该方法需要使用具有非常高的纵横比的材料，它们还需要能均匀分散在溶剂中，纤维刚性也需满足使用要求。鉴于这些要求，在开发更合适的材料以使 CNT 功能化方面还需要科研人员花费大量精力。

2. *溶胶-凝胶法*

溶胶-凝胶法是一种制备纳米复合材料的环境友好的方法。溶胶由溶解、水解和缩合等高分子化学反应形成的化合物所组成。然后再将所得溶胶老化，转化为无定形的胶体颗粒，缓慢聚合，形成松散的湿凝胶网络。最后，通过干燥，使湿凝胶逐步固化，同时除去干燥凝胶孔内各类有机溶剂分子。因此，可以通过改变实验方案及反应混合物的组成，调节通过溶胶-凝胶法所制备的材料的孔结构和表面润湿性[65,66]。

Gao 等通过溶胶-凝胶法将 TiO_2 涂覆到 SWCNT 超薄网格薄膜上，成功地制备了一种在 UV 照射后具有超亲水性及水下超疏油性的 SWCNT/TiO_2 纳米复合薄膜（图 5-16）[67]。有趣的是，所制备的 SWCNT/TiO_2 薄膜在 UV 诱导后的超

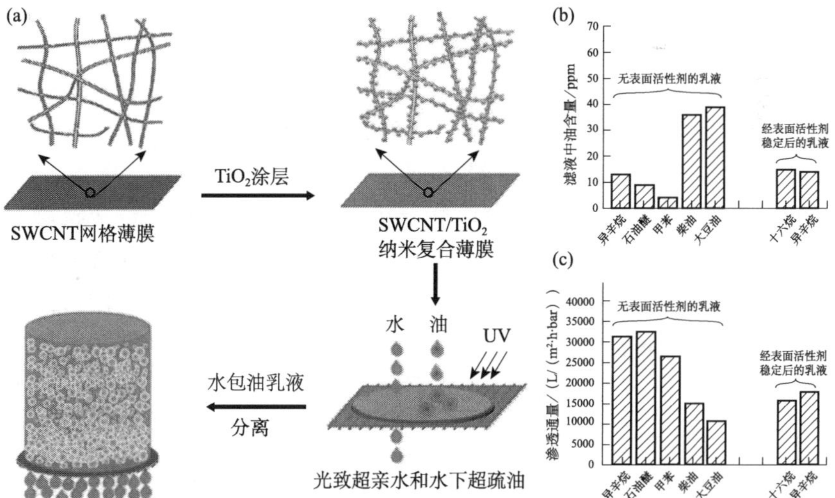

图 5-16　(a) SWCNT/TiO_2 纳米复合薄膜的制备方法示意图；(b) 滤液中的油含量；(c) 由 SWCNT/TiO_2 纳米复合薄膜分离的无表面活性剂与经表面活性剂稳定后的水包油乳液的渗透通量[67]

亲水性被认为是源于 TiO_2 纳米颗粒表面上经 UV 诱导生成的羟基，并且可以可逆地进行润湿性转换。值得注意的是，当用 UV 照射经油污染的膜 5h 后，膜可恢复其超亲水性与水下超疏油性，这主要是源于所制备的薄膜上的 TiO_2 光催化降解作用赋予了 SWCNT/TiO_2 纳米复合薄膜极其优异的防污性能和自清洁性能。对于具有各种液滴尺寸的水包油乳液，不论是否经表面活性剂稳定，SWCNT/TiO_2 纳米复合薄膜对于乳液均表现出非常高的通量（30000L/(m^2 · h · bar)）以及超高的分离效率（99.99%）（图 5-16（b）、（c））。

5.3 过滤型油水分离材料

过滤型油水分离最重要的就是解决与油水体系接触的界面的各类润湿性问题，以此为基础对不同的油水（乳液）体系的分离过程进行精准选择和控制。随着对界面材料超润湿机理的不断研究，以及超润湿材料制备方法和研究手段的不断深入，各种各样具有不同界面润湿性功能的材料被广泛制备并用于油水体系的分离，按界面材料在空气中和在液相（水相或油相）中的不同润湿性，现行主流的超润湿界面包括以下几种典型类型：超亲水-水下超疏油界面、超疏水-水下超亲油界面、超亲油-油下超疏水界面、Janus 界面。不同的润湿类型实现不同的油水体系的分离，以下将对各种超润湿界面材料的油水分离应用做梳理和归纳。

5.3.1 聚合物基分离膜

随着技术的发展和人们对可持续发展理念的研究与分析，以及对超润湿材料在油水分离领域的进一步探索，有关的技术最近引起了很大的关注。其中，聚合物因为其本身具有良好的灵活性、良好的加工能力和低廉的成本，成为最有前途的建筑材料之一。另外，聚合物是由有机共价键大分子组成树枝，并由复杂的树枝组成链条。聚合物的物理化学性质受到其结构单元、官能团以及空间构型的影响而产生出千变万化的形态，聚合物的多样性使得我们可以在多层面上开展关于聚合物基功能材料的设计和开发。更重要的是，多功能聚合物很容易通过在表面引发聚合反应而生成，因此为我们提供了多种多样的制备超润湿界面材料的思路和方法[68]。基于这一特征，聚合物超润湿界面材料在很多领域里都得以应用，包括自清洁、自修复、抗结冰、抗生物黏附和油水分离等，尤其是在油水分离膜层的制备方面，聚合物在形貌控制、孔径调控和耐久性上都有诸多优势。

据相关研究报道[69,70]，超亲水-水下超疏油膜材料在分离水包油乳液的过程中，自身的超亲水性使得膜材料表面形成一层水膜，促进水的透过而排斥油相，因此能有效地抵御油滴、表面活性剂等有机物的黏附、污染。通过控制化学组成和表面粗糙度，科研工作者运用许多方法来制备超亲水油水分离膜，例如，涂覆法[71-73]、共混法[7,74]和表面接枝法[9]等。然而，这些方法还是存在一些不足之处。例如，利用涂布法制备得到的超亲水表面与基底之间以非共价键的形式连接在一起，导致黏结性较弱。至于共混法制备得到的超亲水膜，由于共混添加剂和高分子基底之间的结合力较弱，容易随着时间的增加从基底上脱落，影响原有超亲水膜的使用寿命和稳定性。与涂布法和共混法相比，表面接枝法通过将特定功能的分子以化学键的形式和基底连接在一起，所得超亲水膜拥有较好的黏结性和稳定性。然而，表面接枝法所需的化学工艺烦琐、有毒。因此，开发简单、高效的方法来制备超亲水-水下超疏油膜是十分必要的。

在此背景下，科研工作者提出添加剂诱导的相转化法的膜制备工艺。在该工艺中，通过向高分子溶液或相转化反应溶液中加入合适的添加剂，诱导高分子发生积聚，通过相转化得到具有微纳米粗糙表面的超润湿膜材料[75]。Jin 等[19]利用盐诱导的相转化法制备出超亲水-水下超疏油的 PAA-g-PVDF 膜。通过向相转化水溶液中加入 NaCl，充当 PAA-g-PVDF 分子链的成核生长点，诱导其自组装、堆积，形成以 PAA-g-PVDF 微球为主体的微纳米粗糙膜表面，该膜能有效地分离不含乳化剂和含乳化剂的水包油乳液。然而，PVDF 自身的化学惰性使得 PAA-g-PVDF 粉末的合成工艺条件比较苛刻。换句话说，自身的化学惰性不利于 PVDF 的表面改性。值得注意的是，作为常用的膜材料，PAN 具有良好的化学稳定性、热稳定性和耐溶剂性，因此被普遍地用来制备超滤膜、纳滤膜和反渗透膜[76-78]。更关键的是，PAN 分子链上含有大量的氰基（—CN），其能与一些常见的化学物质在温和的条件下发生反应，从而在 PAN 分子链上引入特定功能的官能团[79-81]，促使 PAN 的改性变得极其简单可控。Jin 等[13]利用碱诱导的相转化法制备出超亲水-水下超疏油 PAN 超滤膜。通过在相转化水溶液中加入 NaOH，原位诱导 PAN 中的氰基发生水解反应，生成亲水性的羧基（—COOH），从而得到超亲水-水下超疏油 PAN 膜，其能有效地处理含乳化剂的水包油乳液。因此，通过添加诱导的相转化法来制备超亲水-水下超疏油的 PAN 膜是简单有效的。已有研究表明[82-84]，盐酸羟胺（HH）能与氰基发生偕胺肟化，在氰基上引入亲水的羟基和氨基。本节中，我们通过向相转化水溶液中加入盐酸羟胺，原位诱导 PAN 分子链上的氰基发生偕胺肟化，提高 PAN 的亲水性，最终得到超亲水-水下超疏油 PAN 油水分离膜，仅在 0.1bar 压强下，该膜就能实现含乳化剂的水包油乳液的有效分离。

聚合物分离膜的设计与制备，重点和难点在于引入合适大小的孔径，对于多孔聚合物分离膜来讲，最经典的就是相转化[85]。简而言之，相转化是指铸膜液的溶剂体系为连续相的高分子溶液，转变为高分子是连续相的溶胀的三维大分子网络式凝胶的过程[13,19]。例如，Zhang 等[18,19]通过相转化法制备了多孔的PVDF膜，PVDF和PAA-g-PVDF分离膜用于油水乳液分离。Peng 等[86]聚焦于聚丙烯腈油水分离膜的制备与研究，同样是通过相转化法。通过将聚丙烯腈溶于N-甲基吡咯烷酮（NMP）制备均匀透明溶液，再滴涂于平板表面，然后浸于HH溶液中，经过相转化制备多孔PAN分离膜。为了确定合适的相转化反应溶液，实验中研究了通过不同浓度HH的水溶液相转化制备得到的PAN膜的表面润湿性，随着相转化溶液中HH含量的增加，对应PAN膜的水下油接触角不断增大。当HH与水的质量比为5%时，所得的PAN膜（PAN-5）的水下油接触角为156°，而且随着HH含量的继续增大，所得的PAN膜的水下油接触角仍然高于150°。此外，PAN-5拥有约0°的空气中水接触角和小于5°的水下油滚动角。为了进一步验证PAN-5膜的水下超疏油性能，对水下不同油在PAN-5膜表面的润湿性进行了测试。结果表明，PAN-5膜对不同的油（二氯乙烷、三氯甲烷、柴油、石油醚、异辛烷）的水下油接触角都超过150°，说明PAN-5拥有良好的水下超疏油性能。此外，在水下将3μL的二氯乙烷在PAN-5膜表面用力地垂直挤压然后提起来，发现没有油滴黏附在膜表面，表明PAN-5膜具有极低的水下抗油黏附能力。综上所述，研究人员选取PAN-5膜来分离油水乳液，并对其结构及化学成分进行表征。

如图5-17（a）～（e）所示，PAN-0膜和PAN-5膜都拥有致密的表层和多孔的底层。而且，PAN-5膜拥有指状结构的截面，这种非对称的膜结构与大部分的有机高分子滤膜相似[15,87]。PAN-0膜表层由纳米颗粒构成，而且存在许多明显的微裂缝。通过加入HH到相转化溶液中，与PAN高分子链上的氰基反应，在PAN链上引入羟基和氨基，从而极大地提高PAN的亲水性，促进PAN高分子链在相转化的过程中更好地运动。因此，相比于PAN-0膜，PAN-5膜得到由纳米颗粒构成的更加致密的微纳粗糙表层结构，而且膜孔径变小，不利的微裂缝明显消失。图5-3（f）为PAN-0膜和PAN-5膜在0.1bar的外加压强下纯水的流速，PAN-0膜对纯水的流速为23564L/(m^2·h·bar)，相比之下，PAN-5膜对纯水的流速急剧地降至14450L/(m^2·h·bar)，进一步证明PAN-5膜孔径的减小和微裂缝的消失。除了表面粗糙度，必要的化学构成也是创造超润湿表面的关键因素[88]。因此，我们运用FTIR谱图来分析PAN膜的化学构成，PAN-0膜的FTIR谱图在2936cm^{-1}、2244cm^{-1}和1236cm^{-1}处出现吸收峰，分别对应着C—H、—CN和—CH_2—的吸收峰。当在相转化溶液中加入HH后，所制备得到的PAN膜（PAN-2、PAN-5和PAN-10）的FTIR谱图分别在3466cm^{-1}、3375cm^{-1}、1658cm^{-1}和917cm^{-1}出现新的吸收峰，其中，3466cm^{-1}和3375cm^{-1}处为—NH_2的特征吸收峰，1658cm^{-1}为C=N的特征吸收峰，

917cm^{-1}为 N—O 的特征吸收峰。此外，随着 HH 含量的增加，—CN 特征吸收峰的强度逐渐降低，—NH_2、C=N 和 N—O 特征吸收峰的强度逐渐增大。由此可得，HH 与 PAN 上部分的氰基发生偕胺肟化反应，成功在 PAN 分子上引入羟基和氨基，极大地提高了 PAN 的亲水性。

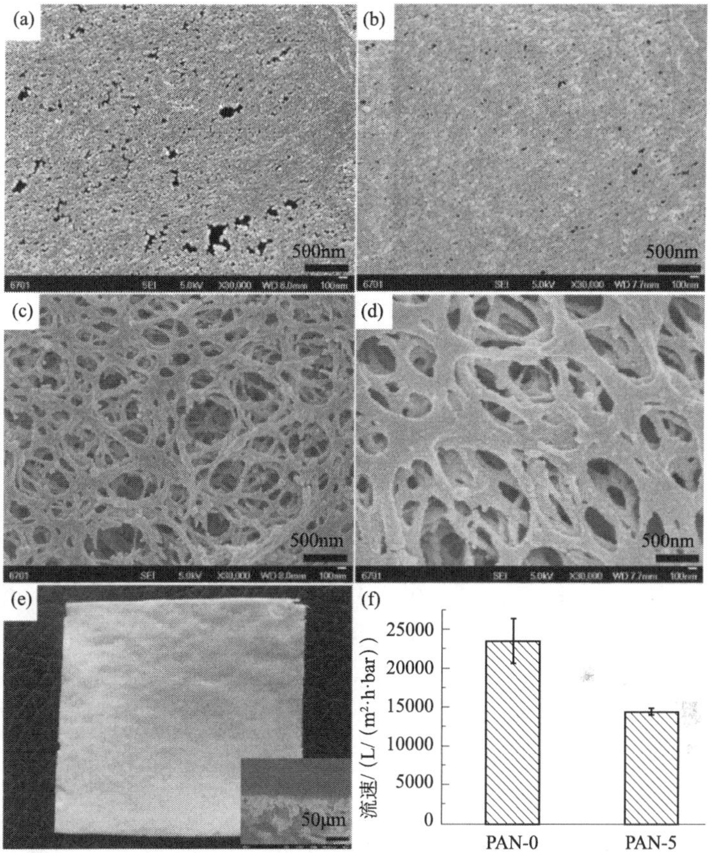

图 5-17　PAN 膜的表面形貌。(a) PAN-0 膜和 (b) PAN-5 膜表层的 SEM 图；PAN-0 膜 (c) 和 PAN-5 膜 (d) 底层的 SEM 图；(e) PAN-5 膜的光学照片 (2.5cm×2.5cm)，插图为 PAN-5 的截面 SEM 图；(f) PAN-0 膜和 PAN-5 膜的纯水流速

该多孔 PAN 分离膜表现出良好的超亲水-水下超疏油性，因此适用于水包油乳液的分离。实验结果表明，该多孔 PAN 分离膜对水包油乳液表现出良好的分离。制备一系列的水包油乳液来测试 PAN-5 膜的乳液分离性能，这些水包油乳液主要有不含乳化剂的柴油的水包油乳液和含乳化剂的石油醚、异辛烷、三氯甲烷的水包油乳液 (图 5-18)。

值得注意的是，PAN-5 膜对柴油/水、石油醚/水、异辛烷/水及三氯甲烷/水的水包油乳液的分离速率分别是 3806L/(m^2 · h · bar)、3040L/(m^2 · h · bar)、

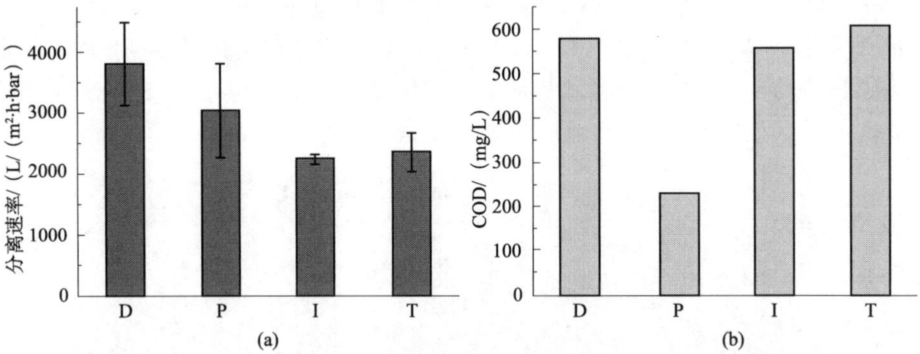

图 5-18　PAN-5 膜的乳液分离测试。(a) 水包油乳液分离速率；(b) 水包油乳液分离滤液的COD 值；字母 D、P、I、T 分别代表柴油、石油醚、异辛烷、三氯甲烷

2246L/(m^2·h·bar) 和 2343L/(m^2·h·bar)，高于传统高分子膜对乳液的分离速率[88]。同时，每种乳液分离的滤液的 COD 值都在 200～600mg/L 范围内，满足皮革制造业和食品工业的国家污水三级排放标准。除此之外，运用电子显微镜和动态光散射（DLS）技术来进一步直观地说明 PAN-5 膜对不同水包油乳液的有效分离。原始的水包油乳液都呈混浊乳白状，在显微镜下可以看见密集的乳滴，三氯甲烷/水的水包油乳液、石油醚/水的水包油乳液、异辛烷/水的水包油乳液和柴油/水的水包油乳液的粒径分布分别为 100～500nm、5μm、300nm～1μm 和 100nm～5μm。经过 PAN-5 膜分离后，得到澄清的滤液，所有滤液的粒径分布都低于 5nm，而且显微镜下观察不到乳滴的存在。因此，PAN-5 膜能有效地分离多种不含乳化剂或含乳化剂的水包油乳液。

事实上，相转化法涉及一系列复杂的物理化学过程[19]，除此之外，另外一种相对方便快捷的多孔聚合物分离膜制备法叫做原位消除法[18,85]。例如，Chen 等[89]提出一种通过原位消除成孔的方法制备多孔 PVDF 膜，此方法操作简单，价格低廉，具有广泛的实用前景。如图 5-19 (a) 所示，首先在 DMF 溶液中溶解 PVDF 以形成均匀的透明溶液，然后在此基础上溶解一定量的柠檬酸钠。所得的聚合物前驱体溶液在排除气泡后，通过倾斜流延法在玻璃表面形成薄层，然后直接干燥成膜，该工作的创新点在于实现独立分离膜的生成和孔径控制。干燥好的 PVDF 膜附着在玻璃表面，将整体浸入配置的饱和小苏打溶液中，由于固化在膜层中的柠檬酸钠在小苏打碱性环境中生成气泡，由此实现了独立膜与玻璃片之间的自动分离，因而迁移到液面之上。另外，由于柠檬酸钠和小苏打复分解反应生成二氧化碳气体，则固化在膜层中的柠檬酸钠被原位消除并留下空穴，这样就在膜层中引入了空隙并作为油水分离的通道。PVDF 本身具有一定的疏水性（CA 约为 100°）和超亲油性，同时其孔径（小于 500nm）可以通过控制前驱液中柠檬酸钠组分的含量加以调控，如图 5-19 (b)～(d) 所示。由于孔径和选择浸润性，该PVDF分离膜适用于重油/水及油包水类型的乳液分离。相关的实验结果表明，该PVDF分离膜可以实现快速的重油/水分层式分离油包水纳米乳液（通量达318L/(m^2·h)，分离效率达99.81%）。这是第一次采用原位消除法制备多孔聚合物分离膜，为多孔聚合物的制备提供了新的途径。该工作为多孔膜的形成提供了一种新的节能的方法，以分离分层油水混合物和表面活性剂稳定的纳米乳剂。

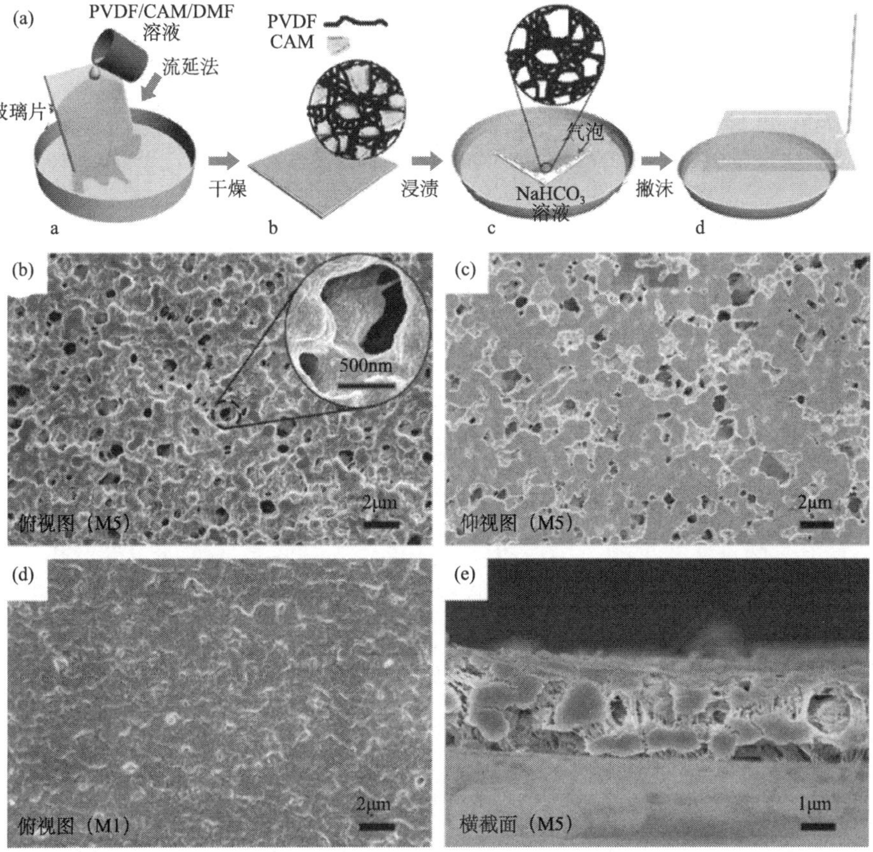

图5-19　(a) 多孔PVDF膜制备方法，利用原位消除柠檬酸钠产生气泡形成可控孔径的聚合物膜层；(b)～(d) 不同浓度PVDF前驱液所造成的膜层孔径差异显著，通过调节前驱液浓度实现对聚合物膜层孔径的有效调控；(e) PVDF膜横截面形貌[89]

原子转移自由基聚合（ATRP）是另外一类重要的聚合物多孔分离膜的制备途径[29-31]。聚合物单体在ATRP引发剂（通常为烷基卤化物）的催化作用下，通过金属阳离子的价态转移实现自由基聚合，由此向基底表面生成聚合物薄膜。ATRP因其单体的多元性、温和的反应条件、高的键接效率和表面覆盖率而被广泛应用[30]。Zhao等[31]通过表面引发ATRP制备了多功能的防污PES膜，即将 PSBMA 接枝到聚醚砜共混膜上。与原始的聚醚砜膜相比，PES-g-PSBMA 膜得到连续的细孔和蘑菇状表面结构，薄薄一层膜聚合的 PES-g-PSBMA 层构成了膜的粗糙表面。另外值得注意的是，所制备膜表面刷装的 PSBMA 在界面和水分子之间因静电作用而形成紧密的化学势和能垒。基于此，该聚合物多孔分离膜可以实现对表面活性剂稳定的水包油乳液的有效分离。PES-g-PSBMA 膜的制备为抗污的超亲水乳液分离膜长效使用提供了有利的模板。但是，其中存在的一个问题就是孔的利用率将会影响流体在膜中的渗透性和流通性。另一方面，ATRP 可以根据控制消耗单体的浓度、引发剂的密度、接枝温度和接枝时间来线性地调控[32]。通过增强聚合物和基底之间的共价键强度，ATRP 可以赋予分离膜以优良的耐久性，这对实际应用具有至关重要的意义[33]。然而，关于 ATRP 制备油水乳液分离多孔膜的研究至今还比较少见，这一领域需要更为深入的研究。

5.3.2 金属基过滤网

1. 不锈钢网

相较于多孔聚合物分离膜用于油水和乳液分离，金属基过滤网往往由于其强韧的基底特征和宏观可调的孔隙大小，在需要高流速、需要处理微粒、需要对抗强冲击和兼容性等方面具有显著的优越性。另外，以不锈钢网为代表的金属基网络材料由于较高的抗腐蚀性和较强的机械稳定和耐久性，被广泛应用于海洋工业以及食品加工和封装产业等。常见的金属基过滤网一般是选用性质稳定、具有不同目数的不锈钢网、铜网以及泡沫镍等材料，通过物理、化学或机械等手段在其表面加载微观结构和低表面能物质，使其具备特殊的浸润性，用以实现不同种类的油水（乳液）分离。对金属基过滤网的改性方法主要包括刻蚀法、自组装法、电化学沉积法等[2,42,43,47,48]。

不锈钢在航海工业上得到了广泛的应用。然而，海洋机械如船舶、海洋工程和海上钻井平台等很容易受到石油原料的污染从而产生石油泄漏，导致船舶的燃油效率和航行性能急剧下降，以及海洋工程和海上钻井平台故障频发[90-92]。以此对不锈钢网的改性是赋予其对原油和有机杂质的耐污性与海洋防污性以适应工业工程实际。

令人鼓舞的是，Liu 等[93]发现鱼的鳞片具有优异的水下超疏油性能，其能有效地保持身体在油中清洁而不被污染。这一令人着迷的现象是由亲水性化学物质（磷酸钙、蛋白质和黏液）和独特的鱼鳞微纳米结构所带来的超亲水-水下超疏油性。由此可见，在不锈钢网上构筑超亲水结构单元和高的表面能将为材料引入优异的超亲水性能。水凝胶和沸石包覆的不锈钢网膜，具有超亲水性和水下超疏油性，一直以来被用于制备对原油具有低黏性能的界面材料。Jin 等[94]制备了一种超亲水性水下超疏油性质的功能界面，主要是由聚丙烯酸钠组成的疏油聚酯化水凝胶接枝聚偏二氟乙烯。得到的水凝胶在不锈钢网格上涂敷后，显示水下抗原油污染的独特性质。这项工作全面论证了形成的超亲水性和水下超疏油性不锈钢网表面能有效抑制原油对其的黏附行为。

Peng 等[95]首先从界面材料仿生构筑的角度出发，寻找不锈钢网材料表面结构构筑和化学组分修饰的有效方法，其目的就是在不锈钢网表面构筑具有微纳复合层级结构的形貌特征，以及在需要的工况条件下，引入低表面能物质降低表面自由能，实现对材料界面性质的有效调控，通过调控界面润湿性实现对油水或者乳液体系高效可控的分离。为了确定不锈钢网表面的最佳浸没反应时间，首先研究了不锈钢网经 2mol/L NaOH 和 0.15mol/L $(NH_4)_2S_2O_8$的混合溶液浸泡后不锈钢网表面的光滑程度，随着在混合溶液中浸没时间的延长，不锈钢网表面不断地生长出纳米颗粒。当浸泡在混合溶液中 2h 时，不锈钢网表面开始生长出纳米颗粒，其零散地分布在不锈钢网表面。当浸没 4h 时，更多的纳米颗粒生长在不锈钢网表面。当浸没时间达到 8h 时，不锈钢网的表面均匀地覆盖着一层致密的纳米颗粒。接着，随着不锈钢网在混合溶液中的浸没时间的延长，不锈钢网表面开始以纳米颗粒为基点，继续生长出不同的形状。当浸没时间为 12h 时，不锈钢网表面的纳米颗粒自身继续生长为纳米棒状结构。将浸没时间延长到 24h 时，纳米棒状结构开始生长为不规则的纳米片状结构。当浸没时间为 36h 时，部分纳米片状结构进一步生长变大。最终，当浸没时间达到 48h 时，纳米片状结构生长为类似鱼鳞的片状结构，得到具有鱼鳞状表面的不锈钢网。因此，选取 48h 为不锈钢网表面的最佳浸没时间。值得注意的是，尽管不同的氧化时间能在不锈钢网表面产生不同的表面形貌，但是不改变不锈钢网的孔径大小。

随后将不锈钢片在 2mol/L NaOH 和 0.15mol/L $(NH_4)_2S_2O_8$ 的混合溶液中浸没 48h。如图 5-20 (a) 和 (b) 所示，原始的不锈钢片表面十分光滑，相反，经刻蚀后的不锈钢片具有很多片状的粗糙结构，如图 5-20 (c) 和 (d) 所示。综上所述，通过控制不锈钢基底在 2mol/L NaOH 和 0.15mol/L $(NH_4)_2S_2O_8$ 的混合溶液中的浸泡时间，可以在不锈钢基底上构筑不同的表面形貌，如纳米颗粒、纳米棒、不规则纳米片和鱼鳞状纳米片。

不锈钢网被浸泡在具有一定浓度的 NaOH 的 $(NH_4)_2S_2O_8$ 溶液中，其中不锈钢网中铁元素被氧化，表面结构由于化学刻蚀的缘故，由原始的光滑平整状态转变成带有粗糙度的表面微观结构，这种粗糙结构表现出类似鱼鳞表面微观结构的状态，因而宏观上表现出类鱼鳞的超亲水-水下超疏油特性（图 5-21）。无须经过额外的表面修饰，所制备的超亲水-水下超疏油不锈钢网被用于实现对原油/水体系的有效分离。

研究表明，表面结构和化学组成是构建超润湿表面的关键因素。上文通过高倍率扫描电镜图片证实，经过碱辅助的化学氧化 48h 后，原始的不锈钢网和

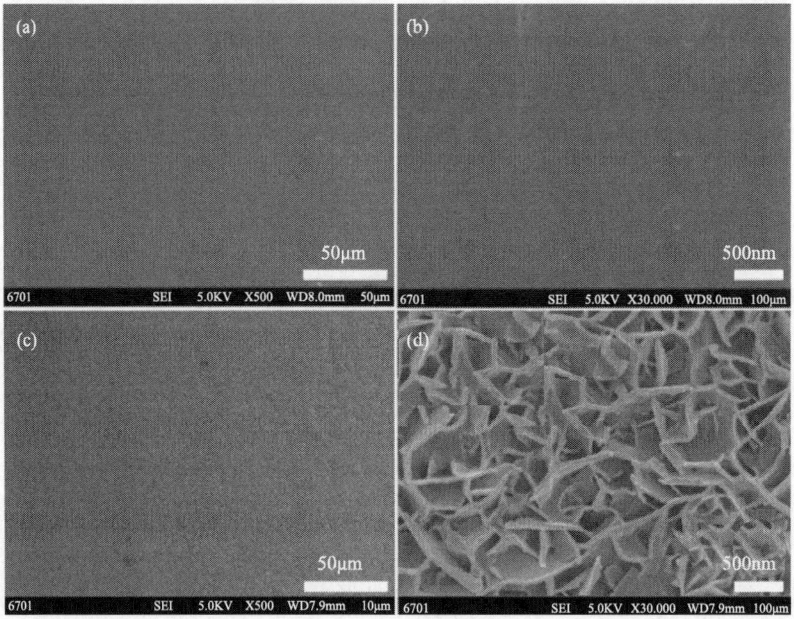

图 5-20　不锈钢片的表面形貌。低倍率下（a）和高倍率下（b）SSP0 的 SEM 图；低倍率下（c）和高倍率下（d）SSP1 的 SEM 图

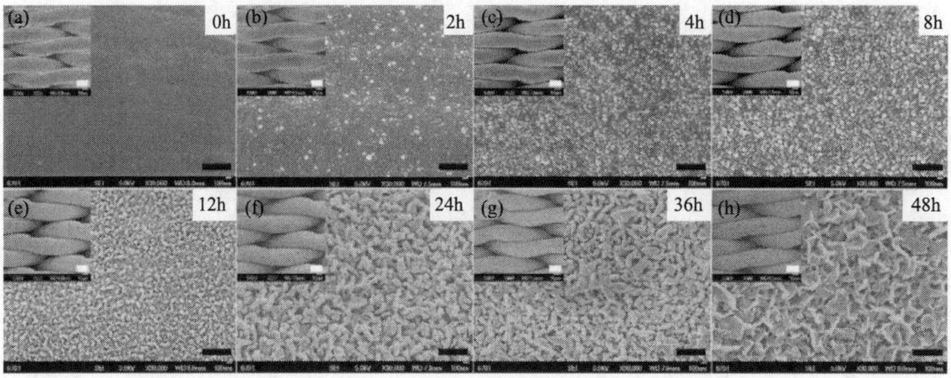

图 5-21　仿鱼鳞水下超疏油构筑的不锈钢网化学刻蚀表面结构变化特征。随着化学刻蚀时间的延长，不锈钢网表面逐渐由光滑表面（a）过渡到具有微纳复合层级结构的表面形貌特征的超润湿表面（h）[95]

不锈钢片都具有类似鱼鳞状的粗糙表面。因此，我们采用 XPS 和 EDS 来分析原始的不锈钢表面（SSM0 和 SSP0）及化学氧化 48h 后的不锈钢表面（SSM1 和 SSP1）的化学组成。原始的不锈钢网和经氧化反应得到的不锈钢网都含有 C 元素、O 元素和 Fe 元素的特征峰。在 SSM0 的 Fe 2p 系谱图上出现了 706.9eV、

711eV、724eV 三个特征峰，其中 706.9eV 表示单质 Fe 的特征峰，711eV 和 724eV 对应三价 Fe 的特征峰。经过化学氧化后，706.9eV 处单质 Fe 的特征峰消失，而 711eV 和 724eV 对应三价 Fe 的特征峰的强度增大，表明不锈钢网表面的单质 Fe 被完全氧化成三价 Fe。另外，原始的不锈钢表面不含 O 元素，经过化学氧化后，SSM1 和 SSP1 表面都出现 O 元素。XPS 和 EDS 谱图分析表明，经化学氧化处理后，不锈钢表面主要由三价 Fe 和 O 元素共同构成的亲水性化合物可能是 Fe_2O_3 或 $Fe(OH)_3$。

一般来讲，原油是由许多烷烃混合而成的，因此其本质上属于轻油的范畴。在这项工作中，化学刻蚀后的不锈钢网能选择性地允许水渗透而阻止原油液体的渗透，因而实现高效的原油/水分离，据测算，其分离通量高于 $140L/(m^2 \cdot h)$，分离后液体 COD 值低于 40mg/L。对于原油的分离，为油水分离工程材料的设计开发、制备和功能改性以及后续在实际工况中的应用提供了大量的实验数据和可行性探索。

Liu 等通过多种方法利用不锈钢网实现多功能的油水（乳液）分离。首先，不锈钢网具有均匀的宏观孔隙，为高速的流体透过提供模板基础。其次，不锈钢网表面光滑，需要利用额外的手段进行表面改性。为了克服上述缺点，研究前沿聚焦于材料具有相反的润湿性（超亲水-水下超疏油性）。迄今为止，各种有机亲水材料已被引入膜孔材料表面，如聚丙烯酰胺[96]、P2VP-b-PDMS 嵌段共聚物[97]、壳聚糖[98]、纤维素[99]、聚丙烯酸[100]、聚甲基丙烯酸亚硫酸甜菜碱[101]、功能化聚乙烯对苯二甲酸酯[102]等。这些聚合物具有许多优点，如柔韧性、可变性和与基底强结合性，这些特性归因于其分子链段和表面具有大量亲水官能团。然而，其中大多数聚合物稳定性差，并且不能提供足够的表面粗糙度，这两个问题都阻碍了其后续形成超亲水-水下超疏油膜及其在油水中的分离应用。为了提高稳定性和表面粗糙度，无机材料（ZnO、TiO_2、$CaCO_3$、沸石、氧化石墨烯（GO）、$Cu(OH)_2$ 等）被广泛应用于聚合物的改性涂料中[97,103]。一般合成的方法需要多种工艺和特殊处理加强基材与涂层之间的相互作用，给材料制备带来了许多不便利。因此，发展低能耗的方法制备高稳定性水下超疏油膜并实现高效率油水分离将具有重要意义。导电聚合物如聚苯胺（PANI）和聚吡咯（PPy）因其出色的性能而备受关注，例如，物理化学性质如可控性、导电性好，方便快捷的合成工艺，环境稳定性等[104]。此外，导电聚合物的刚性也具有类似无机物构建表面微观结构的潜质。到目前为止，大量的研究工作主要集中在构建 PANI 和 PPy 的掺杂/去掺杂性质的超疏水表面的开发。所得不锈钢网在空气中表现出超亲水性，在水下，即使在酸性、碱性和盐溶液中，也表现出优异的超疏油性质。PANI 和 PPy 涂层不锈钢网成功地在表面实现类荷叶状微纳复合层级结构的构筑，并且可方便地在重力驱动下实现高效油水分离，分离效率高且具有很好的再循环能力。具体而言，Liu 等[105]通过简单溶液聚合，在不锈钢网表面加载导电聚合物聚苯胺和聚吡咯涂层以增大表面粗糙度、表面亲水性和水下超疏油性，如图 5-22 所示。经过导电聚合物覆盖的不锈钢网具有超亲水-水下超疏油性，因此成功地实现了对轻油/水混合体系高效的油水分离（流速达 10L/(m^2 · s)）。另外，由于涂层的有效性，该不锈钢网能在多种条件，包括强酸、强碱和强盐介质中实现油水分离，同时表现出优异的循环稳定性。

图 5-22　油水分离不锈钢网表面沉积聚合物纳米粒子以构建超亲水表面，在不同尺度分辨率下不锈钢网表面形貌变化[105]

这项工作聚焦于高效的油水分层混合体系的分离，因此不锈钢网采用相对较大的孔径（400 目，孔径约 38μm）。而前期工作中该作者已经指出，油水乳液体系的分离对分离材料的孔径提出更高的要求，孔径在 50～500nm 的微滤体系和孔径在 2～50nm 的超滤体系对乳液具有优异的分离效率。Liu 等[34]在前期工作的基础上通过对不锈钢网孔径的调控以及表面加载导电聚合物涂层，实现对油水乳液的分离。事实上，低成本、高通量、节能、选择性好、抗污性优良和稳定性好是油水分离膜层材料制备和应用的理想目标。其采用简单的电化学氧化聚合方法将导电聚合物聚苯胺、聚吡咯包覆到不锈钢网表面。通过调控循环伏安的次数，可以实现不锈钢网的孔径控制。更为有趣的是，研究者发现，无须外界刺激诱导，孔径可调的导电聚合物包覆的滤膜具有水下超疏油和油下超疏水的独特润湿特性。因此，仅在重力作用下，研究人员选择合适孔径的滤膜可以实现全体系油水混合物的高效快速分离。

一般来说，聚苯胺的电化学聚合机理是自催化过程，即苯胺在已经聚合的聚苯胺膜上更容易聚合。此后，研究者降低聚合电压−0.2～0.9V，实现聚苯胺在不锈钢网表面的缓慢均匀生长。随着聚合循环次数的增加，循环伏安曲线上的两个氧化电流峰值逐渐增加，同时两个还原电流峰值也逐渐增加，形成一个闭合的曲线回路。通过循环次数的调控，聚苯胺在不锈钢网表面的包覆量也得到了控制，进一步，不锈钢网的孔径也实现了可控。另外，循环 5 次的时候，SSM5 的孔径与原始不锈钢网几乎相同；但随着增加循环次数到 10 和 18，制备得到的 SSM10 和 SSM18 的孔径分别降低到了 1μm 和 0.1μm（图 5-23）。

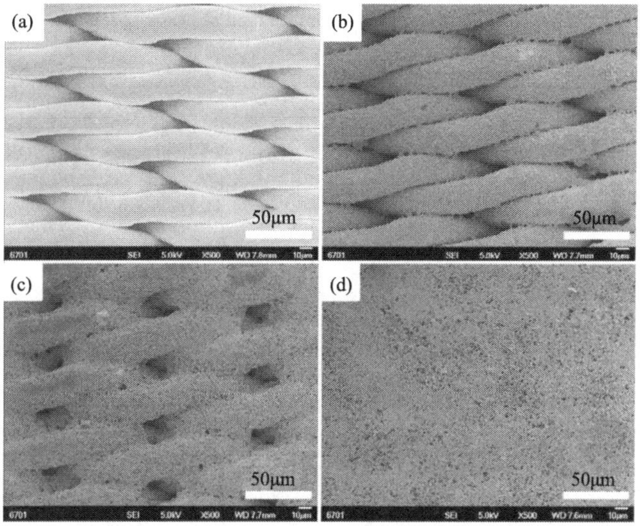

图 5-23　原始的（a）和聚苯胺修饰的不锈钢网（（b）SSM5，（c）SSM10，（d）SSM18）的SEM 照片

除了聚苯胺，我们还研究了另外一种典型的导电聚合物——聚吡咯，采用相同的电化学聚合方法，研究者尝试聚吡咯聚合生长到不锈钢网表面。类似地，其最初采用的电解液也是 1M 的硫酸溶液。但是后续发现，即便经过 25 次循环，不锈钢网表面生长的聚吡咯的量也特别少。所以，研究者研究了不同的酸电解液体系对聚吡咯聚合生长的影响，研究表明，只有在盐酸溶液中，聚吡咯的聚合模式跟聚苯胺才类似，可以通过调控循环次数，实现包覆量的控制，进一步实现孔径的调控。此后，实验中选用盐酸溶液作为电解液，聚合电势为−0.2～0.9V，循环 5 次和 25 次分别得到 SSM5-Cl 和 SSM25-Cl。综上，导电聚合物聚苯胺、聚吡咯通过电化学聚合的方法生长包覆到不锈钢网上，实现了对不锈钢网孔径的调控。

针对不同的油水混合物体系（其中包括层状不相溶混合物、无表面活性剂的乳液、表面活性剂稳定的乳液），我们选择不同孔径的超润湿滤膜来实现其高效、快速的分离。这种构筑、分离策略需要选择特定的基底材料，费时费力，普适性差。在这项工作中，研究者在不锈钢网上电化学聚合导电聚合物，通过调控电化学参数，就可以实现基底孔径的调控，同时还具有优异独特的润湿性质。这就为实现不同体系油水混合物的按需分离提供了可能。首先，其通过控制电化学聚合聚苯胺的循环次数，制备得到了具有不同孔径的 SSM10 和 SSM18。通过对其润湿性的研究发现，SSM10 和 SSM18 具有水下超疏油-油下超疏水性，同时对油滴、水滴都具有极低的黏附性。利用制备滤膜的孔径可调和润湿性溶剂诱导响应的特点，后续将其应用于水包油和油包水乳液的按需分离。仅在重力作用下，我们利用具有较大孔径的 SSM10 实现了节能高效的乳液分离；为了提高分离流速，我们选用了具有较小孔径的 SSM18，同时施加了 0.1bar 的压强，提高了对水包油和油包水乳液的分离速度（图 5-24）。虽然施加一定的抽滤压强，可以实现乳液分离流速的提高，但分离过程中，膜压差会将乳液颗粒一同抽滤过分离装置，导致其分离效率会有所降低。因而，合理选择滤膜孔径和施加膜压差才能实现乳液的高效、快速的分离。

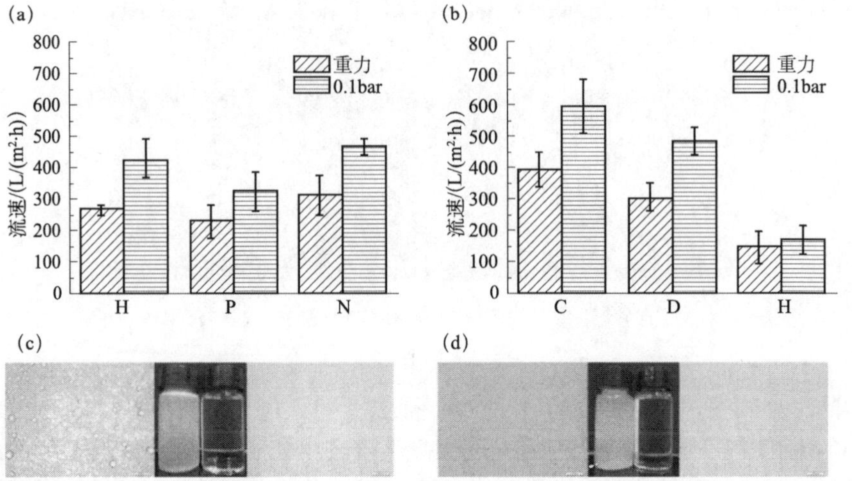

图 5-24　滤膜 SSM10，SSM18 在重力、0.1bar 作用下分离水包油（a）和油包水（b）乳液的流速；分离前后的水包十六烷（c）、二氯乙烷包水（d）乳液的光学照片和显微镜照片

此后，我们将在盐酸体系中制备的聚吡咯包覆的滤膜应用于油水分离中。针对层状油水混合物，我们选择了孔径较大的 SSM5-Cl 作为分离滤膜。首先，对于轻油/水混合物，我们采用过水阻油的分离机制实现油水分离，具体地说，将 SSM5-Cl 用水预先润湿，进一步将轻油/水混合物倒入水下超疏油的滤膜，水会通过滤膜，而油被阻挡在滤膜上方，利用过水阻油机理实现层状分离；而对于重油/水混合物，我们采用过油阻水的分离机制，不同的是，我们用二氯乙烷对 SSM5-Cl 进行预润湿，得到油下超疏水的滤膜，将重油/水混合物倒入其中，油由于自身密度高会通过滤膜，而低密度的水则被阻挡到上方，利用过油阻水实现分离（图 5-25）。研究发现，由于 SSM5-Cl 的孔径较大，无法实现对油水乳

液的分离，为此我们通过调整电化学循环次数，制备得到孔径更小的 SSM25-Cl 滤膜。同样地，将 SSM25-Cl 滤膜用水或者二氯乙烷预润湿，进而将水包油乳液或者油包水乳液倒入分离装置，利用溶剂诱导的滤膜的水下超疏油或者油下超疏水的性质，可以选择性地过水阻油或者过油阻水，最终实现对表面活性剂稳定的油水乳液的高效快速破乳分离。实验结果表明，重力驱动下，该不锈钢网对无乳化剂乳液分离流速高达 $1000L/(m^2 \cdot h)$ 以上，同样的办法应用于 PVDF 滤膜上，其对乳化剂稳定的乳液分离流速达 $3000L/(m^2 \cdot h)$ 以上。

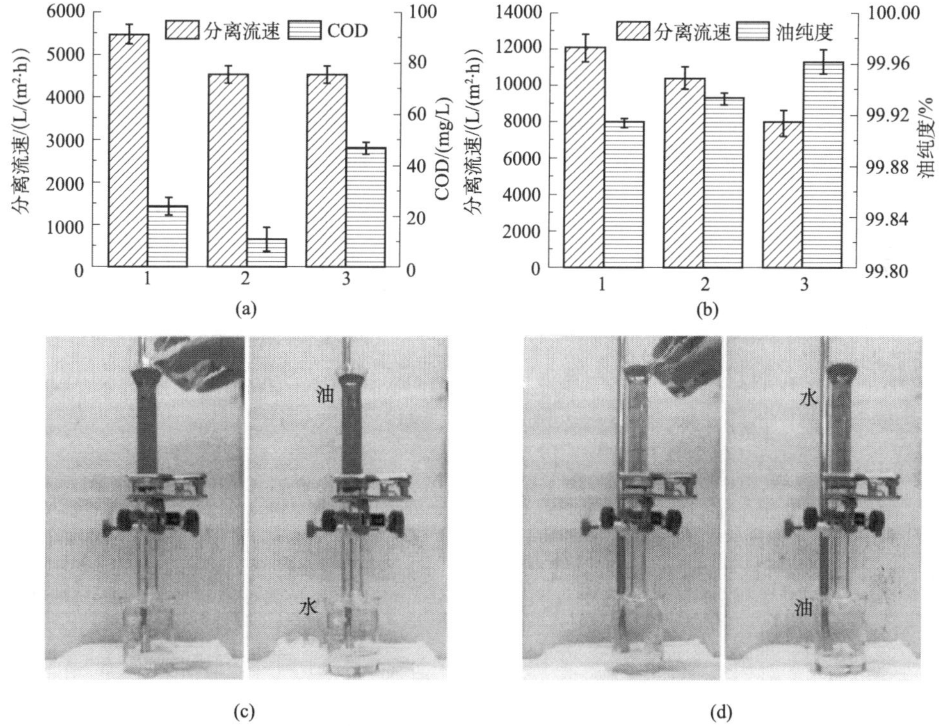

图 5-25　(a)，(c) SSM5-Cl 过水阻油分离层状油水混合物，1、2、3 分别代表正己烷、十六烷、汽油；(b)，(d) SSM5-Cl 过油阻水分离层状油水混合物，1、2、3 分别代表二氯乙烷、三氯甲烷、汽油

除了简单的溶液聚合生成聚合物涂层以外，通过电化学沉积法向不锈钢网表面加载聚合物涂层也是一类重要的表面改性方法。Liu 等[105]巧妙地利用电化学沉积过程，通过控制表面沉积聚吡咯反应实现对不锈钢网孔径的有效调控。制备的聚吡咯涂层具有两亲性，因此在不同的预润湿条件下，该不锈钢过滤网实现轻油/水混合体系和重油/水混合体系分离的多功能性。另外，更重要的是，在不同酸的介质条件下，通过增加扫描次数，不锈钢网孔径大小逐渐从原始的 5μm 衰减到小于 1μm。不锈钢网孔径的控制为实现乳液分离提供条件。另外，

结合材料表面涂层的两亲性，所制备的聚吡咯覆盖的不锈钢网实现高效油包水乳液分离和水包油乳液分离的多功能性。

用于实现石油纯化的先进材料或技术的水分离引起了研究人员广泛的兴趣，其中集中关注的点是在已经应用的领域发掘更高的效能和更为先进的工艺，如石油提取、化工、分析检测等废水处理。从界面物理过程的角度来讲，固体间超润湿界面的建立是一种有效和方便的分离油和水的方法，这非常依赖材料的润湿性和结构的粗糙度表面。在过去的十年中，各种纳米材料和纳米技术与表面改性技术相结合已广泛应用于建筑粗糙表面特殊润湿性，如超疏水性、超亲油性或超亲水-水下超疏油材料。使用疏水性有机物和无机亲水性纳米材料，如碳纳米管和二氧化硅。经表面改性后，水溶液之间的转化双亲性和亲水性很容易达到，便于本研究领域迅速发展。为了满足不同的实际需求，智能材料也被广泛研究，用于制备具有可切换的润湿性的界面材料，以应对各种外部刺激[1,106,107]。例如，Wang 等从聚（2-乙烯基吡啶）和疏水聚二甲硅氧烷获得 pH 响应性超润湿界面材料。Xue 等选择了聚（n-异丙基丙烯酰胺）这种典型的温度响应聚合物制备具有亲水-水下可逆切换润湿性的智能薄膜。Feng 的研究小组报道了一种 Hg^{2+} 反应网格聚（丙烯酸）可控油水分离，通过暴露亲水或亲油组分，使柔性高分子链在外界刺激下发生构象变化。此外，实现随需应变也是相当重要的油水分离的领域分支，特别是无乳液分离持续的外部刺激。

与刺激反应柔性聚合物相比，Liu 等关注的是导电聚合物，如具有刚性链的聚苯胺，在前期工作的基础上探索更好的稳定性，包括它们的化学组成和润湿性质。在这项工作中，聚苯胺有效地涂在表面，采用电化学方法对不锈钢网（SSM）进行了研究。可以有效地通过控制循环伏安法（CV）调节聚苯胺包覆网格的孔径。结果表明，聚苯胺包覆的膜孔尺寸较小，显示了卓越的水下超疏油性，黏附力小，滑动角度小。此外，所得的超湿润网格也可以应用于表面活性剂稳定油水的可切换分离，而油水乳剂仅在重力作用下或低压作用下使用压差（0.1bar）。实验结果表明，通过调控聚合物在不锈钢网上的生长，从而有效调控不锈钢网的孔径大小。基于此，材料实现了高效的乳液分离，并能针对表面活性剂稳定的油包水乳液分离和水包油乳液分离进行自由切换调控。

油水分离材料往往面临极端苛刻的介质条件和外界环境，其中机械耐磨性一直以来都是制约油水分离材料发展及应用的瓶颈问题。到目前为止，许多仿生超亲水性和水下超疏油性表面已被开发和展示在已经建立的领域，如船舶防污、防雾、催化、油水分离。然而，制备耐受性的水下超疏油表面仍然是学术界一个很大的挑战。受贝壳珍珠的启发，许等选择了逐层制备“实体”的方法，通过聚电解质/黏土混合膜，实现水下超油特性，并具有良好的机械性能。用无机胶黏剂代替有机胶黏剂建造坚固的水下疏油表面，具有黏附力强，抗氧化，低毒性，优异的耐油性，耐辐射、高温或低温等明显优势。我们利用无机膜由磷酸铝（AP）和商用 TiO_2 黏合剂成功制备出了无机涂层，然后将悬浮液喷洒在不锈钢网孔上（2300 目）并进行热处理。值得注意的是，TiO_2 纳米粒子被涂上一层没有低表面能修饰剂的涂层并具有较高的光催化活性。所构造的表面即使在 500 次砂纸循环研磨后，仍然是超疏油的，更重要的是，表面依旧保持水包油乳液的高分离度和优异的自净性能，可抵抗 100 次两亲物的污染磨损周期。无机胶黏剂可用于其他纳米颗粒（如二氧化硅和氧化铝）和基质（陶瓷和玻璃）以形成坚固的超湿润表面。Liu 等[108]着眼于这一问题展开研究，在前期工作基础上，在不锈钢网上加载 TiO_2 纳米粒子，其中特别地引入磷酸铝作为黏合剂。TiO_2 纳米粒子有效地增加了表面粗糙度，在没有低表面能修饰的条件下，该不锈钢网表面表现出优异的超亲水-水下超疏油性。另外，磷酸铝作为胶黏剂则很好地增强了涂层的耐磨性能。如图 5-26 所示，研究人员选用无机磷酸盐黏合剂将各种作为填料的纳米颗粒牢固地结合到基底表面上，制备得到的 TiO_2-AP 涂层即使经受刀划实验依旧保持完整。进一步，TiO_2-AP 涂层的机械稳定性用砂纸磨损实验来系统地测试。将 TiO_2-AP 涂覆的不锈钢网（3cm×3.5cm）放置在 320 目的砂纸上，此后在基材上负载 200g 的砝码，在外力拖拽作用下沿着尺子拖拉 10cm，然后返回，计为一个循环。每经过 20 次循环，测其水下油滴的接触角和质量损失比。如图 5-26 所示，即使经过 500 次的摩擦磨损实验，涂层依旧牢固地包覆在不锈钢网表面，数据显示，其质量损失比小于 20%，同时水下油滴的接触角高于 150°，说明 TiO_2-AP 涂层具有优异的机械稳定性能和水下超疏油的润湿性质。划痕测试进一步用来定量地评估 TiO_2-AP 涂层的机械稳定性能，结果表明，随着负载压力的增大，涂层的摩擦力和摩擦系数也逐渐增大。一旦金刚石小球划破涂层接触到基底材料，摩擦力和摩擦系数会出现急剧的变化，而此时对应的负载力可以反映出保护涂层的结合力。

从上述的砂纸磨损实验以及划痕测试可以看出，TiO_2-AP 涂层具有非常优异的机械稳定性能。此外，涂层的环境稳定性是其实际应用的一项重要指标。这里，研究人员分别将制备得到的 TiO_2-AP 处理的不锈钢网浸泡到热水（80℃）、冰水（0℃）、盐水（0.5M NaCl）、酸溶液（1M H_2SO_4）、碱溶液（1M NaOH）中 1 个月。长期浸泡处理后的涂层依旧保持完整，同时具有水下超疏油性。浸泡处理后的涂层的机械稳定性能利用砂纸磨损实验来进一步验证，在经过 100 次摩擦循环后，在热水（80℃）、冰水（0℃）、盐水（0.5M NaCl）中浸泡处理的 TiO_2-AP 涂层的质量损失比分别为 6.5%、6.4%、8.7%。相比较，未浸泡处理的涂层的质量损失比为 5.3%，说明 TiO_2-AP 涂层对热水、冷

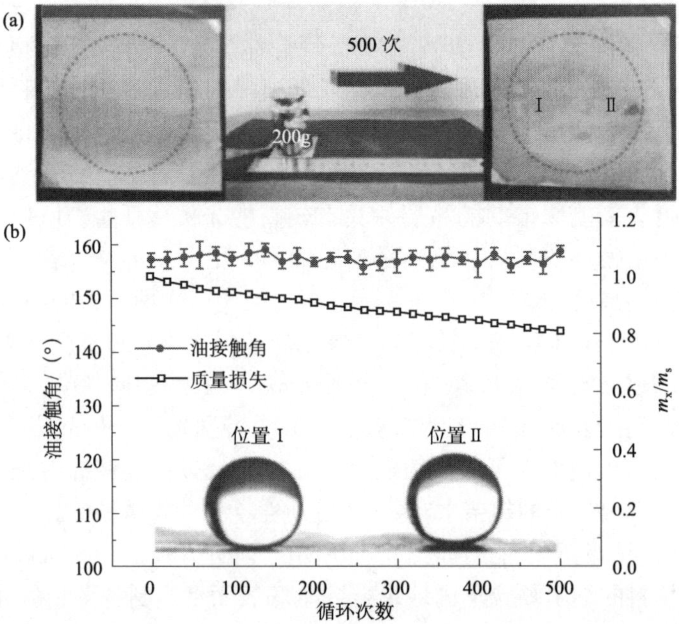

图 5-26 耐磨性超亲水不锈钢网涂层。(a) 经过 500 次砂纸打磨后的不锈钢网涂层表面宏观上无明显变化；(b) 在多次砂纸打磨循环过程中的水下油滴接触角变化和不锈钢网质量衰减[108]

水以及盐水有较强的抵抗能力。然而，在强酸和强碱溶液中浸泡处理后的涂层的质量损失比却分别升高到 37.7%和 32.4%，说明涂层的结合强度在酸碱溶液中会遭到一定程度的损坏而降低。实验结果说明无机黏合剂磷酸铝可以构筑适用于多种极端环境的超润湿表面。

针对其油水分离效率，研究人员制备了三种水包油乳液（正己烷、石油醚、异辛烷）。将制备得到的 TiO_2-AP 修饰的不锈钢网用高强度的砂纸摩擦破坏后，继续应用到乳液的分离检测中。整个分离过程的驱动力是重力。滤液中油的含量用 COD 值来表征。结果表明，分离前水包正己烷乳液为乳白色，同时含有大量的粒径介于微米和亚微米尺度的油滴颗粒。而分离后得到的滤液清澈透明，同时在显微镜的镜头中没有颗粒物质出现。此后，我们进一步研究了 TiO_2-AP 修饰的不锈钢网在经历不同程度的砂纸磨损实验后对乳液的分离性能。结果显示，每摩擦 10 次后，TiO_2-AP 修饰的不锈钢网就用来分离水包油乳液，其对应的流速和 COD 值分别大于 200L/(m^2 · h) 和小于 50mg/L。对于不同的乳液，我们利用原始的和摩擦 100 次循环后的 TiO_2-AP 修饰的不锈钢网来对其分离。实验测试所得 COD 值证实摩擦前后的滤网分离流速和效率没有明显的改变。这主要是由于涂层具有高的机械强度，即使经过高强度的摩擦破坏，涂层依旧完整地包覆在金属网的表面。因此，无机黏合剂构筑的超润湿表面在极端环境中实现稳定高性能污水处理具有非常有意义的实际应用潜力。

最后，该项工作中的纳米粒子与无机黏合剂的研究策略得以普适性推广，我们进一步研究了利用无机黏合剂复合其他纳米粒子构筑稳定耐磨的超润湿表面。这里，将无机黏合剂 AP 与二氧化钛、二氧化硅、氧化铝复合，喷涂到多种基底表面，包括不锈钢网、陶瓷片、玻璃。与之前的测试相似，我们采用砂纸磨损实验研究了上述制备的表面的机械稳定性能。经过 100 次的摩擦循环测试，TiO_2-AP、SiO_2-AP、Al_2O_3-AP 涂层在各种基底表面基本保持完好无损，同时依旧具有优良的水下超疏油性能，而且其质量损失都小于 10%（图 5-27）。

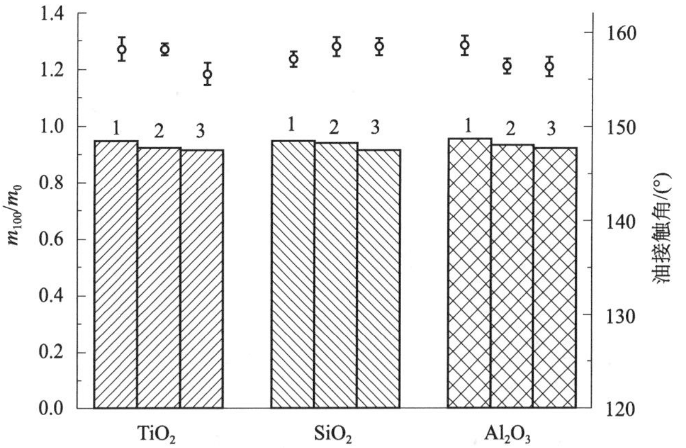

图 5-27　TiO_2-AP、SiO_2-AP、Al_2O_3-AP 涂层修饰的多种基底表面经过 100 次摩擦循环后的质量损失比和水下油滴的接触角。1、2、3 分别代指不锈钢网、陶瓷片、玻璃

无机黏合剂对构筑机械稳定性好的表面起到了举足轻重的作用。针对磷酸铝黏合剂，研究人员提出了一个简单的黏结机理以方便我们更好地研究和认识无机黏合剂在构筑稳定亲水化表面的机制。内聚力和黏附力是这类黏合剂的两个主要特点。前者需要在连续的结构中形成黏结相。在形成连续结构之前，黏合剂要形成均匀的分散体系以便于离子流动。这里，水的加入就是为了促进 AP 的分散和溶解。此外，黏合剂的活性官能团可以通过缩成-聚合反应形成连续网状结构。无机黏合剂 AP 中含有大量的羟基基团和 P=O 不饱和活性双键，通过分子间缩合（图 5-28（a））和分子内缩合（图 5-28（b））可以形成交联网状结构，这就大大增强了 AP 和纳米粒子之间的内聚作用力，因而赋予涂层很高的机械强度。

此外，涂层还需要与基底材料具有一定的黏附力，这种作用力主要依赖于黏结相和基底表面的分子间引力。如图 5-28（c）所示，无机黏合剂 AP 中大量的氢键跟陶瓷基底或金属基底形成的氢键或者金属离子-氧离子的配位络合作用，增强了涂层与基底表面的黏附力。总而言之，无机黏合剂 AP 的黏结机理主要是

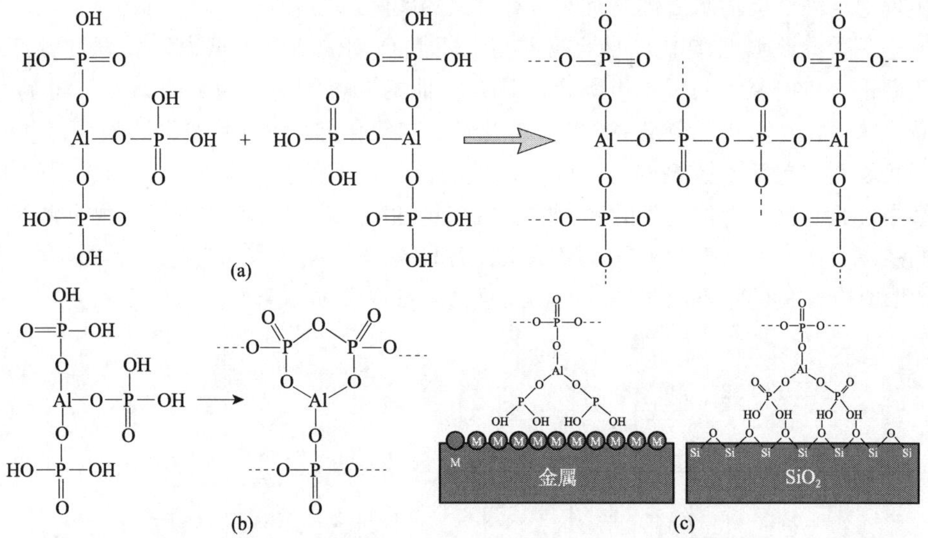

图 5-28 (a) 无机黏合剂 AP 分子间脱水缩合的反应方程式；(b) 无机黏结剂 AP 分子内脱水缩合的反应方程式；(c) 无机黏合剂 AP 和基底（金属、陶瓷）材料的界面作用力的示意图

自身含有的大量羟基和不饱和活性双键，通过类聚合反应形成涂层间很强的内聚力；同时利用配位或者氢键的分子间作用，可以大大增强涂层与基底的作用力。在两者的协同作用下，可以在各种基底表面构筑稳定耐磨的超润湿界面。

总体来说，Liu 等在以不锈钢网基底的油水（乳液）分离工程材料的设计制备及性能调控上做了多项创新性的工作，同时实现对轻油/水、重油/水、油包水、水包油等油水混合体系的分离。基于以上工作，Sun 等[109]利用循环伏安电沉积法，在不锈钢网上制备导电高分子聚吡咯，随后为改善材料表面的粗糙度，进一步在聚吡咯覆盖的不锈钢网表面沉积银纳米粒子，使其表面呈现类荷叶状的微纳复合乳突状层级结构。这样的层级结构增强了材料表面的两亲性，因而在不同的介质环境中表现出显著不同的选择浸润性。在重油/水混合体系中，由于界面先被油润湿，因而表现为超亲油-油下超疏水特性，从而实现对重油/水混合体系的有效分离。在轻油/水混合体系中，不锈钢网表面首先被水润湿，因而表现为水下超疏油性质，从而实现对轻油/水混合体系的有效分离。

针对不锈钢网的表面化学组分修饰，Dong 等[110]提出通过 Hummers 方法[81]制备得到氧化石墨烯，探讨它的亲水性质，并且采用简单的吸附方法将其包覆在不锈钢网表面，实现水中超疏油和油水分离。氧化石墨烯能够在水等极性溶剂中很好地分散，所以长期以来，氧化石墨烯都被视为亲水材料，而 Gao 等的研究结果则证实氧化石墨烯是一种两亲材料[69]。根据 Zettl 等对氧化石墨烯结构的研究结果，氧化石墨烯不仅含有大比重的 sp^3 区域和各种亲水的氧官能团，而且仍然保留着一定比重的疏水的 sp^2 区域。这样，氧化石墨烯可以像表面活性剂一样优先分布在两相界面并且有效减小其表面张力。氧化石墨烯像一般表面活性剂一样，能够稳定二氧化碳气泡分散在水中，并且分布在水与二氧化碳气体之间的界面。加热溶液，氧化石墨烯纳米片随着二氧化碳气泡的释放而大量漂浮在水的表面。另外，氧化石墨烯既可视为一个巨大的分子，也可视为一种胶体颗粒。当氧化石墨烯水溶液调至酸性时，其能够优先分布在水和非极性溶剂两相界面，形成稳定的 Pickering 乳液。加入碱，氧化石墨烯就不能稳定乳液，而主要分布在水中，表现为完全的亲水性。说明氧化石墨烯的两亲性可以通过改变水中的 pH 来调节。这是由于氧化石墨烯中的羧基随着碱的加入而去质子化，表现出更强的亲水性。氧化石墨烯的分子属性赋予它更好的分散性，能够有效地把非水溶的材料（如石墨和碳纳米管）分散在水中。这一性质有利于在无须加入表面活性剂的条件下分散非水溶的功能材料，从而减小表面活性剂对功能材料性质的影响，也为今后的应用提供更广阔的前景。

在实验中，不同目数的不锈钢网用乙醇和水超声洗涤后浸入氧化石墨烯水溶液中，低功率超声 10min 后取出放置于 60℃干燥箱中。干燥后的不锈钢网继续浸入氧化石墨烯水溶液中，放置 10min 取出放置于 60℃干燥箱中。这样，氧化石墨烯非常简单地包覆在不锈钢网的表面。首先，研究人员关注覆于不锈钢网上的氧化石墨烯的润湿性。不同目数的原始不锈钢网浸入氧化石墨烯的水溶液，通过简单的吸附就可以有效地吸附在不锈钢网的表面上。值得注意的是，不锈钢网从氧化石墨烯的水溶液取出后，需要直接干燥以增强氧化石墨烯与不锈钢网表面的作用力。如果在没有干燥的情况下用水冲洗，包覆在不锈钢网表面的氧化石墨烯大部分会重新分散到水溶液中。实际上，这个现象与氧化石墨烯自组装薄膜的性质差不多。Geim 等研究发现，干燥后的氧化石墨烯薄膜不易重新分散到水中，一般需要超声才可以重新分散[55]。主要原因可能在于氧化石墨烯的原子厚度极大地增加了氧化石墨烯纳米片与其他表面之间的作用力。如果在氧化石墨烯二维表面吸附了大量的水分子，则极可能大大减小氧化石墨烯与其他物质之间的作用力。

图 5-29 显示的是 400 目的原始不锈钢网以及氧化石墨烯包覆的 400 目不锈钢网 SEM 照片。400 目的原始不锈钢网的孔径大约 38μm。氧化石墨烯的包覆对不锈钢网网格直径影响不大。仔细观察发现，原始不锈钢网表面干净平滑。相对较，氧化石墨烯包覆的不锈钢网表面有一层很薄的包覆层，证明了氧化石墨烯的存在。柔性出色的、微米级别大小的氧化石墨烯纳米片将不锈钢网网格缠结在一起。另外，氧化石墨烯纳米片的褶皱使不锈钢网表面变得更加粗糙，这种特殊的微纳结构将会对不锈钢网表面的润湿特征带来重要的影响。我们采用

接触角测试技术对原始不锈钢网和氧化石墨烯包覆的不锈钢网的润湿性进行了系统研究。在空气中，水滴在原始不锈钢网的表面接触角约为 120°，具有一定的疏水性质。相比较，水滴在氧化石墨烯包覆的不锈钢网表面的接触角小于 10°，说明氧化石墨烯包覆层使不锈钢网的亲水性明显提高。另外，油滴在原始不锈钢网和氧化石墨烯包覆的不锈钢网表面的接触角几乎为零，主要原因在于油相比水具有更小的表面能，更易在各种表面铺展开。在油中，原始不锈钢网表面表现出超疏水性，水的接触角大于 150°并且易滚动。值得注意的是，原始不锈钢网的表面通过 SEM 观察是干净平滑的，并不像在空气中呈现的超疏水特性的表面基本具有微纳米结构。我们认为在流体介质中表面粗糙度对超润湿特性的决定性作用不再适用。在此，疏水的不锈钢网表面对油分子的吸附增加了对水滴的排斥作用力。相比较，水滴在氧化石墨烯包覆的不锈钢网表面的接触角明显小于原始的不锈钢网，这归结于氧化石墨烯包覆层对水分子具有选择性吸附的特性。

图 5-29　(a) 400 目的原始不锈钢网 SEM 照片；(b)～(d) 氧化石墨烯包覆的 400 目不锈钢网 SEM 照片

在此之后，表面覆有氧化石墨烯的不锈钢网对油和水的选择浸润性被用于实现过水阻油式的油水分离（图 5-30 (a)）。实验发现，氧化石墨烯修饰的不锈钢网能够有效地阻隔己烷的通过。相反，密度更大的水在重力作用下则顺利地透过氧化石墨烯修饰的不锈钢网落入下面的烧杯。最终下面烧杯中的水不带有任何红色，表明实现了有效的油水分离。值得注意的是，在分离重油（如二氯乙烷）和水时，它们的混合溶液必须缓慢注入分离装置，不然，重油形成的油层将阻碍密度更小的水通过，无法继续实现油水分离。另外，不锈钢网的孔径对能否成功实现油水分离影响很大。实验证实，氧化石墨烯包覆小于 400 目的不锈钢网不能有效地实现油水分离（图 5-30（b））。分离成功与否取决于分离膜的孔径，其可以由如下公式得到解释：$p=2\gamma L_1L_2\cos\theta_0/d$，其中 p 为渗透压，γL_1L_2 为表面张力，θ_0 为接触角，d 为分离膜的孔径。可以看出，渗透压与分离膜的孔径成反比，孔径越大，渗透压越小，油越容易渗透。

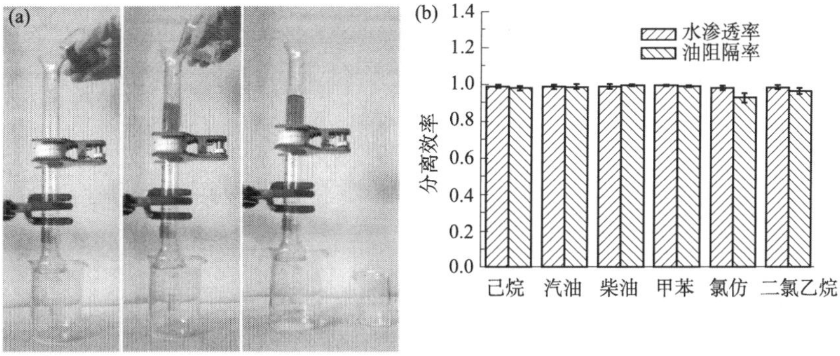

图 5-30　（a）油水分离过程，选择油己烷，油溶性染料使己烷呈红色，便于观察油水分离过程；（b）氧化石墨烯包覆的 400 目的不锈钢网油水分离效率

水渗透的流速则取决于包覆次数、氧化石墨烯浓度以及不锈钢网的孔径。水流速通过如下公式计算：$\text{flux}=V/(St)$，其中 V 代表渗透过水的体积，S 代表分离膜的有效面积，t 代表测试时间。研究发现，水的流速可以从 $0.2\text{L}/(\text{m}^2\cdot\text{s})$ 到 $84\text{L}/(\text{m}^2\cdot\text{s})$ 进行调控，包覆次数越多、氧化石墨烯浓度越大以及不锈钢网的孔径越小，水流速也就越小。另外，经过反复油水分离实验之后，氧化石墨烯包覆的不锈钢网仍然能够保持水中超疏油特性，证明干燥后的氧化石墨烯包覆层与不锈钢网之间具有很强的作用力，制得的分离膜具有很好的稳定性。

2. 其他金属网

除了对不锈钢网的改性，油水分离工程材料还拓展到铜、泡沫镍等金属材料的选用。Guo 等[111]着眼于铜网的化学稳定性和机械稳定性，在铜网上通过结构构筑和化学组分改性的方法，对表面润湿性进行调控，以实现有效的油水分离功能化。首先铜网在酸性条件下被三氯化铁刻蚀，而后被十八硫醇修饰，这一操作分别实现对铜网表面微观结构和粗糙度的构筑，以及低表面能物质的修饰，从而使所制备的铜网具有超疏水表面性质。这一超疏水性在循环砂纸打磨过程中仍能保留，表明所制备的超疏水表面具有稳定的机械性能。

借助于扫描电子显微镜和接触角测量仪来研究不同铜网表面的形貌和润湿

性发现，原始的铜网具有光滑的表面，空气中水滴在其表面的接触角为 116°。经过碱辅助的化学氧化后，铜网的表面生长出一层纳米线状结构，其在铜网的表面构建出足够的粗糙度。接着，用正十八硫醇去修饰该铜网，导致铜网表面的纳米线状结构变得致密以及出现微片结构。重要的是，正十八硫醇修饰后的铜网（CM-2）在空气中拥有 155°的水接触角、约 0°的油接触角及小于 5°的水滚动角，表现出超疏水-超亲油性。将体积不同的水滴滴落在 CM-2 表面，所有的水滴都能呈圆球状地立在 CM-2 表面。如前文所述，超疏水界面将用于实现对重油/水体系的有效分离。运用 FTIR 谱图和 XPS 谱图来分析不同铜网表面的化学成分发现，相比于原始铜网，碱辅助的化学氧化后的铜网（CM-1）的 FTIR 谱图在 3320cm^{-1}和 3620cm^{-1}出现了两个新的羟基的吸收峰，以及 CM-1 的 XPS 全谱图上 O 元素的特征峰（530.9eV）的强度明显增加，有效地证明原始的铜网经过碱辅助的化学氧化后，表面生长出 $Cu(OH)_2$的纳米线。CM-2 的 FTIR 谱图在 1460cm^{-1}、2800cm^{-1}和 2900cm^{-1}处出现三个新的吸收峰，分别属于 CH_2和 CH_3的红外特征吸收峰。此外，CM-2 的 XPS 全谱图上出现了 S 元素的特征峰（165.57eV），且 O 元素的特征峰的强度明显降低，C 元素的特征峰的强度明显增加，而原始铜网（CM-0）和 CM-1 都没有 S 元素的特征峰。由此可得，正十八硫醇有效地接枝到 CM-1 的表面，从而赋予 CM-2 超疏水-超亲油性能。

在这项工作中，刻蚀而未修饰的铜网表现为超亲水性，其实现对柴油/水这一轻油/水混合体系的分离。将二氯乙烷和水的油水混合物倒入油水分离装置中(其中水相被亚甲蓝染料标记为蓝色)，在重力的作用下，二氯乙烷迅速地透过 CM-2 进入分离装置底部的烧杯中，呈透明状，而水相被阻隔在 CM-2 的上面，表明该超疏水铜网能有效地分离油水混合物。接着，以二氯乙烷和水的油水混合物为原料，对 CM-2 进行油水分离循环测试，每次循环结束后，用无水乙醇简单地洗涤铜网，然后在 60℃下干燥，并测定水滴在其表面的接触角。实验结果显示，在经过 10 次油水分离循环测试后，CM-2 依然具有大于 150°的水接触角，表现出超疏水性，而且每次油水分离速率始终保持在 5L/(m^2 · s) 以上，由此可知，CM-2 具有出色的循环抗污性能。另外，经过刻蚀和修饰两步操作后的铜网表现为超疏水性，其实现对氯仿/水这一重油/水混合体系的有效分离，分离效率达到 97%。

Crick 等[112]通过气凝胶辅助化学气相沉积法在铜网上原位构筑疏水性的有机硅聚合物弹性体，因而赋予材料表面优异的超疏水-水下超疏油性。该方法具有操作简单方便、油水分离效率高等优点，另外，同样的道理，通过调控化学气相沉积过程，铜网的孔径也能有效调控，进而拓宽了其在油水分离领域的应用。值得注意的是，制备的该带涂层的超疏水铜网能够方便地组装到连续油水分离装置中，某种意义上实现了油水分离材料的器件化改良和发展。另外，Wang等[113]从对蝴蝶翅膀表面结构和性质的构效关系出发，在铜网上构筑独特结构以实现有效油水分离。在该项工作中，通过电化学沉积可以实现在铜网表面加载一层铜纳米离子，进一步通过十二烷基硫醇修饰之后，该铜网表现出优异的超疏水性，其表观接触角约为155°。这一系列操作也论证了通过构筑表面微纳复合层结构和调控表面化学组分两方面入手即可实现材料表面的超疏水改性。在后续的油水分离实验中，所制备的超疏水铜网实现了对三氯甲烷/水这一重油/水体系的高效分离，并且在多次循环中表现出极高的稳定性。

除了不锈钢网、铜网等金属基编织网络之外，金属基的泡沫镍也是一类具有多孔结构的金属网络结构，不同于不锈钢网和铜网的二维孔隙结构，泡沫镍内部孔隙呈现一种三维的结构，使其具有低密度、高孔隙率和机械稳定性。Gao等[114]通过在泡沫镍表面原位生长和表面修饰相结合的方法引入超疏水-超亲油性。这涉及金属基底材料表面加载超疏水性的经典做法，首先对泡沫镍进行强酸条件下的刻蚀，强酸环境一方面对表面油污杂质进行清洗，另一方面，更重要的是，通过化学刻蚀，在基底表面引入大量的表面羟基，这些表面羟基为后续的原位生长提供大量活性位点。经过刻蚀的泡沫镍在$Co(NO_3)_2$溶液中浸泡，这一过程中，$Co(OH)_2$和Co_3O_4逐渐沉积到基底表面，从而在表面引入具有微纳复合层级结构的形貌特征。在此基础上，制备的泡沫镍与具有低表面能的表面修饰剂FAS（$CF_3(CF_2)_7CH_2CH_2Si(OCH_3)_3$）反应，降低材料表面能。通过原位生长增加粗糙度和表面修饰降低表面能，所制备的泡沫镍具有优异的超疏水-超亲油性，在重力方向适用于对重油/水的分离，而进一步实验研究了其在水平方向上利用渗透压驱动的轻油/水的分离也达到高的分离效率，对环己烷/水的分离效率达99.6%。

除了上述常用和经典的方法以外，在泡沫镍表面引入超疏水性还有一些创新性的思路和方法。泡沫镍具有独特的开孔结构、低压投入孔、较强的固有抗拉强度和抗热冲击强度等，使其在净化分离和催化工业领域具有广泛的应用价值。具体到油水分离领域，泡沫镍独特的孔隙结构和空间三维网络结构为油水分离乃至乳液分离系统的可控性和稳定性提供了优异的基底和模板。例如，Zhao等[115]通过在泡沫镍上加载烛焰火煤烟涂层以构建表面微纳复合层级结构。后续利用聚二甲基硅氧烷（PDMS）进行表面修饰，所得的泡沫镍表面展现出优异的超疏水性。实验结果表明，通过倾倒法，制备的超疏水泡沫镍可以实现重力驱动下的“过油阻水式”油水分离。

金属基过滤网在油水分离中具有最为广泛的应用，通过结构构筑和表面化学组分修饰调控表面润湿性以实现油水分离是其最核心的机理和策略。重要的金属基过滤网油水分离材料的制备及应用见表5-1。

表 5-1 金属基过滤网油水分离材料的制备及应用

基底材料	表面结构构筑	表面化学修饰	润湿性	油水分离适用性	分离效率	分离通量	参考文献
铜网	电沉积	十八硫醇	超疏水	重油/水	—	—	[113]
铜网	原子溅射	硫醇	pH 响应性	重油/水；轻油/水	—	—	[106]
不锈钢网	原位生长	—	超双亲	轻油/水	96%		[116]
不锈钢网	氧化石墨烯涂层	—	超双亲	重油/水；轻油/水	>98%	0.2~84 $L/(m^2\cdot s)$	[110]
铜网	化学蒸气腐蚀	癸硫醇	超疏水	重油/水	—	—	[117]
不锈钢网	Ag/聚多巴胺涂层	癸硫醇	pH 响应性	重油/水	90.6%	—	[118]
不锈钢网	表面引发自由基聚合	—	超亲水-水下超疏油	轻油/水		$10L/(m^2\cdot s)$	[119]
不锈钢网	表面引发自由基聚合	—	超亲水-水下超疏油	无表面活性剂水包油乳液	—	3000 $L/(m^2\cdot h)$	[34]

5.3.3 陶瓷基分离材料

陶瓷基油水分离材料在油水分离领域中是一类不常见的分离材料，然而陶瓷基材料的机械耐磨性、环境耐候性、化学稳定性、热稳定性以及特殊的电学性能，使其能在特殊工况中发挥独特的性能优势，同时能对抗极端苛刻的工况条件。另外很重要的一个方面，同时也正在被广泛研究的陶瓷基油水分离材料的特性之一是可循环实用性。由于陶瓷具有耐高温特性，因此分离材料在使用后残存的油组分可以有效地通过热处理达到高效率的去除，因而满足材料重复使用的工艺要求，另外，界面润湿性和分离特性也基本不存在衰减。总而言之，在之前的一系列研究中，研究者致力于适用于工业环境的高效率低成本陶瓷基分离膜的设计和制备，大量的研究和实验数据论证了陶瓷基分离膜的三大主要优点：①陶瓷基分离膜具有明显和稳定的孔径和孔隙率，这将为油水和乳液分离带来更高的分离效率和通量；②优异的热稳定性和机械稳定性扩宽其在工业生产和环境治理中的应用范围；③在材料清洁以适应多次循环使用中，苛刻的清洗条件将不会造成材料的性能衰减[120-122]。

对于制备用于油水分离的多孔的陶瓷基材料，就工艺方法而言，常用手段分为两种类型，即单轴干压实法和浆料法。陶瓷基油水分离材料的单轴干压实法是多孔陶瓷膜的一种非常常见的制备工艺方法，其中涉及的原来多是陶瓷工业用到的无机材料，包括各类黏土，如高岭土、石英砂及碳酸钙、二氧化钛等。在单轴压实过程中，物料在球磨机中充分细化和混合，然后将粉末筛分后，用不锈钢模具压入液压机压实成型。最终制备的陶瓷膜预制体在高温环境下进行干燥和烧结，形成多孔的陶瓷基分离膜层。这一制备过程具有造价低廉、原料利用率高等特点，因而具有广阔的工程应用前景，另外，陶瓷助剂的引入能有效改善和优化陶瓷各方面性能[54]，这一领域正在被广泛研究。Emani 等[55]就通过优化单轴干压实法，制备了基于高岭土的多孔陶瓷分离膜，用于实现无表面活性剂的原油水包油乳液的交联微滤。在对陶瓷膜表面性能的进一步优化探究中，研究团队导出陶瓷膜的最佳孔径和孔隙率分别为 2.6μm 和 37.4%，实验结果表明，该多孔陶瓷基分离膜实现高效的原油水包油乳液分离，通量达 $22.14\times10^{-6}m^3/(m^2\cdot s)$，分离效率达 98.52%。

如前文所提到的，另一种制备陶瓷基油水分离膜的方法为浆料法。与单轴干压实法不同，浆料法是在陶瓷预制膜制备之前将各无机原料组分与相应比例的水充分混合形成均匀的浆料。然后将制备的浆料置入磨具制成陶瓷预制膜，之后陶瓷预制膜层将先在低温下处理以移除体相中的水分，再经过高温烧结处理，形成多孔陶瓷分离膜层。Nandi 等[56]通过浆料法制备出直径为 52.5mm、厚度为 4.5mm 的多孔陶瓷基分离膜层，该分离膜可以在调节压差的条件下实现对原油水包油乳液的分离，并展现出较高的分离效率（96.97%）和通量（$21.07\times10^{6}m^3/(m^2\cdot s)$）。

通过对比两种陶瓷基油水分离材料的制备方法，我们可以分清两种过程中压力和水承担的不同角色以及其在调控陶瓷膜层孔径和孔隙率时的作用机理。在浆料法中加入适量的水分，使得物料之间充分均匀地混合，并且在注模之前具有良好的弹性模量，这一特性将在后续制备中给陶瓷形貌带来显著的变化：在低温处理去除作为黏胶剂的水分的过程中，将大大增大陶瓷材料的孔径。另一方面，在单轴干压实法制备陶瓷基膜层材料的过程中，由于巨大外加压力作用，以及物料的混合不够均一和充分，对比浆料法制备，最终将具有更为宽泛的孔径分布。还有一点是，当增加烧结的温度时，单轴干压实法制备的陶瓷基分离材料的孔隙率将因为烧结程度的进一步加深而持续下降。最后值得注意的是，不管是浆料法还是单轴干压实法，所制备的陶瓷膜作为微滤分离膜材料，由于孔径和孔隙率的限制，只能适用于油水乳液的分离，迄今为止，还不能实现油水纳米乳液的分离[123]。

对于陶瓷基油水分离材料制备过程中的原料选择也存在一定的差异性。迄今为止，各类不同的无机物组分用于制备功能陶瓷，包括氧化铝、二氧化硅、氧化锆及氧化钛材料等。其中氧化锆陶瓷过滤陶瓷膜由于优异的分离性能而得以广泛研究。Cui 等[65]利用水热原位生长 α-Al_2O_3 的方法，从而制备出 NaA 氧化锆陶瓷微滤膜。调控该陶瓷微滤膜的平均孔径大小，实验结果表明，微滤膜孔径大小在 1.2μm 时实现了对含 100mg/L 油的水包油乳液体系的有效分离，在附加 50kPa 的压强下，乳液分离效率高于 99%，通量达到 $85L/(m^2\cdot h)$。

Khemakhem 等[49]创造性地在陶瓷基分离膜表面接枝氟硅烷链段，所制备的陶瓷基膜层被应用于空气隙膜蒸馏（AGMD）中，所谓空气隙膜蒸馏，是指在膜层两边存在两种不同温度的液体，当热侧靠近膜层表面时，这侧的蒸汽在膜层两面的蒸汽压差的推动下，通过膜孔进入冷侧，在膜层与冷凝壁面之间存在一层空气隙，通过膜层的蒸汽在空气间隙冷凝，从而达到对两组分或多组分的有效分离、提纯的目的，这种工艺具有结构简单、截流率高、能耗低等优点，因此有望被广泛应用于海水淡化、污水处理及各种溶液乳液的分离、提纯和浓缩等领域。上述制备的表面接枝陶瓷基分离膜在1H，1H，2H，2H-全氟癸基三乙氧基硅烷（1H,1H,2H,2H-perfluorodecyl triethoxysilane，PTES）作为低表面能物质的修饰作用下，其表面达到超疏水性。该陶瓷基分离膜通过膜蒸馏的方式，实现对高盐介质中油水混合体系的高效分离，分离效率高于99%。

另一方面，Zhou等[124]在商用的氧化铝陶瓷膜层中加载氧化锆层，此分离膜由于无机氧化物的引入，其亲水性将会持续加强，从另一个角度讲就是降低了油滴在膜层表面的黏附和污染。进一步，该陶瓷基分离膜在对发动机油乳液的分离过程中保持较高的分离效率和通量，分离效率高于97.8%。Monash等制备了造价低廉的多孔陶瓷基膜层，其主要利用高岭土、叶蜡石、长石、球黏土、石英砂和碳酸钙等矿物为原料，以聚醋酸乙烯为胶黏剂。该项工作研究了二氧化钛的引入对膜层的各项参数如孔径、孔隙率、机械性能以及纯水透过率等的影响规律。通过优化各项条件参数，该陶瓷基分离膜实现对高含油量的水包油乳液的高效分离，分离效率超过99%。另外，更有意义的是，该陶瓷基分离膜尝试了对牛血清白蛋白的分离，分离效率达到40%，这项研究对陶瓷基分离材料的生物相容性和生物应用等研究提供了大量可能性和实验数据。

综上所述，陶瓷基油水分离膜材料在过去的一段时间得以长足发展，然而相较于聚合物分离膜材料，其依然存在许多弊端和技术难题有待深入研究，主要是因为材料的造价和有限的界面操控性。然而，陶瓷基油水分离膜材料因其优异的物化性质稳定性和环境耐受性等特性，也表现出不可取代的地位。另外，对于材料残留油污的清洗以及材料的多次可回收循环使用，也使得陶瓷基分离膜材料在油水分离、环境治理等领域具有广阔的应用前景。

5.3.4 油水分离织物

1. 天然纤维织物

以纤维织物作为基底材料，实现对油水混合体系的分离是设计和制备油水分离功能材料的重要手段和思路。一般来讲，纤维织物首先由多股棉质纤维缠结成束，然后按一定的经纬编织成织物，天然的棉质纤维织物是衣物的主要成分，具有良好的化学稳定性和机械耐久性，同时造价低廉，简单易得，以此针对棉质纤维织物的改性及在油水分离体系中的应用将具有广阔的研究价值和实际应用前景。一般对棉质纤维的表面润湿性改性的思路，同样来自仿生视角的表面微观结构构筑和化学组分改性两个方面。棉质纤维是人们最常用的织物材料之一，因为它柔软、舒适、透气、对皮肤刺激小、可生物降解。此外，棉花具有多孔结构，具有优良的吸湿能力，能适应各种环境，用于医疗保健等领域，如外科棉、筋膜、止血棉、尿布和医院的床单。然而，吸水性超强的棉织物也容易被着色污染，例如，它们可能被水、饮料、血液甚至细菌浸湿或污染，因此不希望用它们制作衣物，特别是诊所和医院的纺织品。因此，近年来，在棉花改性等方面做出了很大的努力。目前，赋予织物超疏水性是一种重要的研究方向，需要不断完善技术。近几年，发展生产单面超疏水性纺织品的不同方法一直是研究的热点。

纤维织物表面的超疏水性能可以使其长时间保持表面的洁净，因此避免了多次烦琐的洗涤并可以节约一定的水资源。但是纤维织物表面的不稳定性使其在损坏后难以再次使用，这在一定程度上限制了其使用范围。Zhou 等[125]将聚多巴胺包覆的十八胺修饰在纤维织物表面，将去离子水、果汁饮料和牛奶等水性溶液滴入制备的纤维织物表面时，表现出良好的憎水性能。在气体等离子作用下对制备的纤维织物表面进行刻蚀处理使其丧失超疏水性能，再将其在 80℃下处理 20min 使十八胺转移到被损伤的织物表面，结果显示纤维织物表面又恢复了超疏水性能，且表现出多次再生的自修复能力。为了进一步满足实际生活的使用要求，Li 等[126]将甲基丙烯酸月桂酯（LMA）通过辐照接枝聚合的方法接枝到纤维织物表面，得到具有自修复性能的超疏水织物。当该织物超疏水性能被损伤时，将其用电熨斗来熨烫，在修复过程中电熨斗产生的水汽与热量使得活性物质快速转移至被破坏表面，最后导致织物表面的超疏水性能得以恢复，表现出良好的自修复能力。

另外，耐久性差是影响超疏水表面实际应用的重要因素之一，超疏水表面耐久性差的原因很多，但主要有两方面[127,128]：一方面，磨损、雨水冲刷等因素使得表面微观结构遭到损坏，其表面的粗糙度降低，从而表面的疏水性能被减弱；另一方面，低表面能物质也会在表面磨损过程中被损耗或分解，表面化学成分的改变使得表面疏水性能大大降低。因此，构建耐久的微观结构和耐久的低表面能物质是制备耐久性超疏水表面的重要环节。目前，研究人员已认识到了耐久性差是影响超疏水表面实际应用的主要因素，并开始探索和寻求解决的办法。Li 等[129]将全氟丁基乙基丙烯酸酯通过辐射接枝技术成功地接枝聚合于棉纤维织物表面，制备的超疏水棉纤维织物表现出了很好的耐洗涤性能。这是因为在接枝过程中，含氟基团在共价键作用下牢固地被接枝在纤维织物的纤维素大分子上面，最终形成紧密连接的分子层面复合材料，结果使得超疏水棉纤维织物显示出良好的耐久性。Zhang 等[130]将银纳米颗粒均匀沉积在聚酯纤维表面制备了耐磨损的超疏水表面织物，将制备的超疏水织物用金相砂纸多次摩擦以后，其表面仍然保持良好的超疏水性能，显示出很好的机械稳定性。仿生超疏水表面的耐久性能在实际应用中有非常重要的意义，超疏水表面的耐久性将在很大程度上延长其服役寿命。基于以上这些功能化的改性，疏水性的引入直接关联到纤维织物油水分离的特性和应用，因此实现纤维织物的油水分离应用也将从其表面润湿性改性入手。

Li 等[131]选用普通的棉质纤维织物作为基底材料，为实现织物基超润湿表面的稳定高效油水分离做了大量工作，其核心思路集中在四个方面：①以纤维织物（棉质纤维织物、聚对苯撑苯并二噁唑（poly(p-phenylene benzobisoxazole)，PBO）纤维织物和超高分子量聚乙烯（ultrahigh molecular weight polyethylene，UHMWPE）纤维织物为基材，选取不同的低表面能修饰剂，即 1H,1H,2H,2H-全氟辛基三氯硅烷（PFTS）、PTES、硬脂酸（STA），采用简单易行的原位沉积法同时进行微纳双级粗糙结构的构筑和低表面能化学物质的修饰，制备具有良好超疏水性能的纤维织物材料。通过 FTIR、XPS、XRD 手段对接枝前后纤维织物的表面形貌和化学组成进行了表征。研究了接枝纤维织物的超疏水性能，并测试了水在接枝纤维织物上的滚动角，对超疏水纤维织物的抗紫外性能、自修复性能、机械拉伸性能、减摩和耐磨机理进行了探究。分析所制备特殊浸润性材料的表面微观几何结构和化学组成，阐明了表面结构和表面化学对材料特殊浸润性的影响，研究纳米胶囊修饰的特殊浸润性表面的耐用性，探索特殊浸润性材料在自清洁、抗污、油水分离、耐洗涤和自润滑等方面的潜在应用。②在温度作用下实现对特殊浸润性棉纤维织物表面的快速自修复，温度作用可以促使聚（偏二氟乙烯-co-六氟丙烯）（PVDF-HFP）和 PFTS 低表面能物质修饰的纳米 SiO_2 颗粒快速迁移至棉纤维织物表面，降低表面的自由能，最终实现基底表面特殊浸润性的自修复。通过自修复过程中微观几何结构的表征和表面化学成分的变化，探讨温度作用下特殊浸润性表面的自修复机理，并探讨棉织物的耐磨损、耐洗涤、耐酸腐蚀和抗污性能，以提高超双疏织物表面的耐用性。制备的材料在自清洁、抗污和防腐蚀等方面具有潜在的工程应用前景。③通过简单的热压法将沸石咪唑骨架-8（ZIF-8）成功接枝于凯芙拉（Kevlar）织物表面，用低表面能的全氟辛基三乙氧基硅烷（PFOTES）修饰以获得具有超疏水性能的改性 ZIF-8@kevlar（F-ZIF-8@Kevlar）织物表面。通过摩擦磨损实验测试 F-ZIF-8@Kevlar 织物的机械耐久性和摩擦学性能。与原始的 Kevlar 织物表面做比较，考察 F-ZIF-8@Kevlar 织物表面在水中的减阻性能和承载能力。采用的热压制备工艺有望为大规模制备超疏水表面材料提供一定的研究价值，使得功能化的 MOF 材料在特殊润湿性表面和自润滑等领域有更好的应用。④利用水热法制备 Kevlar 纳米纤维丝（KNF），再通过简单的一步真空抽滤的方法制备超疏水 PDMS/PVDF@KNF 膜。利用高性能 Kevlar 固有的疏水性能、高机械强度和阻燃性制备多功能的耐久性和柔韧性多孔 PDMS/PVDF@KNF 膜，并考察 PDMS/

PVDF@KNF 膜具备的油水分离能力、阻燃性能。PDMS/PVDF@KNF 膜可以很好地应用于可穿戴电子设备器材、水净化、过滤膜等领域。

首先，如图 5-31 所示，在纤维织物基底上首先加载 MnO_2 结晶微粒，MnO_2 微粒的加载过程涉及酸性条件下高锰酸钾的还原反应以及表面结晶自生长过程。在棉质纤维织物上引入的 MnO_2 结晶微粒，结合纤维织物表面原有的粗糙结构，构成了其表面微纳复合层级结构，根据经典润湿理论，由于纤维织物及 MnO_2 微粒本身原有的亲水性，微纳复合粗糙度的引入强化了纤维织物表面的超亲水性。另一方面，经过水溶液中 MnO_2 生长之后的棉质纤维织物进一步在乙醇溶液中被 STA 修饰，经过表面结构构筑和表面化学组分改性两步操作后的棉质纤维织物表面将具有优异的超疏水性。

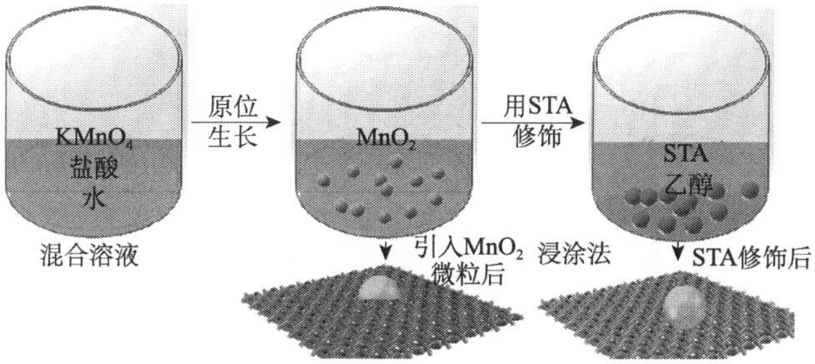

图 5-31　棉质纤维织物表面通过加载 MnO_2 纳米粒子以及化学组分修饰，实现表面微观结构构筑和低表面能改性[131]

原始的棉纤维织物和 MnO_2@fabric（纤维织物）表面的微观形貌如图 5-32 所示。原始的棉纤维织物表面有较大的粗糙度，这是由纺织过程中的平纹结构所导致的。而且原始棉纤维织物中纤维表面相对光滑平整，如图 5-32（d）所示。在原位反应后，MnO_2的平均粒径为 500nm 且均匀生长在棉纤维表面上，如图 5-32（b）所示。MnO_2是由无数平均厚度为 100nm 左右的纳米片组成的，从而显示出万寿菊的花状分层等级结构。当水滴掉落在原始棉纤维表面时，水珠被慢慢浸润吸收，同样地，在 MnO_2@fabric 表面也被迅速地吸收，如图 5-32（a）和（b）所示。结果说明未修饰的 MnO_2@fabric 表现出亲水性能，其原因是 MnO_2纳米粒子本身具有良好的亲水性能，另一方面棉织物纤维的毛细作用表现出很好的吸水能力。在 STA 修饰 MnO_2@fabric 以后，其表面自由能大大降低且未改变表面的微观粗糙度结构，如图 5-32（f）所示。当水滴滴落在修饰后的 MnO_2@fabric 表面时，水接触角达到 154°，表现出良好的超疏水性能，如图 5-32（c）所示。水珠在修饰后的 MnO_2@fabric 表面上滚动时，表面的粗糙结构使其处于充满空气的固-液界面上，且体系表面自由能较低，从而使得修饰后的 MnO_2@fabric 表现出良好的超疏水性能。

MnO_2 本身优异的理化性能，使其在诸如等离子轰击、热处理、酸碱环境等

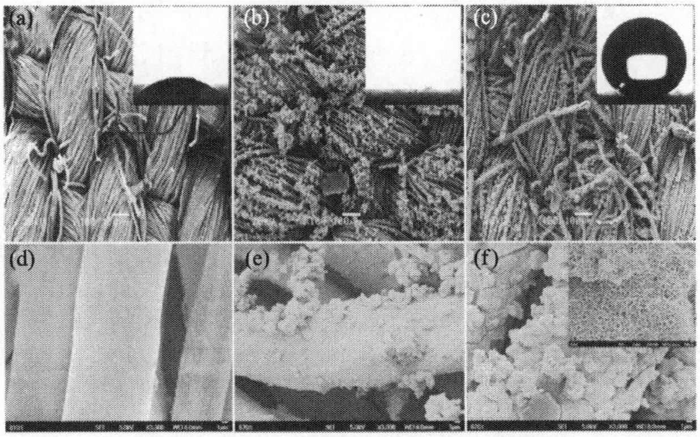

图 5-32　原始棉纤维（a）、MnO_2@fabric（b）和 STA 修饰的超疏水 MnO_2@fabric（c）的 SEM 图像；(d)～(f) 分别为（a）～(c) 的放大图像，其中的嵌入图分别为各自的表面水接触角，(f) 中的嵌入图为 MnO_2 的形貌图

严苛条件下，使用的耐久性能大大提高，并伴随一定的自修复性能。为了研究超疏水织物表面的自修复能力，将样品在等离子设备（～100W）中气体刻蚀处理 1min，然后将其在 130℃下加热 5～10min，再测试其水接触角从而确定超疏水表面的自修复能力。样品表面被等离子气体刻蚀以后，棉纤维织物表面的 MnO_2/STA 体系被严重破坏，亲水官能团被引入，导致其表面表现出亲水性。等离子处理后的 MnO_2@fabric 纤维织物表面的水接触角为 0°。但是当刻蚀的样品在高温下快速加热后，其表面的超疏水性能又得以恢复，接触角达到 153°。在反复的刻蚀-加热处理以后，MnO_2@fabric 纤维织物表面的超疏水性能依然被保留，表现出良好的自修复性能。尽管水接触角有所降低，但仍然处于超疏水范围之内。反复的耐久性和快速加热后的可恢复性能使得超疏水棉纤维织物在实际应用中具有很大的潜力。在等离子刻蚀后，表面的自由能提高，并且大量的亲水基团被引入，但是在加热过程中疏水的基团又被慢慢释放出来使其疏水性得到恢复，从而表现出良好的自修复能力。

针对 MnO_2 纳米粒子负载的超疏水纤维织物，研究人员着重研究了其在重油/水混合体系分离中的应用。MnO_2@fabric 对水和油等不同液体会表现出不同的润湿性能，由于其良好的疏水性能，当水珠滴落在表面时可以顺利地来回滚动。然而，当油滴掉落在 MnO_2@fabric 表面时，表面的超亲油性能导致油可以迅速浸润在纤维里面。这种特殊的表面润湿性可以通过油水分离实验进一步证明，油水分离在自制的实验装置上操作。将实验样品放置在两支玻璃管之间并夹持牢固，样品被用作过滤膜来进行油水混合物的分离。在实验之前，蒸馏水用亚甲蓝染成蓝色以便在分离过程中清楚地观察。首先，将 1,2-二氯乙烷和蒸馏水（油水体积比为 1∶1）机械搅拌混合均匀。然后将 16mL 油水混合溶液缓慢转移至上部的玻璃管中。实验过程中观察到油在重力作用下可以顺利地通过 MnO_2@fabric，并快速地流经下面的玻璃管到玻璃烧杯里面。但是蒸馏水仍然被保存在上部的玻璃管中，这是由 MnO_2@fabric 对油和水不同的润湿性能所导致的。最后通过超疏水 MnO_2@fabric，油水混合物被成功地分离出来，并且收集到 7.2mL 的 1,2 二氯乙烷，表明超疏水 MnO_2@fabric 有高效的油水分离能力。在本实验中，将收集的油称重并计算其在原始的油水混合溶液中所占的质量分数，用于表征超疏水 MnO_2@fabric 的油水分离效率。

在油水分离实验以后，将使用过的超疏水 MnO_2@fabric 用蒸馏水彻底清洗干净去除表面残留的油滴，然后将其干燥以备再次使用。再次使用的 MnO_2@fabric 表面的水接触角虽有轻微的变化，但依然保持在超疏水的角度范围，且油液的接触角仍然保持在 0°。这说明超疏水 MnO_2@fabric 在实际使用过程中拥有良好的耐久性能。在连续 5 次实验后，油水分离效率减小到 90%，说明超疏水 MnO_2@fabric 有良好的循环使用性能和高效的油水分离能力。由于其孔径一般意义上超过乳液分离的允许范围，因此纤维织物为基底的油水分离材料常常被用于对油水分层混合体系的分离，较少参与乳液的分离。具体到本实验操作中，所制备的超疏水纤维织物在重力驱动下实现高效油水分离，其对 1,2-二氯乙烷/水这一重油/水体系的分离效率在 90%以上。这项工作的创新点还在于对超疏水纤维织物进行等离子体处理，将使其润湿性转变成超亲水，而在暗箱处理之后，其超疏水将会恢复，由此，该超疏水纤维织物可实现表面润湿性可逆转化，并有望应用于多体系按需油水分离的工程之中。

关于 MnO_2@fabric 油水分离材料的摩擦学性能研究也在很大程度上决定着材料的适用条件和应用前景，在此研究人员对纤维织物摩擦学性能给出一系列表征，旨在寻找强化纤维织物基油水分离材料机械性能的一般普适性原则。事实上，MnO_2纳米粒子具有层状的微观结构形貌，当作为固体润滑添加剂时，可以有效地改善棉纤维织物复合材料的摩擦磨损性能。实验结果表明，相比原始的棉纤维织物，MnO_2@fabric 的抗磨性能明显地有所提高，磨损率被减小到 $1.21\times10^{-14}m^3/(N\cdot m)$。如图 5-33（a）所示，在相同的摩擦实验条件下，MnO_2@fabric 的磨损率明显小于原始的棉纤维织物，说明固体润滑材料 MnO_2 可以显著降低棉纤维织物材料的磨损率，提高其抗磨能力并增加服役寿命。在摩擦过程中，薄片的 MnO_2连续地填充在摩擦表面且不断地填充磨痕，在机械-化学作用下形成润滑转移膜。润滑转移膜在摩擦过程中有效地避免了摩擦副之间的直接接触，从而降低了棉纤维织物的摩擦系数。MnO_2和转移膜的协同效应使得 MnO_2@fabric 的减摩性能大大提高。MnO_2@fabric 的水接触角变化随摩擦时间的变化情况如图 5-33（c）所示。

棉纤维织物本身具有一定的机械强度，这使得超疏水 MnO_2@fabric 在实际

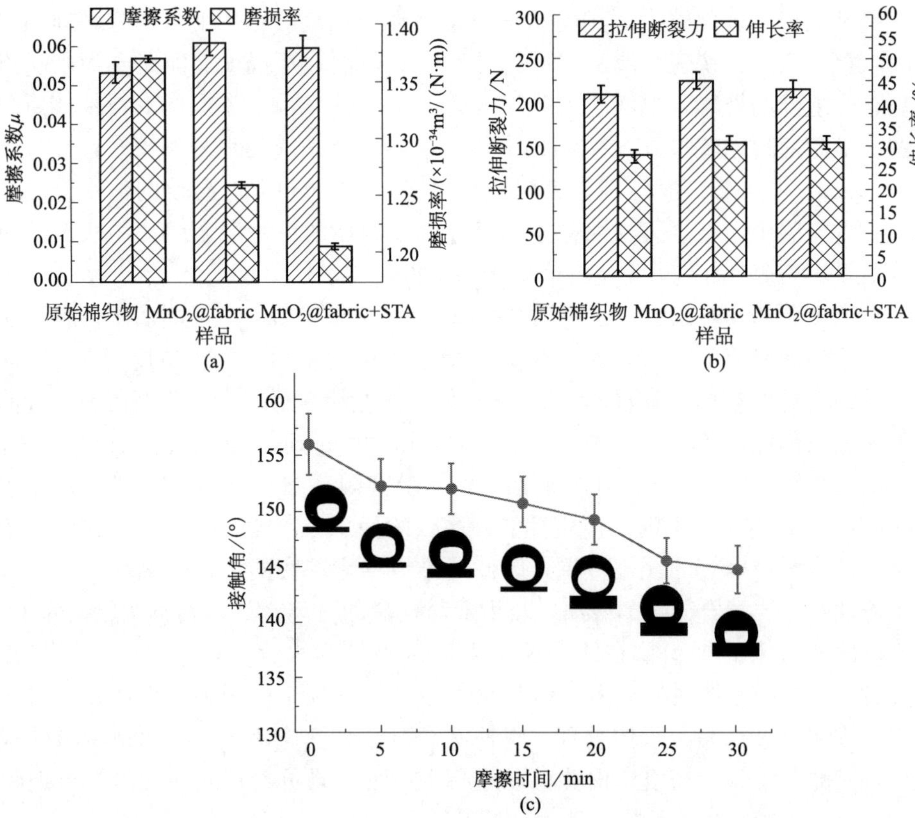

图 5-33　不同样品的摩擦性能（a）和机械性能（b），摩擦加载载荷为 10N，转速为 280r/min；（c）超疏水 MnO_2@fabric 的水接触角随摩擦时间的变化

应用中能够长时间地服役。如图 5-33（b）所示，样品的强度通过相应的拉伸强度予以表征。原始棉纤维织物的机械拉伸断裂力为 207.75N。在棉纤维织物表面原位生长 MnO_2纳米颗粒以后，其拉伸断裂力有所提高并可达到 224.22N。因此，MnO_2@fabric 机械拉伸强度大于原始棉纤维织物的拉伸强度。其原因是在拉伸过程中应力均匀分布在棉纤维织物表面，而且织物表面生长的 MnO_2弹性体减小了棉纤维表面的应力集中。在 STA 修饰以后，超疏水 MnO_2@fabric 的拉伸断裂力为 215.89N，机械拉伸强度明显提高。STA 交错结构的复合涂层阻止了纤维的滑动，并在拉伸过程中阻碍了纤维的快速断裂，从而使得 MnO_2纳米颗粒和棉纤维织物表面的黏结强度有所提高。由以上实验结果分析可知，超疏水 MnO_2@fabric 的摩擦学性能与机械强度相互影响，高的机械强度可以明显改善其耐磨性能和使用耐久性。

除此之外，Li 等[132]通过在纤维织物表面加载不同的硫醇/无机粒子体系，可以在控制表面功能性的同时，控制表面润湿性，如图 5-34（a）所示。其首先通过各种化学沉积手段，将无机金属基纳米粒子引入纤维织物表面，这样的金属元素包括ⅠB族和Ⅷ族金属及其氧化物纳米粒子（图 5-34（b））。然后加载纳米粒子的纤维织物表面经过硫醇修饰，得到具有超润湿特性和各种功能化的表面。例如，引入四氧化三铁纳米粒子的功能表面具有磁性，引入银纳米粒子的功能表面具有抗菌落生长特性，引入二氧化钛纳米粒子的功能表面具有紫外线响应和催化特性等。另外，其还特别指出，当所用到的修饰剂由烷基硫醇变成全氟硫醇后，所得的功能表面由于表面张力的持续降低，将转变成超疏油表面。这一方法被验证为能够广泛适应新的纤维织物基功能界面材料的设计和制备途径，因此具有广阔的应用前景。具体到所制备纤维织物功能材料用于油水体系的分离，这类超疏水纤维织物对重油/水这一油水混合体系表现出高效分离特性。

(a)

Ti	V	Cr	Mn	Fe	Co	Ni	Cu	Zn
Zr	Nb	Mo	Tc	Ru	Rh	Pd	Ag	Cd
Hf	Ta	W	Rc	Os	Ir	Pt	Au	Hg

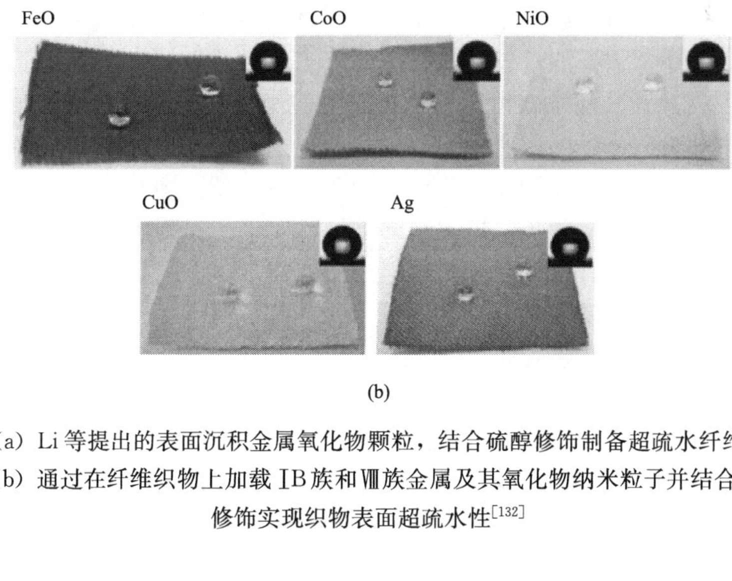

(b)

图 5-34　(a) Li 等提出的表面沉积金属氧化物颗粒，结合硫醇修饰制备超疏水纤维织物的经典方法；(b) 通过在纤维织物上加载ⅠB族和Ⅷ族金属及其氧化物纳米粒子并结合表面硫醇修饰实现织物表面超疏水性[132]

与上述工作不同，Tie 等[133]进一步探索了低浓度修饰处理下纤维织物表面润湿的构筑。显然在之前的工作中，在表面化学组分改性的过程中，材料都处在修饰剂过量的介质环境中，因而实现全面彻底的表面修饰改性。而 Tie 等探讨在修饰剂处于低浓度状态下，材料表面被修饰的不均一性和缺位性质。由于修饰浓度被稀释，材料表面出现修饰区和非修饰区并存的情形，且宏观上二者均匀分布。这一特性使得纤维织物材料宏观上表现为既具有超疏水性，又能同时满足对重油/水混合体系及轻油/水混合体系的有效分离。这种对多体系的油水分离既不同于两亲性界面材料的油水分离，也不同于响应性材料智能转化的选择性油水分离，这一独特的界面构造使得其在多功能油水分离组件中得以广泛应用。在这一工作中，其通过化学沉积在纤维织物表面加载氧化铜纳米粒子，并在低浓度硫醇修饰下实现表面超疏水性。在后续的油水分离实验中，所制备的纤维织物同时实现对正己烷/水和二氯乙烷/水的有效分离。其油水分离效率均高达 99.9%，分离通量分别在 3000L/(m^2 · h) 和 6000L/(m^2 · h)。值得一提的是，为了验证这一方法制备的超疏水界面的稳定性以及在乳液分离中的效能，研究工作进一步在不锈钢网上开展。研究表明，经过低浓度硫醇修饰的不锈钢网同时实现对油包水和水包油乳液体系的有效分离，分离效率也都在 99.9%以上。另外，由于基底材料的机械稳定性以及所得表面结构和化学组分的稳定性，所制备的功能化表面在循环多次油水分离过程中性质稳定，分离参数都未见明显衰减。

Guo 等[134]从仿生学角度出发，独创出用一锅法在纤维织物表面引入超疏水性，制备具有多功能性质的超疏水表面。这一方法首先从自然界中贻贝等生物界面的超黏附性出发，探究聚多巴胺在超疏水表面构筑中的独特优异性。在这一工作中，Guo 等直接在一步制备操作中，通过在介质溶液中加入多巴胺、正硅酸乙酯、六甲基二硅氨烷以及氢氯酸，直接在纤维织物表面加载聚多巴胺二氧化硅涂层，并且端基修饰为低表面能的烷基。聚多巴胺超强的黏合力，以及修饰的二氧化硅微球强的疏水性，使得这种一锅法较好地解决了超疏水界面制备的操作步骤烦琐以及涂层与基底结合力不强等问题，同时具有优异的超疏水性。值得关注的是，所制备的超疏水纤维织物实现了在沸水中保留银镜现象的苛刻要求，一般来讲，由于表面化学组成不够稳定，常规超疏水表面不能耐受沸水的高温。相关实验表明，如图 5-35 (a)、(b) 所示，这项工作中的超疏水纤维织物在沸水中保持超疏水性至少达到 15min，相对于传统超疏水纤维织物来讲，这是一个大的突破，极大地拓宽了超润湿界面材料在实际工程条件下的应用。另外，该超疏水纤维织物可以实现有效的重油/水分离，实验结果表明，在对三氯甲烷/水这一重油/水混合体系的分离中，其分离效率高于 99.9%，通量高于 4000L/(m^2 · h)。在循环使用过程中，该超疏水纤维织物的油水分离也保持稳定，未见明显衰减（图 5-35（c）、（d））。

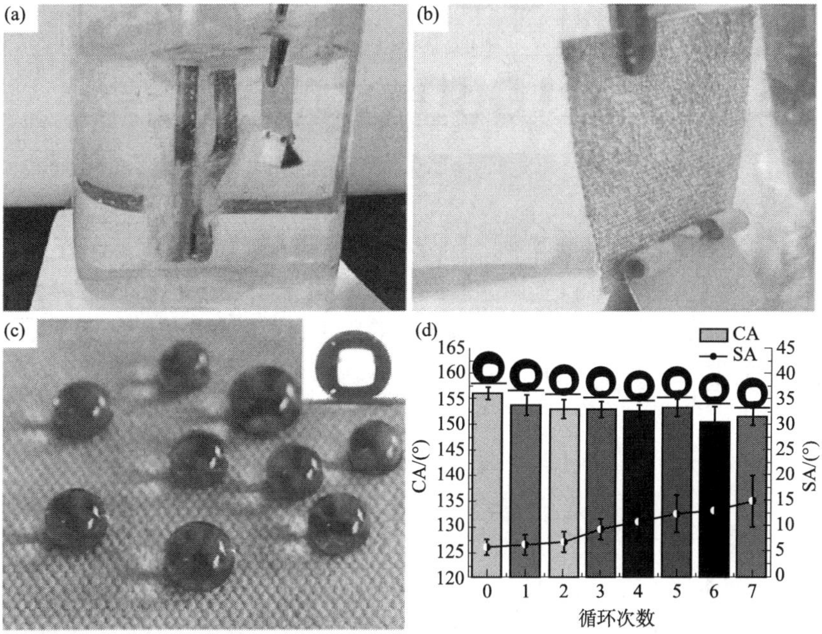

图 5-35　超疏水性纤维织物用于油水分离。（a）、（b）在沸水中处理的纤维织物保持超疏水性，并表现出明显的“银镜现象”；（c）在沸水中处理的纤维织物经过干燥依然保有超疏水性；（d）在多次循环的沸水处理过程中，其超疏水性出现小幅度的衰减，表现为接触角减小，滑动角增大[134]

关于贻贝仿生多巴胺黏合制备超疏水纤维织物的研究也常见诸报道，例如，Chen 等[135]即基于这一视角，同时结合了上述关于表面硫醇修饰的工作，开展对超疏水纤维织物表面改性的探索。在这项工作中，通过调控介质溶液中各组分的浓度，其可以直接通过聚合沉积在纤维织物表面的负载聚多巴胺形成所需要的微纳复合层级结构，后续再用十二烷基硫醇修饰具有聚多巴胺涂层的纤维织物以降低纤维织物的表面能。通过该方法制备的复合杂化纤维织物具有优异的超疏水性，同时在机械磨损和紫外处理条件下，仍然能在一定程度上保持其超疏水性。该超疏水纤维织物也实现了对重油/水混合体系的有效分离，实验结果表明，分离效率保持在 97%以上，分离通量维持在 4500L/(m^2·h)，并且在多次循环使用中性能维持稳定。

Cheng 等[136]同样利用棉质纤维作为基底材料，不同于上述自组装过程，其采用了更为简单的喷涂法实现纤维织物的表面润湿性改性。在这项工作中，其通过在前驱液中加入环氧大豆油作为交联剂，另外加入氧化锌纳米颗粒以在纤维织物表面构筑微观层级结构。制备好的前驱液通过喷枪一步喷射到纤维织物表面，在其表面形成均匀稳定的有机无机复合杂化涂层，涂层经过干燥后在硬脂酸中修饰以降低表面能。经过上述步骤，棉质纤维织物表面呈现类荷叶状的微纳乳突结构，加之表面能的降低，使之具有优异的超疏水性能。相比于浸涂法，表面喷涂法制备超疏水涂层，其物料利用率大大增加，同时提升了表面涂层的均一性和稳定性。所制备的超疏水棉质纤维织物同样实现对重油/水混合体系的高效分离。实验结果表明，在对氯仿/水混合体系的分离中，其分离效率接近 100%，分离通量也在 459L/(m^2 · h) 以上。

在稳定的油水分离功能之外，为适应更为苛刻的实际工程工况条件，纤维织物油水分离材料的开发和应用逐渐趋向于对机械耐磨性和环境耐候性的优化强化上。最近前沿科技也更多地关注油水分离材料这方面的性质。例如，Huang 等[137]聚焦于棉质纤维织物油水分离材料的紫外屏蔽功能。在这项工作中，通过在纤维织物上进行二氧化钛纳米粒子的负载，加之 PTES 的疏水修饰作用，在表面构筑起优异的超疏水性质，对 1,2-二氯乙烷/水实现有效分离。值得注意的是，这项工作在纤维织物表面引入二氧化钛纳米粒子，普通二氧化钛粒子具有光催化活性，但选用无定形二氧化钛粒子后，其不具有紫外线响应催化活性，也就实现了材料表面紫外屏蔽作用。

另外，对于修饰剂的使用，因为其中有含氟化合物的引入，所以存在一定的污染隐患。在构建环境友好型油水分离材料思路的指导下，无氟材料体系的构建具有重要的意义。Cao 等[138]在棉质纤维织物上引入无氟化的超疏水涂层，在其制备过程中，选用有机改性硅凝胶和聚二甲基硅氧烷作为纤维织物表面涂层的交联剂和修饰剂。通过常温一步交联沉积法在纤维织物表面引入强化的自清洁超疏水涂层。这一操作实现纤维织物表面全硅烷基的超疏水性，在环境友好方面表现优异。所制备的纤维织物实现了有效的油水分离，通过一定的器件化组装，在外接压力装置的情形下，该超疏水纤维织物实现了对甲苯/水这一轻油/水混合体系的连续可控分离，分离效率接近 100%，分离通量高达 6000L/(m^2 · h)。另外值得一提的是，如果在油水混合体系中引入搅拌力，打破油水体系的分层平衡以形成油水乳液体系，该超疏水棉质纤维同样能在这一动态条件下实现高效油水分离。这对棉质纤维织物材料实现乳液分离提供了新的思路。

2. 合成纤维织物

以上选用的都是天然棉质纤维织物，为了进一步提升材料性能，在棉质纤维织物之外，相关研究还发展了基于聚合物纤维织物的油水分离材料的探索，其中比较典型的包括超高分子量聚乙烯（UHMWPE）纤维织物、PBO 纤维织物以及碳纤维织物材料等。纤维织物复合材料已成为最有潜力的聚合物材料之一，作为结构材料被广泛地应用于航空、航海和汽车等工业领域；同时作为功能材料适用于电子电气行业[139-141]。相比传统的金属基复合材料，纤维增强树脂基复合材料由于其质轻、易于裁剪和耐腐蚀等特点而被广泛使用[142,143]。PBO 纤维作为高性能的聚合物纤维，以其耐磨、减振和抗燃烧等优异的性能作为自润滑轴承基底材料和密封结构件来满足特殊的使用要求[144-146]。PBO 纤维的特殊性能是由其内在的棒状分子结构所决定的，这种棒状的分子结构由杂环聚合物组成，并且 PBO 纤维织物在纺织过程中形成了高度的定向结构[147]。

目前，许多物理和化学的方法已被使用以改善纤维织物本身的不足。许多相关的研究已经涉及纤维织物表面的润湿机理以及超疏水表面的构筑。当水珠在纤维织物表面的滚动角小于 10°且接触角大于 150°时，其表面可以被认为拥有超疏水的性能。一般地，基底材料表面的微观等级粗糙度结构和低的表面自由能体系是构筑超疏水表面的重要条件[148-151]，为了增加纤维织物基底材料表面的粗糙度，许多方法已被采用，包括气体等离子刻蚀、γ辐照、电晕放电和化学刻蚀等[152-158]。此外，各种无机的纳米颗粒，如 TiO_2、ZnO、CNT 和石墨烯，已被成功地修饰在纤维表面，以进一步提高纤维织物的表面粗糙度，构筑微纳双重粗糙等级结构[159-161]。Liu 等通过简单的浸涂方法在棉纤维织物表面修饰 CNT，制备出具有超疏水性表面的棉纤维材料，由于无机颗粒的加入，其摩擦和机械性能被很好地改善[162]。Zhang 等在 PTFE/Nomex 纤维织物复合材料中加入 MoS_2，使其减摩耐磨性能有了很好的改善[163]。

在氧化物纳米颗粒中，TiO_2 以其特殊的性能被广泛地应用在功能材料中。例如，将 TiO_2 修饰在棉纤维织物表面时可以使其拥有良好的抗紫外能力，并且可以满足自清洁和抗腐蚀等特殊的使用要求[164]。这是因为，TiO_2 可以构筑超疏水纤维织物表面的微纳双重等级粗糙结构；另一方面，TiO_2 形成的自润滑膜可以很好地增强复合材料的耐磨性能[146]。因此，TiO_2 可以作为很好的填充材料来构筑超疏水的 PTES-TiO_2@UHMWPE fabric。许多工艺方法可以用来制备超疏水的纤维表面，如 CVD、浸渗法、喷涂法和溶胶-凝胶法等[165-170]。然而，许多制备方法工艺复杂且制备的超疏水纤维表面的强度较弱。这使得超疏水材料在实际使用中寿命大大降低。原位生长的制备方法简单易行，而且生长在纤维表面的无机纳米颗粒具有很好的结合强度[171]。

材料在特殊的使用工况下，要求其具有减摩、耐磨和表面疏水等特殊性能以满足使用要求[172-174]。当纤维复合材料在潮湿环境中使用时，其表面的疏水性可以使材料的综合性能得到很好的保持[175]。因此，纳米颗粒作为固体润滑剂在复合材料中使用时，摩擦系数将大大降低，并可以大幅提高复合材料的耐磨性能和机械性能[176-178]。另外，当纳米颗粒均匀地掺杂在复合材料中时，在低表面能的含氟硅烷修饰以后，其复合材料体系的表面自由能被大大降低，结果使得其表面表现出特殊的超疏水性能[179,180]。具有超疏水和耐磨性能的纤维复合材料可以很好地使用在潮湿、减摩耐磨的工作环境中[181]。

Li 等[182]即选用 PBO 纤维织物为基底材料制备具有功能表面的油水分离工程材料。PBO 纤维织物由 PBO 纤维编织而成，具有超强的机械耐磨性、强的环境耐候性、耐震动性以及优异的阻燃性，这些性质有赖于聚合物纤维在拉出成型时形成的规整取向，由于这些优异的性能，PBO 纤维织物常用于高端装备制造等相关应用领域。在这项工作中，为了改善 PBO 纤维织物的表面惰性，经常采用物理和化学的方法以提高其复合材料的黏结强度。然而，PBO 纤维织物在表面处理后其热学性能、机械强度和表面疏水性能将遭到很大的破坏[183]。因此，在制备 PBO 纤维织物的超疏水表面时，对其并未做处理，以保持其较低的表面自由能[184]。在本实验中，采用浸渗的方法将 TiO_2 纳米颗粒修饰在 PBO 纤维织物表面构筑表面的微纳粗糙结构，以提高 PBO 纤维织物表面的疏水性能。通过简单的超声处理，用 PFTS 修饰以降低体系表面自由能，最终实现 PBO 纤维织物的超疏水表面。更为重要的是，TiO_2 纳米颗粒作为固体润滑添加剂，使复合材料的机械摩擦性能得到很好的改善。实验制得的超疏水 PBO 纤维织物材料可以作为自润滑轴衬底、舰船结构材料广泛地使用在水环境中。首先是制备超疏水改性的二氧化钛纳米微球，这些纳米微球进一步分散在酚醛树脂中，形成有机无机杂化前驱液，而将洁净的 PBO 纤维织物浸入前驱液中，即能有效地在纤维织物表面引入酚醛树脂/改性二氧化钛的杂化复合纳米涂层，在这项工作中，复合涂层通过一步法涂覆到纤维织物表面，其中酚醛树脂充当黏合剂，纳米微球的引入可以构建微纳复合层级结构（图 5-36），而改性纳米微球也为材料表面引入低表面能物质。相关实验结果表明，对 PBO 纤维织物的改性改善了材料界面疏水性，水滴接触角增长 50%以上。

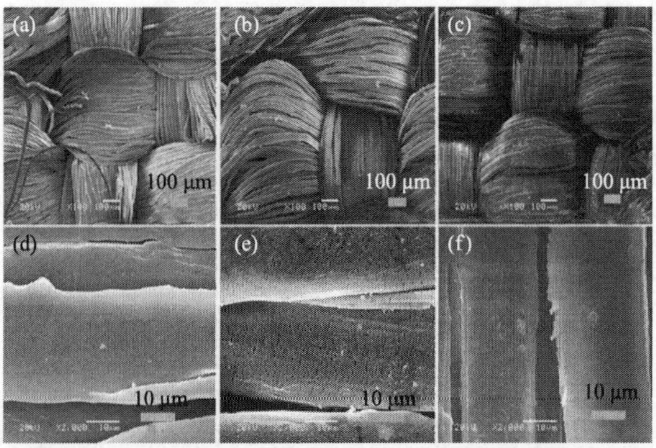

图 5-36 不同分辨率下 PBO 纤维织物通过沉积纳米粒子造成的表面微纳结构变化[182]

材料的摩擦系数和磨损量是 PBO 纤维复合材料机械综合性能的体现。当分散均匀的 PTFS-TiO_2 纳米颗粒添加到 PBO 纤维织物复合材料中时，良好的分散程度和小的颗粒直径使其与纤维的结合强度大大提高。在摩擦过程中，外部载荷的应力作用在树脂和纤维基底上面，使得应力集中有所减弱。良好的界面结合强度和优异的耐磨损性能使得添加 PTFS-TiO_2 的 PBO 纤维织物材料可以经受长时间的摩擦磨损。在摩擦过程中，球状的 PTFS-TiO_2 可以相对地产生滑动，使得摩擦副之间的滑动摩擦转变为滚动摩擦，有效地防止了摩擦副之间的直接接触，避免了严重的磨损情况。质量百分比为 4%的 PTFS-TiO_2 纳米颗粒分散较好，且团聚较小，在摩擦过程中产生的应力集中也小。当 PTFS-TiO_2 质量百分比超过 8%时，纳米颗粒产生严重的团聚，产生应力集中，导致界面之间的黏结强度也相应地减小，材料的耐磨性能也相应地减弱。因此，适量的 PTFS-TiO_2 在一定程度上可以提高材料的机械性能和摩擦磨损性能。

这一思路和方法被进一步运用于对 UHMWPE 纤维织物的改性以及油水分离领域。UHMWPE 纤维织物是一种高性能的纤维织物，并且具有许多良好的特殊性能，如高弹性模量、高轴向拉伸强度、自润滑性能、低比重、质地柔软、高冲击韧性、良好的耐化学性能和低介电常数等[185,186]。然而，未经任何处理的 UHMWPE 纤维由于表面存在大量的亲水基团，其润湿性能表现为固有的亲水性。同时，UHMWPE 纤维较差的耐热性能和弱的抗紫外能力在一定程度上限制了其更为广泛的应用[187-189]。基于此，研究 UHMWPE 纤维织物的表面润湿性能，并使其在油水分离和自润滑等领域中作为功能材料使用，具有十分重要的意义。UHMWPE 纤维织物由 UHMWPE 纤维缠结成束并编织成三维网状织物，是目前世界上已知的合成纤维中比强度和比模量最高的纤维，比强度是同等截面钢丝的十多倍，比模量仅次于特级碳纤维。UHMWPE 纤维断裂伸长小、断裂功大，具有很强的吸收能量的能力，因而具有突出的抗冲击性和抗切割性，另外还具有抗紫外线辐射、防中子和 γ 射线、比能量吸收高、介电常数低、电磁波透射率高、耐化学腐蚀、耐磨、较长的挠曲寿命等诸多优异性能，因而在军事国防和民用中都具有广泛的应用价值。

在该项工作中，Li 等[190]从 UHMWPE 颗粒粉末出发，将其溶解在二甲苯中制备均一的聚合物溶液，进而利用金属框架在聚合物溶液中搅拌使聚合物串型结晶物附着在金属框架上，最终形成均一的 UHMWPE 薄膜。研究进一步探究了在静态条件下结晶成膜时，膜层表面微纳复合结构不明显，而在给聚合物溶液外加搅拌力的情形下，由于结晶过程的非稳态，聚合物以球形串型结晶析出，因此在表面形成明显的微纳复合乳突状层级结构。结果也表明，静态条件下聚合物膜表面接触角为 135°，而动态条件下聚合物膜表面接触角高达 161°，呈现优异的超疏水性。另外，从滚动的角度，前者滚动角大于 60°，呈现显著的 Wenzel 润湿状态，后者滚动角小于 3°，呈现明显的 Cassie 润湿状态。这一超疏水聚合物膜最终实现了对环己烷/水油水混合体系的有效分离，并在多次循环使用中保持稳定。Li 等正是基于对材料各方面物理化学性质稳定性的考虑，选定

UHMWPE 纤维织物为基底材料，通过空气等离子体处理以在 UHMWPE 纤维织物表面引入活性基团，为后续表面修饰提供活性位点。经过空气等离子体处理的 UHMWPE 纤维织物在草酸钛钾介质溶液中，表面会沉积二氧化钛纳米粒子，从而有效地增加表面粗糙度并构筑类荷叶状的微纳复合层级结构。与此同时，在介质溶液中存在 PTES 作为修饰剂接枝到纤维织物表面，从而有效降低了其表面的自由能。通过表面结构构筑和化学组分改性后的 UHMWPE 纤维织物呈现出了优异的超疏水性，其表观接触角约为 160°。所制备的超疏水 UHMWPE 纤维织物被进一步应用到油水分离中去。其同样实现了对重油/水混合体系的高效分离。值得关注的是，UHMWPE 纤维织物在抗机械摩擦磨损的实验中表现出优异的稳定性，同时其界面性质也在一定范围内未见明显衰减。

在前期工作的基础上，Li 等[191]进一步将油水分离材料的基底选择向其他高性能纤维织物拓展，并在高强度的 Kevlar 纤维织物上实现高效可控油水分离。在这项工作中，研究人员另外引入一种优异性能材料——MOF，MOF 材料是由无机金属中心（金属离子或金属簇）与桥连的有机配体通过自组装相互连接，形成的一类具有周期性网络结构的晶态多孔材料。MOF 是一种有机-无机杂化材料，也称配位聚合物（coordination polymer），它既不同于无机多孔材料，也不同于一般的有机配合物，兼有无机材料的刚性和有机材料的柔性特征，在现代材料研究方面呈现出巨大的发展潜力和诱人的发展前景。MOF 具有多孔、大比表面积和多金属位点等诸多性能，因此在化学化工领域得到许多应用，例如，气体的吸附与储存、分子分离、催化、药物缓释等。①气体的吸附与储存：MOF 由于特殊的孔道结构，是理想的氢气存储材料，现在 MOF177 在 77K 下的储氢能力已达到 7.5%，当前研究重点是室温下达到高储氢能力的突破；②分子分离：MOF 的孔道大小和孔道表面可以控制，可以用于烷烃分离，也可以用于手性分离，在这方面的应用正在扩大；③催化：MOF 材料的不饱和金属位点作为 Lewis 酸位，可以用作催化中心，现已用于氰基化反应、烃类和醇类的氧化反应、酯化反应、Diels-Alder 反应等，具有较高的活性；④药物缓释：MOF 材料具有较高的载药量、生物兼容性及功能多样性，可广泛用于药物载体。展望未来，作为一类新型材料，MOF 材料在品种、性能、合成方法、应用领域，还会进一步发展和扩大。研究人员选用 ZIF-8 这类 MOF 材料对 Kevlar 进行表面改性，其通过热压法直接在 Kevlar 纤维织物上合成 ZIF-8，从而在纤维织物表面构筑了具有类荷叶表面状的层级粗糙结构。经过表面结构构筑的 Kevlar 纤维织物在后续进一步被低表面能的 PFOTES 表面疏水改性。所制备的复合纤维织物表面具有优异的超疏水性。这种强疏水效应在流体减阻方面也具有广泛应用。在上述实验中，研究人员用 Kevlar 纤维织物建造一艘小船，发现船浮在水上时很容易移动，表明受到很小的水面阻力。这是由于水的摩擦阻力可以由一层薄薄的空气形成超疏水的 F-ZIF8@Kevlar 表面而被隔绝。

所制备的超疏水 Kevlar 纤维织物同样被应用于对重油/水混合体系的分离中。超疏水 F-ZIF-8@Kevlar 纤维织物具有很强的油污去除能力，这在日常的水污染处理技术上有巨大的应用潜力。在该项研究中，混合溶液中有机溶剂的吸收能力可以通过乙醇和水混合溶液中乙醇的吸收能力来评价，实验过程中，乙醇滴入水中后不断搅拌以混合均匀，质量百分比为 10%，F-ZIF-8@Kevlar 织物被放入乙醇和水的混合溶液中，使之充分接触。在 2h 以后，乙醇从乙醇和水的混合溶液中被选择性地完全吸收掉，说明 F-ZIF-8@Kevlar 具有良好的乙醇吸附能力。更重要的是，在吸附在过程中，银白色的保护层能被观察到很好地附着在 F-ZIF-8@Kevlar 织物表面。F-ZIF-8@Kevlar 纤维织物的乙醇吸附能力是其内在固有的孔状纤维的毛细作用和孔状 ZIF-8 大的比面积共同作用的结果。ZIF-8的 N_2 吸附等温线在 77K 的温度条件下的测试结果显示，在低压状态下，N_2 吸附等温线呈现出上升的趋势，表明 ZIF-8 具备微孔结构。数据分析显示，比表面积和孔径体积分别为 $1500m^2/g$ 和 $1.200cm^3/g$，这些结果与以前的研究在一定程度上非常一致[192]。因此，F-ZIF-8@Kevlar 纤维织物在处理有机溶剂污染问题时有望得到进一步的应用。

在重力作用下，F-ZIF-8@Kevlar 的油水分离性能可以被研究。简而言之，二氯乙烷在实验中作为重油被苏丹红Ⅳ染成红色，易于观察，同样地，去离子水被亚甲蓝染成蓝色。将 F-ZIF-8@Kevlar 纤维织物固定在两支玻璃管之间，实验过程中，二氯乙烷沿着下部玻璃管被分离流下来，但是去离子水依然被保留在上部玻璃管里面。测试结果表明，被分离的二氯乙烷的纯度可达 99.9%，并且油水分离时二氯乙烷的流速达到 $3500L/(m^2 \cdot h)$。同时，同样的实验被进行 10 次以后，在分离的烧杯溶液里依然观察不到蓝色的水溶液，表明 F-ZIF-8@Kevlar 显示出了良好的油水分离能力。

如前文所述，纤维织物应受到其孔径尺寸的制约而难以实现对油水乳液体系的分离，然而现今科技发展的需求和工业生产的工况条件等，对纤维织物基的乳液分离材料还是具有很大的需求。在长期的科学探索中，科研人员发现，以纤维织物为基底，通过负载有机聚合物构成有机-无机杂化复合材料，从调控纤维织物表面润湿性和孔径尺寸两方面着手，同样可以在一定范围内实现高效的油水乳液体系的分离。例如，Wang 等[193]将棉质纤维织物浸入亚氯酸钠溶液中，由于亚氯酸钠在酸性条件下具有强的氧化作用，所以在棉质纤维织物表面引入羟基及羧基等亲水基团。亲水基团的引入极大地强化了纤维织物表面的超亲水/水下超疏油性质，因此适用于轻油/水体系的油水分离。实验结果表明，其对正己烷/水混合体系的分离效率达到 97.5%。该项工作主要集中在超亲水纤维织物对溶液分离过程的探究，由于制备的纤维织物表面表现出优异的超亲水/

水下超疏油性质，因而其对水包油乳液体系具有很好的分离效果。针对无表面活性剂稳定的正己烷/水的水包油乳液体系，该纤维织物成功实现其分离，这既有赖于纤维织物独特的表面润湿性，还依赖于乳液体系中油滴尺寸基本上大于纤维织物的孔径尺寸。实验结果表明，超亲水/水下超疏油纤维织物对水包油乳液体系的分离效率达到 92.8%，分离通量计算值也达到 4288L/(m^2 · h)。该项工作打破常规思维，为纤维织物材料在乳液分离领域的突破及应用打下基础。

对于纤维织物实现乳液分离的应用，较多的研究关注 Janus 纤维织物的设计及制备。Janus 材料集成不同的化学组分或性质于同一材料上，结构、组分和功能呈现一种空间严格不对称性。Janus 材料结构功能的复杂性决定了其在设计思路上的创新性和在制备工艺上的独特性，通过在界面材料上引入显著不同的界面性质是Janus 材料设计和制备思路的核心。Liu 等[194]即从 Janus 材料设计和制备的角度出发，以纤维织物为基底实现对油水乳液体系的分离。在这项工作中，研究人员通过在纤维织物表面刮涂具有一定浓度和黏度的聚合物前驱液，前驱液将仅仅维持在纤维织物上表面，形成致密的涂层，有效地缩减了纤维织物的孔径大小，使之在乳液分离允许的范围内。另一方面，聚合物涂层的引入构筑了纤维织物表面微纳米复合层级结构，并有效地降低了织物表面自由能，使所得的纤维织物具有超疏水性能。基于对材料表面孔径进行调控和润湿性进行改性，所制备的纤维织物实现了对水包油乳液的有效分离，在对油包水乳液分离的过程中达到了较高的分离效率。这一思路通过加载涂层的手段，对纤维织物表面孔径进行调控和表面润湿性进行改性，实现纤维织物基底上的乳液分离，具有一定的创新性，然而其作用过程中未凸显纤维织物本身柔韧、机械性能稳定等特征。

Wang 等[195]关注到传统意义上将纤维织物油水分离材料用于乳液分离，很大程度上是基于孔径的考虑。一般做法是将纤维织物的宏观尺度的孔径利用致密的聚合物涂层予以改造，使其孔径分布范围在乳液分离材料所要求的范围之内，而这一做法实际上凸显了纤维织物在柔韧性、耐磨性上的诸多优势。基于以上考虑，Wang 等提出的创新方法予以改善。首先，纤维织物表面通过共价接枝的方法键接上 PDMS-b-PCEA 的聚合物刷，其中 PDMS 为远端。为了使聚合物刷只沉积在纤维织物的一面，在全覆盖的纤维织物其中一面上进行紫外照射，然后在热的四氢呋喃（THF）溶液中消除掉该照射面的聚合物刷。经过以上步骤即制备了具有超疏水-超亲水的不对称润湿性的 Janus 纤维织物。这种 Janus 纤维织物的乳液分离过程不仅仅基于织物表面对不同组分的选择浸润性，更重要的是，还基于流体在 Janus 材料内部的传质过程。当亲水面面对水包油油水乳液时，在无附加压力作用下，作为连续相的水可以润湿超亲水界面，但无法渗透到超疏水界面，这是由于 Janus 材料内部存在润湿性和毛细力的梯度，所以水从亲水端渗透到疏水端时会受到额外的疏水阻力，在无外力趋势条件下无法实现穿透，但是乳液中油滴不存在这样的阻力，因此实现了对乳液中油水两相有选择的可透过性，从而实现有效的油水分离，这是现今基于纤维织物材料实现乳液分离的经典方法，具有很高的创新性和指导价值。这种方法对于水包油乳液的分离效率接近 100%，通量也能达到 10^4L/(m^2 · h)。

在这项工作的基础上，Wang 等[195]进一步探索 Janus 纤维织物用于高效油水分离的创新方法。在对前期工作的审视过程中，虽然通过构建 Janus 纤维织物材料，利用 Janus 材料内部呈梯度的疏水力来实现乳液分离，已成为实现纤维织物乳液分离的切实有效的方法，但是不得不承认，对于 Janus 材料的设计和制备过程通常涉及烦琐的流程，同时也对制备装置和设备提出很高的要求，这些因素将会大大限制这一经典方法的进一步开发和实际工程化应用。为了解决这一难题，研究人员意识到，制备 Janus 材料的本质过程是构建界面不对称性，而这种不对称性恰巧存在于纤维织物在进行乳液或油水分离的过程中，其一面接触的是被阻隔的水相，另一面接触的则是透过的油相，那么如何利用这种所处环境的不对称性来通过原位生长的方式构筑简单易得的 Janus 纤维织物材料？研究人员提出通过一步接枝法在织物单面沉积聚合物涂层的方式构建 Janus 纤维织物材料。为了验证这一方法的可行性，研究人员使纤维织物与乳液接触，其中所使用的乳液为可以进行乳液聚合的前驱液，当与织物接触时，在刺激条件引发下进行乳液聚合，在纤维织物表面接枝上具有二嵌段的共聚物。另一方面，在纤维织物未接触乳液的一端将维持原有状态。利用这一操作手段，研究人员成功地实现直接通过单面乳液原位接枝聚合，使纤维织物具有不对称的 Janus 润湿性。该方法具有极大的便利性，从 Janus 性质本质出发设计材料及制备方法。就其油水乳液分离效率而言，如前文所述，Janus 材料的流体单通性需要在一定外力条件下，为了排除流体本身向下重力的影响，所制备的 Janus 纤维织物垂直放置，同样亲水棉朝向乳液，由于 Janus 中梯度毛细力的影响，水不能穿透织物，而织物孔隙大于油滴，油滴可以穿透纤维织物到达疏水层，进而实现油水分离。在对水包油乳液分离的过程中，其分离效率接近 100%，分离通量达到 6300L/(m^2 · h)。这一工作对实现采用简单方法来制备高效 Janus 纤维织物用于高效油水分离具有很大的指导价值和启示作用。

综合来看，纤维织物因其独特的编织工艺和柔韧性能，具有很强的机械稳定性和环境耐候性，是功能材料设计和制备的理想基底材料。棉质纤维天然的超亲水性和超强的吸水性也为其在油水分离领域的应用创造了条件和可能性。当然，对纤维织物表面结构和化学组分的构筑和改性是使材料通往实际应用的核心思路与方法，同时这一思路也集中体现在两个方面。①对于不同的油水混合体系和乳液体系，可以对纤维织物的表面润湿性做精准调控。一般来讲，当面对轻油/水混合体系时，需要材料界面呈现超亲水性，即可从表面结构构筑以强化亲水性的角度设计纤维织物油水分离材料；当面对重油/水混合体系时，需要界面具有足够的超疏水性，此时即可从表面构筑微纳复合层级结构，加上低表面能物质修饰，从这两个方面仿生构筑超疏水纤维织物。②对于纤维织物用于水包油或油包水乳液体系的分离，除了从界面润湿调控的角度寻求并构筑合理的润湿特性，还可以从调控纤维织物表面孔径尺寸来加以限制。另外，利用Janus材料内部的梯度毛细力对油水的乳液体系进行选择性透过也是切实有效地在纤维织物上实现乳液分离的先进手段和方法。值得提及的是，对于纤维织物表面润湿性的调控，更多侧重于接枝改性，当在表面引入具有刺激响应性的功能分子或基团时，在一定的外部环境刺激下，所制备的纤维织物还将具有潜在的刺激响应性润湿性转变，这一思路为纤维织物实现多功能转化以及按需油水分离开辟了广阔的研究领域，相关内容将在第7章详细介绍。

5.3.5 油水分离纤维纸片

1. 天然纤维纸片

不同于纤维织物的编织工艺，纤维纸片的组成呈现一种无序堆垛的状态，因而其机械强度有一定程度的下降，然而另一方面，紧密的堆垛工艺极大地降低了材料的孔隙率和孔径，使其在油水分离和乳液分离领域具有更为广泛的应用。纤维纸片的制备方法具有很成熟的工艺流程，其主要是将具有一定规格长径比的纤维通过抽滤成膜、压片成型、提拉成型等工艺方法制备成具有一定规格尺寸的纤维纸片材料，其中所用到的纤维包括天然的植物纤维，如滤纸、宣纸等纸片材料中的天然纤维素，也包括各种人工合成的纤维或纳米线，典型的如Kevlar纤维、羟基磷灰石及其他聚合物纤维等。

研究人员首先关注对天然纤维纸片的改性及其在油水分离领域的应用探索。其中滤纸由于其较强的机械耐磨性和化学稳定性等，受到研究人员的青睐。实验室常见的定性滤纸由许多天然棉质纤维组成，其中也包含一定量的无机纤维和合成纤维以及少量填料和助剂等添加物，其主要是利用传统的抄纸提拉技术抄造而成，具有良好的过滤性能和均匀疏松的孔径分布，在实验室常被用于沉淀过滤、固液分离等过程中。为了实现滤纸材料对油水混合体系乃至乳液体系这类液相的分离过程，对滤纸相应的改性手段也集中在界面润湿性调控上。例如，Zhang等[196]通过在滤纸表面载入超疏水涂层以调控其表面润湿性。在这项工作中，研究人员采用了制备超疏水涂层的经典方法：通过正硅酸乙酯的水解和脱水缩合制备具有一定粒径范围的二氧化硅纳米微球，所得纳米微球通过三氯硅烷接枝表面的长链烷基，从而实现纳米微球稳定的超疏水性。最后经过超疏水改性的纳米微球通过浸涂法沉积到滤纸表面，在聚合物的固化作用下形成稳定的超疏水涂层。其中聚合物起到交联剂的作用，而疏水改性的二氧化硅纳米微球不仅构建表面层级结构，同时带来较低的表面能。这种有机-无机复合的纳米涂层具有较强的耐磨性和稳定性，同时对强酸、强碱、强紫外等极端条件都有很好的耐受性。最后我们关注所制备的超疏水滤纸的油水分离效率，只在重力驱动下，该纸片实现重油/水的有效分离，在对正己烷/水混合体系的分离过程中，分离效率高于80%。

上述是作为油水分离早期工作的经典案例，对滤纸表面改性以实现高效油水分离的工作在长期的探究和开发中积累了更多创新的思路与方法。Fan 等[197]提出在滤纸上直接加载水凝胶体系的简化思路来实现高效油水分离。该项工作提出利用纤维素纸与聚乙烯醇（PVA）进行简单交联的工艺，用于在滤纸上制备超亲水-水下超疏油，并且具有超强油滴黏附性的水凝胶涂层界面。事实上，研究人员是基于滤纸纤维中丰富的表面羟基而提出这一思路，天然纤维素具有本质上的超亲水性，其表面附着有大量端羟基，研究人员正是利用这部分羟基以实现 PVA 凝胶网络与滤纸纤维形成的二次交联网络结构，这种交联网络结构由于深入到滤纸内部各个部分，因而具有很强的稳定性和均一性。所制备的超亲水-水下超疏油纤维滤纸被应用到轻油/水混合体系的分离中，其分离效率高于99.9%，并且在多次循环中具有极强的稳定性。这项工作提出的水凝胶二次交联涂覆法制备简单、成本低廉、稳定性高，另外对强酸、强碱、强盐环境有很好的耐受性，因而将有望在油水分离工程材料的制备和组装中展现其独特优异的性能。

除了纤维滤纸，纸巾材料也是生活中常见的天然纤维纸制品材料之一，相比于纤维滤纸，就结构构造而言，纸巾材料要更为疏松和轻薄，因此吸水性和吸湿量等方面也具有相对更加显著的优越性，这些性质引起相关研究人员的广泛关注。例如，Ge 等[198]选用纸巾材料为基底，提出一种更具有创新性的思路来调控材料对油水体系的分离选择性。首先，该项工作中，通过在纸巾材料表面引入氟化改性的超疏水二氧化硅微球实现纸巾表面润湿性改性。由于成功构筑的特殊微观结构以及极低的表面能，所制备的纸巾表面具有超双疏性质，即在大气条件下可以同时具备超疏水和超疏油性质，其中乙醇可以浸润该超双疏表面。基于这一特性，研究人员对该超双疏表面用乙醇预润湿，之后，当需要对轻油/水体系分离时，只需要再次对该纸巾材料进行水润湿，则在分离过程中纸片呈现超亲水-水下超疏油特性，利于轻油/水混合体系的分离；在需要对重油/水混合体系进行分离时，只需要对纸巾材料进行油润湿，该纸片界面转变成超亲油-油下超疏水界面，利于重油/水混合体系的分离。该纸巾材料的优异性不仅体现在按需油水分离上，更体现在对乳液的分离过程中。实验结果表明，所制备的超双疏纸巾材料可以同时实现对油包水和水包油乳液的有效可控分离，分离效率均大于99.9%，分离通量维持在5000L/(m^2·h)，其中针对1，2-二氯乙烷水包油乳液的分离通量最高达到约6000L/(m^2·h)。这项工作从调控纸巾的表面润湿性入手，通过不同手段的预润湿操作，实现对轻油/水、重油/水、水包油乳液、油包水乳液等多种油水混合体系的可控高效分离，另外，研究工作操作简单、成本低廉，具有很高的创新性，为油水分离材料的智能化调控提供了新的思路。

2. 合成纤维纸片

以上介绍了许多针对天然纤维纸片材料的表面改性并用于设计和制备油水分离材料的研究思路和技术手段。除了天然纤维纸片材料，研究人员在长期的探索中开发了一系列类天然的纤维材料并组装成可以利用的纸片材料，即所谓的合成纤维纸片材料。类似的合成纤维材料包括前文提到的Kevlar纤维、羟基磷灰石及其他聚合物纤维等。

Kevlar纤维，也就是聚亚苯基对苯二甲酰胺纤维，是一种具有超高抗拉强度的纤维材料，此纤维抗张强度是一般有机纤维的4倍，其模量为涤纶的9倍。由于Kevlar品牌纤维的比重小，所以它的比强度高于玻璃纤维、碳纤维和硼纤维，但压缩强度、剪切强度都较低，吸水性较高，因而限制了它在某些方面的应用。Kevlar品牌纤维主要用来制作绳索、电缆、涂漆织物、防弹背心，并代替玻璃纤维缠绕制成大型固体火箭发动机燃烧室壳体，还大量用作轮胎帘子线，可耐150～160℃高温。诸多优异性能使其在工程化应用中具有很高的价值。最近研究表明，基于各种基底的超疏水表面，已被广泛探索和应用于油水分离等领域。然而，超疏水表面的广泛应用仍由于机械稳定性差而受到限制。根据润湿模型，杨氏公式认为低表面自由能材料用于制造超疏水表面是必要的；Wenzel和Cassie模型表明，疏水性可以通过增加表面粗糙度进一步提高。基于这些理论模型，传统的超疏水表面的构造方法：在较低表面自由的表面构筑微纳米粗糙结构或者降低粗糙结构的表面材料的表面自由能。

在以上研究思路指导下，Li等[199]采用简单的真空过滤法制备了多孔结构的超疏水Kevlar薄膜。简而言之，Kevlar纤维丝的再生通过无纺布的溶解和清洗来实现[200]。PDMS和PVDF微纳米颗粒均匀分散在Kevlar纳米纤维溶液中，均可以降低表面能量并制造层次结构表面粗糙度。在本节研究中，通过简单的一步真空抽滤的方法制备超疏水纤维膜。由于分子链之间本身具有很强的相互作用，因此Kevlar纤维有很高的机械强度，其中Kevlar纤维的直径为100μm。Kevlar纤维在DMSO极性溶剂和KOH中溶解后，Kevlar结构中的酰胺基团被质子化，且分子链间的相互作用被减弱。另一方面，分子链之间的静电排斥作用使得Kevlar纤维在溶解过程中能够达到均一化的程度。制备得到的Kevlar纳米纤维丝即KNF表现出一维的纤维状形貌，KNF的直径为30nm左右。为了得到分散均匀的KNF水相溶液，根据相关的文献[201]，在KNF水溶液中加入酸溶液进行热水反应。热水反应后的 KNF 在中性的去离子水中表现出了良好的分散稳定性。更为重要的是，在合理的热水反应条件下，官能团的引入使得 KNF 膜的断裂强度和弹性模量在一定程度上有所提高。最后制备的 KNF 具备分层的多孔结构，使得其在纳米过滤膜和有机溶剂吸附方面有一定的应用潜力。在抽滤制膜时，PVDF（～300nm）纳米颗粒均匀地生长在多孔的纤维膜表界面，构筑了一定的表面粗糙度，导致抽滤的膜表现出了良好的疏水性能和多孔性。

PDMS/PVDF@KNF 纤维膜的油水分离性能在无辅助真空压力的条件下测试。当纤维膜固定在两支玻璃管之间时，在重力作用下，二氯乙烷可以顺利被分离处理。实验结果显示，油水分离过程中，二氯乙烷的流速为 80L/(m^2 · h)，分离后油的纯度可达 99.9%，这表明 PDMS/PVDF@KNF 纤维膜拥有高效的油水分离能力。在反复使用 20 次以后，PDMS/PVDF@KNF 表面的水接触角发生了 3°～6°的轻微变化，表现出潜在的超疏水稳定性和耐久性能。因为 PDMS/PVDF@KNF 纤维膜拥有内在的多孔结构，膜的孔状结构和表面滞留的气泡使得其表现出良好的油水分离能力[69,202-204]。

制备的超疏水 PDMS/PVDF@KNF 纤维膜具有良好的机械稳定性能，因此在苛刻的机械变形工况下可被用在过滤装置中作为油水分离的基底材料。KNF 纤维膜的机械拉伸强度通过拉伸实验来测量分析，疏水纤维膜的机械拉伸强度在生长完 PVDF 和 PDMS 以后明显提高，因为 KNF 纤维丝与修饰剂之间的界面相互作用阻碍了拉伸力作用下膜裂纹的扩展和 KNF 纤维丝的断裂。超疏水 PDMS/PVDF@KNF 纤维膜的机械拉伸强度明显大于 KNF 纤维膜的机械拉伸强度，最大的机械拉伸强度为 90MPa，应变为 20%。在拉伸过程中，超疏水膜表面的微纳双重粗糙结构并未完全被破坏，因此即使在遇到剧烈的拉伸以后，膜表面的疏水性依然被保留。因为在拉伸过程中，PVDF 和 PDMS 分布在膜表面增加了断裂韧性，且在拉伸过程中分布的位置整体移动，构筑了新的粗糙表面。

KNF 纤维膜的韧性可以通过弯曲变形程度予以表征，如图 5-37（a）～(d)所示。结果说明，在连续反复的折叠以后，PDMS/PVDF@KNF 纤维膜并没有发生断裂，表现出很好的柔韧性且疏水性能并未减退。更为重要的是，在连续的表面摩擦以后，PDMS/PVDF@KNF 纤维膜的接触角和滑动角变化较小，其变化情况如图 5-37（e）、(f) 所示。在真空抽滤制备纤维膜的过程中，PVDF 和 PDMS 作为增强体分布在 KNF 纤维膜里面，使得 PDMS/PVDF@KNF 纤维膜的强度和韧性在一定程度上明显提高。另一方面，KNF 纤维丝错综交织在一起，导致膜出现分层的孔隙结构，并且质量显著减小。最后制得的 PDMS/PVDF@KNF 纤维膜表面具有一定的微纳双重粗糙度和多孔结构，并且具有质量轻、柔韧性好、强度高等优良性能。

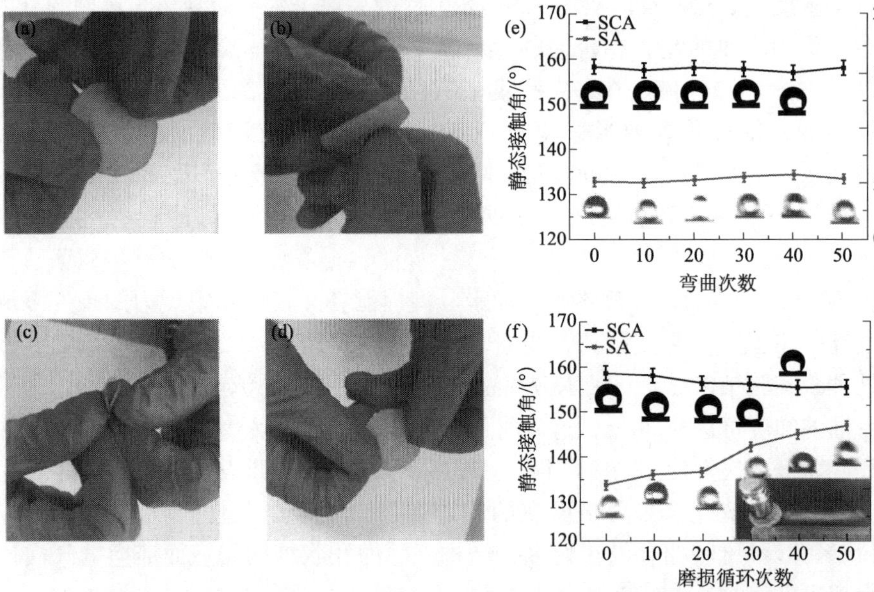

图 5-37　PDMS/PVDF@KNF 纤维膜的变形过程（a）～（d）；PDMS/PVDF@KNF 纤维膜摩擦 50 次以后接触角（e）和滑动角（f）的变化情况

最后很重要的一点，PDMS/PVDF@KNF 纤维膜有很好的阻燃性能，在特殊环境中可以作为防火、耐火和耐燃材料使用。在本节研究中，PDMS/PVDF@KNF 纤维膜的阻燃性能通过有氧燃烧实验来评价。当原始的 KNF 纤维膜靠近火焰时，样品在 1s 内可以被迅速点燃。原始 KNF 纤维膜燃烧时发出明亮的火焰，接着快速蔓延，仅 5s 内被完全燃烧，燃烧后的样品没有任何残留物。同样地，PDMS/PVDF@KNF 纤维膜进行了阻燃实验作为对比。实验结果显示，当 KNF 纤维膜掺有 PDMS 和 PVDF 时，Kevlar 纤维固有的阻燃性能被进一步提高，导致样品很难被点燃且燃烧的火焰十分微弱。在燃烧 5s 后移走火焰时立即自行熄灭，留下一部分棕褐色的燃烧残留物。当 PDMS/PVDF@KNF 纤维膜燃烧时，PDMS 分解产生交联的高分子聚合物。此外，PDMS 在分解过程中释放惰性的不可燃气体，这些气体使得膜表面在燃烧过程中发泡并且产生一层膨胀的碳化层。这些特殊的碳化层在膜的基底里层与外表层之间充当火焰阻隔层，从而在燃烧过程中阻碍了热量和火焰的传递，因此阻碍了 KNF 纤维膜在火焰下的进一步燃烧。同时，在持续燃烧过程中，纳米纤维作为碳源在脱水后产生了更致密的碳化层，使得燃烧难以持续进行。

由以上实验结果的分析可以知道，PVDF/PDMS 涂层具有优良的阻燃性能，在燃烧过程中产生保护层从而阻止了 PDMS/PVDF@KNF 纤维膜的燃烧，使其表现出良好的阻燃性能。PDMS/PVDF@KNF 纤维膜在燃烧后保持完整的纤维结构，在碳化的表层布满了气泡，使得表面粗糙度明显增加。通过热分析来对纤维膜的耐热性能予以表征和研究，根据 TG-DTG 曲线图所示，KNF 纤维膜在 550℃的温度下分解时质量损失达到 45%。但是，PDMS/PVDF@KNF 纤维膜的热分解分为两个阶段。第一阶段主要为 550℃温度条件下 PDMS 中羟基基团的分解。第二阶段是在 450～700℃温度范围内，PDMS/PVDF@KNF 纤维膜的质量损失为 10%左右。这些结果表明，PDMS 和 PVDF 的分级在一定程度上阻碍了 KNF 纤维膜在高温下的分解，导致 PDMS/PVDF@KNF 纤维膜的耐热性能有所提高。PDMS/PVDF@KNF 纤维膜在燃烧后表面 Si 的相对含量较燃烧前高，并且 PVDF 中所含的氟元素在燃烧时被挥发从而使得相对含量降低。PDMS/PVDF@KNF 纤维膜的阻燃性可以在实际应用中避免火灾的发生，使其应用范围更加广泛。

同时，采用自愈涂层、纳米喷涂和黏合剂固化等方法将有机和无机的纳米颗粒掺杂入表面，已被纳入进一步增强层次粗糙表面和韧性的新型杂交方法。然而，由于刚性，仍然存在柔性不足的问题。Kevlar 纤维具有疏水性和较强的力学性能（达到模量 90GPa 和抗拉强度 3.6GPa），这是基于分子间的强结合力，这意味着它们可以作为理想的柔韧膜层材料。根据之前的研究，有 40 种 Kevlar 纤维非织造布是由在溶剂二甲基中均匀化饱和 KOH 的亚砜（DMSO）混合液体中剥离成的 KNF 制备的。通过优化水热处理条件，产生的 KNF 膜具有良好的多孔结构和较高的力量。膜的超疏水性是它们应用的一个重要特征。且 PVDF 是一种低表面能、半晶态聚合物疏水性材料，已经得到了广泛的应用。PDMS 是一种低表面能、高孔隙率的有机硅聚合物，用于制备超疏水膜。

对于 Kevlar 纤维，其优异性能还展现在超强的机械性能上。PDMS/PVDF@KNF 的超疏水性稳定性膜具有良好的力学性能，表现为力-变形方面的潜在应用，用于过滤装置的分离衬底。超疏水纤维纸片的力学性能因 PVDF 和 PDMS 的引入可以大大改善，由于 KNF 纳米纤维和填充剂之间有很强的界面相互作用，它们阻止了生长拉伸实验中纳米纤维的断裂和拔出。另外，拉伸实验进行时，样品在断口处断裂严重，但膜仍然能够保持其超疏水性。伸展运动是考虑不破坏粗糙表面结构的膜，它只经历很小的位移。因此，涂覆在膜上的 PDMS 微纳米颗粒仍然存在并允许超疏水性能稳定存在。拉伸状态下，PDMS 和 PVDF 均匀分布在膜上造成韧性断裂，且均为移动后再生一个新的粗糙表面。因此，超疏水性可以保持在拉伸膜上。此外，研究人员还对其进行了弯曲变形来研究超疏水 PDMS/PVDF@KNF 纤维膜的柔韧性，实验发现连续折叠后，超疏水膜可以恢复正常，无任何变形或损伤。进一步的摩擦实验表明，即使经过 50 次的摩擦测试之后，膜仍然保持其超疏水性的稳定存在，无脆性断裂。这可能是由于多孔、致密和分层结构为膜提供了强大的支持和高强度，另外，多孔结构大大降低了 KNF 膜的密度。因此，可制成轻质多孔的 KNF 膜保留其低密度、灵活合理的机械性能。

Yang 等[205]将 KNF 溶解于 DMSO 溶液中，然后经过两种改性手段分别对 KNF 进行表面沉积纳米粒子：其一是在三氯化铁溶液中，通过铁离子水解产生絮凝作用，实现在纤维表面沉积羟基氧化铁颗粒，从而为纤维表面引入粗糙度；其二是在溶解的纤维中加入硝酸锌和六亚甲基四胺水溶液，通过水解和絮凝作用在纤维表面引入氧化锌纳米粒子。以上合成的两种纤维通过两步真空抽滤的方法，实现了 Janus KNF 纤维纸片的组装。由于亲水性纳米粒子的负载，所制备的 KNF 纤维纸片具有优异的超亲水性。超亲水的 KNF 纤维纸片被应用于水包油乳液的分离，在对表面活性剂稳定的辛烷/水的水包油乳液的分离中，所制备的超亲水纤维纸片成功实现高效的乳液分离，并在多次循环中保持稳定（图 5-38）。

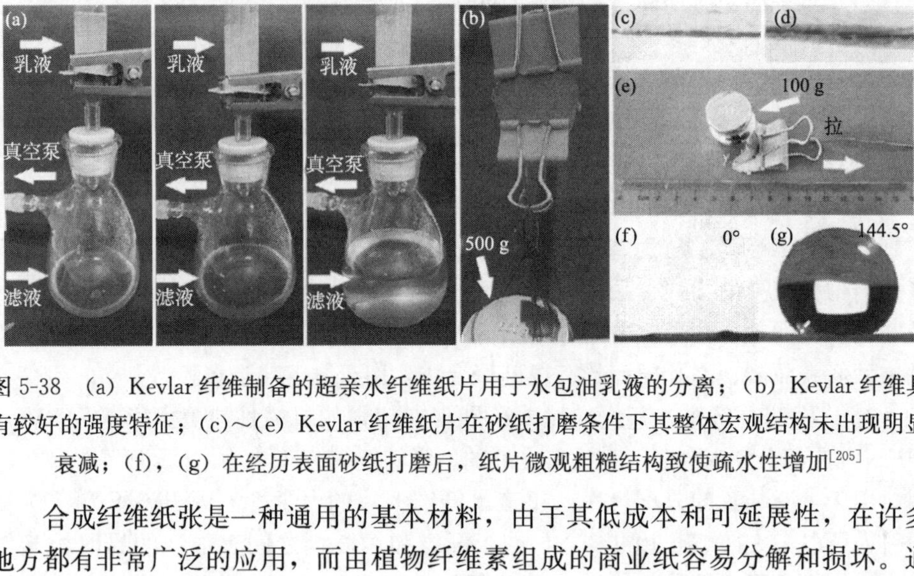

图 5-38 （a）Kevlar 纤维制备的超亲水纤维纸片用于水包油乳液的分离；（b）Kevlar 纤维具有较好的强度特征；（c）～（e）Kevlar 纤维纸片在砂纸打磨条件下其整体宏观结构未出现明显衰减；（f），（g）在经历表面砂纸打磨后，纸片微观粗糙结构致使疏水性增加[205]

合成纤维纸张是一种通用的基本材料，由于其低成本和可延展性，在许多地方都有非常广泛的应用，而由植物纤维素组成的商业纸容易分解和损坏。通过化学和物理等方式可调控表面润湿性的显影材料就是其中之一，这种材料已经拓展到了若干潜在的应用领域。一些研究已经证实超疏水性是粗糙度和低表面能材料的结合。迄今为止，研究人员已经制造出几种仿生超疏水材料。通过两种不同的方法进行表面处理：制备粗糙表面以实现疏水性材料或通过低表面能修饰粗糙表面材料。大多数低表面能材料是有机溶液，通常易碎，需要昂贵的化学品或更长的时间和有害的环境。这些缺点将阻碍超疏水表面应用于大规模生产。因此，一个经济高效、直接的流程更可取。此外，纸张的应用并不局限于防水性。抗菌性能可能对纸张的医疗和食品包装领域有着重要的影响，不仅是为了防止与纸表面接触的微生物，也可以抑制细菌生长，进一步杀灭微生物[206-208]。在医疗中的严重损害可能是由于感染微生物，特别是金黄色葡萄球菌和大肠杆菌。抗菌材料又因此引起了人们的广泛关注。作为广谱抗菌剂，银纳米粒子（AgNP）和石墨烯与纸张结合以获得抗菌性能[209,210]。然而，抗菌剂有时是不稳定的，并导致细胞毒性[211]。所用的工艺也改变了纸张结构和性能，这也可能会阻碍最终产品的可用性应用。到目前为止，超疏水和火焰同时存在的论文文献中很少涉及迟发性特征。

在 Wen 等[212]的工作中，一种绿色且简单的方法被提出以实现内外均匀和无改性剂的超疏水不燃纸，它具有优异的抗细菌性能。超疏水、防火性及其绿色的制备方法表明其在工业和医疗领域都具有潜在的适用性。受这些研究结果的启发，提出一种坚固的、可重复使用且可修复的超疏水纸。用氧化锌结合合成的 HAP 纳米线，然后使用低表面能材料 PFDS 降低表面能。与传统商业纸张相比，我们所制备的超疏水合成纤维纸张具有以下特征属性：①优异的超疏水性和超亲油性，其中水接触角约为 153°，滑动角约为 5°；②显著的自清洁和防污性能，纸张不会被灰尘污染和润湿；③优异的抗烧蚀性能；④良好的耐酸碱性能；⑤优质的耐沸水损坏性质，浸泡在沸水中可以保持良好的超疏水性能；⑥优异的机械性能。除了这些优良的品质，值得注意的是，所获得的合成纤维纸片表现出优异的吸附性能（包括吸附容量）和极好的可回收性。当油吸附在纸片上时，研究者将纸片进行高温烧蚀，可以去除其所吸附的油质，但是超疏水性丧失了。然而不可思议的是，将纸张浸泡在 PFDS 乙醇溶液中 3h，其超疏水性恢复如初，超疏水修复的合成纤维纸片能够再次进行油吸附，这表明超疏水纸片的可修复特性。此外，烧蚀后的合成纤维纸片如未经超疏水修复，其将表现为超亲水性和水下的超疏油性，可用于高效的表面活性剂稳定水中的油乳剂分离。研究结果表明，所制备的羟基磷灰石纳米纤维纸片对表面活性剂稳定的水包油乳液具有高效的分离效果，COD 值达到约 335mg/L，通量达到 185L/(m^2 · h)。

过滤型油水分离材料的设计制备及性能调控是油水分离领域至关重要的研究方向，过滤也是油水分离实际工程应用中至关重要的分离操作。本章介绍了近些年来关于过滤型油水分离工程材料的设计制备及应用，重点关注了不同类型的基底材料所具有的不同的分离特性和分离效能，包括聚合物分离膜材料、不锈钢网材料、陶瓷基分离膜材料、油水分离织物材料、油水分离纤维纸片材料等。在基底材料的基底上，研究热点聚焦于以仿生构筑功能表面为指导思路，从表面微观结构构筑和表面化学组分改性两方面入手，对界面材料的润湿特性进行操控，从而实现可控高效的油水或乳液分离。过滤型油水分离材料的基础研究日趋完善，然而仍存在一些技术瓶颈和短板：其一，分离材料的制备工艺需要具有规范化、流程化和规模化的设计以适应实际工程应用；其二，油水分离效率还具有提高的空间；其三，应该对过滤型油水分离材料的智能化调控展开系统研究；其四，应该着眼于油水分离材料的机械性能的优化强化，以适应复杂多变和苛刻的工况条件；其五，应该针对材料的器件化组装展开研究，将材料组装到工程体系中，实现规模化、连续性的工程应用。

参考文献

[1] Zhang L，Zhang Z，Wang P. Smart surfaces with switchable superoleophilicity and superoleophobicity in aqueous media：toward controllable oil/water separation. NPG Asia Materials，2012，4（2）：e8

[2] Liu N，Lin X，Zhang W，Cao Y，Chen Y，Feng L，Wei Y. A pure inorganic ZnO-Co_3O_4 overlapped membrane for efficient oil/water emulsions separation. Scientific Reports，2015，5：9688

[3] Tao M，Xue L，Liu F，Jiang L. An intelligent superwetting PVDF membrane showing switchable transport performance for oil/water separation. Advanced Materials，2014，26（18）：2943-2948

[4] Shao L，Wang Z X，Zhang Y L，Jiang Z X，Liu Y Y. A facile strategy to enhance PVDF ultrafiltration membrane performance via self-polymerized polydopamine followed by hydrolysis of ammonium fluotitanate. Journal of Membrane Science，2014，461：10-21

[5] Kang G D，Cao Y M. Application and modification of poly（vinylidene fluoride）（PVDF）membranes—a review. Journal of Membrane Science，2014，463：145-165

[6] Shao L，Cheng X，Wang Z，Ma J，Guo Z. Tuning the performance of polypyrrole-based solvent-resistant composite nanofiltration membranes by optimizing polymerization conditions and incorporating graphene oxide. Journal of Membrane Science，2014，452：82-89

[7] Zhao X，Su Y，Cao J，Li Y，Zhang R，Liu Y，Jiang Z. Fabrication of antifouling polymer-inorganic hybrid membranes through the synergy of biomimetic mineralization and nonsolvent induced phase separation. Journal of Materials Chemistry A，2015，3（14）：7287-7295

[8] Cao Y，Chen Y，Liu N，Lin X，Feng L，Wei Y. Mussel-inspired chemistry and Stöber method for highly stabilized water-in-oil emulsions separation. Journal of Materials Chemistry A，2014，2（48）：20439-20443

[9] Zhu Y，Xie W，Li J，Xing T，Jin J. pH-induced non-fouling membrane for

effective separation of oil-in-water emulsion. Journal of Membrane Science, 2015, 477: 131-138

[10] Yuan T, Meng J, Hao T, Zhang Y, Xu M. Polysulfone membranes clicked with poly (ethylene glycol) of high density and uniformity for oil/water emulsion purification: effects of tethered hydrogel microstructure. Journal of Membrane Science, 2014, 470: 112-124

[11] Yuan T, Meng J, Hao T, Wang Z, Zhang Y. A scalable method toward superhydrophilic and underwater superoleophobic PVDF membranes for effective oil/water emulsion separation. ACS Applied Materials & Interfaces, 2015, 7 (27): 14896-14904

[12] Ghandashtani M B, Ashtiani F Z, Karimi M, Fouladitajar A. A novel approach to fabricate high performance nano-SiO_2 embedded PES membranes for microfiltration of oil-in-water emulsion. Applied Surface Science, 2015, 349: 393-402

[13] Zhang F, Gao S, Zhu Y, Jin J. Alkaline-induced superhydrophilic/underwater superoleophobic polyacrylonitrile membranes with ultralow oil-adhesion for high-efficient oil/water separation. Journal of Membrane Science, 2016, 513: 67-73

[14] Kim J H, Lee K H. Effect of PEG additive on membrane formation by phase inversion. Journal of Membrane Science, 1998, 138 (2): 153-163

[15] Wang C, Xiao C, Huang Q, Pan J. A study on structure and properties of poly (p-phenylene terephthamide) hybrid porous membranes. Journal of Membrane Science, 2015, 474: 132-139

[16] Pagidi A, Saranya R, Arthanareeswaran G, Ismail A, Matsuura T. Enhanced oil-water separation using polysulfone membranes modified with polymeric additives. Desalination, 2014, 344: 280-288

[17] Sadeghi I, Aroujalian A, Raisi A, Dabir B, Fathizadeh M. Surface modification of polyethersulfone ultrafiltration membranes by corona air plasma for separation of oil/water emulsions. Journal of Membrane Science, 2013, 430: 24-36

[18] Zhang W, Shi Z, Zhang F, Liu X, Jin J, Jiang L. Superhydrophobic and superoleophilic PVDF membranes for effective separation of water-in-oil emulsions with high flux. Advanced Materials, 2013, 25 (14): 2071-2076

[19] Zhang W, Zhu Y, Liu X, Wang D, Li J, Jiang L, Jin J. Salt-induced

fabrication of superhydrophilic and underwater superoleophobic PAA-g-PVDF membranes for effective separation of oil-in-water emulsions. Angewandte Chemie International Edition，2014，53 (3)：856-860

[20] Chang X，Wang Z，Quan S，Xu Y，Jiang Z，Shao L. Exploring the synergetic effects of graphene oxide (GO) and polyvinylpyrrodione (PVP) on poly (vinylylidenefluoride) (PVDF) ultrafiltration membrane performance. Applied Surface Science，2014，316：537-548

[21] Wu H，Tang B，Wu P. Novel hollow mesoporous silica spheres/polymer hybrid membrane for ultrafiltration. The Journal of Physical Chemistry C，2012，116 (3)：2246-2252

[22] Wang P，Ma J，Wang Z，Shi F，Liu Q. Enhanced separation performance of PVDF/PVP-g-MMT nanocomposite ultrafiltration membrane based on the NVP-grafted polymerization modification of montmorillonite (MMT). Langmuir，2012，28 (10)：4776-4786

[23] Li X，Wang M，Wang C，Cheng C，Wang X. Facile immobilization of Ag nanocluster on nanofibrous membrane for oil/water separation. ACS Applied Materials & Interfaces，2014，6 (17)：15272-15282

[24] Xing C，Guan J，Li Y，Li J. Effect of a room-temperature ionic liquid on the structure and properties of electrospun poly (vinylidene fluoride) nanofibers. ACS Applied Materials & Interfaces，2014，6 (6)：4447-4457

[25] Greiner A，Wendorff J H. Electrospinning：a fascinating method for the preparation of ultrathin fibers. Angewandte Chemie International Edition，2007，46 (30)：5670-5703

[26] Ning L，Xu N，Wang R，Liu Y. Fibrous membranes electrospun from the suspension polymerization product of styrene and butyl acrylate for oil-water separation. RSC Advances，2015，5 (70)：57101-57113

[27] Zhang P，Tian R，Lv R，Na B，Liu Q. Water-permeable polylactide blend membranes for hydrophilicity-based separation. Chemical Engineering Journal，2015，269：180-185

[28] Fang W，Liu L，Li T，Dang Z，Qiao C，Xu J，Wang Y. Electrospun N-substituted polyurethane membranes with self-healing ability for self-cleaning and oil/water separation. Chemistry—A European Journal，2016，22 (3)：878-883

[29] Zhu X，Tu W，Wee K H，Bai R. Effective and low fouling oil/water separation by a novel hollow fiber membrane with both hydrophilic and oleo-

phobic surface properties. Journal of Membrane Science，2014，466：36-44

[30] Wu L，Glebe U，Boeker A. Surface-initiated controlled radical polymerizations from silica nanoparticles，gold nanocrystals，and bionanoparticles. Polymer Chemistry，2015，6 (29)：5143-5184

[31] Zhao Y F，Zhang P B，Sun J，Liu C J，Yi Z，Zhu L P，Xu Y Y. Versatile antifouling polyethersulfone filtration membranes modified via surface grafting of zwitterionic polymers from a reactive amphiphilic copolymer additive. Journal of Colloid Interface Science，2015，448：380-388

[32] Sui Y，Wang Z，Gao X，Gao C. Antifouling PVDF ultrafiltration membranes incorporating PVDF-g-PHEMA additive via atom transfer radical graft polymerizations. Journal of Membrane Science，2012，413：38-47

[33] Zhu Y，Zhang F，Wang D，Pei X F，Zhang W，Jin J. A novel zwitterionic polyelectrolyte grafted PVDF membrane for thoroughly separating oil from water with ultrahigh efficiency. Journal of Materials Chemistry A，2013，1 (18)：5758-5765

[34] Liu M，Li J，Guo Z. Polyaniline coated membranes for effective separation of oil-in-water emulsions. Journal of Colloid Interface Science，2016，467：261-270

[35] Kim D G，Kang H，Han S，Kim H J，Lee J C. Bio-and oil-fouling resistance of ultrafiltration membranes controlled by star-shaped block and random copolymer coatings. RSC Advances，2013，3 (39)：18071-18081

[36] Kim D G，Kang H，Han S，Lee J C. Dual effective organic/inorganic hybrid star-shaped polymer coatings on ultrafiltration membrane for bio-and oil-fouling resistance. ACS Applied Materials & Interfaces，2012，4 (11)：5898-5906

[37] Chen W，Su Y，Peng J，Dong Y，Zhao X，Jiang Z. Engineering a robust，versatile amphiphilic membrane surface through forced surface segregation for ultralow flux-decline. Advanced Functional Materials，2011，21 (1)：191-198

[38] Huang M，Si Y，Tang X，Zhu Z，Ding B，Liu L，Zheng G，Luo W，Yu J. Gravity driven separation of emulsified oil-water mixtures utilizing in situ polymerized superhydrophobic and superoleophilic nanofibrous membranes. Journal of Materials Chemistry A，2013，1 (45)：14071-14074

[39] Yang S，Si Y，Fu Q，Hong F，Yu J，Al-Deyab S S，El-Newehy M，

Ding B. Superwetting hierarchical porous silica nanofibrous membranes for oil/water microemulsion separation. Nanoscale，2014，6 (21)：12445-12449

[40] Raza A，Ding B，Zainab G，El-Newehy M，Al-Deyab S S，Yu J. In situ cross-linked superwetting nanofibrous membranes for ultrafast oil-water separation. Journal of Materials Chemistry A，2014，2 (26)：10137-10145

[41] Sun M，Li X，Ding B，Yu J，Sun G. Mechanical and wettable behavior of polyacrylonitrile reinforced fibrous polystyrene mats. Journal of Colloid Interface Science，2010，347 (1)：147-152

[42] Whitesides G M，Grzybowski B. Self-assembly at all scales. Science，2002，295 (5564)：2418-2421

[43] Zhang S. Fabrication of novel biomaterials through molecular self-assembly. Nature Biotechnology，2003，21 (10)：1171

[44] Li X，Hu D，Huang K，Yang C. Hierarchical rough surfaces formed by LBL self-assembly for oil-water separation. Journal of Materials Chemistry A，2014，2 (30)：11830-11838

[45] Du X，Li X，He J. Facile fabrication of hierarchically structured silica coatings from hierarchically mesoporous silica nanoparticles and their excellent superhydrophilicity and superhydrophobicity. ACS Applied Materials & Interfaces，2010，2 (8)：2365-2372

[46] Li X，Du X，He J. Self-cleaning antireflective coatings assembled from peculiar mesoporous silica nanoparticles. Langmuir，2010，26 (16)：13528-13534

[47] Cheng Z，Wang J，Lai H，Du Y，Hou R，Li C，Zhang N，Sun K. pH-controllable on-demand oil/water separation on the switchable superhydrophobic/superhydrophilic and underwater low-adhesive superoleophobic copper mesh film. Langmuir，2015，31 (4)：1393-1399

[48] Gao C，Sun Z，Li K，Chen Y，Cao Y，Zhang S，Feng L. Integrated oil separation and water purification by a double-layer TiO_2-based mesh. Energy & Environmental Science，2013，6 (4)：1147-1151

[49] Khemakhem M，Khemakhem S，Amar R B，Physicochemical S A，Aspects E. Emulsion separation using hydrophobic grafted ceramic membranes by. Colloids and Surfaces A：Physicochemical Engineering Aspects，2013，436：402-407

[50] Hu X，Yu Y，Zhou J，Wang Y，Liang J，Zhang X，Chang Q，Song L. The improved oil/water separation performance of graphene oxide modi-

fied Al_2O_3 microfiltration membrane. Journal of Membrane Science, 2015, 476: 200-204

[51] Abadi S R H, Sebzari M R, Hemati M, Rekabdar F, Mohammadi T. Ceramic membrane performance in microfiltration of oily wastewater. Desalination, 2011, 265 (1-3): 222-228

[52] Zhao Y, Zhong J, Li H, Xu N, Shi J. Fouling and regeneration of ceramic microfiltration membranes in processing acid wastewater containing fine TiO_2 particles. Journal of Membrane Science, 2002, 208 (1-2): 331-341

[53] Pan Y, Wang T, Sun H, Wang W. Preparation and application of titanium dioxide dynamic membranes in microfiltration of oil-in-water emulsions. Separation Purification Technology, 2012, 89: 78-83

[54] Nandi B, Moparthi A, Uppaluri R, Purkait M. Treatment of oily wastewater using low cost ceramic membrane: comparative assessment of pore blocking and artificial neural network models. Chemical Engineering Research Design, 2010, 88 (7): 881-892

[55] Emani S, Uppaluri R, Purkait M K. Cross flow microfiltration of oil-water emulsions using kaolin based low cost ceramic membranes. Desalination, 2014, 341: 61-71

[56] Nandi B, Uppaluri R, Purkait M. Treatment of oily waste water using low-cost ceramic membrane: flux decline mechanism and economic feasibility. Separation Science Technology, 2009, 44 (12): 2840-2869

[57] Gu J, Xiao P, Chen J, Zhang J, Huang Y, Chen T. Janus polymer/carbon nanotube hybrid membranes for oil/water separation. ACS Applied Materials & Interfaces, 2014, 6 (18): 16204-16209

[58] Shannon M A, Bohn P W, Elimelech M, Georgiadis J G, Marinas B J, Mayes A M. Science and technology for water purification in the coming decades. Nanoscience and Technology: A Collection of Reviews from Nature Journals, World Scientific, 2010: 337-346

[59] Gui X, Wei J, Wang K, Cao A, Zhu H, Jia Y, Shu Q, Wu D. Carbon nanotube sponges. Advanced Materials, 2010, 22 (5): 617-621

[60] Zhu Y, Gao S, Hu L, Jin J. Thermoresponsive ultrathin membranes with precisely tuned nanopores for high-flux separation. ACS Applied Materials & Interfaces, 2016, 8 (21): 13607-13614

[61] Wang H, Lin K Y, Jing B, Krylova G, Sigmon G E, Mcginn P, Zhu Y, Na C. Removal of oil droplets from contaminated water using magnetic

carbon nanotubes. Water Research, 2013, 47 (12): 4198-4205

[62] Gui X, Zeng Z, Lin Z, Gan Q, Xiang R, Zhu Y, Cao A, Tang Z. Magnetic and highly recyclable macroporous carbon nanotubes for spilled oil sorption and separation. ACS Applied Materials & Interfaces, 2013, 5 (12): 5845-5850

[63] Hu L, Gao S, Zhu Y, Zhang F, Jiang L, Jin J. An ultrathin bilayer membrane with asymmetric wettability for pressure responsive oil/water emulsion separation. Journal of Materials Chemistry A, 2015, 3 (46): 23477-23482

[64] Shi Z, Zhang W, Zhang F, Liu X, Wang D, Jin J, Jiang L. Ultrafast separation of emulsified oil/water mixtures by ultrathin free-standing single-walled carbon nanotube network films. Advanced Materials, 2013, 25 (17): 2422-2427

[65] Cui J, Zhang X, Liu H, Liu S, Yeung K L. Preparation and application of zeolite/ceramic microfiltration membranes for treatment of oil contaminated water. Journal of Membrane Science, 2008, 325 (1): 420-426

[66] Yu L Y, Xu Z L, Shen H M, Yang H. Preparation and characterization of PVDF-SiO_2 composite hollow fiber UF membrane by sol-gel method. Journal of Membrane Science, 2009, 337 (1-2): 257-265

[67] Gao S J, Shi Z, Zhang W B, Zhang F, Jin J. Photoinduced superwetting single-walled carbon nanotube/TiO_2 ultrathin network films for ultrafast separation of oil-in-water emulsions. ACS Nano, 2014, 8 (6): 6344-6352

[68] Fort Jr T. Adsorption and boundary friction on polymer surfaces. The Journal of Physical Chemistry, 1962, 66 (6): 1136-1143

[69] Gao S, Zhu Y, Zhang F, Jin J. Superwetting polymer-decorated SWCNT composite ultrathin films for ultrafast separation of oil-in-water nanoemulsions. Journal of Materials Chemistry A, 2015, 3 (6): 2895-2902

[70] Wang Z, Jiang X, Cheng X, Lau C H, Shao L. Mussel-inspired hybrid coatings that transform membrane hydrophobicity into high hydrophilicity and underwater superoleophobicity for oil-in-water emulsion separation. ACS Applied Materials & Interfaces, 2015, 7 (18): 9534-9545

[71] Rana D, Matsuura T. Surface modifications for antifouling membranes. Chemical Reviews, 2010, 110 (4): 2448-2471

[72] Yuan T, Meng J, Gong X, Zhang Y, Xu M. Modulating pore size and surface properties of cellulose microporous membrane via thio-ene chemis-

try. Desalination，2013，328：58-66

[73] Li J，Li D，Yang Y，Li J，Zha F，Lei Z. A prewetting induced underwater superoleophobic or underoil（super）hydrophobic waste potato residue-coated mesh for selective efficient oil/water separation. Green Chemistry，2016，18（2）：541-549

[74] Gohari R J，Korminouri F，Lau W，Ismail A，Matsuura T，Chowdhury M，Halakoo E，Gohari M J. A novel super-hydrophilic PSF/HAO nanocomposite ultrafiltration membrane for efficient separation of oil/water emulsion. Separation Purification Technology，2015，150：13-20

[75] Wu J，Jiang Y，Jiang D，He J，Cai G，Wang J. The fabrication of pH-responsive polymeric layer with switchable surface wettability on cotton fabric for oil/water separation. Materials Letters，2015，160：384-387

[76] Majeed S，Fierro D，Buhr K，Wind J，Du B，Boschetti-De-Fierro A，Abetz V. Multi-walled carbon nanotubes（MWCNTs）mixed polyacrylonitrile（PAN）ultrafiltration membranes. Journal of Membrane Science，2012，403-404（none）：101-109

[77] Klaysom C，Hermans S，Gahlaut A，van Craenenbroeck S，Vankelecom I F. Polyamide/polyacrylonitrile（PA/PAN）thin film composite osmosis membranes：film optimization，characterization and performance evaluation. Journal of Membrane Science，2013，445：25-33

[78] Liang B，Zhan W，Qi G，Lin S，Nan Q，Liu Y，Cao B，Pan K. High performance graphene oxide/polyacrylonitrile composite pervaporation membranes for desalination applications. Journal of Materials Chemistry A，2015，3（9）：5140-5147

[79] Kiani G，Sheikhloie H，Arsalani N. Heavy metal ion removal from aqueous solutions by functionalized polyacrylonitrile. Desalination，2011，269（1-3）：266-270

[80] Li G，Xiao J，Zhang W. Knoevenagel condensation catalyzed by a tertiary-amine functionalized polyacrylonitrile fiber. Green Chemistry，2011，13（7）：1828-1836

[81] Li G，Xiao J，Zhang W. Efficient and reusable amine-functionalized polyacrylonitrile fiber catalysts for Knoevenagel condensation in water. Green Chemistry，2012，14（8）：2234-2242

[82] Saeed K，Haider S，Oh T J，Park S Y. Preparation of amidoxime-modified polyacrylonitrile（PAN-oxime）nanofibers and their applications to

metal ions adsorption. Journal of Membrane Science, 2008, 322 (2): 400-405

[83] Song Y, Li J, Ye G, Xu J, Jiang M. Polyamidoxime/poly (vinyl alcohol) composite chelating fiber prepared by emulsion spinning and its adsorption properties for metal ions. Industrial Engineering Chemistry Research, 2015, 54 (49): 12367-12373

[84] Zhao H, Liu X, Yu M, Wang Z, Zhang B, Ma H, Wang M, Li J. A study on the degree of amidoximation of polyacrylonitrile fibers and its effect on their capacity to adsorb uranyl ions. Industrial Engineering Chemistry Research, 2015, 54 (12): 3101-3106

[85] Lin D J, Chang C L, Huang F M, Cheng L P. Effect of salt additive on the formation of microporous poly (vinylidene fluoride) membranes by phase inversion from $LiClO_4$/water/DMF/PVDF system. Polymer, 2003, 44 (2): 413-422

[86] Peng Y, Guo F, Wen Q, Yang F, Guo Z. A novel polyacrylonitrile membrane with a high flux for emulsified oil/water separation. Separation and Purification Technology, 2017, 184: 72-78

[87] Smolders C, Reuvers A, Boom R, Wienk I. Microstructures in phase-inversion membranes. Part 1. Formation of macrovoids. Journal of Membrane Science, 1992, 73 (2-3): 259-275

[88] Wang S, Liu K, Yao X, Jiang L. Bioinspired surfaces with superwettability: new insight on theory, design, and applications. Chemical Reviews, 2015, 115 (16): 8230-8293

[89] Chen L, Si Y, Zhu H, Jiang T, Guo Z. A study on the fabrication of porous PVDF membranes by in-situ elimination and their applications in separating oil/water mixtures and nano-emulsions. Journal of Membrane Science, 2016, 520: 760-768

[90] Lee C H, Chang K H. Comparative study on girth weld-induced residual stresses between austenitic and duplex stainless steel pipe welds. Applied Thermal Engineering, 2014, 63 (1): 140-150

[91] Luo J, Dong Y, Li L, Wang X. Microstructure of 2205 duplex stainless steel joint in submerged arc welding by post weld heat treatment. Journal of Manufacturing Processes, 2014, 16 (1): 144-148

[92] Li L, Breedveld V, Hess D W. Creation of superhydrophobic stainless steel surfaces by acid treatments and hydrophobic film deposition. ACS Ap-

plied Materials & Interfaces，2012，4 (9)：4549-4556

[93] Liu M，Wang S，Wei Z，Song Y，Jiang L. Bioinspired design of a superoleophobic and low adhesive water/solid interface. Advanced Materials，2009，21 (6)：665-669

[94] Gao S，Sun J，Liu P，Zhang F，Zhang W，Yuan S，Li J，Jin J. A robust polyionized hydrogel with an unprecedented underwater anti-crude-oil-adhesion property. Advanced Materials，2016，28 (26)：5307-5314

[95] Peng Y，Wen G，Gou X，Guo Z. Bioinspired fish-scale-like stainless steel surfaces with robust underwater anti-crude-oil-fouling and self-cleaning properties. Separation and Purification Technology，2018，202：111-118

[96] Xue Z，Wang S，Lin L，Chen L，Liu M，Feng L，Jiang L. A novel superhydrophilic and underwater superoleophobic hydrogel-coated mesh for oil/water separation. Advanced Materials，2011，23 (37)：4270-4273

[97] Tian D，Zhang X，Tian Y，Wu Y，Wang X，Zhai J，Jiang L. Photo-induced water-oil separation based on switchable superhydrophobicity-superhydrophilicity and underwater superoleophobicity of the aligned ZnO nanorod array-coated mesh films. Journal of Materials Chemistry，2012，22 (37)：19652-19657

[98] Zhang S，Lu F，Tao L，Liu N，Gao C，Feng L，Wei Y. Bio-inspired anti-oil-fouling chitosan-coated mesh for oil/water separation suitable for broad pH range and hyper-saline environments. ACS Applied Materials & Interfaces，2013，5 (22)：11971-11976

[99] Lu F，Chen Y，Liu N，Cao Y，Xu L，Wei Y，Feng L. A fast and convenient cellulose hydrogel-coated colander for high-efficiency oil-water separation. RSC Advances，2014，4 (61)：32544-32548

[100] Xu L，Liu N，Cao Y，Lu F，Chen Y，Zhang X，Feng L，Wei Y. Mercury ion responsive wettability and oil/water separation. ACS Applied Materials & Interfaces，2014，6 (16)：13324-13329

[101] Liu Q，Patel A A，Liu L. Superhydrophilic and underwater superoleophobic poly (sulfobetaine methacrylate)-grafted glass fiber filters for oil-water separation. ACS Applied Materials & Interfaces，2014，6 (12)：8996-9003

[102] Liu W，Liu X，Fangteng J，Wang S，Fang L，Shen H，Xiang S，Sun H，Yang B. Bioinspired polyethylene terephthalate nanocone arrays with underwater superoleophobicity and anti-bioadhesion properties. Nanoscale，

2014, 6 (22): 13845-13853

[103] Zhang L, Zhong Y, Cha D, Wang P. A self-cleaning underwater superoleophobic mesh for oil-water separation. Scientific Reports, 2013, 3: 2326

[104] Li D, Huang J, Kaner R B. Polyaniline nanofibers: a unique polymer nanostructure for versatile applications. Accounts of Chemical Research, 2008, 42 (1): 135-145

[105] Liu M, Hou Y, Li J, Guo Z. Stable superwetting meshes for on-demand separation of immiscible oil/water mixtures and emulsions. Langmuir, 2017, 33 (15): 3702-3710

[106] Wang B, Guo Z. pH-responsive bidirectional oil-water separation material. Chemical Communications, 2013, 49 (82): 9416-9418

[107] Xue B, Gao L, Hou Y, Liu Z, Jiang L. Temperature controlled water/oil wettability of a surface fabricated by a block copolymer: application as a dual water/oil on-off switch. Advanced Materials, 2013, 25 (2): 273-277

[108] Liu M, Li J, Hou Y, Guo Z. Inorganic adhesives for robust superwetting surfaces. ACS Nano, 2017, 11 (1): 1113-1119

[109] Sun Y H, Liu M M, Guo Z G. Ag nanoparticles loading of polypyrrole-coated superwetting mesh for on-demand separation of oil-water mixtures and catalytic reduction of aromatic dyes. Journal of Colloid Interface Science, 2018, 527: 187-194

[110] Dong Y, Li J, Shi L, Wang X, Guo Z, Liu W. Underwater superoleophobic graphene oxide coated meshes for the separation of oil and water. Chemical Communications, 2014, 50 (42): 5586-5589

[111] Guo J, Yang F, Guo Z. Fabrication of stable and durable superhydrophobic surface on copper substrates for oil-water separation and ice-over delay. Journal of Colloid Interface Science, 2016, 466: 36-43

[112] Crick C R, Gibbins J A, Parkin I P. Superhydrophobic polymer-coated copper-mesh; membranes for highly efficient oil-water separation. Journal of Materials Chemistry A, 2013, 1 (19): 5943-5948

[113] Wang B, Guo Z. Superhydrophobic copper mesh films with rapid oil/water separation properties by electrochemical deposition inspired from butterfly wing. Applied Physics Letters, 2013, 103 (6): 063704

[114] Gao R, Liu Q, Wang J, Liu J, Yang W, Gao Z, Liu L. Construction

of superhydrophobic and superoleophilic nickel foam for separation of water and oil mixture. Applied Surface Science，2014，289：417-424

[115] Zhao F，Liu L，Ma F，Liu L. Candle soot coated nickel foam for facile water and oil mixture separation. RSC Advances，2014，4（14）：7132-7135

[116] Zeng J，Guo Z. Superhydrophilic and underwater superoleophobic MFI zeolite-coated film for oil/water separation. Colloids and Surfaces A：Physicochemical Engineering Aspects，2014，444：283-288

[117] Zhu H，Guo Z. A superhydrophobic copper mesh with microrod structure for oil-water separation inspired from ramee leaf. Chemistry Letters，2014，43（10）：1645-1647

[118] Yang F，Guo Z. A facile approach to transform stainless steel mesh into pH-responsive smart material. RSC Advances，2015，5（18）：13635-13642

[119] Liu M，Li J，Shi L，Guo Z. Stable underwater superoleophobic conductive polymer coated meshes for high-efficiency oil-water separation. RSC Advances，2015，5（42）：33077-33082

[120] Shams Ashaghi K，Ebrahimi M，Czermak P. Ceramic ultra-and nanofiltration membranes for oilfield produced water treatment：a mini review. Open Environmental Sciences，2007，1（1）：1-8

[121] Chen A，Flynn J，Cook R，Casaday A. Removal of oil，grease，and suspended solids from produced water with ceramic crossflow microfiltration. SPE Production Engineering，1991，6（2）：131-136

[122] Bader M. Seawater versus produced water in oil-fields water injection operations. Desalination，2007，208（1-3）：159-168

[123] Peng Y，Guo Z. Recent advances in biomimetic thin membranes applied in emulsified oil/water separation. Journal of Materials Chemistry A，2016，4（41）：15749-15770

[124] Zhou Y B，Tang X Y，Hu X M，Fritschi S，Lu J. Emulsified oily wastewater treatment using a hybrid-modified resin and activated carbon system. Separation and Purification Technology，2008，63（2）：400-406

[125] Liu Y H，Liu Z L，Liu H Y，Hu H Y，Li Y，Yan P X，Yu B，Zhou F. One-step modification of fabrics with bioinspired polydopamine@octadecylamine nanocapsules for robust and healable self-cleaning performance. Small，2015，11（4）：426-431

[126] Wu J，Li J，Deng B，Jiang H，Wang Z，Yu M，Li L，Xing C，Li

Y. Self-healing of the superhydrophobicity by ironing for the abrasion durable superhydrophobic cotton fabrics. Scientific Reports，2013，3 (3)：2951

[127] Xu Q F，Mondal B，Lyons A M. Fabricating superhydrophobic polymer surfaces with excellent abrasion resistance by a simple lamination templating method. ACS Applied Materials & Interfaces，2011，3 (9)：3508

[128] Wang X，Liu X，Zhou F，Liu W. Self-healing superamphiphobicity. Chemical Communications，2011，47 (8)：2324-2326

[129] Deng B，Cai R，Yu Y，Jiang H Q，Wang C L，Li J，Li L F，Yu M，Li J Y，Xie L D，Hung Q，Fan C H. Laundering durability of superhydrophobic cotton fabric. Advanced Materials，2011，22 (48)：5473-5477

[130] Zhu X，Zhang Z，Jin Y，Xu X，Men X，Zhou X. Facile fabrication of a superhydrophobic fabric with mechanical stability and easy-repairability. Journal of Colloid Interface Science，2012，380 (1)：182-186

[131] Li D，Guo Z. Stable and self-healing superhydrophobic MnO_2@fabrics：applications in self-cleaning，oil/water separation and wear resistance. Journal of Colloid Interface Science，2017，503：124-130

[132] Li J，Shi L，Chen Y，Zhang Y，Guo Z，Su B，Liu W. Stable superhydrophobic coatings from thiol-ligand nanocrystals and their application in oil/water separation. Journal of Materials Chemistry，2012，22 (19)：9774-9781

[133] Tie L，Li J，Liu M，Guo Z，Liang Y M，Liu W. Dual superlyophobic surfaces with superhydrophobicity and underwater superoleophobicity. Journal of Materials Chemistry A，2018，6：11682-11687

[134] Guo F，Wen Q，Peng Y，Guo Z. Simple one-pot approach toward robust and boiling-water resistant superhydrophobic cotton fabric and the application in oil/water separation. Journal of Materials Chemistry A，2017，5 (41)：21866-21874

[135] Chen L，Guo Z. A facile method to mussel-inspired superhydrophobic thiol-textiles @ polydopamine for oil/water separation. Colloids and Surfaces A：Physicochemical Engineering Aspects，2018，554：253-260

[136] Cheng Q Y，Liu M C，Li Y D，Zhu J，Du A K，Zeng J B. Biobased super-hydrophobic coating on cotton fabric fabricated by spray-coating for efficient oil/water separation. Polymer Testing，2018，66：41-47

[137] Huang J，Li S，Ge M，Wang L，Xing T，Chen G，Liu X，Al-Deyab

S S, Zhang K, Chen T. Robust superhydrophobic TiO_2@ fabrics for UV shielding, self-cleaning and oil-water separation. Journal of Materials Chemistry A, 2015, 3 (6): 2825-2832

[138] Cao C, Ge M, Huang J, Li S, Deng S, Zhang S, Chen Z, Zhang K, Al-Deyab S S, Lai Y. Robust fluorine-free superhydrophobic PDMS-ormosil @ fabrics for highly effective self-cleaning and efficient oil-water separation. Journal of Materials Chemistry A, 2016, 4 (31): 12179-12187

[139] Sun Y, Zhang Q, Gao L, Zhou X, Cheng Y, Zhang P. Experimental study on tribological properties of carbon/polytetrafluoroethylene hybrid fabric reinforced composite under heavy loads and oil lubrication. Tribology International, 2016, 94: 82-86

[140] Cai P, Wang T, Wang Q. Effect of several solid lubricants on the mechanical and tribological properties of phenolic resin-based composites. Polymer Composites, 2015, 36 (12): 2203-2211

[141] Wang Z, Huang Y, Sun J, Huang Y, Hu H, Jiang R, Gai W, Li G, Zhi C. Polyurethane/cotton/carbon nanotubes core-spun yarn as high reliability stretchable strain sensor for human motion detection. ACS Applied Materials & Interfaces, 2016, 8 (37): 24837-24843

[142] Wang Q, Zhang X, Pei X, Wang T. Investigations of the tribological properties of carbon fabric reinforced phenolic polymer composites filled with several nanoparticles. Journal of Applied Polymer Science, 2012, 123 (5): 3081-3089

[143] Tercan M, Asi O, Aktaş A. An experimental investigation of the bearing strength of weft-knitted 1×1 rib glass fiber composites. Composite Structures, 2007, 78 (3): 392-396

[144] Park J M, Kim D S, Kim S R. Improvement of interfacial adhesion and nondestructive damage evaluation for plasma-treated PBO and Kevlar fibers/epoxy composites using micromechanical techniques and surface wettability. Journal of Colloid Interface Science, 2003, 264 (2): 431-445

[145] Su F H, Zhang Z Z, Liu W M. Friction and wear behavior of hybrid glass/PTFE fabric composite reinforced with surface modified nanometer ZnO. Wear, 2008, 265 (3): 311-318

[146] Qi X, Jia Z, Yang Y. Influence of the dispersion of nano titanium dioxide on the tribological performance of fabric self-lubricating liner. Journal of Applied Polymer Science, 2013, 130 (3): 2100-2105

[147] Jeong Y G，Baik D H，Jang J W，Min B G，Yoon K H. Preparation，structure and properties of poly（p-phenylene benzobisoxazole）composite fibers reinforced with graphene. Macromolecular Research，2014，22（3）：279-286

[148] Wang B，Liang W，Guo Z，Liu W. Biomimetic super-lyophobic and super-lyophilic materials applied for oil/water separation：a new strategy beyond nature. Chemical Society Reviews，2015，44（1）：336-361

[149] Hou Y，Wang Z，Guo J，Shen H，Zhang H，Zhao N，Zhao Y，Chen L，Liang S，Jin Y. Facile fabrication of robust superhydrophobic porous materials and their application in oil/water separation. Journal of Materials Chemistry A，2015，3（46）：23252-23260

[150] Bittoun E，Marmur A. The role of multiscale roughness in the lotus effect：is it essential for super-hydrophobicity? Langmuir，2012，28（39）：13933-13942

[151] Oh I K，Kim K，Lee Z，Ko K Y，Lee C W，Lee S J，Myung J M，Lansalot-Matras C，Noh W，Dussarrat C. Hydrophobicity of rare earth oxides grown by atomic layer deposition. Chemistry of Materials，2014，27（1）：148-156

[152] Peng L，Guo R，Lan J，Jiang S，Lin S. Microwave-assisted deposition of silver nanoparticles on bamboo pulp fabric through dopamine functionalization. Applied Surface Science，2016，386：151-159

[153] Bae G Y，Min B G，Jeong Y G，Lee S C，Jang J H，Koo G H. Superhydrophobicity of cotton fabrics treated with silica nanoparticles and water-repellent agent. Journal of Colloid Interface Science，2009，337（1）：170-175

[154] Zhang Z，Ge B，Men X，Li Y J C，Physicochemical S A，Aspects E. Mechanically durable，superhydrophobic coatings prepared by dual-layer method for anti-corrosion and self-cleaning. Colloids Surfaces A：Physicochemical Engineering Aspects，2016，490：182-188

[155] Wang C，Du M，Lv J，Zhou Q，Gao D，Liu G，Jin L，Ren Y，Liu J. Effect of wetting pretreatment on structure and properties of plasma induced chitosan grafted wool fabric. Fibers Polymers，2015，16（2）：404-412

[156] Hanh T T，Van Phu D，Thu N T，Hien N Q. Gamma irradiation of cotton fabrics in $AgNO_3$ solution for preparation of antibacterial fab-

rics. Carbohydrate Polymers, 2014, 101: 1243-1248

[157] Xu W, Liu X. Surface modification of polyester fabric by corona discharge irradiation. European Polymer Journal, 2003, 39 (1): 199-202

[158] Zhang C, Li P, Cao B. Fabrication of superhydrophobic-superoleophilic fabrics by an etching and dip-coating two-step method for oil-water separation. Industrial Engineering Chemistry Research, 2016, 55 (17): 5030-5035

[159] Hua Z, Wang H, Niu H, Gestos A, Tong L. Robust, self-healing superamphiphobic fabrics prepared by two-step coating of fluoro-containing polymer, fluoroalkyl silane, and modified silica nanoparticles. Advanced Functional Materials, 2013, 23 (13): 1664-1670

[160] Wang B, Li J, Wang G, Liang W, Zhang Y, Shi L, Guo Z, Liu W. Methodology for robust superhydrophobic fabrics and sponges from in situ growth of transition metal/metal oxide nanocrystals with thiol modification and their applications in oil/water separation. ACS Applied Material & Interfaces, 2013, 5 (5): 1827-1839

[161] Gao Q, Hu J, Li R, Pang L, Xing Z, Xu L, Wang M, Guo X, Wu G. Preparation and characterization of superhydrophobic organic-inorganic hybrid cotton fabrics via gamma-radiation-induced graft polymerization. Carbohydrate Polymers, 2016, 149: 308-316

[162] Liu Y, Wang X, Qi K, Xin J. Functionalization of cotton with carbon nanotubes. Journal of Materials Chemistry A, 2008, 18 (29): 3454-3460

[163] Ren G N, Zhang Z Z, Zhu X T, Yang M M, Men X H, Jiang W, Liu W M. High-temperature tribological performance of hybrid PTFE/Nomex fabric/phenolic composite. Composites Science Technology, 2014, 104: 146-151

[164] Pakdel E, Daoud W A, Wang X. Assimilating the photo-induced functions of TiO_2-based compounds in textiles: emphasis on the sol-gel process. Textile Research Journal, 2015, 85 (13): 1404-1428

[165] Bayer I S, Fragouli D, Attanasio A, Sorce B, Bertoni G, Brescia R, Di Corato R, Pellegrino T, Kalyva M, Sabella S. Water-repellent cellulose fiber networks with multifunctional properties. ACS Applied Materials & Interfaces, 2011, 3 (10): 4024-4031

[166] Teisala H, Tuominen M, Aromaa M, Stepien M, MäKelä J M, Saarinen J J, Toivakka M, Kuusipalo J. Nanostructures increase water

droplet adhesion on hierarchically rough superhydrophobic surfaces. Langmuir，2012，28（6）：3138-3145

［167］ Nyström D，Lindqvist J，Östmark E，Hult A，Malmström E. Superhydrophobic bio-fibre surfaces via tailored grafting architecture. Chemical Communications，2006，（34）：3594-3596

［168］ Sheen Y C，Chang W H，Chen W C，Chang Y H，Huang Y C，Chang F C. Non-fluorinated superamphiphobic surfaces through sol-gel processing of methyltriethoxysilane and tetraethoxysilane. Materials Chemistry Physics，2009，114（1）：63-68

［169］ Berendjchi A，Khajavi R，Yazdanshenas M E. Fabrication of superhydrophobic and antibacterial surface on cotton fabric by doped silica-based sols with nanoparticles of copper. Nanoscale Research Letters，2011，6（1）：594

［170］ Jin H，Kettunen M，Laiho A，PynnöNen H，Paltakari J，Marmur A，Ikkala O，Ras R H. Superhydrophobic and superoleophobic nanocellulose aerogel membranes as bioinspired cargo carriers on water and oil. Langmuir，2011，27（5）：1930-1934

［171］ Huang J，Lai Y，Pan F，Yang L，Wang H，Zhang K，Fuchs H，Chi L. Multifunctional superamphiphobic TiO_2 nanostructure surfaces with facile wettability and adhesion engineering. Small，2014，10（23）：4865-4873

［172］ Minton T K，Roussel J F O. Materials in a Space Environment. ACS Applied Materials & Interfaces，2006，2（10）：2687，2688

［173］ Fusaro R L. Self-lubricating polymer composites and polymer transfer film lubrication for space applications. Tribology International，1990，23（2）：105-122

［174］ Lv M，Wang C，Wang Q，Wang T，Liang Y. Highly stable tribological performance and hydrophobicity of porous polyimide material filled with lubricants in a simulated space environment. RSC Advances，2015，5（66）：53543-53549

［175］ Song H J，Zhang Z Z. Study on the tribological and hydrophobic behaviors of phenolic coatings reinforced with PFW，PTFE and FEP. Surface Coatings Technology，2006，201（3-4）：1037-1044

［176］ Wan Y，Huang Y，He F，Li Q，Lian J. Tribological properties of three-dimensional braided carbon/Kevlar/epoxy hybrid composites under dry and lubricated conditions. Materials Science Engineering：A，2007，

452：202-209

［177］ Wu J，Cheng X. The tribological properties of Kevlar pulp reinforced epoxy composites under dry sliding and water lubricated condition. Wear，2006，261（11-12）：1293-1297

［178］ Guo F，Zhang Z Z，Liu W M，Su F H，Zhang H J. Effect of plasma treatment of Kevlar fabric on the tribological behavior of Kevlar fabric/phenolic composites. Tribology International，2009，42（2）：243-249

［179］ Yang F，Guo Z. Bio-inspired design of a transparent TiO_2/SiO_2 composite gel coating with adjustable wettability. Journal of Colloid Interface Science，2016，51（16）：7545-7553

［180］ Pazokifard S，Mirabedini S，Esfandeh M，Farrokhpay S. Fluoroalkylsilane treatment of TiO_2 nanoparticles in difference pH values：characterization and mechanism. Advanced Powder Technology，2012，23（4）：428-436

［181］ Leivo E，Wilenius T，Kinos T，Vuoristo P，Mäntylä T. Properties of thermally sprayed fluoropolymer PVDF，ECTFE，PFA and FEP coatings. Progress in Organic Coatings，2004，49（1）：69-73

［182］ Li D，Guo Z. Hydrophobic and tribological behaviors of a poly(p-phenylene benzobisoxazole) fabric composite reinforced with nano-TiO_2. Journal of Applied Polymer Science，2017，134（30）：45077

［183］ Guo F，Zhang Z Z，Zhang H J，Liu W M. Effect of air plasma treatment on mechanical and tribological properties of PBO fabric composites. Composites Part A：Applied Science and Manufacturing，2009，40（8）：1305-1310

［184］ Jiang Z X，Geng L，Huang Y D. Preparation of superhydrophobic poly-p-phenylenebenzobisoxazole（PBO）fiber bundles. Applied Surface Science，2011，257（8）：3455-3462

［185］ Shateri-Khalilabad M，Yazdanshenas M E. One-pot sonochemical synthesis of superhydrophobic organic-inorganic hybrid coatings on cotton cellulose. Cellulose，2013，20（6）：3039-3051

［186］ Chen F，Yang H，Liu X，Chen D，Xiao X，Liu K，Li J，Cheng F，Dong B，Zhou Y. Facile fabrication of multifunctional hybrid silk fabrics with controllable surface wettability and laundering durability. ACS Applied Materials & Interfaces，2016，8（8）：5653-5660

［187］ Zhang H，Shi M，Zhang J，Wang S. Effects of sunshine UV irradiation

on the tensile properties and structure of ultrahigh molecular weight polyethylene fiber. Journal of Applied Polymer Science，2003，89（10）：2757-2763
[188] Lin S，Han J，Yeh J，Chang F，Hsieh K. Composites of UHMWPE fiber reinforced PU/epoxy grafted interpenetrating polymer networks. European Polymer Journal，2007，43（3）：996-1008
[189] Hu J，Gao Q，Xu L，Zhang M，Xing Z，Guo X，Zhang K，Wu G. Significant improvement in thermal and UV resistances of UHMWPE fabric through in situ formation of polysiloxane-TiO_2 hybrid layers. ACS Applied Materials & Interfaces，2016，8（35）：23311-23320
[190] Li D，Guo Z. Robust superhydrophobic and self-lubricating PTES-TiO_2@UHMWPE fabric and its tribological properties. RSC Advances，2017，7（15）：9169-9175
[191] Li D，Guo Z. Metal-organic framework superhydrophobic coating on Kevlar fabric with efficient drag reduction and wear resistance. Applied Surface Science，2018，443：548-557
[192] Liu C，Liu Q，Huang A. A superhydrophobic zeolitic imidazolate framework（ZIF-90）with high steam stability for efficient recovery of bioalcohols. Chemical Communications，2016，52（16）：3400-3402
[193] Wang J，Wang H. Easily enlarged and coating-free underwater superoleophobic fabric for oil/water and emulsion separation via a facile $NaClO_2$ treatment. Separation and Purification Technology，2018，195：358-366
[194] Liu Y，Xin J，Choi C H. Cotton fabrics with single-faced superhydrophobicity. Langmuir，2012，28（50）：17426-17434
[195] Wang Z，Liu G，Huang S. In situ generated Janus fabrics for the rapid and efficient separation of oil from oil-in-water emulsions. Angewandte Chemie International Edition，2016，55（47）：14610-14613
[196] Zhang M，Wang C，Wang S，Shi Y，Li J. Fabrication of coral-like superhydrophobic coating on filter paper for water-oil separation. Applied Surface Science，2012，261：764-769
[197] Fan J B，Song Y，Wang S，Meng J，Yang G，Guo X，Feng L，Jiang L. Directly coating hydrogel on filter paper for effective oil-water separation in highly acidic，alkaline，and salty environment. Advanced Functional Materials，2015，25（33）：5368-5375
[198] Ge D，Yang L，Wang C，Lee E，Zhang Y，Yang S. A multi-functional

oil-water separator from a selectively pre-wetted superamphiphobic paper. Chemical Communications，2015，51 (28)：6149-6152

[199] Li D，Gou X，Wu D，Guo Z. A robust and stretchable superhydrophobic PDMS/PVDF @ KNFs membrane for oil/water separation and flame retardancy. Nanoscale，2018，10 (14)：6695-6703

[200] Yan H，Lu X，Wu C，Sun X，Tang W. Fabrication of a super-hydrophobic polyvinylidene fluoride hollow fiber membrane using a particle coating process. Journal of Membrane Science，2017，533：130-140

[201] Kansara A M，Aswal V K，Singh P. Preparation and characterization of new poly (dimethylsiloxane) membrane series via a "cross-linking" reaction using monomolecular trichloro (alkyl) silane of different alkyl chain and type. RSC Advances，2015，5 (64)：51608-51620

[202] Chen S，Li X，Li Y，Sun J. Intumescent flame-retardant and self-healing superhydrophobic coatings on cotton fabric. ACS Nano，2015，9 (4)：4070-4076

[203] Tang X，Si Y，Ge J，Ding B，Liu L，Zheng G，Luo W，Yu J. In situ polymerized superhydrophobic and superoleophilic nanofibrous membranes for gravity driven oil-water separation. Nanoscale，2013，5 (23)：11657-11664

[204] Lyu J，Wang X，Liu L，Kim Y，Tanyi E K，Chi H，Feng W，Xu L，Li T，Noginov M A. High strength conductive composites with plasmonic nanoparticles aligned on aramid nanofibers. Advanced Functional Materials，2016，26 (46)：8435-8445

[205] Yang J，Wen G，Gou X，Song H，Guo Z. A study on the manufacture of Kevlar membrane modified by inorganic nanoparticles with universal applicability in separating diffident types of emulsions. Journal of Membrane Science，2018，563：326-335

[206] Zhang L J，Guerrero-Juarez C F，Hata T，Bapat S P，Ramos R，Plikus M V，Gallo R L. Dermal adipocytes protect against invasive Staphylococcus aureus skin infection. Science，2015，347 (6217)：67-71

[207] Li P，Poon Y F，Li W，Zhu H Y，Yeap S H，Cao Y，Qi X，Zhou C，Lamrani M，Beuerman R W. A polycationic antimicrobial and biocompatible hydrogel with microbe membrane suctioning ability. Nature Materials，2011，10 (2)：149

[208] Yang Q，Li M，Spiller O B，Andrey D O，Hinchliffe P，Li H，Ma-

clean C，Niumsup P，Powell L，Pritchard M. Balancing mcr-1 expression and bacterial survival is a delicate equilibrium between essential cellular defence mechanisms. Nature Communications，2017，8 (1)：2054

[209] Nine M J，Tran D N，Elmekawy A，Losic D. Interlayer growth of borates for highly adhesive graphene coatings with enhanced abrasion resistance，fire-retardant and antibacterial ability. Carbon，2017，117：252-262

[210] Brobbey K J，Haapanen J，Gunell M，Mäkelä J M，Eerola E，Toivakka M，Saarinen J J. One-step flame synthesis of silver nanoparticles for roll-to-roll production of antibacterial paper. Applied Surface Science，2017，420：558-565

[211] Xu Z，Li M，Li X，Liu X，Ma F，Wu S，Yeung K，Han Y，Chu P K. Antibacterial activity of silver doped titanate nanowires on Ti implants. ACS Applied Materials & Interfaces，2016，8 (26)：16584-16594

[212] Wen G，Guo Z. Nonflammable superhydrophobic paper with biomimetic layered structure exhibiting boiling-water resistance and repairable properties for emulsion separation. Journal of Materials Chemistry A，2018，6 (16)：7042-7052

第6章　吸收型油水分离

如前面所讲，从油水混合物中分离油和水是为了应对由工业溢油和含油废水引起的威胁。同时，在油气开采过程中，额外产生的水（可能是经济负担和淡水资源的风险）可以在进行适当的油水分离后，成为重要的淡水资源。为了对油水混合液体进行分离，所应用的材料需要具备一定的表面粗糙度与较低的表面能。然而，由于疏水性修饰剂的热力学不稳定、昂贵且复杂的方法以及缺乏环保型修饰剂等问题，大多数疏水性表面的实际应用受到了极大的限制，但实际情况却要求这些应用的瓶颈有所突破。在我们的生产生活中，能源主要通过开采的碳氢化合物而获得，而这可能会导致对环境和经济产生不利因素，如灾难性的石油泄漏，这对生命和环境将会造成巨大的威胁。而若油气开采过程中产生的水管理不当，会对环境造成严重的二次污染，也会造成极大的经济损失。但若经过适当的处理，这些水资源也可以成为重要的淡水来源。在处理前，这类水一般都会富含多种碳氢化合物，而溢出的油或共同产生的水将会以多种方式影响生物的生命，如不及时清理，将会造成无法挽回的生态后果。这些事故实实在在发生在我们的生活中。我们再次列出进入21世纪以来重大的石油泄漏事故，以示警醒。2010年4月20日至7月15日期间，有许多报告都指出墨西哥湾存在着大量的石油泄漏，有数百万升石油（每天60000桶石油）直接泄漏到了海洋中。2013年4月，壳牌管道泄漏了将近113m^3的原油，而该管道与墨西哥湾的水路直接相连。2016年3月，一艘轮船在中国台湾北部海岸线附近发生石油溢出事故，造成了严重的污染。2016年9月14日，当台风莫兰蒂席卷港口城市时，高雄港的船只发生了灾难性的漏油事件。溢油事件都会极大地影响地球的生物圈，打破环境中的生态平衡，在经济上也会对渔业和相关产业产生极大的负面影响。因此，就得克萨斯州深水石油泄漏事件而言，2015年7月，英国石油公司同意支付（美国）187亿美元的罚款，这是美国历史上最大的企业罚款。为了应对这些严重的环境污染事故，不仅需要从环境管理以及政策方面预防此类事故的再次发生，也需要具备成本效益与大规模应用的油水分离材料来对污染的水进行系统性的修复。

除此之外，换个角度看问题，在石油开采过程中，所共同生产的水量也是巨大的，平均每桶石油产生3桶水，而若经过净化处理，将有助于缓解世界上不断增长的淡水短缺，尤其对于灌溉，因为光灌溉就消耗了全球每年淡水总产量的70%以上。而在全球范围内，有数百万个油气井，每天可以生产超过2.1亿桶（3340万m^3）的水。因此，寻找用于从共同产出的水中去除油的低成本的解决方案将是淡水生产及净化领域的有利选择，并且是对石油生产水管理的经济和环境非常有益的解决方案。通过调节材料表面的润湿性，生产兼具超疏水性和超亲油性的固体表面是解决油水分离的有效方法之一。

正如前面所提及的，表面润湿性是固体表面的重要特性之一，通常以接触角来表征液体对固体的浸润程度。1997年，德国植物学家Barthlott和Neinhuis首次揭示了以荷叶为代表的植物叶面微结构和疏水性蜡状物质共存作用引起的超疏水现象，并阐明了超疏水与自清洁的关系[1]。在这一基础上，我们组提出荷叶表面微米结构的乳突上存在纳米结构，而这种纳米结构与微米结构乳突相结合的双层结构是防污自洁的根本原因[2]。由于在自清洁材料[3]、微流体[4]、抗结冰[5,6]等众多领域都有广泛的应用前景，超疏水表面已经引起了科研人员极大的兴趣和广泛的关注[7-9]。

所谓超疏水表面一般是指与水滴的接触角大于150°且滚动角小于10°的表面，这种表面在工农业生产及日常生活中有着广泛的应用，例如，集水功能[10,11]、微流体装置[12,13]、抗结冰[5]等。在自然界中，除了荷叶[14]外，还有许多其他生物具有超疏水性，如蚊子复眼[15]、水黾腿部[16]、蝴蝶翅膀[17]、壁虎脚掌[18]、沙漠甲壳虫背部[19]等。研究发现，这些超疏水性生物表面的微纳米结构对其超疏水性起着至关重要的作用。因此，受这些自然超疏水现象的启发，人们在仿生超疏水方面进行了不懈的探索和研究。超疏水材料一般可以通过两种方法来制备：一种是在粗糙表面修饰低表面能物质，另一种是在疏水材料（一般其接触角大于90°）表面构筑粗糙结构。对于表面能较低的材料而言，在其表面构筑微纳米粗糙结构是实现超疏水性能的关键环节。

随着工业含油废水排放的增加和海洋石油泄漏的频繁发生，如何高效实现油水分离成为当今研究的热点之一。近年来研究发现，兼具超疏水性和超亲油性的固体表面是解决油水分离的有效方法[20-22]。我们课题组在2012年制备出超疏水的织物和海绵[22]，并可多次循环利用于油水分离。快速增长的全球能源需求加剧了原油的开采。与此同时，增加的漏油和溢油事故已成为最受关注的环境问题之一[23-25]。海洋资源很容易受到这种人为灾害的影响。例如，埃克森·瓦尔迪兹大规模溢油事故给该栖息地近30万种生物带来了致命的破坏，长期的生态影响仍然存在[26]。因此，油水分离已经成为研究界和工业界新兴和快速发展的领域。大规模溢油事故的常规对策包括化学分散剂的降解、原位燃烧和真空抽吸[27,28]。然而，所有这些方法都被证明是昂贵的、相对低效的，甚至会导致二次污染。更重要的是，为了回收珍贵的石油资源，非常需要从水中选择性地除去油。因此，开发能够以选择性、有效和环保的方式分离油水混合物的先进材料变得非常迫切，并且已经获得了重要的研究成果。近年来，特种可湿性材料的开发已成为材料研究的热门话题[9,29,30]。特别是，对油和水具有明显相反亲和力的特殊可湿性材料被认为是最有希望的选择性油水分离材料[31-33]。具体地说，两种特殊的可润湿性材料适用于油水分离，即疏水和亲油材料，以及亲水和疏油材料。从理论上讲，润湿行为取决于材料的表面化学性质，并可通过其表面结构进一步提高[34,35]。例如，如果材料的表面张力介于水和油的表面张力之间，它将显示出疏水性和亲油性。具有适当的表面纹理，其润湿行为可以调整为超疏水性和超亲水性。实际上，大多数报道的具有特殊润湿性的先进材料可用于选择性地分离油水混合物，表明它们的表面化学和表面结构之间的协同效应。

作为一个典型的例子，Jiang 等 2004 年提出并证明了使用超疏水和超亲油材料进行选择性油水分离的概念[21]。随后，进一步开发了许多具有特殊润湿性能的创新材料。到目前为止，特殊的可湿性材料可以根据用于油水分离的方法分为两种类型，即过滤材料（例如，网状物、纺织品、膜等）和吸收材料（例如，颗粒、海绵、气凝胶等）。过滤材料仅允许油或水渗透，同时防止另一种物质通过，从而选择性分离。吸收材料选择性地将油或水吸收到其表面上并进入其内部空隙中，但当暴露于油水混合物时排斥另一相。基于以上背景，在下文中，我们概述了具有特殊润湿性能的三维多孔材料的最新发展，用于选择性油水分离，我们将其按表面性质分为两类，即超疏水-超亲油的三维多孔材料与超亲水-水下超疏油的三维多孔材料。然后，我们将重点介绍一些最近的代表性研究工作，重点是它们的润湿性和创新性，并讨论它们的优缺点。最后，将介绍目前的挑战和未来的研究方向。

先前已经有数种采用传统技术来清理油溢出并分离烃类开采过程中共同产生的油相和水相的方法，其中包括物理修复技术（浮选、真空和离心、水力旋流）、过滤膜、生物修复（使用微生物或生物制剂）和原位燃烧。化学分散剂可用于消散浮油，而其他过程，如疏浚等物理过程，可用于石油清理和恢复。但是物理修复技术对抗海洋石油污染的主要缺点也有很多：①非常昂贵；②劳动强度大；③效率低；④难以储存和清洁；⑤拖曳灵活性差。而传统工艺缺点也很多，如生物修复。因为修复是一个极其缓慢的过程，而原位燃烧仅适用于低风条件下，并且容易通过空气传播造成二次污染。通过分散剂来净化油水混合物，可使溢出的油迅速分解成微小液滴，这些微小液滴会迅速混入水生系统并扩散到整个地表水中，对于地表的水生生物（植物、动物、珊瑚等）会造成致命的污染。考虑到吸附剂（沸石、活性炭、二氧化硅、合成聚合物等的纳米颗粒）使用简单并且成本低、吸油能力强、稳定性高、密度低、可回收性良好且对环境友好，大量吸附剂已被用于油水混合物分离。然而对于这类材料，目前研究的一个重要挑战是增加疏水性和亲油性并改善吸收材料的稳定性。

吸附材料对我们的生活来说具有重要意义，但它们在吸附能力、易分离性、可回收性方面有着诸多限制。在某些情况下，吸附材料还需要具备良好的生物相容性。尽管在过去几十年中对吸附材料进行了大量研究，但仍然需要更高性能的吸附材料，其可以是选择性的、更智能的和多功能的。虽然已经开发出各种具有特殊和可调节润湿性能的先进过滤材料用于选择性油水分离，但它们仍然难以从海水中原位除去溢出的油。一方面，大量的黏稠原油很容易污染过滤材料并堵塞孔隙；另一方面，重力驱动或压力驱动的过滤过程需要在过滤之前预先收集油水混合物。因此，通过吸收法分离油水已成为最有希望的策略之一，并受到最近的研究关注[36,37]。历史上，人们使用各种材料作为吸收剂去除水中的油和其他污染物，如农业副产品、矿物质、聚合物等[37-40]。然而，这些材料通常由于其较少的多孔结构而显示出非常低的吸收能力。此外，这些材料可同时吸收油和水。这种选择性的缺乏将进一步降低分离效率，并且无法实现油回收实际应用。因此，许多研究工作致力于开发具有特殊润湿性能的先进吸收剂，其可选择性地吸收油但排斥水。因此，迄今为止开发的大多数特殊可湿性吸收剂显示出疏水性和亲油性。

6.1 吸附型颗粒材料

吸附型材料用于油水分离已经获得了广泛的研究。粉末材料，如活性炭和沸石，也被看作清除溢油的潜在吸收剂。目前，利用兼具超疏水和超亲油性质来实现油水分离的固体表面大部分是基于织物、泡沫、铜网、海绵等，而仅借助超疏水颗粒来实现油水分离的文献报道较少，颗粒作为一种显示出与其他材料明显不同的外观的材料，可以从油性水中原位去除油和有机物而无须在分离之前进行任何油性水性预处理程序，具有巨大的应用优势。由于无毒、制造简单和磁响应性能，氧化铁纳米颗粒作为吸收材料，极大地吸引了科研人员的注意[41-44]。

但是，原始的氧化铁纳米颗粒可以被水和油润湿，因此需要对其表面进行改性，以使它们具有疏水性和亲油性。最近，各种疏水聚合物已经被涂覆在氧化铁颗粒上，构造核-壳结构复合型氧化铁颗粒。Xu 等报道了用超疏水磁性双尺度复合纳米粒子实现油水分离，且这些颗粒能多次利用[45]。复合颗粒表面的高分子疏水壳确保了该复合颗粒对油的选择性吸收，而且由于氧化铁颗粒可以响应外部磁场，该复合颗粒易于在吸附完成后从溶液中被收集。Tempesti 等描述了一种新型复合纳米颗粒。该纳米颗粒通过微乳液聚合，将磁性纳米颗粒嵌入聚苯乙烯珠粒中，形成具有磁响应性能的纳米颗粒，且所获得的材料可有效地上载分散在水中的油相。随着纳米颗粒被添加到水中，它们因为比水具有更大的密度而在待吸收液体中下沉和扩散。在此过程中，它们吸收油，并将其捕捉于颗粒中，使得颗粒本身密度降低。当纳米颗粒密度与介质的密度一致时，含油纳米颗粒将会自发地迁移到空气-水界面，借助于外部磁场，我们可以很容易地收集这些纳米颗粒。一旦这些含油纳米颗粒从油水系统中收集，纳米颗粒可以很容易地再生。通过其热重分析（TGA）测定，聚苯乙烯基质的化学稳定性高达 180℃。因此，在中等温度与低真空条件下，柴油可以很容易地从复合材料中蒸发出来，然后纳米颗粒又可以重新被用于进一步的油水分离过程。除此之外，我们还可通过改变共聚单体（苯乙烯磺酸钠）的量来控制纳米颗粒的尺寸，使其在亚微米范围内进行调节，从而可以控制这种纳米复合材料的特性，对特定的油水混合物进行油水分离[46]。

我们组借助于多巴胺在 Fe_3O_4 纳米颗粒表面自聚合形成聚多巴胺薄膜制备出 Fe_3O_4/聚多巴胺（Fe_3O_4/PDA）复合纳米颗粒，利用扫描电子显微镜、透射电子显微镜、X 射线衍射仪对样品的形貌、结构及成分进行分析。所制备的颗粒经 1H，1H，2H，2H-全氟癸基三氯硅烷化学修饰后表现出超疏水性，且纳米颗粒具备磁响应性能，能通过外部磁场进行收集。与水滴接触时，能包裹在水滴表面形成磁性液珠，该液珠（9.5μL）在亲水性玻璃表面上的接触角高达 164°，滚动角为 8°，如图 6-1（a），（b）所示。这些磁性液珠具有良好的机械稳定性和强度。与此同时，我们还研究了外部磁场驱动液珠在平面、曲面、油相中运动。结果表明，磁性液珠能够有效应用于操作微流体装置中的液体输送。水滴在 Fe_3O_4/PDA 纳米颗粒构成的表面的接触角超过 150°，而油滴则接近 0°，即水滴在超疏水的 Fe_3O_4/PDA 颗粒粉末的表面上会呈现球形，而油滴在此表面上几乎是完全润湿的，如图 6-1（c），（d）所示。因此，利用 Fe_3O_4/PDA 颗粒粉末的超疏水性和超亲油性能进行油水分离。如图 6-1（e）所示，将被染红的正己烷滴在水中，随后加入超疏水磁性颗粒，这些颗粒会自发地包裹在正己烷周围（图 6-1（f）），在外部磁场的驱动下，磁性颗粒会携带油滴向磁条靠近，使正己烷和水分离（图 6-1（g））。由此可见，磁性超疏水 Fe_3O_4/PDA 颗粒不仅能进行油水分离，而且能在磁场的控制下运输所分离的油。此外，我们进一步测试了超疏水 Fe_3O_4/PDA 颗粒的油水分离效率，0.005g Fe_3O_4/PDA 颗粒能吸收 0.0462g 的正己烷。而且，这些超疏水颗粒用乙醇超声清洗回收后仍然保持着超疏水性，可多次循环用于油水分离。因此，在磁场存在下，这些颗粒能用于吸收油水混合物中的油滴而实现油水分离。此外，回收的 Fe_3O_4/PDA 纳米颗粒保持其特殊的表面功能特性且能再次利用[47]。

基于此项研究，我们又制备了 Fe_3O_4@PDA@Ag 复合纳米颗粒。以 Fe_3O_4 为核，使用 PDA 作为中间层，并在其表面均匀分布银纳米颗粒，制备了核-壳结构。通过硅烷化和硫醇修饰，使高分子疏水长链与 Fe_3O_4@PDA 及其外表面分

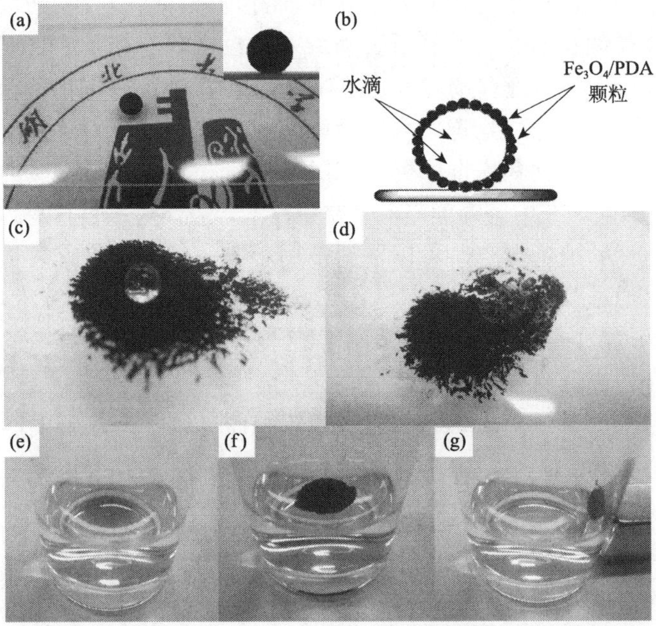

图 6-1　(a) 磁性液珠 (9.5μL) 置于玻璃上 (插图是液珠的静态接触角示意图); (b) 磁性液珠的示意图; (c) 水滴在超疏水 Fe_3O_4/PDA 颗粒粉末上; (d) 油滴在超疏水 Fe_3O_4/PDA 颗粒粉末上; (e) ～ (g) 油水分离过程[47]

布的银纳米颗粒结合，从而使复合颗粒具备超疏水性。在用 1H,1H,2H,2H-巯基-癸硫醇进行表面改性后，Fe_3O_4@PDA @ Ag 纳米颗粒变得高度疏水。SEM 图像显示，在 Fe_3O_4 纳米颗粒上包覆 PDA 和 Ag 颗粒之后，在 Fe_3O_4 表面构筑了具有一定粗糙度的表面 (图 6-2 (a), (b))。TEM 图像清楚地显示了该复合颗粒的核-壳结构 (图 6-2 (c))。将制备好的纳米颗粒与少量水滴接触，轻微滚动，水滴会形成“液体大理石”，并能通过磁体在各种固体表面上进行远程驱动，例如，玻璃板、纸张、塑料、纺织品和陶瓷以及液体-空气界面。该纳米颗粒可充当用于操纵内部液滴的小型化反应器，并具有极高的定位精度。此外，Fe_3O_4@PDA @ Ag 纳米颗粒是多功能的，可用于油水分离和抗菌。该复合颗粒可以选择性地从水表面吸收正己烷，如图 6-2 (d) 所示，该纳米颗粒具有对油的快速吸收性质。在吸收之后，内部吸附了油的纳米颗粒可以很容易地通过磁体收集，并可通过清洗干燥后，再次进行吸附循环[41]。为了促进更容易、更高效乃至自动的油清洁，Guix 等使用人工纳米机器来有效地相互作用、捕获、运输和去除油滴。基于修改具有超疏水层的微管发动机，该超疏水层能够通过其与在粗金表面上产生的长链自组装单分子层的强黏附力来吸附油。在 PEDOT/Pt 微型纳米机器 (PEDOT：聚 (3,4-亚乙二氧基噻吩)) 的表面上涂覆 Ni 和

Au 层之后，疏水性十二烷硫醇可以牢固地附着在微型潜艇上（图 6-2（e），(f)）。如此开发的疏水性微型纳米机器可以自行推进油滴。由于疏水性和亲油性，微型纳米机器可以选择性地收集和输送油滴（图 6-2（g））[48]。

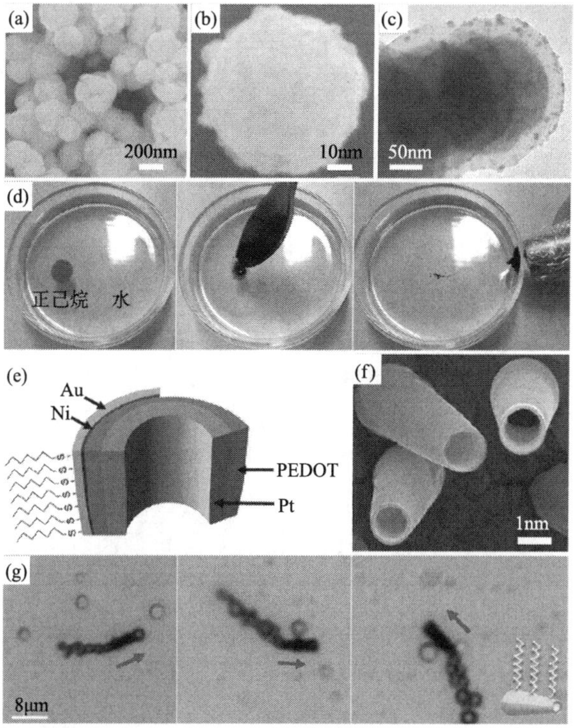

图 6-2　Fe_3O_4@ PDA @ Ag 纳米颗粒的 SEM（a）、高放大倍数 SEM（b）和 TEM（c）图像；（d）油水分离过程和磁铁收集磁性纳米颗粒的过程[41]；（e）正十二烷基涂覆的微型元件的结构示意图；（f）微型元件的 SEM 图像；（g）光学显微镜图像显示微型元件接近油滴（左）、与油滴接触（中间）和输送油滴（右）的过程，箭头表示微潜运动的方向[48]

除了制备磁性纳米颗粒，构造核-壳结构纳米颗粒进行油的吸附也被广泛使用。在这里，Fe/Fe_3C 也被采纳去构筑吸油型油水分离材料。Zhang 等开发了一种简便且可扩展的原位合成策略，使原料同时模板石墨化，来制造碳稳定的 Fe/Fe_3C 纳米粒子[49]。所制备的纳米颗粒均匀地嵌入多孔碳板中，形成了在废水处理中具有优异吸附性能的吸附剂。在合成中，通过金属前体与琼脂官能团的配位，将石墨催化剂前体（$Fe(NO_3)_3$）和模板剂（$Al(NO_3)_3$）同时引入琼脂水凝胶中，从而同时实现原料在热处理下碳源的模板化和石墨化。具有高表面积（1023.2m^2/g）的多孔碳板表现出极高的吸附容量和对染料的快速吸附。以亚甲蓝（MB）、甲基橙（MO）和结晶紫（CV）为模型污染物，该多孔碳板对这些污染物的最大吸附容量分别达到 1615.9mg/g，1062.4mg/g 和 1728.3mg/g。此外，由于铁离子的引入，纳米颗粒具有磁分离的可能性，这也促进了其在废水处理中的大规模应用。这种多功能材料可以潜在地用作超吸附剂，以有效地去除废水中的污染物。

除了通过掺杂磁性纳米颗粒对吸附材料进行收集外，Li 等设计了一种新型的聚砜（PSF）微球材料，可用自制的收集工具将吸油的微球从水面分离出来[50]。通过水包油包水乳液制备溶剂蒸发法，制备了具有空心多孔结构的 PSF 微球。他们发现 PSF 微球的形态可以通过改变表面活性剂的种类来控制，通过选择油酸、聚（乙烯基吡咯烷酮）和吐温 80 来调节 PSF 微球的表面形貌。制备的这三种微球作为吸附剂，可以进行选择性的油水分离，从水中有效地去除油。空心多孔的结构赋予了该微球吸附剂极其优异的吸附性能，可以高效率地实现油水分离，比原始 PSF 粉末的吸收效率高大概 44.8 倍。除此之外，该微球尺寸合适，具有极高的疏水性和超亲油性以及吸油后的不沉降性。将该吸附剂添加于油水混合物中，微球可快速均匀地分布在溶液内，对混合体系中的油相进行收集。吸油后的颗粒会主动漂浮于液体表面，通过其特定的收集工具，可以轻易将吸油的微球从水面分离出来，展现了极强的可回收性。吸收后的微球经洗涤后，可重复多次使用。

然而，这些传统的粉末吸收剂非常难以处理，尤其在重新收集的过程中，很容易造成二次污染。因此，如何让吸收剂变得易于回收，成了很多科学家致力的方向。在这种情况下，磁性碳复合材料为我们提供了极其可行的解决方案。据报道，Fe_3O_4-石墨烯/碳材料具有染料去除能力，先前还报道了疏水性二氧化硅涂覆过的磁铁矿-碳材料对油的吸附。然而，这些吸附剂的性能极其平庸[51]。例如，Zhu 等在文献中报道了一些性能较佳的吸附系统（疏水性海绵和疏水性二氧化硅包覆的磁性纳米颗粒）显示出吸附容量（定义为吸附污染物重量与吸附剂重量的比值）分别为 19 和 3.8[51,52]。另外一种具有热稳定性的自组装纳米线薄膜的吸附容量约为 20[53]。

然而，MOF 材料的出现，为科研人员提供了一种设计吸附材料的新思路。MOF 是近几年提出的一种具有高孔隙率且规则的多孔结构材料。该材料是由金属离子或簇和有机配位体连接合成的多孔结晶材料，由于在气体选择性分离、催化、传感和污染物控制方面的巨大潜力而引起了科研人员的极大兴趣[54-56]。由于 MOF 具有高比表面积和均匀的孔径、能以不同的金属为中心、可控的官能团和电荷等特点，其被认为是各种系统中环境净化和污染物过滤的候选者。因此，将 MOF 制造成各种多功能器件已是当前该材料的一种发展趋势[57,58]。使其满足实际需要时，通常，基于 MOF 的膜及通过静电纺丝和铸造制成的纤维对宽工作温度范围的耐受性差，同时，制备具有多功能的 MOF 基装置以有效处理多种污染物系统仍然具有挑战性。因此，亟须设计具有在各种工作温度和恶劣条件下容易获得的可应用的柔性且坚固的装置，并在生产中扩大规模。但是，大多数 MOF 具有亲水性孔道，且在暴露于水性环境甚至高湿度条件下时，结构非常不稳定，而这也阻碍了其在油水分离中的应用。MOF 由于孔隙体积大、内表面积大而备受关注，但是，当其暴露于水中时，大多数 MOF 的稳定性将变得脆弱，从而其实际应用产生关键问题。因此，对水敏感 MOF 的后合成修饰是必不可少的。最近，Yang 等提出了一种新型的由 Ag（I）和 3,5-双（三氟甲基)-1,2,4-三唑盐构成的含氟金属有机骨架（FMOF）。其内部的孔道表面由含氟的内衬材料组成，并且不含氢元素[59]。实验表明，水分子无法通过该 FMOF 的内部孔道，且其对碳链为 6～8 的烃表现出较高的亲和力。但是，银的引入提高了该有机骨架的制备成本，使其无法大规模生产。最近，Wang 等报道了一种新的基于铜的 MOF 材料，即 Cu_2L（L＝3,3′,5,5′-四乙基-4,4′-联吡唑)[60]。该材料具有一定的疏水性及水稳定性。Cu_2L MOF 可以从水性环境中选择性地除去碳链为 6～8 的烃，且分离性能优异，具有较快的吸收速率（在 15min 内达到 MOF 的最大吸附容量)。通过改性使这些 MOF 材料拥有优异的化学稳定性和疏水性，可用于选择性油水分离的新型多孔材料。

为了改善这一情况，我们组尝试通过一种简单易行的方式改善水敏性 NH_2-MIL125（Ti）MOF，并讨论了其染料吸附的机理[61]。我们提供了一种简便的方法来赋予水敏感的 NH_2-MIL125（Ti）MOF 超疏水性，使其对水产生极强的抵抗力。通过用 PDMS 修饰，该材料表现出极强的超疏水性（CA＝151°±2°），且在水中浸泡 7 天后，仍能保持高结晶度和完整孔隙率。除此之外，改性后的 MOF 对染料的吸附容量远高于初始 MOF 材料。基于此类研究，我们又制备了 NH_2-UiO-66MOF 材料[62]。我们将这种材料负载于羟基磷灰石纳米线组成的纸质基底上，使其可以处理多种污染物系统。负载的 MOF 材料主要作为空气过滤介质和染料及油的吸附负载颗粒，因为它具有化学官能团，确保与污染物颗粒和染料的稳固相互作用。另外，此无机纸在无需任何化学修饰的情况下，在空气中具有稳定的超亲水性和水下超疏油性（大于 150°），并且可用于有效分离水包油乳液。因此，所获得的多功能无机纸显示出在空气相和液相中有效过滤复杂污染物的巨大潜力。

此外，Banerjee 等提出了一种 MOF 衍生系统，其在油水混合体系中展示出了前所未有的油吸附能力[63]。该体系是通过在氩气氛中热解含铁 MOF，合成具有 Fe_3O_4 纳米颗粒的高表面积碳复合物。这种材料展现了其作为可回收环境超吸收剂的优异性能。通过改变退火温度来制备具备不同性能的 MOF 复合材料，而不同温度退火的材料均展现了其独特的疏水性和表面积特征。在较低温度下获得的复合物在性质上更具疏水性并且显示出对油和烃吸附的潜力。另一方面，在稍高的温度下获得的复合物具有较低的疏水性，因此可以分散在水中。因此，该特定体系显示出更高的染料和苯酚去除强度。通过将复合材料与含有分散在培养皿中的水中的润滑油的系统物理混合来进行除油研究。有趣的是，这种材料可以对污染油立即吸附，且可以被磁铁回收。将吸油的复合体系在乙醇中分别超声处理两次，每次 15min，以确保油的完全回收。通过该方法从材料中除去油并将其回收，将纳米颗粒在乙醇中洗涤，再在 60℃下干燥后重复使用吸附剂。他们发现，该材料还可以在水相中对癸烷、十二烷和辛烷的烃等进行吸收分离。与此同时，他们还研究了该材料吸附油的可循环性。其对油和碳氢化合物的吸附，可以达到 9 个循环。除此之外，该材料展现了极大的吸附容量（材料吸附油前后重量的差值除以原始重量）。该材料吸附的油超过其自身重量的 40 倍。对于涉及油的过程，每个循环中的吸附容量显示出非常缓慢的下降和随后在大量循环中的稳定性。在整个过程中，碳氢化合物吸附基本保持恒定，这表明该材料具有惊人的可回收性。这种功能性纳米复合材料被证明是一种优良的可回收超吸收剂，用于去除和回收如油、酚和染料等污染物。

6.2 聚合物海绵及泡沫

由于极端润湿表面具有特殊的润湿性，这类材料在生活中有着广泛的应用，如自清洁[64]、耐腐蚀[65,66]、防冰[67]等。同时，随着相关研究领域的发展，也出现了一系列创新型应用，包括减阻[68]、能量转化[69,70]、液滴操纵[71]和水收集[72,73]，尤其是油水分离应用。随着工业废水和溢油事故造成的全球石油污染事故逐渐增多，从水中分离和去除油或有机污染物变得非常迫切[74,75]。与传统的高能消耗分离方法如蒸馏、离心、电泳和加压过滤不同，超疏水材料为高效低能耗的油水分离开辟了一条新途径。Jiang 等首先根据材料对油和水的极端润湿性的不同，通过对网状或具有一定 3D 结构的基底进行改性，成功从混合物中分离出油及各类有机污染物[21]，并探讨了各种材料所具备的特殊润湿性应用于油水分离的可能性，这也引起了研究人员的极大关注[33,76,77]。

例如，Jiang 和同事制作了一种稳定的超疏水和超亲油性 ZnO 涂层不锈钢网膜，可有效分离油水混合物[78]。Guo 等以多孔材料为基底，通过改性，制备出了稳定的超疏水和超亲油材料并可用于油水分离[79]。Li 和同事报道了织物表现出的超疏水和超亲油性能，可用于从水中捕获油污[80]。毫无疑问，多孔材料，尤其是吸收型油水分离材料在分离油水混合物领域具有优异的性能。

除了上文提到将各种粉末用于油水分离的吸收剂之外，目前的主流方案是对 3D 多孔基材进行直接疏水改性来制备特殊可湿性吸收材料。聚合物海绵具有 3D 多孔结构，且其成分低廉，机械强度稳健，具有极好的弹性并已有大面积的工业规模制造及应用，为我们提供了一种极好的基底材料。然而，它们中的大多数可以吸收水和油，这使得它们不适合从油水混合物中选择性地除去油。因此，可以通过将各种低表面能聚合物涂覆在这些海绵的表面上，增强它们的防水性和吸油性[81-84]。在选择性油水分离过程中，表面疏水性、亲油性和毛细管力的促进作用，使材料可以自发从混合体系中吸油，而3D吸收材料内的多孔结构为吸收油提供了储存的空间。因此，3D吸收材料在油水分离过程中的选择性吸收能力受到了两个因素的影响。第一个因素是其多孔结构的密度。多孔吸收材料的密度与计算的吸附容量成反比，吸收材料的表观密度由其孔隙率决定。因此，如果吸收材料是高度多孔的并且密度较低，则可以吸收更多的油。第二个因素是表面疏水性。表面疏水性是影响材料吸油能力的另一个重要参数。如果表面疏水性较差，则水可能与吸收表面相对强烈地相互作用，导致吸油量降低。相反，高度疏水或超疏水表面可以完全排斥水，并为吸油提供更大的毛细力。通过对材料分层表面纹理的合理设计可以极大地改善材料表面的疏水性。因此，用于选择性油水分离的良好吸收剂应有效地具有以下标准：低密度和高孔隙率、低表面能和合适的表面纹理，促进其超疏水性和超亲油性、稳健的机械性能、良好的可回收性和可扩展的制备。Shuai等通过将PDMS涂覆在PU海绵上，制备出了PDMS-TiO_2涂覆的PU海绵[84]。由于低表面能物质的引入，该海绵对水的接触角从109°增加到140°。而掺入的TiO_2纳米颗粒增强了表面的粗糙度，使PDMS-TiO_2涂覆的PU海绵可以具备超疏水性，对水的接触角可以达到154°。但是大多数疏水性改性剂是有毒的，而且不环保（例如，含氟聚合物、聚硅氧烷等），这极大限制了吸附型油水分离海绵材料的应用。因此，许多具有固有疏水性的碳基材料（例如，石墨烯、CNT等）也已被用作涂层材料与商用型海绵基底相结合来进行改性处理[85-87]。

然而，大多数聚合物海绵都具有一个难以避免的缺点，就是对高温与火焰的不稳定性。它们的3D骨架在高温下可能会融化并且甚至在遇到火焰的时候完全燃烧而被破坏。因此，无法通过燃烧再生的方法对这种材料进行再加工利用。而当该材料充分吸收油后极易被点燃，这也增加了这类材料在使用时的风险以及运输成本。因此，通过采用耐火性聚合物来设计和制备聚合物海绵是一种极好的解决策略。三聚氰胺基海绵由于具备极高的氮含量，表现出了极其优异的耐高温性和防火性能[88,89]。Ruan等通过将聚多巴胺与商品化三聚氰胺海绵结合，并采用1H,1H,2H,2H-全氟代脲对材料进行官能化，制备出了超疏水及超亲油性海绵吸附材料[89]。在经官能团修饰后，该三聚氰胺海绵不仅保留了其高度紧密互连的多孔结构，而且其表面由两亲（亲水亲油）表面变为了超疏水超亲油表面，除此之外，该海绵还表现出了极其优异的阻燃性能。当三聚氰胺海绵与火焰接触并被点燃时，其表面上的火焰在21s内迅速熄灭，而且大部分海绵未燃烧。该功能型海绵材料在极端工作条件下也表现出极高的稳定性。例如，长时间暴露于−196℃或200℃的温度下，该海绵仍然能保持优异的超疏水性。与常规碳基3D结构吸收剂相比，聚合物海绵通常表现出优异的弹性。在1000

次压缩-释放循环后，所制备的三聚氰胺海绵在弹性行为方面没有变化。

用于油水分离的疏水性吸收材料的吸收能力是评价该类材料吸收性能的关键参数。而多孔吸收材料用于油水分离首先需要解决的问题是如何提高其吸收能力。目前有两种主流方法：①制备大量的吸收材料；②在清洁大量溢油的同时保持油的运输，使油不会长时间被吸附于吸收材料的3D孔洞中。但这两种方法都受到吸收材料的容量限制，因此，如何提高吸收材料的容量是一个十分紧迫而又重要的任务。目前，已经有了许多创新且有效的方法来连续收集溢出的油，使吸收过程不再受吸收剂的体积或重量的限制[90,91]。例如，Ge等将疏水性和亲油性聚合物海绵与泵结合以形成吸收剂泵送系统[90]。将海绵部分地浸入油水混合物中，通过泵系统可以连续地从水表面抽出油，而且在整个吸附的过程中，不会受到海绵的容量限制。更重要的是，模拟和实验结果证明，该系统具备自调节特性，可以确保没有水被吸收到收集容器中，从而导致更有效的选择性油水分离。

除此之外，从原材料着手，改善海绵材料的可回收及吸附性能也是目前吸收型油水分离材料的研究热点。作为碳族成员，炭黑（CS）是由碳氢化合物的不完全燃烧（例如，蜡烛、柴油机废气、燃烧火焰、来自发电厂的废气）产生的，且在石墨烯、碳纳米管和活性炭生产中，展现了极其优异的生产可扩展性与成本效益[92-94]。然而，热门的碳材料，如石墨烯、碳纳米管与活性炭，均受到了广泛的研究，但是在探索其潜在应用方面，炭黑材料几乎没有受到关注[95-97]。2006年，Uchida等报道了使用柴油发动机中生成的CS合成碳纳米管[96]。最近，Deng等采用蜡烛产生的CS材料构筑了透明坚固的超疏水涂层[95]。这些工作都说明了在生产生活中产生的日常废弃物CS也可以被利用，而不是单一地对我们的环境和健康产生影响[98,99]。当然，这类材料也可被用于环境净化。Gao等证明了常见的日常废弃产物CS可被用于制备低成本的吸收剂以去除水中的油污染物[100]。他们证明了CS可用于开发具有极低成本的吸收海绵（CS海绵），并可以极其高效地去除水中的油污染物。CS海绵可通过简单的浸涂方法制备，无须进一步对材料进行表面改性和预处理。并且CS来源丰富，成本低，在大多数燃烧过程中都很容易获得，而具有多孔结构的三聚氰胺海绵也是成本极低的一种材料。该海绵在本研究中被作为CS海绵的基本骨架，CS将会附着于表面。通过将CS分散于1,2-二氯乙烷溶液中，再浸涂于海绵上，将CS引入多孔结构中，不需要任何进一步的表面处理，便可制备出CS海绵。CS海绵对污染物具有极高的吸收能力，适用于从油类到各类有机污染物。其吸收能力为其自身重量的25～80倍，并可重复回收利用10次以上，且吸收能力没有明显降低。因此，该CS海绵不仅为我们提供了一个变废为宝的方式，也为人为造成的水污染提供了一种有效且成本较低的补救措施。Khosravi等也提出了一个新颖的方法，通过简单的气相沉积方法，将聚吡咯涂覆在聚氨酯海绵上，随后通过在棕榈酸溶液中浸涂改性，获得了具有高度疏水和高亲油性的海绵[101]。由于该海绵具备高疏水性、高孔隙率和强机械稳定性的特点，因此表现出了极其优异的全体积及高选择性吸收能力和优异的可回收性。在他们的研究中，该海绵具备从各类油水混合物中吸收有机污染物及油的能力。他们还研究了该海绵材料对污染物长期吸收的循环效率。发现这类海绵在多次使用后仍具有良好的吸油能力，因此具有极强的回收循环性。更重要的是，海绵中吸附的油可以通过简单的机械挤压方式排出，且可与前面所提的真空泵系统相结合，连续吸收水面上的油及有机污染物。这项工作为制备高疏水性和高亲油性海绵提供了简单、便捷和低成本的途径，而且这些海绵在从海洋和水生系统中大规模去除溢油和有机污染物方面具备极强的应用潜力。

随着材料科学和仿生领域的显著发展，现在已经出现了许多制备超疏水材料的技术，包括水热技术[102]、蚀刻[103]、组装[104]、相分离[105]、电沉积[106]、CVD[107]和静电纺丝法[108]。而在这些方法中，涂覆方法因为简单，可适用于各类基底，而成为制备超疏水表面的最常用的几种方法之一。例如，Xue 等使用聚苯乙烯/SiO_2 核-壳纳米粒子作为涂层骨架，通过聚二甲基硅氧烷修饰，使其疏水互连，制备出了具有持久的超疏水性能的表面[109]。Li 的团队通过使用简单的一步喷涂工艺将硬脂酸盐颗粒悬浮液涂覆在不锈钢基材上制备了有色自清洁超疏水涂层[110]。而所制备的涂层表面在苛刻的酸性和碱性环境下仍然能保持优异的化学稳定性。Hu 等通过浸涂法和热处理在合金基体上制备了超疏水 TiO_2 薄膜[111]。所制备的样品表面对于水的接触角可达 170°以上，而且表面具有极其优异的耐腐蚀性。当然，除了将涂料涂覆于固体刚性基底上用作功能性或保护性涂层之外，超疏水性涂层还可涂覆于多孔软质材料以用于油水分离。例如，我们组通过模板法合成了空心超疏水 SiO_2 粉末，并通过改性剂改性，让其具备超疏水性，再将涂料与海绵的 3D 网状结构相结合，制备出可用于油水分离的超疏水海绵[112]。Li 等通过简便的溶液沉积工艺将超疏水和超亲油性 SiO_2 粉末涂层涂覆于聚氨酯海绵上，从而制备出可以连续捕获和去除水中的油的特种海绵[113]。然而，对于超疏水涂层，仍有两个重要问题尚未完全解决：机械稳定性和热稳定性。涂层和基材之间的低黏合强度导致超疏水涂层的机械强度较弱[114,115]。此外，超疏水材料的热稳定性也受到了低表面能改性剂的限制[116,117]。这两个因素已极大地限制了超疏水涂层在生活中的应用。

基于沉积聚吡咯的工艺，我们组提出了一种简单的方法，将纳米级聚吡咯颗粒沉积于市售的海绵 3D 材料基底上，通过氟代烷基硅烷改性，制备出了具有超疏水性和高亲油性的海绵[118]。通过原位聚合，使聚吡咯纳米颗粒可以生长于基底上，这种方法简单，且可适用于各类基底，包括过滤纸、棉织物、金属网和海绵。此外，整个制备过程不需要严格的条件、先进的设备或烦琐的工艺，因此适合于大规模制造。经氟代烷基硅烷改性后，可以改变材料的表面能，使其具备超疏水性及超亲油性。为了证明这种材料在油水分离应用中的可行性，我们选择二氯乙烷和正己烷（全部用苏丹Ⅳ染色）作为有机污染物及油，将其分散于水中，用该海绵进行分离。实验过程如图 6-3（a）所示，当海绵放置于正己烷与水的混合溶液表面时，被染成红色的正己烷已经开始被吸附。于是，黑色海绵中充满了红色的油状液体（染色的正己烷），体系中的油可被海绵完全吸收且整个过程大概仅持续了 1min。这种快速吸收过程是由该材料的高孔隙率特性、亲油性以及液体毛细管作用力等几种因素协同作用造成的。由于具有极强的超疏水性，该材料可以很容易地从混合液体中取出有机污染物或油而不会吸收任何水分。吸收油或有机污染物的海绵可通过简单的机械挤压或适当的热处理，除去其中吸收的物质，并可回收再次利用。除正己烷外，对于二氯乙烷/水混合物，这种超疏水海绵也可以有效地除去混合体系中的二氯乙烷并再循环（图 6-3（b））。与正己烷/水混合物的情况不同，由于二氯乙烷的密度高于水，因此需要手动控制超疏水海绵以接触染色油和水之间的界面。除此之外，我们还测试了油和其他有机液体的质量以及海绵吸附污染物前后的质量。这些参数可以明确地表现出该海绵对油或有机污染物的吸收能力，也可通过此参数来直观地衡量该吸附材料的可回收性。图 6-3（c）显示该海绵对油和有机溶剂的吸收系数（定义为其自身重量的倍数）是 15～25，部分取决于油和溶剂的密度和黏度。它还表明海绵的可回收性良好，且对各种油的吸收系数没有显著变化。在几次循环后，该海绵表面仍具有极强的超疏水性能（图 6-3（d））。

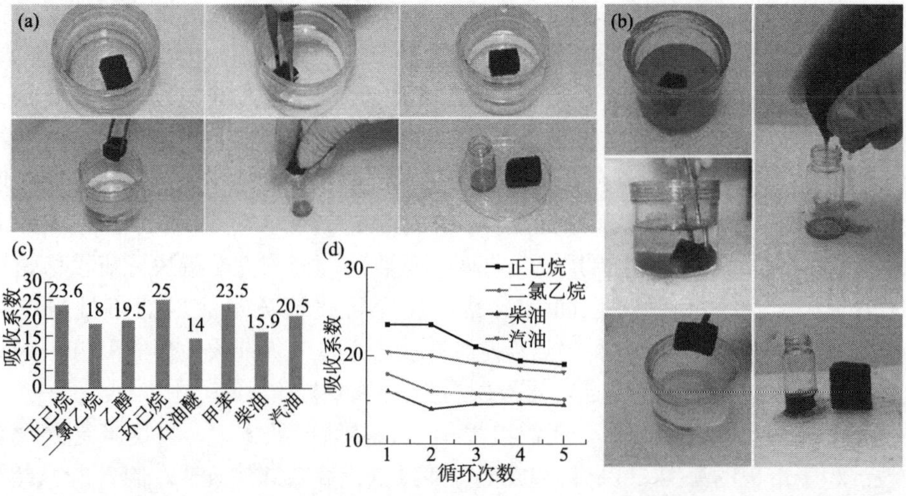

图 6-3　(a) 所制备海绵对正己烷的吸收和再循环过程；(b) 所制备海绵在水下对二氯乙烷的吸收和再循环过程；(c) 对于不同有机物液体，超疏水聚吡咯涂层海绵的吸收系数；(d) 经 5 次吸收/挤压循环后，超疏水聚吡咯海绵对几种有机物液体的吸收系数[118]

除此之外，我们组还研发出了一种透明超疏水喷剂，可赋予基底极强的超疏水性[119]。通过用 HMDS 对二氧化硅纳米颗粒进行修饰改性，赋予了二氧化硅纳米颗粒极强的超疏水性能。这种涂料可在各类材料基底上构筑超疏水涂层。我们将购买的聚氨酯海绵长时间浸泡于该超疏水喷剂中，待干燥后，该海绵同样表现出了极强的超疏水性，除此之外，该超疏水海绵还可有效地吸附漂浮于水中的油相液体。与此同时，受贻贝的启发，我们还设计了一种新型的绿色超疏水凝胶纳米涂层[120]。通过在室温下的简易共聚反应和随后的三甲基甲硅烷基改性，可以极其简便地制备出这种绿色超疏水凝胶。该凝胶具有极好的透明性和稳定性，且可通过简单的喷涂工艺适用于各种基材，无需有毒的氟化物。更为重要的是，这种精心设计的纳米凝胶涂层具有自愈合超疏水性，可以面对复杂的工作条件，满足日常生活的各类需要。而将其涂覆于海绵基底上时，可以赋予海绵极强的超疏水性及超亲油性，且不会对海绵的 3D 结构造成破坏。此涂料涂覆过的海绵也可有效地吸附漂浮于水中的油相液体。通过功能化纳米颗粒的掺杂，改变海绵原有的润湿性，使其具备特殊的润湿性，可以拓展海绵的应用范围，也可充分利用海绵所具备的 3D 孔洞结构的特点，制备吸收型油水分离材料。这也是我们组对于吸收型油水分离材料的研究重点。

我们还将 PS 微球作为模板，制备了 SiO_2 中空微球，再经全氟癸基三乙氧基硅烷修饰改性后，制备出了具有超疏水特性的 SiO_2 中空纳米颗粒[112]。PS 与 PS/SiO_2 微球样品的形态和结构可以通过 SEM 和 TEM 很好地观察到，如图 6-4（a）～（h）所示。由图 6-4（a）和（b）可知，PS 微球在本工作中作为模板，广泛存在于单分散的光滑微球中心，构成 PS/SiO_2 微球的核，尺寸约为 1mm。由于只有带正电荷的 PS 微球可以被 SiO_2 包覆，所以我们将溴化十六烷基三甲铵作为阳离子表面活性剂与成孔剂，加入制备体系中，使 PS 微球表面带上正电荷[121]。经季铵阳离子基团改性后，PS 微球可通过静电作用在碱性条件下被正硅酸乙酯水解而成的二氧化硅包覆，老化后，可成功获得 PS/SiO_2 核-壳微球。在图 6-4（c）中，可以观察到 PS/SiO_2 微球显示出的覆盆子状结构。相比于原始 PS 微球，该微球表面更为粗糙。这表明 PS/SiO_2 核-壳微球的表面存在着有层次的微纳结构。图中少量不规则 SiO_2 微球是由于制备体系中存在季铵阳离子，一些 SiO_2 没有以 PS 微球为核心在其表面进行组装，而是单独聚集而形成的。图 6-4（d）通过 TEM 图像，进一步证明了该复合微球具备了核-壳结构。通过煅烧，可以将 PS 核从 PS/SiO_2 复合微球中除去。由图 6-4（e）可知，烧蚀掉 PS 核后，微球表面形貌几乎没有改变，此时实心微球变成了空心微球。TEM 图（图 6-4（d）与（f））进一步证明 PS/SiO_2 颗粒转化为空心 SiO_2 微球。将制备的空心微球粉末通过全氟癸基三乙氧基硅烷改性，可以制备出具有超疏水性的空心 SiO_2 微球，而图 6-4（g）和（h）证明，在改性剂的作用下，微球的表面形态没有发生改变，且表面能大幅度下降。

这种超疏水性粉末也可与具有多孔结构的材料相结合，通过将多孔结构和超疏水-超亲油性的表面特性相结合而应用于油水混合物分离中。通过简单的浸涂工艺，我们将粉末涂在海绵上，制备出具有超疏水-超亲油性的海绵材料，并将这种材料用于分离油水混合物。基于与水的相对密度，我们选择正己烷和1,2-二氯乙烷作为轻质和重质油污染物的典型代表，分别研究该海绵对这两类油水混合物的分离性能。分离过程如图 6-4（i）与（j）所示，对于正己烷/水混合物（如图 6-4（i）所示），当改性后的海绵与正己烷/水混合物的表面接触时，可以明显观察到正己烷（用苏丹红Ⅳ染色）被海绵迅速吸附，海绵也逐渐变红。同时，水相中，染色的部分大幅度减少，直至完全透明。另外，对于重油的分离，如图 6-4（j）所示，由于密度大于水，1,2-二氯乙烷（用苏丹红Ⅳ染色）沉积在水相底部。当改性过的海绵浸入水中时，染色的油相污染物被迅速吸附。值得注意的是，改性后的海绵在油水分离之后仍具备极好的防水能力，且经挤压干燥后，海绵没有发生性能的变化，并且还能进行多次循环的油水分离。

图 6-4 PS（a），PS/SiO_2（c），煅烧处理的 PS/SiO_2（e）和超疏水 SiO_2 微球（g）的 SEM 图像；PS（b），PS/SiO_2（d），煅烧处理后的 PS/SiO_2（f）和超疏水 SiO_2 微球（h）的 TEM 图像；所制备海绵对于正己烷（用苏丹红Ⅳ染色）（i）与 1，2-二氯乙烷（用苏丹红Ⅳ染色）（j）的油吸附过程及经吸附有机物后，海绵表面对于液滴的润湿行为的光学照片[112]

除此之外，我们还将该海绵对两相混合物与掺入表面活性剂的稳定纳米级乳液的分离能力进行比较。乳液相比于两相混合物更难以分离，因为它们比混合物更稳定。而基于特殊的中空结构及超润湿特性，这种中空超疏水 SiO_2 微球可以很好地对水包油乳液进行分离。我们研究了三种水包油乳液（润滑水包油乳液、柴油包水乳液和正十六烷水包油乳液），测试了这种中空超疏水 SiO_2 微球对乳液的分离能力。在本实验中，将一定体积（15mL）的各种乳液置于透明玻璃容器中，然后分别在体系中加入少量轻质中空超疏水 SiO_2 粉末，在连续剧烈搅拌下，乳状乳液逐渐转变成澄清溶液，最后得到透明无色液体。再通过过滤，可以对这些中空超疏水 SiO_2 微球进行回收，获得的液体类似于去离子水。因此，通过这些中空超疏水性 SiO_2 粉末分离水包油乳液是切实可行的。在这项工作中，我们证明了通过模板法合成的多孔中空 SiO_2 微球，经改性后可以获得超润湿特性。将这类颗粒与三维多孔状材料相结合，可以对油水混合物体系及水包油乳液体系中的油相污染物进行很好的分离，为环境净化材料提供了更多的机会与实际应用的可能性。

随着使用要求的不断提高，具有单一性能的超疏水材料早已不能满足实际应用的需要。因此，多功能超疏水材料如雨后春笋般涌现并成为主流。受到 Huang 等工作的启发，我们组通过两步制备方法制备了分散有 MoO_3 纳米颗粒的 MoO_3/CMF 涂层粉末，再经 PDES 改性后，得到热稳定性高达 250℃的超疏水性 PDES-MoO_3/CMF 粉末[122,123]。将粉末与高黏性环氧树脂掺杂，使涂层在基底上可以稳定强健地存在，而且具备优异的机械稳定性和化学稳定性。通过涂覆的方法，我们将这种颗粒与聚氨酯海绵相结合，可以制备出可用于油水分离的超疏水性海绵。MoO_3 具有较低的电阻率、高化学稳定性和优异的理论容量，因此这种材料可用作离子电池或有机太阳能电池的阳极材料，引起了许多科研人员的兴趣[124,125]。我们通过一个简单的化学反应，将 $(NH_4)_6Mo_7O_{244}\cdot H_2O$ 加入水和乙醇的混合体系中，再加入多巴胺，通过调节 pH，制备出 MoO_3 粉末，再经冻干与退火，成功将产物转化为 MoO_3/CMF 粉末。对于 MoO_3/CMF 粉末的结构与形貌，我们通过 SEM 和 TEM 对其表面进行观察。相比于纯粹的碳微球（CMS），$(NH_4)_6Mo_7O_{244}\cdot H_2O$/CMF 粉末表面存在着大量的微纳米分层结构。为了制备 MoO_3/CMF 粉末，多巴胺将作为碳前体来构筑该复合颗粒的支撑结构，因为它可以在弱碱性条件下自发地聚合并形成网状结构。由于其分子中富含儿茶酚基团，多巴胺还具有很强的螯合金属离子的能力[126]。在合成的过程中，随着多巴胺聚合，MoO_4^{2-} 可以与儿茶酚基团反应形成钼多聚胺。然后，通过煅烧作用，可以将衍生的 Mo-聚多巴胺化合物煅烧成 MoO_3/CMF 粉末。相比于光滑的 CMS 表面，作为支撑骨架的 CMF 具有更大的表面积和更多的分层结构，而这也提供了制备超疏水表面所需的粗糙结构。而分散在 CMF 上

的 MoO_3 纳米颗粒形成亚微米级结构，这进一步增加了微粒表面的粗糙度，且再经 PDES 改性后，MoO_3/CMF 粉末的层次结构和表面形态没有明显变化。由于低表面能组分的引入，经 PDES 改性后的 MoO_3/CMF 粉末表现出了极其优异的超疏水性。

超疏水表面由于其较低的表面张力而表现出对水和油不同的润湿性，并且多孔超疏水材料的这种润湿差异可以提供分离油水混合物的有效方法。由于海绵中存在着大量多孔结构，且具备强吸附能力，将其与超疏水性-超亲油性的 PDES-MoO_3/CMF 微粒相结合，可以制备出可用于油水分离的优异特种海绵材料。他们选择 1,2-二氯乙烷和正己烷分别作为重质和轻质油污染物。当超疏水海绵刚浸入水中时，没有发生明显变化。一旦海绵与烧杯底部的红油（1,2-二氯乙烷）接触，可以发现红色液体被迅速从水中除去。当将染色的海绵从水中拉出时，油被完全除去，并且水恢复清澈。轻油的状况也如重油的情况一样。漂浮在水面上的红油（正己烷）也被快速吸附，并且随着吸附了油的超疏水海绵逐渐离开溶液，水逐渐变得清澈。在油水分离后，用过的海绵仍可以保持极强的超疏水性，并且在用乙醇洗涤并干燥后可以再次用于油水分离。

然而，一些特殊的设备和材料必须在一些特殊条件下工作，这对材料表面的性能提出了更高的要求。而热稳定性就是非常重要的因素之一。通过热重分析可以发现，所制备的 PDES-CMS 和 PDES-MoO_3/CMF 粉末的热分解温度在空气气氛下分别可以高达 140℃和 353℃。结果表明，PDES-MoO_3/CMF 粉末的热稳定性远优于 PDES-CMS，而且 PDES-MoO_3/CMF 粉末上低表面能修饰剂的结构稳定性相对较强。为了进一步证明 PDES-MoO_3/CMF 粉末出色的热稳定性，他们在不同温度（50～250℃）下对 PDES-MoO_3/CMF 粉末进行了热处理，然后放入装有 7mL 水的小瓶中并轻轻地摇晃瓶子，可以清楚地观察到，所有经过热处理的粉末漂浮在水面上而不会下沉或悬浮在水中。同时，将经热处理（50～250℃）的 MoO_3/CMF 粉末涂覆在玻璃上，测量涂层对于水的接触角。水滴在所有表面上都呈近球形，CA 大于 150°。更重要的是，当涂有热处理（50～250℃）PDES-MoO_3/CMF 粉末的海绵用于分离油水混合物时，分离效果非常好。但是当处理温度高达 300℃时，粉末将失去超疏水性，而原本漂浮在液体表面的粉末逐步沉入水中，此时涂覆于玻璃上的涂层对于水的接触角仅为 144°。因此，PDES-MoO_3/CMF 粉末可以承受高温（250℃），这足以满足日常使用要求[66,116]。

因为超疏水表面所具备的优异性能，如自清洁、防结冰、油水分离、防腐、催化和减阻等，它在很多领域都有极大的应用潜力[22,127-136]。根据已经建立的润湿理论模型，为获得超疏水表面需要在材料表面构筑高度粗糙的形态和低表面能的化学成分[3,137-140]。然而，在实际应用中，材料表面的微纳米层次结构非常容易受到物理损坏，这极大限制了超疏水材料在实际中的应用。为了解决这个问题，通过添加有机黏合剂来增强人工超疏水表面的机械耐久性已被广泛应用于高强度超疏水表面的制备[141-151]。

因此，我们将商业聚四氟乙烯（PTFE）水溶液用作低表面能组分，以水溶性磷酸铝作为无机黏合剂，掺杂 ZnO 纳米颗粒，制备出具有高强度的超疏水涂层[152]。而所制备的全水基涂料可涂覆于各种基材上，如玻璃、陶瓷、织物、泡沫镍和不锈钢网，并在其表面形成坚固的超疏水层。经涂覆后，这些表面可经受各种苛刻的条件，包括高强度紫外线照射、酸性和碱性溶液，并且在砂纸磨损和砂冲击实验后仍保持极端的防水性。此外，该涂层还可因涂覆基底的不同，去适应各类生产应用中的需求，包括自清洁、防结冰和油水分离。通过将超疏水涂层涂覆于泡沫镍上，将超润湿性与三维网状结构相结合，可制备出用于有机物吸附的油水分离材料。如图 6-5 所示，由 AP-ZnO @ PTFE 涂覆的泡沫镍制成的油水吸附材料可在外部磁力控制下，移动并吸附漂浮在水上的轻油。此外，该材料也可用于在水下吸附重油，且经干燥后可多次进行有机物吸附。这表明该 AP-ZnO @ PTFE 涂料具备优良的环境净化潜力，而其低成本及简单的工艺赋予其极广阔的工业应用前景。

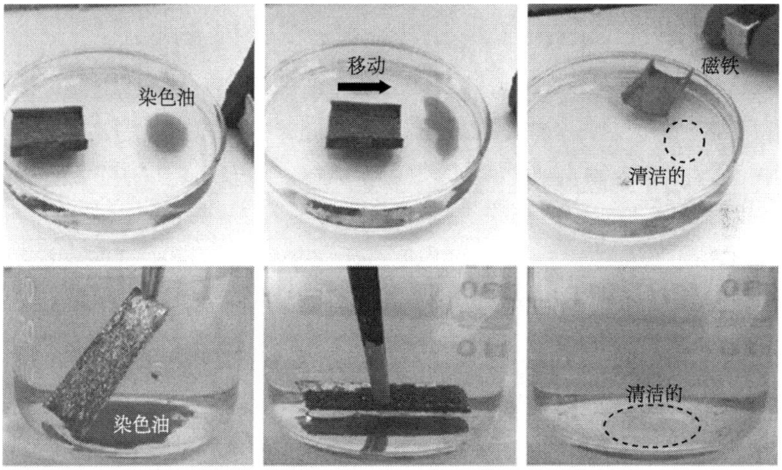

图 6-5　AP-ZnO @ PTFE 涂覆的泡沫镍对于轻油（上图）与重油（下图）的吸附过程[152]

Chen 等提出了一种简便的方法：通过引入碳长链，改变用于合成方解石的结晶颗粒的润湿性，使这种颗粒产生疏水性及亲油性，并将其与海绵的三维网状结构相结合，使其可以很好地用于油水混合体系的净化[153]。其合成的疏水方解石颗粒对于柴油有着出众的分离能力，在水中对于油水混合体系可以在 7s 内除去超过 99%的油。而热力学稳定的结晶多晶型方解石（与球霰石相比）也表现出优异的可再循环性。等温研究表明，朗缪尔等温线相对较高，其相关系数值为0.94，而弗罗因德利希等温线的相关系数值仅为0.82。这表明，朗缪尔等温线可以更好地描述油在这类材料上的吸附。而相比于一阶模型（$R^2=0.92$），二阶速率表达式（$R^2=0.99$）的动力学研究更符合实验数据。

将疏水方解石颗粒与PU海绵相结合，所制备的超疏水-超亲油性海绵可以选择性地从油水混合物中吸附油。在不到10s的时间内，官能化海绵完全除去了与水混合的油（含有微量红色染料）。该功能化海绵将油从油水混合物中吸收，且整个过程非常快。结果表明，在油水混合物体系中，4s内用合成的碳酸钙官能化海绵可以除去体系中95%的油。7s内，99%的油被去除。此外，我们通过使用水分平衡来进一步分析功能化海绵的含水量。发现海绵的含水量极低（约0.1%～0.2%），这是由油后吸附及其对于水的抵抗性造成的。此外，经过多次循环吸附，该功能化海绵仍能保持极强的除油效率，使用这种功能化海绵，经多次重复后，油吸附或分离效率保持不变，其有效性高达93%以上。这表明，这类合成材料具备极强的可重复使用性，且效率稳定，这对于环境净化材料来说是一个非常重要的参数。他们的工作已清楚地证明该类材料作为环境净化材料的优异潜力，而低成本及简单的工艺赋予其极广阔的工业应用前景，可应用于绿色、简单和廉价的环境净化[153]。

众所周知，用于油水分离的理想多孔材料应符合以下标准：①高速清理溢油以防止油扩散；②具有优异的油水分离效率；③在不同的环境条件下有效工作；④与扩大生产相容并易于操作[154]。据近期的报道，具有优异疏水性-亲油性和机械可靠性的改性聚合物海绵展现出优异的石油污染修复的能力[155-157]。例如，石墨烯衍生物和有机硅烷分子改性的PU海绵所具备的多种优异特性，如易于生产、良好的疏水性、高油水分离效率和环境友好特性，使其成为环境净化材料的不二之选[87,155,158-170]。然而，也有几个关键因素限制了这些先进吸收材料的实际应用。例如，石墨烯基涂层的存在通常会阻塞PU海绵的三维孔洞结构[160-162]，而硅烷分子改性后的海绵会具有90°～160°的水接触角[87,158,163-170]，导致油水分离效率相对较差。更重要的是，由于强烈的波浪作用，海洋及沿海岸线的石油泄漏污染很难清理。

Tang等报道了一种简便的硅烷官能化和浸涂工艺，以制造硅烷改性的还原石墨烯纳米带PU海绵[171]。考虑到具有高纵横比（小于200）和官能团的石墨烯纳米带可以通过简单的操作来避免附着在海绵上同时阻塞海绵的孔。同时，预期具有双官能团的有机硅烷偶联剂分子（十八烷基三甲氧基硅烷（TMOS）或者全氟癸基三甲氧基硅烷（FAS）），即烷氧基和疏水基团[172]，通过水解后与氧化石墨烯纳米带（GONR）中的羟基和硅烷偶联剂的硅烷醇基发生反应，形成共价键合，提高了材料的强度。因此，Tang等使用具有不同疏水性端基的两种硅烷偶联剂分子来设计具有人造自清洁表面的GONR基多孔PU海绵复合材料的微观结构和表面性质，并研究了其微观结构、机械和电学性能。此外，在油水分离中，构造 3D 石墨烯纳米带多孔材料是十分迫切的，且需要这种材料具备特殊的性能来满足不同环境条件下的要求，例如，湖中的水或海洋中的强烈波浪。因此，他们还评价了这类复合材料在不同条件（静态和动态）下的表面疏水性和油水分离效率。

将市售的 PU 海绵切成块，用丙酮和乙醇超声清洗，真空干燥后，借助于真空泵将海绵片浸入所制备的 GONR 或官能化的 GONR 溶液中，制备出 GONR@PU 海绵和氟化的 GONR@PU 复合材料。最后，通过水合肼的还原作用，将 GONR@PU 和氟化的氧化石墨烯纳米带（f-GONR）@PU 海绵还原，分别得到多孔 GONR@PU 和 f-GONR@PU 复合材料。表面硅烷官能化导致 PU 海绵具有超疏水的特性，还可调整海绵样品的表面润湿性。还原氧化石墨烯纳米带（rGONR)@PU 复合材料对于水的接触角为 137°±1.8°，与报道的改性石墨@ PU 复合材料相当[173]。正如预期的那样，经 TMOS 和 FAS 改性的复合海绵材料具备极强的超疏水性，其对于水的接触角分别为 153°±2.0°和 165°±2.5°。有趣的是，虽然经 TMOS 和 FAS 改性后的 PU 海绵具备一定的疏油特性，但是柴油可以完全渗透到 rGONR@PU 和 TMOS-f-rGONR@PU 复合材料样品中，但不能渗透到经 FAS 改性的 FAS-f-rGONR@PU 复合材料中，其对于柴油的接触角为 123°±1.6°。FAS-f-rGONR@PU 样品的滚动角仅为 8.6°±1.1°，这些都说明了经改性剂改性后的复合材料表面具有极其优异的防水性，这可归因于 rGONR 涂层表面粗糙度与硅烷分子疏水基团的影响。而这类材料对水和油的抵抗性可以通过调节改性剂及有机硅烷偶联剂分子的端基来选择性调节多孔 rGONR 复合材料的润湿性能实现。在吸收过程中，这些复合材料与油水混合物都处于静态，没有明显的震动。正如预期的那样，rGONR@PU 和 TMOS-f-rGONR@PU 样品对油的吸收系数（k）是 30～68，与其他多孔的聚合物基吸收材料相当[168-170,174]。值得注意的是，FAS-f-rGONR@PU 样品展现出了选择性吸油的能力。这类样品可以有效地分离四氢呋喃混合溶液，但大多数使用过的溶剂均不能被吸收到样品中。

由于复杂耗时的工艺以及多孔海绵材料有限的吸收能力，静态油水分离方法在实际应用中存在明显的局限性。为了克服这一局限性，采纳了 Ge 等开发的方法，使用油收集装置（在多孔材料上施加外部泵送）与海绵相结合，从水中连续收集溢油，来进一步测量多孔 rGONR 基海绵复合材料的连续油水分离能力动态[90]。漂浮的柴油（用苏丹红染色）迅速被 rGONR@PU 海绵复合材料吸收，然后泵入收集容器中。在约 50s 内，可以从水表面连续收集 100mL 黏性柴油。即使将样品放入水中，在收集容器中也未有水吸入。另外，使用上述泵送装置也可将正己烷与水分离。而经 TMOS 改性后的 PU 海绵对柴油和正己烷的连续收集能力几乎与未处理的 rGONR@PU 样品相同。但有趣的是，经 FAS 修饰的 PU 海绵展现了对柴油和正己烷不同的吸收能力。FAS-f-rGONR@PU 样品在泵送状态下对正己烷的收集能力与 rGONR@PU 和 TMOS-rGONR@PU 海绵几乎相同，即使 FAS 改性样品的正己烷的静态吸收能力非常低。这对于在静态下可以稳定漂浮于正己烷上的 FAS-f-rGONR@PU 样品来说，是很难想象的，而这可归因于泵送状态导致的动态环境。对于低黏度的正己烷，FAS-rGONR@PU 海绵在静态环境下，表面轻微的疏油性与在多孔结构中的油-空气界面处的表面张力（毛细管力）及重力之间相互平衡。而在泵送条件下，连续的吸力破坏了这种平衡，使油渗入海绵并被泵送到收集容器[90]。然而，其高黏度和 FAS-f-rGONR@PU 所具备的较强的疏油性，导致吸力不足以破坏柴油的平衡，而这也导致没有柴油能透过样品泵入收集装置中。总之，这些结果都表明 FAS-rGONR@PU 复合材料对不同的油水混合体系具有良好的选择性。

Tang 等还进一步研究了这三类海绵复合材料对正己烷和柴油的可重复吸附性。即使在 10 次循环后，样品的油水分离效率几乎不变（大于初始值的 97%），表明这类吸附海绵材料具备极其优异的稳定性和可回收性。由于强烈的波浪作用，海洋和海岸线中的石油泄漏对生态系统会造成极其严重的破坏，并且难以清理。因此，在动态摇晃状态下评估海绵的油水分离效率是十分紧迫且重要的。在他们的这项工作中，振动器被用于模拟海浪的强烈运动，从而评估这类多孔样品在摇动状态下对油水混合体系的分离效率。将海绵样品在 180r/min 的摇动条件下放入油水溶液中，吸收漂浮的正己烷（染成红色）。一段时间后，取出样品，然后将吸收的液体挤到玻璃瓶中，以计算样品海绵的油水分离效率。虽然 rGONR@PU 样品在泵送过程中显示出疏水表面及良好的油连续收集能力，但在摇动过程中的强烈冲击下，水渗入样品内部。相比之下，TMOS-f-rGONR@PU 和 FAS-f-rGONR@PU 样品都能够在强烈的摇动下漂浮在水面上，并对油（正己烷）保持了极强的吸收能力。对于 rGONR@PU 样品，随着摇动，其吸收能力明显下降，这表明未经修饰的 rGONR@PU 具有有限的油水分离及泄漏修复能力。对于 TMOS-f-rGONR@PU 和 FAS-f-rGONR@PU 样品，即使在摇动 30min 后，仍能表现出极高的油水分离效率。这些结果表明，基于 rGONR 的海绵复合材料在经硅烷改性剂改性后，其在剧烈摇动期间的溢油修复能力可以得到有效的改善。因此，这些复合材料在用于修复具有不同环境条件的河流、湖泊或海洋中的大规模油污染或有机物溢出方面具有很大的潜力，而这种具有多功能的硅烷改性的 rGONR 多孔复合材料是用于应变传感器及在不同环境条件下的溢油容器的极有前途的材料之一。

Choi 等制备出了一种糖模板化的聚二甲基硅氧烷（PDMS）海绵，可从水中选择性吸收油[175]。他们所制造的 PDMS 海绵不需要任何复杂的合成方法或设备，并且对环境无害，具有极强的应用潜力。除此之外，所制备的 PDMS 海绵可以弹性变形为任何形状，并且可以在空气或液体中反复压缩而不会塌陷。这也说明，通过简单地挤压 PDMS 海绵，可以容易地除去吸收于海绵内的油和有机溶剂，并重复使用，从而实现优异的可回收性。他们采用了典型的糖模板工艺来制备 PDMS 海绵，模板为市售的立方糖，其颗粒边长为400～500μm（即砂糖）。整个制备过程极其简单易行，总生产时间仅为几个小时，并且通过所提出的糖模板工艺，该 PDMS 海绵可以很容易地进行大规模生产。光学显微镜和 SEM 图显示，所制备的 PDMS 海绵是多孔的，其内部由互连的三维框架组成。从结构的顶表面或侧壁观察到形态或分布没有明显差异。PDMS 海绵的堆积密度范围为 0.18～0.75g/cm^3，而这取决于所选取的不同糖颗粒模板。该 PDMS 海绵的孔隙率也在很大程度上受到了模板结构的影响。因此，通过调节模板尺寸及结构，即可改变 PDMS 的结构，调节其性能参数以实现对油水混合物的高效分离。除此之外，所制造的 PDMS 海绵展现了一定的结构柔韧性，这在其他具有高孔隙率的材料（例如，固有脆性的二氧化硅气凝胶）中很少观察到[176,177]。经压缩，PDMS 海绵的体积减小超过 50%，其结构并未破损，且仍能还原，这表明该海绵非常柔顺且有弹性。此外，PDMS 海绵可以在不破裂的情况下弯曲到很大程度，并且几乎可以完美地恢复其原始形状。所测量的 PDMS 海绵的弹性模量约为 0.00002GPa，远低于橡胶（0.0078GPa）和体 PDMS 材料（0.00075GPa）。该 PDMS 海绵在显著形变下仍能保持结构的完整性，可归因于 PDMS 材料的三维各向同性性质。其所具备的优异的弹性及可回复性可以使材料从油水混合物中回收油和有机液体。更重要的是，该 PDMS 海绵在各种有机溶剂中经长时间超声处理后，不会发生变质，且仍能保持极强的疏水性和亲油性。为了证明这些性质，他们对该款 PDMS 海绵的表面润湿性进行了测量。在既不进行化学处理也不进行物理表面处理的条件下，当液滴位于 PDMS 海绵的表面上时，其接触角几乎大于 140°，并表现出了极高的疏水性。这种表面的高度疏水性是由微孔形态结构和 PDMS 分子链上的疏水性化学基团的共同作用导致的。与液滴相反，该海绵对有机溶剂和油展现了极强的亲和力。当被染成红色的变压器油（0.89g/cm^3）放置于 PDMS 海绵的表面上时，油滴很快地被海绵吸收。此外，具有相对低表面张力的有机溶剂（如乙醇）与表面接触时，也会立即被吸收到 PDMS 海绵中。油和有机溶剂的快速吸收动力学主要是由于 PDMS 海绵的强亲脂性及它们的微孔特性，可以诱导毛细管作用，使有机溶剂快速进入其结构内。因此，利用疏水性和亲油性以及微孔特性，该 PDMS 海绵可以作为从油水混合体系中分离有机相的理想候选物。他们通过调整模板的组分，测试了从三种糖模板（即颗粒状，颗粒状和砂磨状，以及颗粒状和黑糖颗粒）复制的 PDMS 海绵对有机溶剂的吸收性。将 PDMS

海绵浸入有机溶剂与水的混合体系中几秒钟，虽然较长的浸泡时间将会导致更大的吸收量，但在海绵与液面接触时，有机溶剂迅速被海绵大量吸收，这在很大程度上不依赖于时间。此外，吸油后的 PDMS 海绵仍可漂浮于液体表面，且不会使水渗入结构或导致有机物泄漏，而这可通过测量 PDMS 海绵吸附前后的重量变化来验证。再吸附 24h 后，其质量仅改变了 6%。另外，从混合体系中取出 PDMS 海绵后，其吸收的有机溶剂几乎可以完全保留。对于各类有机溶剂，PDMS 海绵展示出了达到其自身重量的 4～11 倍的大容量吸收能力，最大吸收能力达到其重量的 11 倍。该海绵吸收能力的变化主要取决于有机溶剂和油的密度。此外，PDMS 海绵不仅对非极性有机溶剂有着极强的亲和力，而且对极性有机溶剂也显示出高吸收能力。例如，基于具有颗粒状和黑糖颗粒的模板的 PDMS 海绵的1,2-二氯苯（水处理中的众所周知的有毒有机污染物）的吸收系数约为 1000%。由于 PDMS 材料具有相对优异的化学惰性，该 PDMS 海绵可用于非极性和极性有机溶剂的吸附，具有去除水中有毒有机污染物和漏油的巨大潜力。在吸收有机溶剂后，因为有机溶剂可以扩散到 PDMS 海绵结构内，海绵会略微膨胀，但这种膨胀不会对海绵的吸收性能产生影响。

正如前面所述，当 PDMS 海绵浸入水中时，它不会吸水。然而，在实验过程中，当 PDMS 海绵浸入水中时，似乎会产生间歇性吸水行为。这主要是由于钉扎效应导致水黏附在 PDMS 海绵的表面上，而这可通过轻轻擦拭表面来去除。相反，PDMS 海绵可以主动吸收和去除在水面上扩散的有机污染物。在水面滴上少许变压器油，使其分布在中心区域形成薄的盘状，厚度为 2～3mm，将六面体形状的 PDMS 海绵置于油膜表面。我们观察到 PDMS 海绵漂浮在水面上并在整个油区自由移动。每当 PDMS 海绵与油接触时，油膜被迅速吸收，导致局部形成无色区域，这表明该区域油膜被吸收。由于其疏水性及亲油性能，PDMS 海绵倾向于向油膜区域漂移，这赋予了该材料独特的浮动和清洁能力，对于清理溢油具有极其重要的意义。在将 PDMS 海绵切成小块后，放入油和水的混合物中，然后将样品以人工摇动的方式，短暂涡旋含有混合物和 PDMS 海绵片的烧杯，模仿海浪的运动。获得的结果表明，水表面上的所有油可以在几秒钟内被完全吸收到 PDMS 海绵中。此外，当该实验在含有大量离子如 Cl^-、O^{2-}、Na^+、Mg^{2+} 等的海水中进行时，观察到类似的吸收程度。PDMS 海绵所具备的可回收性以及对吸收液体的可回收性可满足实际油清理中的关键应用要求。由于 PDMS 材料的弹性，PDMS 海绵中吸收的油和有机溶剂可以通过手动挤压而移除，使海绵可重复多次使用。因此，该 PDMS 海绵是理想的油污处理材料。为了测试 PDMS 海绵作为吸收材料的可再循环性，挤压 PDMS 海绵并在吸收变压器油后立即将其浸入有机溶剂（如乙醇）中 20 次，测量干燥前后海绵的质量。将吸油的 PDMS 海绵浸入乙醇中是为了确保在挤压浸油的 PDMS 海绵之后剩余的任何油完全渗透到乙醇中。结果表明，当 PDMS 海绵多次重复使用时，吸收能力没有恶化，PDMS 海绵的干质量没有显著变化。当 PDMS 海绵在可重复使用性实验后浸入水中时，它仍然不吸收任何水，表明其疏水性没有丧失。此外，通过 PDMS 海绵从水中吸收氯仿（$1.48 g/cm^3$）的实验，可以说明该海绵对于密度高于水的有机污染物仍具有较强的吸收能力。PDMS 海绵由于其疏水性，在浸入液面后不会被水润湿。此外，由于密度比水更高，氯仿沉入水的底部。通过剧烈搅拌，可以使氯仿分散于混合体系中，几秒钟内几乎所有的氯仿都被完全吸收到 PDMS 海绵中。

总的来说，Choi 等通过糖模板法制备的 PDMS 海绵能够有效分离油和水，并可重复多次利用，这代表了目前从混合体系中除去有机污染物的有效解决方案，特别是在石油泄漏破坏的海洋环境中。工艺简单且环保，易于处理，所制备的海绵性能稳定，吸收能力在多次重复循环吸收有机污染物后没有变化，具有优异的可再循环性。此外，由于 PDMS 海绵所具备的优异的弹性性能，经海绵吸收后的有机污染物也可有效地回收与再利用。

相比于有机材料，无机材料很少被作为吸收材料进行研究，这是由其本身易碎和不可压缩的特性以及与碳基材料相比相对较高的密度导致的[178,179]。但是，无机材料具有非凡的热稳定性和耐腐蚀性，在环境修复中具有应用潜力，特别是在恶劣环境中。更重要的是，一经制成连续纤维，粉末散装材料将具有优异的可变形性和可恢复性。Du 等使用直径超过 5μm 的商业石英纤维制备出的吸收材料具有极强的热稳定性和机械柔韧性[180]。Mi 等也开发出了一种通过自组装静电纺丝连续制造由直径小于 2μm 的连续纤维组成的 3D 硅胶海绵[181]。所制备的二氧化硅海绵与棉花类似，但具有比棉花及商业泡沫低得多的堆积密度和更高的表面积。因此，二氧化硅海绵有可能被用作用于水修复的新型高耐久性无机 3D 基底材料。

为了便于在进行吸油时，对 3D 超疏水材料进行处理并保证操作者安全，要求吸收材料具备远程可控性。将磁性组件与基板材料相结合，通过磁场实现远程控制而无需额外能量消耗，是对 3D 超疏水材料进行远程处理的简单方式。近年来，已经制造了许多用于水修复的磁性部件集成的 2D 或 3D 材料。例如，Calcagnile 等首先将 Fe_3O_4 纳米颗粒与聚四氟乙烯亚微米颗粒相结合，制备出了一种磁性泡沫，从而可以实现对泡沫的远程控制[182]。Wu 等将 Fe_3O_4 纳米颗粒和含氟聚合物涂覆于 PU 海绵表面，制备出了具有极强超疏水性的磁性 PU 海绵，吸收系数为 13～44[81]。Turco 等使用葡萄糖颗粒作为致孔剂，制备出了大孔 PDMS/磁性 CNT 海绵，具有 9～20 的吸收系数[183]。事实上，研究人员在设计 3D 超疏水材料时，会在材料的疏水性与吸收能力方面进行妥协。因为随着疏水性的增加，材料的吸收能力会降低。根据超疏水界面的基本机理，具有分层微观结构和低表面能的表面具有高水接触角，这通常意味着在油水分离中具有高选择性[184]。然而，在材料表面附着更多的颗粒会增加表面结构的复杂性，从而由于堆积密度增加而吸收能力降低。此外，过多的颗粒可能随着时间的推移而分离并污染再生的油或水。因此，使用最少的颗粒有效地控制微结构，并寻找将颗粒紧密结合到基板的方法，是开发可行的 3D 超疏水材料的挑战。

有意思的是，Mi 等对 3D 硅胶海绵作为多功能超吸收剂和油水分离过滤器的实际应用进行了详细的阐述[185]。在这项工作中，他们提出了一种新型的万能磁性 3D 超疏水颗粒，并与二氧化硅海绵相结合，用于选择性吸油和油水分离。该海绵除具备超低密度和高表面积外，还具有优异的生物相容性[186]，并可用于复合材料的 3D 增强[187]。在他们的工作中，二氧化硅纤维通过受控沉积用钴（Co）纳米颗粒修饰以产生分层结构并提供磁性。再涂覆低表面能物质 PDMS 后，制备出了具有超疏水性-超亲油性的改性二氧化硅海绵（MSS），并可直接通过磁场遥控，对混合体系中的油及有机污染物进行吸附与分离。二氧化硅纤维上的 Co 分层微纳米结构延长了界面上的“液-气”接触分布，并促进了基底上具有高水接触角（大于 156°）和低接触角滞后（小于 3°）的超疏水表面的形成。制备出的 MSS 具有低堆积密度（$49mg/cm^3$），高表面积（$8.7m^2/g$），对各种油的高吸收能力（自身重量的 45～91 倍），超高耐热性（对液氮和燃烧的耐受性），以及出色的可重用性和远程可控性。由于其高灵活性和可变形性，MSS 非常易于处理，可用于吸油和油水分离。此外，通过简单地压缩 MSS 可以将内部结构引入接触界面来轻松提高其分离效率，从而在各种实际应用中产生更大的灵活性和控制 MSS 性能的能力。

材料表面对水的接触角（WCA）是决定材料润湿性强弱的重要标志，除此之外，它还影响材料表面对油水混合物选择性分离的能力，通常基底表面具备超疏水性（WCA＞150°），才可赋予材料高选择性。经 PDMS 改性的二氧化硅海绵具有优异的超疏水性，WCA 为 140°。随着 Co 纳米颗粒沉积于材料表面，海绵表面具备了多层结构，极大地增加了纤维表面的粗糙度。添加了不同 Co 纳米颗粒的表面具备不同的超润湿性。在加入质量百分比为 0.1%的 M-Co@Silica 纳米颗粒的海绵表面，其 WCA 为 152.1°，接触角滞后为 4.3°，而加入质量百分比为 0.2%的海绵表面，其 WCA 为 156.9°，接触角滞后为 2.9°，并均具备极其优异的超疏水性和高防水性。为研究该材料表面超润湿性能的稳定性，将海绵在 200℃下热处理或浸入液氮中超过 4h。经热处理后，材料表面的 WCA 略微降低（小于 2°），这说明在沉积 Co 纳米结构与涂覆 PDMS 涂层后，海绵表面具有极高的热稳定性。虽然可以通过增加纳米粒子负载来增强海绵表面的超润湿性，但随着纳米颗粒的增加，材料的体积密度会增大，从而导致吸收能力下降。因此，需要在负载纳米颗粒的量与材料的吸收能力之间寻找平衡点，以求制备出性能最优异的材料[188]。在该研究中，Mi 等测量了 MSS 的堆积密度和表面积。结果表明，随着 Co 负载水平的增加，海绵的体积密度增加。同时，有趣的是，在负载纳米颗粒质量百分比为 0.1%的 M-Co@Silica 改性海绵上，其表面积随着纳米颗粒的增加而增加，但在 0.2%的 M-Co@Silica 改性海绵上，其表面积随着纳米颗粒的增加开始下降。这是因为 Co 纳米结构在低负载水平下在光滑的二氧化硅纤维上可以产生更多的额外表面形貌。然而，当负载水平太高时，埋在 Co 聚集体内的颗粒无法对表面积起作用，但仍然有助于体积密度的增加。为了找出最佳 Co 负载量，测量 MSS 对己烷和氯仿的吸收能力。随着 Co 负载水平的增加，海绵的吸收能力呈现下降趋势。负载为 0.05%的 M-Co@Silica 海绵与 0.1%的 M-Co@Silica 海绵具备近似相同的吸附能力，而负载 0.2%的 M-Co@Silica 的改性海绵的吸附能力显著降低。这是因为负载 0.2%的 M-Co@Silica 的改性海绵具有更高的堆积密度。因此，Mi 等选择负载为 0.1%的 M-Co@Silica 作为代表性的 MSS 用于吸附实验。

由于负载了 Co 纳米颗粒及涂覆了 PDMS 涂层，MSS 具有极其优异的超疏水性、高吸收能力和磁性，能够用作多功能超吸收剂和油水分离材料。Mi 等进行了一系列实验来评估 MSS 在水资源及环境修复应用中的性能。尽管 MSS 显示出与水的高接触角（大于 150°），但该表面仍具有极强的超亲油性，并且对各种有机化学污染物和油具有高吸收能力。他们将 MSS 对重油（氯仿）和轻油（己烷）的吸收能力与各类已经报道过的吸收剂进行比较，发现该 MSS 的吸收能力优于大多数经纳米颗粒沉积的改性海绵，并且与碳基海绵相当，但仍然低于一些超轻型气凝胶。除了高吸收能力外，可选择性的吸收能力、对于吸附的有机污染物及油的可回收性以及可重复使用性，也是这类超吸收材料所需具备的重要性能。在循环吸收实验中，MSS 在经 50 次吸收和挤压循环后，仍能保持其初始吸收能力的约 85%。一旦将 MSS 置于水中，MSS 就会迅速吸收混合体系中的油脂相。由于其具备一定的磁性，MSS 可通过放置于烧杯外部的磁铁进行远程控制，也可在吸收完成后对 MSS 进行回收。吸收的油可以通过挤压、蒸发或燃烧，轻松地从 MSS 海绵中去除，一旦干燥，MSS 将恢复其初始形状。此外，MSS 可选择性地从水中吸收油（己烷和氯仿），效率约为 100%，在 150℃下挤压蒸发后，MSS 中的残油含量小于 2%。在经历 5 次吸附挤压循环后，MSS 仍能够保持极高的吸附效率。除此之外，该 MSS 对强酸和强碱具有极好的耐受性，能够在强酸性或强碱性溶液中选择性地吸收有机污染物或油脂相。此外，MSS 还可用于从水包油乳液中吸收微油珠。将正己烷以 1∶5 的比例分散在水中，加入质量为正己烷 1%的司盘 80（非离子表面活性剂，Sigma-Aldrich）

进行稳定。将 MSS 置于离心管中，并使用涡旋混合器搅拌 30s，溶液由浑浊变为清澈。而显微镜图像能很好地证实 MSS 具备从油水乳液混合体系中选择性地高效吸收油微珠的能力。

MSS 由于还具备优异的可变形性，可以作为重力驱动的连续油水分离过滤器，轻松地组装到任何分离装置中，直接用于有效的油水分离而无需其他辅助配件。在重力驱动下，油相能够流过水层，通过 MSS，并被收集在烧杯中，而水相会被限制在 MSS 上方。在实验中，他们发现可以通过改变 MSS 的体积来对 MSS 的通量和分离效率进行调节。当使用蓬松的 MSS 时，初始通量为 3.1L/(m^2 · s)，分离效率为 98.5%。当在设置经压实体积减小约一半的 MSS 时，初始通量为 1.6L/(m^2 · s)，分离效率为 99.9%。在 10 次循环的分离实验中，蓬松的 MSS 的分离效率将会降低至 83%，而压实的 MSS 仍然保持 97%的高分离效率。在整个过程中，两者均保持了初始通量。这种特殊性质是因为 MSS 具有独特的三维连续纤维结构。在分离过程中，在分离器界面处建立压力平衡。当 MSS 被压实时，更多的纤维被挤压到液体-基底界面中，这反过来会改善材料的稳定性。与压实纤维相比，水相对容易地流过蓬松纤维，油也是如此。因此，蓬松的 MSS 显示出高通量和相对低的选择性，而压实的 MSS 显示出相反的趋势。该属性提供了一种解决分离器材料通过简单压缩 MSS 而长期失去其选择性的问题的简单方法，从而延长了 MSS 的寿命。

考虑到 MSS 具备优异的吸收能力和分离效率、耐热/耐腐蚀性、可重复使用性、远程可控性和处理灵活性，因此该材料极其适用于恶劣环境及需要远程控制的环境，并对环境进行修复。

6.3 吸收型纸与织物

随着我们生活的环境受到了意外溢油等事故的严重威胁[189,190]，我们迫切需要高吸收能力的功能材料来有效净化含油废水[191-193]。到目前为止，已经有各种基于各类基底的超疏水材料被广泛开发应用于石油领域中的油水分离、油污吸附[194-198]、自清洁、抗凝结以及减阻等[199-202]。然而，超疏水表面因其机械稳定性较差，应用仍然受到极大的限制。根据润湿模型[34,35,203,204]，我们可以在表面上制备具有一定粗糙度的微纳米结构，然后再通过分层结构及化学修饰的作用进一步降低材料表面的自由能，来获得超疏水表面[205-207]。近几十年来，已经有构建机械强度稳定的超疏水表面的制备方法被采用，如层层自组装[208]、静电纺丝[209]、蚀刻[210]、模板法[95]等。此外，有机或无机纳米粒子掺杂也已被纳入进一步增强材料表面分层粗糙结构的方法之一，如自我修复涂层[109]、喷涂纳米涂层[115]和用黏合剂固化涂层[117,211-214]。但是，由于刚性无机填料的存在，其仍然具有缺乏柔韧性等缺点[215,216]。而将刚性无机填料与柔性纸张纤维相结合，所制备的材料既不乏纸张的柔韧性也不乏刚性材料的耐久性，是制备吸附型油水分离材料的极好方法。

纸张是最常见的一次性消耗品，因其优越的性能，如环保、可扩展、重量轻、机械柔韧和一次性，无论在我们的日常生活、办公室还是工业中，可广泛应用于书写、印刷和包装。除此之外，其所具备的三维多孔结构也大大拓宽了纸材料的应用面。因此，造纸业在全球经济中早已占有重要地位。然而，随着科学的发展和文明的进步，造纸业存在的问题已成为人们关注的焦点。在收集原材料的过程中对生态系统的巨大破坏，大规模的能源消耗，以及制造过程中严重的大气、土壤和水污染都是我们所面临的问题[217-219]。再生纸的出现，为我们提供了解决这些问题的最佳答案[220-222]。废纸可与水混合，以被分解，在切碎并加热后，废纸进一步分解成纤维素束，制备出纸浆或浆料，再经脱墨、漂白和其他清洁方法，即可制成新的再生纸。与传统造纸相比，再生纸可以减少能源消耗，产生较少的水污染及空气污染。除此之外，再生纸减少了对原始纸浆（即原材料）的需求，同时也试图减少对生态系统的破坏。纤维素是纸和再生纸的重要成分，其本质上是亲水性和吸湿性材料。众所周知，大部分纸张都是畏水的。一旦被润湿，纸张的强度会明显下降，而这可归因于纤维素通过氢键键合，水分子的存在削弱了分子间的作用力。水经蒸发后，纸张再次干燥，但少量可溶性成分因为水分子的作用而变形，出现褶皱，使纸张失去其美学特性和实用性[223,224]。因此，改善纸张的抗润湿能力是十分紧急又重要的。

受到荷叶表面微米级和纳米级结构的启发，超疏水表面对水具有极高的接触角和较低的滚动角，而这种特殊的润湿性在许多领域已成为研究的热点[16,30,137,225,226]。科研人员已经报道了许多用于构筑超疏水表面的化学和物理制备方法，而每种方法都能对材料表面的粗糙度及表面能进行不同程度的控制，来调节各种基材的润湿性。毫无疑问，这些研究为防水纸提供了可行的思路。但是，在保持其本身良好特性的同时，制造防水或超疏水纸仍存在许多困难。而超疏水纸材料的出现，将润湿性与其三维结构相结合，这大大拓宽了纸张材料的应用范围，尤其在油水分离领域[120,227-229]。然而，不可否认的是，这些制备方法因其复杂的制备工艺以及纸张较差的机械性能，导致超疏水纸始终无法大规模制备，且用修饰剂对纸张进行改性的过程中，也会降低纸张的美学特性和实用性。

最重要的是，目前的研究只集中在纸张的表面处理上。如果只改变纸张表面，则改性纸的超疏水性很容易因重复使用过程中的摩擦而磨损。考虑到上述情况，迫切需要在超疏水纸内外设计一种新颖、耐磨、均匀的产品。在传统的造纸工业中，填料是第二重要的组分。通过改进填料，不仅可以大大减少造纸工业对林业资源的依赖，也可减少造纸过程中的环境污染，在成本和节能方面具有高的效益。更为重要的是，填料还可以增强纸张的一些基本性能，如亮度、光泽度、不透明度、光滑度和可印刷性。因此，造纸工业中已经应用了许多类型的填料，包括硅酸钙、沉淀碳酸钙、碳酸钙、二氧化钛等[230-232]。同样，也可以通过改变填料的性质来调节纸张表面的超润湿性。

据我们查阅文献所知，通过改变填料来调节纸张的表面润湿性从未被报道过。由于贻贝对各种表面或物质具有惊人的黏附能力[233-236]，我们创造性地将荷叶效果和贻贝黏附效果结合到再生造纸工艺中[64]。由于多巴胺（DA）具有优异的生物相容性和低细胞毒性，且聚多巴胺（PDA）层不仅有利于填料的分散，而且加强了基材与填料之间的应力传递，大大提高了纸张的机械性能[126,237]。所制备的超疏水再生纸（SRP）表面性能均匀，具有良好的自洁、防污和吸油能力等内在属性。其制备工艺如图 6-6（a）所示，将废纸通过升温搅拌，打成纸浆，加入 DA，调节 pH，使 DA 自聚合并均匀地附着于纸浆纤维上。再加入超疏水硅胶粉末（SSGP)，使其与纸浆均匀地混合在一起，经简单的压膜工艺，可以制备出 SRP。如图 6-6（b）所示，SRP 展现出了极强的超疏水性以及高达 158°的接触角。水滴（5 μL）可以以近似球形站立于纸表面上，且可以长时间保持这种状态而不浸入纸张内部结构中。当给 SRP 一个微小的角度（小于 5°）时，从微量注射器滴下的水滴（约 12 μL）在与纸张表面接触的同时，可以容易且快速地滚落（图 6-6（c））。这是因为当水滴与固体表面接触时，它倾向于达到一个相对低的能量状态[34,35,238]。

基于以往的理论研究，为了使水滴能停留于表面上并保持一个较大的接触角，需要表面具有较低的表面能，且与液滴间有较小的接触面积。Barthlott 和 Neinhuis[1]受到荷叶表面的微型乳突上显示出细分支的纳米结构启发，认为固体表面的微纳米级别的分层结构有利于表面对液滴的极端排斥。因此，研究人员致力于创造这种特殊的分层粗糙结构，以实现奇妙的超疏水表面。含氟的低表面能物质是本领域调节材料表面能的不二选择，但因其价格昂贵、毒性极大，大大地限制了超疏水材料的应用。在这项工作中，我们选择富含疏水性—CH_3 的 HMDS 来替代含氟物质，赋予二氧化硅颗粒疏水基团。因此，这种低毒性 SRP 可满足现实生活的所有需要，无须担心其毒性。而微米级的 PDA-纤维素与纳米级 SSGP 共同构成了 SRP 表现的微纳米分层结构，赋予了 SRP 优异的超疏水性。为了更直观地展示该 SRP 的防水能力，我们将其浸入水中，可以在其表面发现一层气膜，像一层白色镜子。这是因为水和纸张表面之间有大量的气穴（图 6-6（d）），且当从水中取出时，SRP 表面丝毫没有被润湿。图 6-6（e）展示了在有水柱喷射于 SRP 表面时，冲击的水柱仅会从表面反弹，而不会扩散于表面上。此外，SRP 还具有很强的耐酸和耐碱性。让 HNO_3（1M）和 NaOH（1M）滴落到 SRP 表面上，我们可以观察到两种液滴在纸张上保持完美的球形（图 6-6（f））。我们也选取了一些常见液体（咖啡、牛奶、绿茶、红茶、亚甲蓝和水），放置于样品表面上，液体在表面都显示出近球形和较高的接触角（图 6-6（g）），且该样品仍保留其原始颜色，没有被污染。这表明，我们所制备的 SRP 具备极强的超疏水性及耐腐蚀性，足以满足人们的日常生活需求。考虑到日益严重的含油废水及漏油事故的污染问题，我们通过将三维网状结构与超润湿相结合，可以很好地从油水混合物中分离油污染物。为了研究 SRP 的油水分离性能，正己烷被选择作为待吸附物。图 6-6（h）显示当 SRP 与正己烷-水混合物的表面接触时，正己烷（用苏丹红Ⅳ染色）被迅速吸收，并且 SRP 逐渐变红。当纸张吸入量达到饱和时，水面上的正己烷显著减少。同时，我们尝试使用 1,2-二氯乙烷（用苏丹红Ⅳ染色）进行重油吸附实验。与正己烷相反，1,2-二氯乙烷因密度大于水，故沉到烧杯的底部。但是当整个 SRP 样品浸入水中时，1,2-二氯乙烷也能被快速吸附，如图 6-6（i）所示。这些表明，SRP 是一种很有前途的吸附材料，可用于在各类环境中去除不同密度的油。且经干燥后，该纸片除了因染料而变色外，其结构形态和尺寸没有发生任何改变，仍具备极强的抗水能力以及对水较高的接触角，并可重复进行油水分离。我们这项工作不仅改善了纸片的性质，使其避免了水浸入后的危害，而且扩大了纸张的可用范围。同时，这种 SRP 也可以缓解能源和环境危机。

在这项工作的基础上，我们将通过硬脂酸改性后的 $Mg(OH)_2$ 粉末加入 SRP 的纸浆中，制备出了具有超疏水性和阻燃性的 SRP[239]。该多功能 SRP 具有良好的自洁和防污能力，可用于油水分离。我们研究了这类阻燃 SRP 的油水分离能力。如图 6-7（a）所示，选择正己烷（用苏丹红Ⅳ染色）作为待吸收物，其在水表面上形成一层有机污染物。将一片阻燃再生纸放在油水混合物表面，几秒钟后，正己烷就被完全吸收，纸逐渐变为红色。整个过程简单、环保，且不会造成水分流失。而采用 1,2-二氯乙烷（用苏丹红Ⅳ染色）测试了 SRP 对重油的吸附能力。将纸片浸入油水混合物与污染物接触时，1,2-二氯乙烷也能被迅速吸收（图 6-7（b））。更有趣的是，在吸附完成后，对样品进行干燥，待纸片干燥后，该 SRP 仍然保持其优异的超疏水性。令人惊讶的是，纸片吸收的有机物可以通过简单的燃烧方法从 SRP 材料中去除，而该 SRP 仍能保持优异的超疏水性，并可再次对油水混合物进行分离。这项工作表明，超疏水阻燃再生纸是一种很有前途的吸附材料，可以从水中吸附各类不同密度的有机污染物，且仍能很好地保持其超疏水性。这不仅可以扩大纸张的可用范围，还可以缓解当今社会所面临的能源和环境危机。

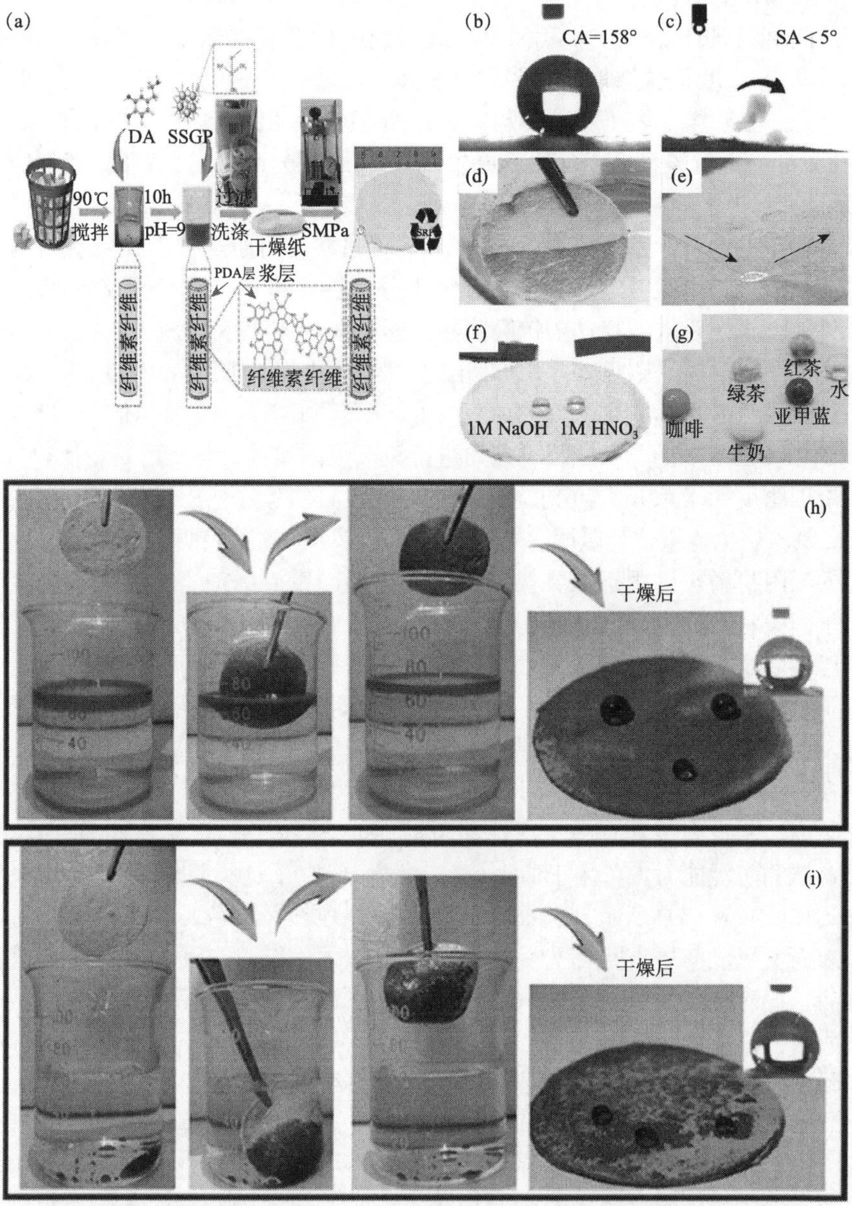

图 6-6　(a) 通过传统造纸工艺从废纸中合成 SRP 的示意图；水滴位于 SRP 表面的 CA (b) 和 SA (c) 的图像；(d) SRP 浸入水中的光学图像；(e) SRP 表面上的水柱回弹现象；(f) 不同 pH 液滴放置于 SRP 表面上的光学图像；(g) 生活中常见的各类液滴放置于 SRP 表面上的光学照片；(h) SRP 从水面吸附正己烷的过程；(i) SRP 从液面下吸收 1,2-二氯乙烷的过程[64]

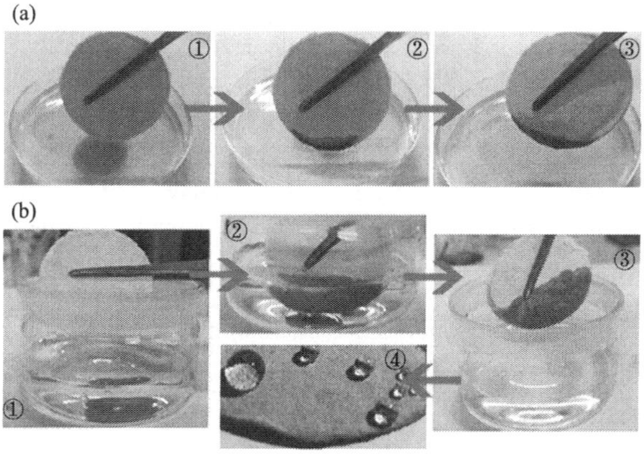

图 6-7　使用所制备的超疏水阻燃再生纸进行油吸附实验。对正己烷（a）和 1,2-二氯乙烷（b）（均用苏丹红Ⅳ染色）进行吸收，以及在吸收完成后，经干燥，液滴位于该纸片表面的光学照片[239]

考虑到纸纤维较差的机械强度，所制备的材料机械强度有限，这也限制了这类吸附材料在一些极端条件下的应用。而考虑到 Kevlar 纤维（聚对苯二甲酰对苯二胺）具有一定的疏水性和强的机械性能，是用于膜纸类的理想的骨架支撑材料[240,241]。根据先前的研究工作，我们得知，以二甲基亚砜（DMSO）为溶剂，加入 KOH 均化，可将 Kevlar 非织造织物剥离成 Kevlar 纳米纤维(KNF)[242]。通过水热及成膜工艺处理，所得 KNF 膜具有三维的多孔结构，且具备极高的机械强度。通过修饰剂对 KNF 膜进行改性，可以很容易地使膜表面具有极强的超疏水性。因此，我们通过用 DMSO 溶解 Kevlar 纤维，然后水热处理来制造 KNF，再掺入 PDMS 与 PVDF 颗粒，经抽滤工艺制备出了超疏水的 KNF 膜[243]。PDMS 和 PVDF 微纳米颗粒均匀地分散在 KNF 溶液中，这不仅可以降低 KNF 膜的表面能，还能为其构筑表面的微纳结构提供一定的粗糙度。再通过简单的抽滤工艺，制备出超疏水 KNF 膜，其过程如图 6-8（a）所示。结果表明，所制备的 KNF 膜具有显著的热稳定性与优异的超疏水性。在经受拉伸和捏合等机械变形后，该膜仍保持其超疏水性，并表现出优异的抗拉伸性和耐久性。除此之外，该 KNF 膜还可以有效地分离废水中的油，且由于其较强的机械性能及优异的稳定性，可高效多次循环进行油水分离。

原始的 KNF 膜可以很容易地被油浸润，并在一定程度上被水轻微润湿，因此难以从油水混合物中吸收和分离油相。而掺杂了 PVDF/PDMS 颗粒的超疏水 KNF 膜具备极强的抗水性与亲油性，正是这特殊的超润湿行为，使 PDMS/PVDF @ KNF 膜可以选择性地从油水混合物中吸收油且不吸收水。这显示出该材料在环境净化及油水分离中具备极大的应用前景。在该研究中，我们选择常用的有机溶剂如正己烷和二氯乙烷作为油并染色以显示该膜对这两种油的吸收的差异。如图 6-8（b）～(e) 所示，因为密度较低，正己烷（用苏丹红Ⅳ染色）在油水混合体系中是漂浮于水相（用亚甲蓝染色）之上的。当 PDMS/PVDF@KNF 膜接触油层时，油层在 2s 内被迅速吸收到材料中。而对于高密度油二氯乙烷（用苏丹红Ⅳ染色），将 PDMS/PVDF@KNF 膜浸入油水混合体系中，当膜与油相接触时，二氯乙烷被迅速吸收，整个过程如图 6-8 (f)～(i) 所示。同时，我们可以清楚地观察到油被完全吸收而没有任何残留，且水未被膜材料所吸收。这表明 PDMS/PVDF@KNF 膜具有优异的吸油能力。此外，在吸收实验后，可以依次用乙醇和去离子水洗涤 KNF 膜，并在 40℃下干燥，待其干燥后，仍保留优异的超疏水性与油水分离能力，其循环可重复 10 次以上。

我们测试了 PDMS/PVDF@KNF 膜的超疏水稳定性及机械性能（即该材料在外力形变下的性能变化），如图 6-8（j）所示。拉伸试验机被用于测试 PDMS/PVDF@KNF 膜的抗拉伸强度，被拉伸的样品尺寸为 40mm×20mm，拉伸速度为 1mm/min。由于 KNF 和改性剂之间的强界面相互作用，PVDF 和 PDMS 的引入极大地改善了 KNF 膜的机械性能（图 6-8（k））。图 6-8（l）描绘了样品的拉伸应力-应变曲线。最大拉伸应力为 90 MPa，最大应变约为 20%，均高于普通 KNF 膜。当进行拉伸实验时，样品即使严重破裂，碎裂的 KNF 膜仍然保持优异的超疏水性。这也证明，拉伸不会破坏膜表面的粗糙结构。而涂覆在膜上的 PDMS 与 PVDF 微纳米颗粒在拉伸后仅会发生部分位移并形成新的粗糙表面，使得超润湿性能得以在碎裂的膜上保留。

除此之外，我们还通过弯曲形变来对 PDMS/PVDF@KNF 膜的柔韧性进行测量，如图 6-8（m）～(p) 所示。实验结果表明，该 PDMS/PVDF@KNF 膜在经过连续折叠后，仍能恢复正常且不会发生任何变形或损坏。进一步的摩擦实验表明，即使在摩擦 50 次循环后，PDMS/PVDF@KNF 膜的超疏水性仍然保持不变，其经摩擦实验后，对水的静态接触角（SCA）与滑动角（SA）如 6-8（q）与（r）所示。通过简单的抽滤工艺，将 KNF 与 PVDF 和 PDMS 纳米颗粒混合，制备出超疏水的 PDMS/PVDF@KNF 膜。该膜具有多孔、致密和分层结构，且许多 KNF 在结构中起到了支柱作用，为该膜材料提供了极强的支撑能力与优秀的机械性能，多孔结构也大大降低了 KNF 膜密度。在 PVDF 和 PDMS 纳米颗粒的共同增强下，PDMS/PVDF@KNF 膜具备原始 KNF 膜所不具备的优异的机械强度。

总之，我们报道了一种超疏水 PDMS/PVDF@KNF 膜的简单工艺，可高效地从油水混合物中捕获油。该 PDMS/PVDF@KNF 膜经机械形变后，仍能保持其超疏水性，这大大拓宽了该材料在油水分离领域中的应用面。

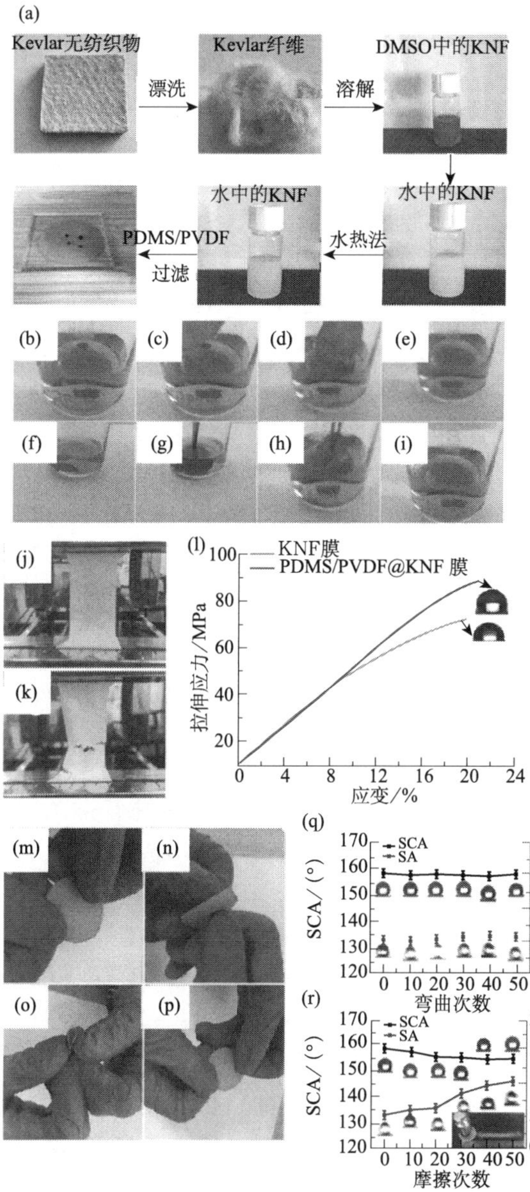

图 6-8　(a) 超疏水 PDMS/PVDF @ KNF 膜的制造方法的示意图；(b)～(e) 超疏水 PDMS/PVDF @ KNF 膜从水中吸收正己烷的过程；(f)～(i) 超疏水 PDMS/PVDF @ KNF 膜从水中吸收二氯乙烷的过程；PDMS/PVDF @ KNF 膜的拉伸实验图像：(j) 拉伸前，(k) 拉伸后，(l) PDMS/PVDF @ KNF 膜的拉伸应力-应变曲线；(m)～(p) 人为破坏超疏水 PDMS/PVDF @ KNF 膜的过程照片；(q) 弯曲 0～50 次的超疏水 PDMS/PVDF @ KNF 膜上的 SCA 和 SA 图像；(r) 在 800 目砂纸上摩擦 0～50 次后的超疏水 PDMS/PVDF @ KNF 膜上的 SCA 和 SA 图像[243]

MOF 作为新型多孔结晶材料，主要由有机连接体和金属离子（或簇）通过共价键组成[244-246]。由于有机和无机颗粒的固有特性，MOF 具有有序的多孔结构和大的表面积[247-251]。因此，在很多领域，MOF 拥有巨大的应用潜力，如催化[252]、传感[253]、药物输送[254]、污染物控制[255]、气体储存和分离[255,256]以及超疏水和超亲水表面[257,258]。然而，MOF 结晶材料由于其固有的脆性，很容易破碎成微小颗粒或细粉末，这大大限制了 MOF 材料的实际应用。目前，MOF 层主要通过静电纺丝制备[259]，且需要在基板上进行原位生长，操作极其烦琐复杂[260]。我们提出了一种新的方法，通过热压策略，可制备出 ZIF-8，且无需任何黏合剂就能将其附着于柔性 Kevlar 织物表面上[261]。HoP 工艺为 MOF 提供了极强的黏附力，使其能够牢固地附着在柔性 Kevlar 织物表面，而这也增强了 MOF 涂层 Kevlar 织物的柔韧性与耐磨性。再通过简单的浸渍工艺，对 ZIF-8@Kevlar 织物进行改性，来大大降低织物的表面能。所制备的改性 ZIF-8@Kevlar（F-ZIF-8@Kevlar）织物不仅具有优异的超疏水性，而且具有极强的耐磨和减阻性能。除此之外，该织物可从酒精与水的混合体系中吸收酒精，并可多次重复进行，这极大满足了实际的需要，具有极其广阔的应用潜力。

通过使用该 F-ZIF-8@Kevlar 织物从乙醇与水的混合物中吸收乙醇来评估其分离能力，如图 6-9（a）～(d）所示。将乙醇通过甲基蓝染色后，按 10％的比例配成乙醇/水混合物。取一片 F-ZIF-8@Kevlar 织物放入乙醇/水混合物中，可以发现蓝色的乙醇组分被织物逐渐吸收，一段时间后，该混合物变得几近澄清，这证明乙醇已被选择性吸收到 F-ZIF-8@Kevlar 织物中。除此之外，当超疏水 F-ZIF-8@Kevlar 浸入水中时，可以观察到有气泡形成腹甲层，附着于织物表面（图 6-9（d））。

对乙醇的吸收性能可归因于 F-ZIF-8@Kevlar 的超疏水性与其固有的多孔结构。ZIF-8 涂层在 77 K 下对 N_2 的吸附等温线（图 6-9（e）和（f））在低压状态下呈现急剧上升趋势，可说明 ZIF-8 具备微孔结构。可以通过乙醇在混合体系中的去除百分比来定量评价材料的吸收能力[262]。经实验分析，F-ZIF-8@Kevlar 织物用作吸附剂时，乙醇的去除效率可以达到 98％，这表明 F-ZIF-8@Kevlar 织物对有机混合体系中有机物质具备极强的去除能力。经 10 次分离循环后，在烧杯中很少观察到蓝色水，表明 F-ZIF8@Kevlar 面料具有可重复使用的分离能力，且经多次重复吸附后，F-ZIF-8@Kevlar 织物仍表现出对乙醇的高吸收能力以及极强的超疏水性。吸收有机物后的 F-ZIF-8@Kevlar 织物可通过 130℃下加热处理进行回收，且对其表面特性没有影响。这表明该 F-ZIF-8@Kevlar 织物具有极强的性能稳定性及可重复利用性。除了从混合体系中分离乙醇，该 F-ZIF-8@Kevlar 织物还可在重力作用下从油水混合物中分离出重油。收集的油的纯度约为 99.9％，通量约为 3500L/(m^2 · h)，如图 6-9（g）和（h）所示。总之，该

F-ZIF-8@Kevlar 织物不仅具有优异的超疏水性，而且具有优异的耐磨性、减阻性，可以有效地从混合体系中分离有机污染物，并具备极强的可重复实用性，可满足实际应用的需要，具有极大的应用潜力。

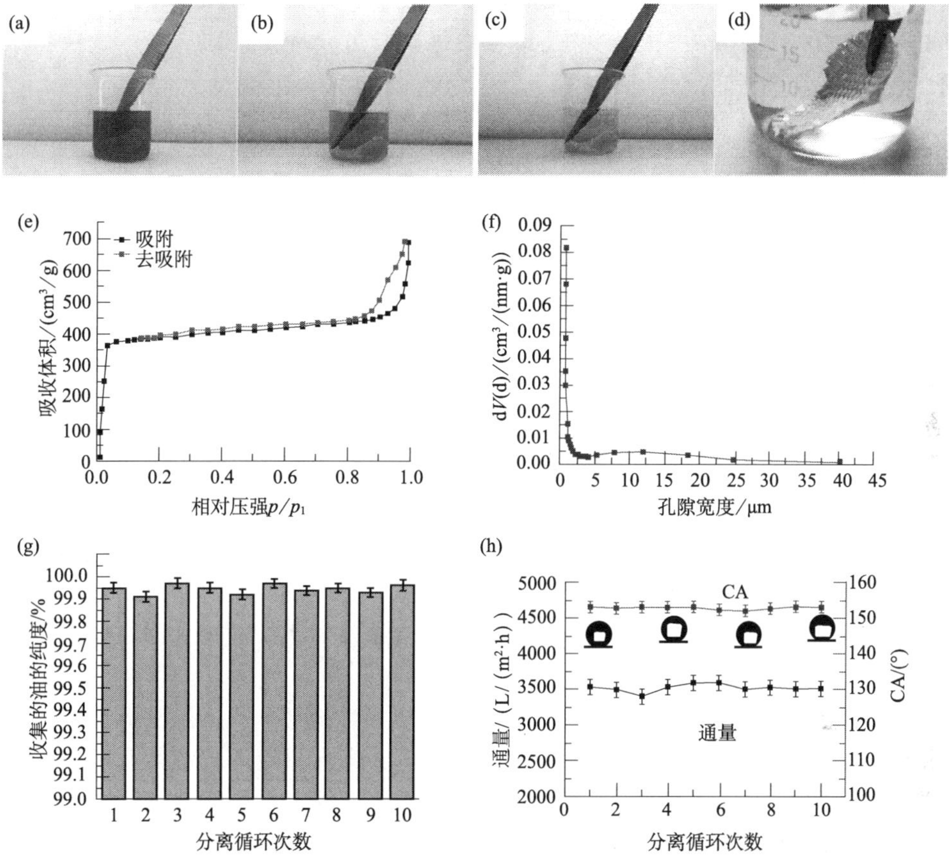

图 6-9　(a)～(c) 超疏水 F-ZIF-8@Kevlar 织物从乙醇和水的混合物中除去乙醇（蓝色）的吸附过程；(d) 当 F-ZIF-8@Kevlar 织物浸入水中时，在材料表面形成的腹甲层（银镜现象）；在 77K 下测试的 ZIF-8 涂层的 N_2 吸附等温线 (e) 和孔径分布 (f)；(g) 每个分离循环期间收集的油的纯度；(h) 每个分离循环后超疏水 F-ZIF-8@Kevlar 织物的分离通量和水接触角 (CA)[261]

6.4 其他材料

上述几种市售聚合物海绵或者合成海绵及纸张基底，通过简单的疏水（超疏水）化处理，是目前制备吸附型吸收材料的主要方法。然而，这种方法无法设计和控制吸收剂内部结构形貌，这主要由基底的性质决定。因此，从材料入手，许多研究人员已经开始尝试利用各种聚合方法来制备具有可控和可调孔结构的新型 3D 聚合物材料[263-268]。最近，高内相乳液聚合已成为制造具有可调内部结构的高度多孔聚合物结构的常用方法[269-271]。当使用疏水性单体时，所制备的 3D 多孔聚合物结构表现出了对油的选择吸收能力。此外，Du 等还报道了具有分级多孔结构（具有内消旋和大孔）的共轭微孔聚合物气凝胶[272,273]。由于其固有的疏水性，所获得的共轭微孔聚合物气凝胶可以选择性地从油水混合物中吸收油。

除此之外，许多碳材料也具备固有的疏水性，而碳的 3D 多孔结构还能保持许多其特有的性质，如超低密度、良好的化学稳定性、大的特定表面积、强大的机械强度等，已经引起了研究者的广泛关注[274,275]。基于 CNT 的气凝胶/海绵已证明其作为油水分离的超吸收剂的效率[276-278]。例如，Gui 等成功制备了 CNT 海绵，可以选择性地去除浮在水面上的油[94]。由于重量轻，以及固有的疏水性和亲油性，CNT 海绵可以在水面上漂浮并自动漂移到剩余的油膜上，这对于清理大面积水面上的溢油有良好的应用前景。此外，石墨烯气凝胶/海绵还通过 GO 分散体的各种还原和自组装方法制造[279-281]。因此，该海绵状石墨烯可用作高效吸收剂，从水中选择性去除油和各种有机溶剂，吸收系数可达 86。将这种材料与具备极强机械强度的 CNT 相结合，还可制备具有优异性能的 CNT/石墨烯复合材料[188,282]。例如，Sun 等使用 CNT 和巨型石墨烯片的“溶胶-冷冻”方法制造超轻质气凝胶（UFA）[283]。UFA 表现出极低的密度（0.16mg/cm）和极高的孔隙度（99.9%），导致这类吸附材料具备超强的吸油能力（超过其自身重量的 900 倍），这是前所未有的。

尽管基于石墨烯和 CNT 的 3D 吸收剂在选择性地从水中去除油方面已经显示出有希望的结果，但是它们在清理溢油的广泛实际应用中仍然受到阻碍，这主要是因为它们昂贵的前驱体和复杂的制备方法。因此，探索具有低成本前驱体和简单制备方法的替代性碳基吸收剂变得非常重要。最近，许多研究人员已经开始尝试将天然生物质材料或废弃碳质材料转化到疏水性碳气凝胶材料中来制备吸收剂[284,285]。例如，Bi 等已经证明通过原棉的直接热解制备扭曲碳纤维（TCF）气凝胶[286]。在热解后可以保持棉花的纤维结构，但是所得的碳纤维变得更加扭曲。此外，热解后表面性质从亲水性变为疏水性，这可以通过将制备的 TCF 气凝胶浸入水中时的镜面反射来证明。由此产生的疏水性归因于所有亲水性组分的去除以及高度扭曲的纤维结构。作为概念验证应用，TCF 气凝胶可以在 40s 内快速清理水面上的庚烷层，并在 5s 内快速清除水底的氯仿。由于疏水性和低密度，TCF 气凝胶显示出高达 192 的吸收系数。此外，TCF 气凝胶的抗腐蚀性能通过简单地烧掉吸收的油来实现再生过程。在燃烧后的 5 个吸收-恢复循环后没有发生可检测到的吸收能力变化。类似地，Zhang 等还成功地将废料（即废纸）转化为碳微泡（CMB）气凝胶，其也可以选择性地从油水混合物中吸收油[287]。由于原材料具有可持续性和成本效益，因此 TCF 气凝胶和 CMB 气凝胶被认为对大规模生产和实际应用具有很广阔的前景。

金属橡胶（MR）也是一种多孔材料，具有良好的环境适应性和可调刚度，在汽车及机械工程以及工业制造领域具有极大的优势[288,289]。MR 是通过拉丝工艺，将金属丝编织、缠结成金属网的结构，再经压缩成型制成。该材料在极端条件下仍能保持良好的阻尼性能，可以满足各类工业需求，受到了科研界的广泛关注[290]。但是，几乎所有的研究都集中于 MR 阻尼器的设计，而没有进一步探索并拓展其性能，使 MR 不能满足当今的应用需求，限制了其发展。除此之外，大多数 MR 由不锈钢丝制成，使用一段时间后，易被周围环境腐蚀，导致性能下降。因此，在 MR 领域，提高 MR 的耐腐蚀性与发掘其潜在应用是十分迫切的。

对于多功能表面，就不得不提超疏水性。超疏水性不仅能赋予材料表面优良的抗水性能，还能提高材料的抗腐蚀能力。这种性能的灵感来自荷叶、玫瑰花瓣、蝴蝶翅膀等天然表面结构，且在基础研究和实际应用中都备受关注[291-293]。通过对这些天然表面的多尺度结构的模仿，研究者设计和制造出许多人工超润湿表面，如超疏水织物[294]、超疏水纸[295]、超疏水海绵[86]、超疏水泡沫镍[296]和超疏水纹理金属网[140,297,298]。而几乎没有文献报道过具有超疏水性能的 MR。基于微加工技术的发展，现在已经有了可以在各类金属基底上制备超疏水表面的多种方法，比如表面涂层、化学蚀刻、溶液浸渍、水热处理、电化学沉积等[140,298-300]。这其中，若对 MR 进行表面涂层处理，但因其特殊的紧凑和缠绕结构，很难确保 MR 表面具备均一稳定的超疏水性，且这类处理后，在 MR 表面的微纳米结构很容易被机械磨损破坏。其他方法也存在极大的局限性，包括需要复杂精密的仪器或烦琐的实验过程，这大大增加了制备难度与成本。开发一种简便高效的大规模制备方法对 MR 材料在的实际应用具有重要的意义。

因此我们提出了一种全新的方法，通过 $FeCl_3$、H_2O_2 和 HCl 的混合物对 MR 材料进行两步化学蚀刻，再经 PFDS 处理，制备出了具有超疏水性能的 MR[301]。这种方法因操作简单，适用于大面积批量制备超疏水 MR 材料。对于所制备的超疏水 MR，我们进行了磨损实验，该样品展现了优良的机械耐久性，经砂纸（400 目）打磨，在 10 次循环后，仍能保留其超疏水性。除此之外，超疏水 MR 由于其超疏水及超亲油的表面特性，可以选择性地从水中吸收有机污染物。

相比于常规硬质基底，MR 由不锈钢线组成的多孔且致密的结构构成，这使得该材料难以通过一步蚀刻处理来构筑表面微纳米结构。因此，这项工作中，我们通过两步化学蚀刻法和低表面能材料改性制备超疏水 MR。首先通过 $FeCl_3$ 蚀刻溶液在 MR 表面蚀刻出微米级结构，再通过 HCl 蚀刻，进一步在材料表面获得微纳米结构，这与荷叶的结构非常相似。为了探究 MR 材料的表面结构对其润湿性的影响，在每次蚀刻后，均测试了样品的 SEM 图像及对水的接触角。未处理的 MR 表面相对光滑，对水的接触角为 0°，具有极强的超亲水性（图 6-10（a））。在经双氧水蚀刻后，可以发现大量的微尺度突起结构不规则地分布在材料表面（图 6-10（b））。此时，表面具备一定的疏水性，对水的接触角为 91°。再浸入 HCl 溶液中蚀刻后，可以发现材料表面存在大量的纳米级凹坑，形成了分级的微纳米结构（图 6-10（c））。最后使用低表面能物质 PFDS 进行了进一步修饰，此时，MR 对水的接触角达到了 152°，这是材料表面的微纳米结构与 PFDS 的水解引入的疏水基团的共同作用导致的。更详细地说，因为分层结构减小了固-液界面的接触面积，水滴和材料表面之间的黏附力降低，且因表面的微纳米结构，当水滴接触时，少量空气被捕获于纳米级凹坑中，而这与 Cassie-Baxter 状态类似，从而导致液滴可以以一个较大的接触角被放置于材料表面[34]。

众所周知，荷叶由于其特殊的分层结构而具有优异的防水性，而经蚀刻后的超疏水 MR 具有与荷叶类似的结构，同样具备优异的防水性。为了研究该材料的防水性能，分别将原始的 MR 与经蚀刻后的超疏水 MR 浸入水中，可以明显地观察到超疏水 MR 样品表面有大量的气泡，产生了稳定的银镜现象（图 6-10（e）），而这一现象可归因于其表面的微纳米结构捕获的空气层。当原始样品浸入水中时，迅速被水润湿，且没有任何银镜现象（图 6-10（d））。为了证明经蚀刻后的 MR 的超疏水性，将液滴（用亚甲蓝染色）分别放置于原始的 MR 和经蚀刻后的超疏水 MR 的表面。由图 6-10（f）可以看出，由于材料本身所具备的多孔结构，水滴在与原始的 MR 表面接触时，迅速铺展，并渗入材料内部。在经蚀刻处理后的超疏水 MR 表面，液滴始终保持球状，而这说明了经蚀刻处理后的 MR 具有优异的防水及超疏水性能，这对 MR 在的实际应用具有重要意义。MR 是通过拉丝工艺，将金属丝编织、缠结成金属网的结构，再经加工制成，其内部具有大量的多孔结构与极大的比表面积。而通过蚀刻处理，所制备的超疏水 MR 材料具有超疏水性与超亲油性，这说明该超疏水 MR 是极好的吸附材料，可以高效地从油水混合体系中分离有机相。通过一个简单的方法来测试超疏水 MR 从油水混合物中吸附油的能力。在该实验中，正十六烷用于模拟溢油并使用苏丹红Ⅳ染色以进行清晰观察。正十六烷由于其较低的密度及表面张力，故漂浮于水相之上并在表面扩散。如图 6-10（g）所示，超疏水 MR 由于其超疏水与超亲油的表面特性，当与油水混合物体系中的油相接触时，由于毛细力的作用，可以迅速从水中选择性地吸收正十六烷，而吸收后的水表面几乎没有残留物。除此之外，经干燥处理后，该样品可继续从油水混合物体系中吸收有机相，展现了极强的表面性能稳定性及可循环性能。

Duong 等提出了一种简便且经济有效的具有生物相容性的纤维素气凝胶合

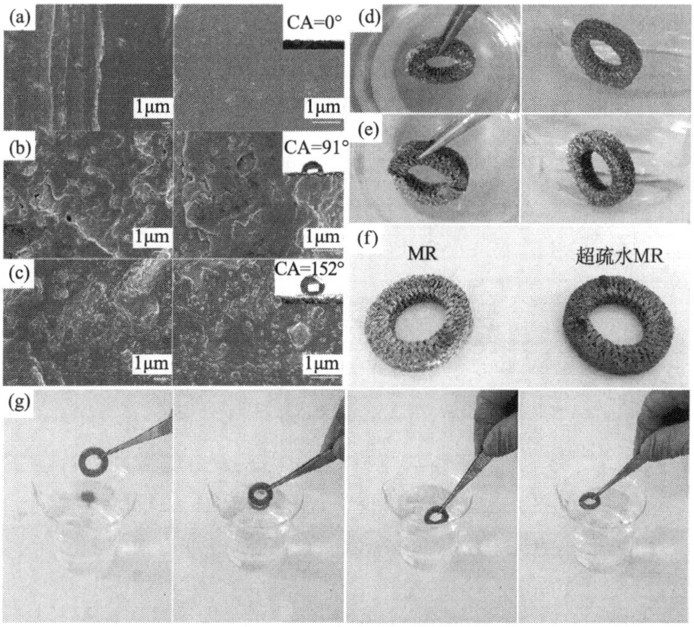

图 6-10　原始 MR(a)、$FeCl_3$ 蚀刻溶液处理后的 MR（b）和经 HCl 蚀刻与 PFDS 进一步改性后的 MR（c）的 SEM 图像；防水性能测试：（d）原始 MR 可以很容易被水润湿，（e）浸入水中时超疏水 MR 表面形成稳定的银镜现象，（f）原始 MR 和超疏水 MR 表面上的水滴状态，（g）油水分离过程[301]

成方法，使用 Kymene 作为交联剂，从废纸中合成纤维素气凝胶[302-304]。这种新方法可以显著降低原料的毒性，并可使整个制备时间从以前的 7 天下降到 2 天[302,303]。经过化学气相沉积冷冻干燥并涂覆甲基三甲氧基硅烷（MTMS）后，再生纤维素气凝胶表现出超柔韧性、高孔隙率、超疏水性和出色的吸油能力，可长时间保持优异的超疏水性，并且具有优异的吸油能力[304]。基于先前的一些工作[304,305]，与由纤维素纳米纤维形成的气凝胶的中孔（2～50nm）相比，在材料的 SEM 图像中可以清楚地观察到纤维素气凝胶内部的高度多孔结构，大量的大孔（大于 50nm）存在于材料内部与表面结构中，而这可能是由经纸废料回收得到的再生纤维素纤维具备较大的尺寸造成的[304]。在纤维素质量百分比分别为 0.25％和 1.00％时，具有较高纤维素质量百分比的气凝胶展现了更为紧密的网络结构与更低的孔隙率。除此之外，改变 Kymene 的量并不会对气凝胶的结构产生影响。在经 MTMS 涂覆后的纤维素气凝胶外表面和内表面上测量其对水的润湿性。该气凝胶外表面和内表面对水的 CA 分别可以达到 153.5°和 150.8°，这说明 MTMS 疏水性涂层成功地覆盖于整个气凝胶网络结构中，且调整纤维素质量百分比或 Kymene 量，该材料对水的 CA 均可达到约 150°。这种材料所具备的极强的超润湿性能可归功于 MTMS 对气凝胶表面的修饰作用使其表面具备大量的疏水性基团[304]。除此之外，该气凝胶可长时间保持其表面的超润湿性能，在暴露于正常外界环境中 5 个月后，CA 仍能保持在 145°～155°。这进一步说明了经 MTMS 涂覆后的再生纤维素气凝胶所具备的优异性能。使用 5w40 机油对该纤维素气凝胶的吸油能力进行测量。当 Kymene 量保持为 5μL 且将纤维素质量百分比从 0.25%增加至 1.00%时，在 25℃条件下，该气凝胶具有较好的吸附容量。由于具备最低的密度（7×10^3g/cm^3）和最高的孔隙率（99.4%），纤维素质量百分比为 0.25%的气凝胶可以实现 95g/g 的最大吸附容量。经 MTMS 包覆后制备出的纤维素气凝胶的吸收系数比天然吸附剂要大一个数量级，比商业聚丙烯吸附剂大几乎 1 倍[306-308]。除此之外，相比于在以前的工作中使用氢氧化钠/尿素法所制备的气凝胶[309-311]，这项工作中所制备的气凝胶的吸附容量要高 5 倍[302,303]。吸收能力的显著提高主要是因为在不使用尿素和氢氧化物残余物的情况下，由 Kymene 交联的纤维素气凝胶的密度因其重量而降低，且所制备的再生纤维素气凝胶具有较低的密度及较高的孔隙率。为了评估该纤维素气凝胶在实际中的吸油性能，Duong 等通过 3.5% NaCl 溶液来制备人造海水。不难看出，在油水混合体系中，将纤维素气凝胶放于液面上，可在 7min 内快速吸收油水混合体系中的油相。他们通过使用 HCl 或 NaOH，制备出具有不同 pH 的人造海水，并研究了 pH 对该再生纤维素气凝胶的吸油能力的影响。在混合体系的 pH=3，5，7 和 9 的条件下，0.50%再生纤维素气凝胶的吸油能力分别可以达到 63.00g/g，62.85g/g，63.06g/g 和 62.98g/g。该气凝胶在混合体系中的吸收结果表明，其吸油行为对 pH 不敏感，这可能是因为气凝胶的油容量主要受它们的孔隙率和测试所用油黏度影响，而这两者都不受环境 pH 影响。

吸收型油水分离材料通过其本身具有的对水中油或者油中水的吸附作用，实现油水混合物的快速高效分离，是现行被运用最广泛的溢油治理措施之一。从早期的超疏水-超亲油性分离材料（除油材料）到超亲水-水下超疏油性分离材料（除水材料），再到可转换润湿性的智能分离材料，特殊润湿性刺激响应分离材料与传统的油水过滤材料相比，显示出巨大的优势。

参考文献

[1] Barthlott W，Neinhuis C. Purity of the sacred lotus，or escape from contamination in biological surfaces. Planta，1997，202 (1)：1-8

[2] Zhang Y，Chen Y，Shi L，Li J，Guo Z. Recent progress of double-structural and functional materials with special wettability. Journal of Materials Chemistry，2012，22 (3)：799-815

[3] Guo Z，Liu W. Biomimic from the superhydrophobic plant leaves in nature：binary structure and unitary structure. Plant Science，2007，172（6）：1103-1112

[4] Dittrich P S，Manz A. Lab-on-a-chip：microfluidics in drug discovery. Nature Reviews Drug Discovery，2006，5（3）：210

[5] He M，Wang J，Li H，Jin X，Wang J，Liu B，Song Y. Super-hydrophobic film retards frost formation. Soft Matter，2010，6（11）：2396-2399

[6] Wang F，Li C，Lv Y，Lv F，Du Y. Ice accretion on superhydrophobic aluminum surfaces under low-temperature conditions. Cold Regions Science Technology，2010，62（1）：29-33

[7] Guo Z，Liu W，Su B. Superhydrophobic surfaces：from natural to biomimetic to functional. Journal of Colloid Interface Science，2011，353（2）：335-355

[8] Xin B，Hao J. Reversibly switchable wettability. Chemical Society Reviews，2010，39（2）：769-782

[9] Yao X，Song Y，Jiang L. Applications of bio-inspired special wettable surfaces. Advanced Materials，2011，23（6）：719-734

[10] Garrod R，Harris L，Schofield W，Mcgettrick J，Ward L，Teare D，Badyal J. Mimicking a Stenocara Beetle's back for microcondensation using plasmachemical patterned superhydrophobic-superhydrophilic surfaces. Langmuir，2007，23（2）：689-693

[11] Dorrer C，Ruehe J. Wetting of silicon nanograss：from superhydrophilic to superhydrophobic surfaces. Advanced Materials，2008，20（1）：159-163

[12] Lee C C，Sui G，Elizarov A，Shu C J，Shin Y S，Dooley A N，Huang J，Daridon A，Wyatt P，Stout D. Multistep synthesis of a radiolabeled imaging probe using integrated microfluidics. Science，2005，310（5755）：1793-1796

[13] Matosevic S，Szita N，Baganz F. Fundamentals and applications of immobilized microfluidic enzymatic reactors. Journal of Chemical Technology Biotechnology，2011，86（3）：325-334

[14] Sarkar D K，Farzaneh M. Superhydrophobic coatings with reduced ice adhesion. Journal of Adhesion Science Technology，2009，23（9）：1215-1237

[15] Gao X，Yan X，Yao X，Xu L，Zhang K，Zhang J，Yang B，Jiang L. The dry-style antifogging properties of mosquito compound eyes and artificial analogues prepared by soft lithography. Advanced Materials，2007，19

(17)：2213-2217

[16] Gao X，Jiang L. Biophysics：water-repellent legs of water striders. Nature，2004，432 (7013)：36

[17] Zheng Y，Gao X，Jiang L. Directional adhesion of superhydrophobic butterfly wings. Soft Matter，2007，3 (2)：178-182

[18] Liu K，Du J，Wu J，Jiang L. Superhydrophobic gecko feet with high adhesive forces towards water and their bio-inspired materials. Nanoscale，2012，4 (3)：768-772

[19] Parker A，Lawrence C. Water capture by a desert beetle. Nature，2001，414 (6859)：33

[20] Wang C，Yao T，Wu J，Ma C，Fan Z，Wang Z，Cheng Y，Lin Q，Yang B. Facile approach in fabricating superhydrophobic and superoleophilic surface for water and oil mixture separation. ACS Applied Materials & Interfaces，2009，1 (11)：2613-2617

[21] Feng L，Zhang Z，Mai Z，Ma Y，Liu B，Jiang L，Zhu D. A super-hydrophobic and super-oleophilic coating mesh film for the separation of oil and water. Angewandte Chemie，2004，116 (15)：2046-2048

[22] Li J，Shi L，Chen Y，Zhang Y，Guo Z，Su B，Liu W. Stable superhydrophobic coatings from thiol-ligand nanocrystals and their application in oil/water separation. Journal of Materials Chemistry，2012，22 (19)：9774-9781

[23] Joye S B. Deepwater Horizon，5 years on. Science，2015，349 (6248)：592-593

[24] Schrope M. Oil spill：deep wounds. Nature News，2011，472 (7342)：152-154

[25] Ivshina I B，Kuyukina M S，Krivoruchko A V，Elkin A A，Makarov S O，Cunningham C J，Peshkur T A，Atlas R M，Philp J C. Oil spill problems and sustainable response strategies through new technologies. Environmental Science：Processes Impacts，2015，17 (7)：1201-1219

[26] Lahann J. Environmental nanotechnology：nanomaterials clean up. Nature Nanotechnology，2008，3 (6)：320

[27] Kleindienst S，Paul J H，Joye S B. Using dispersants after oil spills：impacts on the composition and activity of microbial communities. Nature Reviews Microbiology，2015，13 (6)：388

[28] Fritt-Rasmussen J，Wegeberg S，Gustavson K. Review on burn residues

from in situ burning of oil spills in relation to Arctic waters. Water, Air, Soil Pollution, 2015, 226 (10): 329

[29] Wang S, Liu K, Yao X, Jiang L. Bioinspired surfaces with superwettability: new insight on theory, design, and applications. Chemical Reviews, 2015, 115 (16): 8230-8293

[30] Tian Y, Su B, Jiang L. Interfacial material system exhibiting superwettability. Advanced Materials, 2014, 26 (40): 6872-6897

[31] Chu Z, Feng Y, Seeger S. Oil/water separation with selective superantiwetting/superwetting surface materials. Angewandte Chemie International Edition, 2015, 54 (8): 2328-2338

[32] Xue Z, Cao Y, Liu N, Feng L, Jiang L. Special wettable materials for oil/water separation. Journal of Materials Chemistry A, 2014, 2 (8): 2445-2460

[33] Wang B, Liang W X, Guo Z G, Liu W M. Biomimetic super-lyophobic and super-lyophilic materials applied for oil/water separation: a new strategy beyond nature. Chemical Society Reviews, 2015, 44 (1): 336-361

[34] Cassie A, Baxter S. Wettability of porous surfaces. Transactions of the Faraday Society, 1944, 40: 546-551

[35] Wenzel R N. Resistance of solid surfaces to wetting by water. Industrial & Engineering Chemistry, 1936, 28 (8): 988-994

[36] Chen B, Ma Q, Tan C, Lim T T, Huang L, Zhang H. Carbon-based sorbents with three-dimensional architectures for water remediation. Small, 2015, 11 (27): 3319-3336

[37] Lei W, Portehault D, Liu D, Qin S, Chen Y. Porous boron nitride nanosheets for effective water cleaning. Nature Communications, 2013, 4: 1777

[38] Banerjee S S, Joshi M V, Jayaram R V. Treatment of oil spill by sorption technique using fatty acid grafted sawdust. Chemosphere, 2006, 64 (6): 1026-1031

[39] Annunciado T, Sydenstricker T, Amico S. Experimental investigation of various vegetable fibers as sorbent materials for oil spills. Marine Pollution Bulletin, 2005, 50 (11): 1340-1346

[40] El-Hamouz A, Hilal H S, Nassar N, Mardawi Z. Solid olive waste in environmental cleanup: oil recovery and carbon production for water purification. Journal of Environmental Management, 2007, 84 (1): 83-92

[41] Wang B, Liu Y, Zhang Y, Guo Z, Zhang H, Xin J H, Zhang L. Bioinspired superhydrophobic Fe_3O_4@ polydopamine @ Ag hybrid nanoparticles for liquid marble and oil spill. Advanced Materials Interfaces, 2015, 2 (13): 1500234

[42] Yu L, Hao G, Gu J, Zhou S, Zhang N, Jiang W. Fe_3O_4/PS magnetic nanoparticles: synthesis, characterization and their application as sorbents of oil from waste water. Journal of Magnetism Magnetic Materials, 2015, 394: 14-21

[43] Kumar A, Sharma G, Naushad M, Thakur S. SPION/β-cyclodextrin core-shell nanostructures for oil spill remediation and organic pollutant removal from waste water. Chemical Engineering Journal, 2015, 280: 175-187

[44] Duan C, Zhu T, Guo J, Wang Z, Liu X, Wang H, Xu X, Jin Y, Zhao N, Xu J. Smart enrichment and facile separation of oil from emulsions and mixtures by superhydrophobic/superoleophilic particles. ACS Applied Materials & Interfaces, 2015, 7 (19): 10475-10481

[45] Zhang L, Wu J, Wang Y, Long Y, Zhao N, Xu J. Combination of bioinspiration: a general route to superhydrophobic particles. Journal of the American Chemical Society, 2012, 134 (24): 9879-9881

[46] Tempesti P, Bonini M, Ridi F, Baglioni P. Magnetic polystyrene nanocomposites for the separation of oil and water. Journal of Materials Chemistry A, 2014, 2 (6): 1980-1984

[47] Weixin L, Guiyuan W, Ben W, Yabin Z, Zhiguang G. Superhydrophobic and magnetic Fe_3O_4/polydopamine composite nanoparticle and its oil/water separation. Acta Chimica Sinica, 2013, 71 (4): 639-643

[48] Guix M, Orozco J, García M, Gao W, Sattayasamitsathit S, Merkoçi A, Escarpa A, Wang J. Superhydrophobic alkanethiol-coated microsubmarines for effective removal of oil. ACS Nano, 2012, 6 (5): 4445-4451

[49] Zhang S, Zeng M, Li J, Li J, Xu J, Wang X. Porous magnetic carbon sheets from biomass as an adsorbent for the fast removal of organic pollutants from aqueous solution. Journal of Materials Chemistry A, 2014, 2 (12): 4391-4397

[50] Li X, Guo Y, Zhang J, Zhang L. Preparation of polysulfone microspheres with a hollow core/porous shell structure and their application for oil spill cleanup. Journal of Applied Polymer Science, 2013, 128 (5): 2994-2999

[51] Zhu Q, Tao F, Pan Q. Fast and selective removal of oils from water sur-

face via highly hydrophobic core-shell Fe_2O_3@C nanoparticles under magnetic field. ACS Applied Materials & Interfaces，2010，2（11）：3141-3146

[52] Zhu Q，Pan Q，Liu F. Facile removal and collection of oils from water surfaces through superhydrophobic and superoleophilic sponges. The Journal of Physical Chemistry C，2011，115（35）：17464-17470

[53] Yuan J，Liu X，Akbulut O，Hu J，Suib S L，Kong J，Stellacci F. Superwetting nanowire membranes for selective absorption. Nature Nanotechnology，2008，3（6）：332

[54] Zheng Y，Jiao Y，Zhu Y，Li L H，Han Y，Chen Y，Du A，Jaroniec M，Qiao S Z. Hydrogen evolution by a metal-free electrocatalyst. Nature Communications，2014，5：3783

[55] Duan C，Huo J，Li F，Yang M，Xi H. Ultrafast room-temperature synthesis of hierarchically porous metal-organic frameworks by a versatile cooperative template strategy. Journal of Materials Science，2018，53（24）：16276-16287

[56] Duan C，Li F，Xiao J，Liu Z，Li C，Xi H. Rapid room-temperature synthesis of hierarchical porous zeolitic imidazolate frameworks with high space-time yield. Science China Materials，2017，60（12）：1205-1214

[57] Lu G，Farha O K，Zhang W，Huo F，Hupp J T. Engineering ZIF-8 thin films for hybrid MOF-based devices. Advanced Materials，2012，24（29）：3970-3974

[58] Stavila V，Talin A A，Allendorf M D. MOF-based electronic and optoelectronic devices. Chemical Society Reviews，2014，43（16）：5994-6010

[59] Yang C，Kaipa U，Mather Q Z，Wang X，Nesterov V，Venero A F，Omary M A. Fluorous metal-organic frameworks with superior adsorption and hydrophobic properties toward oil spill cleanup and hydrocarbon storage. Journal of the American Chemical Society，2011，133（45）：18094-18097

[60] Wang J H，Li M，Li D. An exceptionally stable and water-resistant metal-organic framework with hydrophobic nanospaces for extracting aromatic pollutants from water. Chemistry—A European Journal，2014，20（38）：12004-12008

[61] Wen G，Guo Z. Facile modification of NH2-MIL-125（Ti）to enhance water stability for efficient adsorptive removal of crystal violet from aqueous solution. Colloids and Surfaces A：Physicochemical and Engineering Aspects，2018，541：58-67

[62] Wen G, Gao X Y, Guo Z G. Simple fabrication of a multifunctional inorganic paper with high efficiency separations for both liquids and particles. Journal of Materials Chemistry A, 2018, 6 (43): 21524-21531

[63] Banerjee A, Gokhale R, Bhatnagar S, Jog J, Bhardwaj M, Lefez B, Hannoyer B, Ogale S. MOF derived porous carbon-Fe_3O_4 nanocomposite as a high performance, recyclable environmental superadsorbent. Journal of Materials Chemistry, 2012, 22 (37): 19694-19699

[64] Si Y, Guo Z. Bio-inspired writable multifunctional recycled paper with outer and inner uniform superhydrophobicity. RSC Advances, 2016, 6 (37): 30776-30784

[65] Xiao F, Yuan S, Liang B, Li G, Pehkonen S O, Zhang T. Superhydrophobic CuO nanoneedle-covered copper surfaces for anticorrosion. Journal of Materials Chemistry A, 2015, 3 (8): 4374-4388

[66] Si Y, Guo Z, Liu W. A robust epoxy resins @ stearic acid-$Mg(OH)_2$ micronanosheet superhydrophobic omnipotent protective coating for real-life applications. ACS Applied Materials & Interfaces, 2016, 8 (25): 16511-16520

[67] Guo J, Yang F, Guo Z. Fabrication of stable and durable superhydrophobic surface on copper substrates for oil-water separation and ice-over delay. Journal of Colloid Interface Science, 2016, 466: 36-43

[68] Cheng M, Song M, Dong H, Shi F. Surface adhesive forces: a metric describing the drag-reducing effects of superhydrophobic coatings. Small, 2015, 11 (14): 1665-1671

[69] Hao C, Liu Y, Chen X, Li J, Zhang M, Zhao Y, Wang Z. Bioinspired interfacial materials with enhanced drop mobility: from fundamentals to multifunctional applications. Small, 2016, 12 (14): 1825-1839

[70] Luo Y, Li J, Zhu J, Zhao Y, Gao X. Fabrication of condensate microdrop self-propelling porous films of cerium oxide nanoparticles on copper surfaces. Angewandte Chemie International Edition, 2015, 54 (16): 4876-4879

[71] Lai Y, Pan F, Xu C, Fuchs H, Chi L. In situ surface-modification-induced superhydrophobic patterns with reversible wettability and adhesion. Advanced Materials, 2013, 25 (12): 1682-1686

[72] Zhu H, Guo Z, Liu W. Biomimetic water-collecting materials inspired by nature. Chemical Communications, 2016, 52 (20): 3863-3879

[73] Zhu H, Yang F, Li J, Guo Z. High-efficiency water collection on biomimetic material with superwettable patterns. Chemical Communications, 2016, 52 (84): 12415-12417

[74] Farrington J W. Oil pollution in the marine environment Ⅰ: inputs, big spills, small spills, and dribbles. Environment: Science Policy for Sustainable Development, 2013, 55 (6): 3-13

[75] Kintisch E. An audacious decision in crisis gets cautious praise. American Association for the Advancement of Science, 2010, 329 (5993): 735-736

[76] Zhang J, Huang W, Han Y. A composite polymer film with both superhydrophobicity and superoleophilicity. Macromolecular Rapid Communications, 2006, 27 (10): 804-808

[77] Shang Y, Si Y, Raza A, Yang L, Mao X, Ding B, Yu J. An in situ polymerization approach for the synthesis of superhydrophobic and superoleophilic nanofibrous membranes for oil-water separation. Nanoscale, 2012, 4 (24): 7847-7854

[78] Tian D, Zhang X, Wang X, Zhai J, Jiang L. Micro/nanoscale hierarchical structured ZnO mesh film for separation of water and oil. Physical Chemistry Chemical Physics, 2011, 13 (32): 14606-14610

[79] Liang W, Guo Z. Stable superhydrophobic and superoleophilic soft porous materials for oil/water separation. RSC Advances, 2013, 3 (37): 16469-16474

[80] Li J, Yan L, Zhao Y, Zha F, Wang Q, Lei Z. One-step fabrication of robust fabrics with both-faced superhydrophobicity for the separation and capture of oil from water. Physical Chemistry Chemical Physics, 2015, 17 (9): 6451-6457

[81] Wu L, Li L, Li B, Zhang J, Wang A. Magnetic, durable, and superhydrophobic polyurethane @ Fe_3O_4 @ SiO_2 @ fluoropolymer sponges for selective oil absorption and oil/water separation. ACS Applied Materials & Interfaces, 2015, 7 (8): 4936-4946

[82] Ge B, Men X, Zhu X, Zhang Z. A superhydrophobic monolithic material with tunable wettability for oil and water separation. Journal of Materials Science, 2015, 50 (6): 2365-2369

[83] Ge B, Zhu X, Li Y, Men X, Li P, Zhang Z. Versatile fabrication of magnetic superhydrophobic foams and application for oil-water separation. Colloids and Surfaces A: Physicochemical Engineering Aspects, 2015, 482: 687-692

[84] Shuai Q, Yang X, Luo Y, Tang H, Luo X, Tan Y, Ma M. A superhydrophobic poly (dimethylsiloxane)-TiO_2 coated polyurethane sponge for selective absorption of oil from water. Materials Chemistry Physics, 2015, 162: 94-99

[85] Keshavarz A, Zilouei H, Abdolmaleki A, Asadinezhad A. Enhancing oil removal from water by immobilizing multi-wall carbon nanotubes on the surface of polyurethane foam. Journal of Environmental Management, 2015, 157: 279-286

[86] Wang H, Wang E, Liu Z, Gao D, Yuan R, Sun L, Zhu Y. A novel carbon nanotubes reinforced superhydrophobic and superoleophilic polyurethane sponge for selective oil-water separation through a chemical fabrication. Journal of Materials Chemistry A, 2015, 3 (1): 266-273

[87] Li B, Liu X, Zhang X, Zou J, Chai W, Xu J. Oil-absorbent polyurethane sponge coated with KH-570-modified graphene. Journal of Applied Polymer Science, 2015, 132 (16)

[88] Yang Y, Deng Y, Tong Z, Wang C. Multifunctional foams derived from poly (melamine formaldehyde) as recyclable oil absorbents. Journal of Materials Chemistry A, 2014, 2 (26): 9994-9999

[89] Ruan C, Ai K, Li X, Lu L. A superhydrophobic sponge with excellent absorbency and flame retardancy. Angewandte Chemie, 2014, 126 (22): 5662-5666

[90] Ge J, Ye Y D, Yao H B, Zhu X, Wang X, Wu L, Wang J L, Ding H, Yong N, He L H. Pumping through porous hydrophobic/oleophilic materials: an alternative technology for oil spill remediation. Angewandte Chemie, 2014, 126 (14): 3686-3690

[91] Xu L P, Dai B, Fan J, Wen Y, Zhang X, Wang S. Capillary-driven spontaneous oil/water separation by superwettable twines. Nanoscale, 2015, 7 (31): 13164-13167

[92] Sun H, Li A, Zhu Z, Liang W, Zhao X, La P, Deng W. Superhydrophobic activated carbon-coated sponges for separation and absorption. Chem Sus Chem, 2013, 6 (6): 1057-1062

[93] Toyoda M, Inagaki M. Heavy oil sorption using exfoliated graphite: new application of exfoliated graphite to protect heavy oil pollution. Carbon, 2000, 38 (2): 199-210

[94] Gui X, Wei J, Wang K, Cao A, Zhu H, Jia Y, Shu Q, Wu D. Carbon

nanotube sponges. Advanced Materials，2010，22 (5)：617-621

[95] Deng X，Mammen L，Butt H J，Vollmer D. Candle soot as a template for a transparent robust superamphiphobic coating. Science，2012，335 (6064)：67-70

[96] Uchida T，Ohashi O，Kawamoto H，Yoshimura H，Kobayashi K I，Tanimura M，Fujikawa N，Nishimoto T，Awata K，Tachibana M. Synthesis of single-wall carbon nanotubes from diesel soot. Japanese Journal of Applied Physics，2006，45 (10R)：8027

[97] Zhao F，Liu L，Ma F，Liu L. Candle soot coated nickel foam for facile water and oil mixture separation. RSC Advances，2014，4 (14)：7132-7135

[98] Chithra V，Nagendra S S. Chemical and morphological characteristics of indoor and outdoor particulate matter in an urban environment. Atmospheric Environment，2013，77：579-587

[99] Zhang D，Chen B，Yamada M，Niu H，Wang B，Iwasaka Y，Shi G. Elevated soot layer in polluted urban atmosphere：a case study in Beijing. Journal of the Meteorological Society of Japan，2012，90 (3)：361-375

[100] Gao Y，Zhou Y S，Xiong W，Wang M，Fan L，Rabiee-Golgir H，Jiang L，Hou W，Huang X，Jiang L，Silvain J F，Lu Y F. Highly efficient and recyclable carbon soot sponge for oil cleanup. ACS Applied Materials & Interfaces，2014，6 (8)：5924-5929

[101] Khosravi M，Azizian S. Synthesis of a novel highly oleophilic and highly hydrophobic sponge for rapid oil spill cleanup. ACS Applied Materials & Interfaces，2015，7 (45)：25326-25333

[102] Liu M，Qing Y，Wu Y，Liang J，Luo S. Facile fabrication of superhydrophobic surfaces on wood substrates via a one-step hydrothermal process. Applied Surface Science，2015，330：332-338

[103] Rezayi T，Entezari M H. Toward a durable superhydrophobic aluminum surface by etching and ZnO nanoparticle deposition. Journal of Colloid Interface Science，2016，463：37-45

[104] Duan Z，Zhao Z，Luo D，Zhao M，Zhao G. A facial approach combining photosensitive sol-gel with self-assembly method to fabricate superhydrophobic TiO_2 films with patterned surface structure. Applied Surface Science，2016，360：1030-1035

[105] Yang N，Li J，Bai N，Xu L，Li Q. One step phase separation process to fabricate superhydrophobic PVC films and its corrosion prevention for

AZ91D magnesium alloy. Materials Science Engineering：B，2016，209：1-9

[106] Xu N，Sarkar D K，Chen X. G，Tong W. Corrosion performance of superhydrophobic nickel stearate/nickel hydroxide thin films on aluminum alloy by a simple one-step electrodeposition process. Surface Coatings Technology，2016，302：173-184

[107] Rezaei S，Manoucheri I，Moradian R，Pourabbas B. One-step chemical vapor deposition and modification of silica nanoparticles at the lowest possible temperature and superhydrophobic surface fabrication. Chemical Engineering Journal，2014，252：11-16

[108] Liu Z，Wang H，Wang E，Zhang X，Yuan R，Zhu Y. Superhydrophobic poly（vinylidene fluoride） membranes with controllable structure and tunable wettability prepared by one-step electrospinning. Polymer，2016，82：105-113

[109] Xue C H，Zhang Z D，Zhang J，Jia S T. Lasting and self-healing superhydrophobic surfaces by coating of polystyrene/SiO_2 nanoparticles and polydimethylsiloxane. Journal of Materials Chemistry A，2014，2（36）：15001-15007

[110] Li J，Wu R，Jing Z，Yan L，Zha F，Lei Z. One-step spray-coating process for the fabrication of colorful superhydrophobic coatings with excellent corrosion resistance. Langmuir，2015，31（39）：10702-10707

[111] Hu Y，Huang S，Liu S，Pan W. A corrosion-resistance superhydrophobic TiO_2 film. Applied Surface Science，2012，258（19）：7460-7464

[112] Guo F，Wen Q，Peng Y，Guo Z. Multifunctional hollow superhydrophobic SiO_2 microspheres with robust and self-cleaning and separation of oil/water emulsions properties. Journal of Colloid Interface Science，2017，494：54-63

[113] Li J，Li D，Hu W，Li J，Yang Y，Wu Y. Stable superhydrophobic and superoleophilic silica coated polyurethane sponges for the continuous capture and removal of oils from the water surface. New Journal of Chemistry，2015，39（12）：9958-9962

[114] Simpson J T，Hunter S R，Aytug T. Superhydrophobic materials and coatings：a review. Reports on Progress in Physics，2015，78（8）：086501

[115] Zhang Y，Ge D，Yang S. Spray-coating of superhydrophobic aluminum

alloys with enhanced mechanical robustness. Journal of Colloid Interface Science，2014，423：101-107

[116] Goswami D，Medda S K，De G. Superhydrophobic films on glass surface derived from trimethylsilanized silica gel nanoparticles. ACS Applied Materials & Interfaces，2011，3 (9)：3440-3447

[117] Tian X，Shaw S，Lind K R，Cademartiri L. Thermal processing of silicones for green，scalable，and healable superhydrophobic coatings. Advanced Materials，2016，28 (19)：3677-3682

[118] Yu S，Guo Z. Superhydrophobic surfaces based on polypyrrole with corrosion resistance and the separation of oil/water mixture properties. RSC Advances，2015，5 (130)：107880-107888

[119] Dong B，Fan D，Wang S，Guo Z. An omnipotent liquid for various engineering material substrates with transparent superhydrophobicity. Chemistry Letters，2015，44 (9)：1245-1247

[120] Si Y，Zhu H，Chen L，Jiang T，Guo Z. A multifunctional transparent superhydrophobic gel nanocoating with self-healing properties. Chemical Communications，2015，51 (94)：16794-16797

[121] Wan H，Long Y，Xu H，Song K，Yang G，Tung C H. New strategy to prepare hollow silica microspheres with tunable holes on the shell wall. Langmuir，2014，30 (3)：683-686

[122] Huang Y，Gong Q，Song X，Feng K，Nie K，Zhao F，Wang Y，Zeng M，Zhong J，Li Y. Mo_2C nanoparticles dispersed on hierarchical carbon microflowers for efficient electrocatalytic hydrogen evolution. ACS Nano，2016，10 (12)：11337-11343

[123] Wu Y，Zhao M，Guo Z. Robust，heat-resistant and multifunctional superhydrophobic coating of carbon microflowers with molybdenum trioxide nanoparticles. Journal of Colloid Interface Science，2017，506：649-658

[124] Wang C，Wu L，Wang H，Zuo W，Li Y，Liu J. Fabrication and shell optimization of synergistic TiO_2-MoO_3 core-shell nanowire array anode for high energy and power density lithium-ion batteries. Advanced Functional Materials，2015，25 (23)：3524-3533

[125] Hassan M F，Guo Z，Chen Z，Liu H K. Carbon-coated MoO_3 nanobelts as anode materials for lithium-ion batteries. Journal of Power Sources，2010，195 (8)：2372-2376

[126] Liu Y，Ai K，Lu L. Polydopamine and its derivative materials：synthesis

and promising applications in energy, environmental, and biomedical fields. Chemical Reviews, 2014, 114 (9): 5057-5115

[127] Xue C H, Zhang P, Ma J Z, Ji P T, Li Y R, Jia S T. Long-lived superhydrophobic colorful surfaces. Chemical Communications, 2013, 49 (34): 3588-3590

[128] Chen K, Zhou S, Yang S, Wu L. Fabrication of all-water-based self-repairing superhydrophobic coatings based on UV-responsive microcapsules. Advanced Functional Materials, 2015, 25 (7): 1035-1041

[129] Huang J, Li S, Ge M, Wang L, Xing T, Chen G, Liu X, Al-Deyab S S, Zhang K, Chen T. Robust superhydrophobic TiO_2@ fabrics for UV shielding, self-cleaning and oil-water separation. Journal of Materials Chemistry A, 2015, 3 (6): 2825-2832

[130] Liu Y, Li S, Wang Y, Wang H, Gao K, Han Z, Ren L. Superhydrophobic and superoleophobic surface by electrodeposition on magnesium alloy substrate: wettability and corrosion inhibition. Journal of Colloid Interface Science, 2016, 478: 164-171

[131] Li J, Kang R, Tang X, She H, Yang Y, Zha F. Superhydrophobic meshes that can repel hot water and strong corrosive liquids used for efficient gravity-driven oil/water separation. Nanoscale, 2016, 8 (14): 7638-7645

[132] Zhang G, Zhang J, Su P, Xu Z, Li W, Shen C, Meng Q. Non-activation MOF arrays as a coating layer to fabricate a stable superhydrophobic micro/nano flower-like architecture. Chemical Communications, 2017, 53 (59): 8340-8343

[133] Liu M, Hou Y, Li J, Tie L, Peng Y, Guo Z. Inorganic adhesives for robust, self-healing, superhydrophobic surfaces. Journal of Materials Chemistry A, 2017, 5 (36): 19297-19305

[134] Yang W, Li J, Zhou P, Zhu L, Tang H. Superhydrophobic copper coating: switchable wettability, on-demand oil-water separation, and antifouling. Chemical Engineering Journal, 2017, 327: 849-854

[135] Zhang W, Wang S, Xiao Z, Yu X, Liang C, Zhang Y. Frosting behavior of superhydrophobic nanoarrays under ultralow temperature. Langmuir, 2017, 33 (36): 8891-8898

[136] Wong W S, Liu G, Nasiri N, Hao C, Wang Z, Tricoli A. Omnidirectional self-assembly of transparent superoleophobic nanotextures. ACS

Nano, 2017, 11 (1): 587-596

[137] Feng L, Li S, Li Y, Li H, Zhang L, Zhai J, Song Y, Liu B, Jiang L, Zhu D. Super-hydrophobic surfaces: from natural to artificial. Advanced Materials, 2002, 14 (24): 1857-1860

[138] Koch K, Bhushan B, Jung Y C, Barthlott W. Fabrication of artificial lotus leaves and significance of hierarchical structure for superhydrophobicity and low adhesion. Soft Matter, 2009, 5 (7): 1386-1393

[139] Liu M, Wang S, Wei Z, Song Y, Jiang L. Bioinspired design of a superoleophobic and low adhesive water/solid interface. Advanced Materials, 2009, 21 (6): 665-669

[140] Liu M, Hou Y, Li J, Guo Z. Stable superwetting meshes for on-demand separation of immiscible oil/water mixtures and emulsions. Langmuir, 2017, 33 (15): 3702-3710

[141] Lu Y, Sathasivam S, Song J, Crick C R, Carmalt C J, Parkin I P. Robust self-cleaning surfaces that function when exposed to either air or oil. Science, 2015, 347 (6226): 1132-1135

[142] Wang N, Lu Y, Xiong D, Carmalt C J, Parkin I P. Designing durable and flexible superhydrophobic coatings and its application in oil purification. Journal of Materials Chemistry A, 2016, 4 (11): 4107-4116

[143] Chen B, Qiu J, Sakai E, Kanazawa N, Liang R, Feng H. Robust and superhydrophobic surface modification by a "paint+adhesive" method: applications in self-cleaning after oil contamination and oil-water separation. ACS Applied Materials & Interfaces, 2016, 8 (27): 17659-17667

[144] Cao C, Ge M, Huang J, Li S, Deng S, Zhang S, Chen Z, Zhang K, Al-Deyab S S, Lai Y. Robust fluorine-free superhydrophobic PDMS-ormosil @ fabrics for highly effective self-cleaning and efficient oil-water separation. Journal of Materials Chemistry A, 2016, 4 (31): 12179-12187

[145] Li J, Yan L, Tang X, Feng H, Hu D, Zha F. Robust superhydrophobic fabric bag filled with polyurethane sponges used for vacuum-assisted continuous and ultrafast absorption and collection of oils from water. Advanced Materials Interfaces, 2016, 3 (9): 1500770

[146] Wang P, Chen M, Han H, Fan X, Liu Q, Wang J. Transparent and abrasion-resistant superhydrophobic coating with robust self-cleaning function in either air or oil. Journal of Materials Chemistry A, 2016, 4 (20): 7869-7874

[147] Wong W S, Stachurski Z H, Nisbet D R, Tricoli A. Ultra-durable and transparent self-cleaning surfaces by large-scale self-assembly of hierarchical interpenetrated polymer networks. ACS Applied Materials & Interfaces, 2016, 8 (21): 13615-13623

[148] Ye H, Zhu L, Li W, Liu H, Chen H. Constructing fluorine-free and cost-effective superhydrophobic surface with normal-alcohol-modified hydrophobic SiO_2 nanoparticles. ACS Applied Materials & Interfaces, 2016, 9 (1): 858-867

[149] Yue X, Li J, Zhang T, Qiu F, Yang D, Xue M. In situ one-step fabrication of durable superhydrophobic-superoleophilic cellulose/LDH membrane with hierarchical structure for efficiency oil/water separation. Chemical Engineering Journal, 2017, 328: 117-123

[150] Wang P, Sun B, Yao T, Chen M, Fan X, Han H, Li L, Wang C. A novel dissolution and resolidification method for preparing robust superhydrophobic polystyrene/silica composite. Chemical Engineering Journal, 2017, 326: 1066-1073

[151] Cao M, Luo X, Ren H, Feng J. Hot water-repellent and mechanically durable superhydrophobic mesh for oil/water separation. Journal of Colloid Interface Science, 2018, 512: 567-574

[152] Liu M, Hou Y, Li J, Tie L, Guo Z. An all-water-based system for robust superhydrophobic surfaces. Journal of Colloid Interface Science, 2018, 519: 130-136

[153] Wu M N, Maity J P, Bundschuh J, Li C F, Lee C R, Hsu C M, Lee W C, Huang C H, Chen C Y. Green technological approach to synthesis hydrophobic stable crystalline calcite particles with one-pot synthesis for oil-water separation during oil spill cleanup. Water Research, 2017, 123: 332-344

[154] Ge J, Shi L A, Wang Y C, Zhao H Y, Yao H B, Zhu Y B, Zhang Y, Zhu H W, Wu H A, Yu S H. Joule-heated graphene-wrapped sponge enables fast clean-up of viscous crude-oil spill. Nature Nanotechnology, 2017, 12 (5): 434

[155] Lü X, Cui Z, Wei W, Xie J, Jiang L, Huang J, Liu J. Constructing polyurethane sponge modified with silica/graphene oxide nanohybrids as a ternary sorbent. Chemical Engineering Journal, 2016, 284: 478-486

[156] Gupta R K, Dunderdale G J, England M W, Hozumi A. Oil/water sepa-

ration techniques: a review of recent progresses and future directions. Journal of Materials Chemistry A, 2017, 5 (31): 16025-16058

[157] Cao N, Lyu Q, Li J, Wang Y, Yang B, Szunerits S, Boukherroub R. Facile synthesis of fluorinated polydopamine/chitosan/reduced graphene oxide composite aerogel for efficient oil/water separation. Chemical Engineering Journal, 2017, 326: 17-28

[158] Zhou S, Hao G, Zhou X, Jiang W, Wang T, Zhang N, Yu L. One-pot synthesis of robust superhydrophobic, functionalized graphene/polyurethane sponge for effective continuous oil-water separation. Chemical Engineering Journal, 2016, 302: 155-162

[159] Liu H D, Liu Z Y, Yang M B, He Q. Surperhydrophobic polyurethane foam modified by graphene oxide. Journal of Applied Polymer Science, 2013, 130 (5): 3530-3536

[160] Periasamy A P, Wu W P, Ravindranath R, Roy P, Lin G L, Chang H T. Polymer/reduced graphene oxide functionalized sponges as superabsorbents for oil removal and recovery. Marine Pollution Bulletin, 2017, 114 (2): 888-895

[161] Li B, Liu X, Zhang X, Chai W, Ma Y, Tao J. Facile preparation of graphene-coated polyurethane sponge with superhydrophobic/superoleophilic properties. Journal of Polymer Research, 2015, 22 (10): 190

[162] Tjandra R, Lui G, Veilleux A, Broughton J, Chiu G, Yu A. Introduction of an enhanced binding of reduced graphene oxide to polyurethane sponge for oil absorption. Industrial & Engineering Chemistry Research, 2015, 54 (14): 3657-3663

[163] Li J, Xu C, Zhang Y, Wang R, Zha F, She H. Robust superhydrophobic attapulgite coated polyurethane sponge for efficient immiscible oil/water mixture and emulsion separation. Journal of Materials Chemistry A, 2016, 4 (40): 15546-15553

[164] Zhang X, Li Z, Liu K, Jiang L. Bioinspired multifunctional foam with self-cleaning and oil/water separation. Advanced Functional Materials, 2013, 23 (22): 2881-2886

[165] Liu S, Xu Q, Latthe S S, Gurav A B, Xing R. Superhydrophobic/superoleophilic magnetic polyurethane sponge for oil/water separation. RSC Advances, 2015, 5 (84): 68293-68298

[166] Zhu Q, Chu Y, Wang Z, Chen N, Lin L, Liu F, Pan Q. Robust superhy-

drophobic polyurethane sponge as a highly reusable oil-absorption material. Journal of Materials Chemistry A, 2013, 1 (17): 5386-5393

[167] Wang C F, Lin S J. Robust superhydrophobic/superoleophilic sponge for effective continuous absorption and expulsion of oil pollutants from water. ACS Applied Materials & Interfaces, 2013, 5 (18): 8861-8864

[168] Pham V H, Dickerson J H. Superhydrophobic silanized melamine sponges as high efficiency oil absorbent materials. ACS Applied Materials & Interfaces, 2014, 6 (16): 14181-14188

[169] Ruan C, Shen M, Ren X, Ai K, Lu L. A versatile and scalable approach toward robust superhydrophobic porous materials with excellent absorbency and flame retardancy. Scientific Reports, 2016, 6: 31233

[170] Duan B, Gao H, He M, Zhang L. Hydrophobic modification on surface of chitin sponges for highly effective separation of oil. ACS Applied Materials & Interfaces, 2014, 6 (22): 19933-19942

[171] Qiang F, Hu L L, Gong L X, Zhao L, Li S N, Tang L C. Facile synthesis of super-hydrophobic, electrically conductive and mechanically flexible functionalized graphene nanoribbon/polyurethane sponge for efficient oil/water separation at static and dynamic states. Chemical Engineering Journal, 2018, 334: 2154-2166

[172] Li L, Li B, Dong J, Zhang J. Roles of silanes and silicones in forming superhydrophobic and superoleophobic materials. Journal of Materials Chemistry A, 2016, 4 (36): 13677-13725

[173] Liu Y, Ma J, Wu T, Wang X, Huang G, Liu Y, Qiu H, Li Y, Wang W, Gao J. Cost-effective reduced graphene oxide-coated polyurethane sponge as a highly efficient and reusable oil-absorbent. ACS Applied Materials & Interfaces, 2013, 5 (20): 10018-10026

[174] Li H, Liu L, Yang F. Covalent assembly of 3D graphene/polypyrrole foams for oil spill cleanup. Journal of Materials Chemistry A, 2013, 1 (10): 3446-3453

[175] Choi S J, Kwon T H, Im H, Moon D I, Baek D J, Seol M L, Duarte J P, Choi Y K. A polydimethylsiloxane (PDMS) sponge for the selective absorption of oil from water. ACS Applied Materials & Interfaces, 2011, 3 (12): 4552-4556

[176] Leventis N, Sotiriou-Leventis C, Zhang G, Rawashdeh A M. Nanoengineering strong silica aerogels. Nano Letters, 2002, 2 (9): 957-960

[177] Capadona L A, Meador M A B, Alunni A, Fabrizio E F, Vassilaras P, Leventis N. Flexible, low-density polymer crosslinked silica aerogels. Polymer, 2006, 47 (16): 5754-5761

[178] Tan J C, Cheetham A K. Mechanical properties of hybrid inorganic-organic framework materials: establishing fundamental structure-property relationships. Chemical Society Reviews, 2011, 40 (2): 1059-1080

[179] Cheetham A K, Férey G, Loiseau T. Open-framework inorganic materials. Angewandte Chemie, 1999, 38 (22): 3268-3292

[180] Du R, Zhao Q, Li P, Ren H, Gao X, Zhang J. Ultrathermostable, magnetic-driven, and superhydrophobic quartz fibers for water remediation. ACS Applied Materials & Interfaces, 2015, 8 (1): 1025-1032

[181] Mi H Y, Jing X, Huang H X, Turng L S. Instantaneous self-assembly of three-dimensional silica fibers in electrospinning: insights into fiber deposition behavior. Materials Letters, 2017, 204: 45-48

[182] Calcagnile P, Fragouli D, Bayer I S, Anyfantis G C, Martiradonna L, Cozzoli P D, Cingolani R, Athanassiou A. Magnetically driven floating foams for the removal of oil contaminants from water. ACS Nano, 2012, 6 (6): 5413-5419

[183] Turco A, Malitesta C, Barillaro G, Greco A, Maffezzoli A, Mazzotta E. A magnetic and highly reusable macroporous superhydrophobic/superoleophilic PDMS/MWNT nanocomposite for oil sorption from water. Journal of Materials Chemistry A, 2015, 3 (34): 17685-17696

[184] Nagappan S, Ha C S. Emerging trends in superhydrophobic surface based magnetic materials: fabrications and their potential applications. Journal of Materials Chemistry A, 2015, 3 (7): 3224-3251

[185] Mi H Y, Jing X, Xie H, Huang H X, Turng L S. Magnetically driven superhydrophobic silica sponge decorated with hierarchical cobalt nanoparticles for selective oil absorption and oil/water separation. Chemical Engineering Journal, 2018, 337: 541-551

[186] Mi H Y, Jing X, Napiwocki B N, Li Z T, Turng L S, Huang H X. Fabrication of fibrous silica sponges by self-assembly electrospinning and their application in tissue engineering for three-dimensional tissue regeneration. Chemical Engineering Journal, 2018, 331: 652-662

[187] Mi H Y, Jing X, Huang H X, Turng L S. Novel polydimethylsiloxane (PDMS) composites reinforced with three-dimensional continuous silica

fibers. Materials Letters，2018，210：173-176

[188] Chen L，Du R，Zhang J，Yi T. Density controlled oil uptake and beyond：from carbon nanotubes to graphene nanoribbon aerogels. Journal of Materials Chemistry A，2015，3（41）：20547-20553

[189] Xu Z，Zhao Y，Wang H，Wang X，Lin T. A superamphiphobic coating with an ammonia-triggered transition to superhydrophilic and superoleophobic for oil-water separation. Angewandte Chemie International Edition，2015，54（15）：4527-4530

[190] Yang H C，Chen Y F，Ye C，Jin Y N，Li H，Xu Z K. Polymer membrane with a mineral coating for enhanced curling resistance and surface wettability. Chemical Communications，2015，51（64）：12779-12782

[191] Zhang E，Cheng Z，Lv T，Li L，Liu Y. The design of underwater superoleophobic Ni/NiO microstructures with tunable oil adhesion. Nanoscale，2015，7（45）：19293-19299

[192] Huang T，Zhang L，Chen H，Gao C. Sol-gel fabrication of a non-laminated graphene oxide membrane for oil/water separation. Journal of Materials Chemistry A，2015，3（38）：19517-19524

[193] Yong J，Chen F，Yang Q，Bian H，Du G，Shan C，Huo J，Fang Y，Hou X. Oil-water separation：a gift from the desert. Advanced Materials Interfaces，2016，3（7）：1500650

[194] Zhu Y，Xie W，Gao S，Zhang F，Zhang W，Liu Z，Jin J. Single-walled carbon nanotube film supported nanofiltration membrane with a nearly 10nm thick polyamide selective layer for high-flux and high-rejection desalination. Small，2016，12（36）：5034-5041

[195] Wang Z，Wang Y，Liu G. Rapid and efficient separation of oil from oil-in-water emulsions using a Janus cotton fabric. Angewandte Chemie，2016，128（4）：1313-1316

[196] An Q，Zhang Y，Lv K，Luan X，Zhang Q，Shi F. A facile method to fabricate functionally integrated devices for oil/water separation. Nanoscale，2015，7（10）：4553-4558

[197] Chen Y，Wang N，Guo F，Hou L，Liu J，Liu J，Xu Y，Zhao Y，Jiang L. A Co_3O_4 nano-needle mesh for highly efficient，high-flux emulsion separation. Journal of Materials Chemistry A，2016，4（31）：12014-12019

[198] Wu C，Huang X，Wu X，Qian R，Jiang P. Mechanically flexible and multifunctional polymer-based graphene foams for elastic conductors and

oil-water separators. Advanced Materials，2013，25（39）：5658-5662

[199] Zang D，Zhu R，Zhang W，Yu X，Lin L，Guo X，Liu M，Jiang L. Corrosion-resistant superhydrophobic coatings on Mg alloy surfaces inspired by lotus seedpod. Advanced Functional Materials，2017，27（8）：1605446

[200] Cho H J，Preston D J，Zhu Y，Wang E N. Nanoengineered materials for liquid-vapour phase-change heat transfer. Nature Reviews Materials，2017，2（2）：16092

[201] Gu J，Xiao P，Huang Y，Zhang J，Chen T. Controlled functionalization of carbon nanotubes as superhydrophobic material for adjustable oil/water separation. Journal of Materials Chemistry A，2015，3（8）：4124-4128

[202] Mouterde T，Lehoucq G，Xavier S，Checco A，Black C T，Rahman A，Midavaine T，Clanet C，Quéré D. Antifogging abilities of model nanotextures. Nature Materials，2017，16（6）：658

[203] Young T. An essay on the cohesion of fluids. Philosophical Transactions of the Royal Society of London，1805，95（0）：65-87

[204] Wang B，Zhang Y，Shi L，Li J，Guo Z. Advances in the theory of superhydrophobic surfaces. Journal of Materials Chemistry，2012，22（38）：20112-20127

[205] Han J T，Kim B K，Woo J S，Jang J I，Cho J Y，Jeong H J，Jeong S Y，Seo S H，Lee G W. Bioinspired multifunctional superhydrophobic surfaces with carbon-nanotube-based conducting pastes by facile and scalable printing. ACS Applied Materials & Interfaces，2017，9（8）：7780-7786

[206] Hu X，Tang C，He Z，Shao H，Xu K，Mei J，Lau W M. Highly stretchable superhydrophobic composite coating based on self-adaptive deformation of hierarchical structures. Small，2017，13（19）：1602353

[207] Zhu T，Cai C，Duan C，Zhai S，Liang S，Jin Y，Zhao N，Xu J. Robust polypropylene fabrics super-repelling various liquids：a simple，rapid and scalable fabrication method by solvent swelling. ACS Applied Materials & Interfaces，2015，7（25）：13996-14003

[208] Rahmawan Y，Xu L，Yang S. Self-assembly of nanostructures towards transparent，superhydrophobic surfaces. Journal of Materials Chemistry A，2013，1（9）：2955-2969

[209] An A K，Guo J，Lee E J，Jeong S，Zhao Y，Wang Z，Leiknes T. PDMS/PVDF hybrid electrospun membrane with superhydrophobic

property and drop impact dynamics for dyeing wastewater treatment using membrane distillation. Journal of Membrane Science, 2017, 525: 57-67

[210] Yang C, Li X M, Gilron J, Kong D F, Yin Y, Oren Y, Linder C, He T. CF_4 plasma-modified superhydrophobic PVDF membranes for direct contact membrane distillation. Journal of Membrane Science, 2014, 456: 155-161

[211] Li Y, He G, Wang S, Yu S, Pan F, Wu H, Jiang Z. Recent advances in the fabrication of advanced composite membranes. Journal of Materials Chemistry A, 2013, 1 (35): 10058-10077

[212] Wang P, Chung T S. Recent advances in membrane distillation processes: membrane development, configuration design and application exploring. Journal of Membrane Science, 2015, 474: 39-56

[213] Zhi D, Lu Y, Sathasivam S, Parkin I P, Zhang X. Large-scale fabrication of translucent and repairable superhydrophobic spray coatings with remarkable mechanical, chemical durability and UV resistance. Journal of Materials Chemistry A, 2017, 5 (21): 10622-10631

[214] Li J, Cao J, Wei Z, Yang M, Yin W, Yu K, Yao Y, Lv H, He X, Leng J. Electrospun silica/nafion hybrid products: mechanical property improvement, wettability tuning and periodic structure adjustment. Journal of Materials Chemistry A, 2014, 2 (39): 16569-16576

[215] Yin Y, Hu K, Grant A M, Zhang Y, Tsukruk V V. Biopolymeric nanocomposites with enhanced interphases. Langmuir, 2015, 31 (39): 10859-10870

[216] Koh L D, Cheng Y, Teng C P, Khin Y W, Loh X J, Tee S Y, Low M, Ye E, Yu H D, Zhang Y W. Structures, mechanical properties and applications of silk fibroin materials. Progress in Polymer Science, 2015, 46: 86-110

[217] Maximova N, Dahl O. A set up of a modern analytical laboratory for wastewaters from pulp and paper industry. Chemical Society Reviews, 2007, 36 (8): 1323-1349

[218] Wen Z, Xu C, Zhang X. Integrated control of emission reductions, energy-saving, and cost-benefit using a multi-objective optimization technique in the pulp and paper industry. Environmental Science & Technology, 2015, 49 (6): 3636-3643

[219] Shen J, Song Z, Qian X, Liu W. Modification of papermaking grade fillers: a brief review. Bio Resources, 2009, 4 (3): 1190-1209

[220] Van Wyk J. Biodevelopment of wastepaper as a resource of renewable energy: influence of enzyme concentration and paper amount on the bioconversion process. Energy and Fuels, 2002, 16 (5): 1277-1279

[221] Ness H. Recycling as an industry. Environmental Science & Technology, 1972, 6 (8): 700-704

[222] Chu K, Chambenoit J, Kim E. Enzymatic hydrolysis of waste paper: process optimization using response surface methodology. Studies in Surface Science and Catalysis, 2006, 159: 121-124

[223] Gericke M, Trygg J, Fardim P. Functional cellulose beads: preparation, characterization, and applications. Chemical Reviews, 2013, 113 (7): 4812-4836

[224] Moon R J, Martini A, Nairn J, Simonsen J, Youngblood J. Cellulose nanomaterials review: structure, properties and nanocomposites. Chemical Society Reviews, 2011, 40 (7): 3941-3994

[225] Wen L, Tian Y, Jiang L. Bioinspired super-wettability from fundamental research to practical applications. Angewandte Chemie International Edition, 2015, 54 (11): 3387-3399

[226] Sun T, Feng L, Gao X, Jiang L. Bioinspired surfaces with special wettability. Accounts of Chemical Research, 2005, 38 (8): 644-652

[227] Wang S, Li M, Lu Q. Filter paper with selective absorption and separation of liquids that differ in surface tension. ACS Applied Materials & Interfaces, 2010, 2 (3): 677-683

[228] Ogihara H, Xie J, Okagaki J, Saji T. Simple method for preparing superhydrophobic paper: spray-deposited hydrophobic silica nanoparticle coatings exhibit high water-repellency and transparency. Langmuir, 2012, 28 (10): 4605-4608

[229] Sousa M P, Mano J F. Superhydrophobic paper in the development of disposable labware and lab-on-paper devices. ACS Applied Materials & Interfaces, 2013, 5 (9): 3731-3737

[230] Song S, Zhang M, He Z, Li J Z, Ni Y. Investigation on a novel fly ash based calcium silicate filler: effect of particle size on paper properties. Industrial & Engineering Chemistry Research, 2012, 51 (50): 16377-16384

[231] Antunes E, Garcia F, Ferreira P, Rasteiro M. Flocculation of PCC filler in papermaking: influence of the particle characteristics. Chemical Engineering Research Design, 2008, 86 (10): 1155-1160

[232] Liu H, Chen Y, Zhang H, Yuan Z, Zou X, Zhou Y, Ni Y. Increasing the use of high-yield pulp in coated high-quality wood-free papers: from laboratory demonstration to mill trials. Industrial & Engineering Chemistry Research, 2012, 51 (11): 4240-4246

[233] Zhang L, Roy S, Chen Y, Chua E K, See K Y, Hu X, Liu M. Mussel-inspired polydopamine coated hollow carbon microspheres, a novel versatile filler for fabrication of high performance syntactic foams. ACS Applied Materials & Interfaces, 2014, 6 (21): 18644-18652

[234] Liu Q, Huang B, Huang A. Polydopamine-based superhydrophobic membranes for biofuel recovery. Journal of Materials Chemistry A, 2013, 1 (38): 11970-11974

[235] Zheng Y, Zhang L, Shi J, Liang Y, Wang X, Jiang Z. Mussel-inspired surface capping and pore filling to confer mesoporous silica with high loading and enhanced stability of enzyme. Microporous Mesoporous Materials, 2012, 152: 122-127

[236] Cheng Q, Jiang L, Tang Z. Bioinspired layered materials with superior mechanical performance. Accounts of Chemical Research, 2014, 47 (4): 1256-1266

[237] Lee H, Dellatore S M, Miller W M, Messersmith P B. Mussel-inspired surface chemistry for multifunctional coatings. Science, 2007, 318 (5849): 426-430

[238] Adamson A W, Gast A. Chemistry of Surfaces. New York: John Wiley & Sons, 1997

[239] Si Y, Guo Z. Eco-friendly functionalized superhydrophobic recycled paper with enhanced flame-retardancy. Journal of Colloid Interface Science, 2016, 477: 74-82

[240] Vollrath F, Knight D P. Liquid crystalline spinning of spider silk. Nature, 2001, 410 (6828): 541

[241] Hu K, Gupta M K, Kulkarni D D, Tsukruk V V. Ultra-robust graphene oxide-silk fibroin nanocomposite membranes. Advanced Materials, 2013, 25 (16): 2301-2307

[242] Yang M, Cao K, Sui L, Qi Y, Zhu J, Waas A, Arruda E M, Kieffer

J, Thouless M, Kotov N A. Dispersions of aramid nanofibers: a new nanoscale building block. ACS Nano, 2011, 5 (9): 6945-6954

[243] Li D, Gou X, Wu D, Guo Z. A robust and stretchable superhydrophobic PDMS/PVDF@KNFs membrane for oil/water separation and flame retardancy. Nanoscale, 2018, 10 (14): 6695-6703

[244] Huang X C, Lin Y Y, Zhang J P, Chen X M. Ligand-directed strategy for zeolite-type metal-organic frameworks: zinc (Ⅱ) imidazolates with unusual zeolitic topologies. Angewandte Chemie International Edition, 2006, 45 (10): 1557-1559

[245] Kitaura R, Kitagawa S, Kubota Y, Kobayashi T C, Kindo K, Mita Y, Matsuo A, Kobayashi M, Chang H C, Ozawa T C. Formation of a one-dimensional array of oxygen in a microporous metal-organic solid. Science, 2002, 298 (5602): 2358-2361

[246] Furukawa H, Cordova K E, O'keeffe M, Yaghi O M. The chemistry and applications of metal-organic frameworks. Science, 2013, 341 (6149): 1230444

[247] Huang A, Liu Q, Wang N, Zhu Y, Caro J R. Bicontinuous zeolitic imidazolate framework ZIF-8 @ GO membrane with enhanced hydrogen selectivity. Journal of the American Chemical Society, 2014, 136 (42): 14686-14689

[248] Zhuang J L, Terfort A, Woell C. Formation of oriented and patterned films of metal-organic frameworks by liquid phase epitaxy: a review. Coordination Chemistry Reviews, 2016, 307: 391-424

[249] Kitagawa S. Porous materials and the age of gas. Angewandte Chemie International Edition, 2015, 54 (37): 10686-10687

[250] Xie Z, Yang J, Wang J, Bai J, Yin H, Yuan B, Lu J, Zhang Y, Zhou L, Duan C. Deposition of chemically modified α-Al_2O_3 particles for high performance ZIF-8 membrane on a macroporous tube. Chemical Communications, 2012, 48 (48): 5977-5979

[251] Seth S, Savitha G, Moorthy J N. Carbon dioxide capture by a metal-organic framework with nitrogen-rich channels based on rationally designed triazole-functionalized tetraacid organic linker. Inorganic Chemistry, 2015, 54 (14): 6829-6835

[252] Chen B, Yang Z, Zhu Y, Xia Y. Zeolitic imidazolate framework materials: recent progress in synthesis and applications. Journal of Materials Chemistry A, 2014, 2 (40): 16811-16831

[253] Chen B, Xiang S, Qian G. Metal-organic frameworks with functional pores for recognition of small molecules. Accounts of Chemical Research, 2010, 43 (8): 1115-1124

[254] Qiu S, Xue M, Zhu G. Metal-organic framework membranes: from synthesis to separation application. Chemical Society Reviews, 2014, 43 (16): 6116-6140

[255] Kumar P, Kim K H, Kwon E E, Szulejko J E. Metal-organic frameworks for the control and management of air quality: advances and future direction. Journal of Materials Chemistry A, 2016, 4 (2): 345-361

[256] Li B, Wen H M, Wang H, Wu H, Tyagi M, Yildirim T, Zhou W, Chen B. A porous metal-organic framework with dynamic pyrimidine groups exhibiting record high methane storage working capacity. Journal of the American Chemical Society, 2014, 136 (17): 6207-6210

[257] Meng W, Feng Z, Li F, Li T, Cao W. Porous coordination polymer coatings fabricated from $Cu_3(BTC)_2 \cdot 3H_2O$ with excellent superhydrophobic and superoleophilic properties. New Journal of Chemistry, 2016, 40 (12): 10554-10559

[258] Meng W, Zhang L, Li F, Li T, Cao W. One-pot hydrothermal synthesis of ZnC_4O_4 concave microspheres with superhydrophobic and superoleophilic properties. Cryst Eng Comm, 2017, 19 (3): 528-536

[259] Zhang Y, Yuan S, Feng X, Li H, Zhou J, Wang B. Preparation of nanofibrous metal-organic framework filters for efficient air pollution control. Journal of the American Chemical Society, 2016, 138 (18): 5785-5788

[260] Yao J, Wang H. Zeolitic imidazolate framework composite membranes and thin films: synthesis and applications. Chemical Society Reviews, 2014, 43 (13): 4470-4493

[261] Li D, Guo Z. Metal-organic framework superhydrophobic coating on Kevlar fabric with efficient drag reduction and wear resistance. Applied Surface Science, 2018, 443: 548-557

[262] Liu C, Liu Q, Huang A. A superhydrophobic zeolitic imidazolate framework (ZIF-90) with high steam stability for efficient recovery of bioalcohols. Chemical Communications, 2016, 52 (16): 3400-3402

[263] Aydin G O, Sonmez H B. Hydrophobic poly (alkoxysilane) organogels as sorbent material for oil spill cleanup. Marine Pollution Bulletin, 2015,

96 (1-2)：155-164

[264] Li P，Qiao Y，Zhao L，Yao D，Sun H，Hou Y，Li S，Li Q. Electrospun PS/PAN fibers with improved mechanical property for removal of oil from water. Marine Pollution Bulletin，2015，93 (1-2)：75-80

[265] Jiang Z，Tijing L D，Amarjargal A，Park C H，An K J，Shon H K，Kim C S. Removal of oil from water using magnetic bicomponent composite nanofibers fabricated by electrospinning. Composites Part B：Engineering，2015，77：311-318

[266] Wu L，Zhang J，Li B，Wang A. Mechanical-and oil-durable superhydrophobic polyester materials for selective oil absorption and oil/water separation. Journal of Colloid Interface Science，2014，413：112-117

[267] Fan W，Liu X，Zhang Z，Zhang Q，Ma W，Tan D，Li A. Conjugated microporous polymer nanotubes and hydrophobic sponges. Microporous Mesoporous Materials，2014，196：335-340

[268] Hayase G，Kanamori K，Hasegawa G，Maeno A，Kaji H，Nakanishi K. A superamphiphobic macroporous silicone monolith with marshmallow-like flexibility. Angewandte Chemie International Edition，2013，52 (41)：10788-10791

[269] Yu S，Tan H，Wang J，Liu X，Zhou K. High porosity supermacroporous polystyrene materials with excellent oil-water separation and gas permeability properties. ACS Applied Materials & Interfaces，2015，7 (12)：6745-6753

[270] Wu Y，Zhang T，Xu Z，Guo Q. High internal phase emulsion (HIPE) xerogels for enhanced oil spill recovery. Journal of Materials Chemistry A，2015，3 (5)：1906-1909

[271] Zhang T，Wu Y，Xu Z，Guo Q. Hybrid high internal phase emulsion (HIPE) organogels with oil separation properties. Chemical Communications，2014，50 (89)：13821-13824

[272] Du R，Zhang N，Xu H，Mao N，Duan W，Wang J，Zhao Q，Liu Z，Zhang J. CMP aerogels：ultrahigh-surface-area carbon-based monolithic materials with superb sorption performance. Advanced Materials，2014，26 (47)：8053-8058

[273] Du R，Zheng Z，Mao N N，Zhang N，Hu W P，Zhang J. Fluorosurfactants-directed preparation of homogeneous and hierarchical-porosity CMP aerogels for gas sorption and oil cleanup. Advanced Science，2015，2

(1-2)：1400006

[274] Nardecchia S，Carriazo D，Ferrer M L，Gutiérrez M C，Del Monte F. Three dimensional macroporous architectures and aerogels built of carbon nanotubes and/or graphene：synthesis and applications. Chemical Society Reviews，2013，42 (2)：794-830

[275] Mauter M S，Elimelech M. Environmental applications of carbon-based nanomaterials. Environmental Science & Technology，2008，42 (16)：5843-5859

[276] Nan D，Wei J，Guo F，Fan G，Xu F，Li L，Zhu H，Wang K，Wu D. Fabrication and oil adsorption of carbon nanotube/polyvinylpyrrolidone surface composite. Journal of Nanoscience Nanotechnology，2014，14 (8)：6461-6465

[277] Sun H，La P，Zhu Z，Liang W，Yang B，Zhao X，Pei C，Li A. Hydrophobic carbon nanotubes for removal of oils and organics from water. Journal of Materials Science，2014，49 (20)：6855-6861

[278] Du R，Zhao Q，Zhang N，Zhang J. Macroscopic carbon nanotube-based 3D monoliths. Small，2015，11 (27)：3263-3289

[279] Zou J，Kim F. Diffusion driven layer-by-layer assembly of graphene oxide nanosheets into porous three-dimensional macrostructures. Nature Communications，2014，5：5254

[280] Li R，Chen C，Li J，Xu L，Xiao G，Yan D. A facile approach to superhydrophobic and superoleophilic graphene/polymer aerogels. Journal of Materials Chemistry A，2014，2 (9)：3057-3064

[281] Bi H，Xie X，Yin K，Zhou Y，Wan S，Ruoff R S，Sun L. Highly enhanced performance of spongy graphene as an oil sorbent. Journal of Materials Chemistry A，2014，2 (6)：1652-1656

[282] Hu H，Zhao Z，Gogotsi Y，Qiu J. Compressible carbon nanotube-graphene hybrid aerogels with superhydrophobicity and superoleophilicity for oil sorption. Environmental Science Technology Letters，2014，1 (3)：214-220

[283] Sun H，Xu Z，Gao C. Multifunctional，ultra-flyweight，synergistically assembled carbon aerogels. Advanced Materials，2013，25 (18)：2554-2560

[284] Yang S，Chen L，Mu L，Hao B，Ma P C. Low cost carbon fiber aerogel derived from bamboo for the adsorption of oils and organic solvents with excellent performances. RSC Advances，2015，5 (48)：38470-38478

[285] Li Y，Zhu X，Ge B，Men X，Li P，Zhang Z. Versatile fabrication of magnetic carbon fiber aerogel applied for bidirectional oil-water separation. Applied Physics A，2015，120 (3)：949-957

[286] Bi H，Yin Z，Cao X，Xie X，Tan C，Huang X，Chen B，Chen F，Yang Q，Bu X. Carbon fiber aerogel made from raw cotton：a novel，efficient and recyclable sorbent for oils and organic solvents. Advanced Materials，2013，25 (41)：5916-5921

[287] Bi H，Huang X，Wu X，Cao X，Tan C，Yin Z，Lu X，Sun L，Zhang H. Carbon microbelt aerogel prepared by waste paper：an efficient and recyclable sorbent for oils and organic solvents. Small，2014，10 (17)：3544-3550

[288] Ertas B H，Luo H. Nonlinear dynamic characterization of oil-free wire mesh dampers. Journal of Engineering for Gas Turbines Power，2008，130 (3)：032503

[289] Hong J，Chen L，Ma Y，Tomlinson G R，Rongong J A. Hysteretic properties of metal rubber particles. Proceedings of the Institution of Mechanical Engineers，Part C：Journal of Mechanical Engineering Science，2013，227 (4)：693-702

[290] Zhang D，Scarpa F，Ma Y，Boba K，Hong J，Lu H. Compression mechanics of nickel-based superalloy metal rubber. Materials Science Engineering：A，2013，580：305-312

[291] Liu M，Wang S，Jiang L. Nature-inspired superwettability systems. Nature Reviews Materials，2017，2 (7)：17036

[292] Erbil H Y，Demirel A L，Avci Y，Mert O. Transformation of a simple plastic into a superhydrophobic surface. Science，2003，299 (5611)：1377-1380

[293] Li X M，Reinhoudt D，Crego-Calama M. What do we need for a superhydrophobic surface? A review on the recent progress in the preparation of superhydrophobic surfaces. Chemical Society Reviews，2007，36 (8)：1350-1368

[294] Gao X，Wen G，Guo Z. Durable superhydrophobic and underwater superoleophobic cotton fabrics growing zinc oxide nanoarrays for application in separation of heavy/light oil and water mixtures as need. Colloids and Surfaces A：Physicochemical and Engineering Aspects，2018，559：115-126

[295] Du C, Wang J, Chen Z, Chen D. Durable superhydrophobic and superoleophilic filter paper for oil-water separation prepared by a colloidal deposition method. Applied Surface Science, 2014, 313: 304-310

[296] Gao R, Liu Q, Wang J, Liu J, Yang W, Gao Z, Liu L. Construction of superhydrophobic and superoleophilic nickel foam for separation of water and oil mixture. Applied Surface Science, 2014, 289: 417-424

[297] Wu D, Li D, Gao X, Guo Z. Biomimetic multi-functional superhydrophobic stainless steel and copper meshes for water environment applications. New Journal of Chemistry, 2018, 42 (21): 17625-17635

[298] Li J, Guan P, Li M, Zhang Y, Cheng P, Jia R. Anticorrosive superhydrophobic polystyrene-coated mesh for continuous oil spill clean-up. New Journal of Chemistry, 2017, 41 (12): 4862-4868

[299] Balu B, Breedveld V, Hess D W. Fabrication of "roll-off" and "sticky" superhydrophobic cellulose surfaces via plasma processing. Langmuir, 2008, 24 (9): 4785-4790

[300] Li Y, Li L, Sun J. Bioinspired self-healing superhydrophobic coatings. Angewandte Chemie, 2010, 122 (35): 6265-6269

[301] Ren Z, Wen G, Guo Z. Biomimetic high-intensity superhydrophobic metal rubber with anti-corrosion property for industrial oil-water separation. New Journal of Chemistry, 2019, 43 (4): 1894-1899

[302] Nguyen S T, Feng J, Ng S K, Wong J P, Tan V B, Duong H M. Advanced thermal insulation and absorption properties of recycled cellulose aerogels. Colloids and Surfaces A: Physicochemical and Engineering Aspects, 2014, 445: 128-134

[303] Nguyen S T, Feng J, Le N T, Le A T, Hoang N, Tan V B, Duong H M. Cellulose aerogel from paper waste for crude oil spill cleaning. Industrial & Engineering Chemistry Research, 2013, 52 (51): 18386-18391

[304] Feng J, Nguyen S T, Fan Z, Duong H M. Advanced fabrication and oil absorption properties of super-hydrophobic recycled cellulose aerogels. Chemical Engineering Journal, 2015, 270: 168-175

[305] Sai H, Fu R, Xing L, Xiang J, Li Z, Li F, Zhang T. Surface modification of bacterial cellulose aerogels' web-like skeleton for oil/water separation. ACS Applied Materials & Interfaces, 2015, 7 (13): 7373-7381

[306] Adebajo M O, Frost R L, Kloprogge J T, Carmody O, Kokot S. Por-

ous materials for oil spill cleanup: a review of synthesis and absorbing properties. Journal of Porous Materials, 2003, 10 (3): 159-170

[307] Bayat A, Aghamiri S F, Moheb A, Vakili-Nezhaad G R. Oil spill cleanup from sea water by sorbent materials. Chemical Engineering & Technology, 2005, 28 (12): 1525-1528

[308] Wahi R, Chuah L A, Choong T S Y, Ngaini Z, Nourouzi M M. Oil removal from aqueous state by natural fibrous sorbent: an overview. Separation and Purification Technology, 2013, 113: 51-63

[309] Cai J, Zhang L. Unique gelation behavior of cellulose in NaOH/urea aqueous solution. Biomacromolecules, 2006, 7 (1): 183-189

[310] Hoepfner S, Ratke L, Milow B. Synthesis and characterisation of nanofibrillar cellulose aerogels. Cellulose, 2008, 15 (1): 121-129

[311] Isobe N, Kimura S, Wada M, Kuga S. Mechanism of cellulose gelation from aqueous alkali-urea solution. Carbohydrate Polymers, 2012, 89 (4): 1298-1300

第7章　响应性油水分离

正如前面所述，再次强调一下，石油泄漏或工业废水处理已成为世界性的污染问题[1]。几十年来，各种界面材料由于对水和油的亲和性和制备简单、效率高、能耗低等优点引起了油水分离领域的广泛关注[2-5]。随着表面改性技术的发展，多种纳米材料都被应用于构建超润湿膜作为超疏水-超亲油或超亲水-水下超疏油[6-10]材料。值得注意的是，超疏水膜（存在油的自由通道）只适用于重质油水混合物的分离。相反，水下超疏油膜仅用于分离轻质油水混合物。到目前为止，按需分离油水混合物的挑战仍然存在。为了解决这一问题，人们利用智能材料作为构建材料[11]，在不同的外部刺激（如温度[12,13]、光[14,15]、pH[16,17]、磁场[18,19]、电场[20]）下，智能材料具有可切换超润湿性的能力[21-24]。响应性油水分离可以提高分离效率，具有重大实际意义。

7.1　pH 响应性油水分离

pH 响应性超润湿材料因操作简单、响应速度快等性质而具有良好的应用前景。此外，这种响应性材料在强酸或强碱环境中仍然可以保持稳定的超润湿能力，并可以高效地实现含油废水分离。溶液的酸碱性通常通过溶液中 H^+ 和 OH^- 的含量来确定。对于弱电解质水，存在电离方程式：$2H_2O \rightleftharpoons H_3O^+ + OH^-$，简写为 $H_2O \rightleftharpoons H^+ + OH^-$。纯水中水分子电离出的 H^+ 和 OH^- 数目在任何情况下总相等。在标准状态下，$[H^+]=[OH^-]=1\times10^{-7}$ mol/L，其中 $[H^+]$，$[OH^-]$ 分别表示 H^+ 和 OH^- 的浓度，二者的乘积为水的离子积常数，简称水的离子积，即 $[H^+]\cdot[OH^-]=K_W$。K_W 只随温度变化而变化，在 25℃时，$[H^+]=[OH^-]=1\times10^{-7}$ mol/L，$K_W=1\times10^{-14}$[25-27]。

溶液中的 pH 可以反映溶液中的 H^+ 浓度，调节 pH 可以有效地影响电离平衡，比如对于电离方程 $CH_3COOH \rightleftharpoons CH_3COO^- + H^+$，当向溶液中引入 H^+ 时，$[H^+]$ 升高使得平衡向左移动，以此来抑制电离；反之会促进电离。基于此调节溶液的 pH 可以达到影响电离平衡的目的，进而可以完成 pH 响应性调节。针对目前的 pH 响应性油水分离，我们将其分为两类：pH 对材料表面化学性质的影响和 pH 对材料表面微观结构的影响。pH 能改变体系的自由能，并且能使体系的电荷分布发生变化，由此可以在很大程度上影响界面润湿性。这是

pH响应性油水分离所应用到的基本原理。pH响应性油水分离的关键在于界面润湿性能响应体系中pH的改变。

7.1.1　pH对材料表面化学性质的影响

Whitesides等于1980年系统地讨论了界面润湿性对pH的响应性[28-30]。他们利用自组装单分子层的技术来研究羧酸酸度对界面润湿性的影响，分别用到了甲基封端的硫醇 $HS(CH_2)_{10}CH_3$ 和羧酸封端的硫醇 $HS(CH_2)_{10}COOH$。固体表面被含有这两种硫醇的混合物按一定比例修饰。对于羧酸封端的硫醇，存在

$$HS(CH_2)_{10}COOH \rightleftharpoons HS(CH_2)_{10}COO^- + H^+$$

实验发现该反应的电离程度能极大地影响界面的润湿性，当电离程度增强时，界面更倾向于亲水，即羧酸的离子化程度可以决定界面的体系的总能量，进而影响润湿性。该现象可从体系的自由能角度来分析。该模型基本上是静态的，水滴和表面处于热力学平衡状态；表面是平整而均匀的；液滴受限于三相接触线以内，固-液界面的有效pH近似与液体内部的pH相同。基于这些假设，将电离过程和杨氏方程结合到一起，有

$$K_a = \frac{[RCO_2]^-[H]^+}{[RCO_2H]} \tag{7-1}$$

K_a 为电离方程的电离常数。用 α 表示反应的电离程度，为发生反应的量与原始量的比值。存在下列关系：

$$1-\alpha = \frac{[H^+]}{[H^+]+K_a} \tag{7-2}$$

构造 $\gamma_{sl}-\gamma_{sv}=\Delta G_1+\Delta G_2$。$\Delta G_1$ 为将混合修饰的表面浸入液体过程中的自由能变化，该变化不考虑电离过程，假设它与溶液中的pH无关。存在

$$\Delta G_1 = -\gamma_{lv}\cos\theta(\mathrm{pH1}) \tag{7-3}$$

$$HS(CH_2)_{10}COOH \rightleftharpoons HS(CH_2)_{10}COOH\ (1-\alpha) + HS(CH_2)_{10}COO^-(\alpha) + H^+(\alpha)$$

羧酸的电离程度为 α，当液滴达到平衡接触角的状态时，会发生电离自由能的变化，体系的能量会有变化，对应为 ΔG_2，有

$$\begin{aligned}\Delta G_2 &= 2.3\alpha nKT(\mathrm{pKa}-\mathrm{pH}) + nkT\left[\alpha\ln\frac{\alpha}{1-\alpha}+\ln(1+\alpha)\right]\\ &= nkT\ln(1-\alpha)\end{aligned} \tag{7-4}$$

代入修改后的杨氏方程，得

$$\cos\theta = \cos\theta(\mathrm{pH1}) + \frac{2.3nkT}{\gamma_{lv}}\lg(1+10^{\mathrm{pH-pKa}}) \tag{7-5}$$

由此可见，液滴最后的表观接触角受溶液的pH影响，pH越高，表面亲水性会得到一定程度的增强。这可以运用于油水分离的pH响应，通过调节液体的

pH 可以达到调节材料表面润湿性的目的。

基于此原理，作者课题组[31]以铜网（图 7-1）为基材制备出了具有表面润湿性 pH 响应性的功能材料，并成功用于油水分离。铜网微观形貌通过电化学沉积合金溅射镀膜工艺制备而成。再利用 $HS(CH_2)_9CH_3$ 和 $HS(CH_2)_{10}COOH$ 的硫醇混合物对其进行修饰，制备出超疏水的铜网膜。通过 pH 的调控可以调节界面羧酸基团的质子化和去质子化过程，赋予非极性油和水的可控与可切换的通路，可用于双向分离油水混合物。

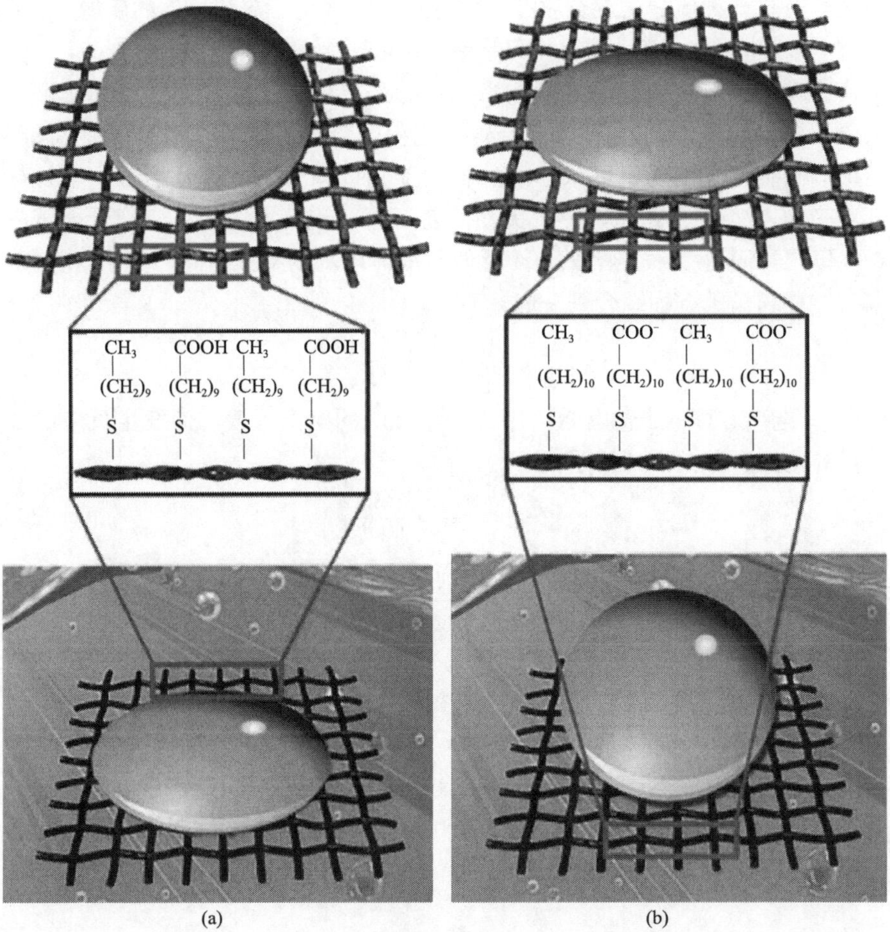

图 7-1 在空气中和水下环境中，水滴在制备好的铜网上的形状示意图。(a) 铜网对于空气中的酸性或者中性液滴表现出超疏水性质，然而在水下表现出超亲油性质；(b) 铜网对于空气中的碱性液滴表现出超亲水性质，然而在水下表现出超疏油性质[31]

将原始铜网膜浸入稀释的 HNO_3（体积分数为 10%）中以除去表面氧化层，依次用去离子水和丙酮清洗至少三次。然后，将铜网膜在氮气流中干燥 5min。

通过典型的电化学沉积将纳米铜颗粒沉积在铜网膜上。铜网膜用作工作电极，而铂片（2.0cm×2.0cm）用作辅助电极。参比电极是饱和的甘汞电极。将所有电极浸入含有 0.04M $CuSO_4$ 和 0.5M H_2SO_4 的溶液中。电极垂直放置，在电解液中保持工作电极和对电极之间 2.0cm 的距离。电镀过程在室温、电流密度为 0.017A/cm^3 的条件下持续 240s。在 Cu 纳米颗粒电化学沉积在网状薄膜上之后，使用溅射涂布机在铜网基板上涂覆一层 Au。然后将其浸入 $HS(CH_2)_9CH_3$ 和 $HS(CH_2)_{10}COOH$ 的混合硫醇乙醇溶液中约 70min，乙醇溶液中硫醇的总浓度为 1 mM，并将二者浓度的比例设定为 3∶2。硫醇修饰后，除去铜网膜并用无水乙醇洗涤，在干燥烘箱中干燥。铜网由单层铜线编织而成，并形成了一系列规整的方形微孔。原始铜网的润湿性是亲水的，其接触角小于 90°且不稳定。电镀法可以在铜网表面引入微米级别粗糙度，以形成微纳米多级结构，以便达到从结构上增强润湿性的目的。可以观察到，不仅存在微米尺度铜线和微孔，而且铜线上还存在许多涂覆的 Cu 纳米颗粒。铜线被铜纳米颗粒均匀地覆盖。制备好的铜网显示水接触角为 156°，并且水滴在空气中的滑动角为 16°，这表明其具有超疏水的性质。此外，酸性水滴在表面的接触角和碱性水滴在表面的接触角也被分别测定。接触角的变化情况反映了制备出的铜网具有润湿性 pH 响应性特点。一方面，酸性水滴滴在铜网表面时，液滴形状基本上不发生变化，表面具有稳定的超疏水性质。另一方面，碱性水滴滴到铜网表面时，液滴会在 240s 内完全坍塌并扩散到铜网表面，表明表面润湿性从疏水性到超亲水性的转变。如前所述，酸性条件下，羧酸的电离是被抑制的，也就是羧酸基团的质子化过程，电离微弱。此时烷基封端的硫醇分子的排斥水作用明显会防止水浸入纳米结构中，表面的微米级别结构会进一步强化铜网的疏水性，所以铜网始终保持良好的疏水性能，水无法发生扩散。当水滴呈碱性时，羧酸基团的去质子化过程使得体系能量发生变化，表面更加亲水，微纳米结构形成的大量毛细管使得铜网呈现出了超亲水的特点。上述铜网经过清洗干燥，其润湿性又被还原。所以我们成功制备了可以通过 pH 调控润湿性的铜网。研究结果表明，铜网润湿性的转变十分稳定，具有重复性。经过五次 pH 调控重复，铜网仍然保持响应性。接下来，研究了水下系统中的油润湿性。我们用到了正己烷和水的混合物。首先来看铜网的润湿性，在中性水环境（pH＝6.8）中，正己烷与超疏水铜网相接触时，正己烷液滴会迅速扩散到铜网表面，这符合前面所讨论的超疏水-超亲油特性。此时在中性环境中，羧酸基团电离程度微弱，质子化程度极低，表面呈现原有的疏水性。当将该表面浸入中性水中时，超疏水表面会困住大量气体形成气层，并且显现出水下超亲油的特性。但在碱性环境中，油滴在空气中和水下均呈现球形，不会润湿铜网，且可以滚动，表明其在碱性环境下稳定的疏油性能。图 7-2（a）和（b）分别显示正己烷和 1，2-二氯乙烷液滴在水下沉积到铜网表面的接触角照片，相应接触角分别为 167.2°和 158.8°。正己烷的滑动角大约在 15°。此外发现，即使铜网在碱性液体中浸泡一周仍具有超疏油性，证明制备的铜网在这种碱性水介质中具有稳定的超疏油性能。

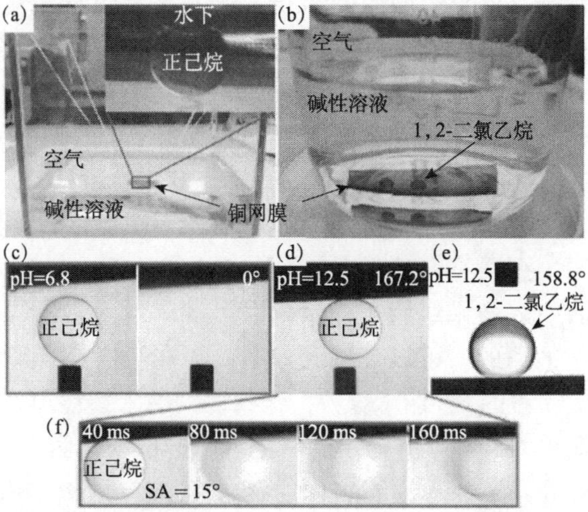

图 7-2　所制备的铜网膜的水下润湿性。正己烷（a）和 1,2-二氯乙烷（b）液滴在碱性条件下的润湿性光学图像；（c）在中性水溶液中（pH＝6.8）的正己烷液滴的接触角的静止图像；在碱性水环境（pH＝12.5）中，正己烷（d）和 1,2-二氯乙烷（e）液滴的接触角的静止图像；（f）碱性环境中正己烷液滴在铜网膜上的动态运动的图像，反映水环境中油的滑动角（15°）[31]

pH 响应的双向油水分离在过滤型油水分离装置中进行。将制备好的铜网固定在两个分开的固定管状物之间，底端放置收集容器，油水混合物从上方倒入。首先将油和非碱性水溶液的混合物溶液倒入上瓶中，由于其亲油性，油渗透过网状物向下流动到收集容器中，而水保留在铜网上部管中无法向下渗透，达到过油阻水的效果。然后，将网状物用 pH＝12.5 的碱性水预先润湿，会发现完全相反的分离过程，在相同条件下，铜网此时具有水渗透性且能够阻止油的透过，油会被阻止在铜网上部分，达到过水阻油的效果。通过该方法可以简便地实现油水混合物的双相分离，具有重复性好、操作简便的特点。铜网的特殊润湿性可以通过简单地在 $HS(CH_2)_9CH_3$ 和 $HS(CH_2)_{10}COOH$ 的混合物中浸泡 10h 而重新恢复。总之，制备好的铜网显示出中性和酸性水滴在空气中的超疏水性、碱性水滴在空气中的超亲水性，因此赋予它水下超疏油性。这种 pH 响应性可以有效地应用于双向可控油水分离，从而预计将有许多实际应用，可帮助人们设计和制造应用在空气中和水下的智能功能化界面材料。

如今，对于特殊功能材料对气体的黏附性，已有大量的研究工作。对油的黏附性研究也具有非常重要的意义。与此同时，响应性油黏附有助于控油和指导水下油的运输。虽然在这一领域，pH 对油的润湿行为进行调控已有大量报道，但关于油的水下黏附仍然比较少见。据此，我们基于具有微纳米级结构的铜网研究了 pH 调控表面的化学性质及表面结构对水下油的黏附性的影响（第 3 章）。应当指出的是，不同溶液 pH 时表面在水下保持疏油性；然而，表面的水下油黏附行为明显受溶液 pH 的影响。在热力学分析的基础上，我们对在微米和纳米级半球上观察到的 pH 可控水下油黏附和超疏油润湿行为进行了建模分析。由羧酸基团在酸性溶液中被质子化或在碱性溶液中去质子化响应表面的化学变化（固有油接触角（OCA））引起的自由能垒（FEB）和平衡油接触角（EOCA）及其滞后（OCAH）的变化被详细讨论。结果表明，微米和纳米级结构是液滴在表面上从 Cassie 浸渍状态转化到油 Cassie 润湿状态所必需的条件。控制表面油黏附力的主要方法有两种：使用低自由能表面化学品成分或改进材料表面结构以增加表面粗糙度[8,32-34]。在水/油/固体系中，我们提出的机制揭示了水下不同环境中的油接触角之间的差异。

最近，许多研究报道了微观结构对黏附性的影响，而表面黏附力与表面化学反应相对较少，特别是对于水下 pH 可控环境。在水/油/固体系中，利用羧酸基团被质子化或去质子化的性质可以进行疏油表面的水下油黏附性的调控。由于其广泛性[35]，我们使用金属网作为研究材料，原始铜网由直径约 50μm 的细铜丝编织而成，后经过碱氨刻蚀在铜网表面生长一层几十纳米的氢氧化铜纳米棒，由此构建出铜网的表面微纳米结构（图 7-3）。将原铜网状薄膜浸入稀释的 HCl(2mol/L) 中以去除铜网表面的氧化层，依次用去离子水和丙酮清洗至少三次。首先用氮气干燥铜网膜 5min，然后，$Cu(OH)_2$纳米线通过电化学沉积涂覆在铜网膜上。铜网膜为工作电极（表面积为 $2cm^2$），饱和甘汞电极为参比电极。生长 $Cu(OH)_2$纳米线的过程是在 KOH 溶液（2mol/L）中 $2mA/cm^2$ 的恒定电流密度和室温下刻蚀 2500s 进行的。最后，将铜网膜从溶液中取出，用蒸馏水洗涤，并在氮气流中干燥。电化学沉积后的 $Cu(OH)_2$纳米线铜网膜使用溅射涂布机涂覆一层金粒子。然后将铜网浸入 $HS(CH_2)_9CH_3$ 和 $HS(CH_2)_{10}COOH$ 混合的硫醇乙醇溶液中约 12h。保持总浓度为 1mmol/L，浓度分数为 1，$HS(CH_2)_9CH_3$ 和 $HS(CH_2)_{10}COOH$ 设定为 2∶3。表面修饰完后，拾取铜网膜用无水乙醇洗涤并在干燥箱中干燥。

值得注意的是，覆盖 $Cu(OH)_2$ 的铜网在不同的 pH 环境下可以表现出水下疏油性，pH＝12 环境下的铜网膜的水下油接触角比 pH＝2 环境下约大 10°，如图 7-4（a）所示。很明显，实验结果与理论预测一致。另外，铜网膜的水下油黏附力通过高灵敏度仪器测量。铜网膜水下油的黏附力与距离之间的关系如图 7-4（b）所示。应注意具备微观或纳米纹理的 $Cu(OH)_2$网膜对水下油的黏附力受 pH 的影响十分显著。从图 7-4（c）中可以看出，油的黏附力在pH＝2的溶

图 7-3 (a)，(b) 原始铜网的 SEM 图像；(c)，(d) 氨刻蚀后的 Cu $(OH)_2$ 纳米结构覆盖的铜网 SEM 图像[35]

液环境中为 (48.0±1)～(65.0±1) μN，大于其在 pH=12 的溶液中的 (3±0.2)～(5±0.2) μN。如图 7-4 (c) 所示，Cu $(OH)_2$ 网膜具备的微米或纳米级结构水下对油的黏附力随着 pH 的增加而减小。铜网膜的水下油黏附力在 pH 从 8.0 增加到 10.0 时急剧下降。当 pH 低于 8.0 时，CMF 显示高油黏附力，但 pH 大于 10.0 时情况恰恰相反。在较低的 pH 下，当 pH 小于 $HS(CH_2)_{10}COOH$ 的 pKa 值时，邻近 $HS(CH_2)_{10}COOH$ 上的羧基被酸性溶液质子化。

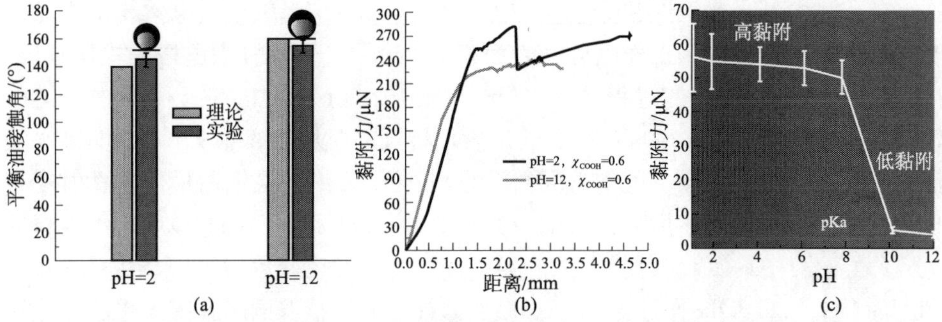

图 7-4 (a) pH 调控具备微米和纳米级结构的铜网膜对水下油的黏附润湿行为；(b) 铜网膜对不同 pH 的水下油的黏附力与距离的变化关系；(c) 水下油黏附力在不同 pH 下的变化关系 (1，2-二氯乙烷，4μL)[35]

油润湿状态是 Cassie 浸渍润湿状态。但是在更高的 pH 下，当 pH 大于 $HS(CH_2)_{10}COOH$ 的 pKa 值时，羧基被碱性溶液去质子化。润湿状态保持在典型的 Cassie 状态。水下油接触角和铜网膜对油的黏附力在不同 pH 的溶液中的区别是由羧酸基团通过酸性溶液质子化或碱性溶液去质子化而引起的。

Feng课题组[36]报道了一种通过热和pH进行双重调控的油水分离材料。他们以不锈钢网为基底，首先涂覆上一层聚乙基二甲基胺甲基丙烯酸酯（PDMAEMA）水凝胶，简单地在混合预凝胶溶液中浸泡。在这个聚合反应中，DMAEMA作为单体，N,N′-亚甲基双丙烯酰胺（BIS）作为化学交联剂，聚丙烯酰胺（PAM）作为增稠剂。然后将不锈钢网水平地从溶液中拉出，在紫外线照射下进行原位暴露自由基聚合。PDMAEMA作为一种很有前途的响应性聚合物而得到广泛的研究，它具有pH和热的双重响应性特点。PDMAEMA的低溶解温度在30～50℃受不同pH、分子量和盐浓度的影响。通过简单地调节水溶液的pH，相分离温度可以得到有效的调节。因为PDMAEMA中的叔胺基团的质子化程度随溶液的pH而变化，因而PDMAEMA在不同的pH时会显现出不同的亲水性/亲油性，这为响应性油水分离提供了理论基础。PDMAEMA水凝胶涂层赋予不锈钢网以pH响应性润湿性，水溶液用甲酚红染色，在pH低于1.8的溶液中显示红色，在pH为1.8～8.0的溶液中显示黄色，在pH为8.0以上的溶液中显示紫色。然后往分离管内倒入汽油/0.1 M HCl混合溶液和汽油/水混合物，水由于可以润湿滤膜故快速地通过滤网，所以汽油被保存在上面的玻璃管里。而且，经过热响应，网格可以完全恢复到初始状态。然而，汽油/NaOH溶液不能被选择性地通过滤膜。另外，将乙基二甲基胺甲基丙烯酸酯（DMAEMA）水凝胶与聚偏氟乙烯（PVDF）结合，原位聚合制得的膜材料也可以用于pH响应性油水分离，基于聚二甲基丙烯酸甲酯链，通过其叔胺侧基的质子化或去质子化来改变润湿性，影响膜在水中的润湿性[37]。

Lin课题组[38]使用癸酸（DA，一种便宜、无氟、无毒的天然化学物质）作为修饰剂，织物作为基材，制备具有pH响应性和氨气响应性的润湿性转变的过滤网。二氧化硅纳米颗粒和二氧化钛溶胶与DA在混合溶液中通过络合反应形成一种涂层，经过对织物的简单浸渍可以实现其功能化。在正常状态下，涂层具有超疏水性和水下亲油性。当涂层经碱性处理时，它变成亲水但水下超疏油的。他们进一步证明了用这种方法处理过的棉织物涂层显示两个完全不同的油水分离性能：过油阻水和过水阻油。经涂覆的棉织物显示出了在空气中的油润湿性，十六烷液滴在66ms内就会被织物吸收。将功能化的织物浸在pH＝6.5的水中，一滴1,2-二氯乙烷液滴在1.2s完全扩散到织物内部。他们的实验发现，该分离网在pH＝6.5环境下显现出水下超亲油性质，并且在酸性环境中会一直保持水下的亲油性。当水滴的pH高于11时，水滴会在空气中润湿网膜，pH达到12时水滴会快速地润湿网膜，这表明pH的增加有利于表面的亲水性。这种疏水性向亲水性的转变被解释为在碱的作用下钛-羧酸的配位键断裂[39]，此时在水中可以达到超疏油的状态。网膜在pH＝6.5和pH＝12环境中有着截然相反的对油的润湿性，故可以实现pH响应性油水分离。

这里，作者课题组采用改进的聚合方法在织物表面生长了一层紧密排布的聚苯胺（PANI）纳米纤维[40]。基于PANI的氧化还原性能，银纳米粒子可以被均匀地覆盖在聚苯胺涂层织物上（图7-5）。然后以 $HS(CH_2)_9CH_3$ 和 $HS(CH_2)_{10}COOH$ 等硫醇对制备的表面进行改性修饰，使得制备的织物具有在超疏水性和超亲水性之间响应性可逆切换的功能。结合表面的粗糙度并且经硫醇改性后的复合表面具有156°的水接触角和8°的滑动角。动态黏附力测试结果表明，所得到的表面具有良好的黏附力且具有较低的水黏附力。相应地，制备的表面具有超亲油性，其接触角接近0°。对于酸性水液滴，制备的表面表现出稳定的超疏水性，接触角大于150°。当pH＞9时，水接触角从156°降低到0°。碱性液滴（pH＝14）在12s内迅速坍塌并扩散到表面。这种现象可以归结为织物表面羧酸基团的质子化和去质子化的影响。碱浸处理后的织物经水洗后在烘箱中烘干，极易恢复其原有的超疏水性，并且在五次循环后，织物仍然稳定地保持原有超疏水性，具有良好的可回收性。油水分离时，酸性水完全被阻挡而油脂可以迅速渗透到织物表面过滤。织物对各种酸油混合物的分离可以实现高通量和高效率（超过90.0%）。碱浸处理后，织物显示出超亲水-水下超疏油性，这使得水可以快速、有选择地通过而油被阻挡以达到分离效果。所制备的织物可以应用于按需腐蚀性水油混合物分离。这一策略可以进一步发展到设计和制造智能界面超润湿材料。

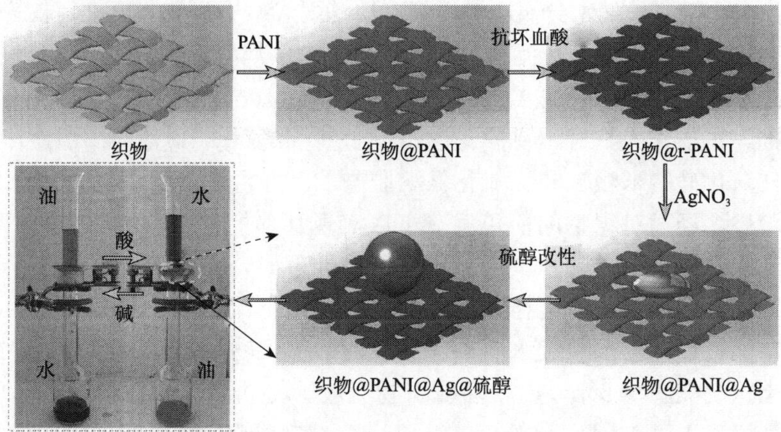

图7-5　具有pH响应性的超润湿织物的制备过程简图。首先在织物上生长出一层聚苯胺纳米纤维，然后引入 $AgNO_3$ 使得Ag单质在表面原位生长，以此构筑表面的粗糙度和修饰剂的反应位点。再用硫醇进行表面疏水改性，利用带羧基硫醇的质子化/去质子化作用来实现pH响应性[40]

类似地，Liao等[41]利用硫醇末端基团的质子化/去质子化效应构建了一种用于油水分离的pH响应性织物。在棉织物上通过多巴胺的氧化还原性质原位生成了银粒子来构造表面粗糙度，然后以甲基和羧基为末端的长烷基硫醇进行疏水性改性，成功赋予其 pH 响应性。所制备的棉织物表面表现出超疏水性，在酸性和中性条件下与水的接触角高达 153°以上，在碱性条件下表现出超亲水性，与水的接触角为 0°。该织物可以成功地应用于双向油水分离，具有较高的分离效率和良好的可逆性。经过 15 次循环后，棉织物仍然保持原有的 pH 响应特性。在酸性或中性条件下，棉织物分离三氯甲烷/水混合物的效率达到了 96.06%。相反，在碱性条件下，棉织物变成了超亲水性，混合物的分离效率达到 98%，也表现出一定的应用潜力。

7.1.2　pH 对材料表面微纳结构的影响

高分子嵌段共聚物可以将具有不同化学性质的物质整合起来，利用其所带的不同功能基团来实现其多功能化。聚（2-乙烯基吡啶）（P2VP）的质子化/去质子化过程不仅可以改变其原有的化学性质，还可以改变共聚物采取的构型，以此来达到改变润湿性的目的。基于此，Wang 等[42]课题组研究了浸没在水性介质中时具有可控油润湿性的表面先进材料的性质，其显示出适合各种水下应用的巨大潜力。他们开发的智能表面能够在水溶液中实现超亲水性和超疏油性之间的切换。通过接枝嵌段共聚物制备出智能表面，嵌段共聚物包含 pH 响应性 P2VP 嵌段和具有亲油-疏水性的聚二甲基硅氧烷（即 P2VP-b-PDMS）嵌段。P2VP 嵌段可以通过质子化和去质子化来响应水性介质的 pH 变化，从而通过 PDMS 嵌段改变整体构象进而改变界面润湿性，实现可控性地切换油浸入。

首先在空气中测量织物表面不同 pH 水滴的接触角，来表征其表面润湿性的 pH 响应特性。图 7-6（a）表明 pH 为 6.5 的水滴在空气中纺织品表面上形成的球形液滴接触角为 157°。将其保持在空气中 15min，水滴仍然为球形（稳定的水接触角），即使由于蒸发其尺寸会缩小，这个现象表明该表面对 pH 为 6.5 的水具有稳定的超疏水性。作为弱碱，当共聚物表面与水滴接触时，P2VP 的 pKa 约为 3.6[43]。因此，pH 为 6.5 时，P2VP 处于去质子化状态，因此界面显现出疏水的相互排斥作用，P2VP 链之间表现出去质子化的塌陷的构象。另一方面，PMMA 具有低于室温的玻璃化转变温度（T_g），可以作为液体状聚合物，在空气中环境温度下具有高柔韧性，液体状的 PDMS 比 P2VP 更疏水且可以自发地移动到接枝共聚物层的外部并主要暴露在空气中[44]。因此，在接枝嵌段共聚物外部的疏水性 PDMS 层使表面表现出疏水性质，进一步放大表面上的分层微纳米结构，导致了整体界面的超疏水性。然而，当将 pH 为 2.0 的酸性水滴沉积在空气中相同的纺织品上时，它逐渐润湿纺织品并在约 160s 内完全扩散到纺织品表面，这个现象表明了其超亲水表面的性质（水接触角小于 10°）（图 7-6（b））。

当共聚物表面接触酸性液滴时，表面上的 P2VP 链质子化并表现出由静电排斥导致的延长构象，然后它们伸展到共聚物层的外部。随着质子化的 P2VP 暴露在表面，纺织品表面获得亲水性，导致润湿。用酸性水（pH＝2.0）润湿后，纺织品上的大多数吡啶基团可以被 pKa 值为 3.6 的 P2VP 质子化。值得注意的是，当用水（pH＝6.5）清洗时，酸性亲水化的纺织品表面很容易恢复其超疏水性。这种恢复过程可以在室温条件下进行，可以逆循环重复多次（图 7-6（c））。容易逆转恢复的润湿特性可归因于高度灵活的 PMMA 接枝共聚物。在干燥时，PDMS 比 P2VP 更疏水，可以自发地移动并暴露在自身上再次接枝嵌段共聚物的外部，从而使得纺织品显现出超疏水性、亲油性。

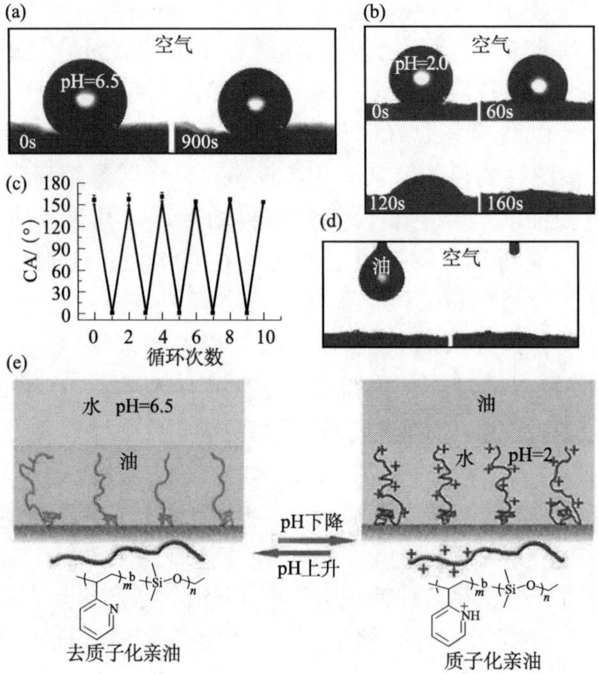

图 7-6　功能化纺织品在空气中的润湿性。(a) 在空气中水滴（pH＝6.5）上一定时间内的接触角：0s（左）和暴露 900s（右）；(b) 酸性水滴（pH＝2.0）在织物表面的接触角随时间的变化，酸性液滴在 160s 内逐渐扩散到表面，表明表面润湿性由超疏水性转变为超亲水性；(c) 在空气中，功能化织物对 pH 为 6.5（偶数循环）和 2.0 的水滴的可逆润湿性（奇数周期）；(d) DCE 液滴在织物上的静止图像；(e) P2VPb-PDMS 接枝纺织品可逆转换油润湿性的示意图，左图为油在 pH 为 6.5 的水中的润湿性示意图，右图为油在 pH 为 2.0 的水中的润湿性示意图[42]

类似地，Tsukruk 课题组[43]用 pH 响应性高分子共聚物苯乙烯块聚-b-聚（2-乙烯基吡啶）（PS-b-P2VP）包裹金纳米颗粒制备了一种复合的一维纳米结构。由于它们的 pH 敏感性，当暴露在 pH 低于 3.6 的环境中时，P2VP 链段部分会膨胀，吡啶基氮的质子化作用引起的静电斥力会加剧聚合物链的膨胀。这个变换导致纳米管的拓扑结构随着外部 pH 的变化发生了巨大的变化。在中性状态下，均匀金纳米颗粒包覆的 PS-b-P2VP 纳米管呈现出光滑状态。当 PS-b-P2VP-金纳米粒子杂化纳米管暴露在 pH＝2 的环境中时，P2VP 的内壁和外壁均发生区域膨胀，形成突起状结构。PS-b-P2VP 多孔纳米管在中性条件下(pH＝7的溶液)，高纳米管的颗粒形貌明显恢复初始光滑表面。

这种可以进行表面油润湿性转换响应性调控的性质可以被用于可控油水分离。他们基于此制备出的具有微观结构的分离膜可以允许润湿液体自由地通过。如图 7-7 所示，具有响应润湿性的分离膜固定在两个玻璃管之间用以分离商用汽油和水的混合物，将 pH 为 6.5 的水注入上玻璃管，由于织物原有的超亲油性和超疏水性，汽油将迅速通过纺织膜，但是水没有通过纺织膜，它保留在织物膜顶部的上玻璃管中（图 7-7（a））。然而，当纺织品首先被酸性水（pH＝2.0）润湿时，在没有随后干燥的情况下，在相同的条件下，油会被阻挡在上玻璃管内，水会被分离出来（图 7-7（b））。在这个分离过程中只有重力的作用。其良好的重复性和可操作性使得它具有一定的应用前景。这种嵌段共聚物接枝策略是通用的，并且可以适用于许多常见的基材，以创造具有可切换的油润湿性能的功能化材料。例如，通过使用他们的嵌段共聚物接枝策略，已将常用的聚氨酯海绵功能化，达到可切换的超亲油性和超疏油性。该功能化海绵可用于可逆的油捕获并在水性介质中释放。

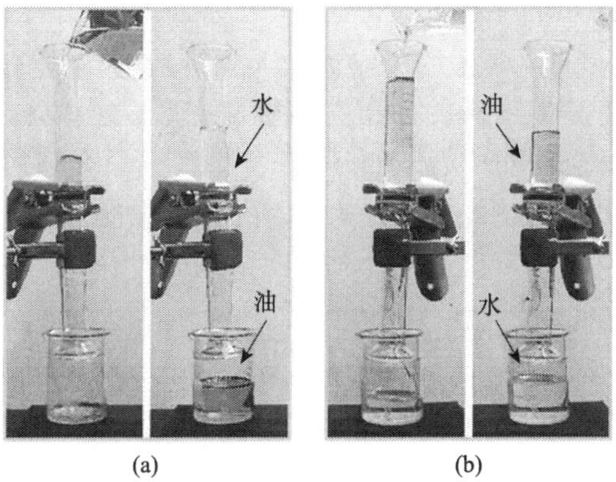

图 7-7　使用功能化纺织品的可控油水分离。(a) 将功能化纺织品固定在两个玻璃管之间，将油和水的混合物倒入上玻璃管，油选择性地通过纺织品，而水保留在上部玻璃管中（右图）；(b) 官能化纺织品首先用酸性水（pH＝2.0）润湿后的水油分离过程，水有选择地通过纺织品，而汽油则保留在上部玻璃管中（右图）[42]

结合具有多层次纳米结构的纤维网和聚［2-(二异丙基胺)乙基甲基丙烯酸

酯]，Cho 课题组[45]开发了一种智能电纺技术来制备具有由 pH 变化引起可逆超疏水-超亲水性转变特性的织物。在共聚物中，二甲氨基乙酯部分在构象转变中发挥了重要作用，不同 pH 环境可以对其产生刺激性响应，采用 3-(异丁烯酰氧) 丙基三甲氧基硅烷（TSPM）作为溶胶-凝胶前驱体，在固体表面的纳米结构中保持聚合物的黏附，并在聚合物链之间促进分子内交联。Wu 等[46]还制备了一种新型的可逆 V 形聚合物刷功能化表面，通过接枝嵌段共聚物甲基丙烯酸叔丁酯、甲基丙烯酸-2-羟基乙酯和 2-乙基甲基丙烯酸酯作用于酰氯功能化的二氧化硅薄膜上实现了润湿性的响应性。Jiang 等[47]报道了聚（苯乙烯-甲基丙烯酸甲酯）（聚（St-MMAAA））胶体晶体膜具备氢键驱动的润湿性，易于在恒定温度下根据 pH 来控制表面在超疏水性和超亲水性之间的转变，这是由于羧基和十二烷基苯磺酸钠之间的氢键相互作用。过去几年，基于存在氢键的 LBL 薄膜实现了表面润湿性的外界响应[48]。pH 的诱导使得羧酸基团发生选择性化学交联，然后释放中性氢键链，这使得单组分表面结合水凝胶中聚合物单元发生坍塌或溶解，结果表明所制备的 LbL 水凝胶涂料具有良好的性能，由 PaAAs（PEAALbL，PPAALbL，PBAALbL）构建在具有微纳米结构的基板上，随着 pH 从 6.2 增至 8.4 可以实现在酸性环境下的超疏水性向碱性环境下的超亲水性的润湿状态的转变。

在 Wu 等[49]的研究工作中，他们采用 SI-ATRP 技术将聚甲基丙烯酸（PMAA）接枝到织物表面使其具有 pH 响应特性。在高 pH 条件下，表层具有超亲水性和水下超疏油性。其水下超疏油性是通过 PMAA 层的溶胀来实现的。当织物分离乳液时，水很快被吸收并且易于从油中除去。而且织物用酸性水（pH=1）预处理后，表面润湿性可以逆转，使得表面水接触角变为 150°，油接触角减小为 0°。具有塌缩构象的质子化聚合物可以防止织物被水浸湿而达到对油的亲和力。通过调节预处理溶液的 pH，可以提高棉织物的表面润湿性，从超亲水性转变为超疏水性。功能化棉织物既可作为除油吸附剂，又可作为除水吸附剂，以满足不同的要求。因此，该织物既可用于除油又可用于净化及解决石油泄漏和含油废水等难题。

Dang 等[50]通过原位和非原位处理成功实现了 pH 响应性润湿性转变。通过溶液蘸涂方法将聚（甲基丙烯酸甲酯-dodeyl-co-3-三甲氧基硅丙基甲基丙烯酸甲酯-co-2-二甲基氨基乙基甲基丙烯酸甲酯）（PDMA-co-PTMSPMA-co-PDMAEMA）简单地涂覆到二维膜材料（如棉织物和滤纸）和三维泡沫（如聚氨酯泡沫）上，通过 pH 响应来实现油水分离。这是一种基于非氟化合物共聚物涂层制备的新型 pH 响应性功能材料。涂层材料具有超亲水性和超疏水性可逆切换的功能。这仍然应用到了 PDMAEMA 链段的质子化和去质子化特性。在中性和 pH 较高时，PDMAEMA 链没有质子化而维持坍塌的构象。因此，暴露出来最多的是 PDMA 链。它能表现出对水的排斥性；接触油后，由于其亲油特性，PDMA 链段吸油伸展。当暴露在 pH 为 2.0 的水中时，PDMAEMA 链的质子化使得由静电斥力引起的扩展构象暴露出来，表现出亲水疏油的特性。这种涂层可连续分离油/水/油三相混合物，不同表面活性剂稳定的乳液（水包油、油包水、油包酸性水）均可以通过原位和原位处理结合 pH 的调控被吸收和释放。这种 pH 响应模式能够同时将 pH 引起的化学变化和表面结构变化结合起来，较好地实现了润湿性的响应性可逆转变。另外，该无氟制备策略进一步突出了其实际应用价值。

在本研究中，用以双 pH 和碱氨蒸气反应性聚酰亚胺（PI）为基础的纳米纤维研制了具有高渗透通量和稳定性的油水分离膜。膜是通过在癸酸（DA）-二氧化钛和二氧化硅纳米粒子（SNP）中依次浸涂电纺 PI 制备的。新型 SNP/DA-TiO_2/PI 膜在空气中表现出超疏水性，在中性水环境（如 pH 为 6.5）中表现出超亲油性。然而，使膜变得亲水和超疏油的水环境（如 pH 为 12)，在油水分离过程中只造成水的渗透。用几种方法研究了这种新型双反应膜的油水分离能力。膜具有极高的通量（（6500±100） L/(m^2 · h)）和分离效率（大于 99%），可重复使用。此外，热稳定性和耐磨性实验表明膜在极端条件下是高度稳定的。这种双反应性电纺纳米纤维膜能用于工业石油污染水和石油泄漏处理系统，并能实现油与水的选择性渗透。此外，氨蒸气接触也会引起表面润湿性的变化，这可能有助于调控油水分离。

Ma 等[51]制备了一种润湿可控的响应性表面。采用溶液浸涂法制备了电纺丝膜 PI 纳米纤维膜。基于 PI 的纳米纤维膜具有优异的机械强度、柔韧性、稳定性等，它可以被广泛应用于各种高科技领域。未改性的电纺丝 PI 纳米纤维膜既亲水又亲油，疏水性增强处理后的 PI 膜表面具有较低的表面能以及高表面粗糙度，使得 SNP/DA-TiO_2/PI 纳米纤维的水接触角约为 155°，表明原始表面的超疏水性（图 7-8)。值得注意的是，这种超疏水性在空气中稳定地持续了很长时间。表面润湿性由超疏水性转变为超亲水性是由于在碱性条件下钛-羧酸配位键断裂。在制备 SNP/DA-TiO_2 涂层溶液时，DA-TiO_2 配位反应形成了 Ti-O-Ti-OOC—。然而，当浸泡在 pH 为 12 的氨水中时，离子态的 DA 消失而形成羧酸铵离子（—COO-NH_4^+）。这种键断裂的一个结果是，由于离子态的 DA 与水分子之间的引力作用，离子态的 DA 会从固-气界面迁移到水-气界面，甚至进入水相。低自由能 DA 分子在表面上的解吸附过程导致了膜自由能的增加，使得表面变为亲水性表面。此外，离子态的 DA 可以被认为是表面活性剂，它通过迁移到水-空气界面或水相来降低水的表面张力。因此，表面润湿性变化是由于固体表面自由能增加和水面张力减小。事实上，疏水性向亲水性的转变是不可逆的，它需要 DA 分子必须吸附在 SNP/DA-TiO_2/PI 纳米纤维膜上来表现出超疏水性。WCA 在 pH＝8～13 范围内的变化规律表明膜表面润湿性与 pH 有关。通过改变 pH，SNP/DA-TiO_2/PI 纳米纤维膜的表面润湿性可以由超疏水-超亲油变为超亲水-超疏油，表明该膜具有 pH 响应性表面性质，可用于在不同条件下的油水分离。

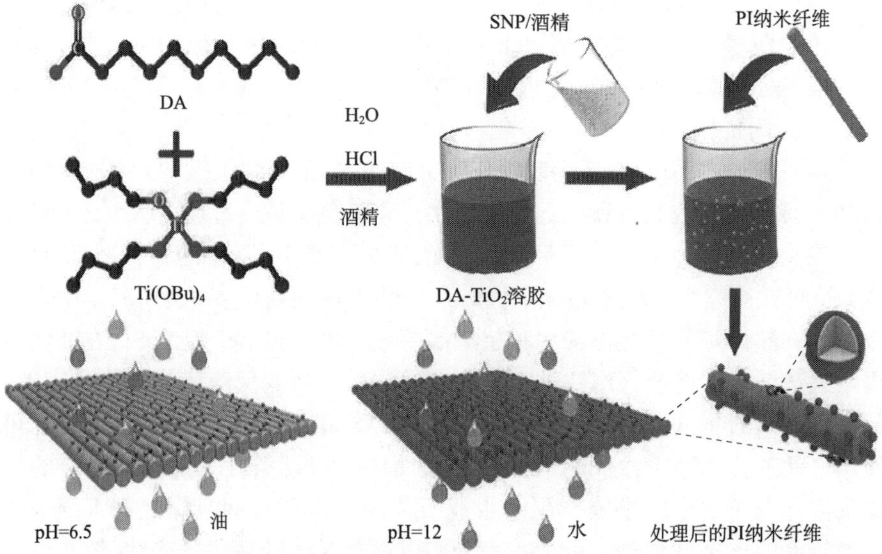

图 7-8　将电纺 PI 纳米纤维膜浸涂于 DA-TiO_2混合物和二氧化硅纳米颗粒预凝胶溶液中，然后进行高温退火，制得双响应 PI 膜[51]

对于 pH 响应表面，快速响应润湿性转化在潜在应用中具有重要意义，然而对于许多应用，尤其是生物技术应用，要求有较高的 pH 敏感性。但是，许多智能表面存在一个缺点，即需要通过大幅度改变 pH 来实现润湿性的转变。同时，许多聚合物的生物毒性仍然是一个不可忽视的问题，这限制了实际的具体应用。进一步的研究和发展必须克服这些缺点。

7.2　极性/非极性响应性按需油水分离

利用超润湿表面对水和油的相反的亲和力可以达到油水分离的目的[52,53]。受荷叶表面特殊润湿性启发，超疏水表面微纳米分层结构可以捕获空气以达到对水的极其排斥[54,55]，表面张力低的油很容易润湿其表面。对于无油污染的鱼鳞和蛤壳，油可以被（超）亲水表面水层有效阻挡[56]。虽然这些超润湿性诱导的选择性分离显示出高通量、低外压的优点，但由于部分有机液体混溶，其分离受到很大限制。空气层的存在使得表面可以保留高表面能液体，并让低表面能液体渗透。然而，这样的（超）疏油表面-超疏水表面更加难以被构建。在此，我们系统地研究了通过控制非极性液体和极性液体的润湿性差异来使其达到分离的目的。在全氟烷基修饰过的高度粗糙的表面上适当引入极性羟基有助于在相对有机介质中形成极性或非极性液体的双重超疏液性。无论有机液体具有怎样的表面能，双重超疏水层可以有效地阻挡不混溶的有机液体，成功地进行按需油水分离。我们还通过热力学详细地揭示了这一机理。不锈钢网首先被稀盐酸除去表面氧化层再于乙醇中清洗去除表面杂质，然后采用电化学沉积方法在不锈钢网表面涂覆一层金属 Cu。铂金片和饱和甘汞电极分别用作工作电极和参比电极。金属 Cu 在室温、恒定电流密度（0.1mA/cm^2）下，在 $CuSO_4$（1M）和 H_2SO_4（0.1M）水溶液中生长 3600s。之后，镀铜将不锈钢网浸入 $AgNO_3$水溶液（0.01M）和 HNO_3水溶液（0.01M）中在室温下保持 10min，然后用去离子水洗涤。将原始和 Ag 涂覆的 Cu 片与 Cu 涂覆的不锈钢网及 Ag/Cu 涂覆的不锈钢网浸入含有 $CF_3(CF_2)_7CH_2CH_2SH$ 和 $HS(CH_2)_{10}H$ 的乙醇溶液中以不同的物质的量比修饰 1h，总硫醇浓度为 2mM。硫醇修饰后，样品用大量乙醇洗涤干净。经 Ag/Cu 涂覆的不锈钢网用于在重力驱动力下分离三对不同的有机液体混合物（体积分数之比为 50%/50%），包括 FA-四氯化碳、碳酸丙烯酯-己烷和二甲基亚砜-石油醚混合物。在进行有机液体混合物的分离之前要进行预润湿。

图 7-9 是制备该功能表面的简图。被 Ag 覆盖的材料表面经 $CF_3(CF_2)_7CH_2CH_2SH$ 和 $HO(CH_2)_{11}SH$ 的混合溶液保持二者总物质的量不变修饰。根据 $HO(CH_2)_{11}SH$ 的物质的量比（x），将不同含量修饰的样品定义为样品($X_{OH}=x$)。通过改变 $CF_3(CF_2)_7CH_2CH_2SH$ 和 $HO(CH_2)_{11}SH$ 的原始相对含量来调节 Ag-Cu 片、Ag-不锈钢网和 Ag/Cu-不锈钢网表面的润湿性，注意到表面修饰不会改变样品的表面结构。图 7-10 显示了平坦和粗糙的铜片和铜网上 CCl_4 和 FA 在分别作为连续相和测试液滴时的接触角随着 $HO(CH_2)_{11}SH$ 的物质的量比的变化情况。全氟烷基改性降低了平坦铜片和粗糙铜片的表面能。纯铜片($X_{OH}=0$)和 Ag 涂覆的铜片（$X_{OH}=0$）对于 CCl_4 中的 FA 液滴表现出超疏液性质。相比之下，在平坦的铜片（$X_{OH}=0$）上，FA 中的 CCl_4 液滴的接触角约为 50°，而 Ag 涂覆的铜片（$X_{OH}=0$）上 FA 中的 CCl_4 液滴显示出超亲液性质。当 $HO(CH_2)_{11}SH$ 的物质的量比增加时，FA 中的 CCl_4 在平坦铜片上的接触角逐渐增加，而在 CCl_4 中的 FA 的接触角从 $X_{OH}=0.3$ 起开始减小。相比之下，CCl_4 在 FA 中的体系在 Ag 涂覆的铜片上的接触角在 $X_{OH}=0.6$ 后迅速增加并且超过 150°。FA 在 CCl_4 中的体系接触角的下降出现在 $X_{OH}=0.8$ 时。因此，有一个交叉区域（$X_{OH}=0.6$ 和 0.7）可以实现有机介质中的双重超疏液性。平坦的铜片（$X_{OH}=1$）不能实现对有机介质的超润湿性，但是 Ag 涂层包覆的铜片（$X_{OH}=1$）对于 FA 中的 CCl_4 液滴具有超疏液性，对于 CCl_4 中的 FA 液滴具有超亲性。

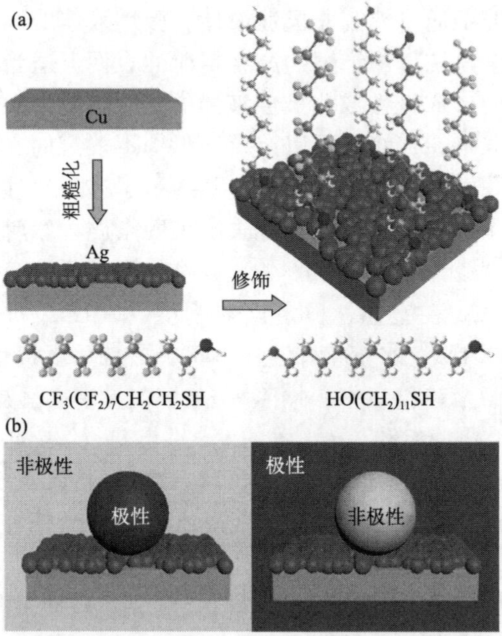

图 7-9 制备在有机介质中具有双重疏液性的功能表面的简图[57]

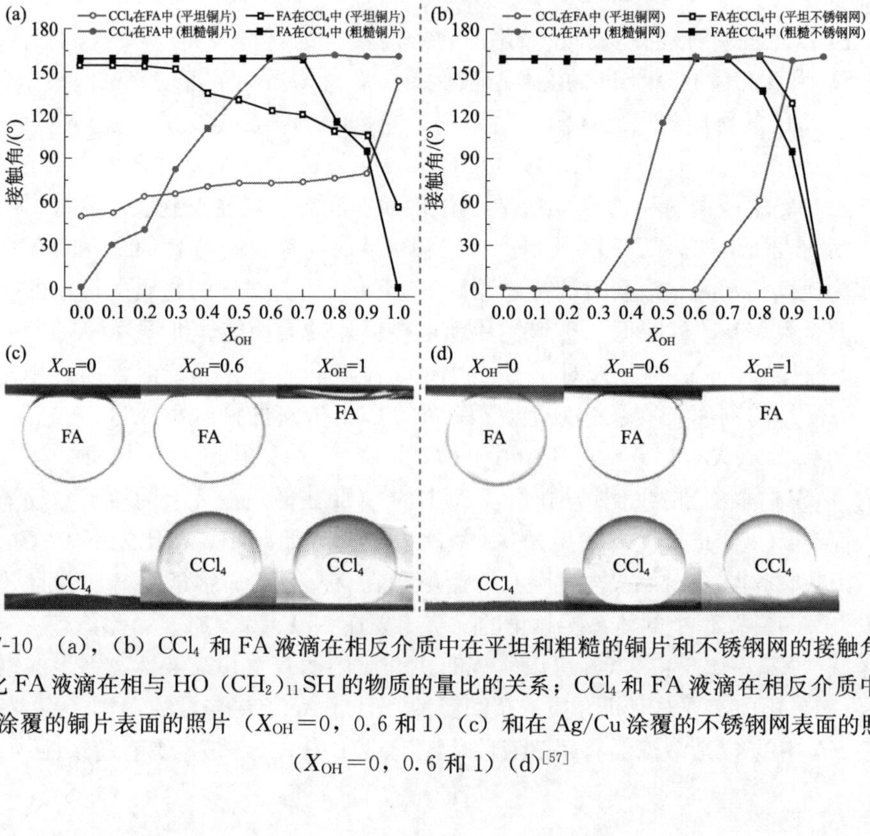

图 7-10 (a)，(b) CCl_4 和 FA 液滴在相反介质中在平坦和粗糙的铜片和不锈钢网的接触角的变化 FA 液滴在相与 HO (CH_2)$_{11}$SH 的物质的量比的关系；CCl_4 和 FA 液滴在相反介质中在 Ag 涂覆的铜片表面的照片 (X_{OH}=0，0.6 和 1) (c) 和在 Ag/Cu 涂覆的不锈钢网表面的照片 (X_{OH}=0，0.6 和 1) (d)[57]

Ag 涂覆的铜片（X_{OH}＝0）对于 CCl_4 中的 FA 液滴表现出超疏液性，对于 FA 中的 CCl_4 液滴表现出超亲液性。另一方面，Ag 涂覆的铜片（X_{OH}＝1）对于 CCl_4 中的 FA 液滴表现出超亲液性，对于 FA 中的 CCl_4 液滴表现出超疏液性（图 7-10（d））。表面对于有机介质的超润湿性归因于增加了的微观尺度的粗糙度。但是，没有有效的相对浓度区域使得两种体系下表面液滴的接触角都能超过 150°。重要的是，Ag/Cu 包覆的不锈钢网（X_{OH}＝0.6 和 0.7）在有机介质中可以达到双重超疏液的效果，这是由于表面存在的微纳米复合结构能进一步实现表面的超润湿性。实验发现，CCl_4 中的 FA 液滴和 FA 中的 CCl_4 液滴很容易在 Ag 涂覆的铜片（X_{OH}＝0.6）和 Ag/Cu 涂覆的不锈钢网（X_{OH}＝0.6）表面滚动，并且其对应的滑动角低于 10°。很明显的是，接触角在高 $HO(CH_2)_{11}SH$ 的物质的量比修饰过的改性表面上显著变化，这将归因于 $HO(CH_2)_{11}SH$ 的弱极性和少量的 $CF_3(CF_2)_7CH_2CH_2SH$ 对界面润湿性的影响。

借助于高灵敏度的微机电平衡系统，我们对不同的表面进行了黏附力测试，研究了平坦铜片（X_{OH}＝0.6）和 Ag 涂覆的铜片（X_{OH}＝0.6）表面对 FA 中的 CCl_4 液滴和 CCl_4 中的 FA 液滴的抗黏附性能。图 7-11（a），（b）显示了典型的黏附力-距离曲线，平坦铜片（X_{OH}＝0.6）对于 FA 中的 CCl_4 液滴的黏附力值为 21.1μN，对于 CCl_4 中的 FA 液滴为 21.8μN。相比之下，无论是对于 FA 中的 CCl_4 液滴还是 CCl_4 中的 FA 液滴，Ag 涂覆的铜片（X_{OH}＝0.6）的黏附力值太低以至于难以被仪器检测到。这一在有机介质中的优良的防黏附特性归因于表面高的粗糙度。

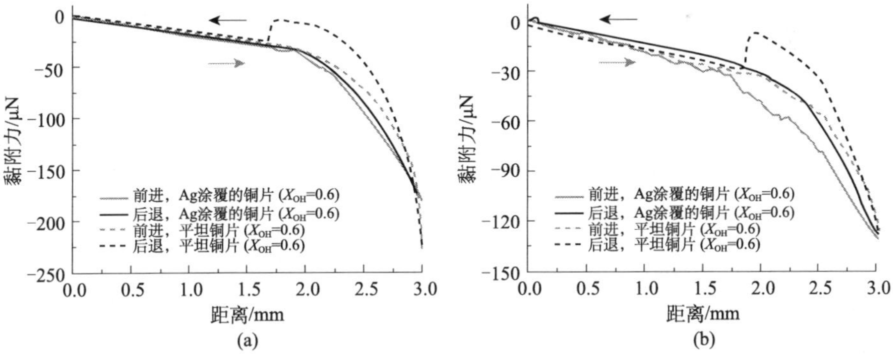

图 7-11　平坦铜片（X_{OH}＝0.6）和 Ag 涂覆的铜片（X_{OH}＝0.6）对 FA 中的 CCl_4 液滴（a）和 CCl_4 中的 FA 液滴（b）的黏附力[57]

采用 XPS 测试来表征不同表面经混合硫醇 $CF_3(CF_2)_7CH_2CH_2SH$ 和 $HO(CH_2)_{11}SH$ 改性前后样品组分的变化。对于 C1s XPS 光谱（图 7-12（a），（b）），峰值在约 284.8eV，292eV 和 294eV 处分别归属于来自 $HO(CH_2)_{11}SH$ 的 C—C，$CF_3(CF_2)_7CH_2CH_2SH$ 的 CF_2—和 CF_3—。在 Ag 涂覆的铜片和 Ag/

Cu 涂覆的不锈钢网上，CF_2—和 C—C 的强度比随着 $HO(CH_2)_{11}SH$ 的物质的量比增加而逐渐减小（图 7-12（c），（d））。全氟烷基链具有非常低的表面能，通过均匀地引入极性羟基可以改变表面的化学性质。非极性全氟烷基链的整合和纳米级的末端极性羟基赋予 Ag 涂覆的铜片（X_{OH}＝0.6 和 0.7）和 Ag/Cu 涂覆的不锈钢网（X_{OH}＝0.6 和 0.7）对极性和非极性液体在相反有机介质中的双重超疏液性质。

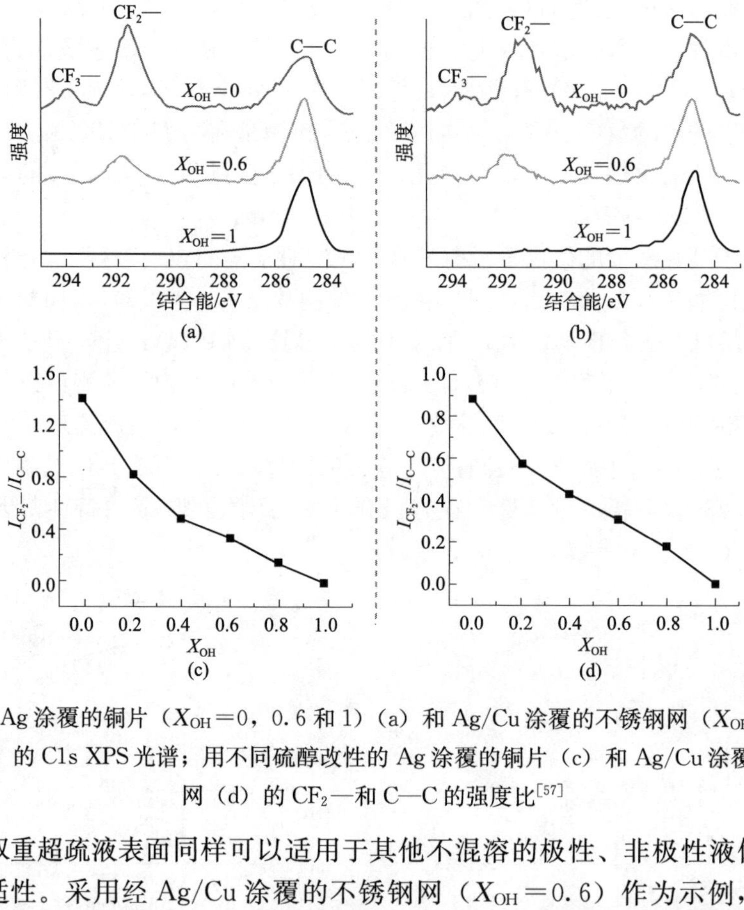

图 7-12　Ag 涂覆的铜片（X_{OH}＝0，0.6 和 1）(a) 和 Ag/Cu 涂覆的不锈钢网（X_{OH}＝0，0.6 和 1）(b) 的 C1s XPS 光谱；用不同硫醇改性的 Ag 涂覆的铜片（c）和 Ag/Cu 涂覆的不锈钢网（d）的 CF_2—和 C—C 的强度比[57]

该双重超疏液表面同样可以适用于其他不混溶的极性、非极性液体，显示出了普适性。采用经 Ag/Cu 涂覆的不锈钢网（X_{OH}＝0.6）作为示例，图 7-13(a)，(b) 显示出了 FA 在非极性液体中、CCl_4 在极性液体中的接触角和滚动角，以及非极性液滴在 FA 中、极性液滴在 CCl_4 中的接触角和滚动角。粗糙 Ag/Cu 涂层经非极性全氟烷基链和末端极性羟基修饰，该组在不混溶的有机介质中显示出极度排斥液滴的能力，所有接触角都在 150°以上，与使用具有不同水和油的超润湿性能的膜进行油水分离相比，本工作中的有机介质超润湿性膜有利于分离多种不混溶液体混合物，具有更为广泛的应用前景。除 FA-CCl_4 混合物外，使用碳酸丙烯酯-己烷和二甲基亚砜-石油醚混合物（体积分数之比为 50％/50％）

也可以探究 Ag/Cu 涂覆的不锈钢网的分离能力（X_{OH}=0.6）。

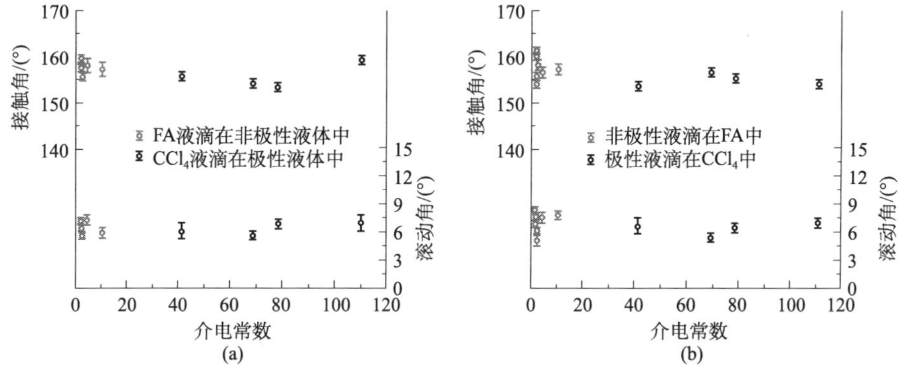

图 7-13　Ag/Cu 涂覆的不锈钢网（X_{OH}=0.6）上 FA 液滴在非极性液体中、CCl_4 液滴在极性液体中的接触角和滚动角（a），以及非极性液滴在 FA 中、极性液滴在 CCl_4 中的接触角和滚动角[57]

当 CCl_4 和 FA（染成蓝色）的混合物浇注在预润湿的 Ag/Cu 涂覆的不锈钢网（X_{OH}=0）的表面上时，CCl_4 迅速渗透网格流下来，并且在收集的 CCl_4 中无法观察到蓝色 FA。然而，Ag/Cu 涂覆的不锈钢网（X_{OH}=0）经碳酸丙烯酯预润湿却不能分离己烷和碳酸丙烯酯的混合物，因为这个金属网只是对非极性液体中的极性液体具有分离功能。相反地，Ag/Cu 涂覆的不锈钢网（X_{OH}=1）仅选择性地允许极性液体通过并保持非极性液体在分离管上部。值得注意的是，Ag/Cu 涂覆的不锈钢网（X_{OH}=0.6）具有有机介质中的双重超疏液特性，当存在一种液体预先润湿时，其可以选择性地拦截其他不混溶的液体，以达到选择性分离的效果（图 7-14（a），（b））。Ag/Cu 涂覆的不锈钢网的分离效率如图 7-14（c）所示，最高的分离效率可以达到 99.5%。另外，各种 Ag/Cu 涂覆的不锈钢网（X_{OH}=0.6）分离混合物的效率高于 99.0%。无论液体的密度还是极性，都可以通过控制表面化学性质来实现不混溶有机液体在有机介质中形成双重超疏液表面的按需分离。接下来探讨 Ag/Cu 涂覆的不锈钢网用于按需分离（X_{OH}=0.6）的可重复利用性质，FA-CCl_4 和碳酸丙烯酯-己烷混合物作为模型进料，先用液体润湿双重超疏液表面，然后交替地经过非极性和极性液体润湿，双重超疏液网仍然保持了对不混溶有机物的高分离效率（图 7-14（d））。经过按需分离五个循环，Ag/Cu 涂覆的不锈钢网（X_{OH}=0.6）仍然保持双重有机介质中的超疏液性质，也就是说，其表面化学性质和表面形态结构无明显变化，显示出优异的稳定性和防污性能。此外，浸入 FA、己烷和 0.5M NaCl 水溶液 7 天后，Ag 包覆的铜片（X_{OH}=0.6）和 Ag/Cu 涂覆的不锈钢网（X_{OH}=0.6）仍然在有机介质中显示双重超疏液性质，这表明其优良的抗液体腐蚀性。综上所述，用非极性液体-极性液体系统来研究油水系统的超润湿性被成功建立。实验和理论表明，有机介质的超润湿性在很大程度上取决于材料表面的化学性质和粗糙度。通过表面化学性质的精细控制，Ag 颗粒使得 Cu 涂层表面粗糙化，同时引入低表面能非极性和极性的烷基链可以实现对极性或者非极性液滴在相反极性溶液环境中的双重疏液性。这种双重疏液性需要对极性液滴具有适当亲和力，还需要有较高的表面粗糙度。这种极性/非极性响应性油水分离有助于实现有机混合物溶液的按需分离，有着广阔的应用前景，如多相催化、液相萃取、有机介质的交换。

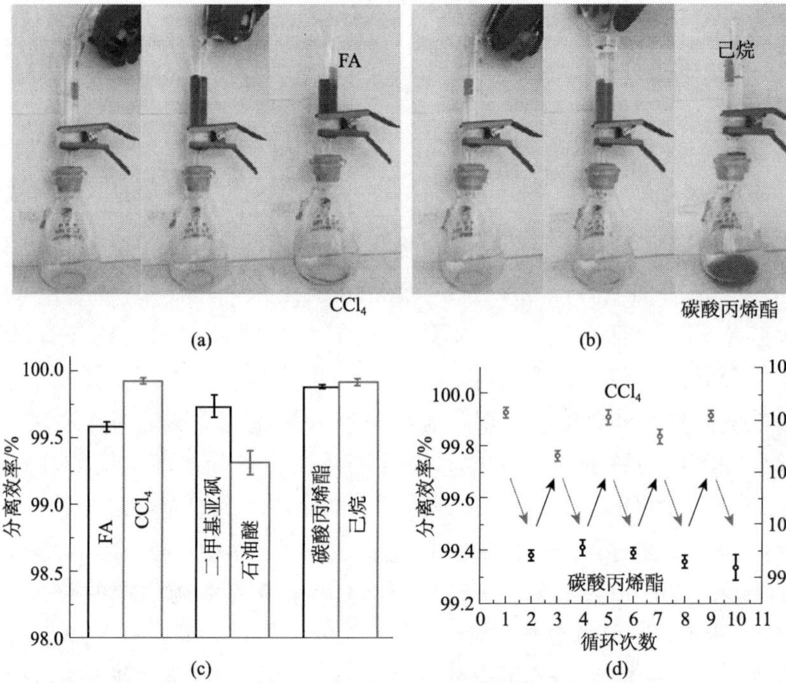

图 7-14 (a) 非极性液体选择性地通过 Ag/Cu 涂覆的铜网（$X_{OH}=0.6$），而极性液体被保留下来；(b) Ag/Cu 涂覆的铜网（$X_{OH}=0.6$）允许极性液体渗透并保留非极性液体；(c) Ag/Cu 涂覆的铜网（$X_{OH}=0.6$）的分离效率；(d) Ag/Cu 涂覆的铜网（$X_{OH}=0.6$）在 FA-CCl_4 和碳酸丙烯酯-己烷混合物的交替分离中的循环性能，CCl_4 和碳酸丙烯酯分别选择性地通过 Ag/Cu 涂覆的铜网膜（$X_{OH}=0.6$）[57]

7.3 电响应性油水分离

超润湿表面已经历经了长时间的研究得到了长足发展，电润湿[58]的出现又进一步拓宽了这一领域并且受到越来越多的关注。电润湿涉及液体/绝缘层/金属电极上的电势，电荷在三相接触线的分布改变了液滴整体的自由能，由此导致表观接触角的变化。从电润湿的角度来研究超疏水表面成了一个热门的研究课题，诱人之处在于对超疏水表面上的电润湿接触角，从电润湿的角度来看表面的超疏水（大于 150°）状态到超亲水状态（小于 10°）是可以理解的。然而，目前的电润湿接触角的变化引起的润湿状态转变的程度是有限的，也有大量报道说明了电可以诱导 Cassie 状态到 Wenzel 状态的转变。在液滴和表面施加电场可以在短时间内引起润湿状态的改变，这一表面润湿性响应性特性可以被用于响应性油水分离。下面我们从基本原理到实际应用进行介绍。

现代电润湿结构最基本的研究模型是由液滴、表面有机修饰电介质层、基底和直流电压电源组成的（图 7-15）。电润湿可以在没有物理介质的情况下进行，但非绝缘的液体/电极系统不具有很高的可逆性，对于电润湿的理解需要利用传统杨氏方程理论结合电学理论。液滴在初始时与表面的接触面积为 A，假设通电后接触面积以无穷小 $\mathrm{d}A$ 作变化，则体系的自由能变化反映在固-液界面上的电荷密度 $\mathrm{d}\sigma L$ 和对应金属电极上的镜像电荷密度 $\mathrm{d}\sigma m$ 的变化上。在该过程中，电源提供能量，对系统做功 $\mathrm{d}WB$。系统的自由能（F）变化可以写成下列微分形式：

$$\mathrm{d}F = \gamma_{\mathrm{SL}}\mathrm{d}A - \gamma_{\mathrm{SV}}\mathrm{d}A + \gamma_{\mathrm{LV}}\mathrm{d}A\cos\theta + \mathrm{d}U - \mathrm{d}WB \tag{7-6}$$

其中，U 是液体和对电极之间的电场中储存的能量；参数 γ_{SL}，γ_{SV}，γ_{LV} 分别为固体-液体、固体-气体和液体-气体的界面自由能；θ 为液滴在表面的表观接触角，是液体-气体界面和固体-液体界面的夹角。该模型不考虑接触线的能量耗散机制。对于非零电势的情况，在恒定电压时液滴内部的电荷密度为 σL，而金属电极上的电荷密度为 $\sigma M-\sigma L$。此时，额外的电润湿力被引入，γ_{EW} 为由电势决定的单位长度上的电润湿力。将其并入经典的杨氏方程可以得到

$$\gamma_{\mathrm{LV}}\cos\theta = \gamma_{\mathrm{SV}} - \gamma_{\mathrm{SL}} + \gamma_{\mathrm{EW}} \tag{7-7}$$

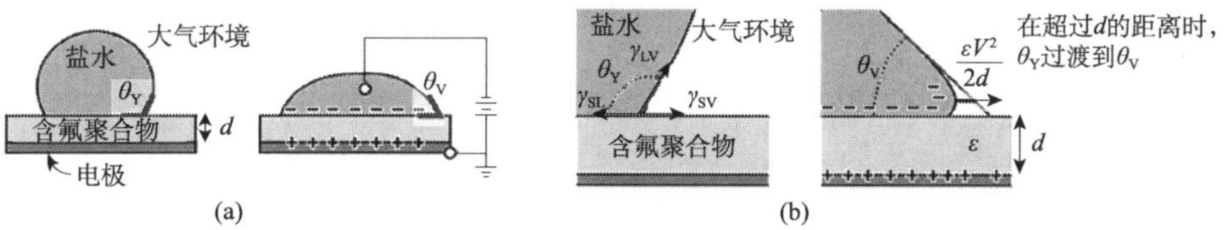

图 7-15　润湿和电润湿示意图。(a) 平面表面疏水性的宏观视图；(b) 平面疏水表面的接触线的微观视图

然后可以得到修改后的杨氏方程[2-4]：

$$\gamma_{\mathrm{LV}}(\cos\theta_{\mathrm{V}} - \cos\theta_{\mathrm{V0}}) = \frac{1}{2}\frac{\varepsilon_0\varepsilon_{\mathrm{r}}}{d}V^2 \tag{7-8}$$

其中，ε_0 为真空介电常数；ε_{r} 为表面修饰电介质层介电常数[59-61]。通过上述简单

的推导可以发现，和 pH 调控一样，它们均是改变了体系的自由能，使得液滴最终的平衡状态发生了改变，系统因此将更倾向于新的稳定的表观接触角，由此带来液滴的润湿状态的改变。电润湿已成功地进入表面润湿性调控，使得水滴在其表面的润湿行为具有简单、高效和快速响应性调节特性[62-65]。Lahann 等[66]制备的表面可以实现润湿性的转变，他们将（16 巯基）十六烷酸沉积在金表面，在电势的作用下，分子链的构象可以发生转变，从而引发表面润湿性的改变，这种润湿性的变化是由表面受限制的单层分子引发的，从而导致在亲水性和适度疏水性状态之间的转变。这种类型的表面设计能够在不改变表面化学特性的情况下，将分子级构象跃迁放大到表面性质的宏观变化。这种可逆性的电化学调控达到宏观表面润湿性的改变为后来的响应性工作奠定了基础。采用等离子体纳米尺度表面微结构加工，不采用低表面能涂层，Han 等[67]合成了一种超疏水 CNT，基于 CNT 的电润湿性，可以通过施加电场来控制润湿性，研究了电场对于 Cassie 和 Wenzel 模型之间转变的影响。纳米复合材料的微观结构由 CNT 阵列排列而成，球形无定形碳（a-C）纳米颗粒（100nm）吸附在 CNT 管壁，形成了 a-C/CNT 复合材料。CNT 的直径范围为 50～200nm。a-C 颗粒的直径略大于 CNT 的直径，这种排列方式形成了一种“悬垂”结构。a-C/CNT复合结构的高度为 1～2μm，管间平均距离大约是 300nm。这些纳米复合材料采用等离子体/离子辅助确定性方法制备，过程中没有用到氟聚合物涂层（或任何其他低表面能涂层）来增强疏水性，其本身也具有优异的疏水性。当液体和固体加入电场后，电荷和偶极子会采用新的分布来达到最低的体系自由能，这会显著地增强表面的润湿性。Zhao 等[68]报道了一种新的经过硬脂酸钠处理的、倾斜排列的导电 MnO_2 纳米管阵列（MTA）。所形成的表面具有很大的表观接触角，并且通过施加电场可以调控表面对液滴的黏附情况。当水滴在施加电压条件下沉积在 MnO_2 纳米管阵列的超疏水膜上时，尽管在改变电压时水滴一直保持着高的接触角，表面对它的黏附力会发生变化。表面对 3μL 水滴的黏附力随着负电压的增大而线性增大，在 22V 时达到最大的 130μN，这是原始黏附力的 25 倍。电场诱导的黏附力使得即使将表面翻转过来液滴仍然呈球形黏附在表面。正偏压为 22V 时只有 5 倍的黏附力增加。这种不寻常的电诱导黏附的性能归因于水滴和 MnO_2 纳米管阵列之间几何形状的变化导致水滴在表面上三相接触线的不同连续性。通过冷冻干燥的氯仿溶液中的聚（3-己基噻吩）（P3HT）和 PCBM，Meng 等[69]制备出的导电聚合物多孔膜可以进行电场的润湿性调节。采用 P3HT 作为供电子聚合物，富勒烯作为电子接受体。混合的 P3HT 和 PCBM 不会破坏 P3HT 的结晶区域，PCBM 可以很好地分散在 P3HT 的无序区域中，容易形成良好的互穿网络结构。结合 P3HT：PCBM 的导电性和网络结构的形成，他们制备了由 P3HT 和 PCBM 组成的多孔结构膜，可以实现电响应可调润湿性。同时，多孔膜的表面黏附力也可以通过电场来控制。外部电场可以良好地控制制备膜的表面润湿性和对水的黏附力。对液体的收集和输送有很好的控制作用，对相应的油水分离工作可以有所启发。

Tuteja 等[70]在电响应性油水分离工作上取得了突破，他们首次展示了重力驱动下电场诱导的按需油水分离，可分离各种类型油水混合物并且分离效率高于 99.9%。这种电场诱导的油水分离方法将在广泛的应用中发挥作用，包括清理漏油、燃油净化、分离商业乳液，以及废水处理和油水远程运输等方面。他们制备了一个质量百分比为 50%的氟化 POSS 和 x-PDMS 合成的过滤膜，可以在电场的作用下实现油水分离。通过对水和十六烷分别在滤膜上的电润湿行为的研究来对该滤膜进行综合测定和比较。十六烷在表面的接触角为 72°并且随着电压的变化保持不变（图 7-16），然而对于水滴来说，当系统电压从 0kV 增加到 1.5kV 时，其接触角会从 115°降至 56°。将该膜密封于两个垂直的玻璃管之间，并将不锈钢网作为电极并施加外部电场，铜丝浸入水中作为对电极，以此来构造一个电响应性油水分离装置。水（染蓝）和十六烷（染红）混合物从上管中倒入。该分离膜原有的表面化学性质和特殊结构使得水（CA=142°）和十六烷（CA=99°）都可以被保留在上段分离管，没有发生渗透现象。然后给体系施加一个电压，$V \approx 2.0$kV，电场的引入改变了界面的电荷分布进而改变了体系的自由能，这使得表面变得更为亲水。亲水化使得滤膜被水优先润湿，油水体系中的水由此被分离出来。而十六烷的润湿性是不随电压变化而变化的，因此十六烷仍保留在上管中无法润湿和渗透滤膜。电润湿响应性成功地指导了十六烷/水混合物的分离，并且保持着较高的分离效率。这一简便高效的技术易于被广泛使用。

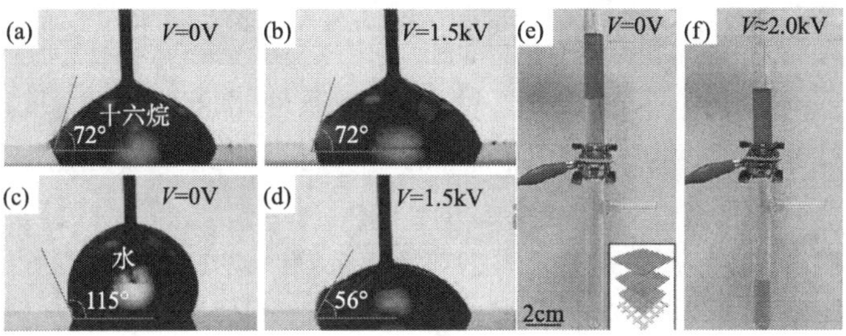

图 7-16　(a)，(b) 十六烷的表观接触角随着电压的增加而保持不变；(c)，(d) 水的表观接触角随着电压增加而减小；(e) 在施加电场之前的分离装置，在膜上方为油（染成红色），下方为水（染成蓝色），插图为膜组件的组成示意图；(f) 当施加电压 $V \approx 2.0$kV 时，水渗透通过而十六烷保留在膜上方[70]

Quan 等[71]设计了一种聚（3-甲基噻吩）（P（3-MTH））碳膜，它可以在电刺激下实现薄膜的润湿性响应性切换，这是一种操作简便、快捷的方式且具有重要的应用意义。该膜以电纺纳米碳纤维膜为主要结构，CNT 赋予膜以良好的导电性；以 P（3-MTH）作为功能涂层，实现了电致润湿性转变。在施加相应的氧化或还原电势的情况下，ClO_4^- 掺杂和去掺杂过程是可逆的，由此可以诱导亲水性（掺杂状态）与疏水性（去掺杂态）两种润湿状态的转变。除了自由的油水混合物以外，在许多工业过程中会产生经表面活性剂稳定的油水混合物，该混合体系会形成小尺寸的液滴。油水分离的关键在于分离膜所具备的特殊润湿性质可以对乳化的油水体系进行破乳，破坏油和水的平衡，使得其中一相先润湿滤膜进而进行选择性油水分离。Zheng 等[72]提出了基于不锈钢网的电场响应性油水选择性渗透的方案来分离乳液。利用聚苯胺纳米纤维对不锈钢网进行包覆，改性的网具有微纳米级结构，并具有空气中的超疏水性和水下超疏油性，当施加 160V 的电场时，其超疏水性可以转变为亲水性，并且可以在 170V 时对水进行进一步的选择性过滤。该不锈钢网具有较低的水下油黏附力，聚苯胺也有着优异的耐腐蚀性能，这表明该网在恶劣的环境中也能进行实际应用。

与电润湿机理相比，其他类型电致润湿机理转变也可以被应用到响应性表面的制备，比如 π-共轭的聚合物。π-共轭的聚合物的润湿性转换可以通过在电解液中施加电压来进行掺杂（氧化）和去掺杂（还原）的方法来实现。聚吡咯（PPy）是一种应用广泛的表面电响应材料，具有优异的机械和电气性能。例如，Xu 等[73]通过一种简单的电化学方法制备出了超疏水导电体 PPy 薄膜，通过简单地调节电势可以实现表面超亲水性和超疏水性之间的可逆性润湿性转变。Lu 等[74]直接在氧化铟锡（ITO）镀膜玻璃电极上电沉积聚（3,4-）乙二氧噻吩，进一步通过电化学将疏水性聚（3-己基噻吩）沉积到多孔表面，制备了一种多孔结构的双层聚噻吩薄膜。在含有 ClO_4^- 的电解质溶液中，制备的薄膜可在一定条件下进行可逆掺杂和去掺杂。去掺杂还原使得膜表现出超疏水的性质，具有大于 150°的表观接触角和小于 10°的滚动角；通过掺杂氧化使得膜表现出超亲水的状态，故该膜可以实现超润湿性电响应可逆转变，且重复性良好。对于电化学润湿性响应性表面，润湿性的可逆转化可以成功进行，但它们均有着相关的化学物质环境要求。基于这些局限性，大规模电响应性油水分离仍有大量工作要做，相较于其他的响应性油水分离，电响应性油水分离仍然较少。

7.4 力学响应性油水分离

固体的表面润湿性基体主要受化学成分和表面结构的控制，如前所述 pH、极性、电场均可作用于表面使得润湿性产生响应，然而，通过外力来改变材料表面的微观结构也可以使表面润湿性发生可逆性转变。关于这方面的研究报道比较少。由聚四氟乙烯（PTFE）制成的具有可逆润湿性的薄膜在 2004 年被报道[75]。此外，Zhang 等[76]制备出了一种弹性聚酰胺薄膜，通过负载和卸载过程使得表面从超疏水状态转换到超亲水状态。该弹性聚酰胺薄膜具有三角形网状结构。这两个三角形网状结构双轴拉伸和卸载时三角形的边长会发生变化进而引起表面张力的变化并导致表面润湿性的转变。这些三角形网并不是稳定不变的结构，它们的边长是 200mm 左右，纤维的平均直径约为 20mm。这种具备弹性三角形网状结构的聚酰胺薄膜是一种 WCA 为 151.2°的超疏水材料。聚酰胺薄膜有良好的弹性，当薄膜在双轴上均匀拉伸时，在两个方向扩展约 200%，当外力卸载后，其本身的可塑性可以使其恢复到原来的状态。当弹性聚酰胺薄膜的双轴延伸程度增加到 120%时，结构长度增加到 450mm，水滴扩散到膜中间的空隙中，此时表现出来的 WCA 为 0°±1.2°。卸载外力以后，形变回复，表面润湿性恢复到超疏水状态。此外，因为薄膜具有良好的弹性，这种超疏水性和超亲水性之间的可逆性转变可以重复 20 多个周期。

Zhang 等[75]于 2004 年报道了所制备的疏水性弹性 PTFE 薄膜，它可以通过外界应力刺激而发生逆润湿性转变。随着轴向延伸从 0%增加到 190%，水在材料表面的接触角能够从 108°增加到 165°。众所周知，PTFE 是疏水性材料，其表面 WCA 为 108°。随着轴向伸长率的增加（$e=(L-L_0)/L_0$，其中 L_0 是初始宽度，L 是延伸宽度），垂直于纤维状晶体的排列会变得越来越紧密，这会使得 WCA 从 118°增加到 165°，即表面会从疏水状态变为超疏水状态。当 e 接近 90%时，WCA 为 160°，PTFE 表面显示出超疏水性。当 e 增加到 150%时，水滴在其表面的接触角趋于稳定（约 165°）并且随着 e 增加变化很小。PTFE 是一种高度结晶的物质，在施加拉力以前，晶体紧密平行排列；应力出现，晶体之间出现空隙，开始交错排列，且错乱度随外界应力增加而增加，这降低了纤维状晶体密度，增加了表面的粗糙度，大大增强了材料表面的疏水性。

Soh 等[77]用海藻酸盐、丙烯酰胺、过硫酸铵、N,N′-甲基双丙烯酰胺合成一种水凝胶，然后涂上硅烷化的粒子，这种材料可以在外界应力的作用下发生从超疏水性到超亲水性状态的可逆转变。其 SEM 图像如图 7-17 所示。在硅烷化以前，当表面被拉伸时，水快速地润湿表面；硅烷化以后，表面呈现出超疏水性。将材料表面拉伸至 600%，表面从超疏水状态转变为超亲水状态（图 7-17（a））。当材料形变恢复到原来状态时，疏水性质恢复。表面粗糙度（均方根）约为 25μm，拉伸使玻璃颗粒之间产生了空隙，这使得水直接接触到可伸缩的水凝胶。这种超亲水性材料能够快速地吸收表面的水滴。材料经拉伸后的恢复是可逆的，当材料恢复到松弛状态时，表观接触角再次超过 150°。将其反复拉伸（600%）和放松（0%）20 次，发现接触角反复从约 0°增加到 150°以上，这表明其具有很好的重复性。

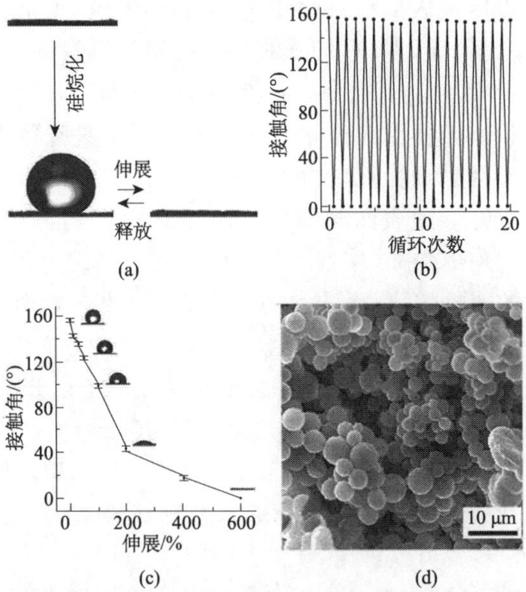

图 7-17　复合材料润湿性的拉伸响应。(a) 玻璃颗粒没有被硅烷化时水滴在其表面迅速扩散，表现出显著的亲水性；硅烷化后，表面变得超疏水。当材料被拉伸时，表面由超疏水状态变成超亲水状态。(b) 材料被拉伸和松弛 20 次的曲线；拉伸时 CA≈0°，释放时 CA>150°。(c) 通过将材料拉伸到不同程度可以调节接触角。(d) 材料表面上的玻璃颗粒的 SEM 图像[77]

Yang 等[78]报道了一种具有双刻度粗糙度的新型超疏水表面的制备，即由二氧化硅纳米粒子在 PDMS 弹性体双层膜上组成的多尺度表面。它可以通过施加机械应变来可逆地调节表面的润湿行为，这主要受到微米级尺度粗糙度的变化影响。通过机械力引起的变化来调整微观粗糙度，这种双刻度粗糙度能够促进表面从 Wenzel 润湿状态转变到 Cassie 润湿状态。在具有双结构表面的 PDMS 的制造过程中，首先对 PDMS 膜施加作用力，然后进行机械拉伸，再进行氧等离子体处理，这样会在其顶部表面形成一层坚硬而薄的氧化硅层。然后再使其松弛，随后可以形成微米尺度的波纹图案。在松弛以前，在其表面浸涂一层二氧化硅纳米粒子用于构建纳米级粗糙度，随后经由（十七氟-1,1,2,2-四氢癸基）三氯硅烷进行表面疏水化处理。制备完成后，没有施加应力时，微米级波纹图案形状是扁平的，表面只存在纳米级别的粗糙度。通过对表面施加应力可以使得材料表面的润湿性发生改变。当表面受到较低外力时，材料表面形变小，此时微米级波纹粗糙结构无法显现出来，表面仅存在二氧化硅纳米粒子构筑的粗糙度，此时粗糙度因子 r 较小；受较大外力作用时，材料表面的微米级波纹结构显现，大大增强了材料表面粗糙度，使得疏水性进一步增强。水滴在纳米级粗糙式样和双结构粗糙度式样表面的接触角滞后分别为 29.8°和 62.5°（沿波纹槽方向观察）。由此可见，这种模式的外力施加能够显著地改变材料表面的润湿性，为外力响应性油水分离材料的制备提供思路。

Chung 等[79]利用材料表面的皱现象来研究液体润湿行为。他们研究了液体在各向异性微褶皱特征上的润湿，发现振幅和褶皱的波长可以影响表面的润湿性。类似，Jin 等[80]基于超薄单壁碳纳米管（SWCNT）沉积一层聚多巴胺，制备了一种具有双层结构的薄膜。这种双层膜在径向上表现出不对称润湿性。重要的是，按需表面活性剂稳定的油包水（W/O）或者水包油（O/W）乳液可以通过在单元设备中调节施加在膜上压力来轻易地实现。由于它们还具有超高渗透性和分离效率，因此其表现出良好的乳液分离潜力。

7.5　磁性响应性油水分离

Grigoryev 等[81]于 2012 年报道了一种可以经磁力调控的润湿性转变，在这项工作中，他们开发了一种电沉积辅助模板法来制备具有高纵横比镍线阵列排列的表面，这些镍柱顶端长有微米尺寸的半球形帽（图 7-18）。先对聚碳酸酯膜进行刻蚀使其生长出垂直排布的均匀的圆柱形孔，直径约为 2μm，然后通过这种模板来进行镍微纳米阵列的生长引导。镍首先沿着模板内的圆柱孔进行垂直方向的一维生长，到柱孔末端束缚消失，再进行三维生长，这样使得柱顶端呈球帽状。它们的尺寸可以通过电沉积来调控，球帽大小与沉积电流相关。然后用二甲基甲酰胺（DMF）溶解膜，得到这种带球帽的镍柱阵列。

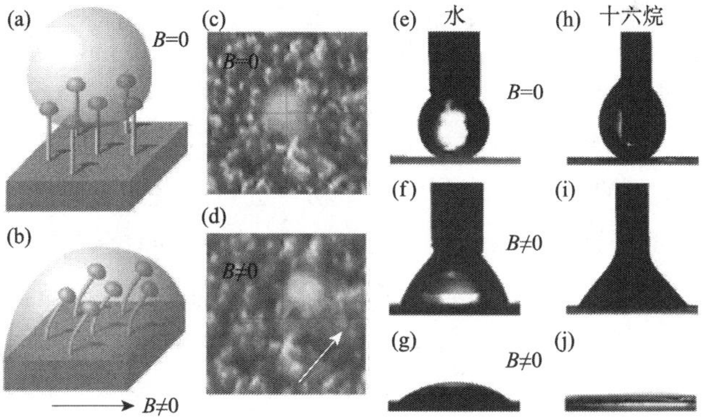

图 7-18　镍柱阵列构筑的表面在磁场作用下表现出来的磁性响应性润湿转变现象。(a) 没有施加磁场时，液滴处在 Cassie-Baxter（CB）状态，带球帽纳米阵列垂直支撑着液滴；(b) 受外部磁场作用时，带球帽纳米线从垂直位置弯曲到超过材料的液体平衡接触角的角度，使液体自发被吸入微观结构，形成完全润湿的 Wenzel 状态；(c)，(d) 对应于 (a)，(b) 的光学显微图像；(e)～(j) 水滴和十六烷液滴在不同磁场条件下的接触角光学图像[81]

这种带球帽的镍柱阵列可以通过磁场的引入来调控润湿行为从 CB 状态转变到 Wenzel 状态。润湿状态之间的转变是基于 T 形帽阵列受磁场力而弯曲改变了液体的接触角。只有特殊设计的镍柱阵列（高的长径比，带有球帽结构）才能在磁场力的作用下发生弯曲，从而使得整个表面微观结构发生改变，这种变形能够使得结构凹角大于平衡接触角。具有相同长度的无球帽镍线阵列在磁场力的作用下没有显现出弯曲也无法发生润湿状态的转变。对于带球帽阵列，磁场引起的润湿状态转变显著。对于两种不同的液体：水和十六烷，当表面施加磁场后，液体的接触角从大于 150°（超疏水性）显著减小到小于 90°。进一步，当取消磁场后，十六烷能够完全润湿表面，而水滴在表面呈现出 Wenzel 润湿状态，而且当微观结构表面干燥时恢复超疏水性。这个实验工作证明了微结构的磁力作用形变可以切换表面润湿行为，外部磁场增加可以使得阵列的悬伸结构的凹角从 0°到 23°变化，表面从疏液（超憎）状态转变到润湿状态。这些微米级带球帽阵列本身就是一种超疏液的表面，使得处于不同极性和非极性的液体保持疏液状态，由于其具有磁性响应性，磁场诱导可以进一步实现不润湿到润湿的状态转变，这显现出磁性响应在响应性油水分离中的广泛前景。在疏水微结构硅衬底上，利用磁场也可以实现超顺磁性微滴在 Cassie 状态和 Wenzel 状态之间的可逆切换[82]。超顺磁性 Fe_3O_4 纳米粒子在微滴中的浓度和磁场强度都可以被调控来控制润湿转变过程。从 Cassie 状态到 Wenzel 状态转变的过程中所需的磁力明显小于反向过程。这种不对称被归因于与 Wenzel 状态比较，能量较高的 Cassie 状态的引力势能变化以及黏着滞后现象。该研究提供了一种新型的液体/固体相互作用的动态控制方法，它不仅可以帮助我们进一步理解 Cassie 状态和 Wenzel 状态之间的过渡，而且有可能在响应性油水分离中得到应用。上述通过磁响应来改变表面润湿性进而实现油水乳液分离具有一定的前景，但是步骤相对复杂，设计难度较大，故关于这一方面的报道还比较少见，磁性响应性油水分离的应用主要在于吸附型，由磁力提供动力进行高效的分离。

近年来的研究发现，兼具超疏水性和超亲油性的固体表面是解决油水分离的有效方法[9,83,84]。作者课题组借助于多巴胺在 Fe_3O_4 纳米颗粒表面自聚合形成聚多巴胺薄膜制备出 Fe_3O_4/聚多巴胺（Fe_3O_4/PDA）复合纳米颗粒（图 7-19），利用扫描电子显微镜、透射电子显微镜、X 射线衍射仪对样品的形貌、结构及成分进行分析。所制备的颗粒经 1H,1H,2H,2H-全氟癸基三氯硅烷化学修饰后表现出超疏水性。超疏水性的 Fe_3O_4/PDA 纳米颗粒包裹在水滴表面能形成磁性液珠，该液珠（4μL）在亲水性玻璃表面上的接触角高达 164°，滚动角为 8°，这些磁性液珠具有良好的机械稳定性和强度。同时研究了外部磁场驱动液珠在平面、曲面、油相中的运动。结果表明，磁性液珠能够有效应用于微流体装置中的液体输送。水滴在 Fe_3O_4/PDA 纳米颗粒构成的表面的接触角超过 150°，而油滴则接近 0°（图 7-20），因此，在磁场存在下，这些颗粒能用于吸收油水混合物中的油滴而实现油水分离。此外，回收的 Fe_3O_4/PDA 纳米颗粒保持着超疏水性且能再次利用。

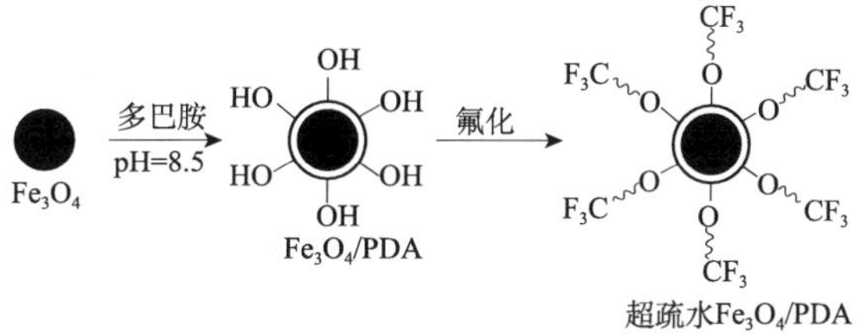

图 7-19　超疏水性 Fe_3O_4/PDA 颗粒制备过程示意图

图 7-20　(a) 水滴在超疏水性 Fe_3O_4/PDA 颗粒粉末上；(b) 油滴在超疏水 Fe_3O_4/PDA 颗粒粉末上；(c)～(e) 油水分离过程

根据 Li 等[85]所报道的方法制备出 Fe_3O_4 微球，实验过程为：将 $FeCl_3 \cdot 6H_2O$（1.35g，5mmol）分散在 40mL 的乙二醇中形成澄清透明溶液，接着往透明溶液加入 3.6g 醋酸钠和 1.0g 聚乙二醇剧烈搅拌 30min，然后将混合溶液密封在 50mL 反应釜中于 200℃下放置一夜，经室温冷却，将黑色产物用乙醇清洗 3～5 次后在 60℃下干燥 6h，得到 100～300nm 的 Fe_3O_4 微球。超疏水 Fe_3O_4 颗粒的制备：先将 0.06g 多巴胺分散于 30mL Tris-HCl（pH＝8.5）缓冲液中，接着加入 0.1g Fe_3O_4 粉末，在 25℃下反应 12h，得到的产物用蒸馏水清洗 3～5 次后干燥，将干燥好的产物浸泡于 20mL 含体积分数为 0.025%的 1H,1H,2H,2H-全氟癸基三氯硅烷的正己烷溶液中，然后用无水乙醇清洗 3 次，在 60℃下干燥 2h。

纳米颗粒容易进行表面改性，它在油水分离中也是一种重要的形式。通过直接接枝溴化酯化乙基纤维素（EC-Br）在氨基官能化磁铁矿（Fe_3O_4）纳米颗粒的表面上，一种新颖的界面活性和磁性响应性纳米颗粒被成功设计和制备[86]。其强大的界面活性，使 EC 接枝的 Fe_3O_4（M-EC）纳米粒子的制备成为可能。

该 M-EC 纳米粒子在油-水界面的磁性能使其具有界面活性，可响应外部磁场，能够提供油水分离过程的驱动力。

这种具有界面活性的 M-EC 纳米颗粒可通过磁力将水从有机相中分离（水滴乳化在沥青-甲苯中）。添加的磁性 M-EC 纳米颗粒能够附着在乳液中的水滴上。结果，M-EC 标记的水滴在外部磁场的作用下移向底部，导致乳化水在 10s 内从有机相中快速分离，如图 7-21 所示。显微镜图像清楚地显示了从手磁铁的有机相/水相的快速分离，未施加外部磁力就没有观察到这种快速分离的现象。具有磁响应的 M-EC 纳米颗粒对于液滴破乳具有重要作用。这些颗粒积聚在油-水界面处，在外部磁场下，M-EC 纳米粒子之间的相互吸引增强了水滴的聚结，使得水滴逐渐长大后受到重力作用迅速迁移到底部而被收集。更重要的是，M-EC 不需要聚结，外磁场可以有效地将带磁性标记的水滴从复杂的多相体系中分离出来，从而使磁选机可以更快地分离乳化水和油。这项研究还表明，由于外加磁场的增强聚结作用，分离水的污泥体积大大减小，导致了更少的油损失，从而减少了废物的处理。此外，用过的 M-EC 可以很容易地用磁性方法回收，因此可以重复使用或再生。预计这种磁性响应性、界面活性的磁性纳米粒子（MNP）将对生命科学、自然科学、环境科学和工程实践产生长期的影响。

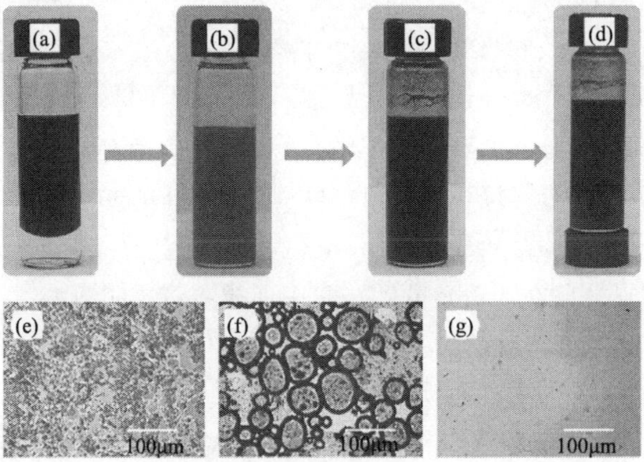

图 7-21 （a）甲苯溶液中溶解的沥青，图中黑色溶液在水面上部分；（b）由（a）乳化得到的沥青烯-甲苯乳液；（c）乳化液中添加 M-EC 悬浮液（b）；（d）用手磁铁从沥青质甲苯溶液中分离乳化水；（e）瓶中稳定乳剂（b）的显微图像；（f）瓶底附着 MNP 的水滴的显微图像，在外加磁场作用下，M-EC 的磁力使乳化后的水滴聚结增强；（g）瓶体顶部的油相（d），通过手磁铁观察到的乳化水滴的缺失

Zhang 等[87]采用直接无皂乳液聚合和溶剂热法合成了表面形貌为覆盆子状的界面活性磁性聚合物（甲基丙烯酸甲酯-丙烯酸-二乙烯基苯）/铁氧化物磁性复

合纳米粒子。制备的 P(MMA-AA-DVB)/Fe_3O_4 纳米粒子在油-水界面具有良好的界面活性。P(MMA-AA-DVB)/Fe_3O_4 纳米粒子在油-水界面的磁性能使界面性能可调且对外部磁场敏感，具有磁性响应性，能在 1h 内快速分离出重油和水乳状液。磁性能使所使用的磁性复合纳米粒子通过磁分离和溶剂洗涤回收。回收的 P(MMA-AA-DVB)/Fe_3O_4 在油水分离过程中，其界面活性和有效性得到了很好的保留。研究了 P(MMA-AA-DVB)/Fe_3O_4 在油-水界面上的吸附及其磁性能增强磁标记水滴的聚结和在外加磁场作用下快速分离重质原油与水乳液。

P(MMA-AA-DVB)/Fe_3O_4 磁性复合纳米粒子有着较高的界面活性，可以有效地连接到乳化的水滴表面，Fe_3O_4 的强磁响应提供了快速有效的分离，使得乳化的水滴在 60℃下 1h 内在外部磁场的作用下实现快速分离。此外，P(MMA-AA-DVB)/Fe_3O_4 磁性复合纳米粒子在油-水界面的强磁响应增强了重质原油和水乳液中乳化水滴的聚结，这进一步加强了油水分离效果。回收实验结果表明，经过回收处理，P(MMA-AADVB)/Fe_3O_4Janus 磁性亚微米粒子仍保持高效和化学稳定性。这是第一个关于合成界面活性和磁性响应性复合纳米粒子的报道。这些磁性响应性、界面活性的 P(MMA-AA-DVB)/Fe_3O_4 纳米粒子有望为石油工业从重质原油/水乳化液中分离水提供一条新的途径，并将在自然科学、环境科学和工程实践的其他一些领域显示出很大的应用潜力。

为实现基于磁性响应性纳米粒子的油水乳液有效分离，Li 等[88]构建了一种基于 pH 响应嵌段共聚物改性的 MNP，可用于响应性油水分离。以超顺磁性铁（Ⅲ）氧化物（Fe_3O_4）纳米颗粒为核心材料，提供磁力响应，采用聚（4-乙烯基吡啶-b-二甲基硅氧烷-b-4-乙烯基吡啶）（P4VP-PDMS-P4VP）嵌段共聚物对其进行表面改性，提供可切换的油润湿性。这种纳米粒子可以实现水包油乳液的有效分离。与最近发展起来的油水分离技术相比，这些具有可切换表面特性的纳米粒子能够很容易地分散在连续相中，并且能够针对特定的油相从系统中其余部分进行回收。此外，还具有可以引入磁场作驱动的优点，并可方便地对具有所需功能的纳米粒子进行改性。铁芯-壳层 Fe_3O_4@SiO_2@P4VP-PDMS-P4VP MNP 的制备需要首先在 Fe_3O_4MNP 表面涂覆 SiO_2层，然后将形成的 Fe_3O_4@SiO_2MNP 浸入无水甲苯溶液中，通过硅烷化使碘丙基功能化表面作为嵌段共聚物接枝的中间锚固层。最后，将三嵌段共聚物 P4VP-PDMS-P4VP 通过碘丙基与 P4VP 嵌段上的吡啶基之间的季铵盐化作用涂覆在 Fe_3O_4@SiO_2 MNP 上；得到接枝的嵌段共聚物层。特别地，P4VP 是一种弱聚碱，具有 pH 响应性质，并可以通过改变 pH 来改变其润湿性，pH 发生变化可以使吡啶基发生质子化和去质子化过程。Fe_3O_4@SiO_2@P4VP-PDMS-P4VP 杂化纳米粒子在 pH 为 7 的水包油纳米乳液中附着于界面处，表面包含的 P4VP 段处于去质子状态因而显示出亲油的特性。同时，柔性 PDMS 段比 P4VP 段更疏水。因此，该杂化 MNP 在 pH 为 7 的乳液中具有亲油疏水的性质，在与原油接触后表现出良好的吸附性能，当应用外部磁场时，可将被 MNP 包覆的油层轻易地从水中分离。捕获在 Fe_3O_4@SiO_2@P4VP-PDMS-P4VP 表面的石油可以通过添加 pH 为 3 的酸性水来得以释放。当与酸性水接触时，吡啶基大部分 P4VP 片段上的基团发生质子化，表面具有亲水疏油性，因此，捕获的石油表面易于清洗。油水分离实验结果表明，功能化纳米粒子的吸油能力是杂化 MNP 的 78.2 倍（吸油率为 7820%）。Fe_3O_4@SiO_2@P4VP-PDMS-P4VP MNP 的高吸收率是由于嵌段共聚物 P4VP-PDMS-P4VP 在 Fe_3O_4@SiO_2@P4VP-PDMS-P4VP 表面密度较高。在中性和氮气流干燥条件下，所使用的吸油后的 MNP 可使其再现中性水溶液中的超亲油性，已达到重复使用并再次选择性地去除水中油脂的目的。经过三次循环后的 MNP 仍具有良好的稳定性。用酸性水冲洗后，重复循环的油回收效率分别为 98.4%、97.6%和 98.2%，进一步证实了油脂在酸性介质中释放成功。类似地，Wang 等[89]制备出了一种具有良好核-壳结构、界面 pH 可调和强磁性响应性的杂合 MNP 用于响应性可回收的油水分离。先在碱性条件下利用 Fe(Ⅱ) 和 Fe(Ⅲ) 盐水解的溶剂热法合成了 Fe_3O_4 磁芯，然后由甲基丙烯酸二甲胺乙酯表面引发的原子转移自由基聚合（SI-ATRP）在核表面生长出 PDMAEMA 壳层。磁芯可使油滴在外加磁场作用下快速从乳化体系中分离出来，而 pH 响应聚合物壳为混合 MNP 提供了可调的界面活性，可逆地形成和破碎乳剂，这使得杂化 MNP 可以循环使用。

在油水分离中，多孔性物质如海绵、泡沫铜等以其较大的比表面积而具有优异的吸附能力，所以被广泛地运用到油水分离中。Liu 等[90]将磁性 Fe_3O_4 纳米粒子通过聚多巴胺的作用固定在 PU 海绵的骨架上，随后进行了低表面能疏水分子 FAS-17 的修饰。聚多巴胺有着优异的黏附性能，可以将磁性颗粒牢牢地粘在骨架里面。这些纳米粒子的参与不仅提供了磁响应性，还可以大幅度地影响表面的粗糙度进而影响材料表面的润湿性。磁性 PU 海绵具有高容量吸收性、磁性响应性、抗腐蚀稳定性、可回收性、低成本以及出色的超疏水性和超亲油性的优点。油水分离实验在磁力驱动下进行，不仅收集水面上的油和水下的有机污染物，而且还被应用在更复杂的环境中，如酸性溶液（pH=1)、模拟海水的碱性溶液（pH=14)。磁性 PU 海绵基于其优异的磁性响应特性表现出了对油的高吸收能力和分离性能（仅在磁力驱动下，最高可吸收其自身重量 35 倍的水面上的油和水下的重油）。被吸收的油脂海绵可以通过简单的机械挤压回收。这种方法更方便经济，借助于磁力的作用能够为油水分离提供新的思路。

多孔性材料具有优异的油吸附潜力，而对应的超低密度（小于 $10mg/cm^3$）

材料在相关技术应用中有着重要的作用。在Pan等[91]的研究中，通过在400℃下将商业PU海绵接枝相应的金属丙烯酸酯制备了磁性Fe_2O_3/C、Co/C和Ni/C（密度小于5mg/cm^3）超轻泡沫，它们由三维相互连接的空心管（直径为微米级，壁厚为纳米级）组成，形成微纳米分层结构。这种泡沫可以通过控制丙烯酸和金属阳离子的浓度来调节微管的壁厚和形态。后采用低表面能聚硅氧烷改性后，超轻泡沫具有超疏水性和超亲油性，这种超轻泡沫可快速、有选择性地在磁场作用下从污染的水表面吸收各种油。吸油量达到泡沫自重的100倍，表现出极高的应用价值。改性泡沫的水接触角和油接触角分别为152°和0°，这使得改性泡沫可以选择性地将油与水分离。油和水的选择性吸收行为归因于油脂超疏水性和超亲油性泡沫的表面，起源于层次结构涂在微管上的皱纹结构，也由于形成了低表面能聚硅氧烷涂层，它可以吸收原油、大豆油、润滑油和己烷等并且分别能够超过自己重量的89.3倍、102.6倍、101倍和61.8倍。将超疏水磁性泡沫放在水油混合物的表面，通过施加磁场，这些油很快被吸收到泡沫中，相较于其他报道的多孔材料具有更高的吸油能力。

Wang等[92]提出了一个非常简单的方法来制作磁性多孔硅进行响应性油水分离。多孔硅材料具有吸水性良好、磁响应快速、弹性高、拉伸性好、化学稳定性好等优点。在复杂的水下环境中，经磁场驱动，这种多孔硅树脂材料能立即吸附任何浮在水面上的油，无需人工操作，还可以在外置泵自动快速搅拌下进行高效油水分离。良好的油吸收能力和机械性能使得其即使在腐蚀性条件或紫外线照射下也很坚固。

在NaCl和$ZnFe_2O_4$（ZFO）纳米粒子存在下对PDMS前驱体进行固化处理即可制备这种磁性多孔硅材料，而且这种制备方法非常环保。ZFO纳米粒子直径为20～40nm，多孔硅是由相互连接的不规则孔隙组成的粗糙体表面。所得多孔硅材料具有良好的热稳定性和抗氧化性，还具有超顺磁性，可在一定温度下受外加磁场影响。图7-22可显示出多孔硅的超顺磁性。由于多孔硅的ZFO组分含量降低，与纯ZFO纳米粒子相比，多孔硅的磁饱和值较低。制备的超顺磁性复合多孔硅材料具有良好的磁性响应性能，可以完全吸附水表面的正己烷液体。这种除油的方法可以降低成本，并且通过磁力可以清理人们无法到达的污染区域。它还可以在高湍流环境中进行高效率的油水分离，并且能够对大范围的有机溶剂进行吸附，包括正己烷、甲苯、二甲苯和二氯甲烷，吸附容量比高黏度溶剂大得多。其吸附容量经过十次循环后依然稳定，其重复使用性保持在417.1％±2.1％。因为制备方法简单、性能突出，磁性多孔硅将是一种很有前途的材料，能够有效地处理石油泄漏和工业有机溶剂的排放问题。

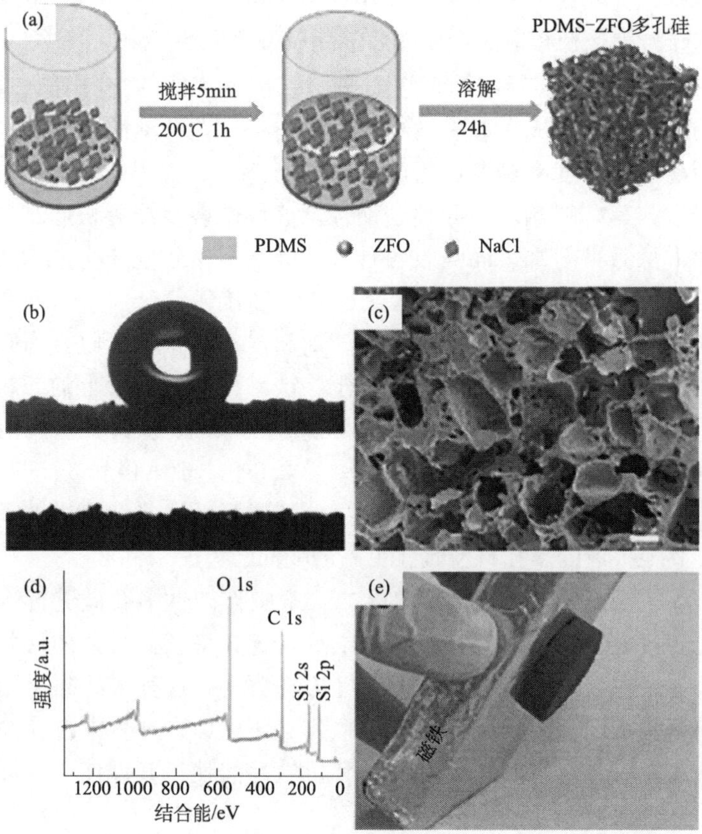

图 7-22 (a) 互连多孔 PDMS-ZFO 多孔硅的简易制造原理图；(b) 水接触角约为 146.5°，正己烷接触角约为 0°；(c) 多孔硅的 SEM 图像，m (PDMS) ∶ m (NaCl) ∶ m (ZFO) =1∶9∶0.1；(d) PDMS-ZFO 多孔硅的 XPS 光谱；(e) 多孔硅被磁铁吸引的光学照片[92]

7.6 热响应性油水分离

温度被认为是另一种有希望的外部刺激因素，因为它可以引起化学成分的变化或者含有热敏化合物表面的粗糙度变化。因此，具有可逆转换润湿性的热响应性表面已成为研究的热门话题。聚（N-取代丙烯酰胺）（PNIPAAm）是最常用的温度响应性聚合物，因为它在 32℃左右的水中可以发生急剧的相变[93]。PNIPAAm 具有较低的临界溶解温度（LCST）。因此，PNIPAAm 是合适的响应薄膜材料。当 PNIPAAm 接枝到平坦的硅基底表面上时，薄膜在亲水性和疏水性之间表现出热响应性转换。随着温度的升高，水的接触角增加约 30°。这种效应可以通过临界溶解温度之下和之上的分子间和分子内氢键之间的竞争来解释[94]。在低于 LCST 的温度下，主要的分子间氢键有助于增大 PNIPAAm 膜的亲水性，而在高于 LCST 的温度下，分子内氢键的增加会导致疏水膜的形成。分子间和分子内氢键之间的转换涉及了具有多相弱相互作用的双稳态。对于 PNIPAAm 改性的粗糙基材表面，热依赖性实验表明，表面粗糙度的增加大大提高了热响应性表面的润湿性。这表明，通过基材足够的表面粗糙度可以实现超亲水性和超疏水性之间的热响应性转换。基于这项研究，López 等[95]通过在纳米结构的多孔阳极氧化铝表面上修饰 PNIPAAm 刷（厚度与表面波纹相当），实现了超疏水-超亲水转变。另外，采用简单的混合方法制备了一种新型橡胶薄膜，实现了较强的温度依赖性。研究表明，其临界温度为 41℃。温度低于 41℃（亲水性），这个橡胶薄膜表现出明显的表面润湿性，而温度高于 41℃，显示出明显的表面排斥性（疏水性），这种转换属性可能是由 PNIPAAm 与 SBR 的比值控制的。这种技术可以借助于控制各种 SBR 类橡胶材料的温度来调控并改善表面润湿性能，例如，汽车轮胎在下雨天的湿式制动器性能。除聚合物之外，热响应性纤维素纳米层由甲基纤维素（MC）制备，已知 MC 具有独特的 LCST。将氨基硫脲（TSC）选择性地引入 MC 的还原端基中，并将相应的 MC-TSC 衍生物化学吸附在 Au 基底上，得到 MC 自组装单分子层（SAM）。线性 MC 链能够稳定地结合在金基底上，导致 MC-SAM 的厚度约为 15nm，均方根值低于 1nm[96]。MC-SAM 表面表现出热响应性润湿特性可能是由 MC 纳米层的固态相变引起的，因为 MC 分子在水中固有凝胶化。可以证明这种润湿行为在重复的加热和冷却循环之后是可逆的。MC-SAM 浸入氯化钠溶液中，其表观相变温度随着溶液浓度的增加而降低。对于这种 MC 纳米层，其可控的润湿特性有望扩大纤维生物聚合物界面的应用范围。

受之前工作的启发，Yan 等提出了一种通过简单的氧化和还原获得可调超润湿铜膜的新方法，发现干燥步骤对于获得超疏水铜膜非常重要，并且更高的温度有利于超疏水表面的形成[97]。而 Sasmal 等报道的超疏水铜膜需要在室温下进行三次真空干燥，平均 WCA 为 152°±2°。超疏水铜膜可以在 60℃下仅真空干燥 1h 制备，并且获得 155.2°的 WCA。进一步研究显示，将玻璃切片浸入乙酸铜和 N_2H_4 的混合溶液中 12h，将均匀的铜膜涂覆在玻璃切片的表面上，用水和乙醇洗涤之后，由 N_2H_4 还原的乙酸铜制备的铜膜是亲水的。玻璃表面被由紧密堆积的球形铜纳米颗粒制成的薄层覆盖，其尺寸范围为 400～800nm。与 Sasmal 的铜膜相比，新鲜铜膜的表面光滑。在 60℃下真空干燥后，铜膜随着干燥时间增加变得更粗糙。建议干燥过程根据毛细管桥形式的截留水含量而改变润湿条件。在真空烘箱中较高温度下干燥可以加速水桥的去除，这可以解释在 60℃真空干燥 1h 后超疏水铜膜的表面含有比在室温下真空干燥 3 天更小的颗粒。此外，根据 Cassie 模型，更大的粗糙度也有利于形成超疏水表面。除温度外，干燥的气氛对超疏水铜膜的形成也起着重要的作用。此外，我们研究了干燥气氛对所得铜膜的润湿性能的影响。在空气气氛和真空条件下，在 60℃下干燥增加了铜膜的表面粗糙度，并且形成的颗粒尺寸是相同的。尽管具有相同的表面结构，但所得薄膜在空气中 60℃下干燥后是超亲水的。为了探索铜颗粒是否被氧化以及揭示在不同气氛下干燥后润湿性能不同的原因，我们通过 XRD 和 XPS 测量表征了在空气或真空干燥中和干燥前后的铜膜。从 XRD 研究来看，只有纯铜的信号，不包括大量形成的铜氧化物。聚（N-异丙基丙烯酰胺）（PNIPAM）是一种出色的热响应性聚合物，在水中具有较低的 LCST。在低于 LCST 的温度下，聚合物链远离表面进行延伸（图 7-23），暴露在表面上的 PNIPAM 链与水分子之间的分子间氢键占优势，这导致表面具有高的表面自由能。另一方面，在高于 LCST 的温度下，聚合物链紧凑且坍塌，极性官能团之间的分子内氢键占主导地位，非极性聚合物骨架暴露在表面上（图 7-23），这导致表面具有较低的表面自由能[98]。已经证实，表面自由能对表面的润湿性有重要的影响，自由能低的表面是疏水性的，而自由能高的表面是亲水性的。这里，已经制造出许多具有热响应性润湿性的粗糙度增强的 PNIPAM 改性表面，但是 PNIPAM 均聚物在湿润的表面变成无定形状态，故不适合作为涂层的原材料。人们已经研究了各种策略以通过将含有 PNIPAM 的聚合物涂覆到不同的基底表面上来产生具有热响应性润湿性的表面，例如，Liu 等将十七氟癸基三甲氧基硅烷（HFMS）作为水相中的亲油组分，PNIPAM 作为热响应组分，通过硅烷偶联化学反应和 SI-ATRP 在硅基底上合成了混合刷修饰表面[99]。由于 PNIPAM 和 HFMS 在硅纳米线阵列（Si-NWA）上的配合，合成的水下温度响应表面具有超疏油性和超亲油性之间的润湿性。一种结合了微模塑、聚合物大分子引发剂的层状组装和表面引发聚合的简便方法被提出。由 Advincula 及其同事制备的温度

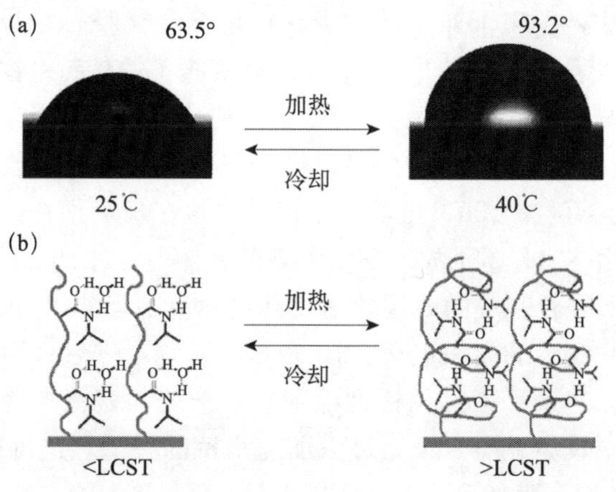

图 7-23 PNIPAM 在不同温度下的润湿性（a）及结构转变（b）

响应涂层具有超疏水性和超亲水性之间的可逆润湿性转换能力[100]。为了在聚合物涂层上引入粗糙度，King 等使用溶剂辅助微成型（SAMIM）[101]，在薄的醋酸纤维素（CA）膜上复制荷叶表面形态，将其涂覆在玻璃上，然后通过层与层组装沉积聚电解质大分子引发剂，并通过 ATRP 将 PNIPAM 聚合到其上。微量粗糙度由醋酸纤维素提供，而引发剂层和 PNIPAM 刷提供大部分纳米级粗糙度和表面能。然后证明了超疏水性和超亲水性之间的可逆转换。

值得一提的是，具有热响应性润湿性转变机械性能的智能表面是通过引入含有 PNIPAM 和 β 共聚物的工程塑料制备得到的。例如，可以通过疏水性增强共聚物膜在潮湿环境中的稳定性。PMMA 具有高玻璃化转变温度（T_g），可作为亲水性 PNIPAM 的物理交联[102]。PMMA 的可控表面润湿性可通过加入 NIPAM的热响应性功能单体实现。Li 等借助于连续的铜介导的可逆-失活自由基聚合技术（RDRP），通过聚（甲基丙烯酸甲酯）-b-聚（N-异丙基-丙烯酰胺）（PMMA-b-PNIPAM）的热响应性嵌段共聚物制备了具有可逆可调的亲水性和疏水性的润湿性表面[103,104]。正如预期的那样，共聚物中 PNIPAM 的体积分数也对嵌段共聚物改性表面的热响应性润湿性有影响。与 PMMA-b-PNI-PAM 的共聚物，以及许多其他共聚物，如聚（N-异丙基丙烯酰胺）-嵌段-聚苯乙烯（PNIPAM-b-PS）[105]、聚（N-异丙基丙烯酰胺-co-金刚烷-1-基丙烯酸甲酯）（PNIPAM-co-Ada）[106] 和聚（N-异丙基丙烯酰胺-co-六氟丙基丙烯酸酯）（P（NIPAM-co-HFIPA））[107]，也用于制造智能响应性曲面，基于 PNIPAM 的聚合物是用于构建热响应性表面的最常用材料。然而，聚（N-异丙烯酰胺）在 37℃时具有中等细胞毒性，这促使研究人员选择替代品[108]。尽管在许多论文中已经证明了各种热响应性表面，但是它们中的大多数是基于几种常用的热敏材料制造的。希望在智能表面的制造中应用越来越多的低成本、无毒的新材料，需要扩大研究范围。另一方面，很难发现许多显著的润湿性转变需要大的温度变化，这不能满足智能设备的需求。其中，提高智能表面的灵敏度将是一个重要的突破。

7.7　光响应性油水分离

与报道的用于润湿性转换的刺激响应对比，利用紫外线作为驱动力的半导体金属氧化物（例如，TiO_2 和 ZnO）具有结构稳定性、长期可重复性、低毒性、光催化等方面的优势。由于成本低和无毒性，光诱导的超亲水二氧化钛纳米粒子（TiO_2NP）已被广泛用于制备紫外光诱导的超亲水和超疏水状态之间具有可切换润湿性的官能化表面。天然亲水 TiO_2 薄膜通过含氟材料的改性或与低表面能材料配合，可以实现超疏水性能。在紫外线照射下，薄膜可以变成高度亲水的表面，在黑暗中长时间储存或加热处理可恢复超疏水性[109]。作为重要的光响应性材料，TiO_2表面可以在外部刺激下实现疏水性（超疏水性）和亲水性（超亲水性）之间的可切换润湿性，例如，光、温度、电势、激光和多刺激响应。虽然光催化和光致超亲水性可以在同一 T_iO_2 表面上同时发生，但它们本质上是不同的过程，具有不同的功能[110]。

光是最重要的外部刺激之一。其易于触发材料的刺激性响应，由于操作简便、成本低、对环境的影响有限，因此经常被选为控制因素。光响应性材料暴露在光线下可以实现表面活性分子特性的可逆变化，例如，化学成分、化学结构和极性。这种变化可以引起表面自由能的转变并导致润湿性的可逆变化。因此，极有可能通过光照智能地控制表面润湿性。近年来，使用智能光响应性材料制作了许多具有特殊润湿性的表面，在许多领域具有很大的应用潜力。已经报道了几种类型的光敏材料来制造光响应表面。在过去几十年中，利用无机氧化物，如 V_2O_5[111]，TiO_2[112]，ZnO[113]，SnO_2[114]，Ga_2O_3[115] 和 WO_3[116]，作为一组光敏材料来制备具有可逆可切换润湿性的智能光响应性表面的制造已经吸引了研究者的大量关注。ZnO 作为最重要的宽带隙半导体材料之一，已应用于许多高科技中。据报道，当制备的 ZnO 表面暴露于紫外线照射时，在表面上产生电子-空穴对[117]。空穴和晶格氧之间的相互作用产生的氧空位不稳定，有利于吸收空气中的水分子，形成高表面能的羟基自由基。由于羟基的出现，制备的表面的润湿状态可以从疏水性变为亲水性。并且，当在黑暗中储存一段时间后，羟基在环境中通过氧气容易除去基团。结果，表面恢复了原有的润湿性。基于此，研究人员通过不同类型的技术和方法，制备了具有响应特性的各种结构的 ZnO 超疏水表面。Jiang 等[118]于 2012 年报道了在特殊的油-水-固三相界面上具有可切换的超疏水性-超亲水性和水下超疏油性排列的 ZnO 纳米棒阵列涂覆的网状薄膜。这些薄膜的润湿性可以通过紫外线的照射交替可逆地切换。其 WCA 为 155°，在较暗的储存环境和约 0.5h 较低的紫外线（过滤器中心在 365～10nm 的 500W 的汞灯作为光源）照射下，WCA 约为 0℃。在紫外线照射下，当它们在黑暗中放置 7 天后，恢复了润湿状态。关于油的润湿性，ZnO 纳米棒阵列涂覆的网状薄膜在空气中是超疏水的，而在紫外线照射后，它们显示出水下超疏油性质（油的接触角约为 156°）。然而，光刺激后表面对不同类型油的润湿性几乎不会被影响。Chen 等[119]建立了由 ZnO 微纳米级分层结构组成的粗糙表面。通过直接飞秒激光烧蚀的简单方法，这种分层的 ZnO 表面的润湿性，在交替使用紫外线照射和黑暗处理后，能够多次循环地在超疏水和超亲水状态之间进行切换。

与有机材料相比，无机材料通常具有较低的毒性和更大的化学/热稳定性等优点。基于表面粗糙度的影响，许多无机材料表面将某些粗糙表面与低表面能材料结合，能够在交替的紫外照射和在黑暗中储存时，产生两种极端润湿状态之间的切换。然而，在暗处理时需要相对长的响应时间（几天或几周）才能实现光响应性无机氧化物材料的化学组成或构象的变化，这对其实际应用造成严重阻碍。另一个限制是许多无机氧化物材料仅能对紫外有响应。同时，一些光响应性有机材料也已应用于具有可控润湿性的智能响应表面。通常，光响应性有机材料的双稳态变化导致物理和化学性质的各种变化。与光响应性无机材料相比，光响应性有机材料在化学修饰和反应多样性等方面具有更多优势。有机材料，包括光致变色官能团（如偶氮苯[120]、螺吡喃[121]和二芳基乙烯[122]），具有在紫外/可见光下分子构型可逆变化的能力，这可导致表面润湿性的转变。偶氮苯显示出偶氮部分的反式和顺式异构化状态的可逆转变，当用紫外/可见光照射时，伴随着快速的几何和偶极矩的显著变化[123]。偶极子变化的瞬间也会导致表面的极性和润湿性的变化。然而，当紫外和可见光交替照射时，由偶氮苯改性的表面的接触角增加不到 10°。因此，通过在偶氮苯中引入具有独特润湿性质的官能团，可以扩展偶氮苯在光响应性润湿领域中的应用。Rühe 等提出了一种使结构表面具有润湿性的方法，可以在超疏水性和 Wenzel 状态之间转变，Wenzel 和超润湿状态之间通过紫外或可见光照射可逆地调节，通过具有纳米级粗糙度的硅表面并附着聚合物（含有氟化偶氮苯）部分单层来实现[124]。Zhou 等合成了含有儿茶酚和偶氮苯衍生物的光响应性共聚物，并成功地将该共聚物组装在纳米颗粒、平板云母和粗糙阳极氧化铝表面，用于制造具有可切换润湿性的表面[125]。Huang 等通过自组装 7-[(三氟甲氧基苯偶氮)-苯氧基]戊酸（CF_3 AZO）单层膜 TiO_2 超薄膜，预先涂有纳米表面，合成具有润湿性的智能响应纤维素材料，可响应光刺激而可逆转换实验室过滤纸[126]。然而，偶氮苯的反式-顺式转化通常为非定量的，发生在很窄的光谱范围内。用含有 AZO 基团的聚合物改性的表面的润湿性调节通常限制在两种极端润湿状态之间。与偶氮苯相比，螺吡喃具有不同的光致变色机制，这是由于在紫外环境中 C—O 的光化学裂解导致封闭的非极性形式和开放极性形式之间的可逆转换。在光致异构化过程中，螺吡喃在两个方向上都具有广谱和接近定量的特征。含螺吡喃的共聚物由于其独特的优点，可用作智能动态材料以获得智能表面。Zhou 等用一种新型光响应氟化梯度刷共聚物制备了具有光诱导可调润湿性和优异稳定性的智能表面，该共聚物含有聚（2,2,3,3,4,4,4-七甲基丙烯酸丁酯-梯度-2-甲基丙烯酸（三甲基甲硅烷基）乙酯）（聚（HFBMA-g-HEMA-）TMS）和螺吡喃的功能性侧链[127]。据报道，非极性和疏水性的螺吡喃可以转换为极性和亲水性，花青素（Mc）通过紫外线诱导并发生异构化，在可见光下又可以恢复[128]。结合功能性表面具有表面的粗糙度，蚀刻硅可用于可控润湿性制备表面含有螺吡喃部分的共聚物。然而，螺吡喃可能失去其光响应特性，发生光降解、热松弛和副反应[129]。类似地，二芳基乙烯是另一组光致变色的有机分子，由于其可见光转换的润湿特性而在许多光响应表面中使用。然而，它们的异构化通常伴随着分子构象相对小的变化。Uchida 等在含有二苯乙烯的表面上同步形成更大的接触角和从亲水性到超疏水性的更快的可逆变化[130]。此外，热响应性聚合物 PNIPAM 也被应用于光响应性表面，具有快速且可逆的润湿性转变。通过在聚乙烯亚胺（PEI）/(聚（苯乙烯磺酸盐）(PSS)/聚烯丙胺盐酸盐(PAH))$_5$ 改性的硅晶片上逐层沉积 SiO_2 纳米颗粒，PAH，PSS 和金纳米颗粒，然后通过 SI-ATRP 在金纳米颗粒上接枝 PNIPAM 链，Kim 等制备了纳米多孔表面[131]。据报道，PNIPAM 的 LCST 较低，在水中约为 32℃，当温度高于 LCST 时表面变得疏水，而当温度低于 LCST 时它变得亲水。同时，预制粗糙多层膜上的金纳米颗粒可以在可见光照射下通过光激发产生热能，这被称为光热效应。因此，在光照射下，疏水性和亲水性之间可以快速可逆地调节表面的润湿性（在 15min 内从亲水表面切换到疏水表面，只需打开（或关闭）可见光，10min 即可从疏水表面切换到亲水表面），基于有机材料的光响应性表面的润湿性迅速转变，润湿性变化小且可逆，两种极端润湿状态之间的润湿性转变也是很难实现的。此外，由于生物毒性弱，许多有机材料的稳定性也是应用中的瓶颈问题。

研究小组已经讨论了光诱导亲水性的几种机制，如表面空位的产生、光诱导 Ti—OH 键的重建、有机吸附剂的光催化分解等[132]。然而，Wang 等提出了最初的和广泛接受的光致亲水性机制，它依赖于在紫外线照射下形成表面缺陷[133]。紫外线照射在 TiO_2 的内部或表面产生电子-空穴对，然后在表面产生或扩散到表面的空穴在两个配位的氧桥接位点处引起氧空位。这导致 Ti^{4+} 还原为 Ti^{3+}[134]。这些 Ti^{3+} 位点吸附水分子或 OH^- 以占据氧空位，形成亲水区域（图 7-24 (a)）。此外，与没有氧位点键接的（001）平面相比，具有氧空位键接的金红石 TiO_2 的晶面（110）和（100）显示出更高的亲水转化效率。由于没有桥接氧原子，氧空位导致（001）表面的强烈变形，亲水性不容易恢复并持续更长的时间。如果在黑暗中储存几天，则 TiO_2 材料的亲水性逐渐降低，因为空气中的氧分子将慢慢取代化学吸附的羟基和水分子。然而，表面的亲水性可以通过进一步的紫外线照射来恢复。此外，通过与光催化作用和氧空位的产生相结合来巩固可转换的润湿性机制。在第一阶段，光催化反应通过氧化分解机制在 TiO_2 表面产生—OH 基团的空穴。在此期间，接触角减小，直到表面变得超亲水，接触角值约为 0°。在第二阶段，消耗了所有的光生空穴并形成氧空位，可吸附水分子和氢氧根离子。由于不存在有机污染物，可达到亲疏水转化。总之，紫外诱导的亲水性的机制可以描述为图 7-24 (a)。

为了打破仅占太阳光谱 5%的紫外线才能活化纯的 TiO_2 薄膜的局限性，大量的研究集中在 TiO_2 中掺杂过渡金属阳离子和阴离子，比如 N、S、C 和 B 等的离子，降低了光激发的阈值能量，其中 N 对人们更具吸引力[135]。与 O^{2-} 相比，N^{3-} 具有更大的尺寸和更多的负电荷，这导致更少的晶格畸变和重组中心的减少。迄今为止，关于可逆的疏水和亲水转换 N 掺杂 TiO_2 薄膜的合成、表征和分析都比较少。Antony 等用乙二醇＋NH_4F＋含有尿素的水（其中尿素作为氮源）的混合溶液作为电解液阳极氧化钛箔，制备了具有垂直取向的锐钛矿 TiO_2 和 $TiO_{1.84}N_{0.14}$ 纳米管阵列薄膜，该薄膜具有光诱导超疏水-超亲水可逆转换行为[136]。与原始的 TiO_2 相比，氮掺杂的 TiO_2 纳米管阵列在太阳光下能够快速地将疏水性变为亲水性，随后在黑暗中储存的可逆润湿性转换行为表明它们可能用于可见光活性智能膜的制备。

水滴保持几乎完美的球体（接触角≥150°）并从这些表面滚落而不留任何残留物的表面被称为超疏水表面，水滴完全扩散的表面（接触角≤10°）被称为超亲水表面[137]。能够在超疏水性和超亲水性之间切换的表面是至关重要的，因为它们可能用于增强水流快速运动[138]、改进微流体装置[139]，并制备智能薄膜[140]。为了提高超疏水性和超亲水性之间切换的敏感性，Yin 等在不同的织物基质中分别掺杂了不同的离子，如 Ba^{2+}、Mg^{2+}、Fe^{3+}、F^- 和 N^{3+}[141]。发现用 F-TiO_2 杂化溶胶处理的织物表面可以在紫外线照射下快速降低接触角，而棉织物表面润湿性几乎不变。当表面被氟化时，羟基（OH）将得到改善，可以进一步变为亲水性 OH^-。图 7-24（b）中显示了在紫外线照射和黑暗存储之间的润湿性的变化过程。

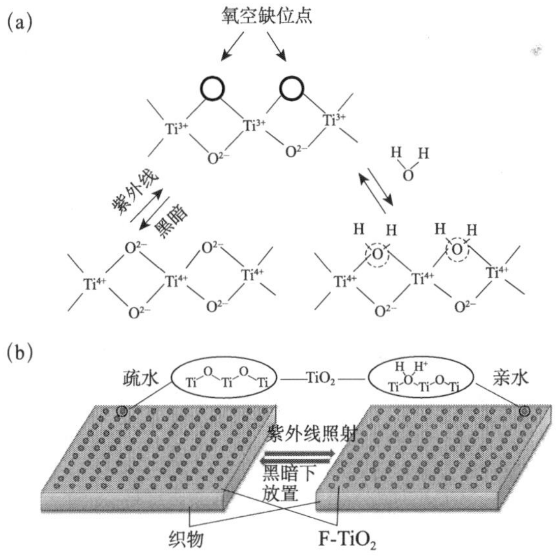

图 7-24　(a) 由光引起的亲水性的示意图；(b) F-TiO_2 涂层的光催化机理和过程

7.8 溶剂响应性油水分离

智能表面的溶剂响应性润湿性是对周围介质性质的润湿敏感性[142]。与其他外部刺激响应性聚合物相比，溶剂响应性聚合物具有共同的机制，其中界面自由能由聚合物链中的配位变化驱动，其由聚合物链和溶剂之间的相互作用控制。由于溶剂处理时界面自由能的变化，获得了可切换的润湿性。Sun 等报道了 PNIPAM-co-Cy&AA 的智能共聚物表面上含有双氨基酸单元的水异常超疏水性[143]。有趣的是，通过水和甲醇-碱溶液的交替处理，以及结构化基质的放大效应，可以实现超疏水性和超亲水性之间的可逆润湿性转换，而接触角显示出响应的微小变化。已报道了各种响应性聚合物，刺激响应性聚合物、溶剂响应性聚合物是常见的机制，其中界面自由能是由聚合物链的配位变化所驱动的，受聚合物链和响应性溶剂之间的相互作用所支配。因此，溶剂处理后引发界面自由能的变化，获得了可转变的润湿性。更有趣的是，当甲醇取代甲醇-碱混合物时，由于静电相互作用的额外贡献，随着聚合物链的转化，接触角的变化显著改善，并且在基底上显示出良好的可逆性。然而，表面润湿性的可逆转变重复性较差。

Liu 等介绍了金属有机反蛋白石（MOIO）Pb（NO_3）$_2$-聚（St-MMA-AA）的多重溶剂响应性行为，将 Pb（NO_3）$_2$ 溶液渗透到 PC 模板的间隙，然后去除模板，从而观察到不同的溶剂响应性行为[144]。第一，由于溶剂替换空气部分导致体积膨胀或折射率增加，样品发生反射光谱的共同红移。第二，由于样品对异丙醇/乙醇的不可润湿性，可以看到很少的红移。第三，水浸润时样品发生不寻常的蓝移，这可归因于金属-有机框架的同时坍塌/重建，导致从互连孔隙到分离的空心球体的转变以及构件块的尺寸减小，并使所得到的空洞发生更大的红移。最后，由于空心球体中的孔隙和内部空气腔的溶剂渗透，所得的中空球蛋白经历了更大的红移。样品的独特光学性质使其在光学领域有潜在应用。制备的 MOIO 具有独特的溶剂响应性行为。显然，当样品表面有不同的溶剂滴时，样品的阻带有三种不同的变化模式：红移，蓝移和无移位。与反蛋白石模型的传统溶剂响应类似，当将有机溶剂（如甲苯、丙酮、THF、二氯甲烷和氯仿）逐滴添加到 MOIO 表面时，观察到明显的红移。在这种情况下，溶剂填充 MOIO 的孔结构，并且由于用溶剂（反射率大于 1）置换空气（反射率为 1），总折射率增加。如图 7-25（b）所示，对于甲苯、丙酮、THF、二氯甲烷和氯仿，出现显著的红移，分别为 62nm、66nm、80nm、85nm 和 97nm，并且分别对应浅黄色、黄色、深黄色、橙色和深黄色的结构色。值得注意的是，红移程度与溶剂的折射率呈线性关系。此外，当从溶剂中提取时，阻带的红移是可逆的。此外，异丙醇和乙醇的溶剂几乎没有阻带位移，仅有 3nm 和 5nm 的位移及相应的结构颜色。

在溶剂上可以看到样品的绿色、黄绿色，在这种情况下，反射光谱中的小偏差可以由液滴的不同曲率和高度引起。这可归因于溶剂对样品的非润湿性。当 MOIO 浸入水中时，会发生意外的带隙蓝移。同时，研究了 MOIO 的混合溶剂响应性行为。第一，混合溶剂保持与单一溶剂类似的性质。例如，当向表面滴加混合溶剂（乙醇和异丙醇）时，样品保持很少的红移，类似于任何单一溶剂，如乙醇、异丙醇。类似地，当将混合溶剂（氯仿和二氯甲烷）滴加到 MOIO 的表面时，样品保持大的红移，类似于单一溶剂，如氯仿、二氯甲烷。第二，混合溶剂仅保留一种溶剂的性质。例如，当在表面上滴加混合溶剂（乙醇和氯仿）时，所得样品保持 60nm 的较大红移。它类似于氯仿，而不是乙醇。在这种情况下，氯仿决定了混合溶剂的性质。类似地，当将混合溶剂（丙酮水）滴在表面上时，所得样品保持丙酮的性质。第三，与任何单一溶剂不同，混合溶剂保留了新出现的性质。例如，当向表面滴加混合溶剂（乙醇和水）时，所得样品显示出较大的红移，这与任何单一溶剂非常不同。这表明混合溶剂对样品产生复杂的影响。

由于胶体晶体的液体渗透孔结构或基于其固有孔隙率的反蛋白石（胶体晶体和反蛋白石分别约 70%和 26%），在这些结构上容易实现可调谐 PBG[145]。Li 等通过将金属有机材料渗透到胶体 PC 的孔隙中然后去除 PC 模板来制备 HKUST-1 反蛋白石[146]。通过将 PC 结构与金属有机骨架相结合，金属有机骨架的分子识别事件可以有效地转换为可读光学信号，而无需分子报告器和先进技术设备。最近，我们通过将 $Pb(NO_3)_2$ 渗透到聚苯乙烯甲基丙烯酸中，制造了一种新的 MOIO。甲酯在丙烯酸的孔隙中去除（聚（St-MMA-AA））PC 模板和随后的模板，其显示在水润湿期间独特的形态演变。在本节中，我们将继续研究制造的 MOIO 的各种溶剂响应特性。通常，阻带的显著红移可以由有机溶剂如甲苯、丙酮等引起，而对于水系统观察到独特的蓝移，并且乙醇/异丙醇几乎不引起带隙移位。此外，在水润湿期间，由 Pb^{2+} 和 α-COOH 配位的金属-有机杂化材料获得的空心球样品表现出比固体更大的红移。

通常，当溶剂渗透到反蛋白石的孔结构中并取代空气时，会导致总折射率增加，因此反蛋白石的带隙将发生红移。相反，MOIO 表面上的水滴引起明显的蓝移，并且在相应的结构颜色中发生类似的变化，如图 7-25（a）所示。具体来说，MOIO 的结构颜色从原始橙色变为绿色、紫色和镉绿色（图 7-25（c）），而样品反射峰值的蓝移从 600nm 到 530nm、476nm 和 520nm 分别对应时间 0s、40s、80s 和 120s。这种特殊现象是由该过程独特的形态演变引起的[147]。如图 7-25（c）所示，在制备的 MOIO 的 SEM 图像中显示了在水渗透期间同时监测样品的迷人形态演变。很明显，MOIO 样品的基本成分的形态始于蛋白石的相互连通的孔，然后相互连通的孔逐渐坍塌，并且毛孔几乎分离，80s 后形成球体。整个过程类似于互连结构的孔闭合。因此，光谱蓝移可归因于润湿过程中基本组分的同时收缩。在这种情况下，由液体润湿引起不可逆的形态演变，可以获得阻带位置的不可逆的蓝移。

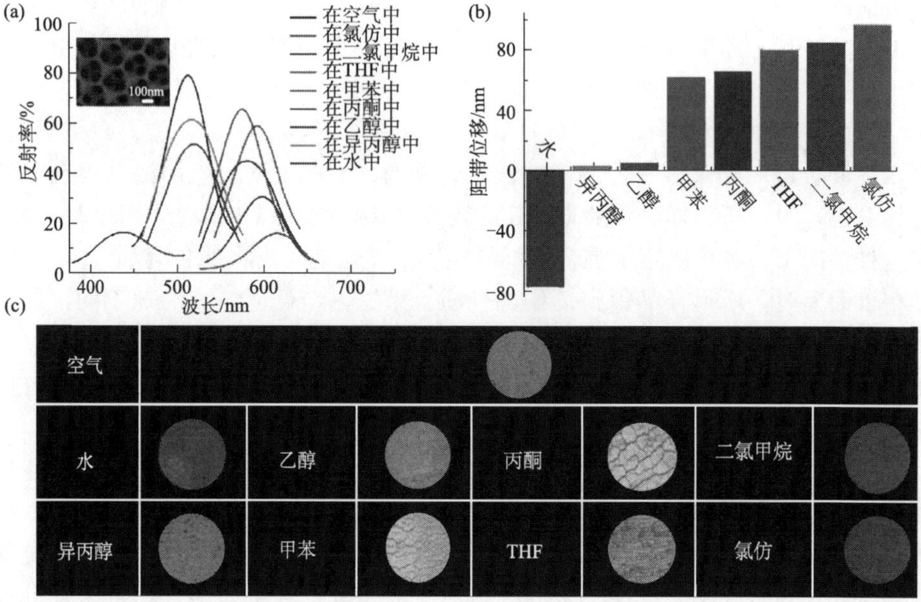

图 7-25　当不同的溶剂（水、乙醇、丙酮、二氯甲烷、异丙醇、甲苯、THF 和氯仿）滴在 MOIO 表面时的反射光谱（插图为样品的 SEM 图像）(a) 和相应的光学图像 (c)；(b) 当不同溶剂落在 MOIO 表面时，反射光谱的阻带位移，在该系统中，使用的结构色为绿色（扫描封底二维码可看彩图）

7.9　离子响应性油水分离

基于阳离子或阴离子电解质与其配合物之间离子交换的可逆过程，离子配对相互作用具有诱导超疏水性和超亲水性之间转换的能力。到目前为止，已经制造了许多离子响应性表面。通过使用聚［2-(甲基丙烯酰氧基)乙基三甲基氯化铵］(PMETAC) 的季铵基团将聚电解质通过 SI-ATRP 刷到粗糙的金表面上，Cho 等制造的离子响应性表面具有超疏水性和超亲水性之间的润湿性转变[148]。Zhang 等利用 LBL 技术在棉织物表面沉积 $(PDDA/PSS)_3$ PDDA 多层膜并利用 Cl^- 和 PFO 阴离子之间的反离子交换制备了具有可调润湿性的薄膜[149]。如图 7-26 (a)所示，当聚电解质与 Cl^- 浓度平衡时，表面显示出超亲水性和超亲油性，CA 为 0°。用 PFO 阴离子替代反离子 Cl^-，由于表面能的下降，水和十六烷的 CA 分别增加到 151.3°和 140.4°。根据这些实验的结果，所制备的润湿性可转变织物在大气环境下至少可以保持 4 个月，水和十六烷在其表面的接触角并没有改变。Zhang 等已经成功地制备了聚［2-(甲基丙烯酰氧基)乙基三甲基氯化铵共三氟甲基丙烯酸酯］（聚(METAC-co-TMA))-栓系透明表面，通过 Cl^- 和 PFO 阴离子之间的反离子交换实现超疏水性和超亲水性可转换的润湿性[150]。

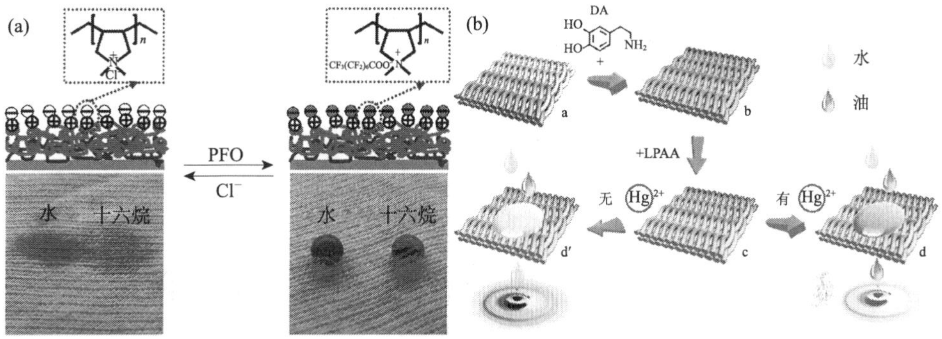

图 7-26　(a) 当 PFO 阴离子和 Cl^- 分别配位时，水和十六烷液滴在聚电解质沉积表面的图像；(b) 贻贝水凝胶涂层网的制备和润湿性转变图示：a. 不锈钢网，b. 在网状物上涂覆 PDA，c. 将 LPAA 接枝到 PDA 网上（LPAA-PDA 网），d. 在 Hg^{2+} 存在时具有亲油和疏水性质的 LPAA-PDA 网，d′. LPAA-PDA 在不存在 Hg^{2+} 的情况下具有亲水和疏油性质

此外，离子和聚合物之间的螯合作用也为离子响应表面提供了机会。Feng 等制造了一种涂有聚丙烯酸（PAA）水凝胶的新型 Hg^{2+} 响应性的油水分离网。获得聚多巴胺（PDA）涂层网，在其上涂上线性的聚丙烯酸（LPAA）[151]。基于 Hg^{2+} 和 PAA 之间的螯合作用，超亲水性 PAA 水凝胶涂层能够实现润湿性转换和油水混合物分离的能力。没有 Hg^{2+}，该网状物是亲水的和疏油的，当油被阻塞时，水渗透网状物。相反，当 Hg^{2+} 存在时，制备的网状物的润湿性变为亲油性和疏水性，油渗透通过网状物而水被阻塞。离子响应性表面开辟了一种获得润湿性转换的新方法。然而，如同基于响应聚合物的大多数智能表面一样，该表面依旧存在许多限制，难以满足工业生产的需求，例如，化学环境、复杂的制造方法和高昂的成本等问题。

7.10　其他响应性油水分离

除了上面提到的具有刺激响应性润湿性的智能表面之外，还有其他响应性表面，如气体响应性表面。近年来，由于无毒性和易于去除，二氧化碳引发的人工智能系统被认为是“绿色”的[152]。已经合成了许多含有脒/胺基团的 CO_2

响应性聚合物，如聚（N-脒基）十二烷基丙烯酰胺（PAD）[153]、聚（N,N-二甲基氨基乙基甲基丙烯酸酯）（PDMAEMA）[154]和聚（N,N-甲基丙烯酸二乙基氨基乙酯）（PDEAEMA）[155]。Wang 等通过分子自组装方法构建了具有 SAM 的 N-(2-氨基乙基)-5-(1,2-二硫杂环戊烷-3-基）戊酰胺脒（NADPA）的 CO_2 响应表面[156]。NADPA SAM 的润湿性由于脒缀合体系的转变而显示出可逆性的转变，这是由存在/不存在 CO_2 时可逆地质子化/去质子化引起的。通过将 PMMA 引入聚（甲基丙烯酸 N,N-二甲基氨基乙酯）中，成功合成了 PMMA-co-PDEAEMA，有效地提高了纳米纤维的稳定性，并且 Yuan 等通过制备的共聚物得到了具有可切换的油水润湿性的 CO_2 响应性电纺纳米纤维膜（图 7-27）[157]。

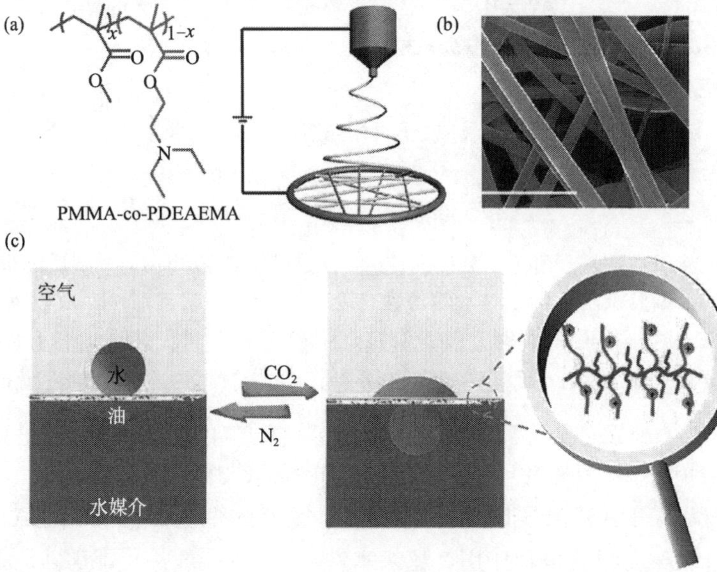

图 7-27 (a) PMMA-co-PDEAEMA 纳米纤维制造过程的图示；(b) 直径约 700nm 的典型多孔膜的 SEM 图像，比例尺约为 5mm；(c) 使用 CO_2 作为触发剂，疏水性-亲油性和亲水性-疏油性之间可转换的油水润湿性转变的图示

此外，受到贻贝的启发，基于儿茶酚的仿生锚（将呋喃或马来酰亚胺部分与钛表面结合在一起）再采用 Diels-Alder 环加成反应化学改性 TiO_2 表面，Woisel 等获得基于 Diels-Alder 反应的热转换制备的润湿性可逆转变的表面[158]。通过 Au—S 键将含有氟化物的疏水基团的 i-基序 DNA 链固定在金表面上，Wang 等制备出焓驱动的智能表面，其表面的润湿性能实现超亲水性和超疏水性之间的转变[159]。利用聚合物中硫脲和 3-芳基氨基硼酸（PBA）单元之间的氢键相互作用，Sun 等证明了一种智能聚合物表面暴露在糖溶液时具有超疏水性和超亲水性之间的润湿性转换[160]。

7.11　双响应和多响应表面

如上所述，通过将响应性材料与表面粗糙度相结合，已经成功地制造了许多具有可切换润湿性，特别是在超亲水性和超疏水性之间切换的智能表面。然而，这些表面中的大多数仅响应于一种类型的外部刺激，这限制了它们在复杂的实际条件下的应用。因此，需要研究双响应表面和多响应表面，用以满足基础研究和工业应用的需求。

最近报道了同时响应热和 pH，光和 pH 以及其他外部刺激的双响应表面。通过结合粗糙度和双响应材料来制造双响应智能表面是十分有意义的。聚（N-异丙基丙烯酰胺-共-丙烯酸）（P(NIPAM-co-AAc)）含有热敏成分（PNIPAM）和 pH 敏感成分（PAAc)，已广泛使用于热和 pH 双响应表面。Jiang 的研究小组报道了一种双响应表面，通过将共聚物接枝到蚀刻的硅基底上，在超亲水性和超疏水性之间具有可切换的润湿性。PDMAEMA 是最有前途的刺激响应聚合物之一，在不同的 pH、分子量和盐浓度下，LCST 范围为 30～50℃[161]。由于这种热和 pH 双响应特性，它已被广泛研究。此外，Wang 等将纤维素纳米晶体/氧化锌（CNC/ZnO）纳米杂化物沉积在织物表面，再在表面接枝聚甲基丙烯酸二甲氨基乙酯-共-聚甲基丙烯酸羟乙酯-共-聚甲基丙烯酸偶氮苯（PDMAEMA-b-PHEMA-b-PMAAAB）三嵌段聚合物刷。制备的智能复合织物能够在“UV 和 pH 双开关”的控制下智能地调节油水分离[162]。

由甲基丙烯酸 2-(二异丙基氨基)乙酯(DPAEMA)、甲基丙烯酸 2-羟乙酯（HEMA）和 4-(2-甲基丙烯酰氧基)乙氧基-4-(2-三氟甲氧基）偶氮苯组成的 ABC 型三嵌段共聚物（MAAZO）通过可逆加成断裂链转移（RAFT）过程，然后通过 PHEMA 中间链段的羟基与 SiO_2 膜表面的酰氯基团之间的反应接枝到 SiO_2 膜上以形成特定的结构，Wu 等合成了 V 形聚合物刷功能化薄膜。研究表明，此薄膜具有可逆的双刺激响应润湿性，主要是由 pH 和紫外线照射的共同作用引发[163]。通过接枝甲基丙烯酸二甲氨基乙酯，形成聚合物刷，留下高度自由的 PMAAZO 链（DMAEMA）和 2-甲基-4-苯基偶氮丙烯酸酯（MPA-AZO）通过两阶段光聚合在基板上，这是为获得具有 pH 和光响应润湿性的双可逆表面而准备的[164]。通过接枝聚（7-(6-(丙烯酰氧基)己氧基)香豆素)-b-聚(N-异丙基丙烯酸)的嵌段共聚物，成功制备了具有可疏水性和超疏水性之间可切换润湿性的表面，其中温度和紫外线响应主要是通过 RAFT 组合到由甲苯二异氰酸酯（TDI）改性的 SiO_2 表面上而产生的酰胺来实现的。此外，还报道了超疏水取向的 ZnO-纳米棒阵列表面，其表现出通过光电协同润湿工艺从 Cassie 状态到 Wenzel 状态的图案化润湿性转变[165]。

此外，考虑到更复杂的环境比如人体，迫切需要探索多响应智能表面。通过将 pH/葡萄糖敏感组分丙烯酰胺基苯硼酸（PBA）引入 PNIPAAm 并将共聚物 P(NIPAAM-co-PBA) 涂覆到粗糙的硅基底上，表面在超亲水性和超疏水性之间表现出可切换的润湿性。该表面具有对 pH 和葡萄糖双刺激响应的特性。通过将聚（苯乙烯-丙烯酸正丁酯-丙烯酸）(P(S-BA-AA)) 与 TiO_2 纳米颗粒在四氢呋喃（THF）中混合，简单地浇铸到玻璃基板上并在室温下干燥，展示了具有可逆可调润湿性的智能薄膜，对紫外线、热和 pH 的反应非常快。

Xia 等报道了具有温度和 pH 双刺激响应的超亲水性和超疏水性之间的可逆转换[166]，该智能型表面是通过在平坦和粗糙蚀刻的硅基板上简单地制造 P (NIPAAm-co-AAc) 薄膜来获得的。超亲水性和超疏水性之间的可逆转换可以在约 10℃的窄温度范围和约 10 的相对宽的 pH 范围内实现，并且这种双响应特性是表面化学和表面粗糙度变化综合影响的结果。与平膜上的 CA 变化（小于 15°）相比，在粗糙基板上引起了非常大的 CA 变化（约 150°）。图 7-28 (a) 显示了双响应表面如何在外部刺激（温度和 pH）下工作。x 轴表示 pH，y 轴表示温度。润湿性变化的一般趋势是 CA 分布图中一半的 CA 几乎都大于 130°（背景颜色为红色），而其他几乎都小于 20°（背景颜色为蓝色）。类似于单个热响应膜，当 pH 固定时，该膜在低温下是亲水的并且在高温下是疏水的。有趣的是，该薄膜同时显示出对 pH 非常强烈的依赖性。也就是说，薄膜在低 pH 下是疏水的，在高 pH 下是亲水的。与仅对温度有响应的粗糙度增强的同型 PNIPAAm 薄膜相比，P (NIPAAm-co-AAc) 薄膜的双响应性是由于 pH 敏感组分 AAc 的有效添加。此外，共聚物的较低 LCST 随着 pH 的增加而可调。为了确定 pH 对双响应膜的 CA 的影响，在 pH=7 时，该膜在 32℃时从超亲水变为超疏水，这与同类型的 PNIPAAm 的 LCST 相同[167]（这里可以定义共聚物的 LCST 为 CA 对温度的转变点）。这可能是由于共聚物中 AAc 的含量低，对中性环境中的 LCST 没有影响。然而，在 pH=4 时，共聚物的 LCST 约为 24℃，而在 pH=9 时，共聚物的 LCST 约为 36℃。更有趣的是，在 pH 为 2 和 11 时，表面 CA 随温度的变化曲线并没有明显的变化。这些现象可以解释如下：在 pH=2 时，PAAc 链将变得不带电，其膨胀的分子线圈应该收缩[168,169]。因此，水接触角分布图显示在 130°～150°范围内几乎稳定，并且 LCST 被认为低于 21℃（CA 实验中的最低温度）。相应地，在 pH=11 时，大部分 AAc 组分带电，其传递足够的溶解度以抵消疏水性温度敏感组分的聚集。因此，水接触角分布图显示在 0°～20°范围内几乎稳定，并且认为 LCST 大于 45℃（CA 实验中的最高温度）。这些结果表明，通过简单地将 pH 从 2 变为 11，双响应共聚物的 LCST 可以从低于 21℃调节到高于 45℃。LCST 趋势的变化与 Cho 组的工作有关[170,171]，而且可以同时控制 pH 和温度。也就是说，薄膜在低温下是疏水的并且在高温下（具有不同的 pH）是亲水的，这与先前研究的单一热响应材料不同。

所有这些现象都可以通过两种组分（NIPAAm 和 AAc）与水之间氢键的可逆变化来解释。要彻底了解双响应材料，理论上的考虑是必要的。图 7-28（b）中提出了共聚物与区域 A，B，C 和 D 中的水之间氢键的假设构象，它们与图 7-28（a）中的区域相对应。在区域 A 中，PAAc 和 PNIPAAm 组分都处于最亲水（高 pH 和低温）。P(NIPAAm-co-AAc）链的松散盘绕构象和水分子间氢键导致高表面自由能和小的水接触角。薄膜是亲水的，水滴能够进入下方的微槽中[172]。在这种情况下，表面粗糙度成为增强亲水性的主要因素。在区域 C 中，AAc 链将变得不带电荷。PAAc 和 PNIPAAm 组分都处于最疏水的水平（低 pH 和高温）。P(NIPAAm-co-AAc）链的紧密和坍塌构象是由 C=O、N—H 和共聚物链中的丙烯酸基团之间的分子内氢键所引起的，导致低表面自由能和大的水接触角。薄膜是疏水的，粗糙的表面增加了空气-水的界面。在这种情况下，表面粗糙度成为增强疏水性的主要因素。区域 B、D 是过渡阶段。膜的润湿性由分子间和分子内氢键的竞争所决定。区域 B 保持亲水性：由于 PNIPAAm 在高温下的疏水作用，区域 B 右上角的 CA（12.7°）大于区域 A 右下角的 CA（7.6°）。区域 D 保持疏水性：由于 PNIPAAm 在低温下的亲水作用，区域 D 左下角的 CA（118.0°）低于区域 C 左上角的 CA（148.8°）。从上面分析可以看出，它们是四个区域之间的循环连接。因此，此膜的润湿性由温度和 pH 双响应所控制。这种通过改变温度和 pH 来控制润湿性的能力在广泛的领域中具有应用。

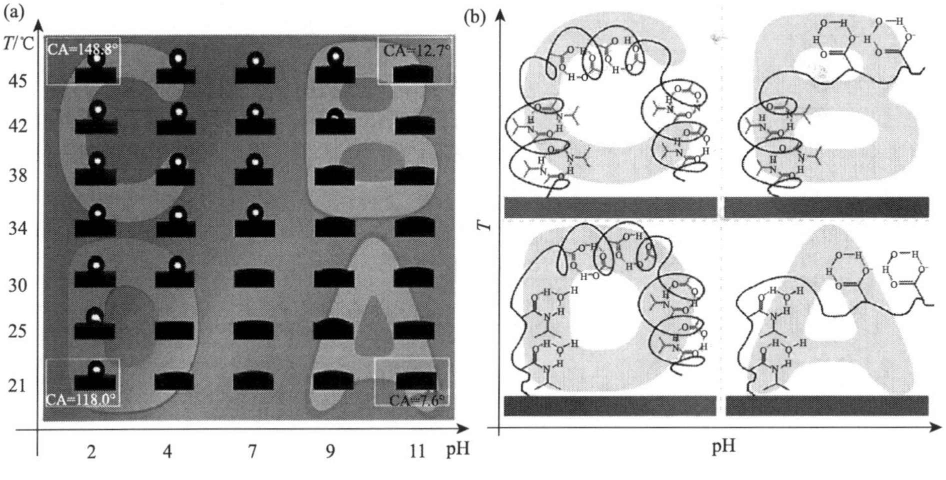

图 7-28　(a) 当 pH 和/或温度变化时，表面的接触角可逆地转变。(b) 共聚物与水之间氢键的两种假设构象：当温度低于 LCST 时，P（NIPAAm-co-AAc）链与水分子之间的分子间氢键；当温度高于 LCST 时，C=O、N—H 和共聚物链中的羧酸基团之间的分子内氢键

（扫描封底二维码可看彩图）

毫无疑问，与单响应智能表面相比，双响应和多响应智能表面具有更多优势，包括功能、先进原理和适用于复杂实际条件。然而，由于不同刺激之间的干扰，难以制造双响应或多响应智能表面。同时，双响应和多响应表面不可避免地与更复杂的制造工艺相关联。即便如此，越来越多的功能性聚合物被引入表面科学，为扩大这一领域带来了无限可能，但是需要做很多更加深入、更加仔细的研究工作。

参考文献

[1] Xue Z，Cao Y，Liu N，Feng L，Jiang L. Special wettable materials for oil/water separation. Journal of Materials Chemistry A，2014，2 (8)：2445-2460

[2] Si Y，Guo Z. Superwetting materials of oil-water emulsion separation. Chemistry Letters，2015，44 (7)：874-883

[3] Gupta R K，Dunderdale G J，England M W，Hozumi A. Oil/water separation techniques：a review of recent progresses and future directions. Journal of Materials Chemistry A，2017，5 (31)：16025-16058

[4] Pendergast M M，Hoek E M. A review of water treatment membrane nanotechnologies. Energy Environmental Science，2011，4 (6)：1946-1971

[5] Zhu H，Guo Z. Order separation of oil/water mixtures by superhydrophobic/superoleophilic $Cu(OH)_2$-thioled films. Chemistry Letters，2015，44 (10)：1431-1433

[6] Wang J，Yang W，He F，Xie C，Fan J，Wu J，Zhang K. Superhydrophobic melamine-formaldehyde foam prepared by in-situ coprecipitation. Chemistry Letters，2018，47 (4)：414-416

[7] Zhu H，Guo Z. A Superhydrophobic copper mesh with microrod structure for oil-water separation inspired from ramee leaf. Chemistry Letters，2014，43 (10)：1645-1647

[8] Nguyen D D，Tai N H，Lee S B，Kuo W S. Superhydrophobic and superoleophilic properties of graphene-based sponges fabricated using a facile dip coating method. Energy Environmental Science，2012，5 (7)：7908-7912

[9] Feng L，Zhang Z，Mai Z，Ma Y，Liu B，Jiang L，Zhu D. A super-hydrophobic and super-oleophilic coating mesh film for the separation of oil and water. Angewandte Chemie International Edition，2004，3 (15)：2012-2014

[10] Liu M，Hou Y，Li J，Tie L，Peng Y，Guo Z. Inorganic adhesives for robust，self-healing，superhydrophobic surfaces. Journal of Materials Chem-

istry A，2017，5 (36)：19297-19305

[11] Wang Y，Ma K，Xin J H. Stimuli-responsive bioinspired materials for controllable liquid manipulation：principles，fabrication，and applications. Advanced Functional Materials，2018，28 (6)：1705128

[12] Ou R，Wei J，Jiang L，Simon G P，Wang H. Robust thermoresponsive polymer composite membrane with switchable superhydrophilicity and superhydrophobicity for efficient oil-water separation. Environmental Science Technology，2016，50 (2)：906-914

[13] Xue B，Gao L，Hou Y，Liu Z，Jiang L. Temperature controlled water/oil wettability of a surface fabricated by a block copolymer：application as a dual water/oil on-off switch. Advanced Materials，2013，25 (2)：273-277

[14] Tian D，Zhai J，Song Y. Photoelectric cooperative induced wetting on aligned-nanopore arrays for liquid reprography. Advanced Functional Materials，2011，21 (23)：4519-4526

[15] Tian D，Zhang X，Tian Y. Photo-induced water-oil separation based on switchable superhydrophobicity-superhydrophilicity and underwater superoleophobicity of the aligned ZnO nanorod array-coated mesh films. Journal of Materials Chemistry，2012，22 (37)：19652-19657

[16] Liu M，Hou Y，Li J. pH-responsive superwetting fabric for on-demand oil-water separation. Chemistry Letters，2018，47 (7)：923-926

[17] Dunderdale G J，Urata C，Miranda D F. Large-scale and environmentally friendly synthesis of pH-responsive oil-repellent polymer brush surfaces under ambient conditions. ACS Applied Materials & Interfaces，2014，6 (15)：11864-11868

[18] Yin S N，Wang C F，Yu Z Y. Versatile bifunctional magnetic-fluorescent responsive Janus supraballs towards the flexible bead display. Advanced Materials，2011，23 (26)：2915-2919

[19] Chen Y，Bai Y，Chen S. Stimuli-responsive composite particles as solid-stabilizers for effective oil harvesting. ACS Applied Materials & Interfaces，2014，6 (16)：13334-13338

[20] Zhang F，Zhang W B，Shi Z. Nanowire-haired inorganic membranes with superhydrophilicity and underwater ultralow adhesive superoleophobicity for high-efficiency oil/water separation. Advanced Materials，2013，25 (30)：4192-4198

[21] Xu L，Liu N，Cao Y，Lu F，Chen Y，Zhang X，Wei Y. Mercury ion re-

sponsive wettability and oil/water separation. ACS Applied Materials & Interfaces，2014，6（16）：13324-13329

[22] Li J，Li D，Yang Y，Li J，Zha F，Lei Z. A prewetting induced underwater superoleophobic or underoil（super）hydrophobic waste potato residue-coated mesh for selective efficient oil/water separation. Green Chemistry，2016，18（2）：541-549

[23] Liu M，Hou Y，Li J，Guo Z. Stable superwetting meshes for on-demand separation of immiscible oil/water mixtures and emulsions. Langmuir，2017，33（15）：3702-3710

[24] Tao M，Xue L，Liu F，Jiang L. An intelligent superwetting PVDF membrane showing switchable transport performance for oil/water separation. Advanced Materials，2014，26（18）：2943-2948

[25] Harned H S，Davis Jr R. The ionization constant of carbonic acid in water and the solubility of carbon dioxide in water and aqueous salt solutions from 0 to 50. Journal of the American Chemical Society，1943，65（10）：2030-2037

[26] Bandura A V，Lvov S N. The ionization constant of water over wide ranges of temperature and density. Journal of Physical Chemical Reference Data，2006，35（1）：15-30

[27] Frantz J D，Marshall W L. Electrical conductances and ionization constants of salts，acids，and bases in supercritical aqueous fluids. Ⅰ. Hydrochloric acid from 100 degrees to 700 degrees C and at pressures to 4000 bars. American Journal of Science，1984，284（6）：651-667

[28] Bain C D，Whitesides G M. A study by contact-angle of the acid-base behavior of monolayers containing omega-mercaptocarboxylic acids adsorbed on gold—an example of reactive spreading. Langmuir，1989，5（6）：1370-1378

[29] Shaked Z E，Szajewski R P，Whitesides G M. Rates of thiol-disulfide interchange reactions involving proteins and kinetic measurements of thiol pKa values. Biochemistry，1980，19（18）：4156-4166

[30] Wasserman S R，Tao Y T，Whitesides G M. Structure and reactivity of alkylsiloxane monolayers formed by reaction of alkyltrichlorosilanes on silicon substrates. Langmuir，1989，5（4）：1074-1087

[31] Wang B，Guo Z. pH-responsive bidirectional oil-water separation material. Chemical Communication，2013，49（82）：9416-9418

[32] Pan Q, Wang M. Miniature boats with striking loading capacity fabricated from superhydrophobic copper meshes. ACS Applied Materials & Interfaces, 2009, 1 (2): 420-423

[33] Liang W, Guo Z. Stable superhydrophobic and superoleophilic soft porous materials for oil/water separation. RSC Advances, 2013, 3 (37): 16469-16474

[34] Wu L, Zhang J, Li B. Mimic nature, beyond nature: facile synthesis of durable superhydrophobic textiles using organosilanes. Journal of Materials Chemistry B, 2013, 1 (37): 4756-4763

[35] Tie L, Guo Z, Liu W. pH-manipulated underwater oil adhesion wettability behavior on the micro/nanoscale semicircular structure and related thermodynamic analysis. ACS Applied Materials & Interfaces, 2015, 7 (19): 10641

[36] Cao Y, Liu N, Fu C, Li K, Tao L, Feng L, Wei Y. Thermo and pH dual-responsive materials for controllable oil/water separation. ACS Applied Materials & Interfaces, 2014, 6 (3): 2026-2030

[37] Xiang Y, Shen J, Wang Y, Liu F, Xue L. A pH-responsive PVDF membrane with superwetting properties for the separation of oil and water. RSC Advances, 2015, 5 (30): 23530-23539

[38] Xu Z, Zhao Y, Wang H, Zhou H, Qin C, Wang X, Lin T. Fluorine-free superhydrophobic coatings with pH-induced wettability transition for controllable oil-water separation. ACS Applied Materials & Interfaces, 2016, 8 (8): 5661-5667

[39] Liu S, Han G, Shu M, Han L, Che S. Monodispersed inorganic/organic hybrid spherical colloids: versatile synthesis and their gas-triggered reversibly switchable wettability. Journal of Materials Chemistry, 2010, 20 (44): 10001-10009

[40] Liu M, Hou Y, Li J, Tie L, Guo Z. pH-responsive superwetting fabric for on-demand oil-water separation. Chemistry Letters, 2018, 47 (7): 923-926

[41] Liao X, Li H, Su X, Zhan H, Lai X, Zeng X. Mussel-inspired cotton fabric with pH-responsive superwettability for bidirectional oil-water separation. Journal of Materials Science, 2018, 54 (4): 3648-3660

[42] Zhang L, Zhang Z, Wang P. Smart surfaces with switchable superoleophilicity and superoleophobicity in aqueous media: toward controllable oil/water separation. NPG Asia Materials, 2012, 4 (2): e8

[43] Chang S, Singamaneni S, Kharlampieva E. Responsive hybrid nanotubes

composed of block copolymer and gold nanoparticles. Macromolecules, 2009, 42 (15): 5781-5785

[44] Jeong J W, Park W I, Kim M J. Highly tunable self-assembled nanostructures from a poly (2-vinylpyridine-b-dimethylsiloxane) block copolymer. Nano Letters, 2011, 11 (10): 4095-4101

[45] Hwanálee C, Kyungákang S, Ahálim J. Electrospun smart fabrics that display pH-responsive tunable wettability. Soft Matter, 2012, 8 (40): 10238-10240

[46] Sun W, Zhou S, You B, Wu L. Polymer brush-functionalized surfaces with reversible, precisely controllable two-way responsive wettability. Macromolecules, 2013, 46 (17): 7018-7026

[47] Wang J, Hu J, Wen Y, Song Y, Jiang L. Hydrogen-bonding-driven wettability change of colloidal crystal films: from superhydrophobicity to superhydrophilicity. Chemistry of Materials, 2006, 18 (21): 4984-4986

[48] Kharlampieva E, Sukhishvili S A. Hydrogen-bonded layer-by-layer polymer films. Journal of Macromolecular Science, Part C: Polymer Reviews, 2006, 46 (4): 377-395

[49] Wu J, Jiang Y, Jiang D, He J, Cai G, Wang J. The fabrication of pH-responsive polymeric layer with switchable surface wettability on cotton fabric for oil/water separation. Materials Letters, 2015, 160: 384-387

[50] Dang Z, Liu L, Li Y, Xiang Y, Guo G. In situ and ex situ pH-responsive coatings with switchable wettability for controllable oil/water separation. ACS Applied Materials & Interfaces, 2016, 8 (45): acsami. 6b09381

[51] Ma W, Samal S K, Liu Z, Xiong R, De Smedt S C, Bhushan B, Huang C. Dual pH-and ammonia-vapor-responsive electrospun nanofibrous membranes for oil-water separations. Journal of Membrane Science, 2017, 537: 128-139

[52] Yu Z, Yun F F, Gong Z, Yao Q, Dou S, Liu K, Wang X. A novel reusablesuperhydrophilic NiO/Ni mesh produced by a facile fabrication method for superior oil/water separation. Journal of Materials Chemistry A, 2017, 5 (22): 10821-10826

[53] Liu M, Li J, Hou Y, Guo Z. Inorganic adhesives for robust superwetting surfaces. ACS Nano, 2017, 11 (1): 1113-1119

[54] Dou Y, Tian D, Sun Z, Liu Q, Zhang N, Kim J H, Dou S X. Fish gill inspired crossflow for efficient and continuous collection of spilled oil. ACS

Nano，2017，11（3）：2477-2485

[55] Zhou W，Li S，Liu Y，Xu Z，Wei S，Wang G，Jiang Q. Dual superlyophobic copper foam with good durability and recyclability for high flux，high efficiency，and continuous oil-water separation. ACS Applied Materials & Interfaces，2018，10（11）：9841-9848

[56] Zhang X，Zhao Y，Mu S，Jiang C，Song M，Fang Q，Chen B. UiO-66-coated mesh membrane with underwater superoleophobicity for high-efficiency oil-water separation. ACS Applied Materials & Interfaces，2018，10（20）：17301-17308

[57] Tie L，Li J，Liu M，Guo Z，Liang Y，Liu W. Organic media superwettability：on-demand liquid separation by controlling surface chemistry. ACS Applied Materials & Interfaces，2018，10（43）：37634-37642

[58] Verheijen H，Prins M. Reversible electrowetting and trapping of charge：model and experiments. Langmuir，1999，15（20）：6616-6620

[59] Vallet M，Berge B，Vovelle L. Electrowetting of water and aqueous solutions on poly（ethylene terephthalate）insulating films. Polymer，1996，37（12）：2465-2470

[60] Welters W J，Fokkink L G. Fast electrically switchable capillary effects. Langmuir，1998，14（7）：1535-1538

[61] Sondag-Huethorst J，Fokkink L. Electrical double layers on thiol-modified polycrystalline gold electrodes. Journal of Electroanalytical Chemistry，1994，367（1-2）：49-57

[62] Badre C，Pauporté T. Nanostructured ZnO-based surface with reversible electrochemically adjustable wettability. Advanced Materials，2009，21（6）：697-701

[63] Kakade B，Mehta R，Durge A. Electric field induced，superhydrophobic to superhydrophilic switching in multiwalled carbon nanotube papers. Nano Letters，2008，8（9）：2693-2696

[64] Chen J，Kutana A，Collier C. Electrowetting in carbon nanotubes. Science，2005，310（5753）：1480-1483

[65] Krupenkin T N，Taylor J A，Wang E N. Reversible wetting-dewetting transitions on electrically tunable superhydrophobic nanostructured surfaces. Langmuir，2007，23（18）：9128-9133

[66] Lahann J，Mitragotri S，Tran T N. A reversibly switching surface. Science，2003，299（5605）：371-374

[67] Han Z，Tay B，Tan C，Shakerzadeh M，Ostrikov K. Electrowetting control of Cassie-to-Wenzel transitions in superhydrophobic carbon nanotube-based nanocomposites. ACS Nano，2009，3 (10)：3031-3036

[68] Zhao X D，Fan H M，Luo J. Electrically adjustable，super adhesive force of a superhydrophobic aligned MnO_2 nanotube membrane. Advanced Functional Materials，2011，21 (1)：184-190

[69] Teng Y，Zhang Y，Heng L，Meng X，Yang Q，Jiang L. Conductive polymer porous film with tunable wettability and adhesion. Materials Letters，2015，8 (4)：1817-1830

[70] Kwon G，Kota A K，Li Y，Sohani A，Mabry J M，Tuteja A. On-demand separation of oil-water mixtures. Advanced Materials，2012，24 (27)：3666-3671

[71] Du L，Quan X，Fan X. Electro-responsive carbon membranes with reversible superhydrophobicity/superhydrophilicity switch for efficient oil/water separation. Separation Purification Technology，2019，210：891-899

[72] Zheng X，Guo Z，Tian D. Electric field induced switchable wettability to water on the polyaniline membrane and oil/water separation. Advanced Materials Interfaces，2016，3 (18)：1600461

[73] Xu L，Chen W，Mulchandani A. Reversible conversion of conducting polymer films from superhydrophobic to superhydrophilic. Angewandte Chemie International Edition，2005，44 (37)：6009-6012

[74] Xu L，Ye Q，Lu X，Lu Q. Electro-responsively reversible transition of polythiophene films from superhydrophobicity to superhydrophilicity. ACS Applied Materials & Interfaces，2014，6 (16)：14736-14743

[75] Zhang J，Li J，Han Y. Superhydrophobic PTFE surfaces by extension. Macromolecular Rapid Communications，2004，25 (11)：1105-1108

[76] Zhang J，Lu X，Huang W. Reversible superhydrophobicity to superhydrophilicity transition by extending and unloading an elastic polyamide film. Macromolecular Rapid Communications，2005，26 (6)：477-480

[77] Huang X，Sun Y，Soh S. Stimuli-responsive surfaces for tunable and reversible control of wettability. Advanced Materials，2015，27 (27)：4062-4068

[78] Lin P C，Yang S. Mechanically switchable wetting on wrinkled elastomers with dual-scale roughness. Soft Matter，2009，5 (5)：1011-1018

[79] Chung J Y，Youngblood J P，Stafford C M. Anisotropic wetting on tuna-

ble micro-wrinkled surfaces. Soft Matter, 2007, 3 (9): 1163-1169

[80] Hu L, Gao S, Zhu Y, Zhang F, Jiang L, Jin J. An ultrathin bilayer membrane with asymmetric wettability for pressure responsive oil/water emulsion separation. Journal of Materials Chemistry A, 2015, 3 (46): 23477-23482

[81] Grigoryev A, Tokarev I, Kornev K G, Luzinov I, Minko S. Superomniphobic magnetic microtextures with remote wetting control. Journal of the American Chemical Society, 2012, 134 (31): 12916-12919

[82] Cheng Z, Lai H, Zhang N, Sun K, Jiang L. Magnetically induced reversible transition between cassie and wenzel states of superparamagnetic microdroplets on highly hydrophobic silicon surface. The Journal of Physical Chemistry C, 2012, 116 (35): 18796-18802

[83] Wang C, Yao T, Wu J, Ma C, Fan Z, Wang Z, Yang B. Facile approach in fabricating superhydrophobic and superoleophilic surface for water and oil mixture separation. ACS Applied Materials & Interfaces, 2009, 1 (11): 2613-2617

[84] Li J, Shi L, Chen Y, Zhang Y, Guo Z, Su B L, Liu W. Stable superhydrophobic coatings from thiol-ligand nanocrystals and their application in oil/water separation. Journal of Materials Chemistry, 2012, 22 (19): 9774-9781

[85] Deng H, Li X, Peng Q, Wang X, Chen J, Li Y. Monodisperse magnetic single-crystal ferrite microspheres. Angewandte Chemie International Edition, 2005, 117 (18): 2842-2845

[86] Peng J, Liu Q, Xu Z, Masliyah J. Synthesis of interfacially active and magnetically responsive nanoparticles for multiphase separation applications. Advanced Functional Materials, 2012, 22 (8): 1732-1740

[87] Ali N, Zhang B, Zhang H, Zaman W, Li X, Li W, Zhang Q. Interfacially active and magnetically responsive composite nanoparticles with raspberry like structure; synthesis and its applications for heavy crude oil/water separation. Colloids Surfaces A: Physicochemical Engineering Aspects, 2015, 472: 38-49

[88] Yang J, Loh X J, Tan B H, Li Z. pH-responsive poly (dimethylsiloxane) copolymer decorated magnetic nanoparticles for remotely controlled oil-in-water nanoemulsion separation. Macromolecular Rapid Communications, 2019, 40 (5): 1800013

[89] Wang X，Shi Y，Graff R W，Lee D，Gao H. Developing recyclable pH-responsive magnetic nanoparticles for oil-water separation. Polymer，2015，72：361-367

[90] Liu S，Xu Q，Latthe S S，Gurav A B，Xing R. Superhydrophobic/superoleophilic magnetic polyurethane sponge for oil/water separation. RSC Advances，2015，5 (84)：68293-68298

[91] Chen N，Pan Q. Versatile fabrication of ultralight magnetic foams and application for oil-water separation. ACS Nano，2013，7 (8)：6875-6883

[92] Wang X，Lu Y，Carmalt C J，Parkin I P，Zhang X. Multifunctional porous and magnetic silicone with high elasticity，durability，and oil-water separation properties. Langmuir，2018，34 (44)：13305-13311

[93] Sun T，Wang G，Feng L，Liu B，Ma Y，Jiang L，Zhu D. Reversible switching between superhydrophilicity and superhydrophobicity. Angewandte Chemie International Edition，2004，43 (3)：357-360

[94] Lin S Y，Chen K S，Liang R C. Thermal micro ATR/FT-IR spectroscopic system for quantitative study of the molecular structure of poly (N-isopropylacrylamide) in water. Polymer，1999，40 (10)：2619-2624

[95] Fu Q，Rama Rao G，Basame S B，Keller D J，Artyushkova K，Fulghum J E，López G P. Reversible control of free energy and topography of nanostructured surfaces. Journal of the American Chemical Society，2004，126 (29)：8904-8905

[96] Yokota S，Matsuyama K，Kitaoka T，Wariishi H. Thermally responsive wettability of self-assembled methylcellulose nanolayers. Applied Surface Science，2007，253 (11)：5149-5154

[97] Yan N B，Li J，Guo Z G，Xu J S. A tunable superwetting copper film between superhydrophobicity and superhydrophilicity. Chemistry Letters，2015，44 (11)：1527-1529

[98] Sun T L，Wang G J，Feng L，Liu B Q，Ma Y M，Jiang L，Zhu D B. Reversible switching between superhydrophilicity and superhydrophobicity. Angewandte Chemie International Edition，2004，43 (3)：357-360

[99] Liu H，Zhang X，Wang S，Jiang L. Underwater thermoresponsive surface with switchable oil-wettability between superoleophobicity and superoleophilicity. Small，2015，11 (27)：3338-3342

[100] de Leon A，Advincula R C. Reversible superhydrophilicity and superhydrophobicity on a lotus-leaf pattern. ACS Applied Materials & Interfaces，

2014, 6 (24): 22666-22672

[101] King E, Xia Y, Zhao X M, Whitesides G M. Solvent-assisted microcontact molding: a convenient method for fabricating three-dimensional structures on surfaces of polymers. Advanced Materials, 1997, 9 (8): 651-654

[102] Xue B, Li X, Gao L, Gao M, Wang Y, Jiang L. CO_2-selective free-standing membrane by self-assembly of a UV-crosslinkable diblock copolymer. Journal of Materials Chemistry, 2012, 22 (21): 10918-10923

[103] Li J J, Zhou Y N, Luo Z H. Thermal-responsive block copolymers for surface with reversible switchable wettability. Industrial and Engineering Chemistry Research, 2014, 53 (47): 18112-18120

[104] Braunecker W A, Matyjaszewski K. Controlled/living radical polymerization: features, developments, and perspectives. Progress in Polymer Science, 2007, 32 (1): 93-146

[105] Yu Q, Zhang Y, Chen H, Zhou F, Wu Z, Huang H, Brash J L. Protein adsorption and cell adhesion/detachment behavior on dual-responsive silicon surfaces modified with poly (N-isopropylacrylamide)-block-polystyrene copolymer. Langmuir, 2010, 26 (11): 8582-8588

[106] Shi X J, Chen G J, Wang Y W, Yuan L, Zhang Q, Haddleton D M, Chen H. Control the wettability of poly (N-isopropylacrylamide-co-1-adamantan-1-ylmethyl acrylate) modified surfaces: the more Ada, the bigger impact? Langmuir, 2013, 29 (46): 14188-14195

[107] Yang J, Hida M, Mao S, Zeng H, Nakajima H, Uchiyama K. A chemo-mechanical switch for controllable water transportation based on a thermally responsive block copolymer. Chemical Communications, 2014, 50 (71): 10265-10268

[108] Vihola H, Laukkanen A, Valtola L, Tenhu H, Hirvonen J. Cytotoxicity of thermosensitive polymers poly (N-isopropylacrylamide), poly (N-vinylcaprolactam) and amphiphilically modified poly (N-vinylcaprolactam). Biomaterials, 2005, 26 (16): 3055-3064

[109] Liu H, Feng L, Zhai J, Jiang L, Zhu D. Reversible wettability of a chemical vapor deposition prepared ZnO film between superhydrophobicity and superhydrophilicity. Langmuir, 2004, 20 (14): 5659-5661

[110] Fujishima A, Zhang X, Tryk D A. TiO_2 photocatalysis and related surface phenomena. Surface Science Reports, 2008, 63 (12): 515-582

[111] Lim H S, Kwak D, Lee D Y, Lee S G, Cho K. UV-driven reversible switching of a roselike vanadium oxide film between superhydrophobicity and superhydrophilicity. Journal of the American Chemical Society, 2007, 129 (14): 4128-4129

[112] Feng X, Zhai J, Jiang L. The fabrication and switchable superhydrophobicity of TiO_2 nanorod films. Angewandte Chemie International Edition, 2005, 44 (32): 5115-5118

[113] Guo M, Diao P, Cai S. Highly hydrophilic and superhydrophobic ZnO nanorod array films. Thin Solid Films, 2007, 515 (18): 7162-7166

[114] Zhu W, Feng X, Feng L, Jiang L. UV-manipulated wettability between superhydrophobicity and superhydrophilicity on a transparent and conductive SnO_2 nanorod film. Chemical Communications, 2006, (26): 2753-2755

[115] Gao L, Zheng M, Zhong M, Li M, Ma L. Preparation and photoinduced wettability conversion of superhydrophobic β-Ga_2O_3 nanowire film. Applied Physics Letters, 2007, 91 (1): 013101

[116] Wang S, Feng X, Yao J, Jiang L. Controlling wettability and photochromism in a dual-responsive tungsten oxide film. Angewandte Chemie International Edition, 2006, 45 (8): 1264-1267

[117] Liu K, Cao M, Fujishima A, Jiang L. Bio-inspired titanium dioxide materials with special wettability and their applications. Chemical Reviews, 2014, 114 (19): 10044-10094

[118] Tian D, Zhang X, Tian Y, Wu Y, Wang X, Zhai J, Jiang L. Photo-induced water-oil separation based on switchable superhydrophobicity-superhydrophilicity and underwater superoleophobicity of the aligned ZnO nanorod array-coated mesh films. Journal of Materials Chemistry, 2012, 22 (37): 19652-19657

[119] Yong J, Chen F, Yang Q, Fang Y, Huo J, Hou X. Femtosecond laser induced hierarchical ZnO superhydrophobic surfaces with switchable wettability. Chemical Communications, 2015, 51 (48): 9813-9816

[120] Delorme N, Bardeau J F, Bulou A, Poncin-Epaillard F. Azobenzene-containing monolayer with photoswitchable wettability. Langmuir, 2005, 21 (26): 12278-12282

[121] Rosario R, Gust D, Hayes M, Jahnke F, Springer J, Garcia A A. Photon-modulated wettability changes on spiropyran-coated surfaces. Langmuir, 2002, 18 (21): 8062-8069

[122] Matsuda K, Irie M. Diarylethene as a photoswitching unit. Journal of Photochemistry and Photobiology C: Photochemistry Reviews, 2004, 5 (2): 169-182

[123] Radüge C, Papastavrou G, Kurth D, Motschmann H. Controlling wettability by light: illuminating the molecular mechanism. The European Physical Journal E, 2003, 10 (2): 103-114

[124] Groten J, Bunte C, Rühe J R. Light-induced switching of surfaces at wetting transitions through photoisomerization of polymer monolayers. Langmuir, 2012, 28 (42): 15038-15046

[125] Wu Y, Liu Z, Liang Y, Pei X, Zhou F, Xue Q. Photoresponsive superhydrophobic coating for regulating boundary slippage. Soft Matter, 2014, 10 (29): 5318-5324

[126] Jin C, Yan R, Huang J. Cellulose substance with reversible photo-responsive wettability by surface modification. Journal of Materials Chemistry, 2011, 21 (43): 17519-17525

[127] Zhou Y N, Li J J, Zhang Q, Luo Z H. Light-responsive smart surface with controllable wettability and excellent stability. Langmuir, 2014, 30 (41): 12236-12242

[128] Samanta S, Locklin J. Formation of photochromic spiropyran polymer brushes via surface-initiated, ring-opening metathesis polymerization: reversible photocontrol of wetting behavior and solvent dependent morphology changes. Langmuir, 2008, 24 (17): 9558-9565

[129] Klajn R. Spiropyran-based dynamic materials. Chemical Society Reviews, 2014, 43 (1): 148-184

[130] Uyama A, Yamazoe S, Shigematsu S, Morimoto M, Yokojima S, Mayama H, Kojima Y, Nakamura S, Uchida K. Reversible photocontrol of surface wettability between hydrophilic and superhydrophobic surfaces on an asymmetric diarylethene solid surface. Langmuir, 2011, 27 (10): 6395-6400

[131] Byun J, Shin J, Kwon S, Jang S, Kim J K. Fast and reversibly switchable wettability induced by a photothermal effect. Chemical Communications, 2012, 48 (74): 9278-9280

[132] Zhang L, Dillert R, Bahnemann D, Vormoor M. Photo-induced hydrophilicity and self-cleaning: models and reality. Energy & Environmental Science, 2012, 5 (6): 7491-7507

[133] Wang R, Hashimoto K, Fujishima A, Chikuni M, Kojima E, Kitamura A, Shimohigoshi M, Watanabe T. Light-induced amphiphilic surfaces. Nature, 1997, 388 (6641): 431

[134] Banerjee S, Dionysiou D D, Pillai S C. Self-cleaning applications of TiO_2 by photo-induced hydrophilicity and photocatalysis. Applied Catalysis B: Environmental, 2015, 176: 396-428

[135] Asahi R, Morikawa T, Ohwaki T, Aoki K, Taga Y. Visible-light photocatalysis in nitrogen-doped titanium oxides. Science, 2001, 293 (5528): 269-271

[136] Antony R P, Mathews T, Dash S, Tyagi A. Kinetics and physicochemical process of photoinduced hydrophobic↔superhydrophilic switching of pristine and N-doped TiO_2 nanotube arrays. The Journal of Physical Chemistry C, 2013, 117 (13): 6851-6860

[137] Drelich J, Chibowski E. Superhydrophilic and superwetting surfaces: definition and mechanisms of control. Langmuir, 2010, 26 (24): 18621-18623

[138] Daniel S, Chaudhury M K, Chen J C. Fast drop movements resulting from the phase change on a gradient surface. Science, 2001, 291 (5504): 633-636

[139] Beebe D J, Moore J S, Yu Q, Liu R H, Kraft M L, Jo B H, Devadoss C. Microfluidic tectonics: a comprehensive construction platform for microfluidic systems. Proceedings of the National Academy of Sciences, 2000, 97 (25): 13488-13493

[140] Zhai G Q, Ying L, Kang E, Neoh K. Surface and interface characterization of smart membranes. Surface & Interface Analysis, 2004, 36 (8): 1048-1051

[141] Yin Y, Guo N, Wang C, Rao Q. Alterable superhydrophobic-superhydrophilic wettability of fabric substrates decorated with ion-TiO_2 coating via ultraviolet radiation. Industrial and Engineering Chemistry Research, 2014, 53 (37): 14322-14328

[142] Liu Y, Mu L, Liu B, Kong J. Controlled switchablc surface. Chemistry—A European Journal, 2005, 11 (9): 2622-2631

[143] Wang X, Qing G, Jiang L, Fuchs H, Sun T. Smart surface of water-induced superhydrophobicity. Chemical Communications, 2009, (19): 2658-2660

[144] Liu J, Liu J, Wu P, Zhang M, Wang J, Jiang L. Multiple solvent-response behavior of metal-organic inverse opals. Journal of Photochemistry

and Photobiology A：Chemistry，2018，355：125-130

[145] Aguirre C I，Reguera E，Stein A. Tunable colors in opals and inverse opal hotonic crystals. Advanced Functional Materials，2010，20（16）：2565-2578

[146] Wu Y N，Li F，Zhu W，Cui J，Tao C A，Lin C，Hannam P M，Li G. Metal-organic frameworks with a three-dimensional ordered macroporous structure：dynamic photonic materials. Angewandte Chemie International Edition，2011，50（52）：12518-12522

[147] Liu J，Wan L，Zhang M，Jiang K，Song K，Wang J，Ikeda T，Jiang L. Electrowetting-induced morphological evolution of metal-organic inverse opals toward a water-lithography approach. Advanced Functional Materials，2017，27（7）：1605221

[148] Lim H S，Lee S G，Lee D H，Lee D Y，Lee S，Cho K. Superhydrophobic to superhydrophilic wetting transition with programmable ion-pairing interaction. Advanced Materials，2008，20（23）：4438-4441

[149] Yang J，Zhang Z，Men X，Xu X，Zhu X，Zhou X. Counterion exchange to achieve reversibly switchable hydrophobicity and oleophobicity on fabrics. Langmuir，2011，27（12）：7357-7360

[150] Hua Z，Yang J，Wang T，Liu G，Zhang G. Transparent surface with reversibly switchable wettability between superhydrophobicity and superhydrophilicity. Langmuir，2013，29（33）：10307-10312

[151] Xu L，Liu N，Cao Y，Lu F，Chen Y，Zhang X，Feng L，Wei Y. Mercury ion responsive wettability and oil/water separation. ACS Applied Materials & Interfaces，2014，6（16）：13324-13329

[152] Lin S，Theato P. CO_2-responsive polymers. Macromolecular Rapid Communications，2013，34（14）：1118-1133

[153] Yan Q，Wang J，Yin Y，Yuan J. Breathing polymersomes：CO_2-tuning membrane permeability for size-selective release，separation，and reaction. Angewandte Chemie International Edition，2013，52（19）：5070-5073

[154] Han D，Tong X，Boissieère O，Zhao Y. General strategy for making CO_2-switchable polymers. ACS Macro Letters，2011，1（1）：57-61

[155] Yan Q，Zhao Y. CO_2-stimulated diversiform deformations of polymer assemblies. Journal of the American Chemical Society，2013，135（44）：16300-16303

[156] Li N，Thia L，Wang X. A CO_2-responsive surface with an amidine-termi-

nated self-assembled monolayer for stimuli-induced selective adsorption. Chemical Communications, 2014, 50 (30): 4003-4006

[157] Che H, Huo M, Peng L, Fang T, Liu N, Feng L, Wei Y, Yuan J. CO_2-responsive nanofibrous membranes with switchable oil/water wettability. Angewandte Chemie International Edition, 2015, 54 (31): 8934-8938

[158] Laure W, Woisel P, Lyskawa J. Switching the wettability of titanium surfaces through Diels-Alder chemistry. Chemistry of Materials, 2014, 26 (12): 3771-3780

[159] Sun Y, Liu H, Xu L, Wang L, Fan Q H, Liu D. DNA-molecular-motor-controlled dendron association. Langmuir: the ACS Journal of Surfaces and Colloids, 2010, 26 (15): 12496-12499

[160] Qing G, Xing W, Lei J, Fuchs H, Sun T. Saccharide-sensitive wettability switching on a smart polymer surface. Soft Matter, 2009, 5 (14): 2759-2765

[161] Sun T L, Wang G J, Feng L, Liu B Q, Ma Y M, Jiang L, Zhu D B. Reversible switching between superhydrophilicity and superhydrophobicity. Angewandte Chemie International Edition, 2004, 43 (3): 357-360

[162] Wang D C, Yang X, Yu H Y, Gu J P, Qi D M, Yao J M, Ni Q Q. Smart nonwoven fabric with reversibly dual-stimuli responsive wettability for intelligent oil-water separation and pollutants removal. Journal of Hazardous Materials, 2020, 383, 121123-121133

[163] Sun W, Zhou S, You B, Wu L. Polymer brush-functionalized surfaces with unique reversible double-stimulus responsive wettability. Journal of Materials Chemistry A, 2013, 1 (36): 10646-10654

[164] Wu S, Zhu X, Yang J, Nie J. A facile photopolymerization method for fabrication of pH and light dual reversible stimuli-responsive surfaces. Chemical Communications, 2015, 51 (26): 5649

[165] Tian D, Jin Z, Song Y, Lei J. Photoelectric cooperative induced wetting on aligned-nanopore arrays for liquid reprography. Advanced Functional Materials, 2011, 21 (23): 4519-4526

[166] Xia F, Ge H, Hou Y, Sun T L, Chen L, Zhang G Z, Jiang L. Multiresponsive surfaces change between superhydrophilicity and superhydrophobicity. Advanced Materials, 2010, 18 (4): 432-436

[167] Principi T, Goh C C E, Liu R C W, Winnik F M. Solution properties of

hydrophobically modified copolymers of N-isopropylacrylamide and N-glycine acrylamide：a study by microcalorimetry and fluorescence spectroscopy. Macromolecules，2000，33 (33)：2958-2966

[168] Kurisawa M，Yui N. Dual-stimuli-responsive drug release from interpenetrating polymer network-structured hydrogels of gelatin and dextran. Journal of Controlled Release，1998，54 (2)：191-200

[169] Chen G，Hoffman A S. Graft copolymers that exhibit temperature-induced phase transitions over a wide range of pH. Nature，1995，373 (6509)：49-52

[170] Mi K Y，Yong K S，Su C C，Young M L. Effect of polymer complex formation on the cloud-point of poly(N-isopropyl acrylamide) (PNIPAAm) in the poly (NIPAAm-co-acrylic acid)：polyelectrolyte complex between poly (acrylic acid) and poly(allylamine). Polymer，1998，38 (16)：3703-3708

[171] Yoo M K，Lee Y M，Cho C S，Sung Y K. Effect of polyelectrolyte on the lower critical solution temperature of poly(N-isopropyl acrylamide) in the poly(NIPAAm-co-acrylic acid) hydrogel. Polymer，2000，41 (15)：5713-5719

[172] Bico J，Tordeux C，Quéré D. Rough wetting. EPL，2007，55 (2)：214

第8章　结论与展望

浸润性是材料表界面的重要性质，在工业催化、军工设施、航空航天、建筑材料、医疗设备、海洋防污等领域具有巨大的应用价值。自然界中生物经过几百万年的繁衍生长，优胜劣汰的自然法则让它们的结构与性能进化到了几乎完美的协调与融合。近几十年来，受大自然的启发，以先进的表征仪器和制备技术为依托，仿生智能超润湿界面材料如雨后春笋般蓬勃发展。然而，当前超润湿界面材料的功能设计集中在单一的润湿特性，对多功能的智能响应性的超润湿材料的设计还存在不足；超润湿界面材料的制备环节存在条件苛刻、过程烦琐、成本高昂、化学污染等问题，因而极大限制了其大规模的生产；此外，当前制备的超润湿界面材料由于对微纳米复合结构以及低表面能物质的高度依赖，其表面的机械稳定性、化学稳定性和长效使役性能较差，从而限制了其商业化推广应用。此外，石油泄漏和石油造成的水污染已成为迫切需要解决的世界性问题。油水污染物的有效处理势在必行。因此，对合成具有高效油水混合物分离功能的材料的要求越来越高。此外，采用的材料成本高，设备昂贵，以及构筑过程复杂都使得那些具有特殊润湿性的材料大规模应用到油水分离变得异常艰难。

然而，从大自然中可以得到很多启示，对自然界生物的结构及其功能进行分析，除了具有自清洁性能的荷叶，鱼鳞或者鲨鱼皮等也表现出了优异的水下超疏油性。研究荷叶的自清洁效应发现，其表面是由微纳米结构构成的；研究鲨鱼皮的水下超疏油性能发现，其表面是由规整的微米结构构成的；研究弹尾虫的超双疏性能发现，其表面是由重入式结构构成的。这些具有特殊润湿性的生物表面为我们仿生设计油水分离材料提供了诸多的灵感和思路。通过仿生自然，首先用自然界中现存的天然超润湿材料进行油水分离的研究。天然的超润湿材料通常价格低廉、环保，并且可以轻松获得，生物质材料如木材、棉花等可作为制备油水分离材料的首选原料，所以这些天然的超润湿材料是解决上述问题和水体污染较好的选择。

此外，通过回顾各种特殊的油水分离的湿润性材料的发展，基于其分离方式的不同将它们分为如下两类：①过滤型油水分离材料，通过表面润湿性的不同，实现了过油阻水式或过水阻油式的高效分离，通过对特殊润湿性表面预先润湿油或水实现上述两种方式的自由转化；②吸收型油水分离材料，通过材料本身具有的对水中油或者油中水的吸附作用，实现油水混合物的快速而高效的分离。从早期的超疏水-超亲油性分离材料（除油材料）到超亲水-水下超疏油性分离材料（除水材料），再到可转换润湿性的智能分离材料，特殊润湿性刺激响应性分离材料与传统的油水过滤材料相比，显示出巨大的优势，因为特殊润湿性刺激响应性分离材料具有高选择性吸收/过滤的特征。水包油乳液或者油包水乳液，甚至表面活性剂稳定的乳液，都能通过响应性分离材料进行分离，且其最大分离效率大于99.9%。更重要的是，我们发现具有特殊浸润性的膜由于具有更小、更紧凑的孔径，可用于分离液滴尺寸从微米到纳米范围的油水乳液。通过对除油方法的理论进行阐述，从力的平衡条件出发，讨论了除油工艺和除水工艺在油水分离过程中产生的具体效应，并且系统地总结和比较了油水分离材料对油水混合物的分离效率、吸收能力和可回收循环使用性，这对于油水分离材料能否在溢油事故中实际应用起着至关重要的作用。

虽然特殊的润湿性油水分离材料在处理油泄漏事故和工业油污水中显示出巨大的潜力，但这个领域仍然面临着很多挑战，存在着一些在它们可以取代传统的分离技术之前仍然需要解决的问题。首要的是，设计和合成坚固耐用的粗糙表面结构材料，对于特殊的润湿性油水分离材料而言是一个很大的挑战。原始多孔基质材料通常需要提供预先存在的微尺度粗糙度，借助分形理论，为了获得极端润湿状态，需要纳米级结构来形成典型的分层结构，进而实现超润湿性能。但是，大多数表面的微观结构十分精细，这种精细的结构都很容易受到外部影响，包括机械压力损坏和化学污染，极大地限制了油水分离材料的实际应用。其次，过滤型油水分离材料（如织物和金属网状材料）直接用于处理漏油产生的油水混合物是不现实的，应该对油水混合物进行提前收集处理，然后实现重力驱动的油水分离。第三，大部分合成方法不能大规模进行（如原位生长方法和水热法），因此为应对大面积的石油泄漏，仍需要研发油水分离材料的大规模生产技术。第四，虽然油水乳液分离已经实现，但分离速度和膜孔径在某种程度上是矛盾的。因此，如何实现适用于从微米到纳米范围的各种小液滴尺寸的油水乳剂，高效并且高通量分离，是一个重要且有意义的课题。最后，现有的大部分工作都集中在低黏度油水混合物的分离上，高黏度油水混合物的分离却很少见。

众所周知，这种特殊的润湿性油水分离材料的灵感通常来源于自然界中具有特殊润湿性的植物（如荷叶等）及动物（如鱼鳞等）。在早期，主要是实现生物启发油水分离材料的产业化，那么未来工作将主要集中在以下四个方面：第一，结合理论预测，设计及构筑机械耐受性强的油水分离材料，以增加材料的使用寿命；第二，越来越多的简单和大规模的制备方法正在研发中，以实现油水分离的工业化；第三，应该考虑将高效快速的油水分离材料应用到含有超小液滴的乳液中；第四，开发用于快速分离高黏度油水混合物的特殊浸润性油水分离材料。最后，也需要考虑将多功能（如磁性除油材料）和外部刺激响应（从单一到多重，甚至还需要多种刺激响应）的材料制备成智能界面材料，以用于油水分离的不同方面。目前，材料表面超润湿状态的研究不仅局限于超疏水-水下超亲油和超亲水-水下超疏油两种状态，超润湿领域还存在很多其他超越自然现象的超润湿状态。进一步探索和开发其他功能化的超润湿表面可以解决更多复杂环境中的表界面问题。另外，能否通过外界刺激调控不同状态的超润湿状态之间的可逆转换？目前所制备的表面主要集中在超疏水-水下超亲油和超亲水-水下超疏油状态之间的外界刺激调控，其中水在空气相中和油在水相中的润湿性都发生了改变。能否在外界刺激条件下空气相中保持超疏水而水相中实现超亲油和超疏油状态之间的可逆转换？同时，加强对具有超润湿性表界面的基础理论、设计制备和性能优化方面的研究，无论在基础研究还是实际应用方面都发挥着重要的作用。本书在新型超润湿表界面材料的仿生设计、制备和应用等方面总结了一些创新性的研究成果，今后可以从以下几个方面进行更深入的研究：

（1）新型响应性超润湿表面化学的精细调控。

基于前期进展发现，细化的超润湿表面的制备需要在狭窄的表面化学范围内实现。研究表明，获得超疏水-水下超疏油表面需要一种疏水性更强的含氟硫醇作为修饰剂，且修饰剂浓度仅在 0.1～0.2mM 的很窄范围内。因此，制备外界刺激条件下超疏水-水下超亲油性和超疏水-水下超疏油性可逆转换的新型响应性超润湿表面需要在更窄的表面化学范围内实现精细调控。同时，为了达到外界刺激精细调控的目的，表面需要引入润湿响应性组分，并改变其种类、含量及分布等。通过选取疏水材料和润湿响应性材料种类，改变表面疏水组分和润湿响应性组分比例，在更窄的表面化学范围内精细调控，开发上述新型响应性超润湿表面。

（2）新型响应性超润湿表面微纳结构设计。

制备细化的超润湿表面对表面微观结构及其粗糙度和固体占比都有一定的要求。基于热力学理论计算得到了实现超疏水-水下超疏油表面的固体占比（f）仅在 0.14～0.26。实现外界刺激条件下超疏水-水下超亲油性和超疏水-水下超疏油性可逆转换的新型响应性超润湿表面将是在更有限的表面粗糙度范围内实现微观结构的裁剪。通过激光刻蚀技术制备不同形状的规整表面结构结合表面修饰技术，获得新型超润湿表面的微观结构形状及几何参数。建立新型响应性超润湿表面结构模型，构建其微纳米结构几何参数、微结构间距和接触角及滞后角的构效关系。结合实验与理论，优化设计新型响应性超润湿表面微纳米结构，揭示新型响应性超润湿表面的形成机理和本质，提出制备该表面的微纳米结构设计准则。

（3）新型响应性超润湿材料的防污净化。

目前的超润湿材料仅能通过（过滤或吸附）单一的方式实现油水分离。发挥新型响应性超润湿材料（外界刺激条件下可实现超疏水-水下超亲油性与超疏水-水下超疏油性可逆转换）在油水分离过滤和吸附方式方面的不同优势，针对不同的油水分离体系，研究新型响应性超润湿多孔表面，在刺激响应下实现不同油水分离方式（过滤和吸附）的调控，解决更为复杂的油水分离体系问题。